U0038844

电梯和自动扶梯安装维修技术与技能

何峰峰　编著

机 械 工 业 出 版 社

本书概述了电梯和自动扶梯的结构原理，详述了电梯和自动扶梯的安装调试，细述了电梯和自动扶梯的维修实例。

本书可作为电梯与自动扶梯安装维修专业的学习书籍或培训教材，也可作为从事电梯与自动扶梯的设计、制造、安装、维修、检验、管理等相关人员的参考资料。

图书在版编目（CIP）数据

电梯和自动扶梯安装维修技术与技能/何峰峰编著．—北京：机械工业出版社，2013.2（2014.6重印）

ISBN 978－7－111－40917－5

Ⅰ.①电…　Ⅱ.①何…　Ⅲ.①电梯－安装②自动扶梯－安装③电梯－维修④自动扶梯－维修　Ⅳ.①TU857

中国版本图书馆CIP数据核字（2012）第308523号

机械工业出版社（北京市百万庄大街22号　邮政编码100037）
策划编辑：林春泉　责任编辑：林　桢　版式设计：霍永明
责任校对：刘志文　封面设计：路恩中　责任印制：刘　岚
北京京丰印刷厂印刷
2014年6月第1版第2次印刷
184mm×260mm · 25.5印张 · 3插页 · 703千字
3 001—4 500册
标准书号：ISBN 978－7－111－40917－5
定价：69.80元

凡购本书，如有缺页、倒页、脱页，由本社发行部调换

电话服务	网络服务
社服务中心：（010）88361066	教材网：http：//www.cmpedu.com
销售一部：（010）68326294	机工官网：http：//www.cmpbook.com
销售二部：（010）88379649	机工官博：http：//weibo.com/cmp1952
读者购书热线：（010）88379203	**封面无防伪标均为盗版**

前　言

本书是作者自2003年编著《新型电梯维修实例》，2009年编著《电梯基本原理与安装维修全书》（第2版）以后，耗时三年编写的又一本有关电梯和自动扶梯的结构原理、安装调试、维修实例的专著。

现实状况早已证明，我国电梯和自动扶梯的保有量一直是呈现螺旋式增长的，但当下令人尴尬的倒是熟练和优秀的安装维修工程人员显得“相对稀缺”与“供需失衡”。因此，或也间接或直接地导致了许多本可以避免，最终却成为屡遭媒体频频曝光的电梯与自动扶梯事故。鉴于此，倘若本书能给从事电梯和自动扶梯安装维修工作的工程人员成长和进步提供实质性的帮助，能为广大的电梯和自动扶梯的搭乘者们带来更加安全可靠暨保险稳妥的使用条件与环境，也就不枉作者“倾力疾书”的初衷了。

本书借助数十万文字及数百幅图表概述了电梯和自动扶梯的结构原理，详述了无机房电梯、无脚手架和整体式或分段式自动扶梯的安装与调试，细述了电梯和自动扶梯的维修理论和实例。鉴于技术传统和产品的连续性，为了便于安装维修工程人员的比照使用，本书的图形符号沿用生产厂商的随机文件版本，而文字符号亦延续使用生产厂商的编撰偏好。

本书在编撰过程中得到了业界众多同仁的帮助、指教和点拨，他们是广东的：梁理明先生、娄常明先生、李林清先生、梁国长先生、黄海彬先生、傅筱华先生、林景春先生、杨贵军先生；上海的：徐昌秀先生、陈元先生、励军先生、梅平先生、周公亮先生、陈毅伟先生、方国良先生、杨惠錩先生、茹鸣先生、施俊杰先生、王金根先生、吴根荣先生；在此作者再次向他们表示最诚挚的感谢。

限于作者水平和资料有限，书中难免有不妥和错误之处，恳请读者批评指正。

何峰峰

2013年3月1日

目　录

引　言

电梯与自动扶梯是人类从长期生活实践中发明创造的既省力又舒适而且高效率的交通工具。电梯又叫升降机，是一个装载人员和货物的轿厢，沿着长度设定的垂直不变的导轨，在建筑物的不同水平面间作间歇运动的用电力拖动的起重机械。自动扶梯俗称电动楼梯是具有载客梯级、踏板或胶带以及扶手带，沿着设定的水平式、坡度式和倾斜式路轨，用电力拖动的、作连续循环运行的输送设备。图 0-1 ~ 图 0-4 给出了几款电梯和自动扶梯的总体组成。其中，图 0-1 所示是一款小机房电梯的布置形式，图 0-2 所示是一款无机房电梯的布置形式，图 0-3 所示是一款商用型自动扶梯的构造形式，图 0-4 所示是一款公共型自动扶梯的构造形式。由此来看，不管是历经一百多年的不断改进与完善而形成的传统工艺，还是随着新理论、新技术、新材料的研究与开发而创造的先进系统，都将会促进电梯及自动扶梯驱动形式的长足发展、安全方式的可靠提升、节能模式的推广应用。

电梯按照用途划分有：乘客电梯、载货电梯、观光电梯、客货电梯、病床电梯、住宅电梯、消防电梯、防爆电梯、船用电梯、汽车电梯、建筑电梯、杂物电梯。按照传动形式划分有：曳引式、强制式、液压式、爬齿式、螺杆式。按照运行速度划分有：低速、快速、高速、超高速。按照电动机用电划分有：交流电梯、直流电梯。按照控制系统划分有：手柄操纵、按钮控制、信号顺序控制、集合选派控制、下向集选控制、并联调配控制、梯群程控。按照驱动方式划分有交流单速、交流多速、交流调速、直流调速。按照减速器取舍划分有：有齿轮电梯、无齿轮电梯。按照机房建筑划分有：有机房电梯、小机房电梯、无机房电梯。

自动扶梯涵盖自动人行道，按照服务特点划分可分为公共类、商用类；按照摆放位置划分可分为水平式（0°）、坡度式（0° ~ 12°）和倾斜式（12° ~ 35°）；按照功能划分可分为电动楼梯、电动人行道；按照使用环境划分可分为室内型、室外型；按照输送形式划分可分为单人级（梯级宽度 0.6m）、双人级（梯级宽度 1.0m）和中间级（梯级宽度 0.8m）；按照特殊配制方式划分可分为圆弧状、阶段状；按照结构类别划分可分为重型、轻型和中型；按照运载构件划分可分为梯级、踏板和胶带；按照栏杆制作方式划分可分为全透明有/无支撑式、全遮蔽有/无支撑式。

因而，认识各种不同类型电梯和自动扶梯的结构特点，理解各种不同系列电梯和自动扶梯的独到之处，对领会、掌握电梯与自动扶梯的安装、维修的技能及方法是大有裨益的。

时至今日，绝大部分的电梯还是将散装零部件运到工地，接着在现场经由组合安装、调试检测、通过验收等工序后，才能交给客户投入正常运行。其间仅在 20 世纪 90 年代短期出现过由迅达电梯公司创制的预先组装、整体安装的 Mobile 型——经过置于轿厢下部的有齿轮曳引机带动摩擦轮，借助其与导轨之间的滚动摩阻实现轿厢升降运行的——自推式无机房电梯。令人欣慰的是，时至今日绝大多数的自动扶梯都实现了整机出厂、现场吊装、调整测试、验收合格即可交付使用的目标。当然面对受到超高、超长以及建筑结构限制而必须分段组装的情况，成散装部件运到工地的自动扶梯、自动人行道就属特例了。

由此，影响和促成电梯与自动扶梯正常运行和长久使用的因素，不但取决于先进的技术、优秀的设计、新颖的材料、良好的制造，而且还依赖于规范的安装、完善的保养、预先的监控、及时的维修和正确的使用。

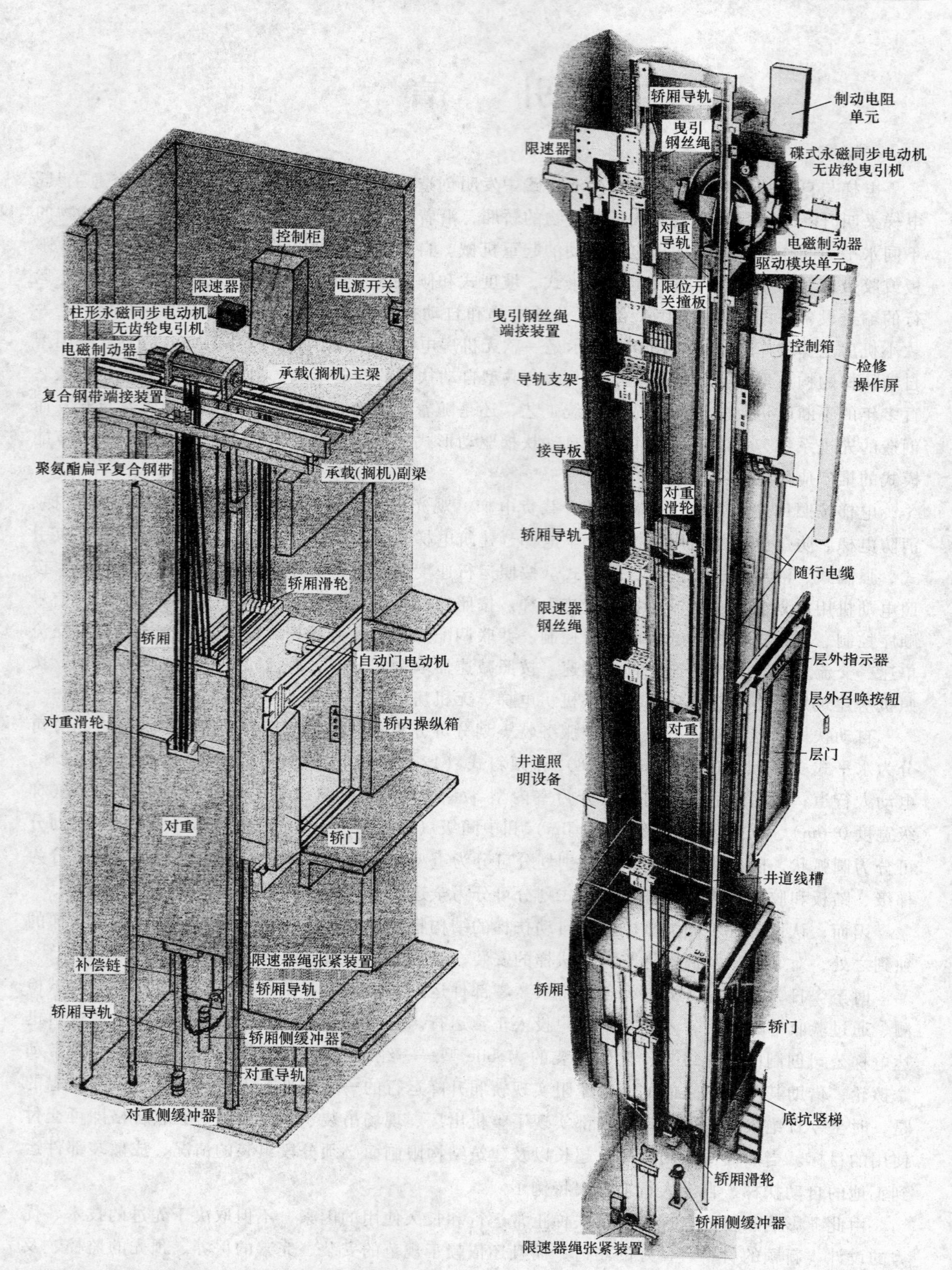

图 0-1　奥的斯（OTIS）小机房电梯的基本结构　　图 0-2　通力（KONE）无机房电梯的基本结构

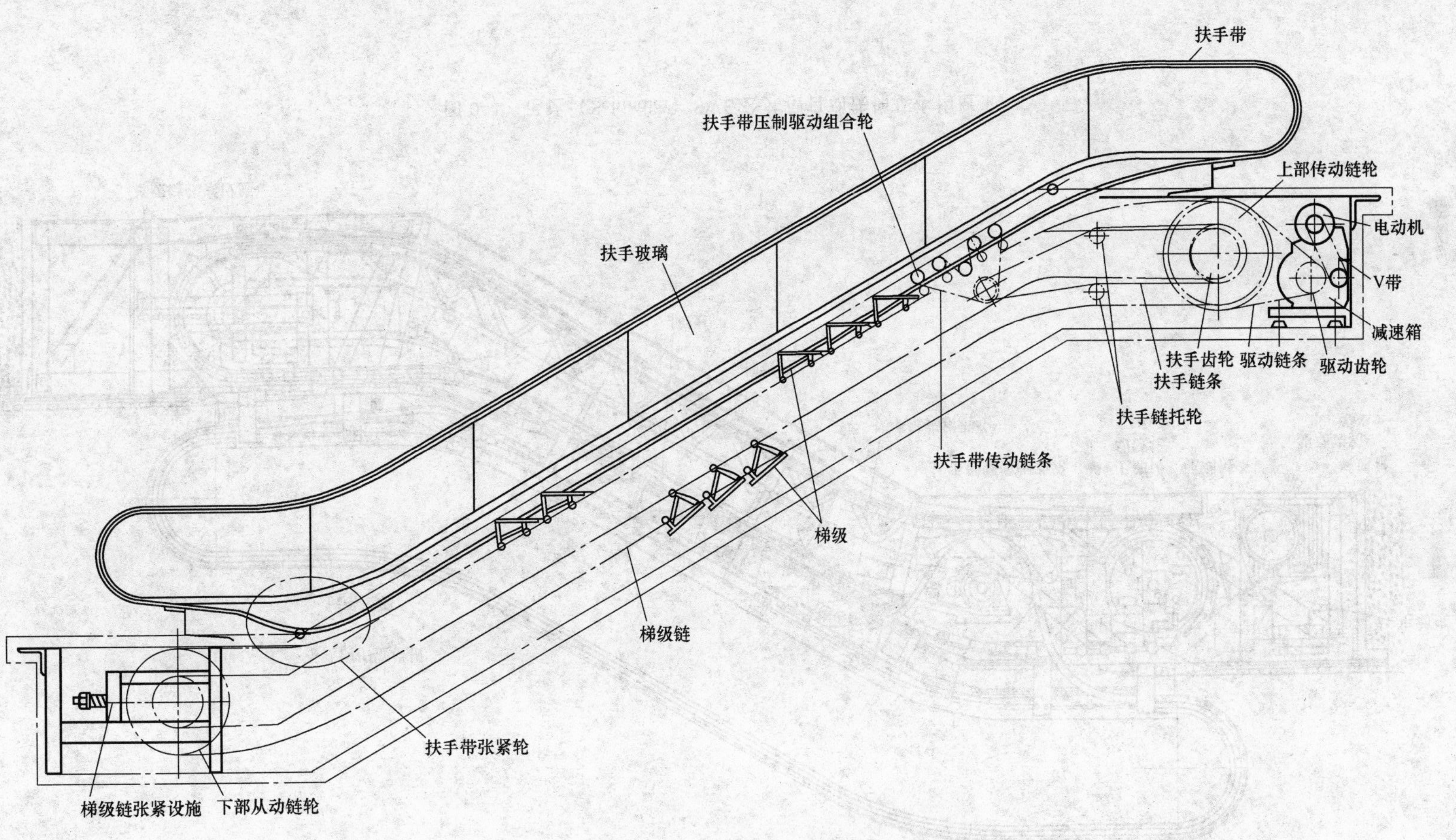

图 0-3 三菱（Mitsubishi）J系列商用型自动扶梯基本构造

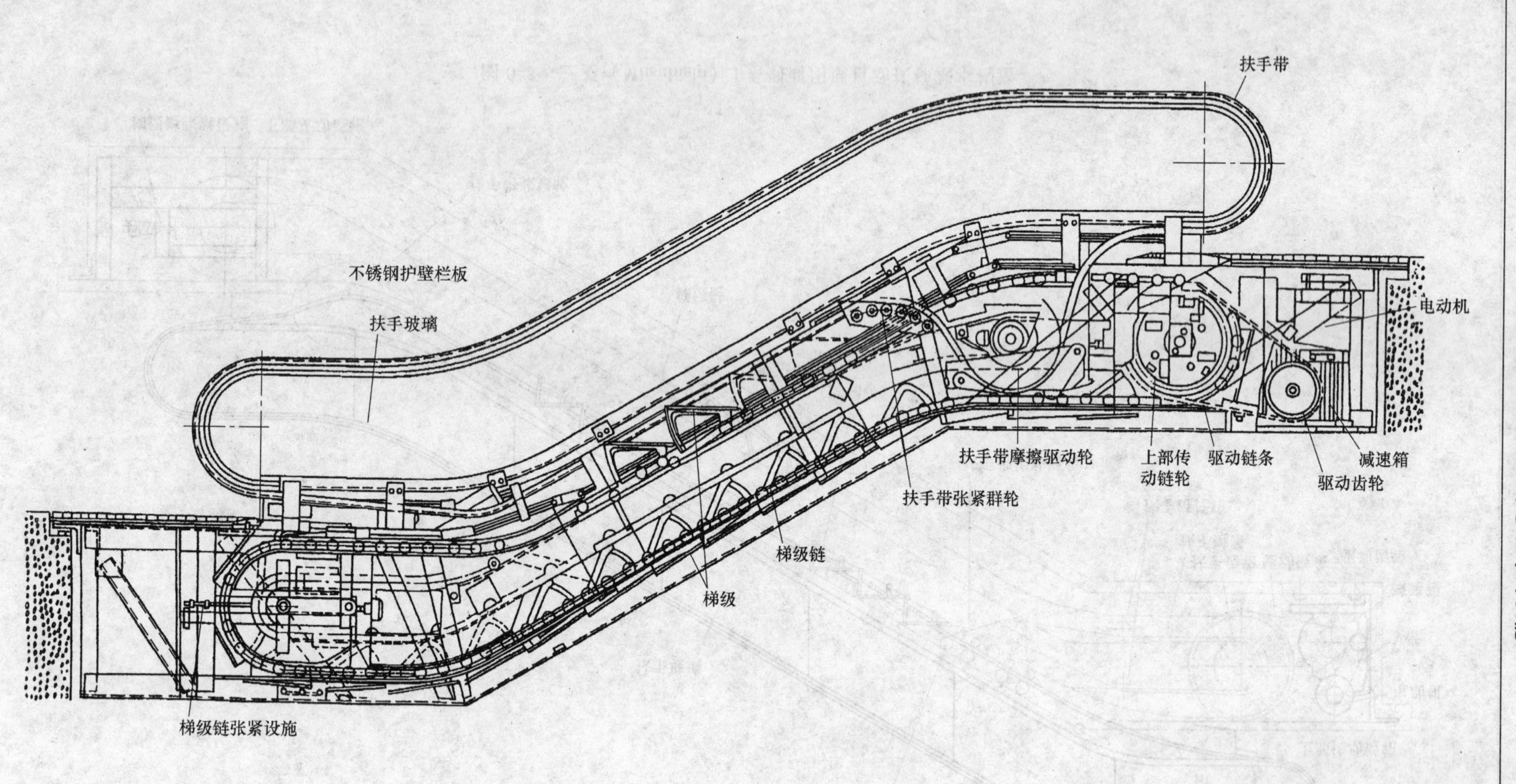

图0-4 迅达（Schindler）SWE公共型自动扶梯基本构造

第一章 如何查看电梯与自动扶梯的土建工程图

电梯与自动扶梯的土建工程图是贯穿产品配置、销售制造、合同文件、结构设计、安装施工的极其关键和必不可少的技术资料。为了溶于建筑、易于规划、便于施工、利于安装，电梯和自动扶梯的土建工程图均采用立面、平面、正面、剖（断）面、外视、局部等表现形式。通常，完整的电梯、自动扶梯的土建工程图具备土建布置和结构两大基本功能，即电梯、自动扶梯的土建工程图兼容涵盖土建布置图和土建结构图。于是，电梯与自动扶梯的土建工程图既能用作土建参照，也能用作安装依据。同时，在规范的电梯和自动扶梯的土建工程图中的技术说明表格内，还应详细标注客户名称、项目名称、工程地址、合同编号、电梯型号、额定速度、额定载荷、停层站数，提升高度、控制方式、驱动系统、电动机功率、起动电流、额定电流等主要参数。可毫不夸张地讲，正确的电梯与自动扶梯的土建工程图是电梯、自动扶梯得以在建筑物内、公共场所间穿来梭往、上下运行的基础。因此，看懂和弄清电梯、自动扶梯的土建工程图对电梯、自动扶梯的购置、销售、配套、安装等工作的开展和完成不无益处。

第一节 电梯土建工程图

对于电梯安装工作的前期准备来讲，熟悉和掌握土建工程图是十分必要的。完备的电梯土建工程图通常包括井道纵剖面（立面）图、井道平面布置图、机房平面布置图、底坑平面图、局部外视图，对无机房电梯和液压电梯的土建及布置图而言，还有顶层平面布置图和底坑或下侧机房平面布置图等。无论如何，电梯土建工程图中所设定的尺寸必须符合 GB 7588—2003《电梯制造与安装安全规范》和 GB/T 7025.1～7025.3—2008《电梯主参数及轿厢、井道、机房的型式与尺寸》中的要求。

一、井道纵剖面（立面）图

井道纵剖面图，又叫井道立面图，也叫井道纵断面图。它主要表示组成井道空间的机房高度、顶层高度、底坑深度、楼层站数与每层的高度，以及由此而得出的井道总高度和提升高度。它不仅形象地反映了轿厢、对重、机房、层门、底坑部件与井道的空间关系，而且还具体地标示出固定导轨支架的预埋件挡距、井道照明的开距、底坑竖梯的位距、轿厢和对重与各自缓冲器接触面的间距，甚至更细致地注明底坑急停装置、照明插座的所在位置。图 1-1 所示为完整的小机房电梯的井道纵剖面图，而图 1-2 所示为具体的无机房电梯的井道纵剖面图。

1. 机房高度

机房高度即机房地板至机房顶面的净垂直距离。对于有机房电梯，其机房高度的设定应同时满足：供工作活动的区域净高不小于 2m；电梯驱动主机旋转部件上方的垂直净空距离不小于 0.3m。同时，在接近曳引机上方的机房顶板（或上梁）处、且在达到高度要求下，注明带有承载重量标志的吊钩位置。吊钩的受力至少应大于 1.5 倍的曳引主机重量，通常介于 1500～5000kg 之间。

2. 顶层高度

顶层高度是指自上端站平层面至井道顶板下最突出构件水平面的净垂直距离。无论是有机

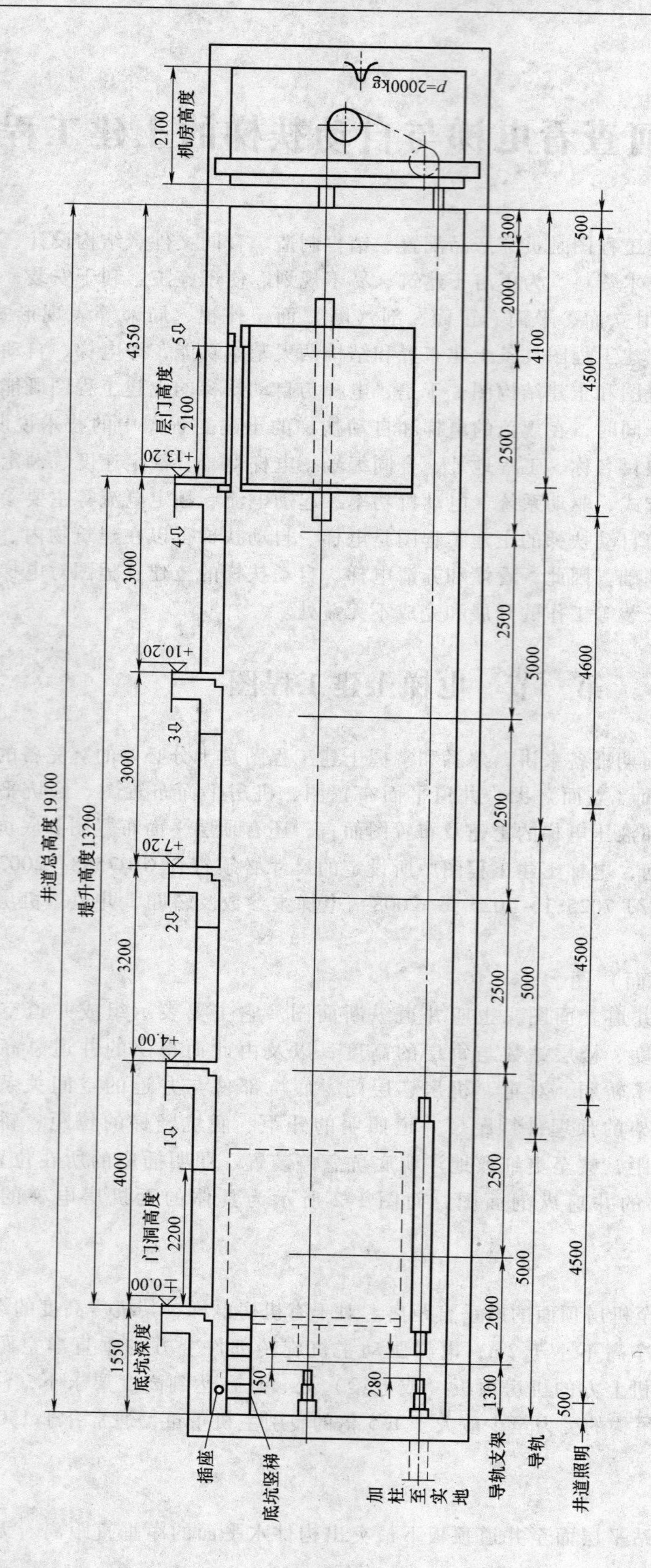

图 1-1　东芝（Toshiba）小机房电梯井道纵剖面图（额定速度：1m/s，额定载荷：1000kg）

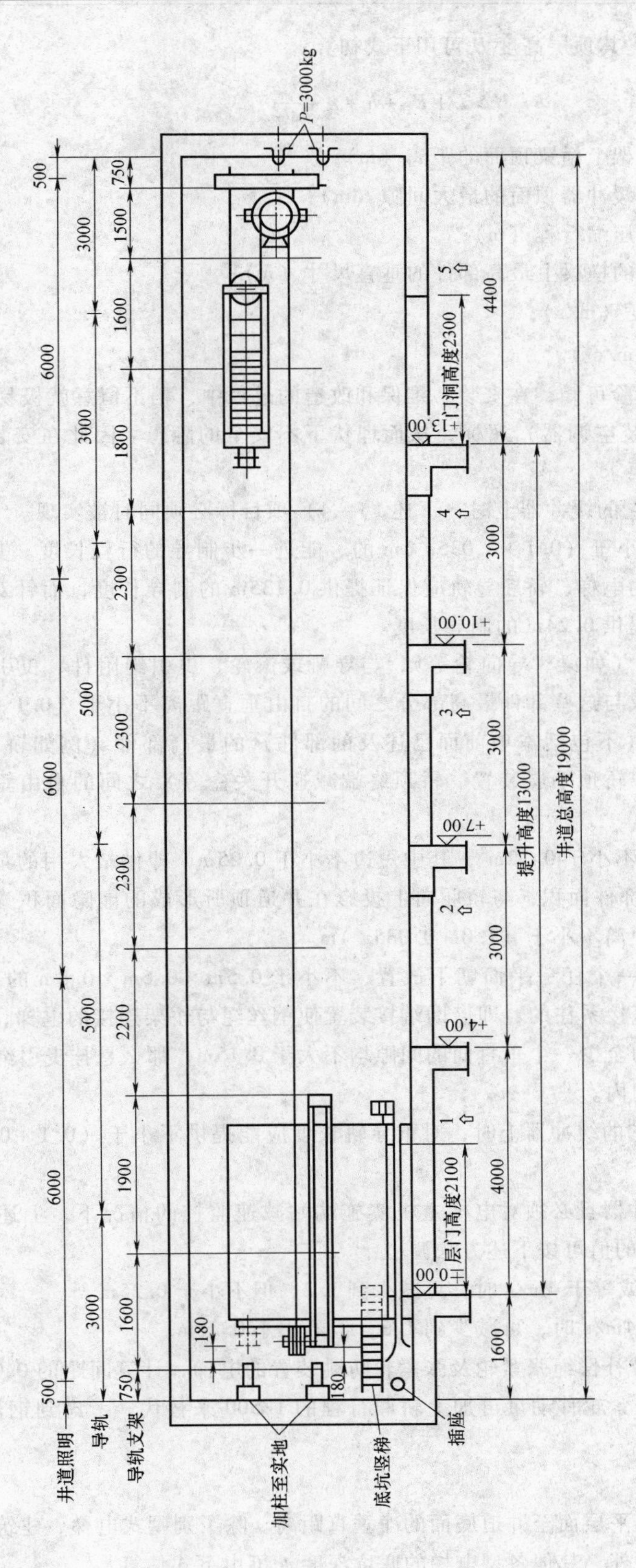

图1-2　莱茵（LME）无机房电梯井道纵剖面图（额定速度：1.5m/s，额定载荷：900kg）

房、小机房和无机房电梯，其顶层高度 H 可用下式初算：

$$H > L + E_x + h + \varepsilon + \frac{v_m^2}{4g} \tag{1-1}$$

式中 L——轿厢地坎至轿架上横梁顶面的距离（m）；

E_x——对重架底面与缓冲器顶面的最大间隙（m）；

h——对重缓冲器的压缩行程（m）；

ε——对固定在轿架的横梁上最高部件的垂直尺寸（m）；

v_m——125%额定速度（m/s）；

g——重力加速度（m/s^2）。

由式（1-1）和实践经验可知，在安装、维保和改造的过程中，稍不留意就极易使 E_x（如曳引绳裁截过短）、ε（如加装空调器）超标，从而埋伏下不安全的隐患。因此在安装完成后，顶层高度还应满足下列安全要求。

（1）当对重完全压在它的缓冲器上时，下述1）~4）项目标必须同时被实现。

1）轿厢导轨应提供不小于（$0.1 + 0.035v^2$）m 的、能进一步制导的行程长度。其中 v 为额定速度，例如针对 $v = 1$m/s 的电梯，轿厢导轨应保证提供0.135m 的制导长度，而针对 $v = 2$m/s 的电梯，轿厢导轨则应保证提供0.24m 的制导长度。

2）井道顶的最低部件（如梁、导向轮等），与导靴或滚轮、曳引绳附件、曳引绳振动衰减器、垂直滑动门的横梁、或与这些部件最高部分之间的自由垂直距离不小于（$0.1 + 0.035v^2$）m；与固定在轿厢顶上的设备（不包括本项前面已述及的部件）的最高部件（例如轿顶防护栏杆、轿顶反绳轮、轿顶控制箱、轿顶平层装置、轿顶终端减速开关盒等）之间的自由垂直距离不小于（$0.3 + 0.035v^2$）m。

3）轿顶上必须有一块不小于0.12m^2，其中短边不小于0.25m，即供站人用的最高水平面积（不包含上述2）所提及的部件面积，与轿厢向上投影在井道顶所形成的虚隐面积囊括的最低部件水平面之间的自由垂直距离不小于（$1.0 + 0.035v^2$）m。

4）轿厢上方至少应有一个任一平面朝下放置、不小于0.5m×0.6m×0.8m 的长方体空间。值得一提，对于用曳引绳直接系住的、即借助端接装置使钢丝绳与轿架连接的电梯，如果每根曳引绳中心线距离该长方体的至少一个垂直面的间隙均不大于0.15m，那么悬挂曳引绳及其附件就可以包括在这个长方体空间内。

（2）当轿厢完全压在它的缓冲器上时，对重导轨长度应能提供不小于（$0.1 + 0.035v^2$）m 的进一步制导行程。

（3）在使用减行程缓冲器且必须对电梯主机实施端站减速监控的情况下，上述（1）、（2）中用于计算行程的 $0.035v^2$ 的值可按下述方法调小：

1）电梯额定速度小于或等于4m/s 时，可减少到1/2，但不小于0.25m。

2）电梯额定速度大于4m/s 时，可减少到1/3，但不小于0.28m。

（4）对配置补偿绳并带补偿绳张紧轮及张紧轮防跳装置的电梯，计算间距的 $0.035v^2$ 值，能被伴随使用绕法而产生的张紧轮移动量再加上轿厢行程的1/500来替代。考虑到钢丝绳的弹性，替代的最小值为0.2m。

3. 底坑深度

底坑深度是指自下端站平层面至井道底面的净垂直距离。除了别墅式电梯、建筑电梯、船用电梯、汽车电梯、杂物电梯外，其他各型电梯的底坑深度 ψ 可由下式估算：

$$\psi > l + e_y + b + K + \lambda + \frac{v_m^2}{4g} \tag{1-2}$$

式中　l——轿厢地坎至轿架下横梁缓冲器撞板面的垂直距离（m）；

e_y——缓冲器撞板面与缓冲器顶面的最大间隙（m）；

b——轿厢缓冲器的压缩行程（m）；

K——被压缩后的缓冲器高度（m）；

λ——在缓冲器被压缩后，固定于下横梁或轿底的最低部件的低出缓冲器底座水平面部分的垂直尺寸，或由轿厢向下投影在底坑的虚隐面积内固定于底坑的最高部件的高出缓冲器底座水平面部分的垂直尺寸，取两者中最大值（m）。

不管怎样，安装工程完成后，当轿厢完全压在缓冲器上时底坑深度应同时满足下面三个条件。

1）底坑中至少应有一个任一平面朝下放置、不小于0.5m×0.6m×1.0m的长方体空间。

2）底坑面与轿厢最低部件之间的自由垂直距离不小于0.5m。当垂直滑动门的部件、护脚板与相邻井道壁之间的水平距离在0.15m之内时、当轿厢最低部件与导轨之间的水平距离在0.15m之内时，该自由垂直距离则可调整到不小于0.1m。

3）底坑中固定的最高部件（如补偿绳张紧装置、限速器绳张紧装置等，但不包括垂直滑动门、护脚板和导轨）的最上位置与轿厢的最低部件之间的自由垂直距离不小于0.3m。

4. 门洞高度

门洞高度既要顾及为层门、地坎和门套的净高与便于安装固定附属部件而预留尽可能大的间隙，也要考虑为减少回填与封补剩余孔隙的工程量而设定尽可能小的尺寸。由于层门入口的最小净高度必须为2m，因此层门的门洞高度至少应大于2m。另外通往井道的检修门的门洞高度应大于1.4m；确保相邻地坎间最小距离的井道安全门的门洞高度应大于1.8m；例外地为维护修理方便而设置的检修活板门的门洞高度应小于等于0.5m。

二、井道平面布置图

井道平面布置图，简称井道平面图。它主要表示在井道的有效且有限的空间内，轿厢、对重、导轨、层门、门框、门套、井道开关、随行电缆、甚至限速器绳等的摆放基准和配搭位置。根据对重的设置及主机的设立形式，井道平面图主要分为图1-3所示的对重后置式和图1-4所示的对重侧置式两种，而对重侧置式又可分为对重左侧置式（见图1-4a）和对重右侧置式（见图1-4b）。对于观光电梯而言，甚至还可采用图1-5a所示的对重远程后置式和图1-5b所示的对重远程侧置式。为了缩小允许偏差和满足安装精度，井道平面布置图通常标明和注解以下的规格参数与水平尺寸：

1）井道：净宽×净深。

2）轿厢：净宽×净深，外宽×外深。

3）门中心线、门洞宽、门套宽，开门净宽、层门地坎深度以及其与轿门地坎间的距离。

4）便于配置和安装时推算量度与放样吊线的轿厢、对重的导轨支架及导轨面的间距。

5）对重框架的结构位置。

6）井道线槽、随行电缆、平层感应装置、终端强迫减速和极限开关、井道控制与中继及分支接线箱的布设。

无论如何，从运行安全和安装、维修和改造的调整操作以及井道空间利用率等方面综合考虑，应确保下列间隙符合规范要求：

1）轿厢外宽侧与安装导轨侧的井道内表面之间的水平距离应不小于150mm。

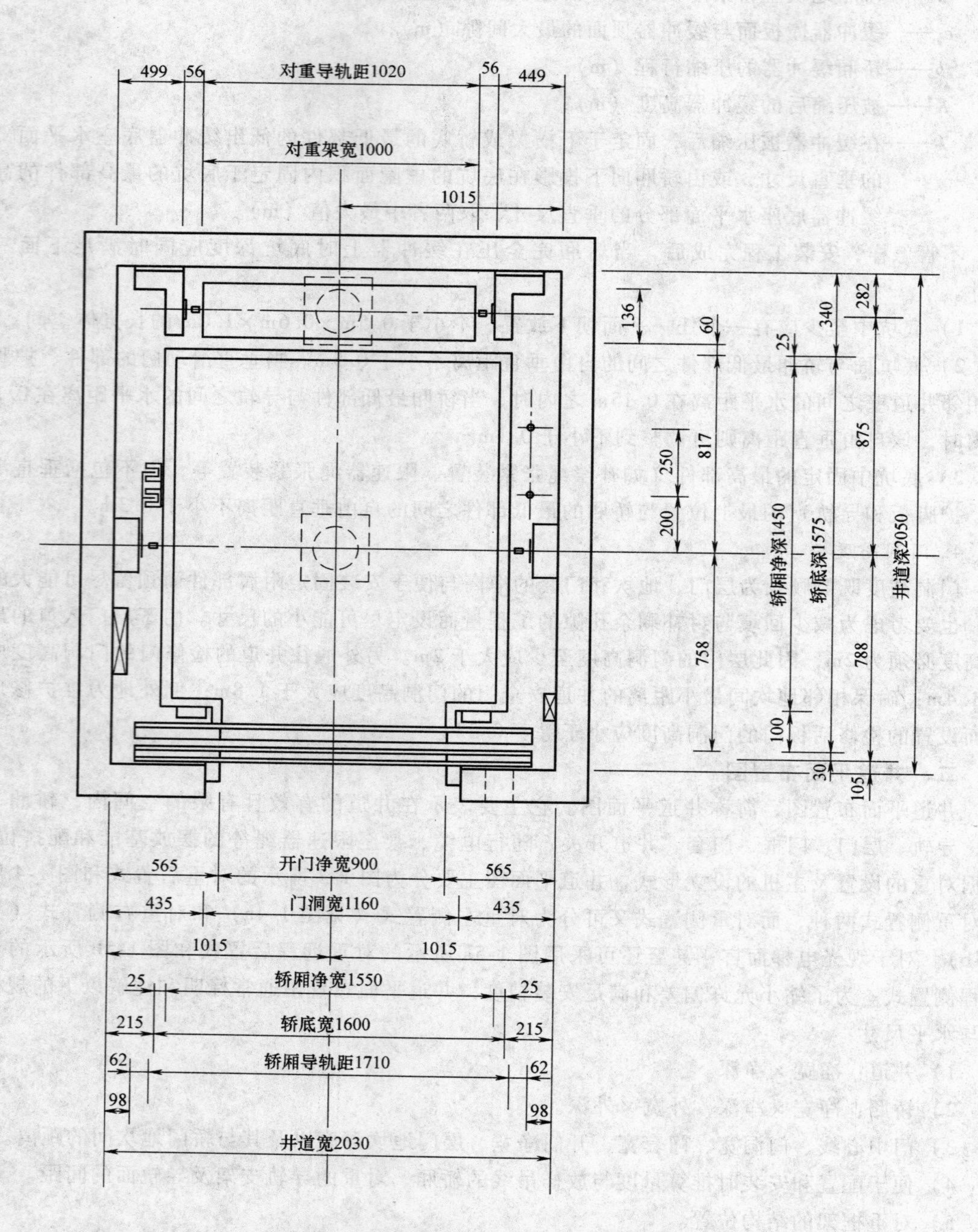

图 1-3　三菱电梯对重后置式井道平面图

（额定速度：1.5m/s，额定载荷：1000kg）

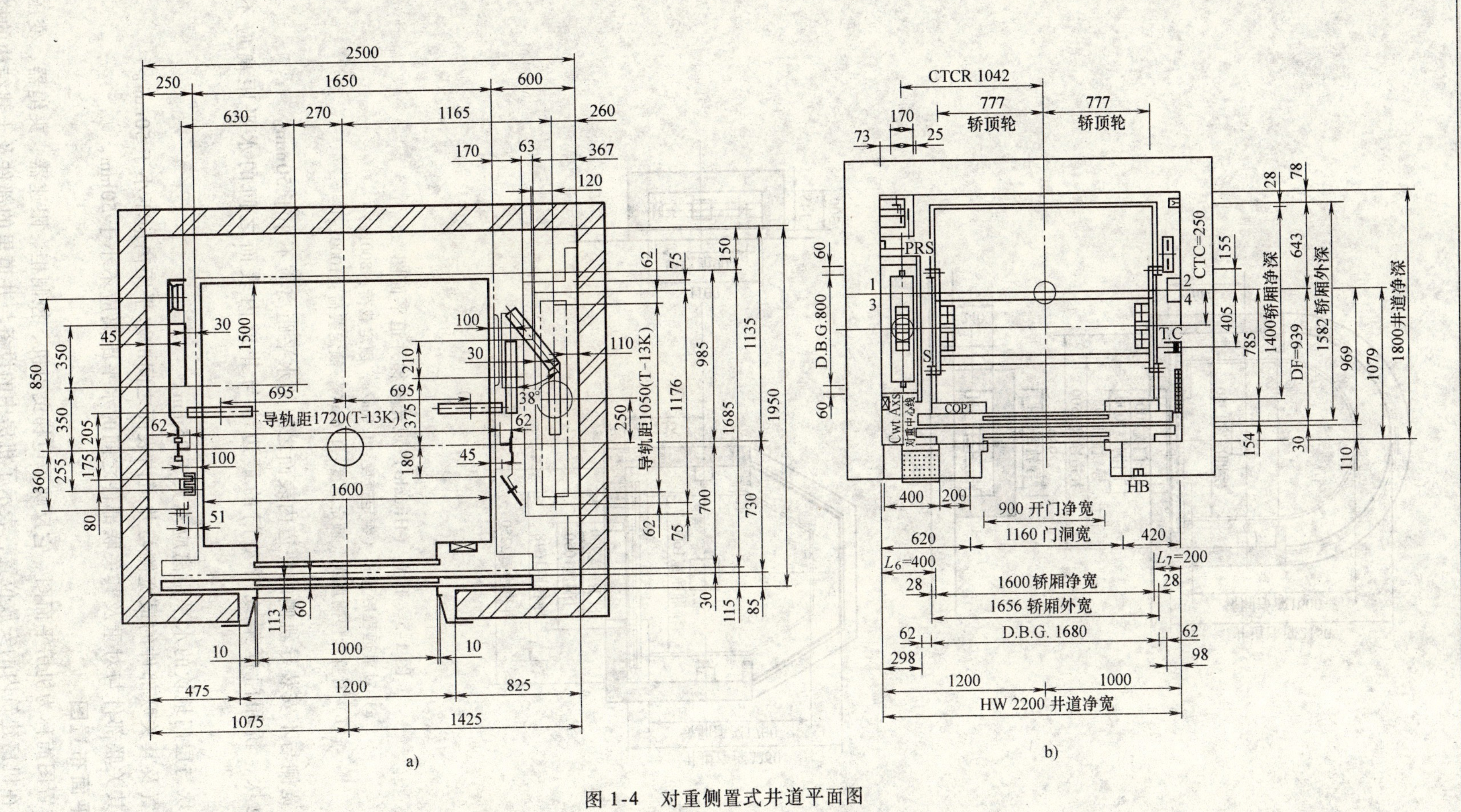

图 1-4　对重侧置式井道平面图

a）迅达无机房对重右侧置式电梯（额定速度：1.75m/s，额定载荷：1000kg）　b）奥的斯无机房对重左侧置式电梯（额定速度：1.6m/s，额定载荷：1000kg）

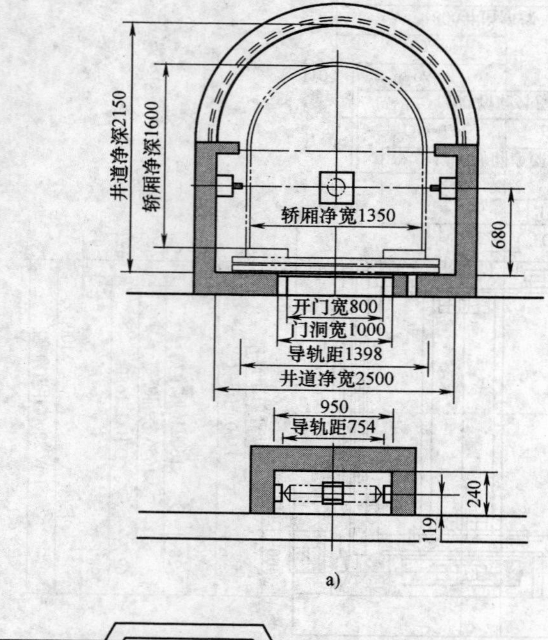

a)

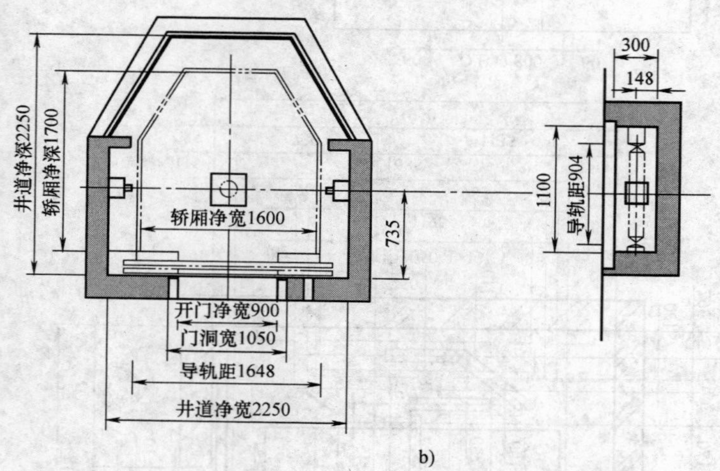

b)

图 1-5　日立（Hitachi）观光电梯井道平面图

a）对重远程后置式（额定速度：1.0m/s，额定载荷：800kg）

b）对重远程侧重式（额定速度：1.6m/s，额定载荷：1000kg）

2）轿厢外宽侧与不安装导轨侧的井道内表面之间的水平距离应不小于50mm。

3）轿厢地坎、轿厢门框架或滑动门的最边缘与井道内表面之间的水平距离应不大于150mm。

4）轿厢地坎与层门地坎的水平距离应不大于35mm。

5）对重装置及其关联部件的最宽侧与井道内表面之间的水平距离应不小于50mm。

6）轿厢及其关联部件与对重及其关联部件之间的水平距离应不小于50mm。

三、机房平面布置图

机房平面布置图简称为机房平面图。它反映了电梯曳引机、控制柜、限速器、夹绳器、变压器和电抗器等机件在机房建筑内的安放位置，表示了机房中的设备与井道里的部件及土建结构的搭配布置。机房通常设置在井道的顶部，当然也可根据曳引形式与特殊需求的不同而设置在井道的中部、下部或侧部，甚至做成无机房电梯，显然，这已不属于有机房电梯论述的范畴。一般来说，机房面积以利于所有工作部件的挪卸拆装、确保安装维修人员安全且容易地接近工作部件进行操作、易于散热隔噪的足够尺寸为宜，即使是那些随着控制和驱动部件的小型化而派生出来的小机房电梯也不能例外，它们都应满足与符合有关涉及电梯机房的标准规范和土建技术的要求及条件。

图 1-6 和图 1-7 给出了有机房与小机房电梯的机房平面图。除了前述的内容外，还应在机房平面图上标明建筑物（常为钢筋混凝土井道壁或结构圈梁）所承受的作用力（亦叫反力）。

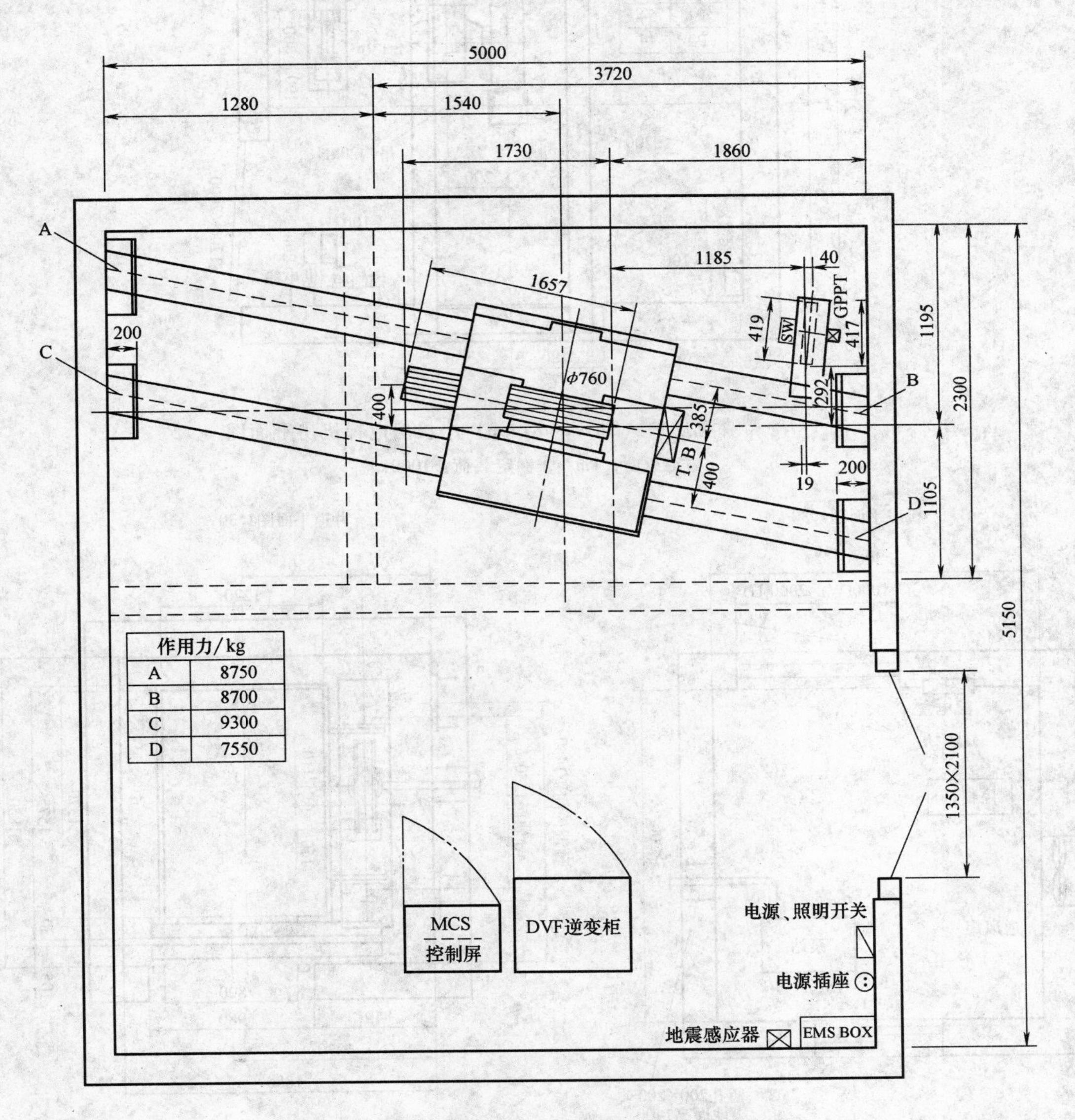

图 1-6　富士达（Fujitec）电梯机房平面图
（额定速度：3.5m/s，额定载荷：1800kg）

传统的液压电梯的机房多为下侧布置，如图 1-8 所示。随着高性能、低噪声的薄型泵站和微型控制屏的研制成功，也出现了外置、内嵌、入墙（见图 1-9）等形式与可左、可右、可前、可后等配置的无机房液压电梯。

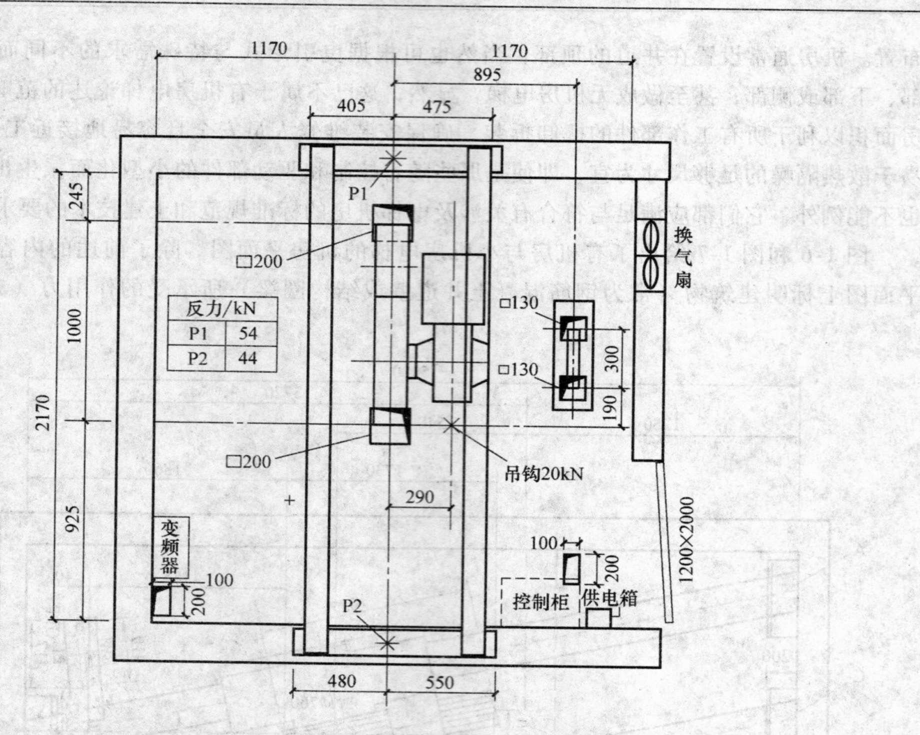

图 1-7 蒂森克虏伯（ThyssenKrupp）小机房电梯机房平面图

（额定速度：1m/s，额定载荷：1000kg）

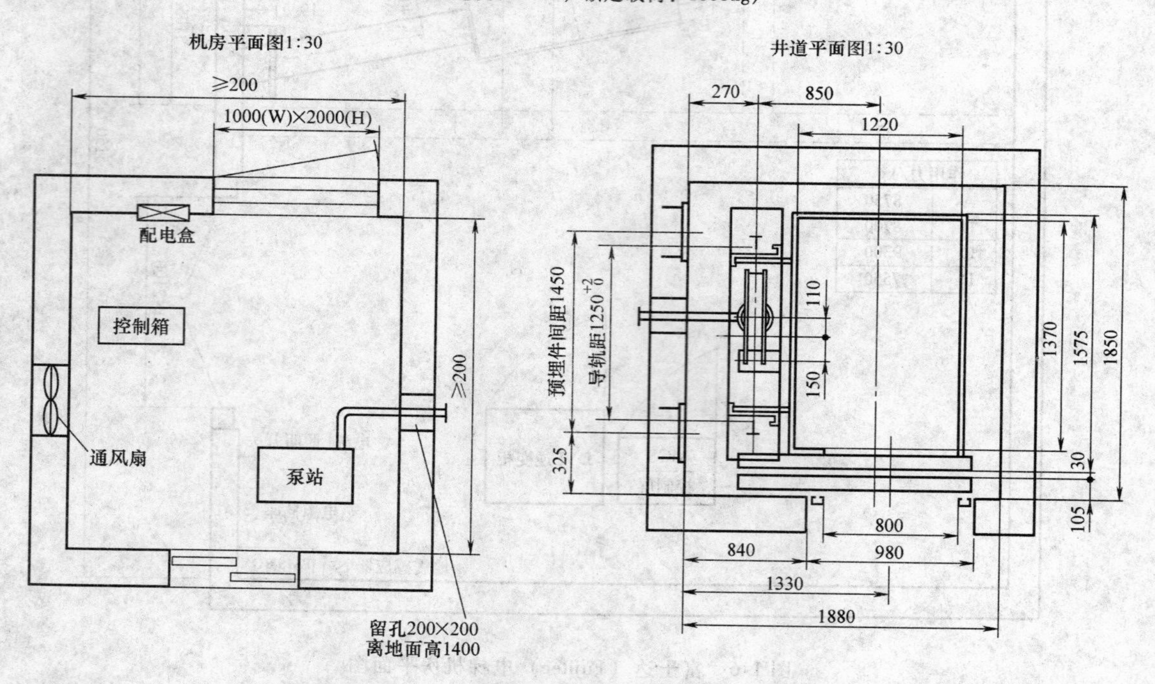

图 1-8 科达液压电梯下侧机房与井道平面图

（额定速度：0.5m/s，额定载荷：500kg）

图 1-10 给出了两款曳引机在井道顶部的无机房电梯的顶层平面图。由于牵涉到有些部件对顶层楼板和井道壁梁的作用力，因此要在图中标注受力量值。值得指出的是，同样是额定速度

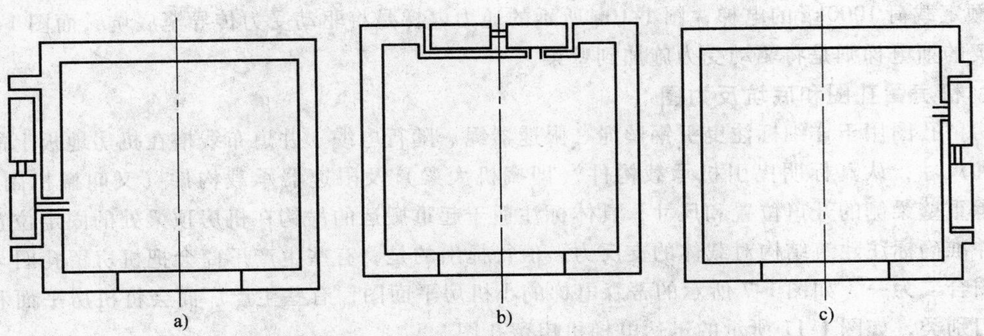

图 1-9　奥斯玛（Osma）液压电梯无机房（井道下部）平面布置示意图
（额定速度：0.25m/s，额定载荷：400kg）
a）左侧外置式　b）后方内嵌式　c）右面入墙式

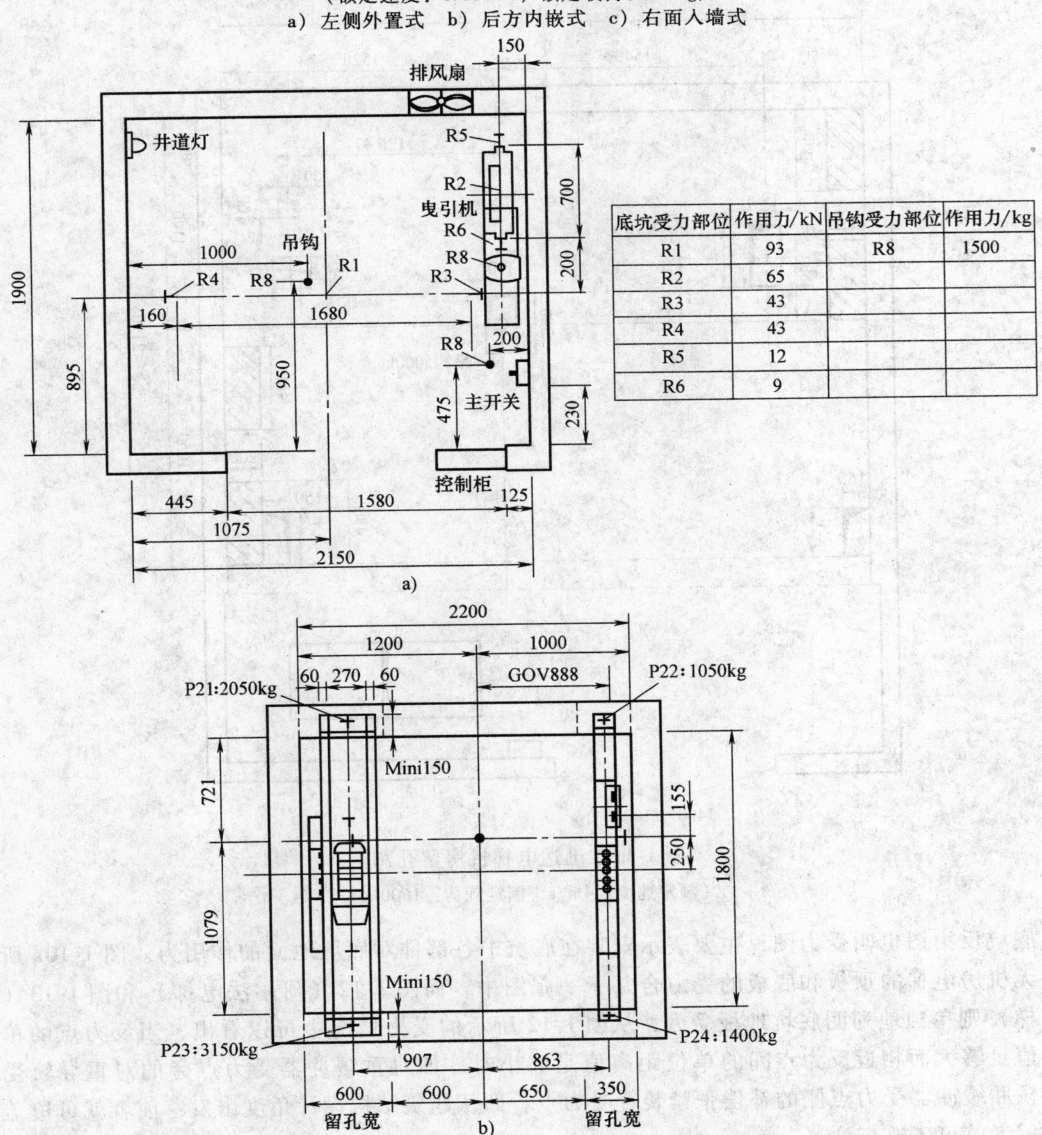

底坑受力部位	作用力/kN	吊钩受力部位	作用力/kg
R1	93	R8	1500
R2	65		
R3	43		
R4	43		
R5	12		
R6	9		

图 1-10　无机房电梯顶层（井道顶部）平面图
a）通力无机房电梯顶层平面图（额定速度：1m/s，额定载荷：1000kg）
b）奥的斯无机房电梯顶层平面图（额定速度：1m/s，额定载荷：1000kg）

1m/s、额定载荷1000kg的电梯，图1-10a所示的通力电梯是将驱动受力传导至底坑，而图1-10b所示的奥的斯电梯则是将驱动受力施加到壁梁。

四、机房留孔图和底坑反力图

机房留孔图用于详细标注曳引钢丝绳、限速器绳、随行电缆、井道布线槽在机房地板上的通口位置和尺寸，认真标明曳引机承载构件（即搁机大梁）及限速器承载构件（又叫搁机副梁）在机房承重壁梁侧的开口位置和尺寸，具体标注适于起重搬运的吊钩在机房顶梁处的固定位置和尺寸，并准确标注建筑结构对载体的支反力。值得提出的是，有些生产厂商会把机房留孔图与机房平面图合二为一，如图1-7所示的蒂森电梯的小机房平面图；有些生产厂商会将机房平面和留孔图分门别类，如图1-11所示的迅达电梯机房留孔图。

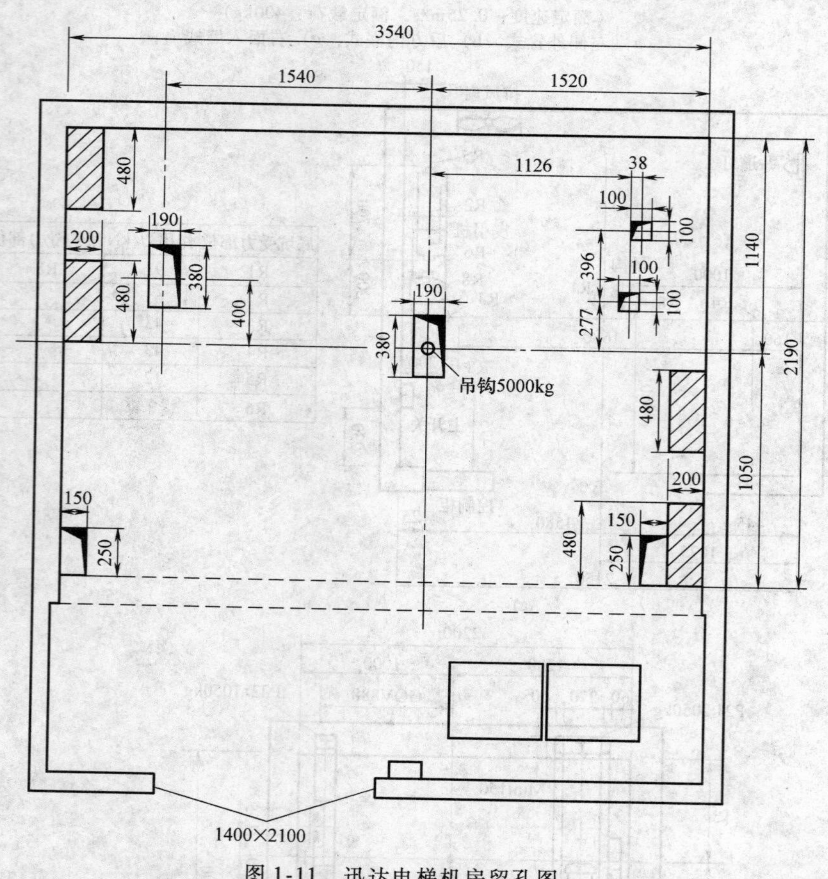

图1-11 迅达电梯机房留孔图

（额定速度：4m/s，额定载荷：1600kg）

底坑反力图也叫受力图，主要表示安装在底坑中各部件对底坑地面的作用力。图1-10a所示是将无机房电梯的顶板和底板的受力合并于一张图中，而图1-12（阿尔法电梯）和图1-13（日立电梯）则单独地列明底坑地板受力，从图1-12所示的受力情况中可以看出，当反力点的单位作用值足够大而相近反力点间的单位距离值足够小时，如对重缓冲器受力点旁的对重导轨受力点、轿厢缓冲器受力点侧的补偿张紧装置受力点，即从建筑结构设计角度出发，前者就可覆盖后者，后者就可省略标注。

五、局部外视图

作为完整的电梯土建布置图的局部外视图是不可或缺的。局部外视图主要有层门及部件留孔

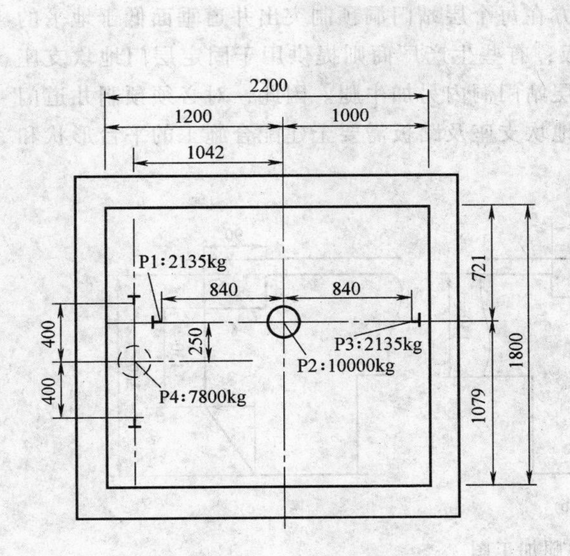

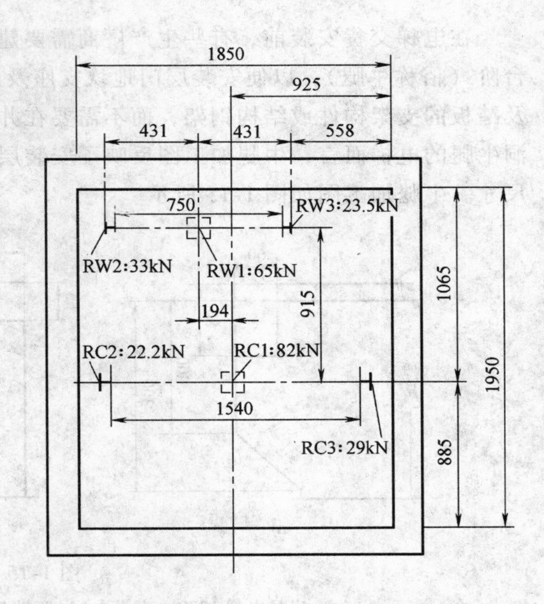

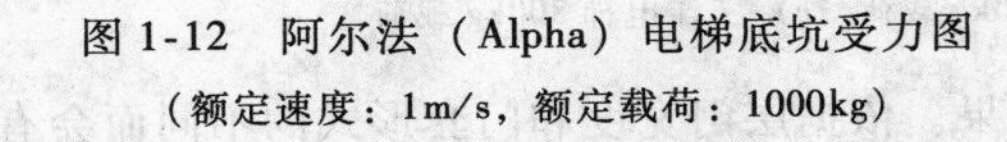
图 1-12　阿尔法（Alpha）电梯底坑受力图
（额定速度：1m/s，额定载荷：1000kg）

图 1-13　日立电梯底坑反力图
（额定速度：1.75m/s，额定载荷：800kg）

图、牛腿加工图、层门入口详图、缓冲座制作图等。

层门及部件留孔图表示电梯层门、门套、楼层显示器、召唤箱、消防盒在入口侧井道壁处预制孔洞的形状和尺寸。为了便于安装操作，还须在门洞的适当范围和距离内标明固定层门和门套所需用的预埋构件或膨胀螺栓分布点。因此说层门及部件留孔图是利于建筑设计方在考虑留孔时能绕道及规避主干或分支钢筋结构的参考资料，是避免日后安装时要耗费人力和工时重新开凿敲砸井壁的先行提示。层门及部件留孔图如图 1-14 所示。

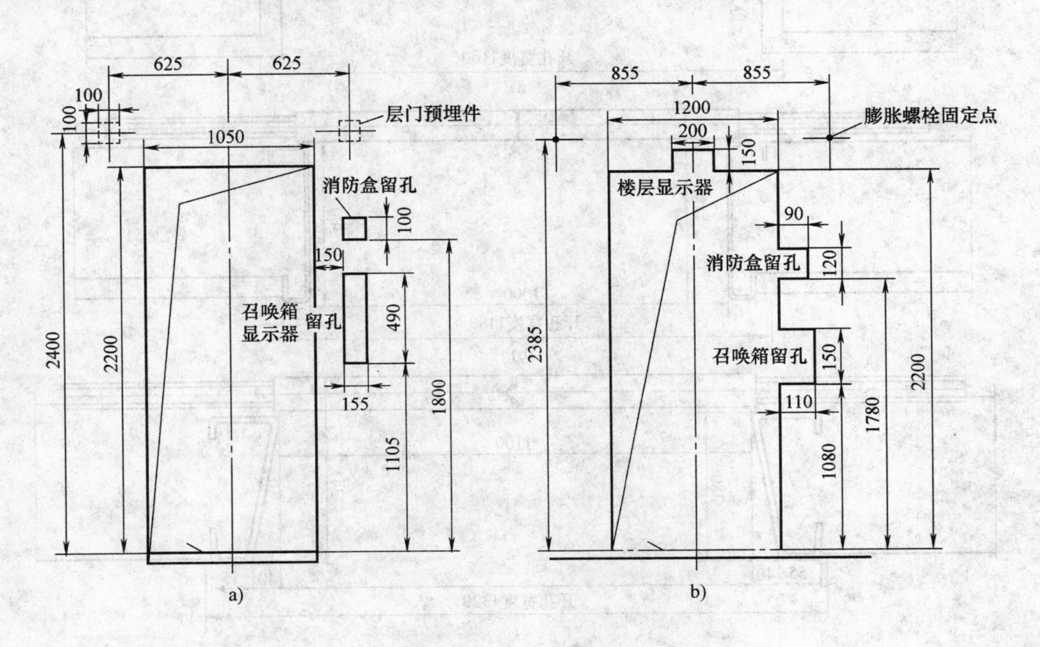

图 1-14　层门留孔图
a）永大电梯 900mm 开门宽度　b）京城中奥电梯 1000mm 开门宽度

在电梯交货安装前，有些生产厂商需要建筑方在每个层站门洞预制突出井道垂面低于地平的台阶（俗称牛腿），以便安装层门地坎支座及踏板；有些生产厂商则提供用于固定层门地坎支座及踏板的支架构件或结构钢架，而不需要在井道层站门洞内另加牛腿。因此，对必须预制井道门洞牛腿的电梯而言，牛腿加工图反映了安装层门地坎支座及踏板需要土建配合施工的平台形状和尺寸。牛腿加工图如图 1-15 所示。

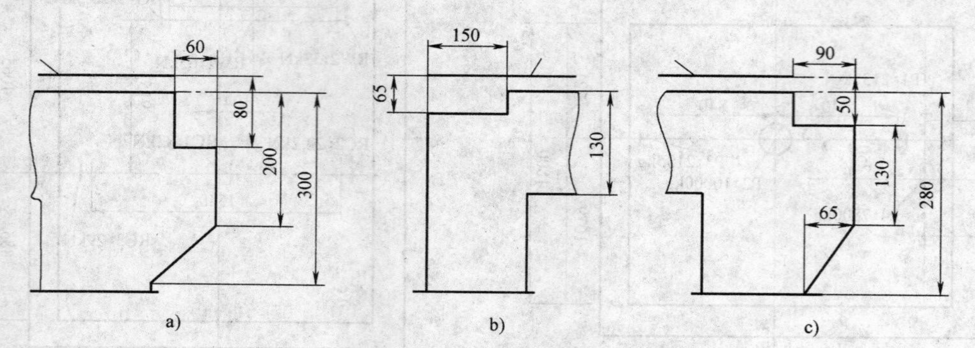

图 1-15　牛腿加工图

a）广日电梯 1000kg 载荷　b）赛勒瓦电梯 630kg 载荷　c）三洋电梯 800kg 载荷

层门入口详图表示了层门、门套及地坎的安装效果。依据层门宽度和门套形式的不同而会有多种配置的层门入口详图，但传统和通常的情形下，层门宽度分别有 800mm、900mm、1000mm、1100mm、1200mm，门套形式分别有无门套、小门套、斜角式大门套、直角式大门套，因此层门入口详图随门套而大致划分为三种类型。图 1-16 所示为常见的层门入口详图。

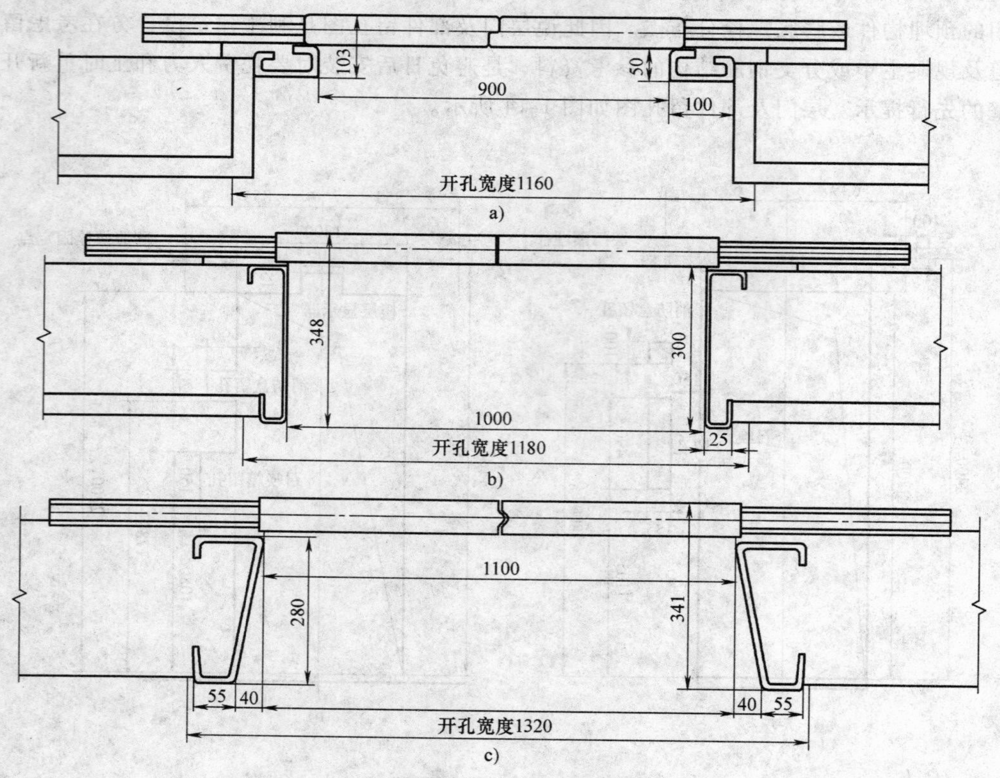

图 1-16　层门入口详图

a）星玛电梯 900mm 开门宽度　b）爱登堡电梯 1000mm 开门宽度　c）铃木电梯 1100mm 开门宽度

为了满足与符合缓冲距离与强度要求，用缓冲座制作图来规范土建施工是十分必要的。缓冲座实际上就是固定底坑中缓冲器的钢筋混凝土墩子或钢架结构。一般来说，轿厢侧缓冲座与对重侧缓冲座应根据轿架和对重架的结构而确定各自的高度，应依照标准反力参数而决定各自的大小，应基于配置体积和现场放样而认定各自的位置。图 1-17 所示为缓冲座制作图。

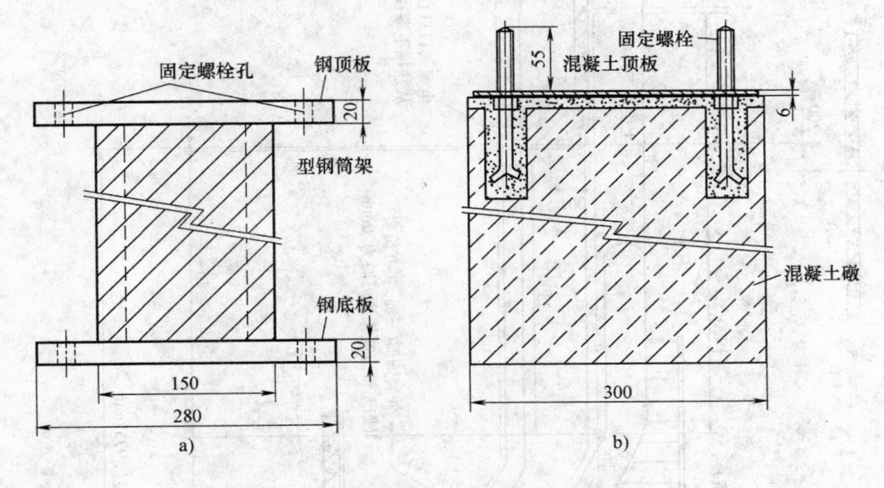

图 1-17　缓冲座制作图

a）快速奥的斯电梯（额定速度：1.75m/s，额定载荷：1000kg）油压缓冲器钢构基座

b）西子奥的斯电梯（额定速度：1.6m/s，额定载荷：800kg）油压缓冲器混凝土礅基座

第二节　自动扶梯土建工程图

针对不同的使用要求、选型和配置，就会有不同的自动扶梯（自动人行道）土建工程图，因此对于自动扶梯安装工作的前期准备来讲，熟悉和掌握土建工程图是必不可少的前提条件。完整的自动扶梯土建工程图通常包括立面图、平面图、正面图、局部剖面图、详尽放大图和底坑处理图等。不管怎样，自动扶梯土建工程图中所设定的尺寸必须遵守、符合与满足 GB 16899—2011《自动扶梯和自动人行道的制造与安装安全规范》中标示的参量、数据、间隙、功能、要求等条件。

一、立面图

自动扶梯的土建立面图，也叫土建剖面图。它反映了自动扶梯所占据的净空长度（也称为梁距、水平跨度）、倾斜角度、提升高度、底坑（又称为地坑、基坑、机坑）深度、垂直净高度（即最小层距）、支撑反力等。图 1-18 所示为迅达 9300FN-30-100K 型自动扶梯的土建立面图，其提升高度 $H=2790\text{mm}$，下支承垂直坑面至上支承垂直坑面的净空长度 $L=9732\text{mm}$，下基点水平线与梯级运行轨迹的夹角即梯级运行方向与水平面构成的最大角度也就是倾斜角度 $\alpha=30°$，从低端站（下层）装饰完成面到安设下部机座（还叫做下沉平台）的底坑面间的距离即底坑深度 $h=1100\text{mm}$，容纳下部机座的底坑或楼板留孔长度 $l\geqslant4490\text{mm}$，根据 GB 16899—2011《自动扶梯和自动人行道的制造与安装安全规范》标准规定的垂直净高度 $b\geqslant2300\text{mm}$；同时图中还准确地标出高端站（上层）支点所承受的反力 $F_1=66273\text{N}$，低端站支点所承受的反力 $F_2=59273\text{N}$，以及设法使楼板能承受的临时最大吊力：上层为 70000N，下层为 50000N；以及在图内列明由卖方和买方各自应提供的配件与附件。因此，自动扶梯的土建立面图对建筑和安装施工有

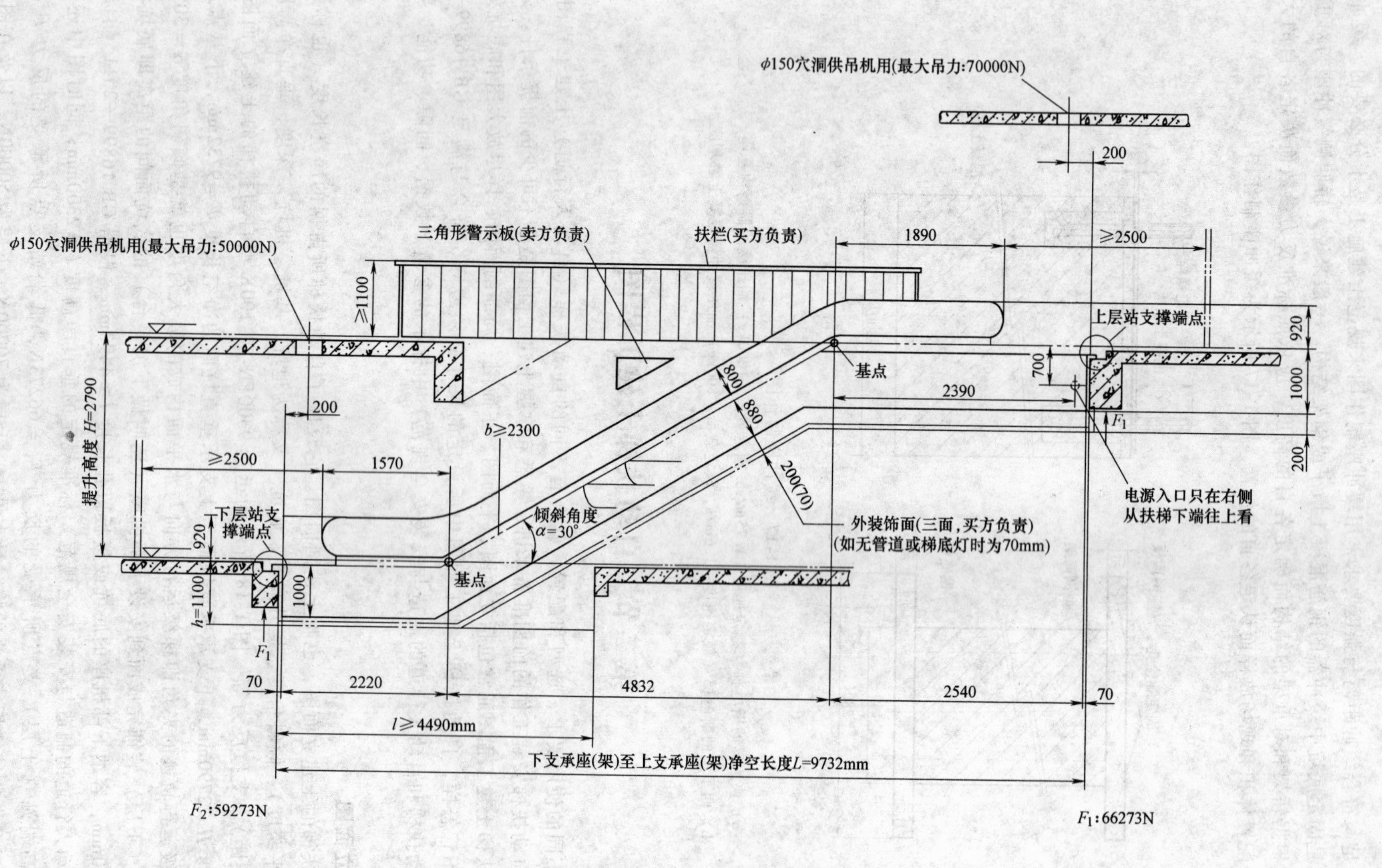

图 1-18　迅达 9300FN-30-100K 型自动扶梯土建立面图

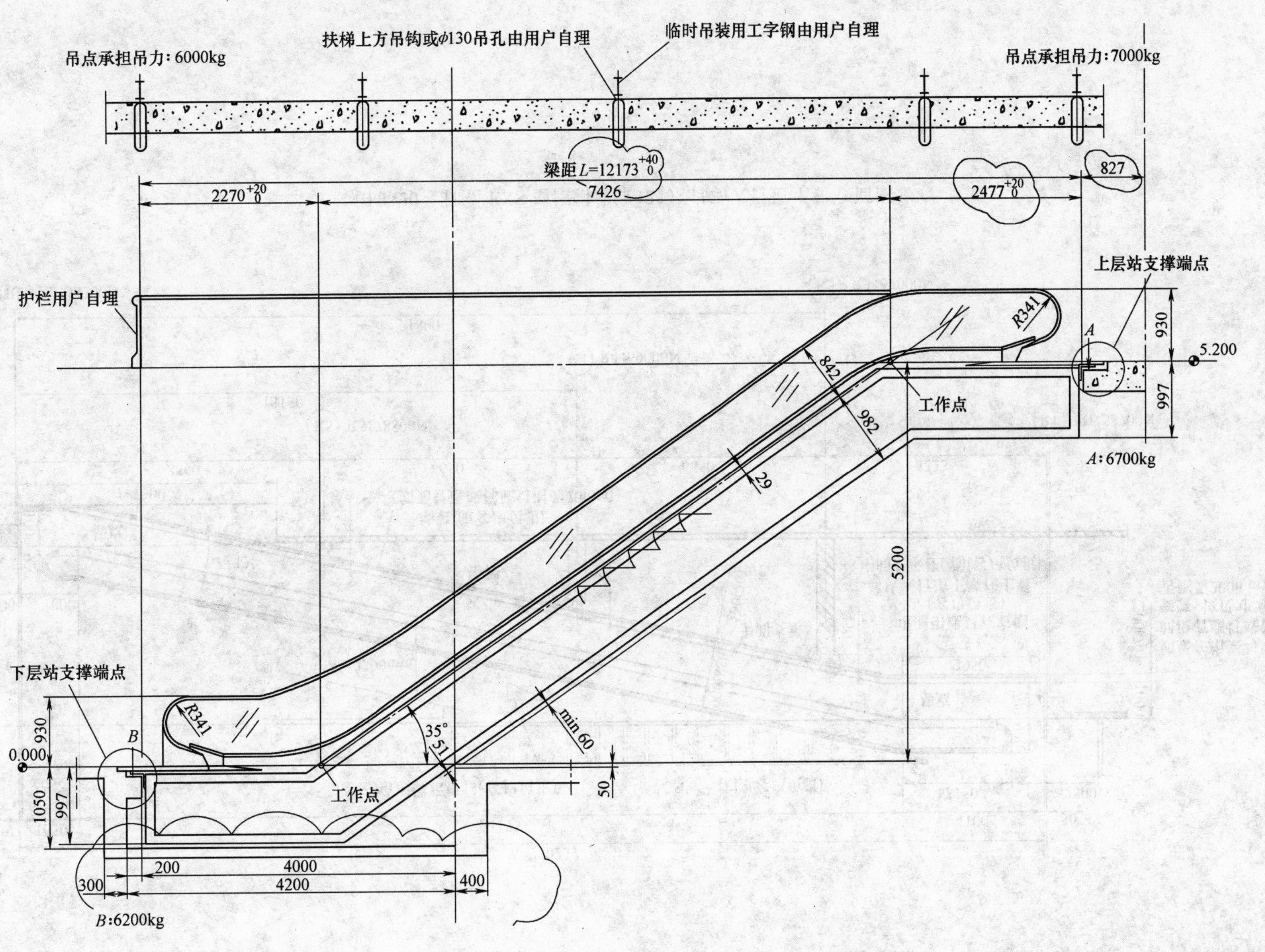

图 1-19　奥的斯 506NCE 型自动扶梯土建剖面图

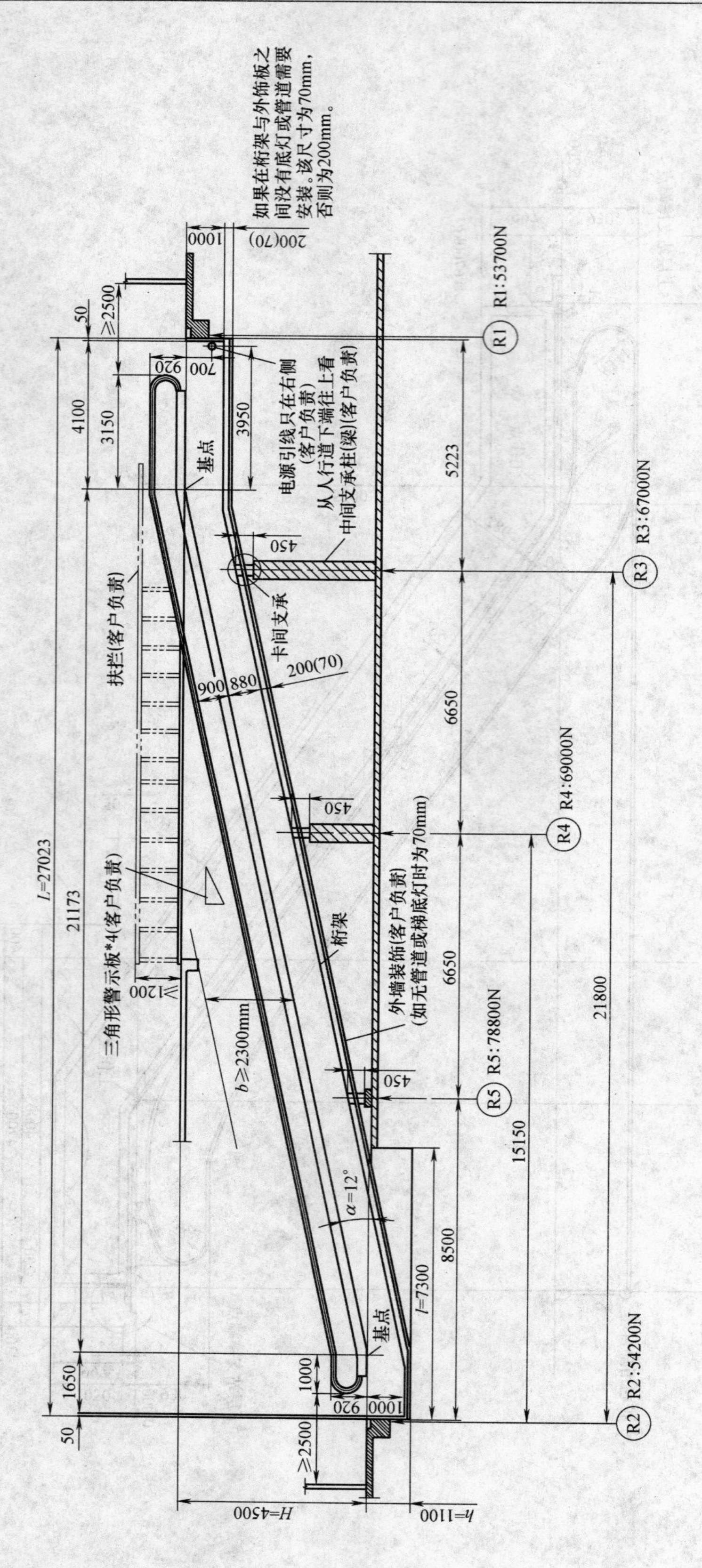

图 1-20　日立 EXS 型倾斜式（12°）自动人行道土建立面图

着十分重要的指导及提示作用。图 1-19 所示为奥的斯 506NCE 型自动扶梯的土建剖面图，从图中不难看出，它的 $H=5200$mm、$L=12173$mm、$\alpha=35°$、$h=1050$mm、$l=4200$mm；由于大堂高度足够高（$b\gg2300$mm），故图中省略标注，但用于临时吊装的吊钩及吊孔则须由用户自理。所以，通过查看比较两种品牌自动扶梯的土建立面图，可加快与加深对自动扶梯土建工程图的熟悉和掌握。

图 1-20 所示为日立 EXS 型倾斜式（12°）自动人行道土建立面图。由于存在提升高度 $H=4.5$m、支承长度达到 $L=27.023$m 的状况，故必须设置三个托举桁架的中间支撑梁柱。其他方面的土建结构则与前述的自动扶梯土建立面图相差无几。图 1-21 所示为三菱 R 型水平式自动人行道土建剖面图。相比之下，因为具有两个用于曳引传动、驱使转向、操纵控制的下沉机座且水平跨度达到 50m，所以它的土建布置与前述的结构形式略有差异，即根据自身特点而随之独辟蹊径。

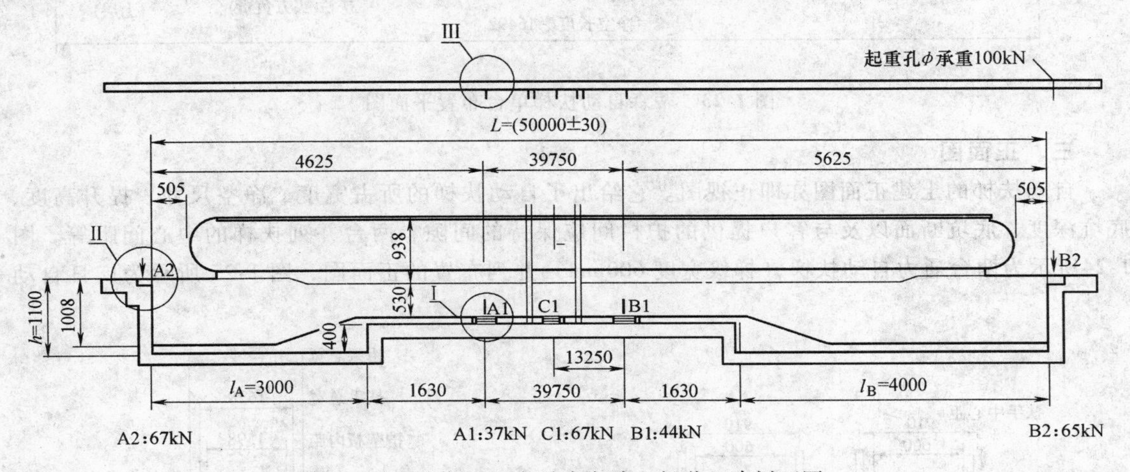

图 1-21　三菱 R 型水平式自动人行道土建剖面图

二、平面图

自动扶梯的土建平面图也就是俯视图。它表明了自动扶梯的所占宽度、长度以及应与其周边的梁、柱、墙、板等障碍物保持的最小间距，甚而表明详细的便于安装调整的吊孔位置等。图 1-22是永大自动扶梯两台并列布置的平面图，图 1-23 则是蒂森自动扶梯单台布置的平面图，值得注意的是，前者的总体宽度范围仅适于梯级宽度为 800mm 的自动扶梯“就位”，后者的总体宽度尺寸则可适于梯级宽度为 1000mm 的自动扶梯“入座”。另外，若自动扶梯扶手带中心线与周

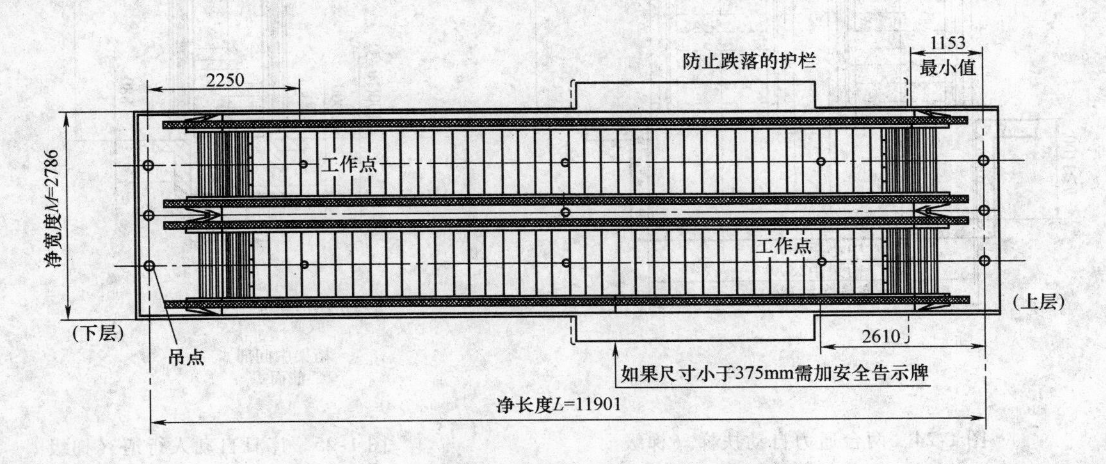

图 1-22　永大自动扶梯两台并列布置平面图

边的梁、柱、墙、板等障碍物之间的水平距离小于 0.5m，那么应在接近该障碍物处的自动扶梯外盖板范围的上方设置一块下垂高度不应小于 0.3m、且至少延伸到扶手带下缘 25mm 处水平长度不小于 0.4m 的预防碰夹的无锐利边缘三角形警示板（见图 1-18 和图 1-20）。

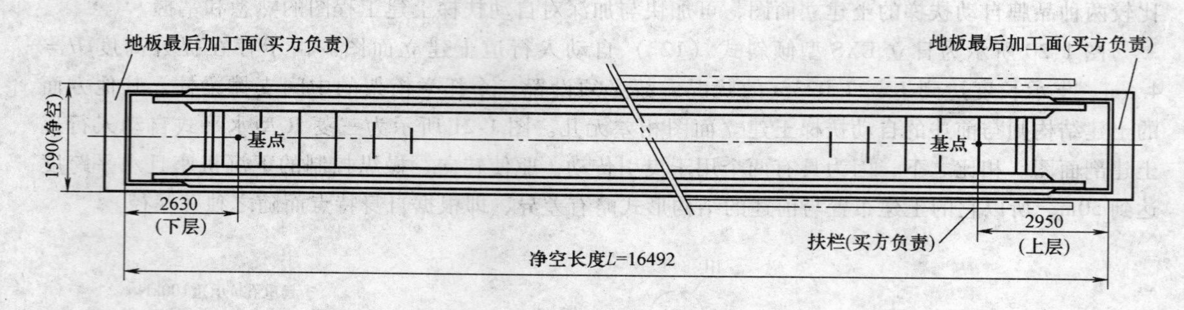

图 1-23　蒂森自动扶梯单台布置平面图

三、正面图

自动扶梯的土建正面图亦即正视图。它给出了自动扶梯的所占宽度、净空尺寸、提升高度、底坑深度、底坑断面以及与客户提供的护栏间应保持的间隙、两台并列扶梯的中心间距等。图 1-24所示为两台通力自动扶梯（梯级宽度 600mm）并列布置的正面图，图 1-25 所示为广日自动

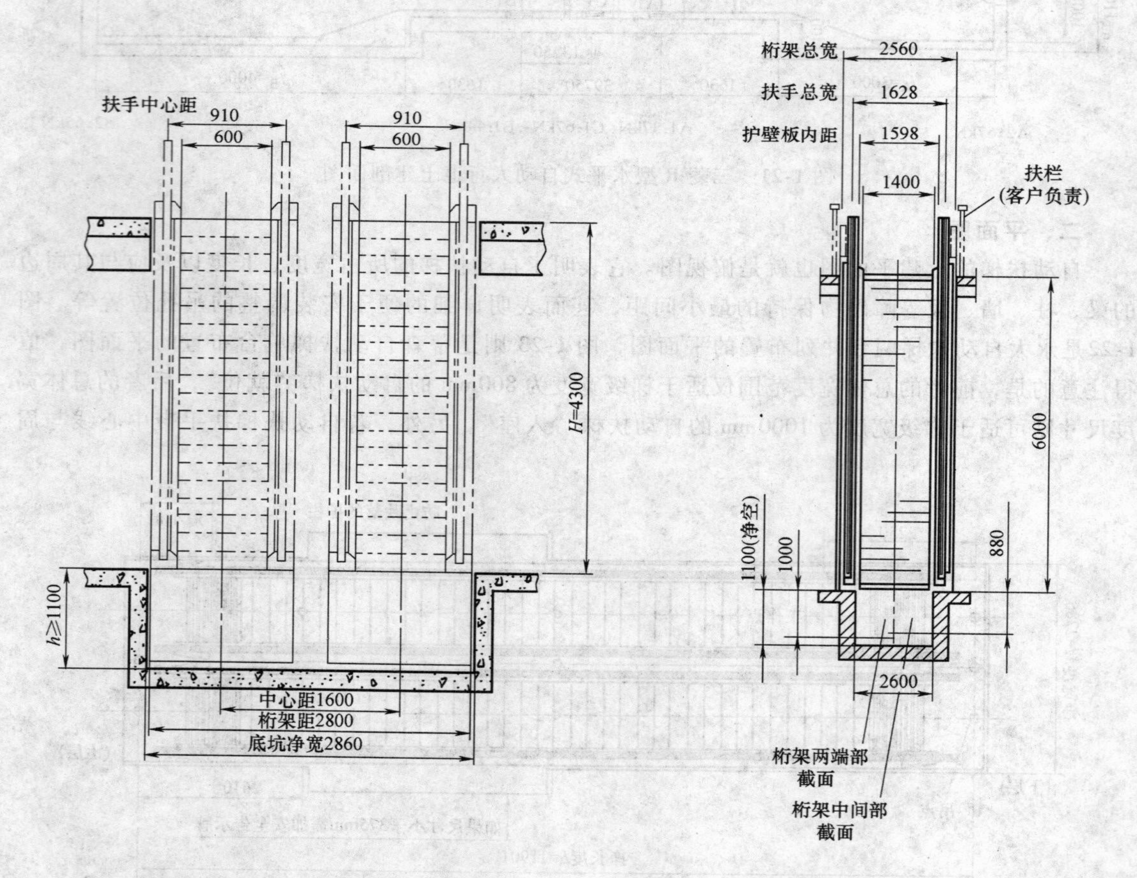

图 1-24　两台通力自动扶梯（梯级宽度 600mm）并列布置正面图

图 1-25　广日自动人行道（梯级宽度 1400mm）土建正面图

人行道（梯级宽度 1400mm）的土建正面图。

四、局部剖面图

自动扶梯的土建局部剖面图实际上是对土建正面图的细节补充和完善。它多为对在正面图中未显示的自动扶梯上部机座（平台）土建尺寸和电源进线口等结构细节的补充与完善。图 1-26 所示为台菱自动扶梯（梯级宽度为 1000mm）的土建局部剖面图。

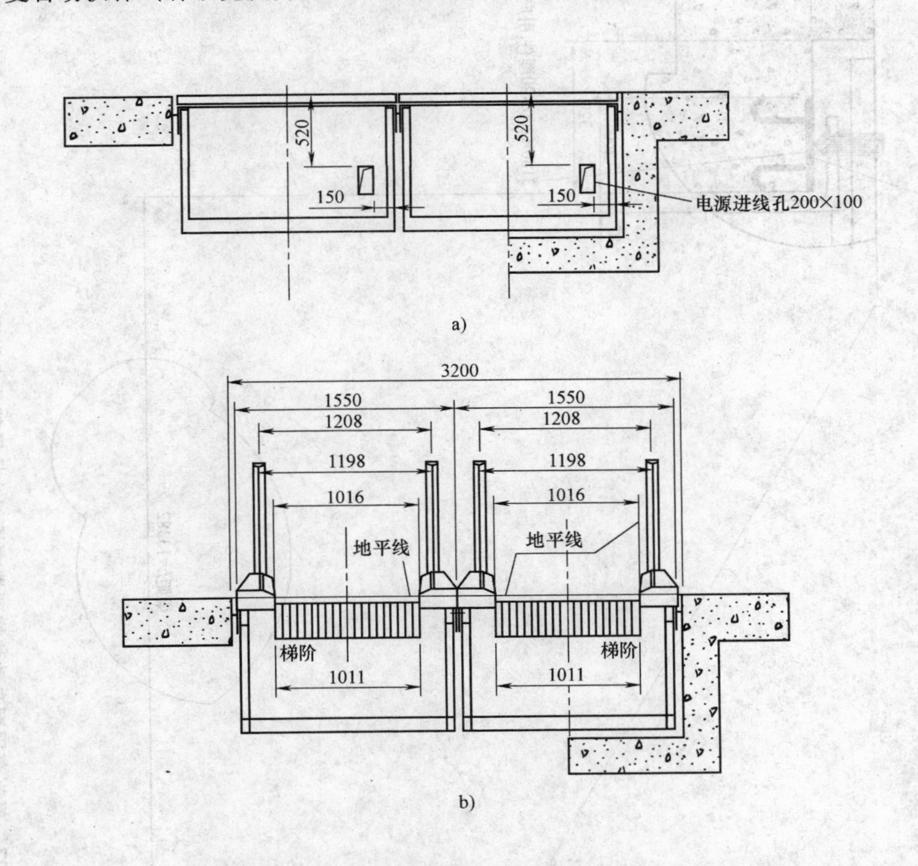

图 1-26　台菱自动扶梯（梯级宽度 1000mm）土建局部剖面图

a）上层站入口前端剖面　b）上层站入口后端剖面

五、详尽放大图

与自动扶梯的土建局部剖面图所起作用相似而又有所区别的是，详尽放大图是对土建工程图的细节补充和完善。它所表示的内容有自动扶梯两端支承部分的局部放大详图、中间支撑部分的局部放大详图，以及当支承梁与支撑柱由钢结构或混凝土制作时的局部放大详图等。莱茵商用型自动扶梯两端支承部分的局部放大详图如图 1-27 所示，奥斯玛公共型自动扶梯中间支承部分的局部放大详图如图 1-28 所示，东芝自动人行道中间支撑部分的局部放大详图如图 1-29 所示。

六、底坑处理图

通常情况下，装于室内的首层或地下层的自动扶梯（自动人行道）的底坑均须做渗漏水处理。但特殊状况下，对用于室外的任何层的自动扶梯（自动人行道）的底坑除了应做好渗漏水处理外，还必须采取防水措施及配备排水设施。图 1-30 所示为阿尔法室外公共型自动扶梯的底坑处理图，图 1-31 所示为迅达室外公共型自动人行道的底坑处理图。

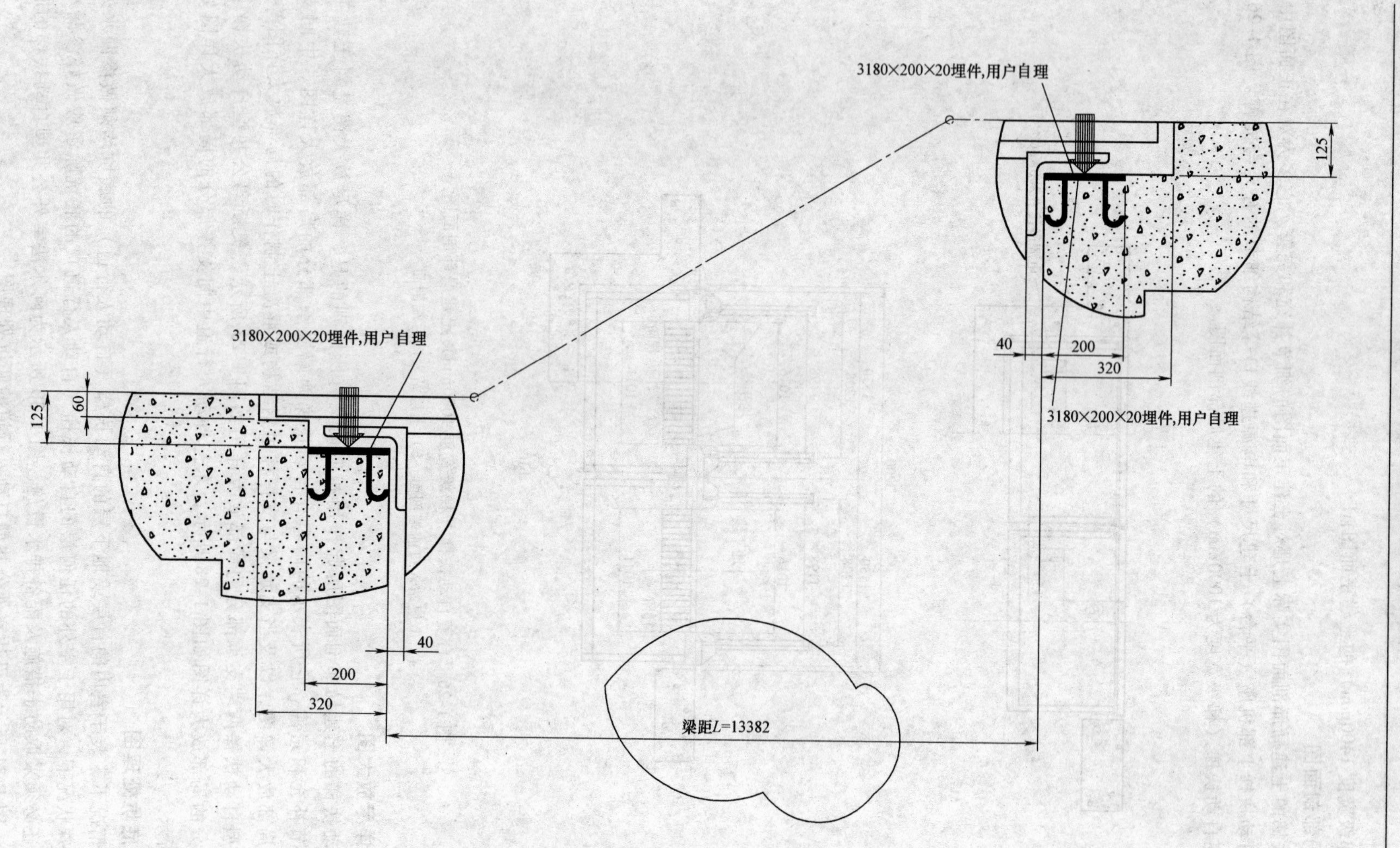

图 1-27　莱茵商用型自动扶梯两端支承部分的局部放大详图

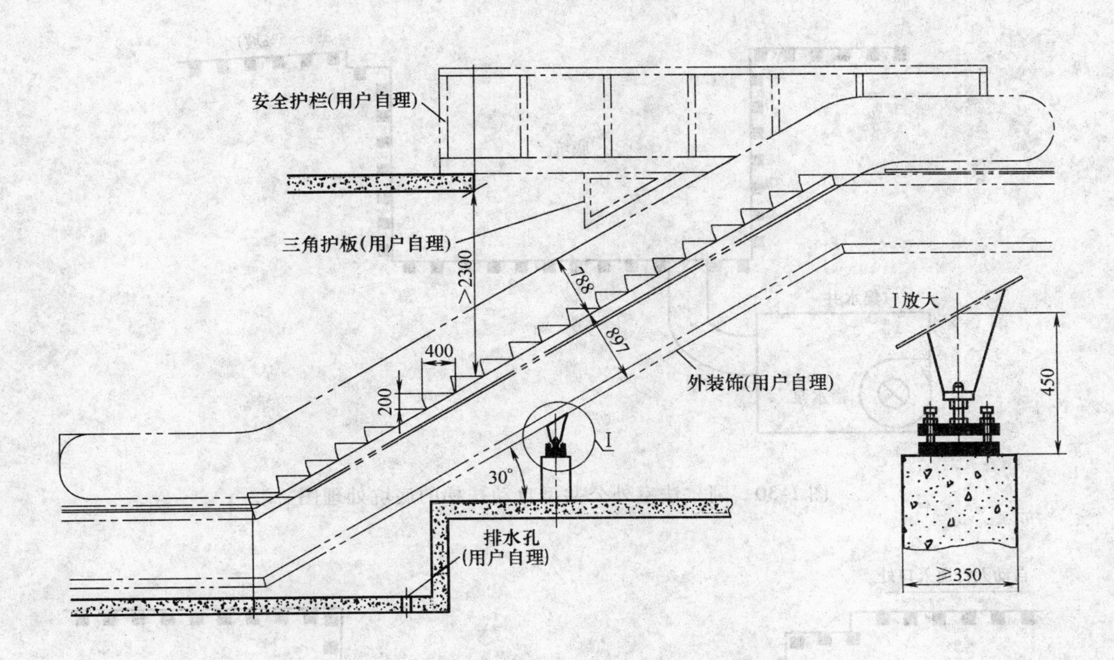

图 1-28　奥斯玛公共型自动扶梯中间支承部分的局部放大详图

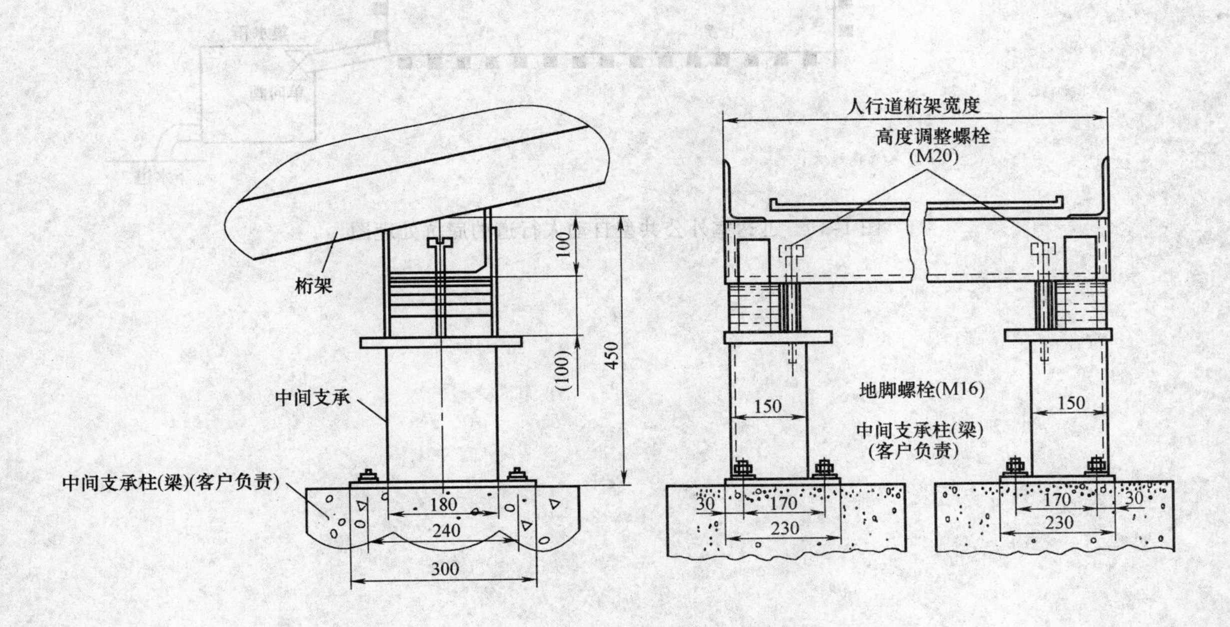

图 1-29　东芝自动人行道中间支撑部分的局部放大详图

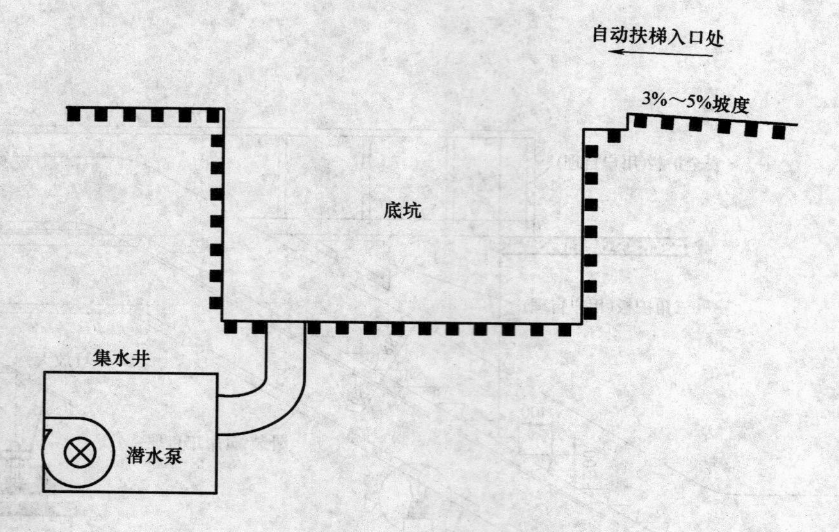

图 1-30　阿尔法室外公共型自动扶梯的底坑处理图

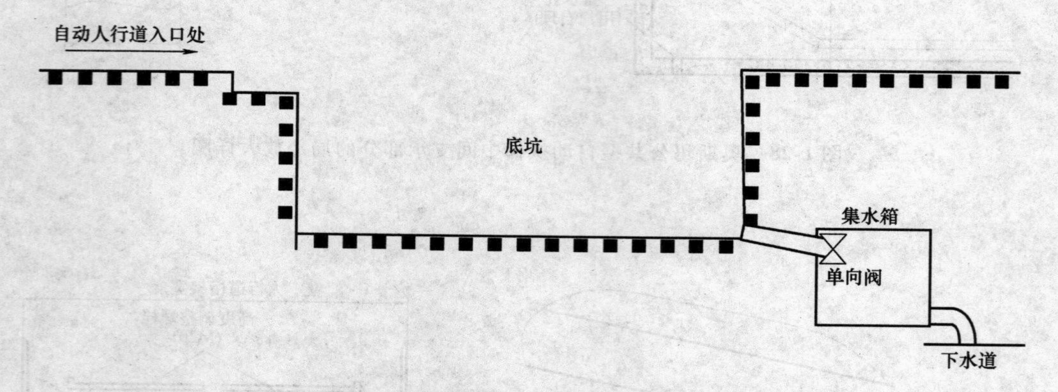

图 1-31　迅达室外公共型自动人行道的底坑处理图

第二章　如何阅读电梯与自动扶梯的电气线路图

作为典型与特殊的机电一体化产品的电梯和自动扶梯，其电气线路的诞生、完善、提升与优选着实反映和代表了控制技术、电器元件、逻辑与程控模式的螺旋状发展、波段形前进的时空轨迹。虽然通过一个半世纪的洗礼，尽管经过各种方式的历练，使得电梯和自动扶梯的电气线路从继电器-接触器控制系统发展到半导体逻辑器件控制系统再跃进至微型电子计算机控制系统，但是相对于电梯和自动扶梯的动作规律而言，其逻辑判定和程控模式仍然必须遵循由长期实践中形成的习惯路径——“等效梯形运行曲线”（见图 2-1）——去完成转载输送。也就是说无论控制的方法、手段、形式与载体发生了怎样的变化和进步，电梯和自动扶梯的控制过程及目的，即程序的构成模式却是大同小异甚至是一成不变的。

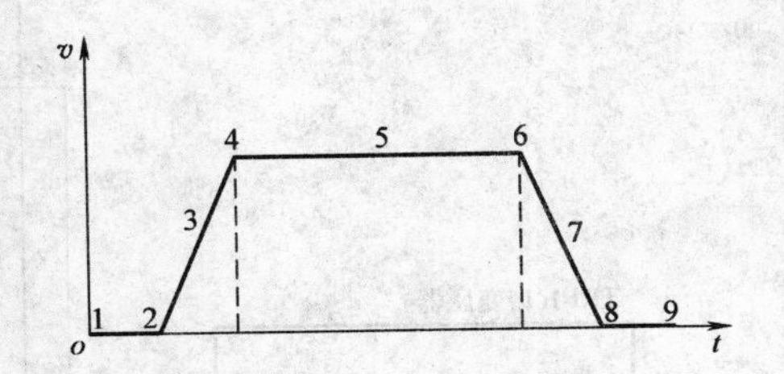

图 2-1　等效梯形运行曲线图

注：对于电梯，过程 1 是登记内选指令或层外召唤信号，过程 2 是关门或之前门已自动关闭，过程 3 是起动加速，过程 4、5 是至满速度或中间分速度运行，过程 6、7 是在信号登记的目的楼层前预置距离点减速制动，过程 8、9 是平层开门。

对于自动扶梯，过程 1、2 为开梯或无人使用时的蠕行、待机，过程 3、4 为起动加速，过程 5 为至满速运行，过程 6、7 为减速制动，过程 8、9 为无人使用时的蠕行、待机或关梯。

时至今日，近代的电梯与自动扶梯的控制和驱动系统已然在微型电子计算机及交流变压变频调速技术的推动驾驭下趋向“大同”。因此，通过阅读、分析、搞懂和掌握近代先进的电梯和自动扶梯的电气线路图，不但有利于电梯与自动扶梯的安装、调试、配套等前期工作，而且还有利于维修、保养、改造等售后服务。

值得一提的是电气图形符号新标准 GB/T 4728.2 ~ 4728.13—1996—2000 和文字符号 GB 7159—1987（2005 年已废止，在无新标准衔接前仍旧适用）虽早已实施，但在电梯行业并未完全贯彻。因此为了便于初学者、相关工种和工程技术人员的比照运用，文中电梯和自动扶梯电气线路图的图形和文字符号一律沿用各生产厂商的编撰形式和技术文本。

另外，本章着重点放在如何分阅与读懂电梯和自动扶梯电气线路的构成、特征及含意，至于电梯的电控系统的组成与原理介绍则放在第五章中予以描述。

第一节　电梯的电气线路图

与土建工程图一样，电气线路图也起着确保电梯和自动扶梯在建筑物内、公共场所正常安全运转的基础性作用。一般说来，安装现场常用到的是土建工程图和电气线路图，而到了维修保养阶段则多只接触电气线路图。完善的电梯电气线路图由工作供电部分、安全电路部分、驱动主控部分、门机操纵部分、轿内指令部分、层外召唤部分、平层装置部分、负载称量部分、照明电源部分、群连调度部分等组成。近代先进的电梯由于采用了微机数字化的逻辑操作与数据运算程控技术，运用了微机数字化的变压变频矢量转换调速技术，使用了微机数字化的串/并行优选网状通信控制技术，故其电气线路图也如同它的控制系统要比继电器-接触器控制系统、半导体逻辑器件控制系统来得“简练”。即便如此，它们都须借助硬件或软件按“等效梯形运行曲线”去构成逻辑与程控模式而完成每一次运行任务，都须满足和实现 GB 7588—2003《电梯制造与安装安全规范》中有关电气线路的设计准则、可靠等级、控制权限、防护程度。

一、工作供电图

工作供电图犹如大厦的桩基，缺一个、非正常、没了它，再先进高级的电气控制系统都形同虚设、只得瘫痪。作了注释的图 2-2 所示是奥的斯 GeN2 型无机房电梯的工作供电图，图 2-3 所示为三菱 ELENESSA 型无机房电梯的工作供电图。

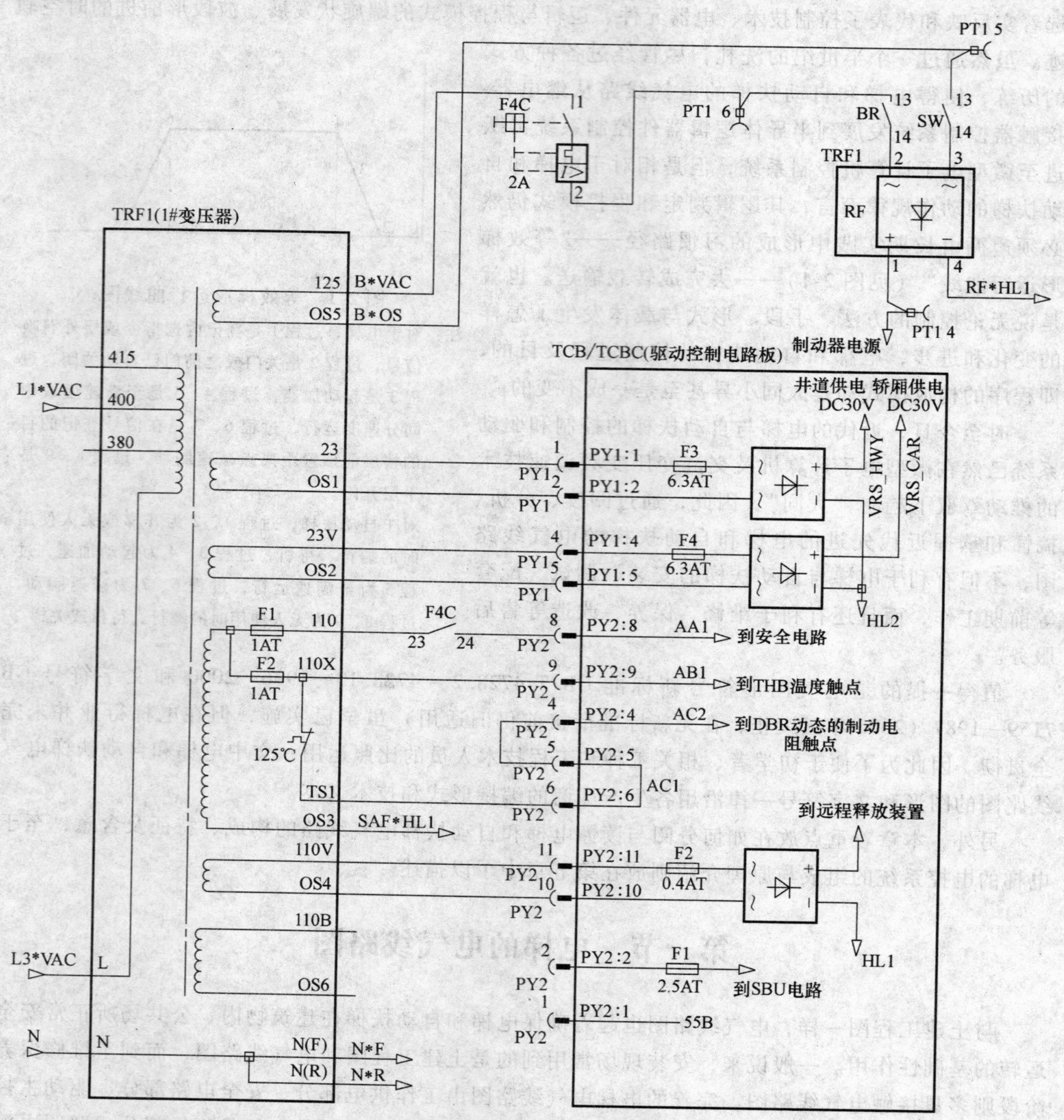

图 2-2　奥的斯 GeN2 型无机房电梯工作供电图

由于无机房电梯的控制和驱动屏或是安置在层站处或安装在井道内，就得力求它们的体积要扁平与小型化，亦即组成它们的电器元件要微型及集成化。相比较，奥的斯 GeN2 型电梯的各工作电压是经由变压器 TRF1 将相电压 380V 分压、降压、整流后得到的，三菱 ELENESSA 型电梯的各工作电压则通过采用高频开关电源模块替代多种体积较大的变压器及整流器后形成的。同时

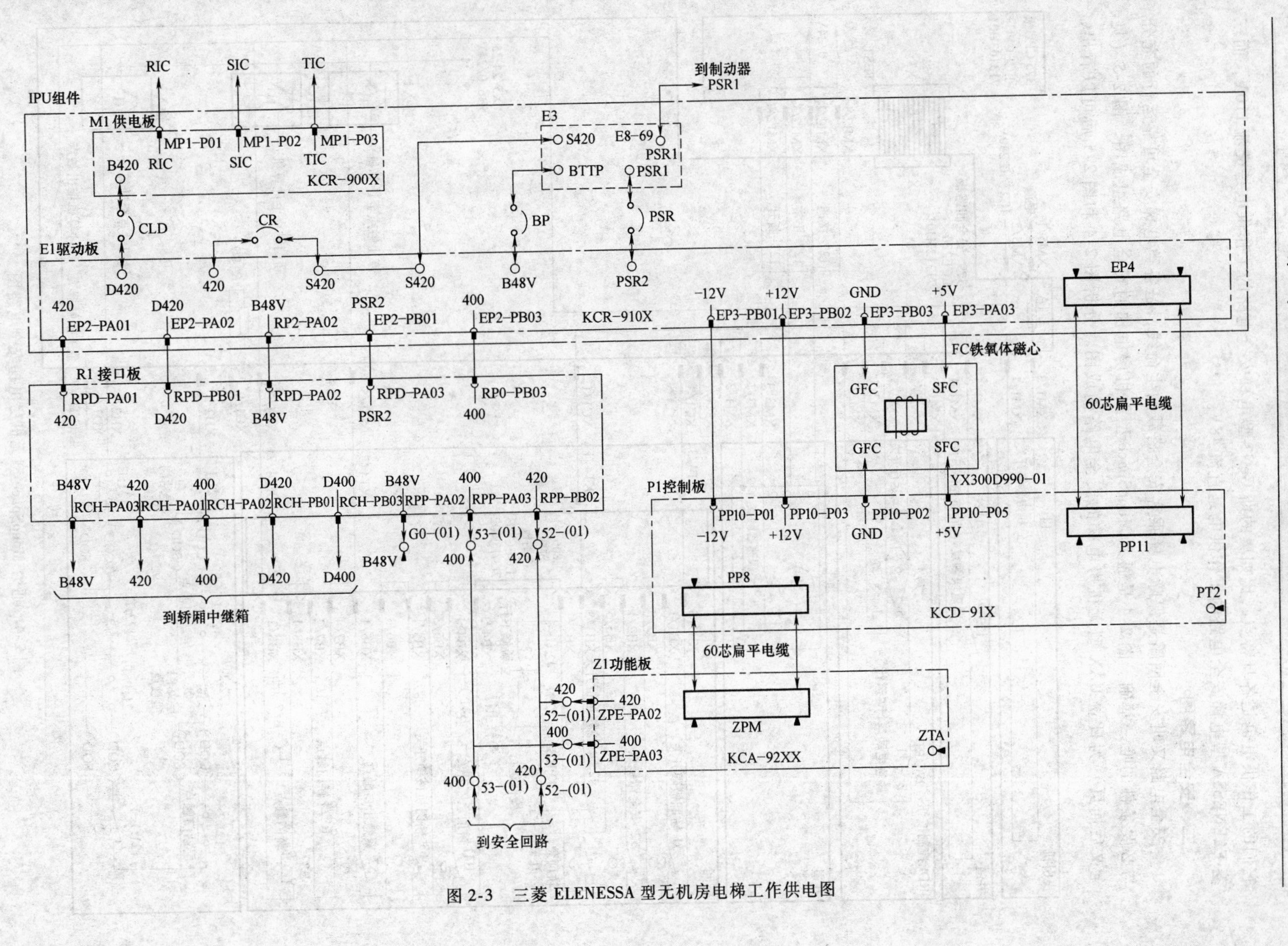

图 2-3　三菱 ELENESSA 型无机房电梯工作供电图

它们的工作供电也是各具特点，比如奥的斯 GeN2 型电梯安全电路的工作供电是交流 110V，而三菱 ELENESSA 型电梯安全电路的工作供电是直流 48V。

二、安全电路图

安全电路又叫安全回路是保障电梯乘客安全搭载的生命线、是各类电梯安全可靠运行的充分与必要条件的唯一基础。图 2-4 是通力 MonoSpace 型无机房电梯的安全电路组成图，图 2-5（见全文后插页）为日立 UAX 型无机房电梯的安全电路构成图。分析图 2-4 和图 2-5 后可以看出，

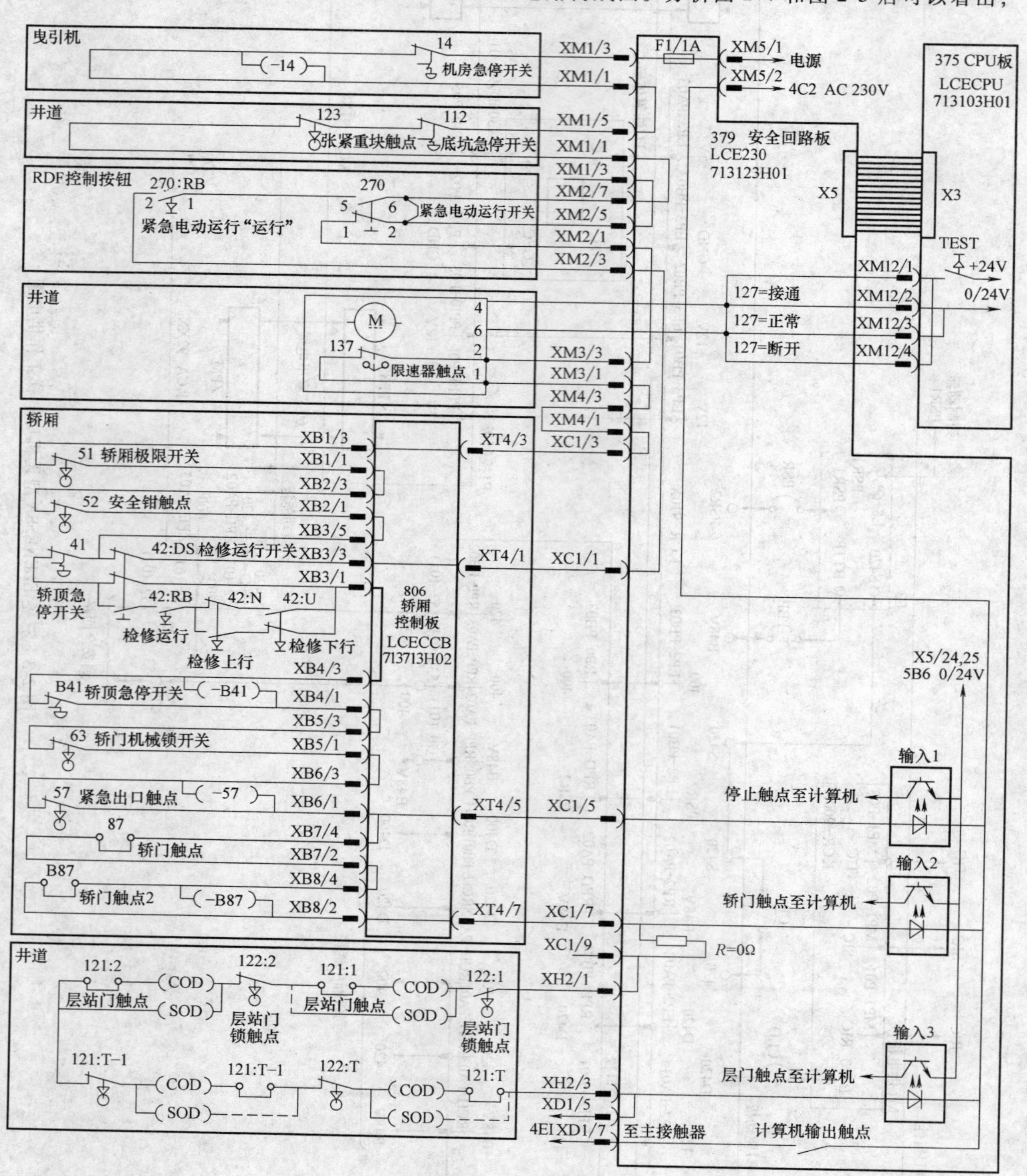

图 2-4　通力 MonoSpace 型无机房电梯安全电路图

出于安全保险的考虑，成熟与可靠的安全电路大多采用串联的形式组成链接状。并且还可以发现，在微机控制系统的参与下，先进的安全电路均具备硬件（外部电器电路）和软件（微机控制程序）的双重监护功能。

三、驱动主控图

电梯的驱动主控反映了对主曳引电动机调节操控的系统特点和结构示意。随着技术的进步，过往那些令人眼花缭乱的用于电梯的调控系统如交流单极低速、交流变极多速、涡流制动调速、交流电压调速、直流电压调速等传动形式均已成为过眼云烟。于是大功率器件、超大规模集成电路、宽带数字通信、高速微型电子计算机、电梯群智能调度、矢量转换变压变频驱动、永磁同步电动机等新技术、新产品纷纷装备在了各种品牌的带有强烈时代气息的无机房和小机房电梯上。永大 YOGALT 型无机房电梯的驱动主控如图 2-6 所示，迅达 300PMRL 型无机房电梯的驱动主控如图 2-7 所示。

虽然图 2-7 中的变频驱动装置未如图 2-6 那样细致显示，但它们的驱动主控都是配置了永磁同步电动机、双抱闸制动器和智能型大功率模块等。

四、门机操纵图

门机操纵就是对提供电梯门操纵动力及实现自动开启与关闭过程的门电动机的调控。迄今往前，门电动机拖动形式的多样化足以与主曳引电动机驱动方式的多样化相媲美：既有直流降压调速，也有涡流制动调速，既有场效应晶体管磁控调速，又有晶闸管截流调速，既有交流调压调速，还有直线悬浮调速等。时过境迁，门电动机的拖动形式再次达到与曳引主电动机的驱动方式相类同：即运用交流变压变频技术进行调速。图 2-8 所示为蒂森克虏伯 Evolution 型无机房电梯的门机操纵图，而图 2-9 所示为东芝 ELCOSMO 型无机房电梯的门机操纵图。

由图 2-8 和图 2-9 可以得知，它们的门电动机调速均为带测速反馈的交流变压变频型式，而另一种常见的方式是开环的变压变频调速。细心的读者会发现同样是带门电动机测速反馈的交流变压变频调速控制，为什么图 2-9 的测速脉冲发生器的信号传输需要用 14 根线，而图 2-8 只用了 4 根线呢？这个问题请读者先行分析，答案将在第五章中给出。

五、轿内指令图

轿内指令通常是指在电梯轿厢内操纵面板上能够登记及响应搭乘人员欲去楼层的按钮信号。在微型电子计算机和信号串行传输技术还未应用到电梯的控制系统之前，轿内指令的登录与取消只能依靠并行传输的继电器-接触器逻辑电路或半导体组合器件逻辑电路去完成，其后果是导致随行电缆、安装工时和连接失误的增多与繁琐。当轿内指令的登录记忆与应答取消运用了微型计算机和串行传输技术后，不但节约了制造材料，而且提高了安装效率，同时还减少了多连接多节点比例下的故障概率，并使智能的信号错按撤销、恶意登记清除、中间换向重设等功能得以方便地实现。图 2-10 是根据随机资料的接线、配置和连接图汇总的三菱 ELENESSA 型无机房电梯的轿内指令与信号显示接线图，图 2-11 所示为奥的斯 GeN2 型无机房电梯的轿内指令与信号显示接线图。

六、层外召唤图

与轿内指令的功能与作用相同，层外召唤即指在电梯层站的呼叫面板上能够登记及响应搭乘人员欲上乘或下达的按钮信号。事实上层外召唤的登录记忆与应答取消在技术及功能上是与轿内指令一脉相承的，如今也采用了微机串控系统。日立 UAX 型无机房电梯的层外召唤线路如图 2-12 所示，通力 MonoSpace 型无机房电梯的层外召唤线路则如图 2-13 所示。

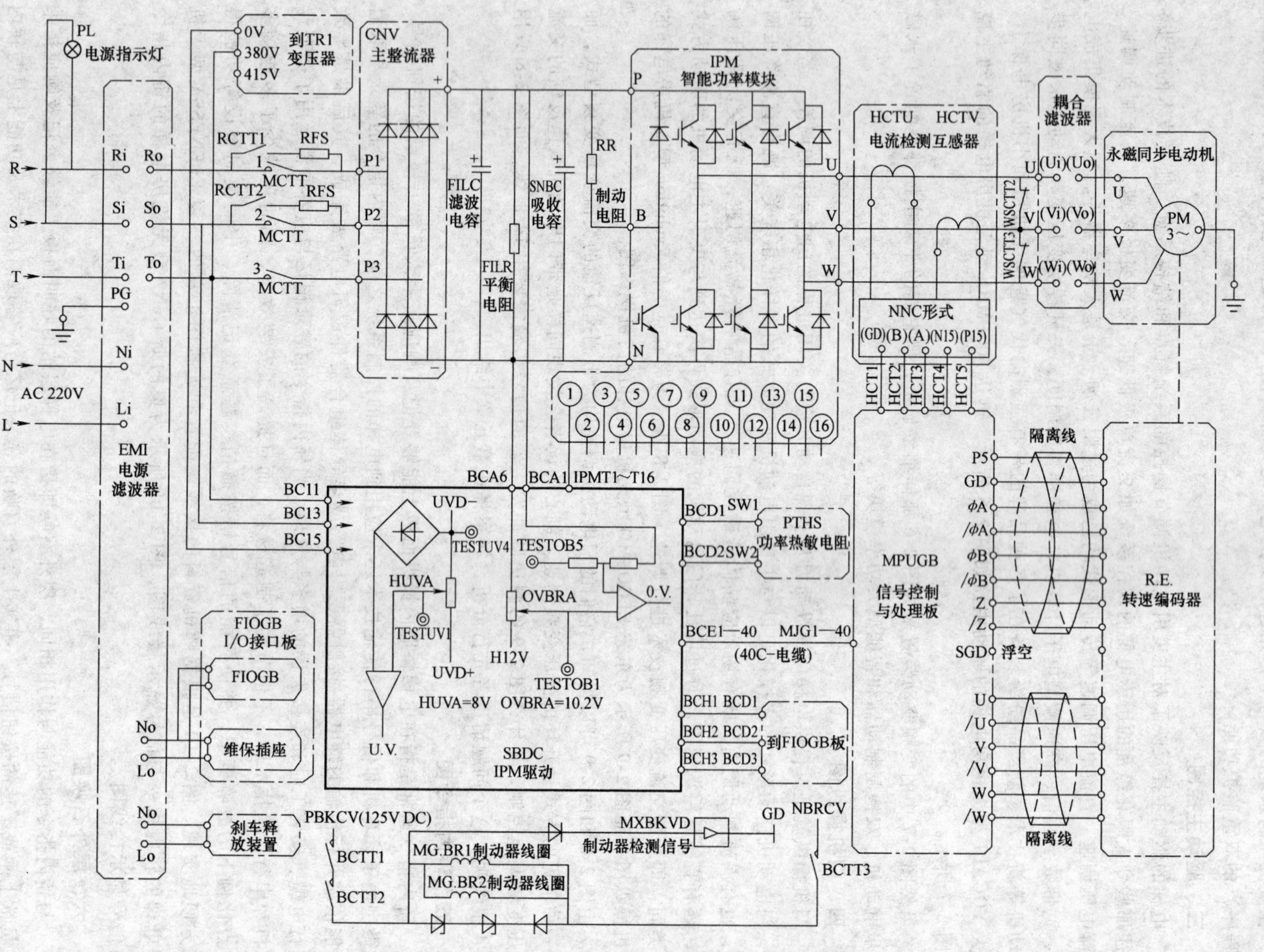

图 2-6　永大 YOGALI 型无机房电梯驱动主控图

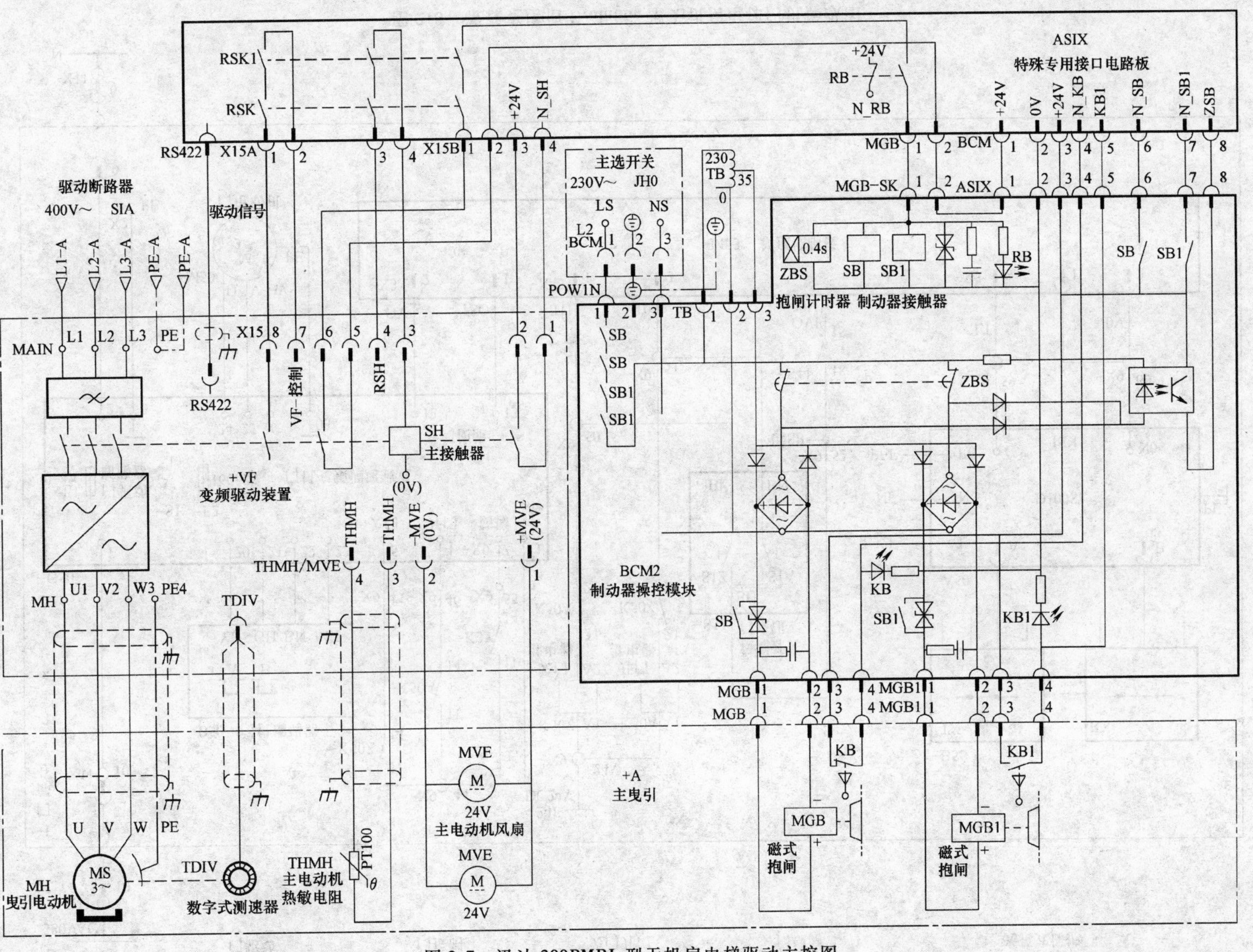

图 2-7　迅达 300PMRL 型无机房电梯驱动主控图

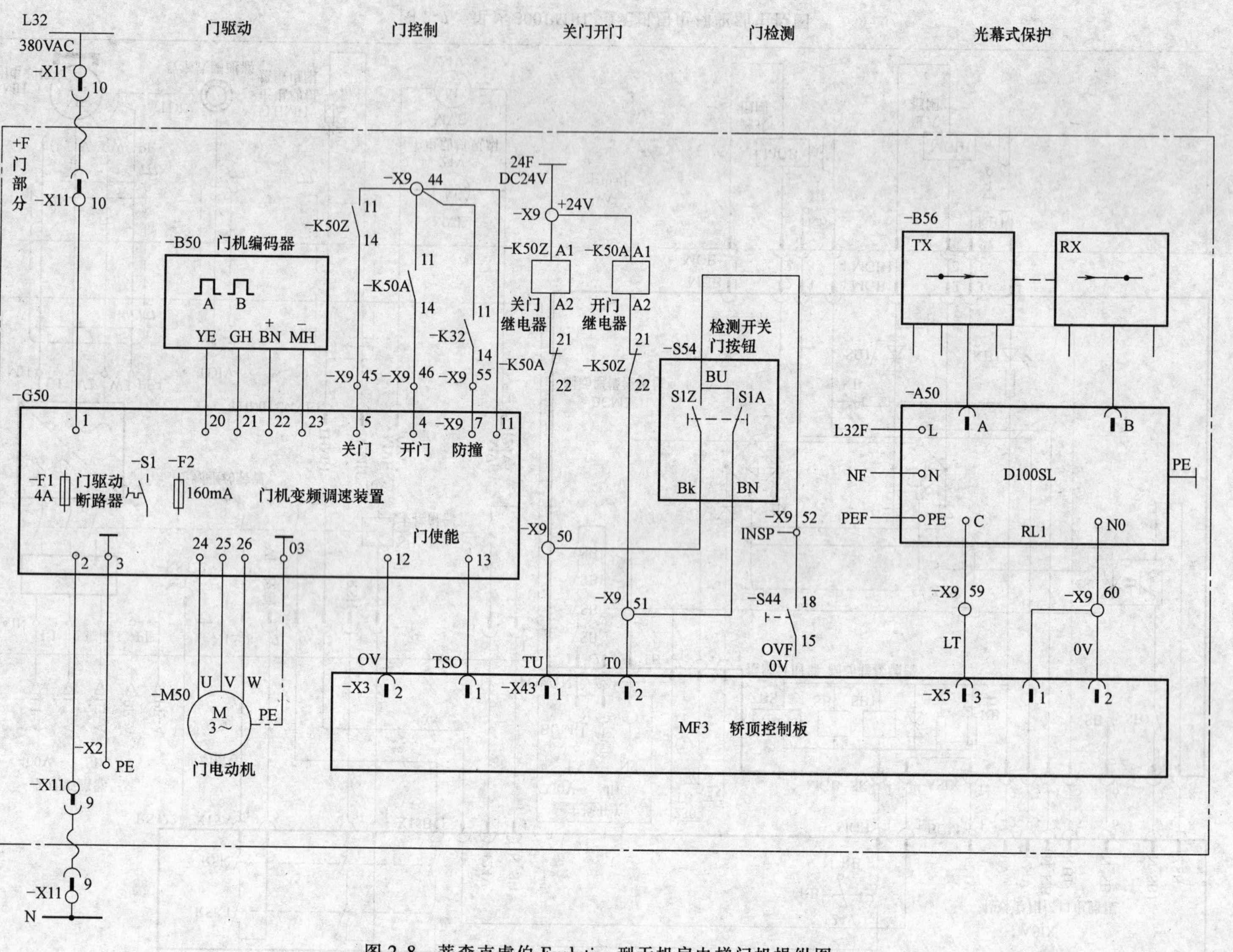

图 2-8　蒂森克房伯 Evolution 型无机房电梯门机操纵图

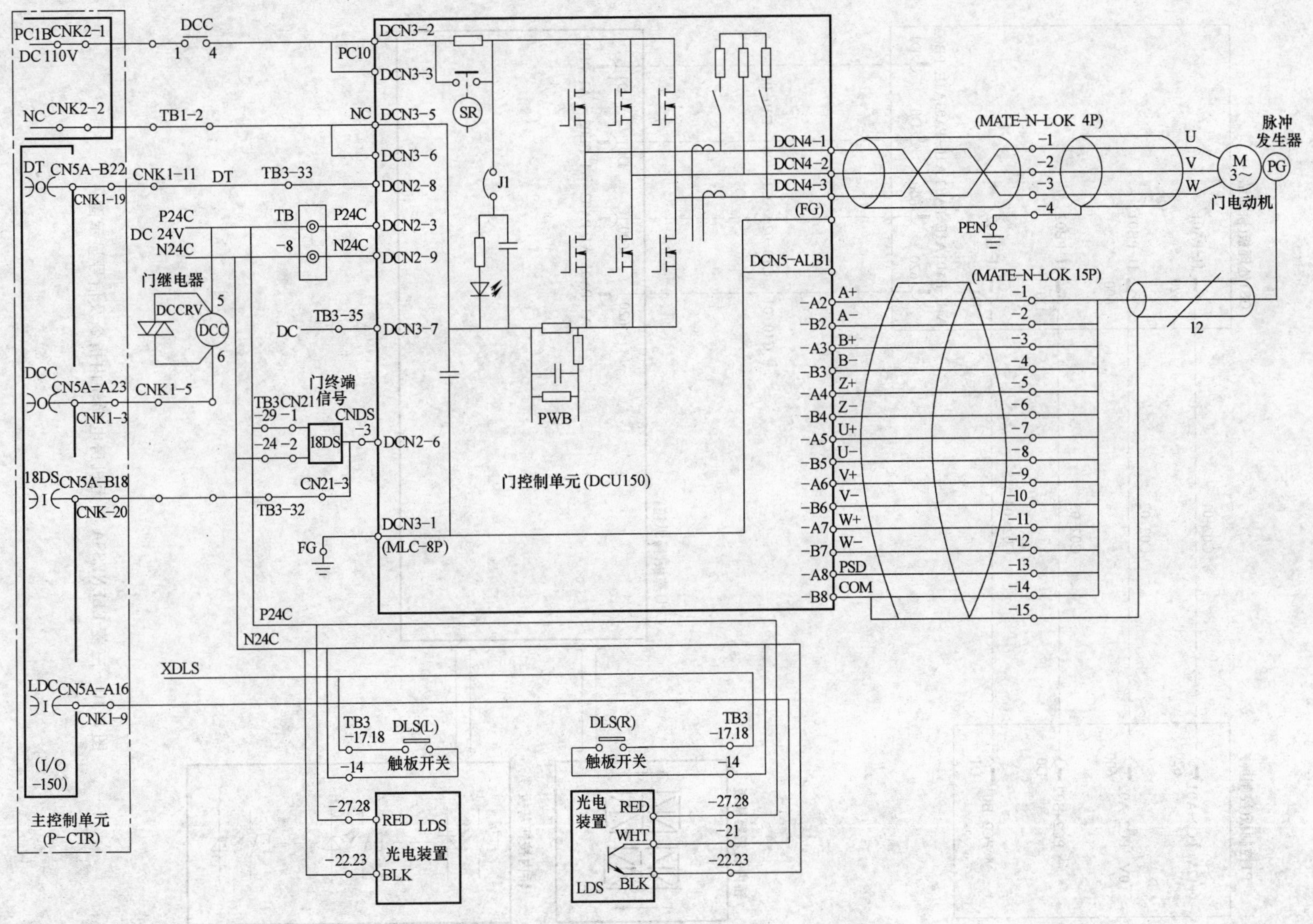

图 2-9　东芝 ELCOSMO 型无机房电梯门机操纵图

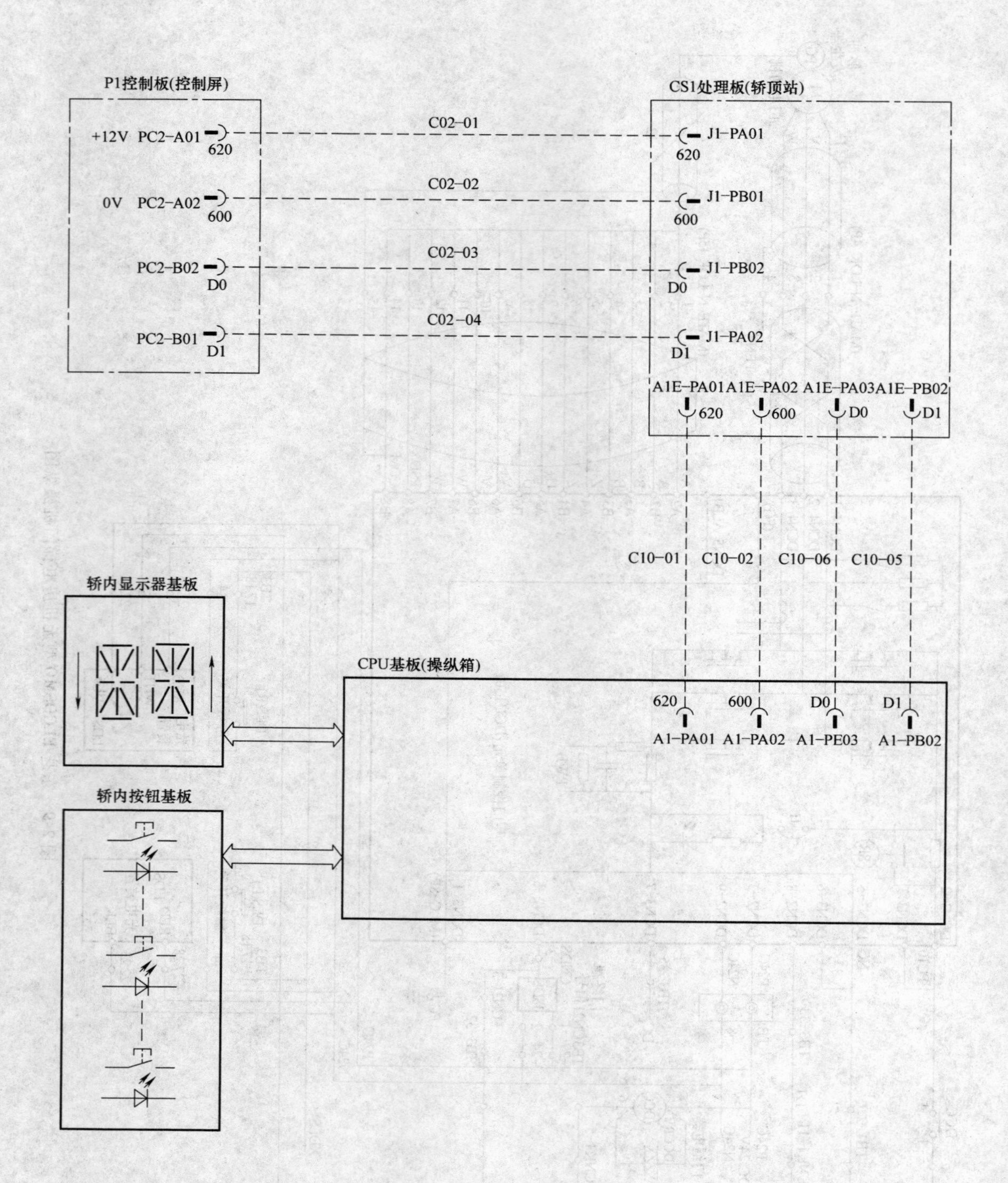

图 2-10　三菱 ELENESSA 型无机房电梯轿内指令及信号显示图

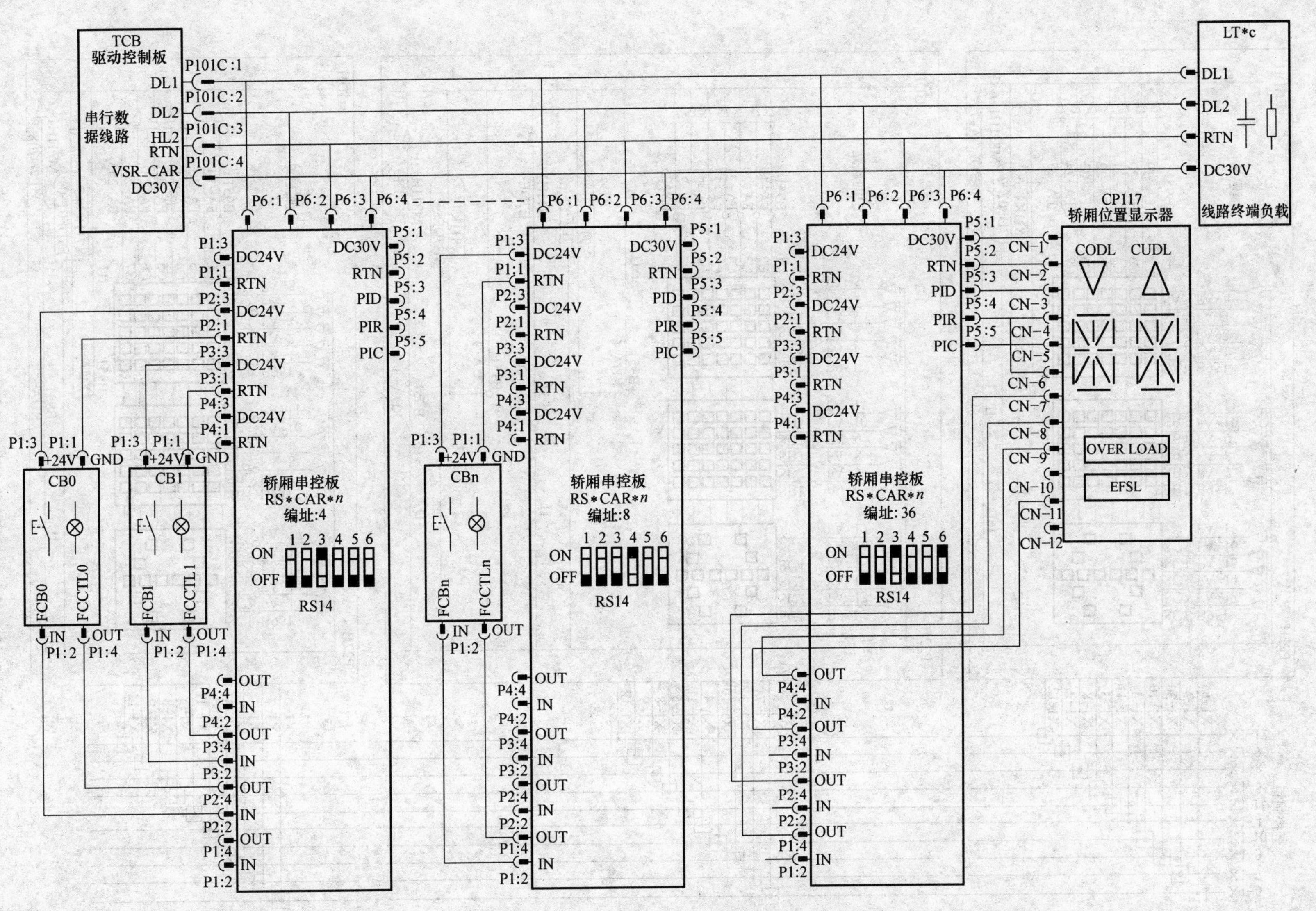

图 2-11　奥的斯 GeN2 型无机房电梯轿内指令及信号显示图

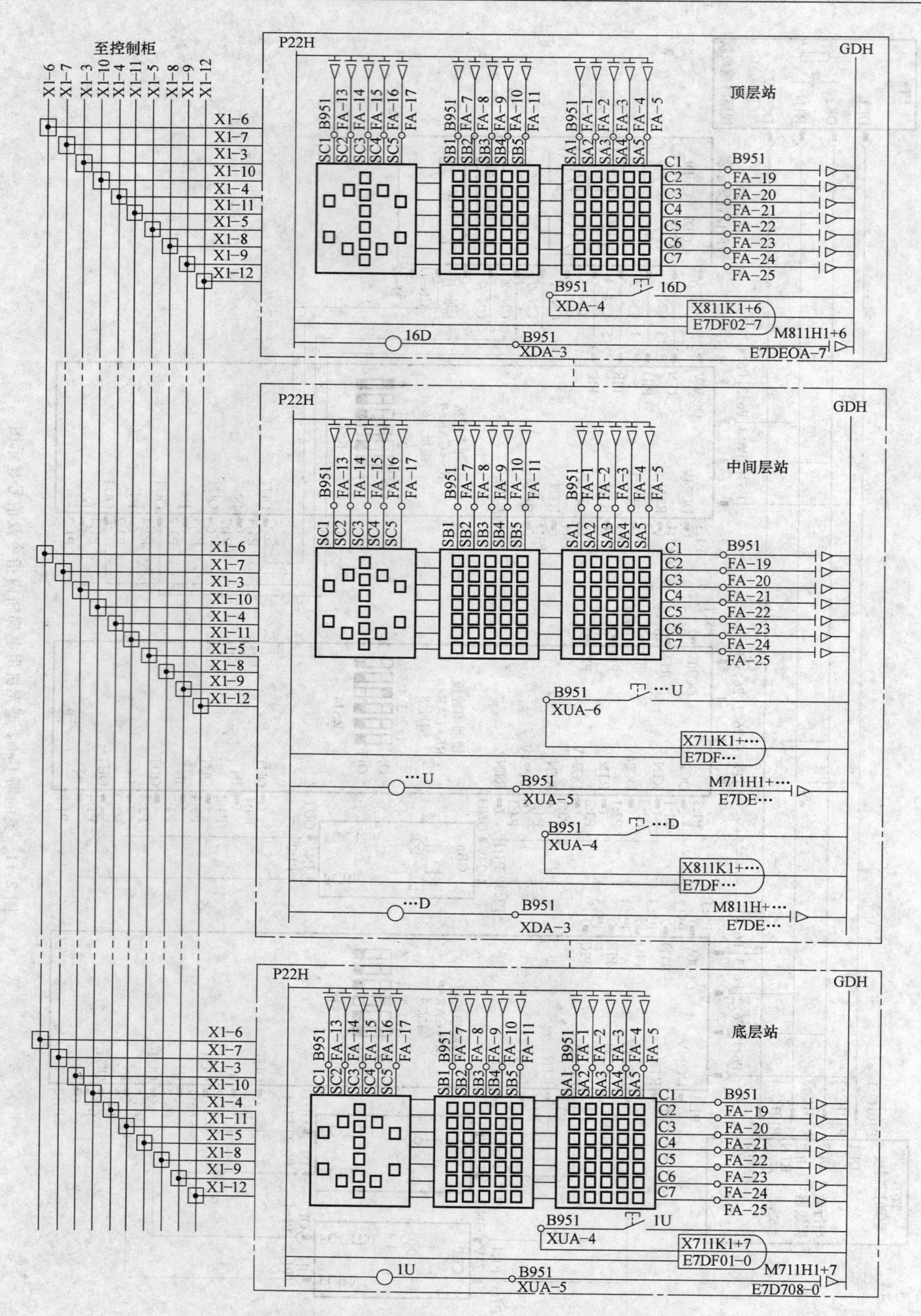

图 2-12　日立 UAX 型无机房电梯层外召唤线路图

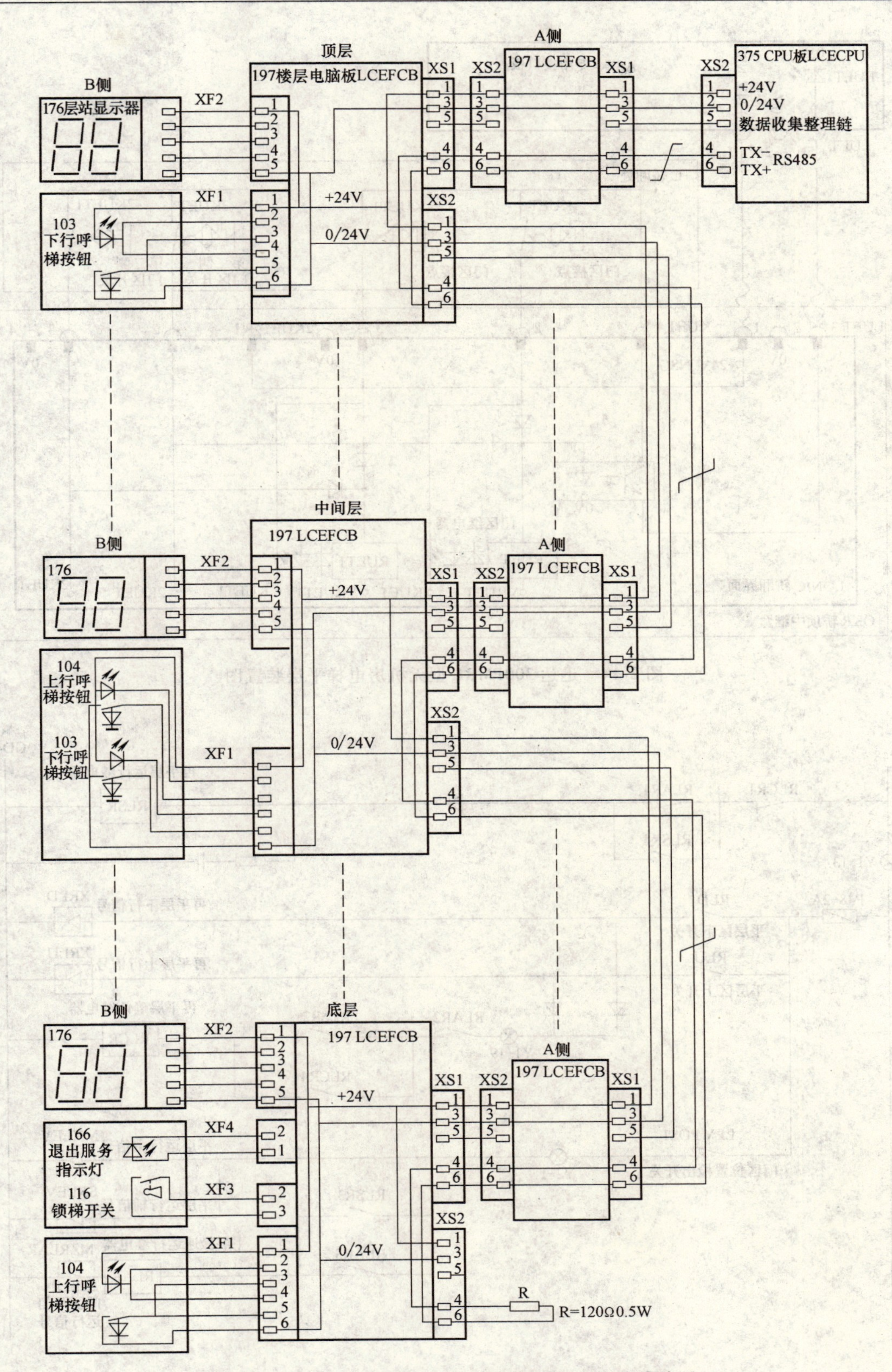

图 2-13 通力 MonoSpace 型无机房电梯层外召唤线路图

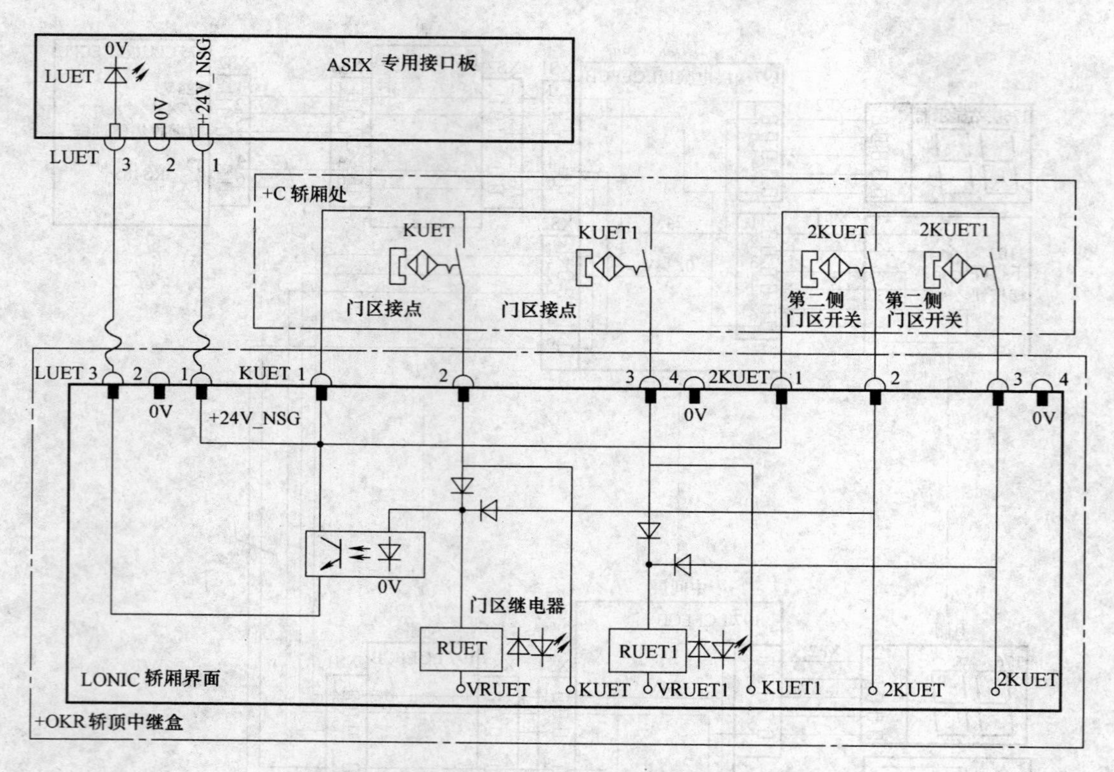

图 2-14　迅达 300PMRL 型无机房电梯平层装置图

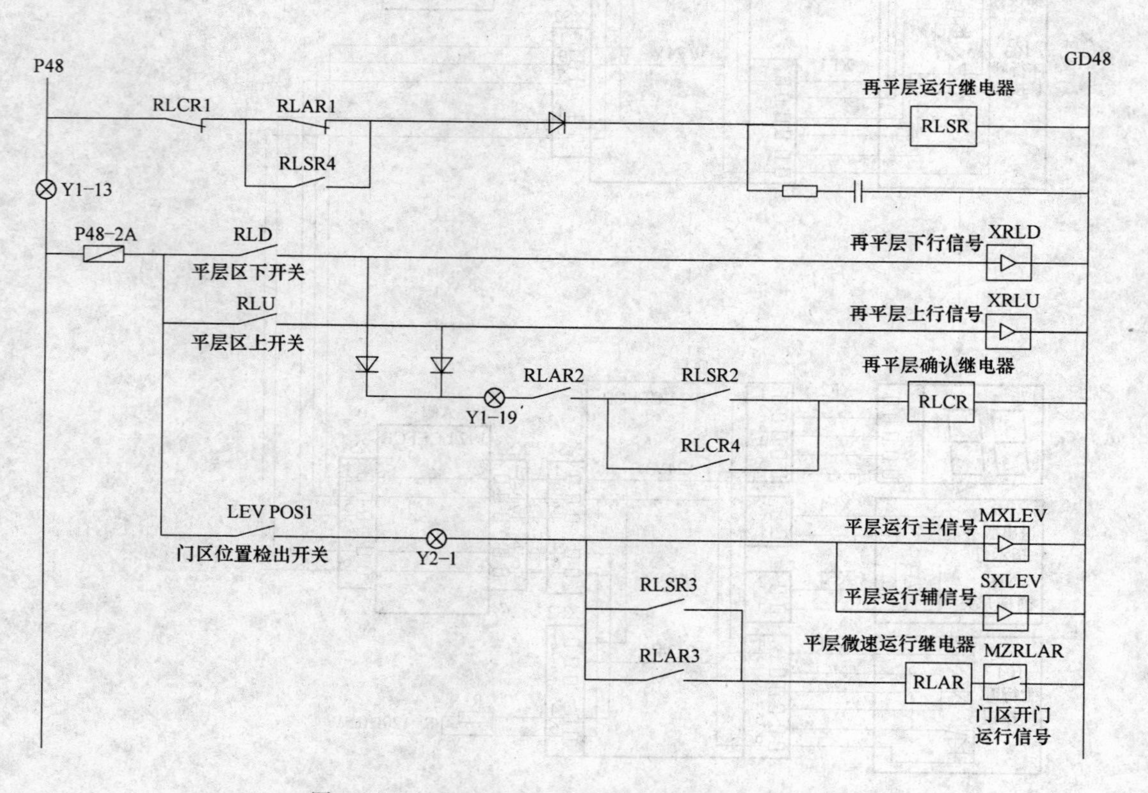

图 2-15　永大 YOGALI 型无机房电梯平层装置图

七、平层装置图

对自动化控制程度很高的电梯系统而言，其减速停靠时轿厢地坎面与层门地坎面的平准精度及最终修正往往取决于平层装置。同时，为了阻止因轿内负载和曳引钢丝绳的变化、伸缩而导致平层误差的产生，先进的电梯操控系统还配置和具备微动再平层装置及功能。图 2-14 所示为迅达 300PMRL 型无机房电梯的平层装置电路图，图 2-15 所示为永大 YOGALI 型无机房电梯的平层装置电路图。

八、负载称量图

为了防止因电梯超载运行而触发曳引系统故障甚至导致人身伤害事故，就必须限制轿厢的使用面积和安设负载称量装置。通常情况下，电梯的负载称量具有两大功能：一是测定分辨出轿内负载的空载、满载和超载状态以供给控制部分作出逻辑判断，二是将轿内负载量转换成电子量以输入驱动部分参与转矩调整。图 2-16 所示为东芝 ELCOSMO 型无机房电梯的负载称量电气图，图 2-17 所示为蒂森克虏伯 Evolution 型无机房电梯的负载称量电气图。

九、并联群控图

所谓并联群控就是当存在两台及两台以上的电梯服务于相同的层外召唤信号状况时，为了优化分配派遣、提高运送效率，借助电气控制手段实现所控轿厢合理地即时应答和智能地预期调度。根据控制程度的繁简等级，通常把对两台到三台电梯的选择调配操作叫做并联控制，将对四台至八台电梯的统筹调配操作称为群控控制。同样受益于微型电子计算机、超大规模数据处理集成电路和信号串行传输技术的普及应用，使得各电梯之间并联群控的连接线根数大大减少。图 2-18 所示为迅达 300PMRL 型无机房电梯的两台并联接线图，图 2-19 所示为通力 MonoSpace 型无机房电梯的三台并联接线图，图 2-20（见全文后插页）所示为三菱 ELENESSA 型无机房电梯的四台群控接线图，图 2-21 所示为日立 UAX 型无机房电梯的五台群控接线图。

十、附属功能图

其实对电梯来讲附属功能并不意味着可有可无，有一些附属功能甚至还是必需的配置，如检修操作、终端保护、消防返回、对讲通信、备用照明、应急供电、地震泊降、水浸操作、到站光钟、语音报层等，之所以把它们归入附属，是因为相对主要功能而划分的需要。图 2-22 所示为通力 MonoSpace 型无机房电梯的检修操作图，图 2-23 所示为东芝 ELCOSMO 型无机房电梯的终端强迫减速电路图，图 2-24 所示为奥的斯 Gen2 型无机房电梯的曳引钢带松弛保护电路图，图 2-25 所示为蒂森克虏伯 TE-MRLS 型无机房电梯的远距离控制限速器电路图，图 2-26 所示为永大 YOGALI 型无机房电梯的对讲通信和备用照明电路图，图 2-27 所示为日立 UAX 型无机房电梯的语音报层及到站电钟电路图，图 2-28 所示为三菱 ELENESSA 型无机房电梯的消防操作、地震泊降与应急供电电路图。

结合图 2-4 和图 2-22 可以看出，在检修或紧急电动运行操作状态下，安全电路和微机输入信号均受到人为及连锁控制，也就是说这种操作方式的安全等级是最高的。

十一、照明电源图

电梯的照明电源图通常涉及交流 220V 馈电即市电供给，一般包括轿厢和井道的照明、通风与插座电路，细化下还分设有底坑照明、轿厢空调、安全供电等线路。图 2-29 所示为迅达 300PMRL 型无机房电梯的照明电源线路，图 2-30 所示为奥的斯 Gen2 型无机房电梯的照明电源线路。

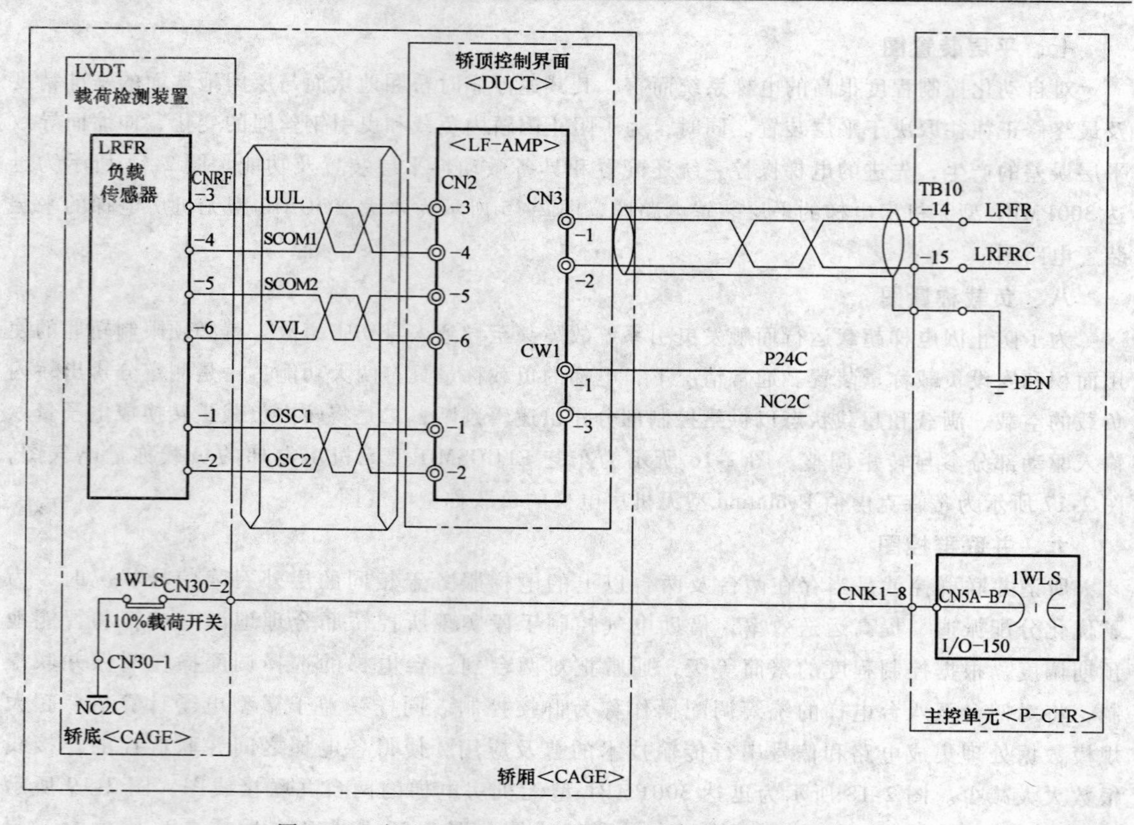

图 2-16　东芝 ELCOSMO 型无机房电梯负载称量电气图

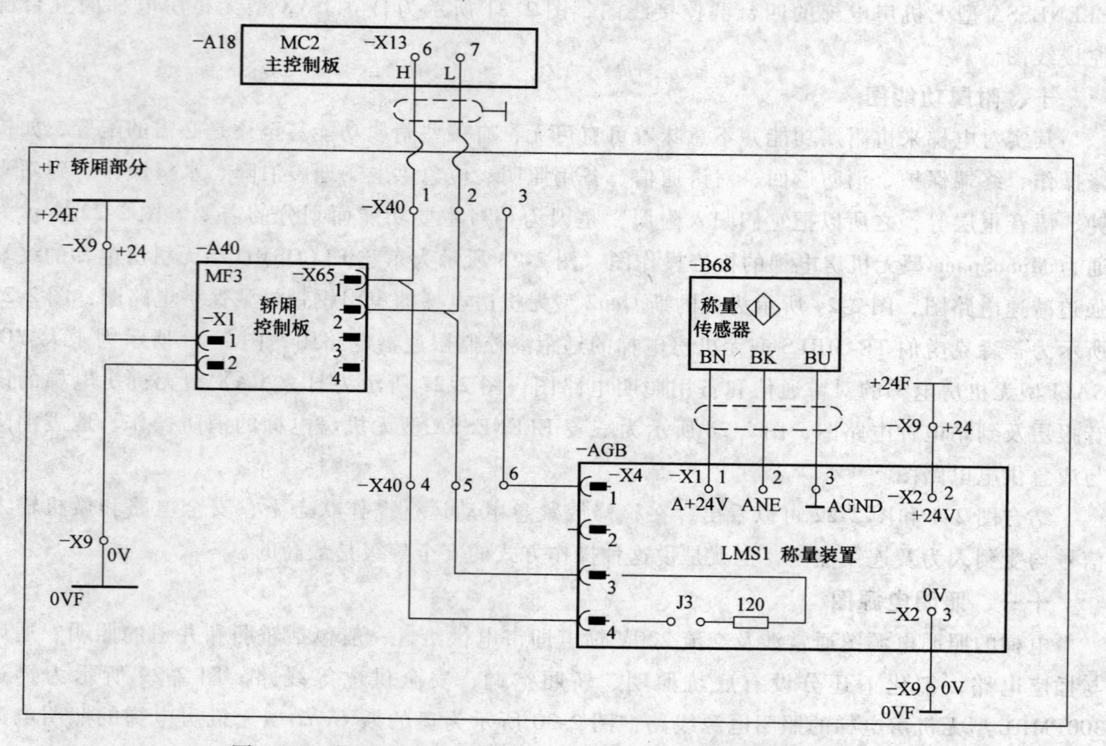

图 2-17　蒂森克虏伯 Evolution 型无机房电梯负载称量电气图

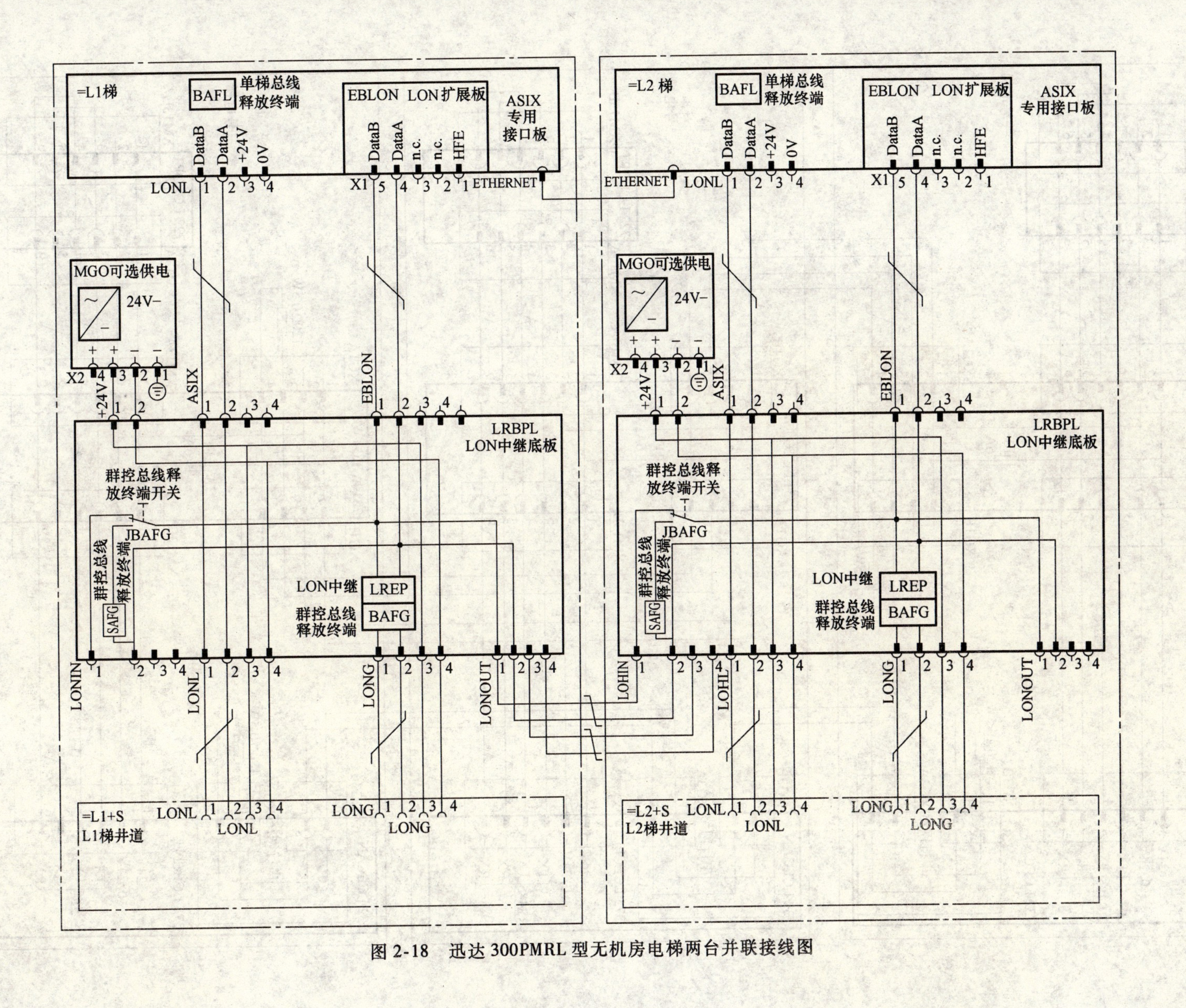

图 2-18 迅达 300PMRL 型无机房电梯两台并联接线图

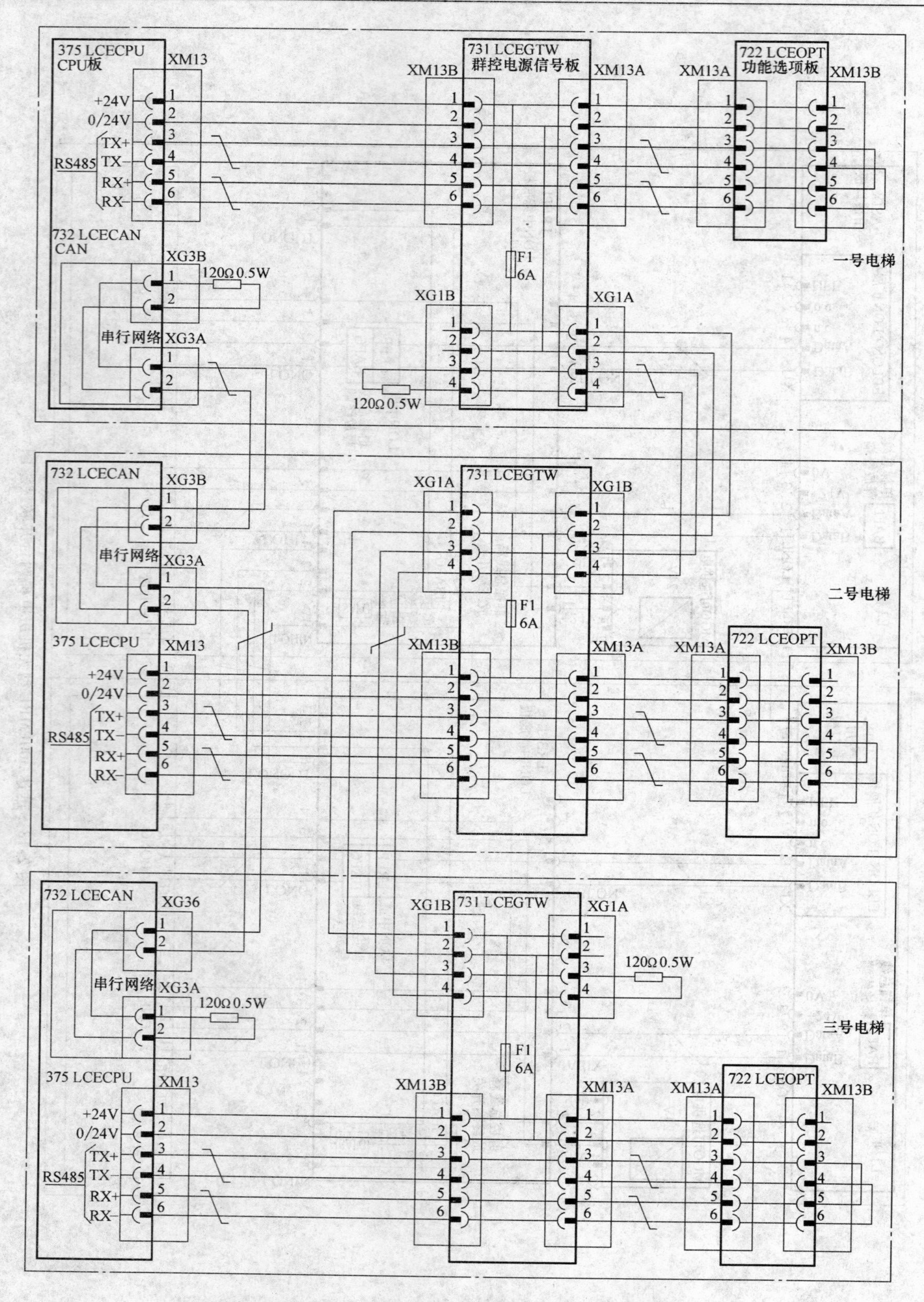

图 2-19　通力 MonoSpace 型无机房电梯三台并联接线图

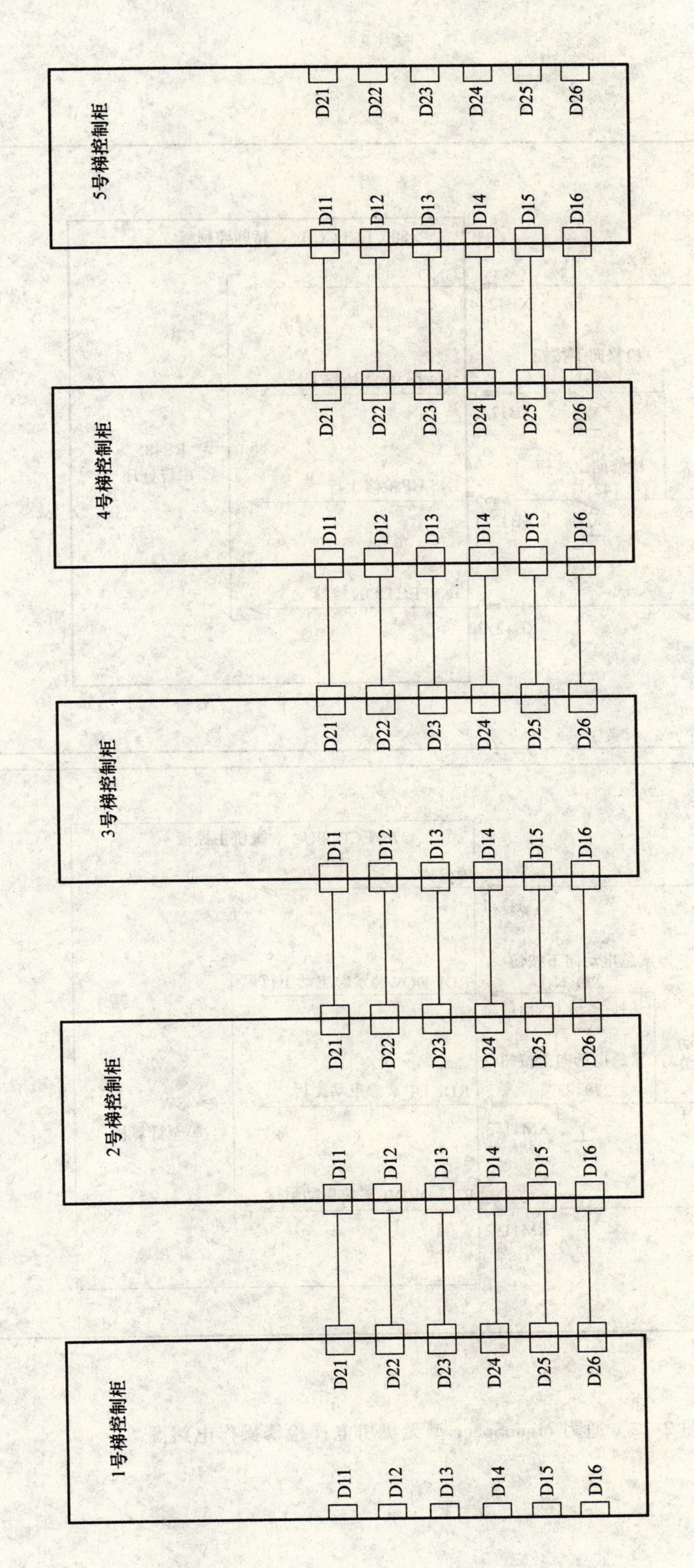

图 2-21　日立 UAX 型无机房电梯五台群控接线图

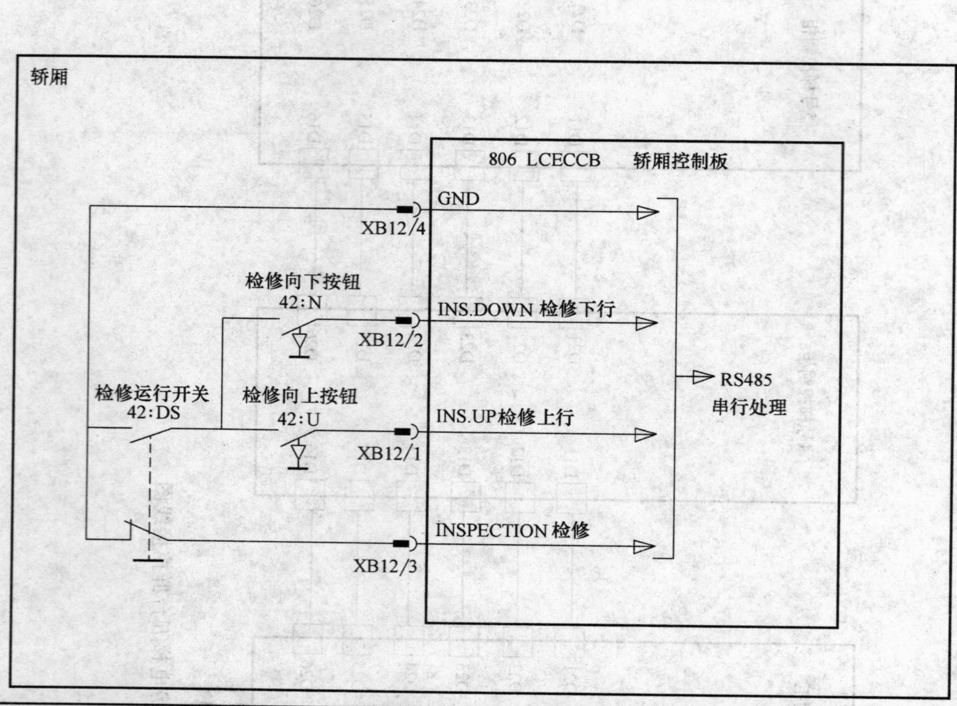

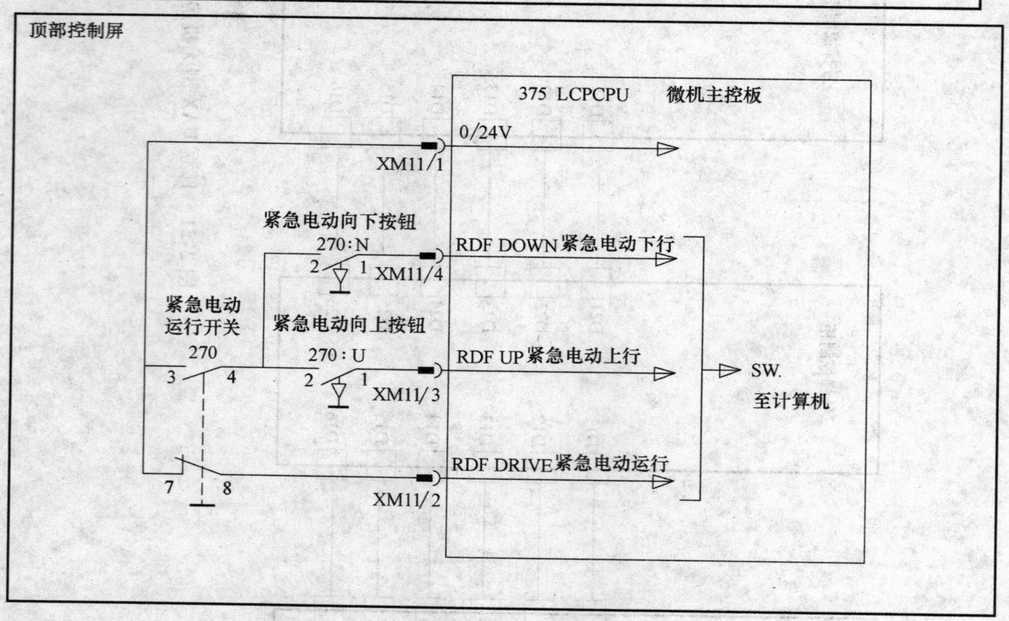

图 2-22 通力 MonoSpace 型无机房电梯检修操作电路图

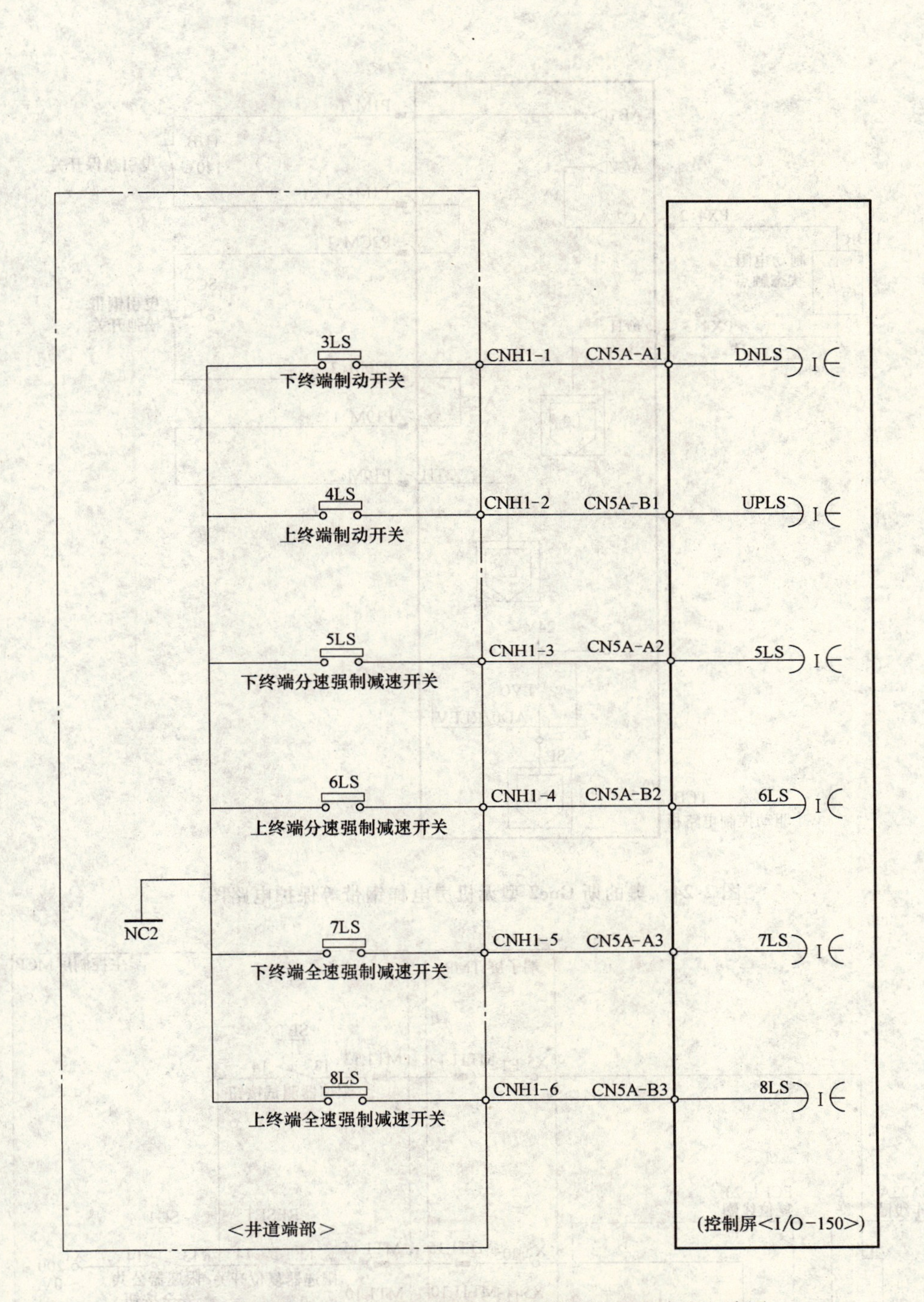

图 2-23　东芝 ELCOSMO 型无机房电梯终端强迫减速电路图

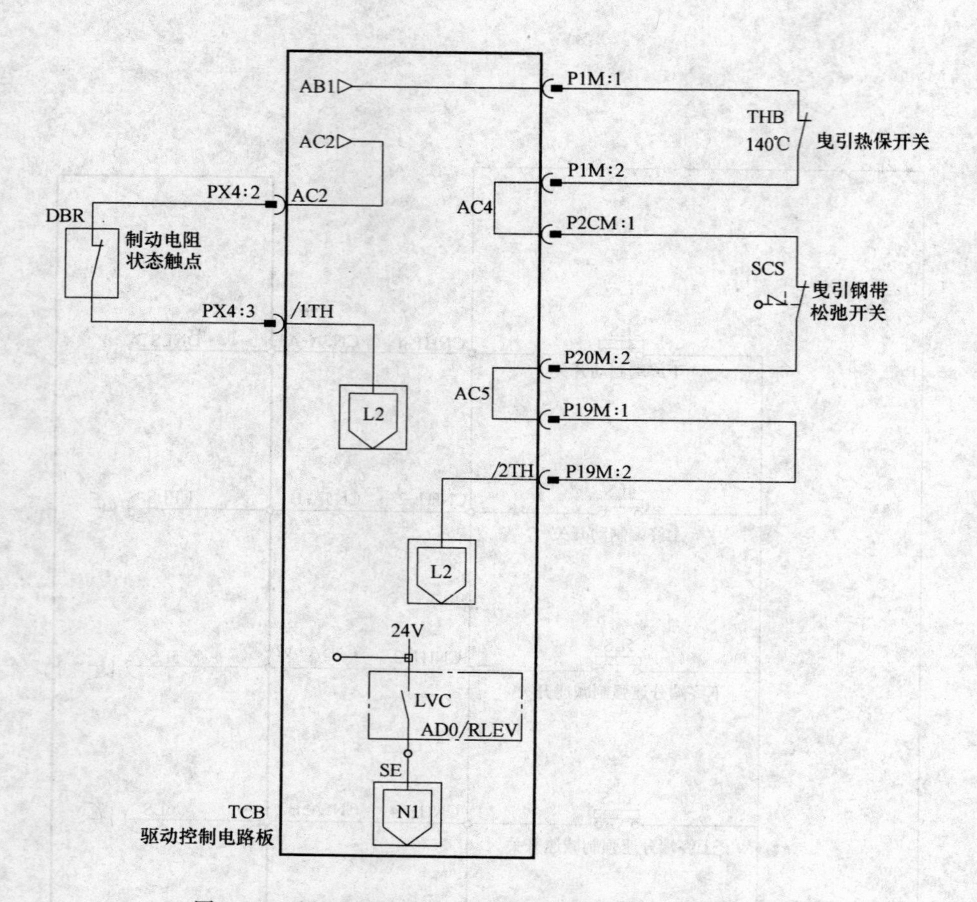

图 2-24　奥的斯 Gne2 型无机房电梯钢带等保护电路图

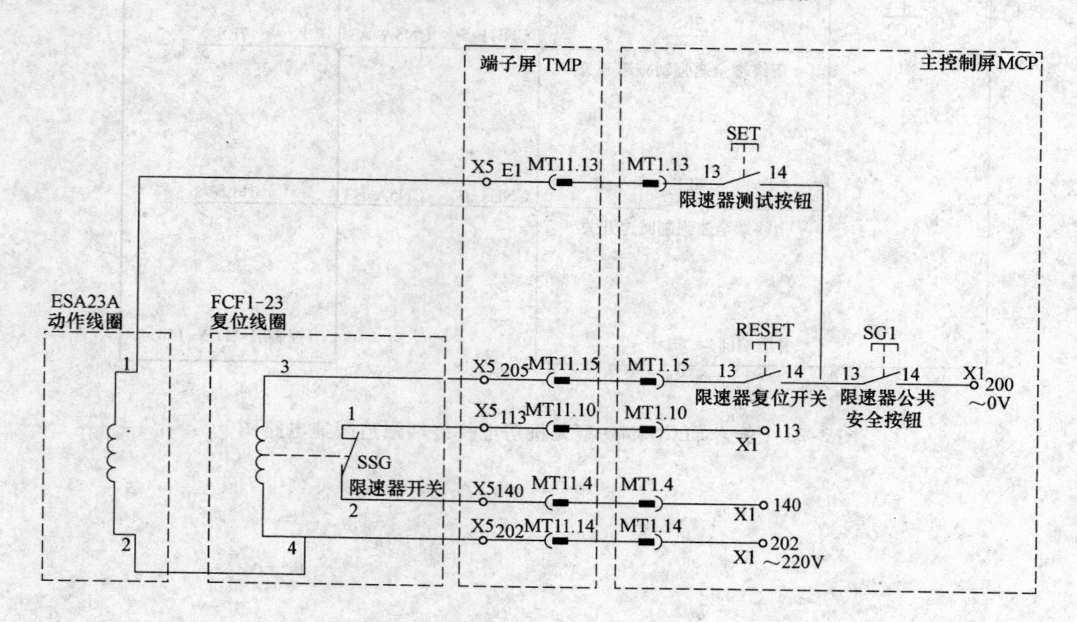

图 2-25　蒂森克虏伯 TE-MRLS 型无机房电梯限速器遥控电路图

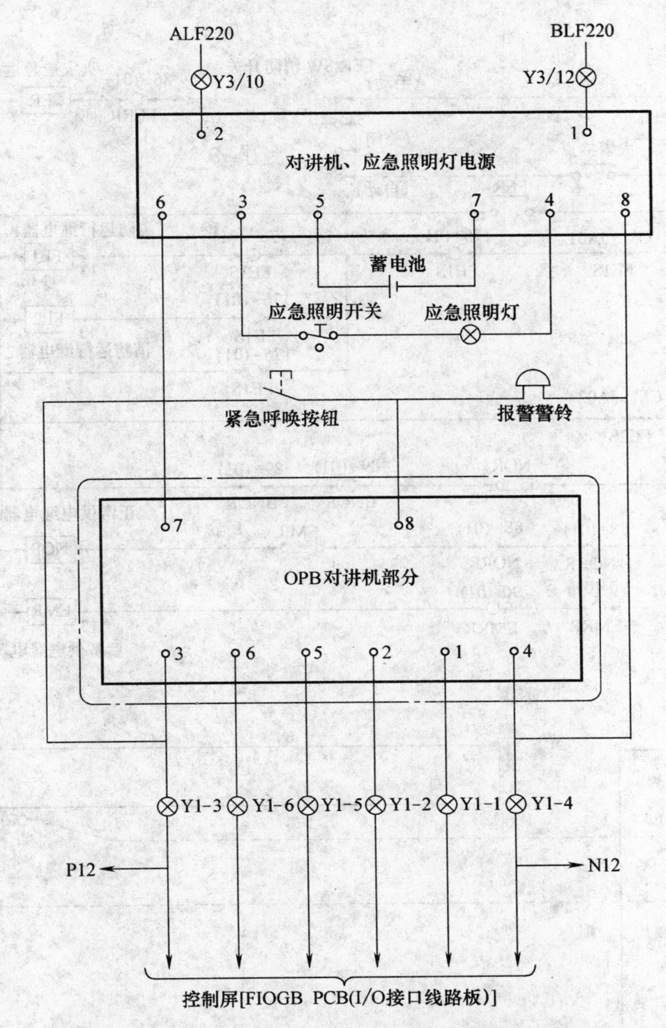

图 2-26　永大 YOGALI 型无机房电梯对讲通信和备用照明电路图

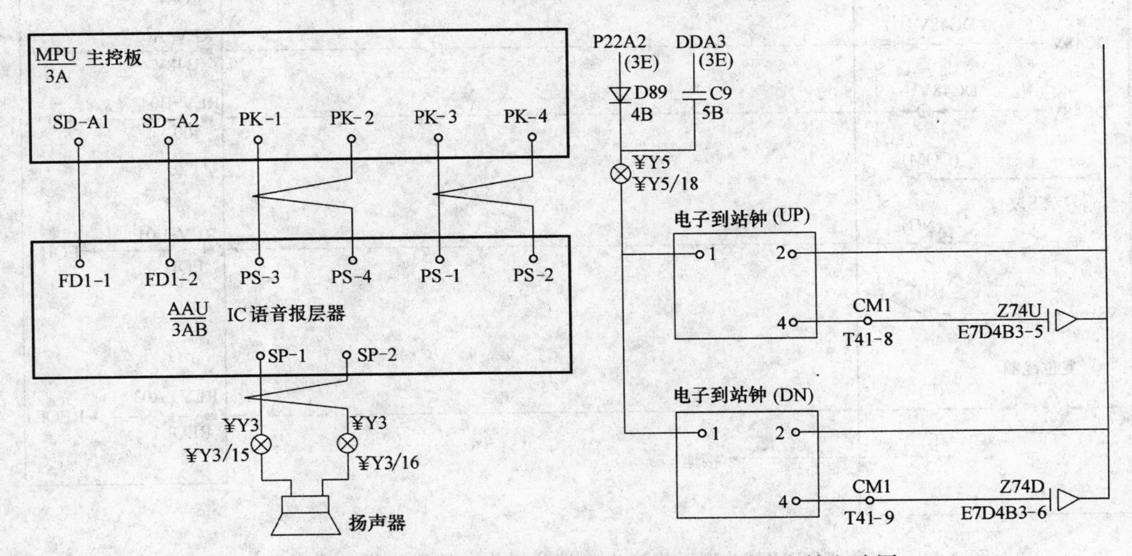

图 2-27　日立 UAX 型无机房电梯语音报层及到站电钟电路图

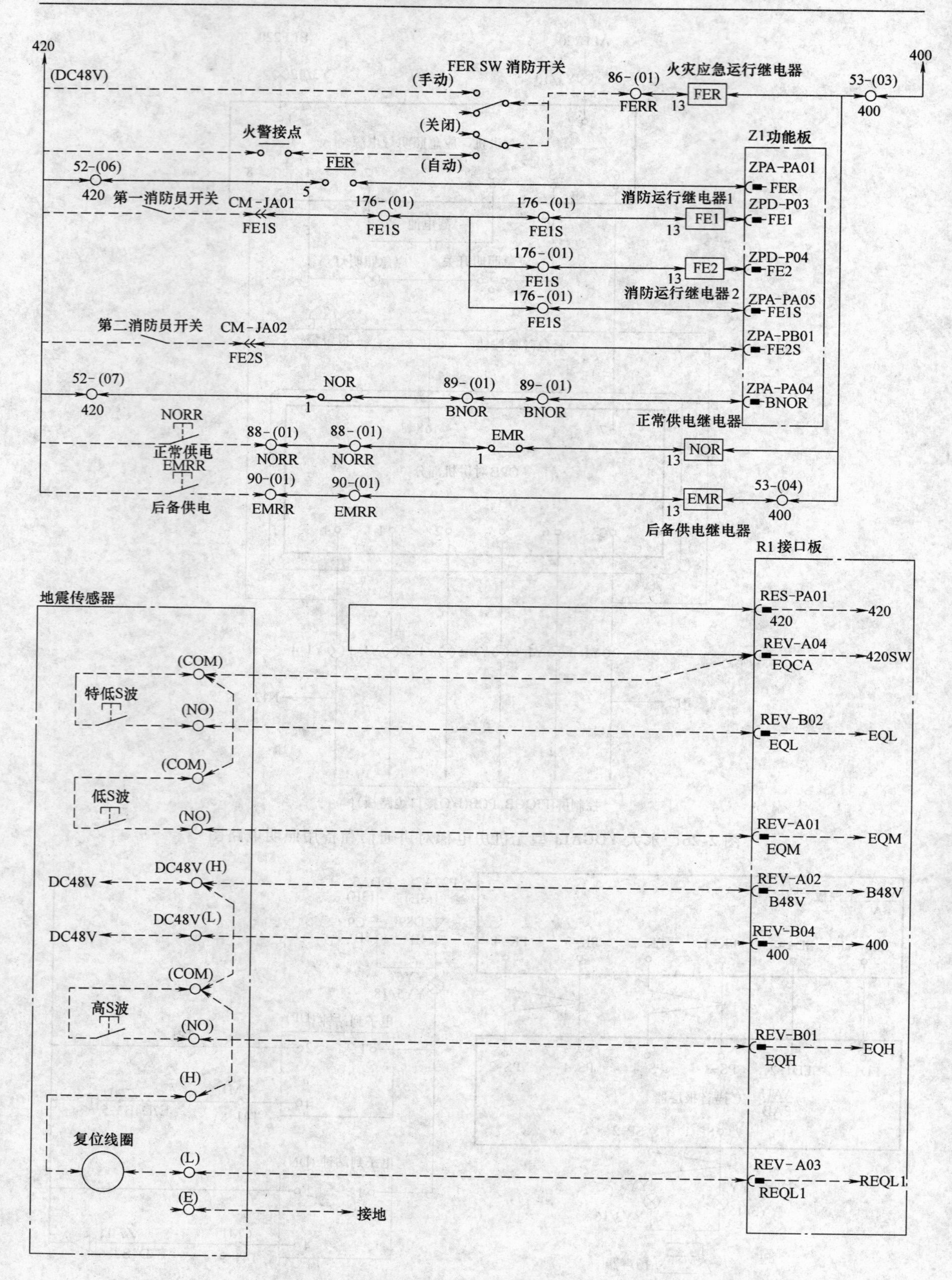

图 2-28　三菱 ELENESSA 型无机房电梯消防操作、地震泊降与应急供电电路图

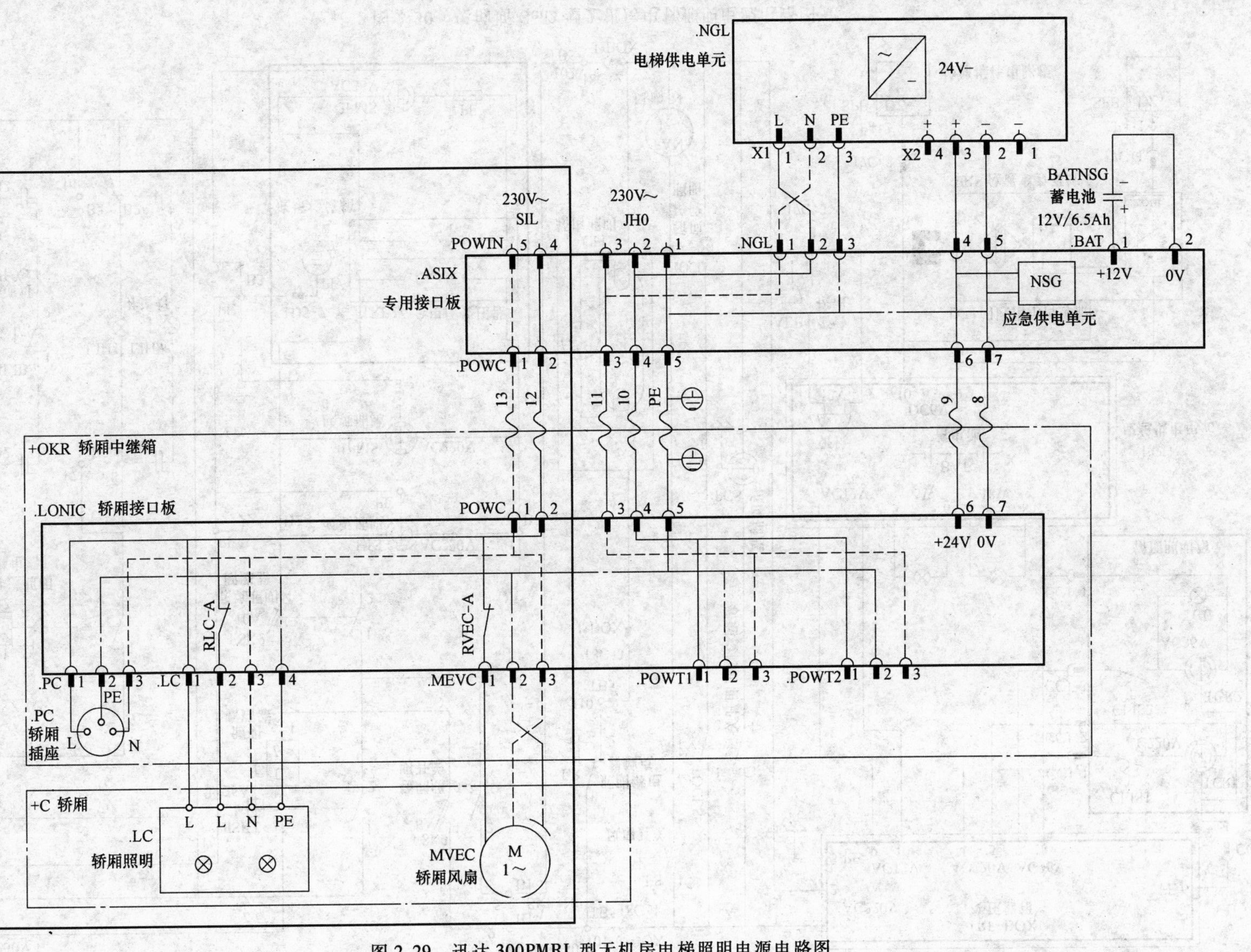

图 2-29　迅达 300PMRL 型无机房电梯照明电源电路图

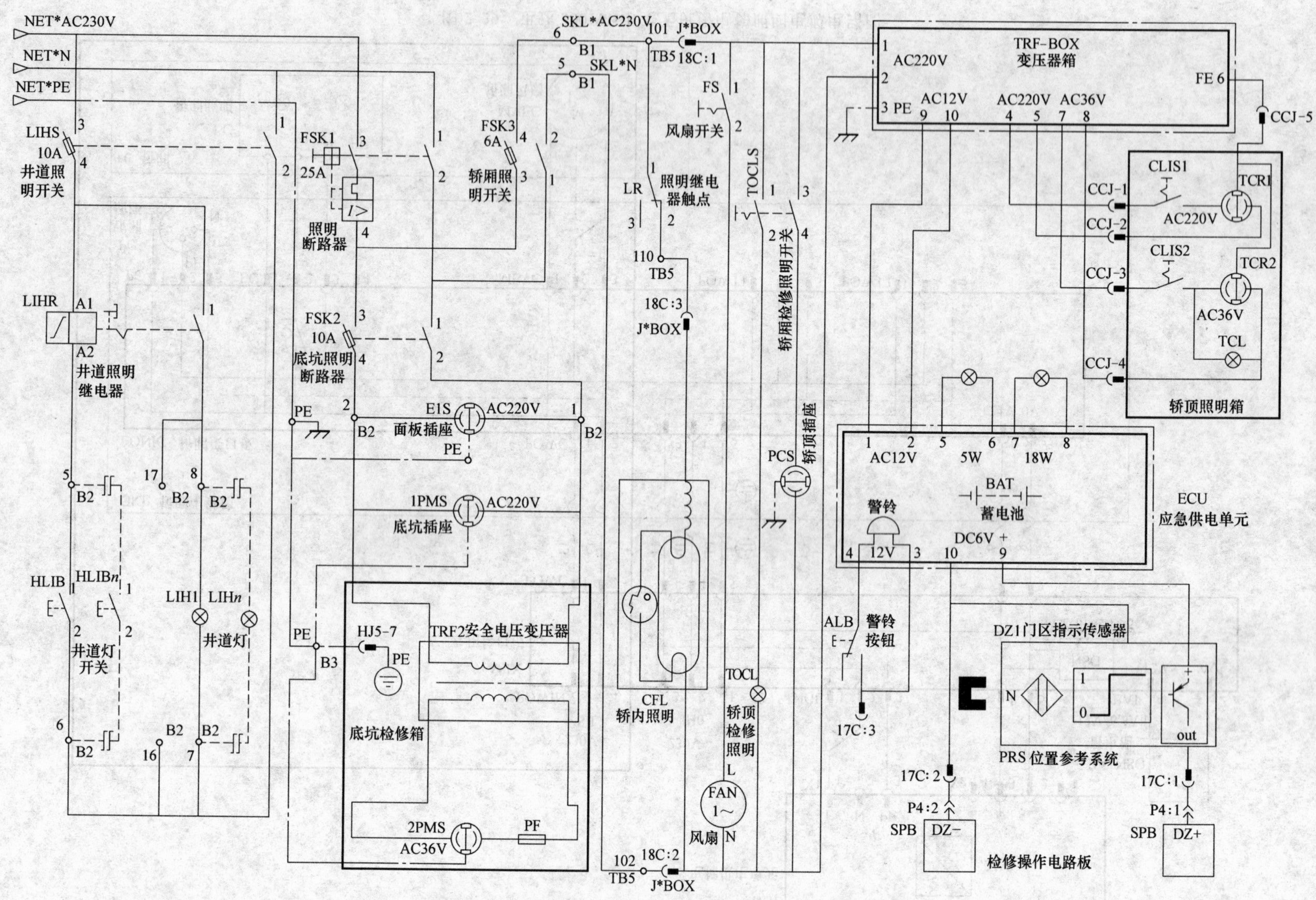

图 2-30　奥的斯 Gen2 型无机房电梯照明电源电路图

第二节　自动扶梯的电气线路图

完全的自动扶梯电气线路图由控制电路、运转电路、照明电路组成，具体又可分为电源供给、主机驱动、速度转换、安全链接、信号检测、故障监控、润滑设置、检修操作、照明显示等功能模式。伴随微机数字化逻辑操作与数据运算程控技术、变压变频矢量转换调速技术、串/并行优选网状通信技术的运用，使得自动扶梯的电子操纵程度和电气控制水平实现了跨越式进步。更加能够满足和达到 GB 16899—2011《自动扶梯和自动人行道的制造与安装安全规范》中有关电气线路的设计准则、可靠等级、控制权限、防护程度。

一、电源供给图

自动扶梯的电源供给依据控制系统所用主导部件的不同而有所区别。图 2-31 所示为三菱 J 型自动扶梯继电器-接触器控制方式的工作电源构成图，图 2-32 所示为奥的斯 506NCE 型自动扶梯微机控制方式的电源电压电路图。相比较，前者简捷，后者完备。

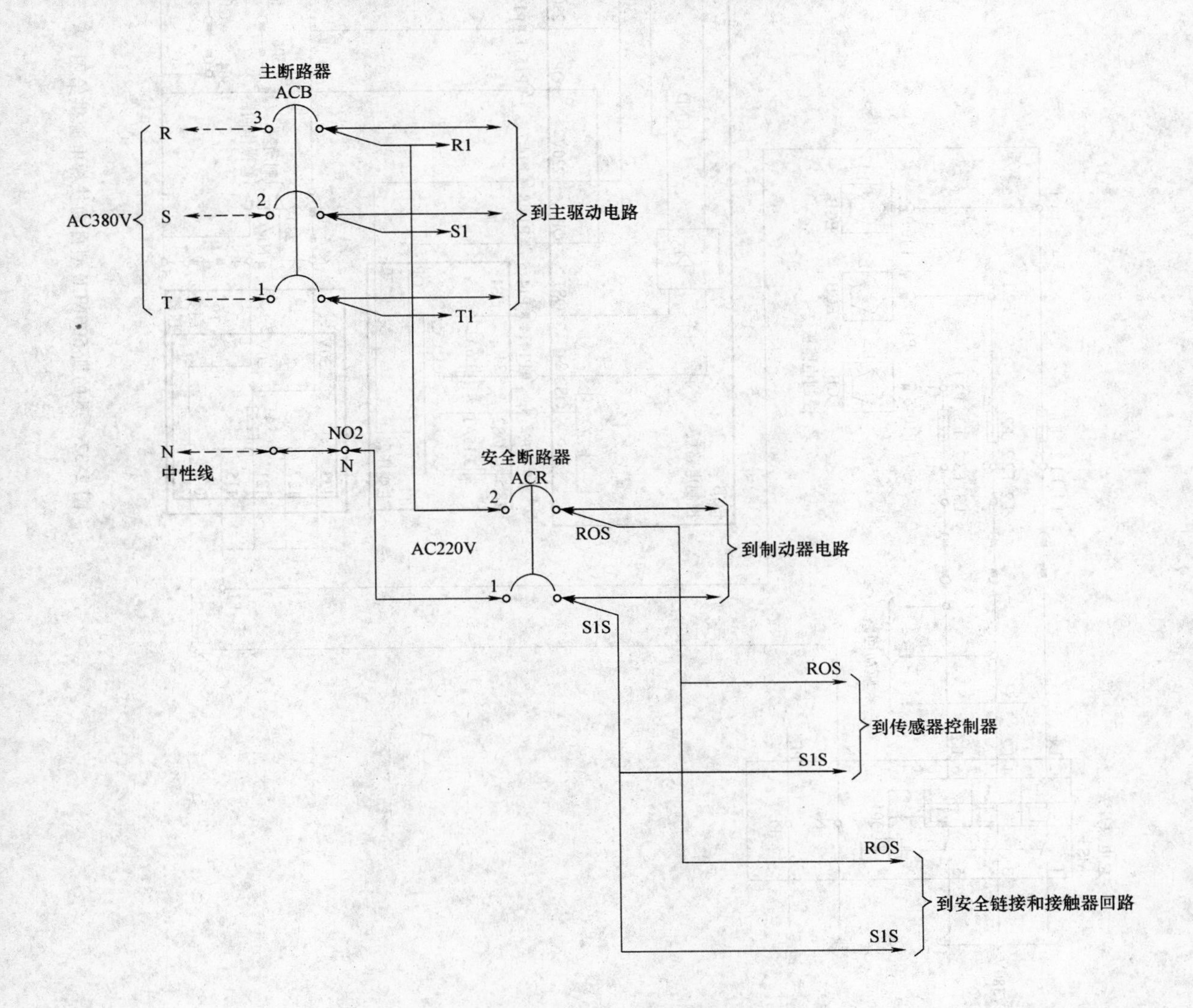

图 2-31　三菱 J 型自动扶梯电源供给图

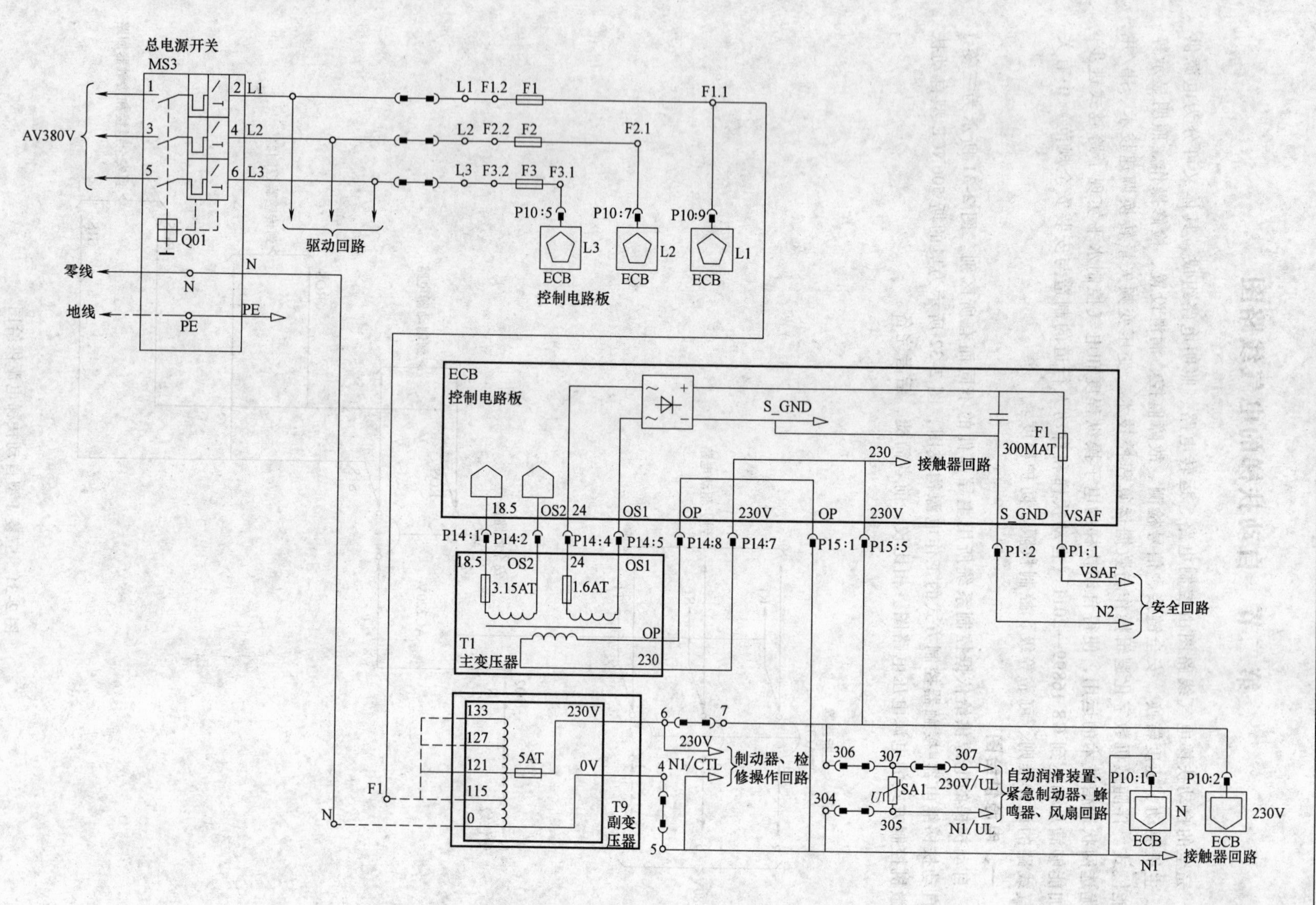

图 2-32 奥的斯 506NCE 型自动扶梯电源供给图

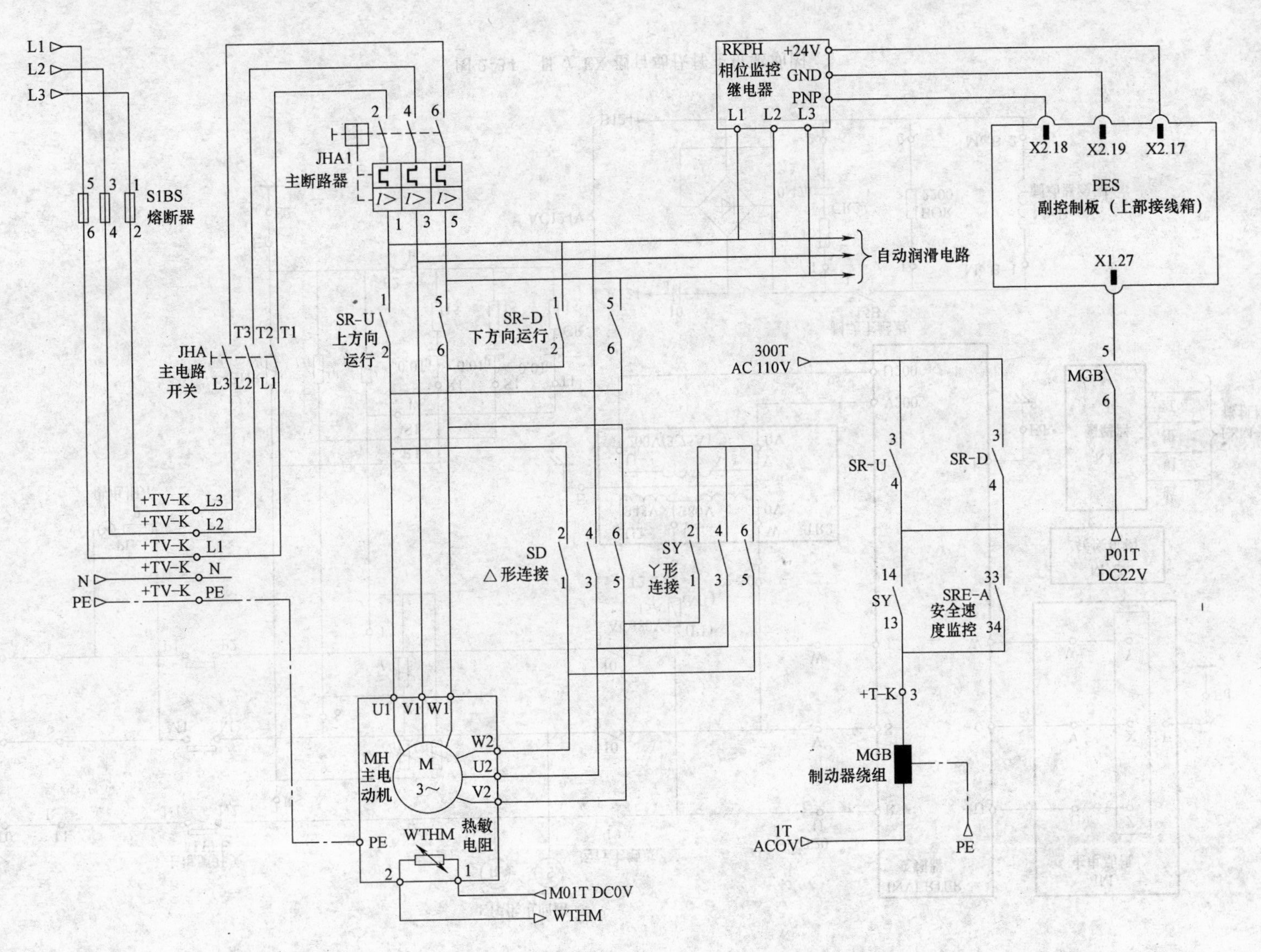

图 2-33　迅达 9300 型自动扶梯主机驱动图

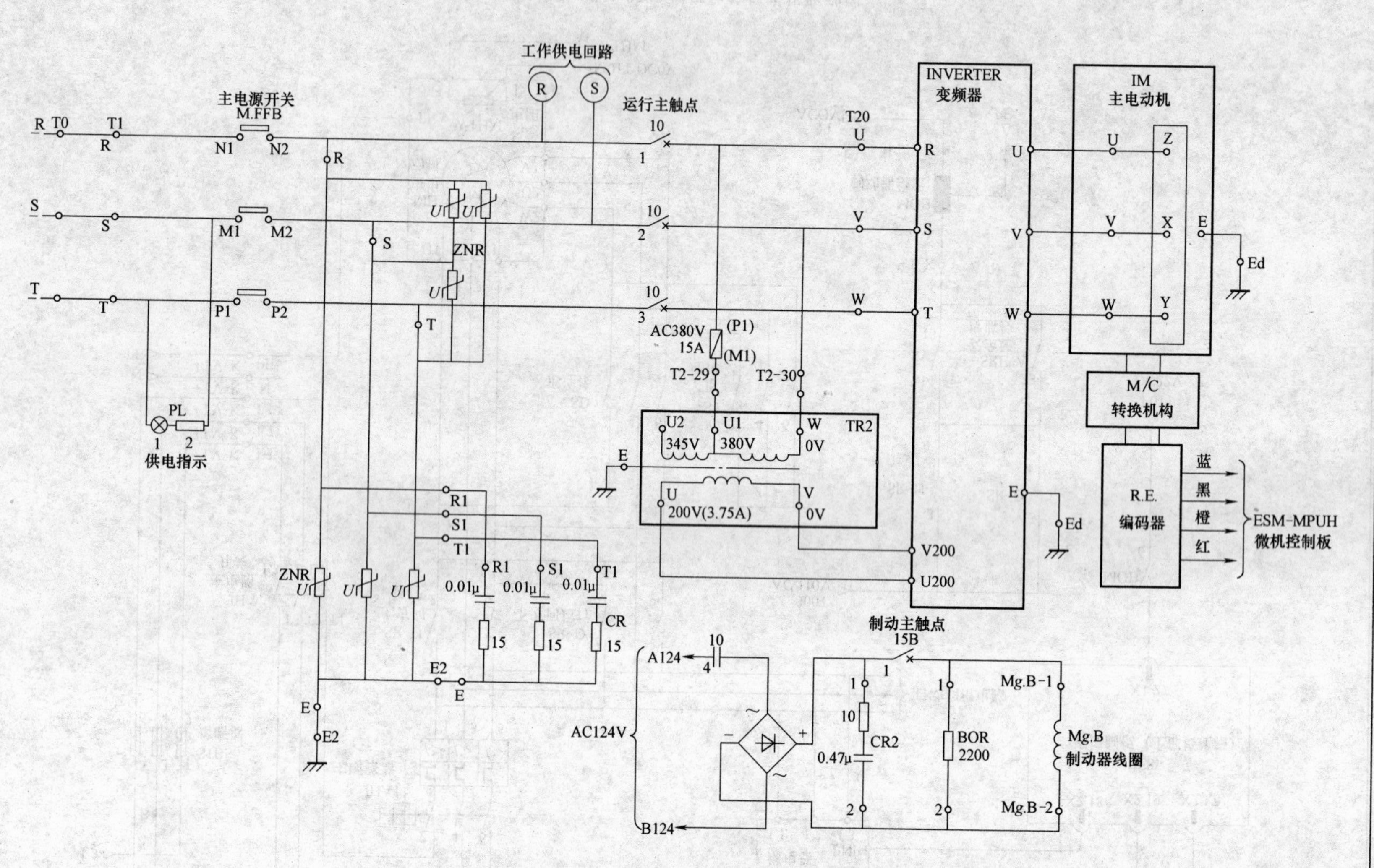

图 2-34　日立 EX 型自动扶梯主机驱动图

二、主机驱动图

自动扶梯的电气驱动多为交流供电，且有多极单速、多速换极、单速Y-△转接和变压变频调速等方式。其电气控制手段亦存在继电器-接触器、可编程序控制器、微机系统等形式。由于受到接线较繁、故障较多、功能较少等限制，继电器-接触器控制系统已然被可编程序控制器、微机电气控制系统所替代。但对自动扶梯电动机的驱动终端连接而言，基本上还只能依靠接触器和调速功率部件。图2-33所示为迅达9300型自动扶梯电动机Y-△转接驱动电路图，而图2-34所示为日立EX型自动扶梯电动机变压变频调速驱动电路图。

三、速度转换图

通常，自动扶梯的额定运行速度取决于减速器的传动比。因此，为了获得平滑的启动区间和平缓和起动电流就必须对自动扶梯驱动电动机的转速进行调整与调节。常见的调整与调节的手段和方法是：绕组Y-△转接或变压变频调速。图2-35所示为奥的斯506NCE型自动扶梯的变压变频速度转换电路图，图2-36所示为蒂森克虏伯Velino型自动扶梯绕组Y-△转接速度转换电路图。

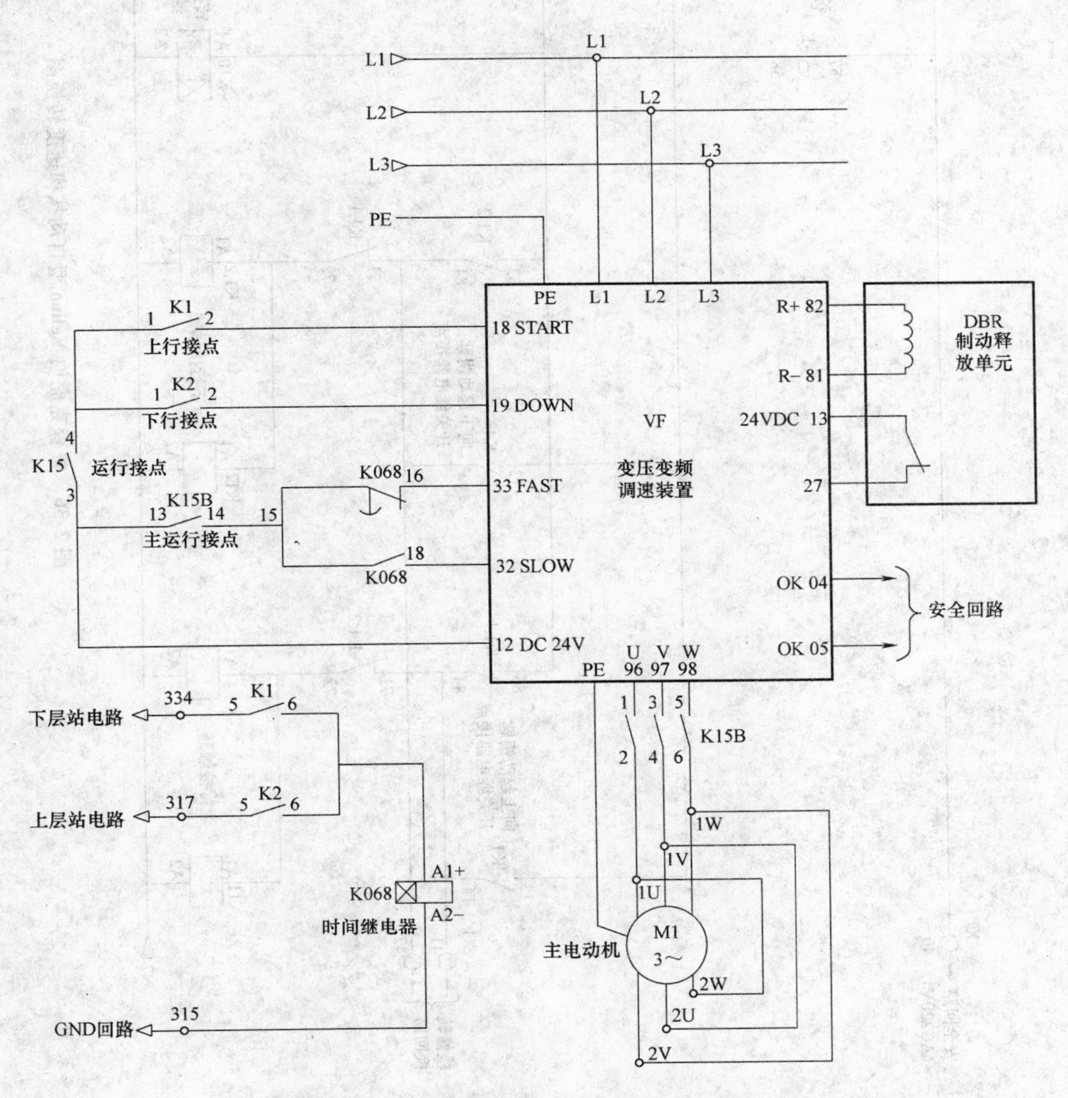

图2-35　奥的斯506NCE型自动扶梯速度转换图

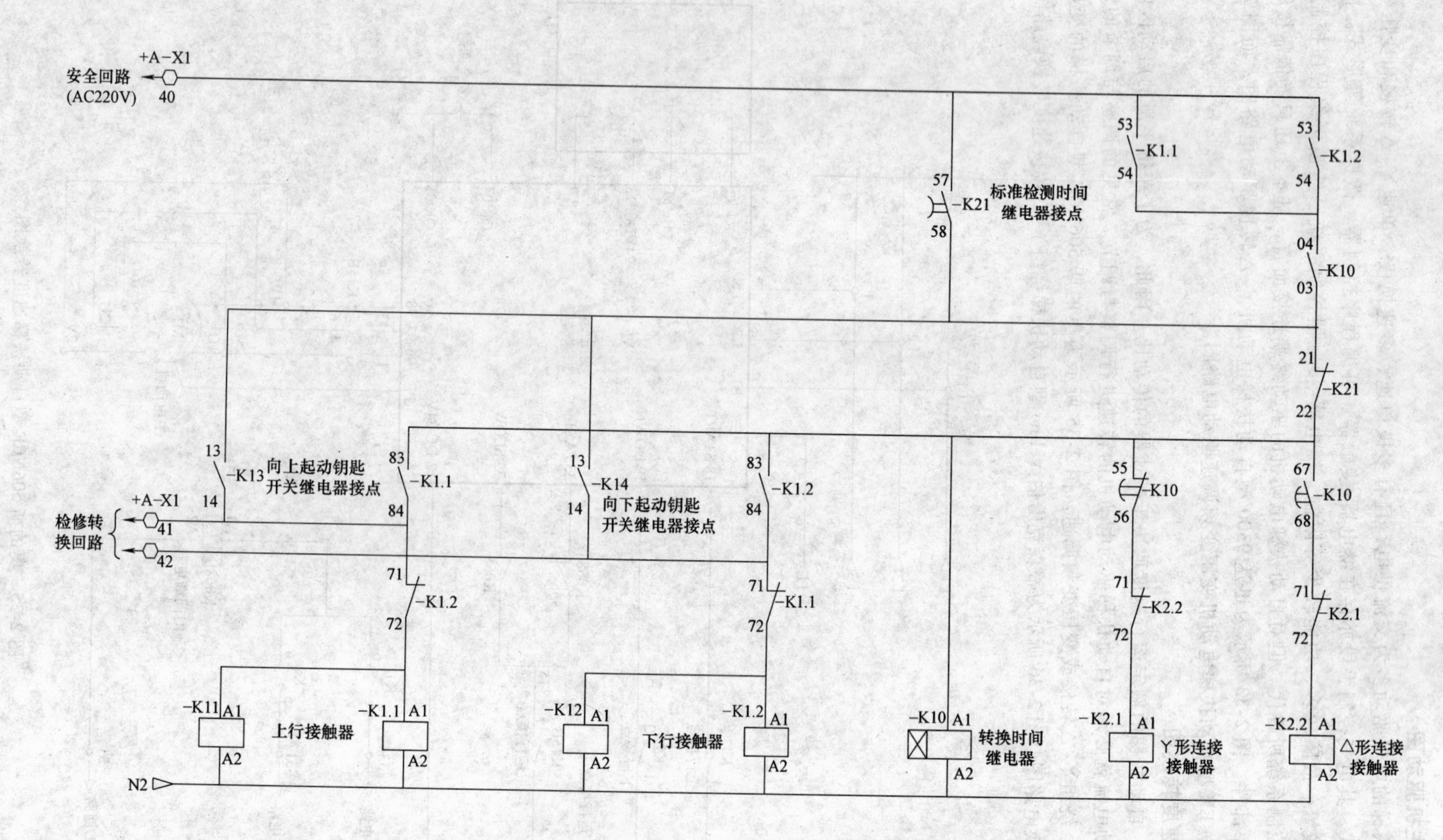

图 2-36　蒂森克虏伯 Velino 型自动扶梯速度转换图

四、安全链接图

自动扶梯的安全链接电路由遍布整机各处的行程触点、电器触点、传感器件、限位开关、输出电路等串联组成，以使能及时准确地反映各零件、机件、部件和构件的正常或出错状况，并具备间接或直接控制驱动主机可靠运转及停车的功能，从而达到安全保障与安全运行的目的。图2-37所示为阿尔法 B1 型自动扶梯的采用可编程序控制器的安全链接电路图，图 2-38（见全文后插页）所示为日立 EX 型自动扶梯的采用微机控制系统的安全链接电路图。

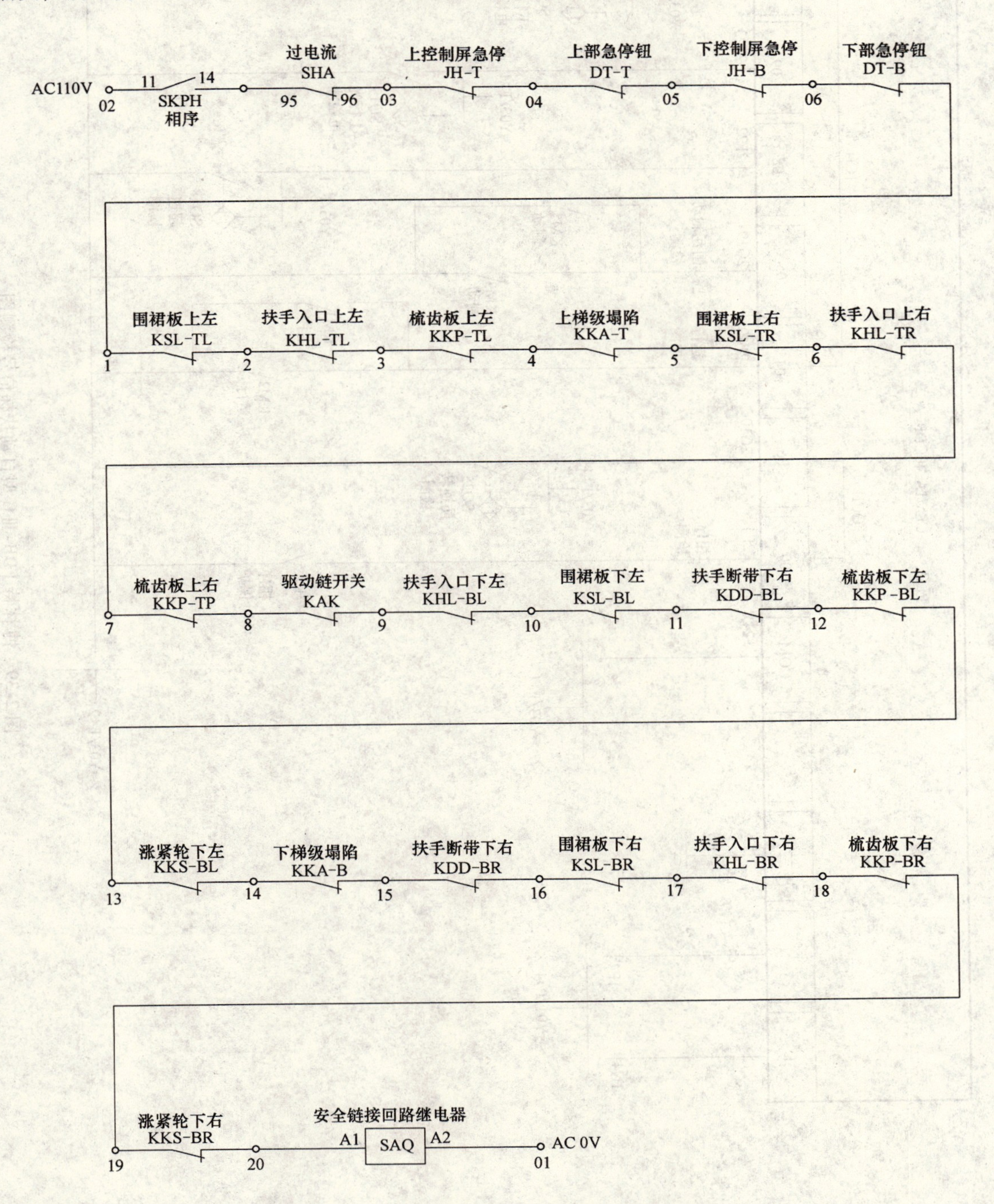

图 2-37　阿尔法 B1 型自动扶梯安全链接图

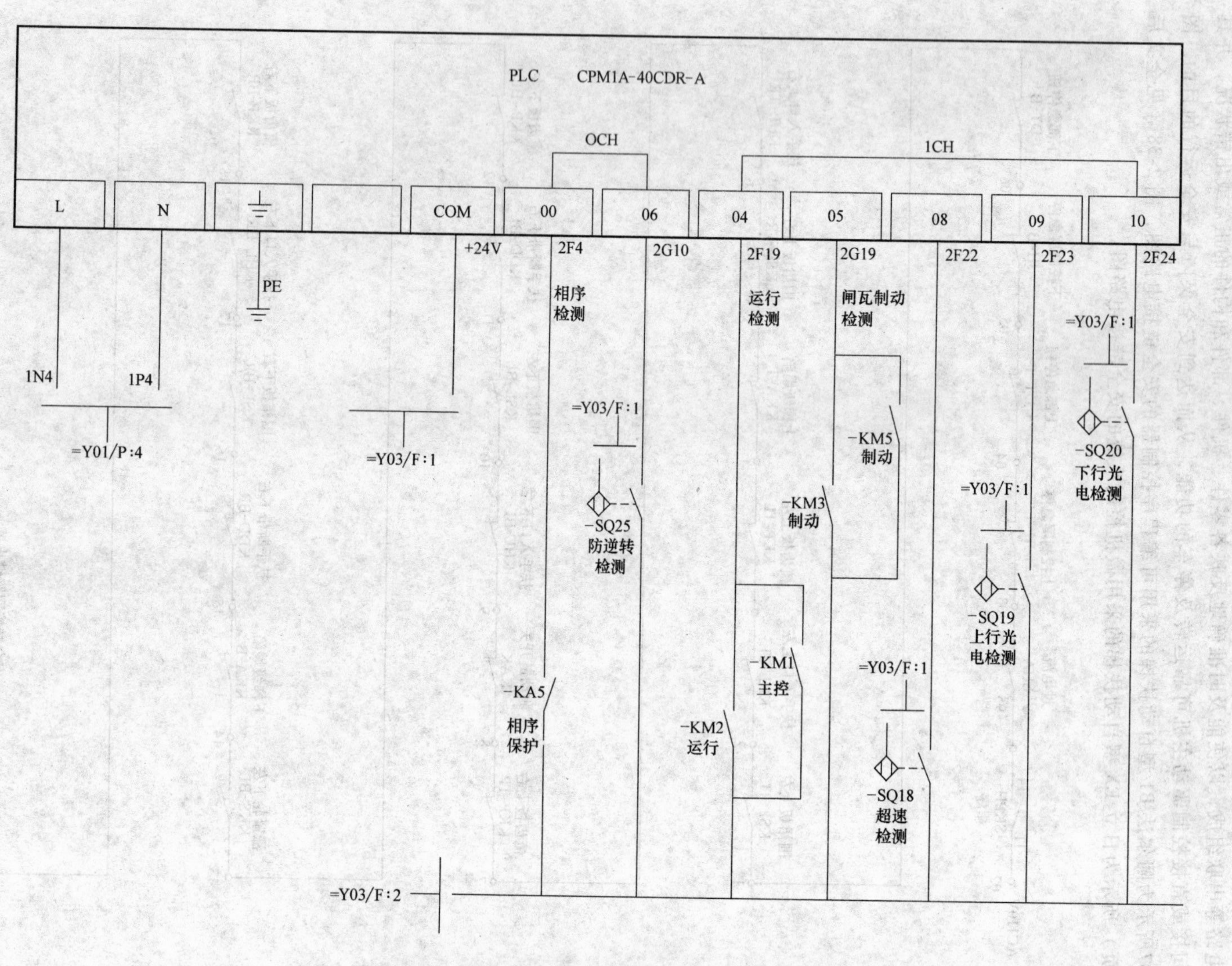

图 2-39　博林特 FDB-ⅢC 型自动扶梯信号检测图

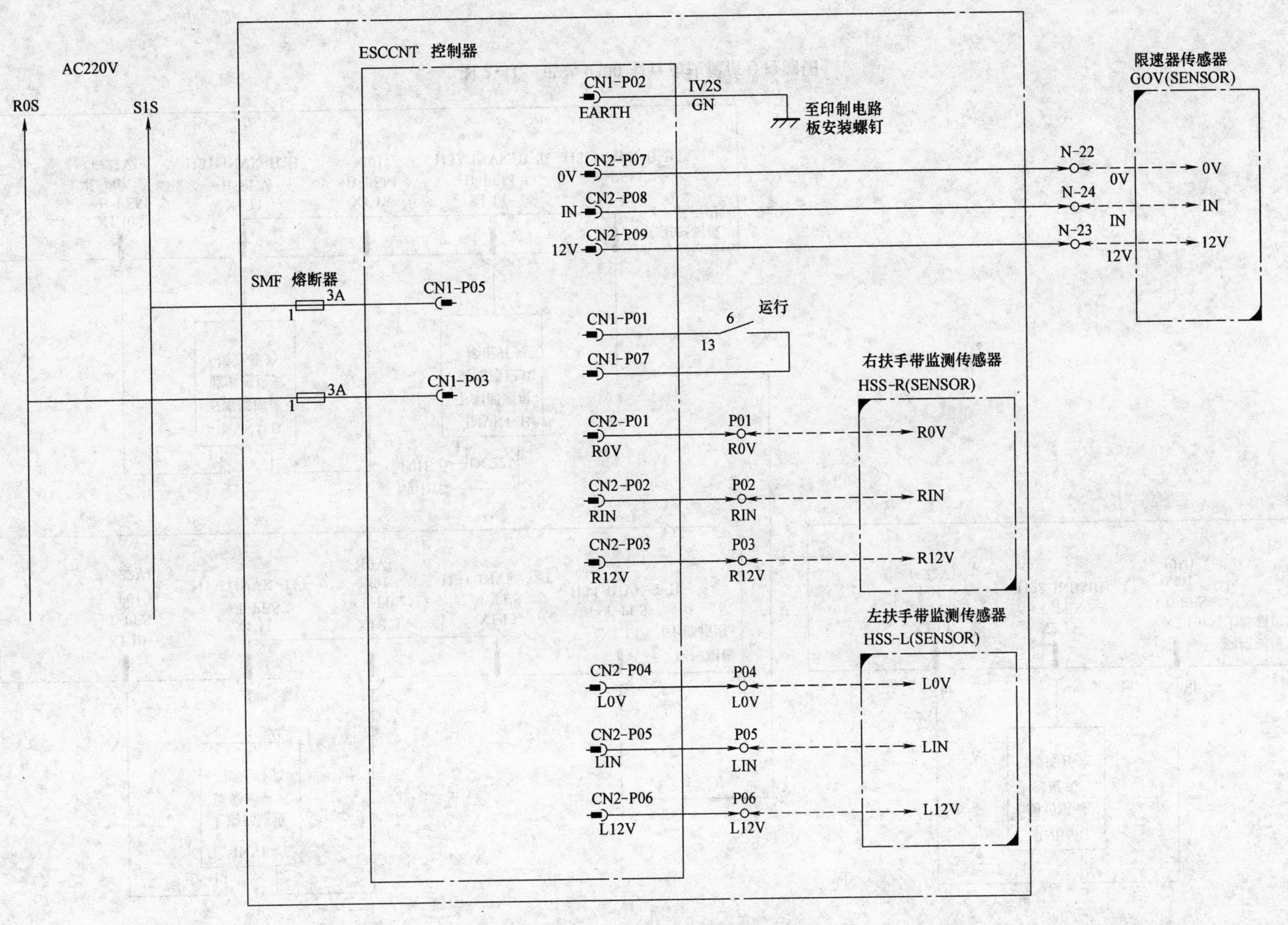

图 2-40　三菱 J-Ⅱ型自动扶梯信号检测图

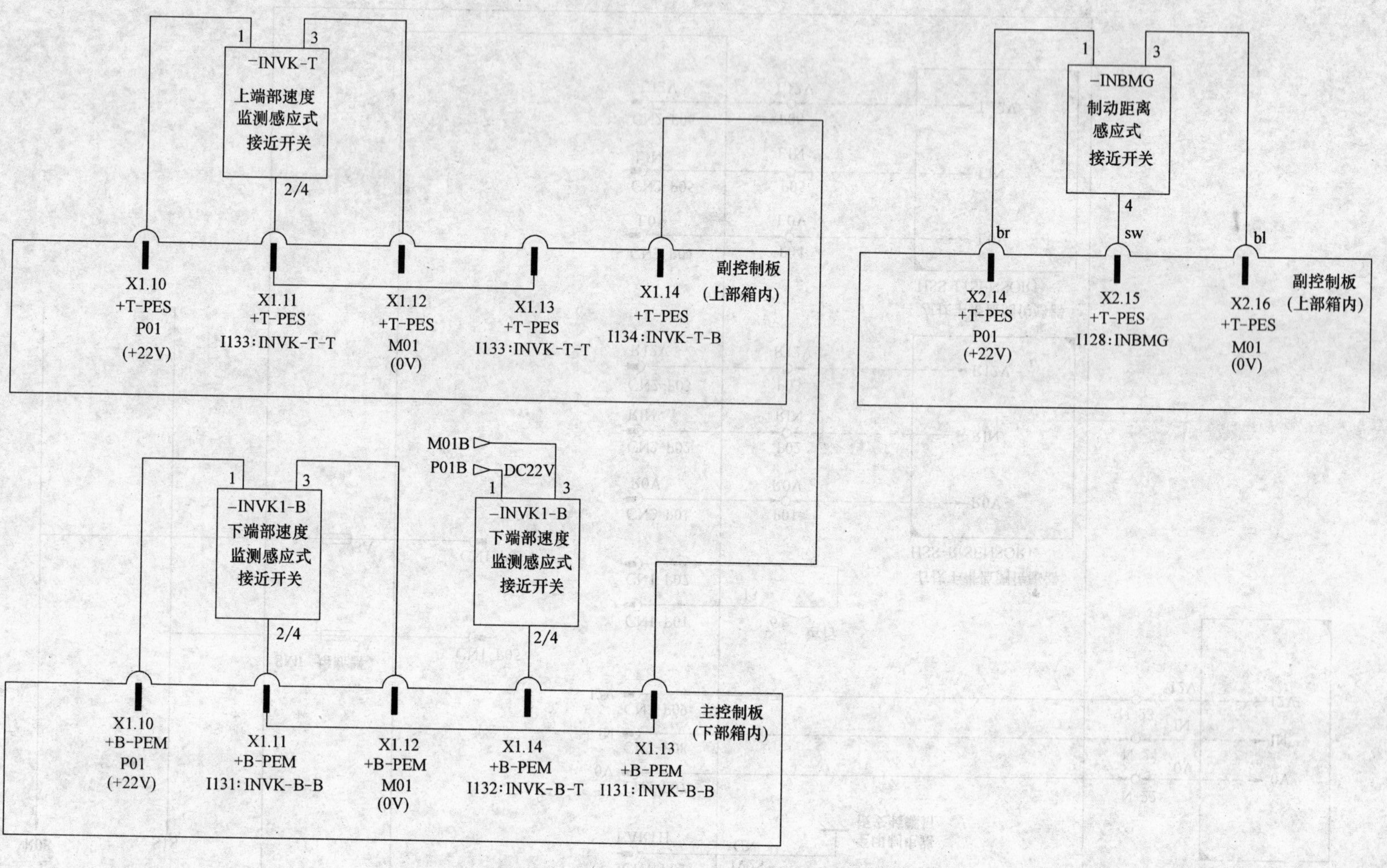

图 2-41　迅达 9300 型自动扶梯信号检测图

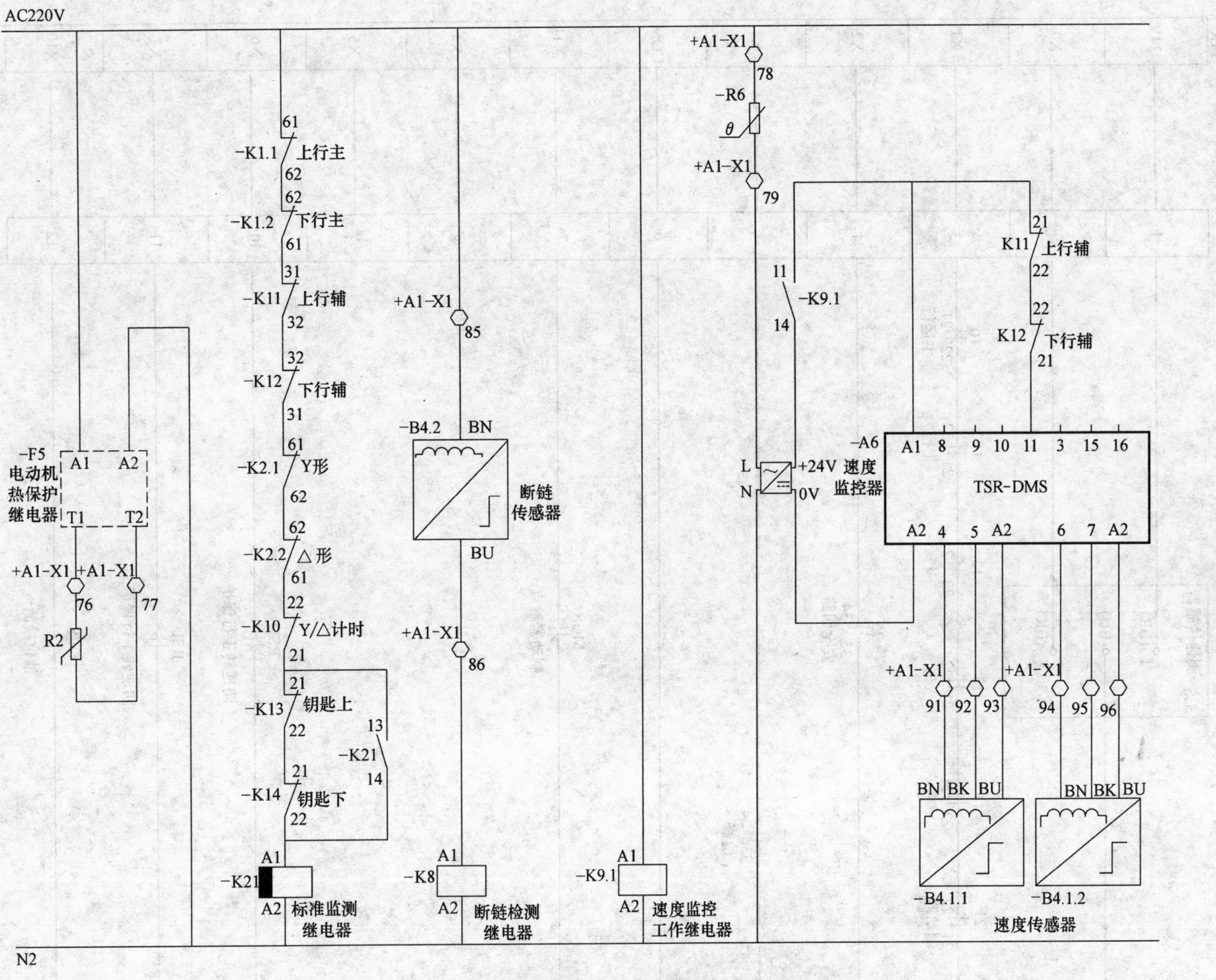

图 2-42 蒂森克虏伯 Tugela 型自动扶梯故障监控图

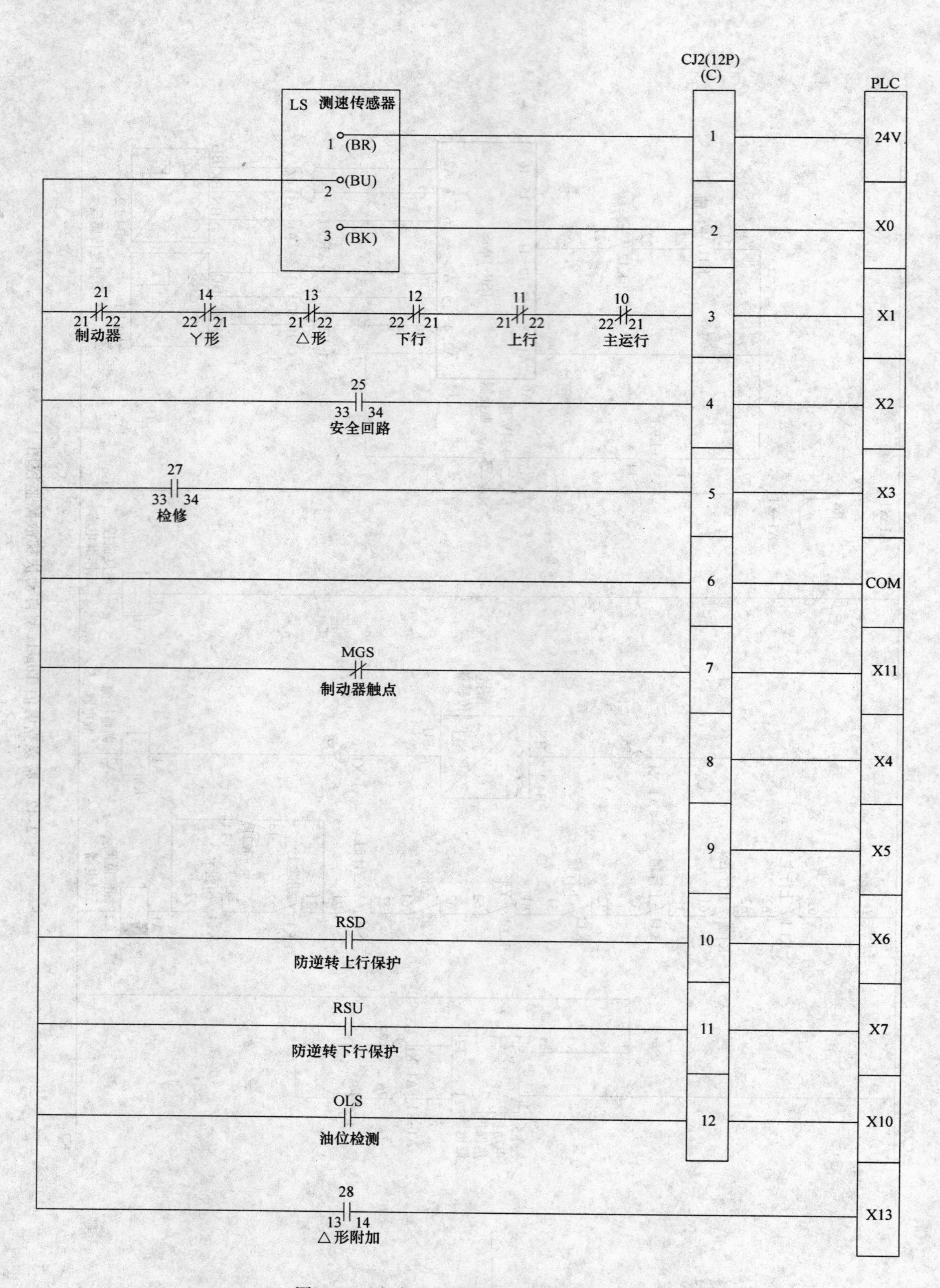

图 2-43　永大 EP 型自动扶梯故障监控图

五、信号检测图

与众多机电一体化设备与装置相同，自动扶梯的正常运转离不开准确的间隙、精密的检测和可靠的调控。而这一切的基础，从现代科技角度出发，取决于各种各样信号的捡拾和量度。图2-39绘制了博林特FDB-ⅢC型自动扶梯用感应器件组成的防反转等信号检测图，图2-40所示为三菱J-Ⅱ型自动扶梯用传感器做成的限速器等信号检测图，另外图2-41给出了迅达9300型自动扶梯用感应开关构成的速度监测等信号检测图。

六、故障监控图

对自动扶梯而言，为了快速诊断、显示和迅速排除、修复各种偏离、误差、出错及故障，无论它们是采用传统的继电器-接触器或半导体分立元件等组合逻辑的操纵方式，还是运用时尚的可编程序或微机系统等集成逻辑的调控手段，其都必须依赖于建立在安全链接、信号检查、特别测量和过程处理等硬件与软件基础上的故障监控体系。图2-42所示为利用继电器-接触器控制形式的蒂森克虏伯Tugela型自动扶梯主要部件的故障监控电路，图2-43所示为应用可编程控制器（PLC）形式的永大EP型自动扶梯各个分支的故障监控组成，图2-44（见全文后插页）所示为使用微机（MC）系统形式的奥的斯506NCE型自动扶梯电动机及上、下层遥控站的故障监控部分。

七、附加制动图

为了防止主（工作）制动器，见图2-33中的MGB和图2-34中的Mg.B，在主驱动链条折裂或曳引机减速器轴断联、或传动齿轮与传动链条脱离等意外事件发生时，因失去对梯级（踏板）

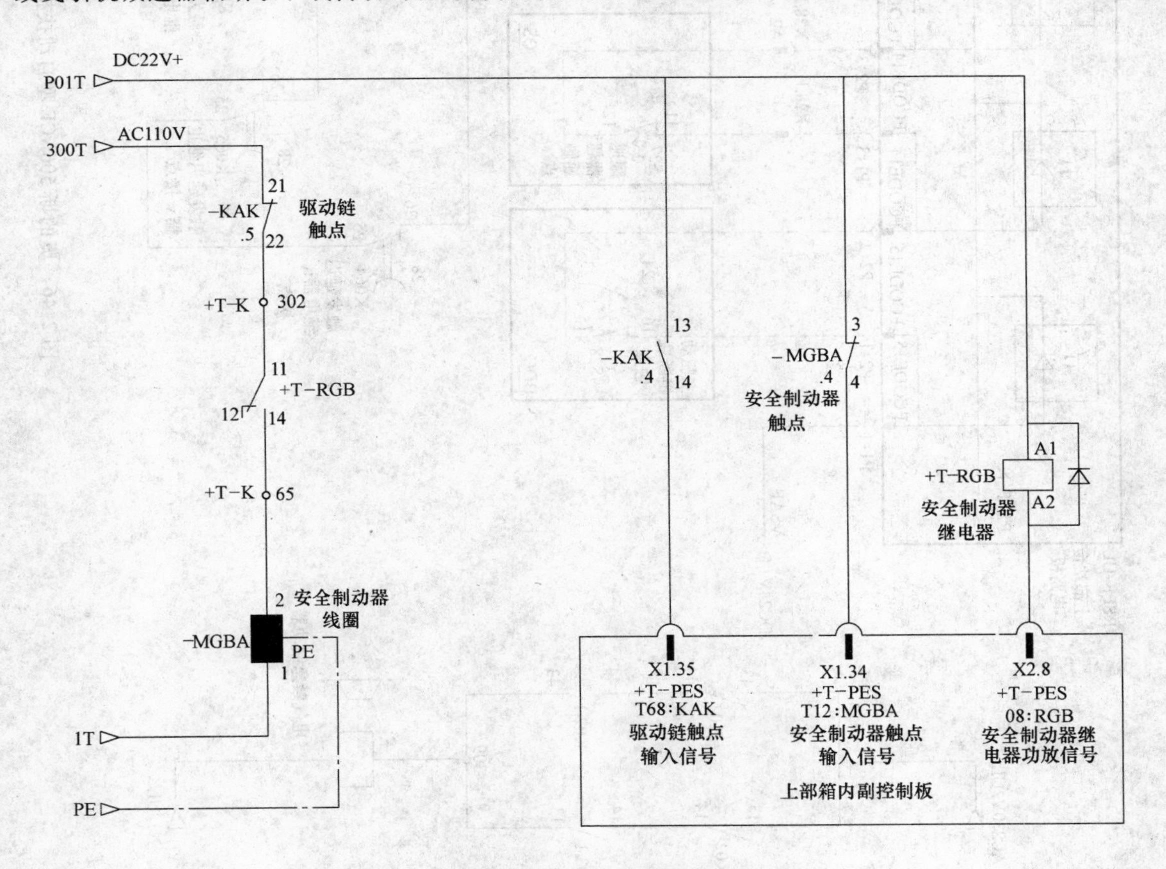

图2-45　迅达9300型自动扶梯附加制动器线路图

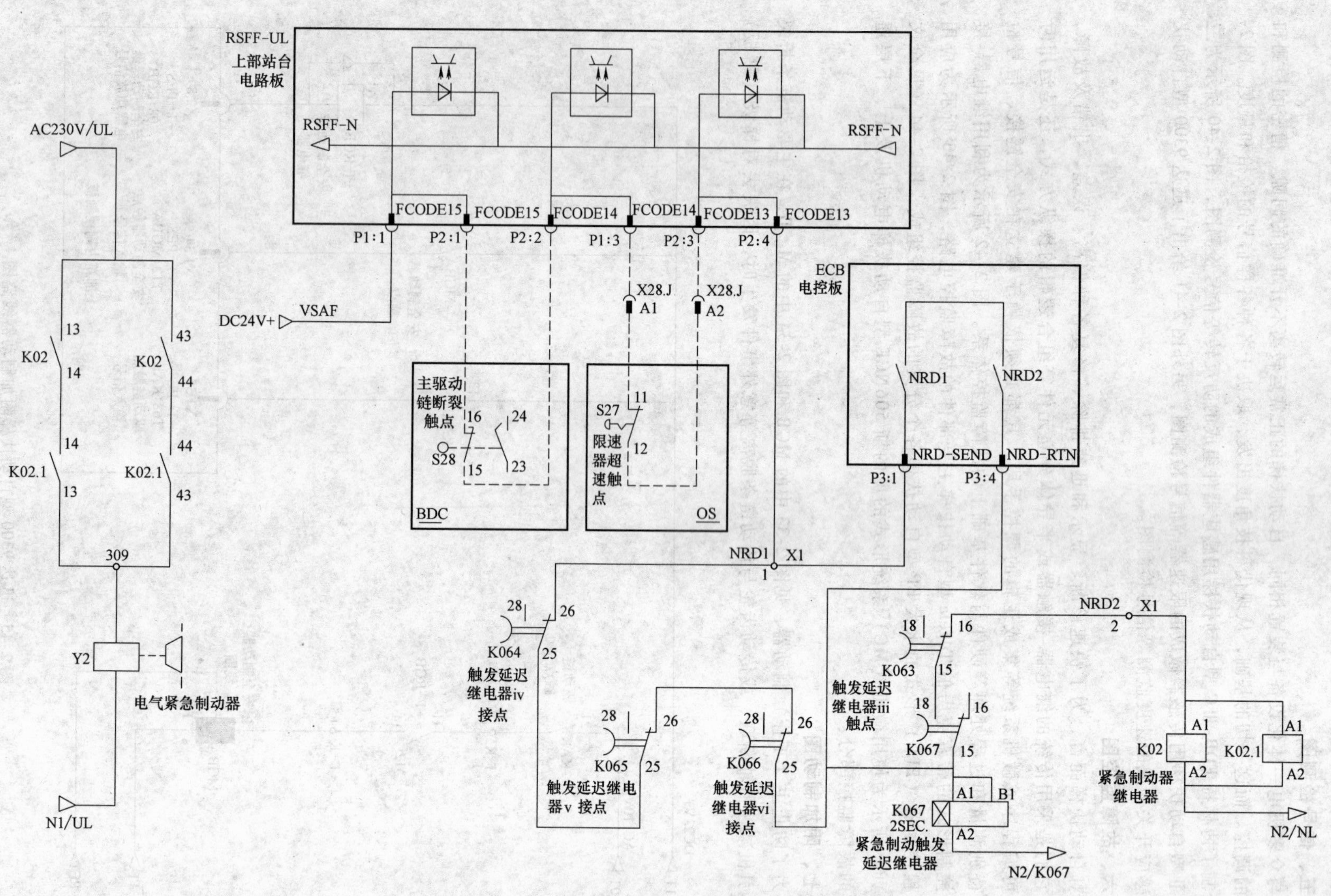

图 2-46　奥的斯 506NCE 型自动扶梯附加制动电路图

链条的约束和止动的作用，而无助地任由梯级（踏板）出现改变原运行方向行及超过额定速度的危险状况与失控现象，就要增设或唯有依靠附加（又称安全，也叫紧急）制动器和制动部件对梯级（踏板）或拖动其运转的啮合机械的有效减速制停，才能使梯级（踏板）静止下来并维持不动。图2-45所示为迅达9300型自动扶梯的安全（附加）制动器线路，图2-46所示为奥的斯506NCE型自动扶梯的紧急（附加）制动器的电路。

八、润滑设置图

为了散去各机件相对摩擦产生的热量，降低各部件活动翻转发出的噪声，减轻各零件长期运行造成的磨损，延长组成整梯各构件的使用寿命，自动扶梯的润滑是必不可少的。自动扶梯的润滑方法有三种设置方式：周期性的人工手动加油、定时定量控制的自动加油、半人工半自动化的联动加油。图2-47所示为日立EX型自动扶梯的依靠计时继电器调控的润滑设置电路图，图2-48

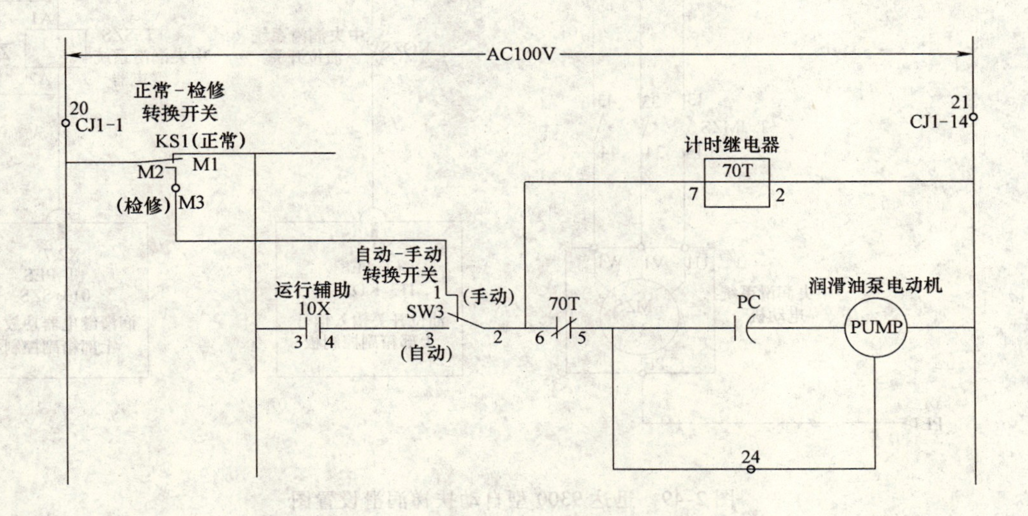

图2-47　日立EX型自动扶梯润滑设置图

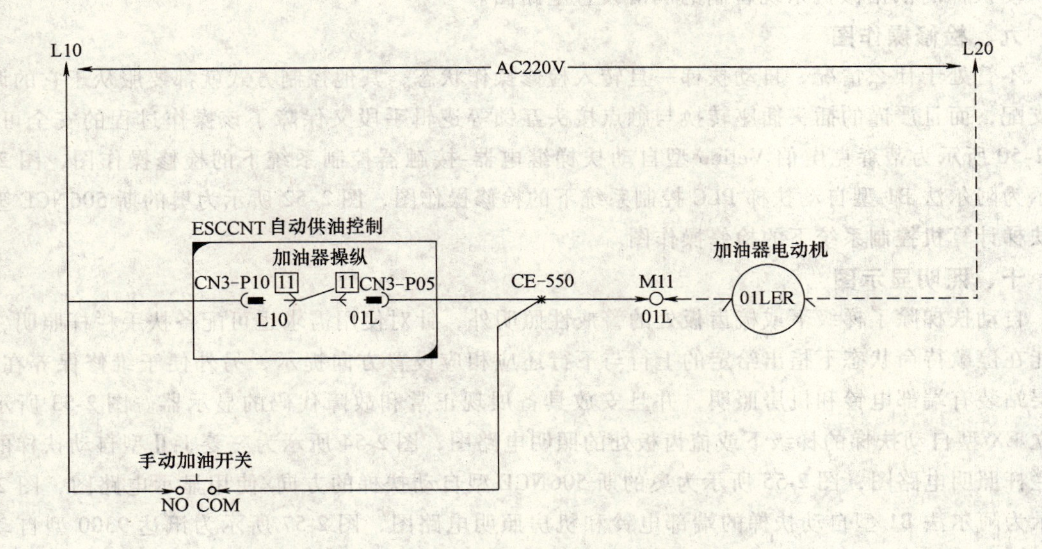

图2-48　三菱J-Ⅱ型自动扶梯润滑设置图

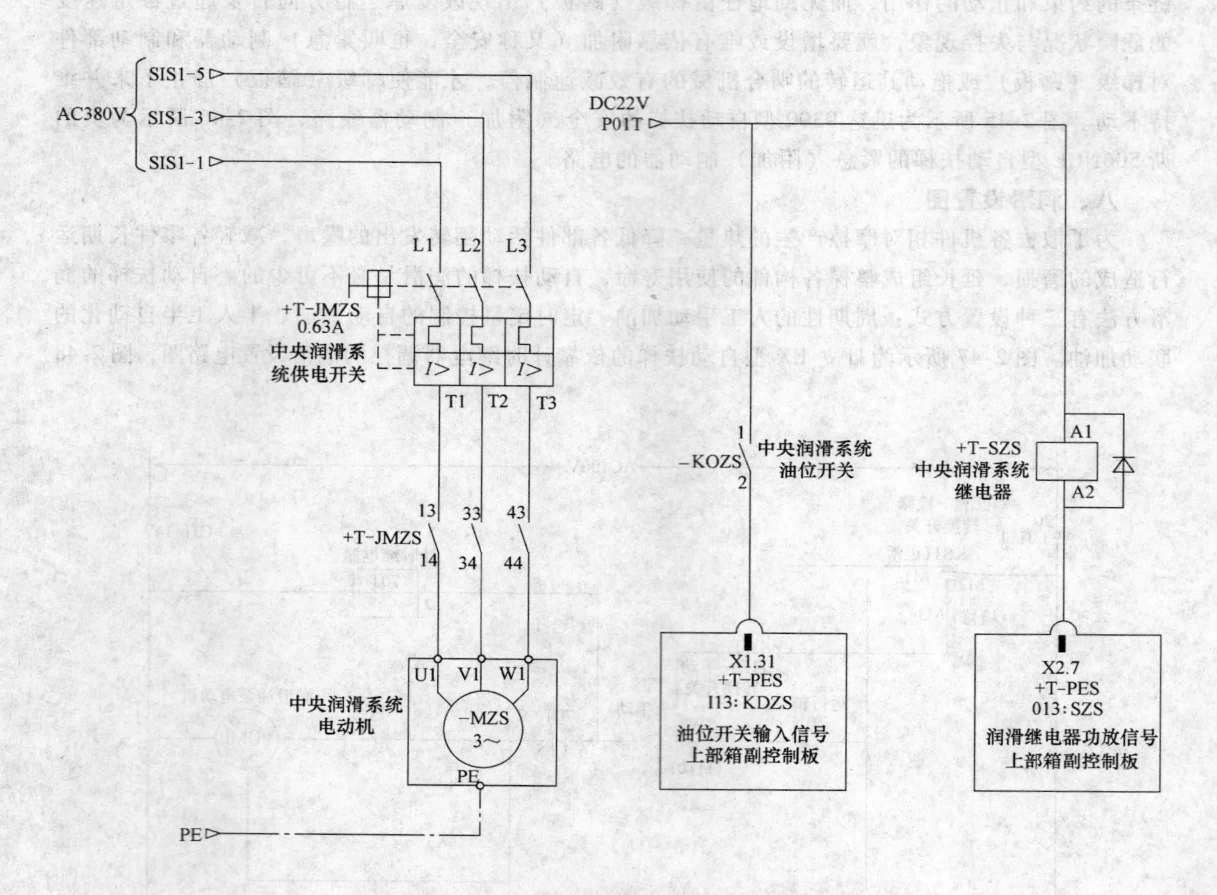

图 2-49　迅达 9300 型自动扶梯润滑设置图

所示为三菱 J-Ⅱ型自动扶梯的依赖分立控制器操纵的润滑设置电路图，图 2-49 所示为迅达 9300 型自动扶梯的依据微机系统管制的润滑设置电路图。

九、检修操作图

不管处于什么情况，自动扶梯一旦转入检修操作状态，其他控制方式就都要服从于它的调遣与支配，而且严谨的插头插座转换与触点接头互锁等逻辑手段又保障了该操作过程的安全可靠。图 2-50 所示为蒂森克虏伯 Velino 型自动扶梯继电器-接触器控制系统下的检修操作图，图 2-51 所示为阿尔法 B1 型自动扶梯 PLC 控制系统下的检修操作图，图 2-52 所示为奥的斯 506NCE 型自动扶梯计算机控制系统下的检修操作图。

十、照明显示图

自动扶梯除了梯级下或梳齿板处的警戒性照明外，针对使用需求也可配备扶手栏杆照明，为了能在停歇待命状态下指出给定的上行与下行还应相应设置方向提示，另外便于维修保养在上、下层站装有端部电铃和机房照明，并且安放具备展现正常和故障代码的显示器。图 2-53 所示为日立 EX 型自动扶梯的梯级下或梳齿板处的照明电路图，图 2-54 所示为三菱 J-Ⅱ型自动扶梯的扶手栏杆照明电路图，图 2-55 所示为奥的斯 506NCE 型自动扶梯的方向/使用显示电路图，图 2-56 所示为阿尔法 B1 型自动扶梯的端部电铃和机房照明电路图，图 2-57 所示为讯达 9300 型自动扶梯的正常和故障代码显示器电路图。

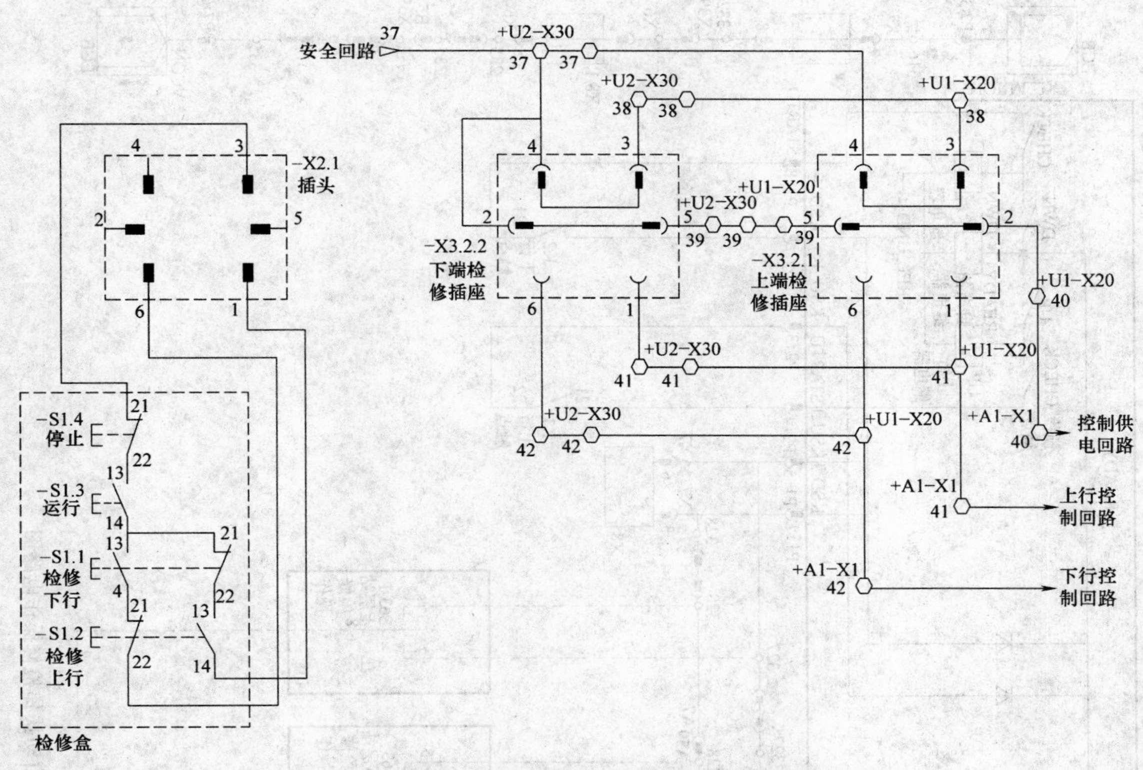

图 2-50　蒂森克虏伯 Velino 型自动扶梯检修操作电路图

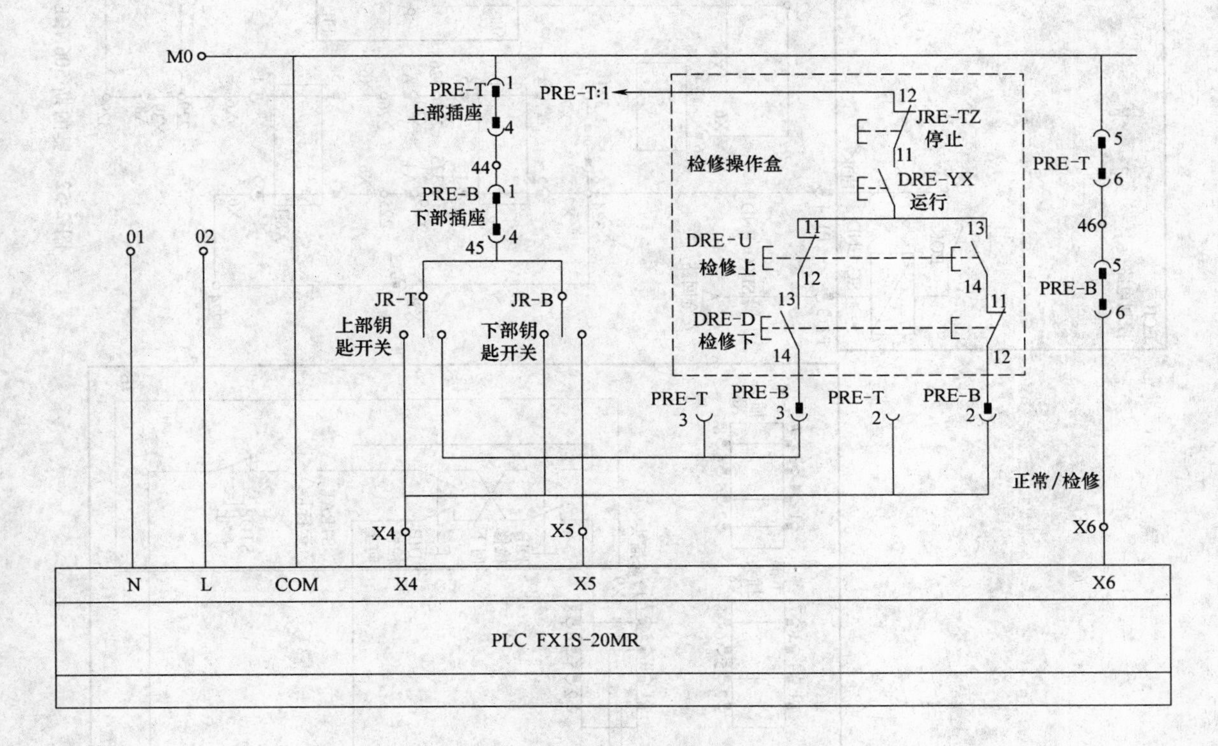

图 2-51　阿尔法 B1 型自动扶梯检修操作电路图

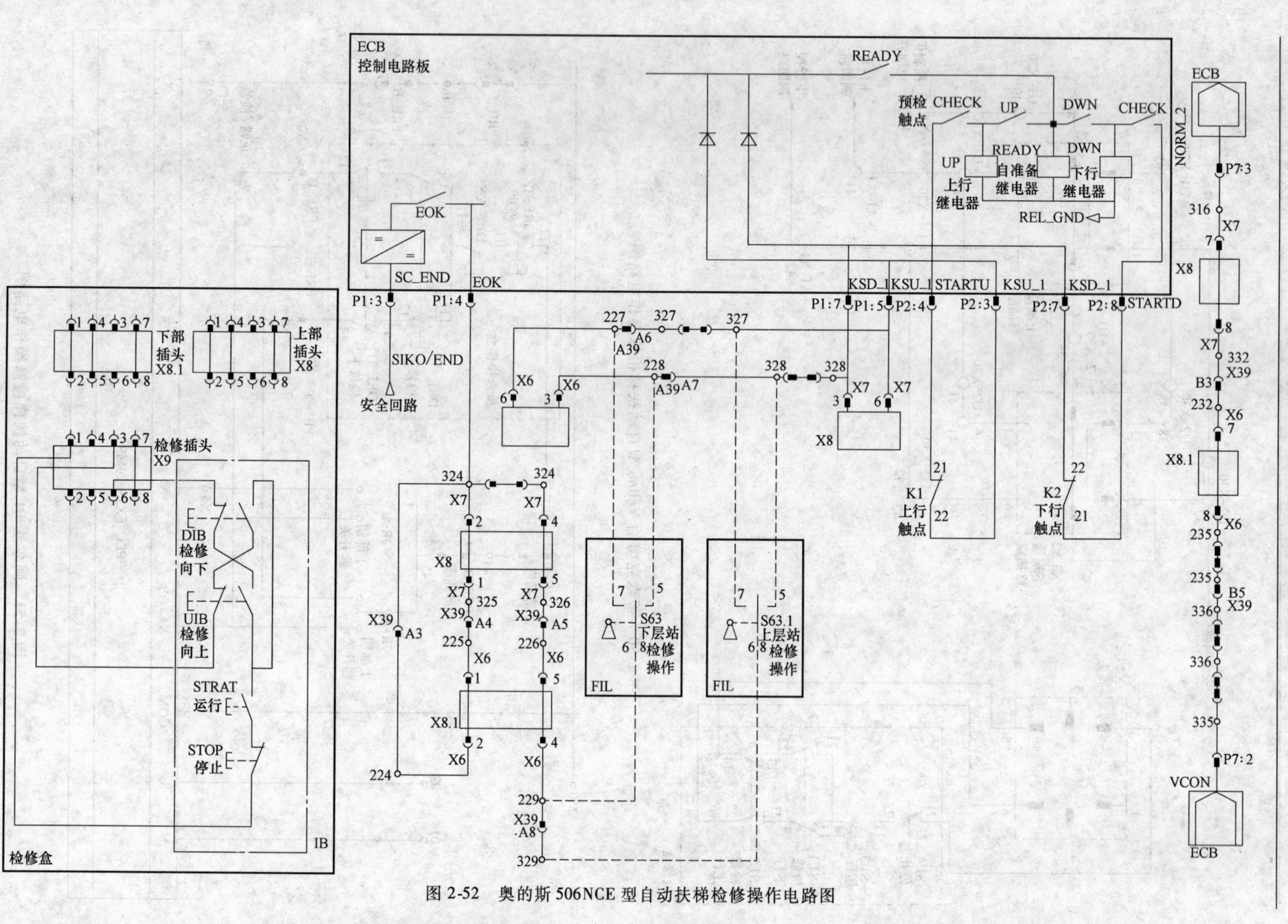

图 2-52　奥的斯 506NCE 型自动扶梯检修操作电路图

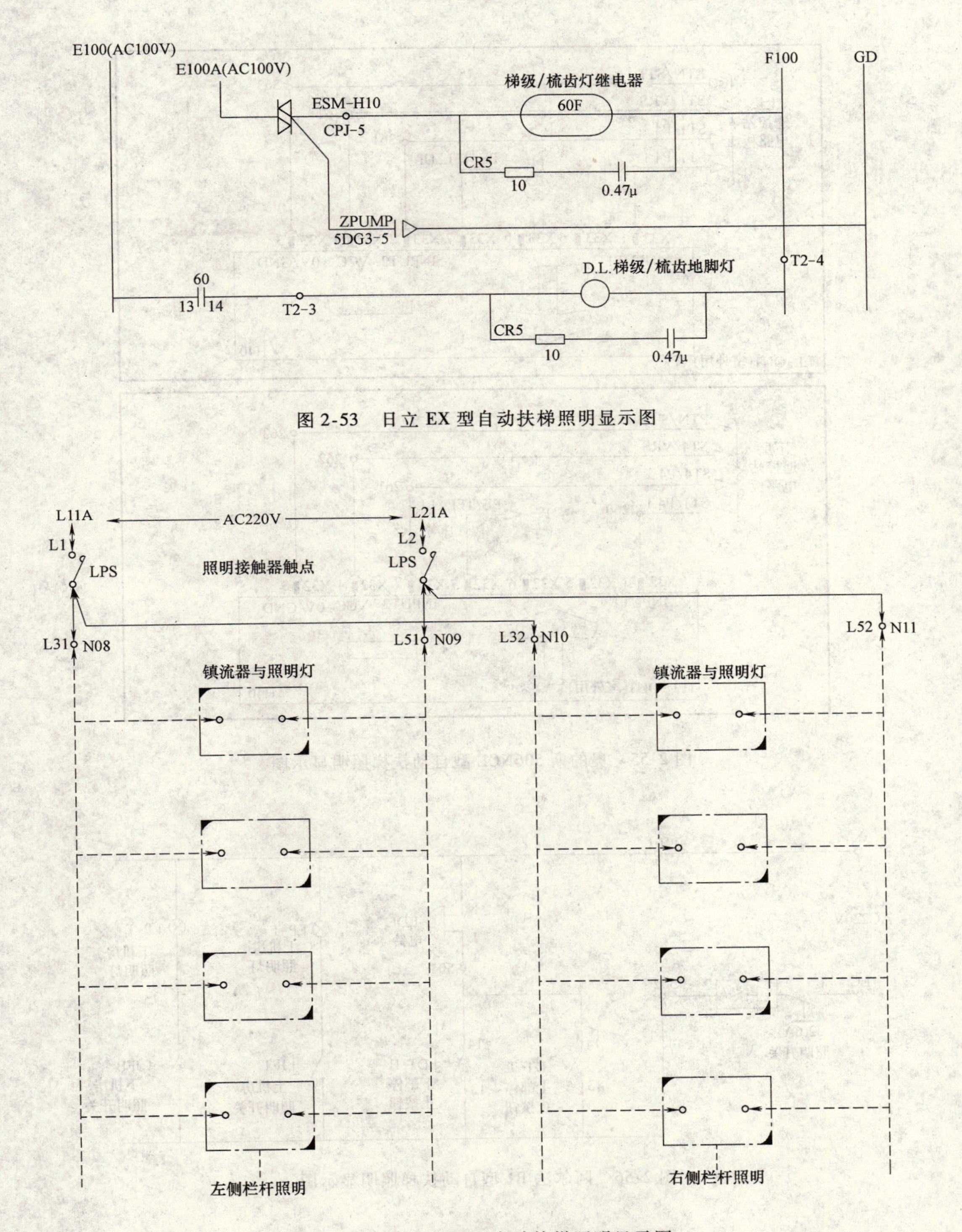

图 2-53　日立 EX 型自动扶梯照明显示图

图 2-54　三菱 J-Ⅱ型自动扶梯照明显示图

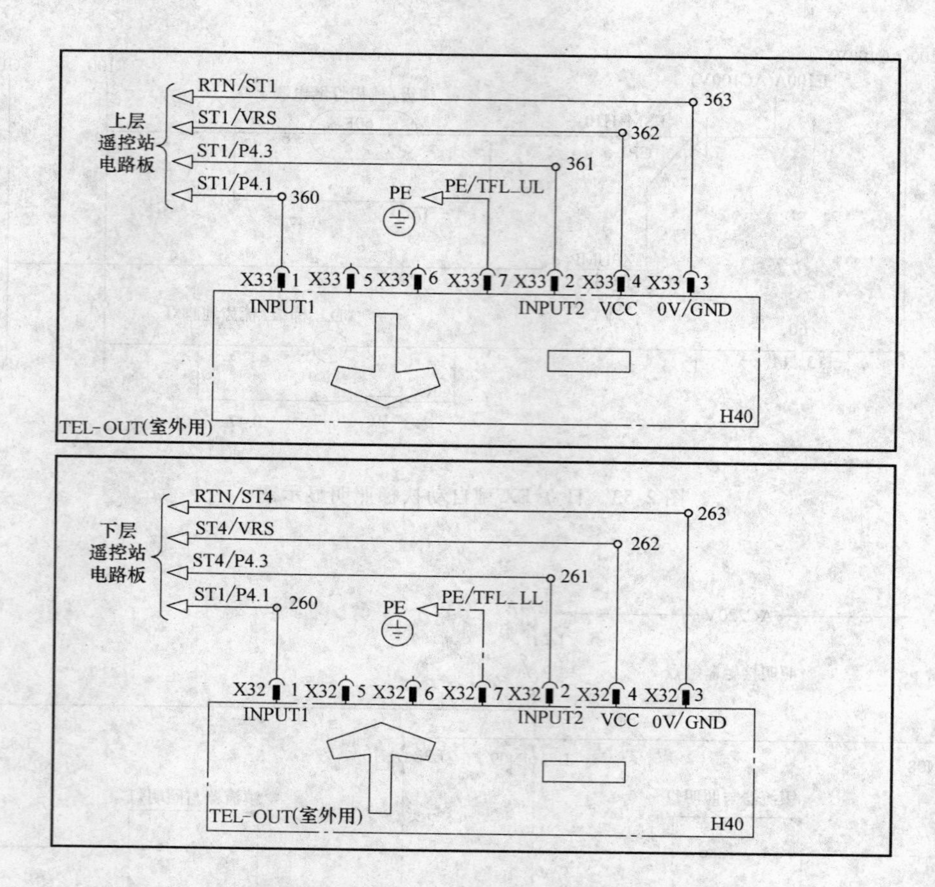

图 2-55　奥的斯 506NCE 型自动扶梯照明显示图

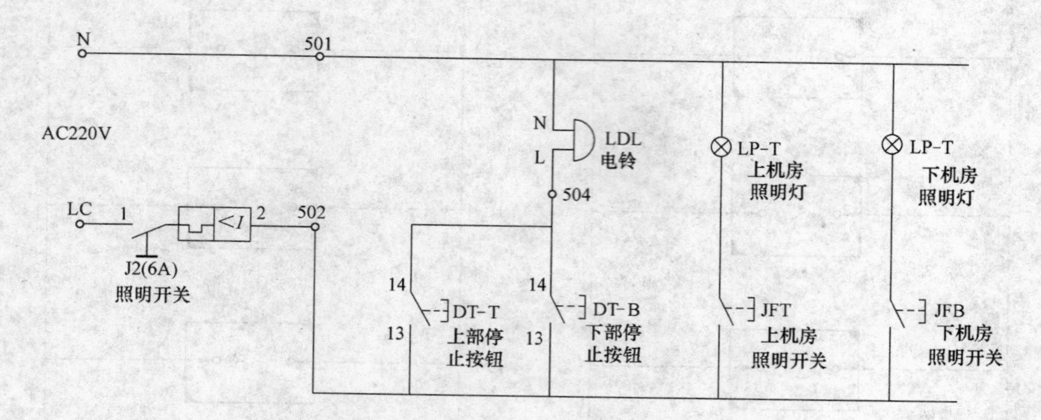

图 2-56　阿尔法 B1 型自动扶梯照明显示图

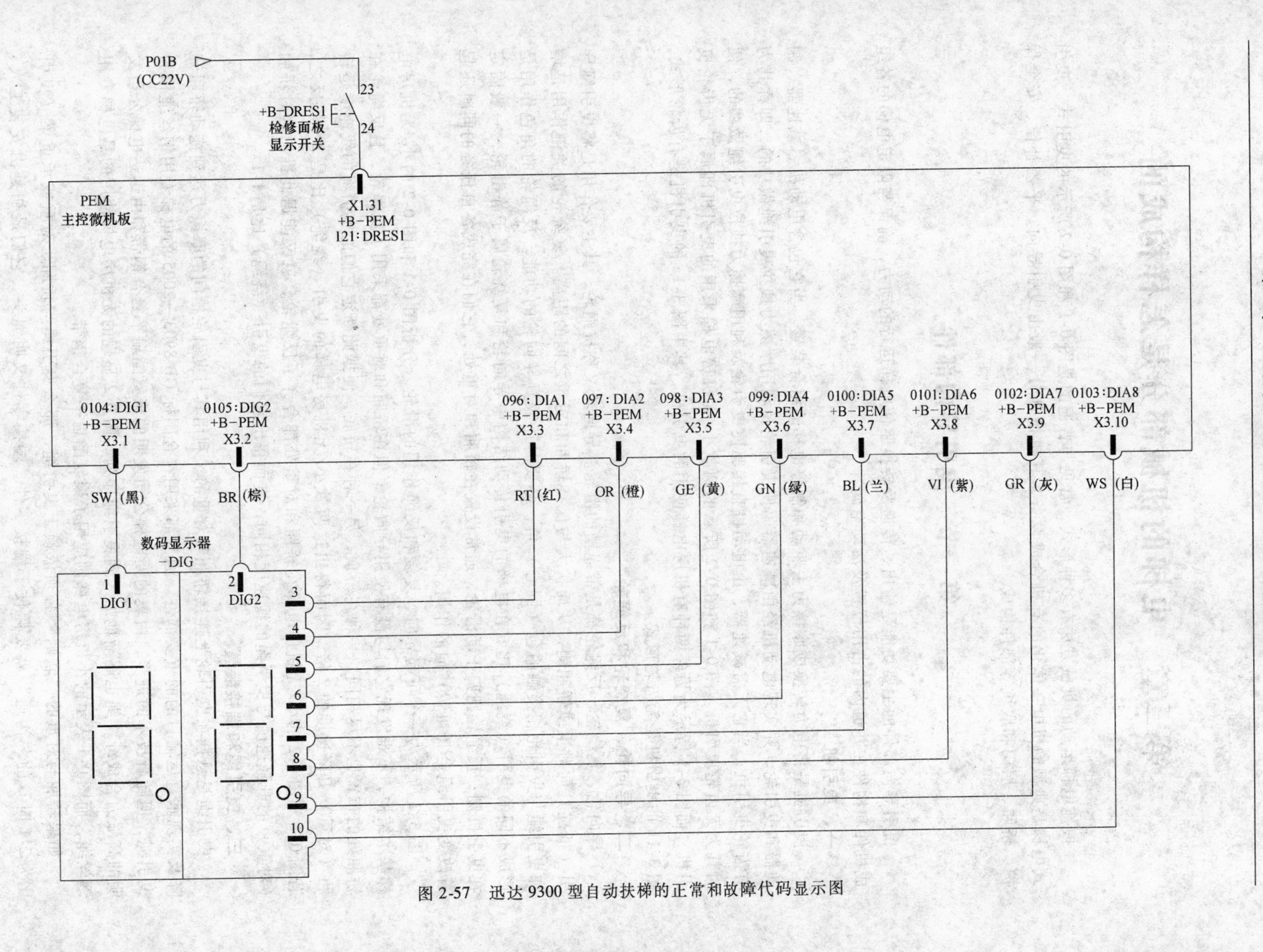

图 2-57 迅达 9300 型自动扶梯的正常和故障代码显示图

第三章　电梯的机械部分是怎样构成的

拽拖电梯运动的机械方法有多种形式，常见与普遍的是图 0-1 和图 0-2 所示的曳引式。曳引式电梯是典型的机电一体化的有机合成设备，其机械部分一般由曳引导向、平衡补偿、安全保护、轿厢、层门和底坑等部件构成。

第一节　曳引导向部件

曳引导向部件的主要功能是输出、传递及转换驱使电梯运行的动力，确保与限定电梯的各组成机件和构件在井道内的占用位置及活动空间。

一、曳引机

曳引机是将电力转换成摩擦力去驱动和制停电梯的组合装置。当它包含电动机、减速器、制动器和曳引轮，并实现电动机经由减速器驱使曳引轮及利用摩擦力拽拉曳引绳做功的，即称其为有齿轮曳引机；当它无需减速器，由电动机直接驱使曳引轮及利用摩擦力拽拉曳引绳做功的，便叫其为无齿轮曳引机。图 0-1 和图 0-2 所示的两款小/无机房电梯采用的曳引机即属于无齿轮曳引机，而图 3-1 所示为另外两种有机房电梯使用的曳引机，其中图 3-1a 的曳引机是有齿轮形式，图 3-1b 的曳引机是无齿轮形式。

二、导向轮、复绕轮和反绳轮

导向轮、复绕轮、反绳轮都是带绳槽的滑轮。导向轮又称抗绳轮，其主要作用是将曳引绳导引（抵抗）向对重或轿厢侧，从而扩大与保持轿厢和对重之间的距离。复绕轮的关键作用是增加曳引绳与曳引轮相接触的包（圆心）角，必要时还兼具导向轮的功能。反绳轮的角色作用是形成不同的曳引（绕绳）比。在电梯的曳引传动结构中导向轮和复绕轮属于静滑轮，一般固定在曳引机侧；反绳轮则归于动滑轮，通常设置在轿厢和对重处；它们在完成各自任务的同时还起着改变曳引绳走（扭转）向的作用。

图 3-2 所示为一个可起导向、复绕和反绳作用的滑轮。分析图 0-1 和图 0-2 的小/无机房电梯基本结构，不难发现它们均没有使用导向轮，但在轿厢和对重处都采用了反绳轮，且反绳轮在轿厢处的布置也不尽相同，一种在轿顶，另一种在轿底，便据此断定它们的曳引绳的线速度是轿厢（对重）升降速度的 2 倍，因而得出这两款小/无机房电梯的曳引（绕绳）比是 2:1。反之，若图 0-1 和图 0-2 的小/无机房电梯在轿厢和对重处都舍弃了反绳轮，就又能据此推测这时轿厢（对重）的升降速度与曳引绳的线速度相同，进而得出它们的曳引（绕绳）比是 1:1。

三、曳引绳和端接装置

曳引绳是悬挂在曳引轮上连接轿厢和对重的、利用其与曳引轮槽间的摩擦力达到拖动轿厢升降及实现垂直运输目的的重要部件。通常都采用符合国标 GB 8903—2005 的电梯专用钢丝绳作为曳引绳，但随着技术的进步，由奥的斯电梯公司发明的聚氨酯扁平复合钢带和由迅达电梯公司发明的高涨力合成纤维绳也逐渐地加入到曳引绳序列。图 0-2 显现的无机房电梯使用的是电梯专用钢丝绳，而图 0-1 表示的小机房电梯则应用了聚氨酯扁平复合钢带。

如果轿厢与对重的“联姻”必须依赖于曳引绳，那么曳引绳与轿厢、对重或承重梁（曳引比为 2:1 时）的“沟通”就要仰仗于端接零件。端接零件又叫绳头，它们最初是由安装工人、

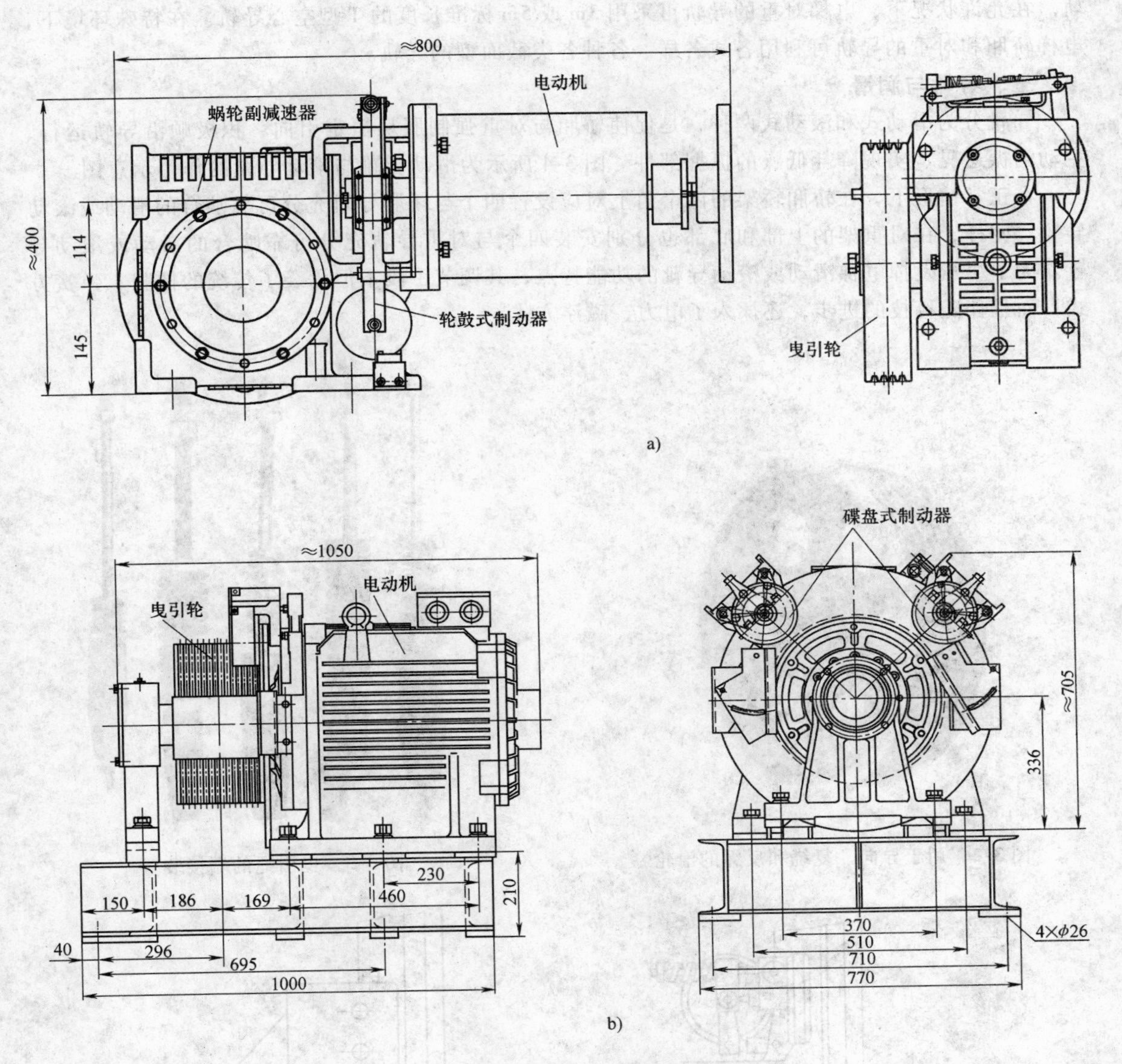

图 3-1　有机房电梯用曳引机
a）有齿轮曳引机　b）无齿轮曳引机

使用后是由维修工人，在施工现场按操作工艺完成与曳引绳的紧密连接，当它配备均衡受力部件后便构成为端接装置，亦称绳头组合。图 3-3 所示为几种应用于东芝、通力、三菱、奥的斯电梯的端接装置。

四、导轨及固定支架

简言之，导轨是引诱及限定轿厢和对重在有效空间内可靠运行的刚性导向部件。仔细观察图 0-1 和图 0-2 的小/无机房电梯的组成结构，可以看出它们的轿厢与对重各自拥有两列导轨，该导轨借助于接导板的连接而实现延伸，依附于固定支架的撑托抓紧而达至稳妥坚实。相对来说，导轨的结构设计、制造质量、验证选用、安装校直、修整精度等综合因素，直接和间接地形成了影响电梯之运行特性、稳定程度、乘搭感觉、舒适效果、动态水平、抑噪等级、输送能力、安全保障的根本基础。在平常情形下，电梯轿厢和对重的导轨可选用 3m 或 5m 标准长度的 T 型实心导轨。在允许状况下，电梯对重的导轨可采用 3m 或 5m 标准长度的 T 型空心导轨。在特殊环境下，电梯轿厢和对重的导轨可利用各式各样、各种各类截面型的导轨。

五、导靴与润滑

导靴分为滑动式和滚动式两种，是促使轿厢与对重强制服从恒定引向、积极顺沿导轨运行、主动消振避晃、实现降耗低噪的抓握部件。图 3-4 所示为滑动导靴与滚动导靴的作用示意图。

在正常情形下，在轿厢轿架的四个角上对应设置四个与轿厢导轨充分可靠啮合的滑动或滚动导靴。同样，在对重架的上部和底部也分别安装四个与对重导轨充分可靠啮合的滑动或滚动导靴。为了尽量发挥电梯滑动或滚动导靴的功能特点，其调节手段不但承袭了传统的橡胶、弹簧方式，而且伴随科技的进步，还揉入了电力、磁浮方式。

图 3-2　用于导向、复绕和反绳的滑轮

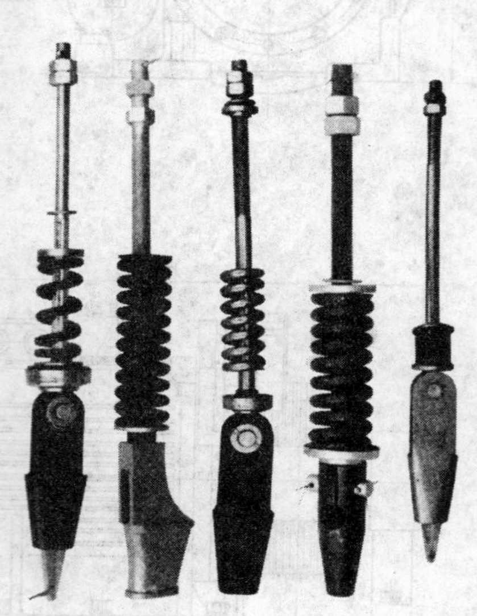

图 3-3　曳引绳的端接装置

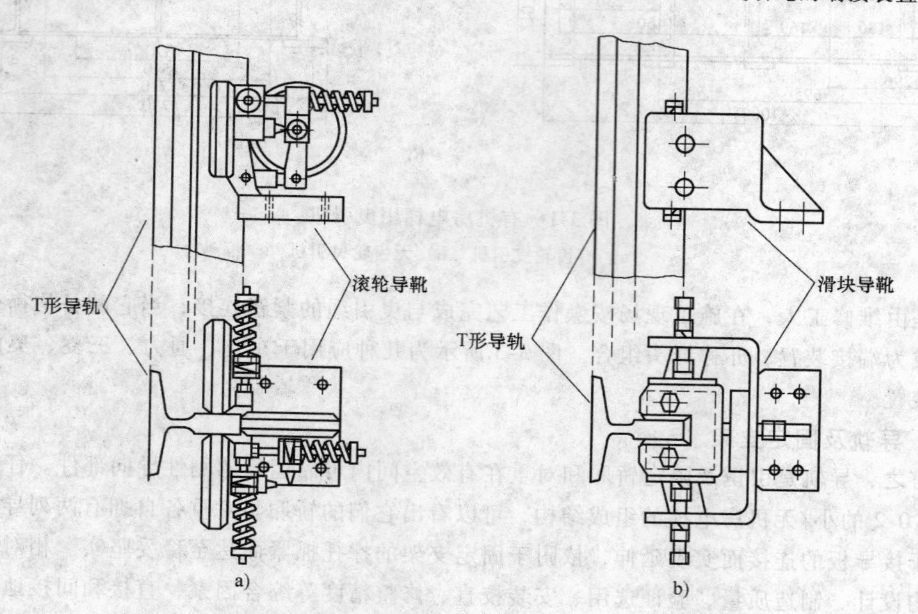

图 3-4　电梯的导靴

a）滚动导靴工作示意　b）滑动导靴工作示意

图3-5所示为由三菱电梯公司研制推出的借助电力完成瞬间调节的滚轮导靴。其基本原理是经由安装在轿底的加速度探查仪，检测出运行中轿厢前或后、左或右的瞬间加速振动。一旦发觉振动值出现超调与过量，便立即通过安设在轿顶的调节控制器，适时适量地施加及操控流入装在滚轮导靴侧的互耦促动器绕组内的电流，进而使滚轮导靴获得经优化电力产生的对冲扭矩，最终让轿厢内的乘客享受到比传统滚轮导靴更加舒适与优异的坐搭感觉。

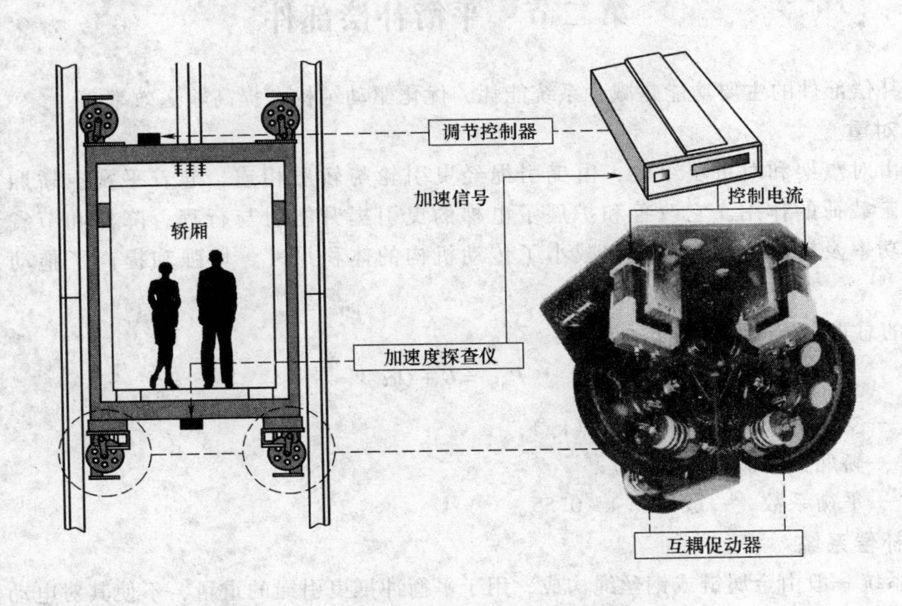

图3-5　电力调节导靴

图3-6所示为由东芝电梯公司开发成功的使电梯与导轨间非接触运行的磁浮滑动导靴。该导靴在由产生“磁导向力”的永久磁铁和创建“控制间距”的电极磁铁的共同作用下，确保电梯既能够沿线又可以悬离地顺着导轨平稳运行。在通常状态下磁浮滑动导靴的永久磁铁始终使轿厢与导轨保持适宜的非接触间隙，在运行过程中磁浮滑动导靴的电极磁铁则依据测距传感器的反馈信息适时地对非接触间隙的恒定进行磁场操控，从而达到低振动、低摇晃、低噪声、低杂音的功能模式目标。

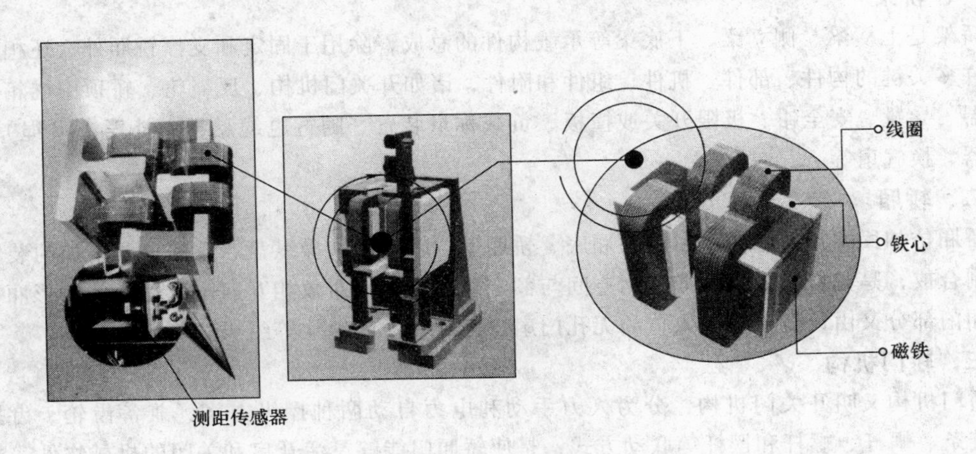

图3-6　磁浮滑动导靴

为了减少摩擦阻力，提高曳引效率，降低运行噪声，改善乘坐舒适感，延长导靴靴衬材料的寿命，接触性滑动导靴通常需要润滑使用。润滑的办法有两种，一种是定期往导轨上涂抹黄油，另一种是在导靴上装配润滑器。润滑器的润滑过程是通过捻芯将油盒中油脂 吸贮到与导轨导向面贴近的毛毡内，进而在运行过程中使毛毡内的油脂缓慢渗透到导轨上。

第二节　平衡补偿部件

平衡补偿部件的主要功能是减少系统能耗，优化驱动结构，提高输送效率。

一、对重

对重由对重架和对重块组成，由曳引绳经曳引轮与轿厢相连，起着平衡空轿厢自重和抵消部分额定载荷的作用。它改善和扩展了电梯的曳引提升能力与行程，降低和节省了驱动主机的工作功率及输出力矩，精简和减小了传动机构的体积尺寸，增强和提高了拖动系统的安全保险性。

对重的总重量 P_{AW} 通常用下式计算：

$$P_{AW} = G + Q\alpha \tag{3-1}$$

式中　G——空轿厢及附加部件重量（kg）；

Q——轿厢额定载重量（kg）；

α——平衡系数，一般取 0.4 ~ 0.55。

二、补偿系统

补偿系统一般由金属链或钢丝绳构成，用于平衡冲抵曳引绳的重量，不使其对电动机的曳引能力产生影响，同时为了阻止补偿链或补偿绳的跳动、摆晃对电梯正确态势造成妨碍，往往还采用补偿链限位与补偿绳防跳装置。

第三节　轿 厢 部 件

轿厢部件是体现电梯运输功能的重要承载体，是提供乘客及货物在升降过程中能短暂栖息和心安身祥的可靠盛容体。

一、轿架

轿架是上横梁、侧立梁、下底梁等承载构件的总成，除用于固定和支撑轿厢外，还担负和托举着许多关键的构件、部件、机件、组件和附件，诸如开关门机构、反绳轮、轿顶中继箱、平层感应器、导靴、安全钳、极限开关或撞板、负载称量装置、随行电缆悬挂、补偿链（绳）悬挂、空调器、换气扇等。

二、轿厢

轿厢仿如民间抬人的轿子，由轿厢底、轿厢壁、轿厢门、操纵盘、轿厢顶及附加的装饰组件等配制合成，是具备有效面积或实用空间与额定载荷和运送对象相互匹配及适合的轿形厢体，其中轿厢门部分又由设置于轿厢入口的无孔门扇、门导轨、门地坎等组成。

三、轿门机构

轿门机构又叫开关门机构，分为人力手动和电力自动两种操纵方案，兼备齿轮、齿排、皮带、链条、蜗杆、螺杆和摆杆等联动方式，是使轿厢门能够灵活开启和关闭的机械物件。当电梯的开关门处于自动操纵状态时，不但轿门而且层门的关闭和开启就都待依靠与借助于轿门机构的同步带动，亦因此而使该机构应运衍生出中分式和旁开式两种运转方法。图 3-7 所示为一种中分式轿门的结构示意。

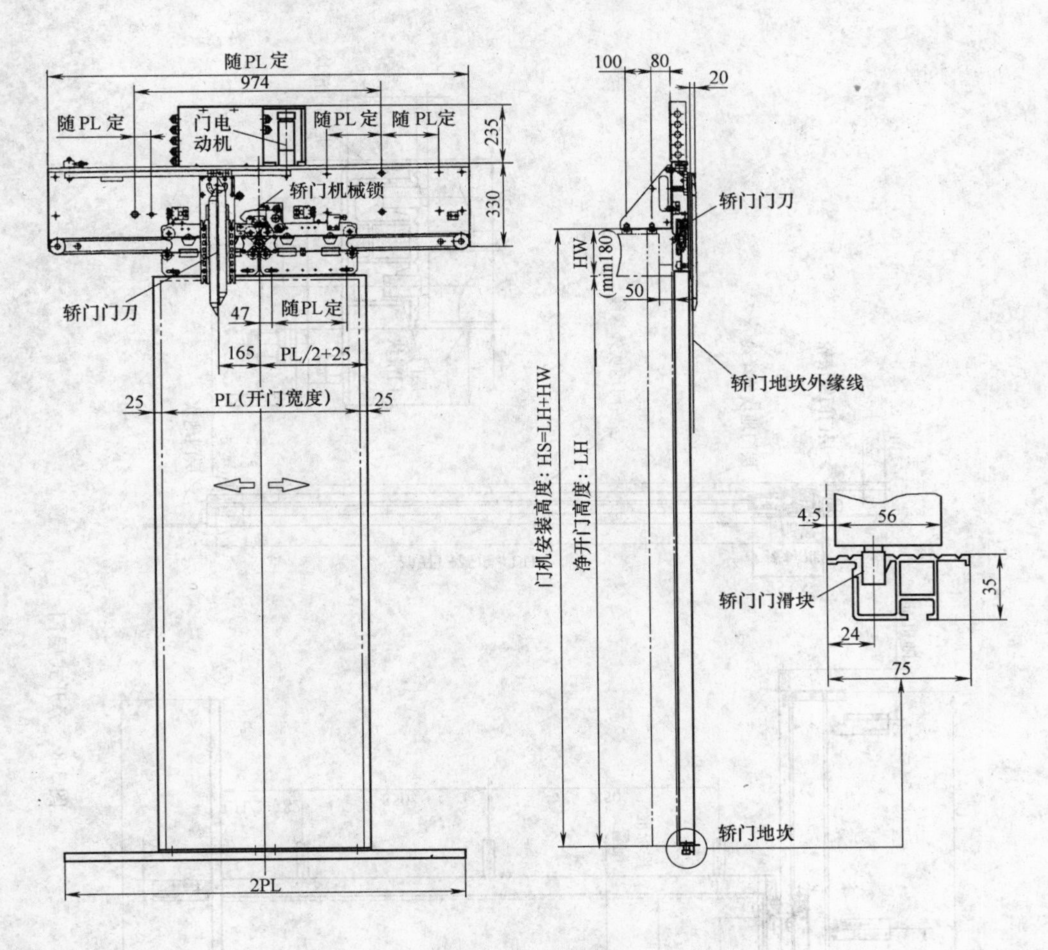

图 3-7　中分式轿门

第四节　层门部件

层门部件主要负责封闭层站、防止坠落、提供通道、便于出入。

一、层门及门套

层门也称厅门，有中分式和旁开式两种形态，由无孔门扇、门导轨、门地坎和机械传动器件等制成。门套状如门框，有大、中、小之外形，由门楣、侧柱和下支座等做成。它们是设置在层站开口上的安全门面，是搭乘电梯进离轿厢的必经门户。

二、层门传动

层门传动主要有杠杆连接式和钢丝绳牵引式。从安全角度出发，由便利操纵考虑，层门传动多被设立为随动形式，相应地轿门联动则多被置身于主导地位。主导轿门和随动层门之间通常通过轿门门刀和层门门锁滚轮的啮合实现同步开启或关闭。图 3-8 所示为一种旁开式层门的结构示意。

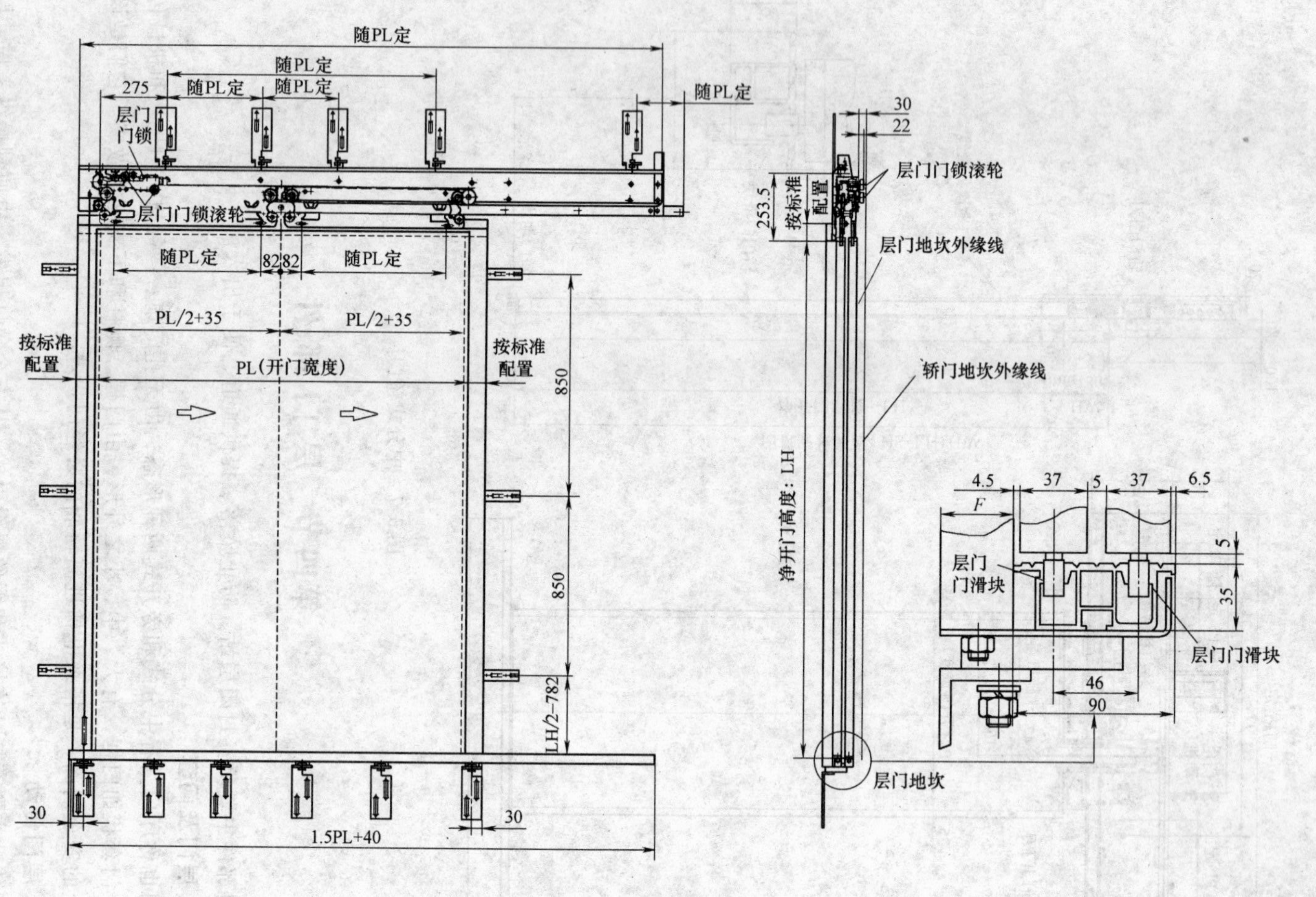
随PL定
275
随PL定
随PL定
随PL定
随PL定
层门
门锁
层门门锁滚轮
82
82
PL/2+35
PL/2+35
按标准
配置
PL(开门宽度)
850
850
LH/2-782
30
30
1.5PL+40
30
22
层门门锁滚轮
253.5
按标准
配置
层门地坎外缘线
轿门地坎外缘线
净开门高度：LH
4.5
37
5
37
6.5
F
5
层门
门滑块
35
层门门滑块
46
90
层门地坎

图 3-8　旁开式层门

第五节　安全保护部件

安全保护部件是依靠机械设备并配置电气元件而形成的外围性预防危害、制止事故的救援整体。令人信服的是经过漫长岁月的磨砺，各种保障电梯安全使用和可靠运载的装置与部件已经发展的相当成熟和完备。

一、限速器

顾名思义，限速器是利用高速旋转离心抛掷原理制成的、限制电梯轿厢（及对重）运行速度的安全部件。其一般由同步旋转、自锁夹持、张紧摩擦三个机械部分组成，常用被抛掷物的外形而分为块状、球体、凸轮等机型。图3-9所示为块形、凸轮型限速器及张紧配件的实物图。操纵轿厢与对重安全钳的单向/双向限速器的工作原理是：一旦电梯的运行速度超过额定速度并达到限定值，此时与该超速等效的离心力就会将抛掷物甩至成比例的位置，其联动机件即触发夹绳钳轧紧限速器钢丝绳、或锁住限速器轮阻拦钢丝绳在轮槽内滑行的限止过程，同时超前或同步地触发限速器开关动作以中止驱动主机的运转。

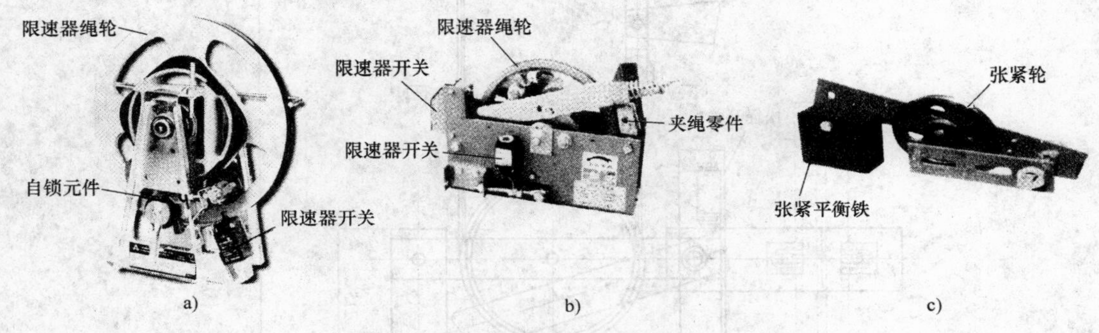

图3-9　限速器及其配件

a）凸轮型限速器　b）块状型限速器　c）限速器张紧配件

无论限速器动作后的机械行为是夹绳钳轧紧绳索，还是限速轮自锁阻行，其最后都是要达到经由限速器绳去拽拉连杆机构从而带动安全钳动作的终端目的。此外，图3-10和图3-11所示分别为限速器上置和下置的两种结构方式。

二、安全钳

安全钳是在限速器动作后能使轿厢或对重夹紧保持在导轨上的机械安全装置。它基本上由连杆机构、钳座和钳煞零件等做成，根据钳煞零件完全夹紧导轨的延迟程度划为瞬时式（许用于额定速度≤0.63m/s的电梯）和渐进式（专用于额定速度>0.63m/s的电梯）两种结构，又依照钳煞零件的种类分为偏心轴型、滚柱体型、斜楔块型。图3-12所示为一种瞬时式和一种渐进式安全钳的样品图。装于轿厢能上行/下行动作的单向分立/双向组合安全钳（或装于对重仅下行才动作的安全钳）的工作过程是：当限速器绳被阻拦或轧紧后，借助轿厢（或对重）的运行惯量，使与限速器绳相接的连杆机构也被拽起，随之连杆机构又提掣钳煞零件跟导轨全面接触及激烈摩擦，在将所有动能全部转换为熵时，轿厢（或对重）即被钳煞零件牢牢地制停在导轨上，并经由连杆机构附件超前或同步地促使安全钳开关动作以中断驱动主机的旋转。

三、上行超速保护装置

上行超速保护装置是用于防止和减轻轿厢上行超速冲顶对乘客造成伤害的安全部件，所以完整的术语叫做轿厢上行超速保护装置。它由速度监控和减速制动元件结成关联整体，其中速度监

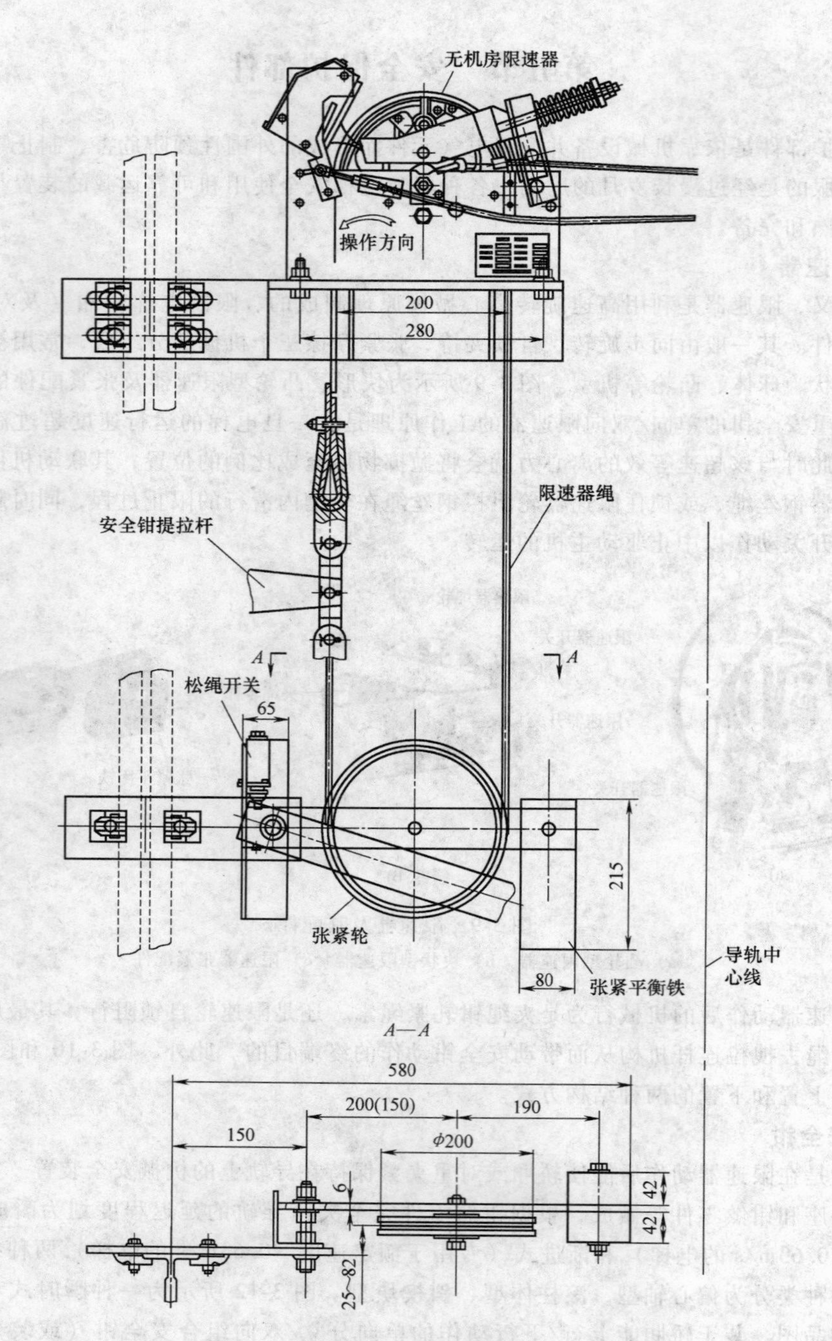

图 3-10　限速器上置构成图

控元件通常借用相当成熟的电梯部件——各类单/双向限速器对上行轿厢在超过额定速度的下限与上限范围内从事检测，减速制动元件则应施力方法及作用部位的不同而呈现多种多样的类型。根据电梯的曳引特点，轿厢上行超速保护装置一般采用的组成形式有：

ⅰ）双方向（集合或分立）限速器配置双方向（集合或分立）轿厢安全钳；

ⅱ）对重限速器配置对重安全钳；

ⅲ）双方向（集合或分立）限速器配置曳引绳夹绳器；

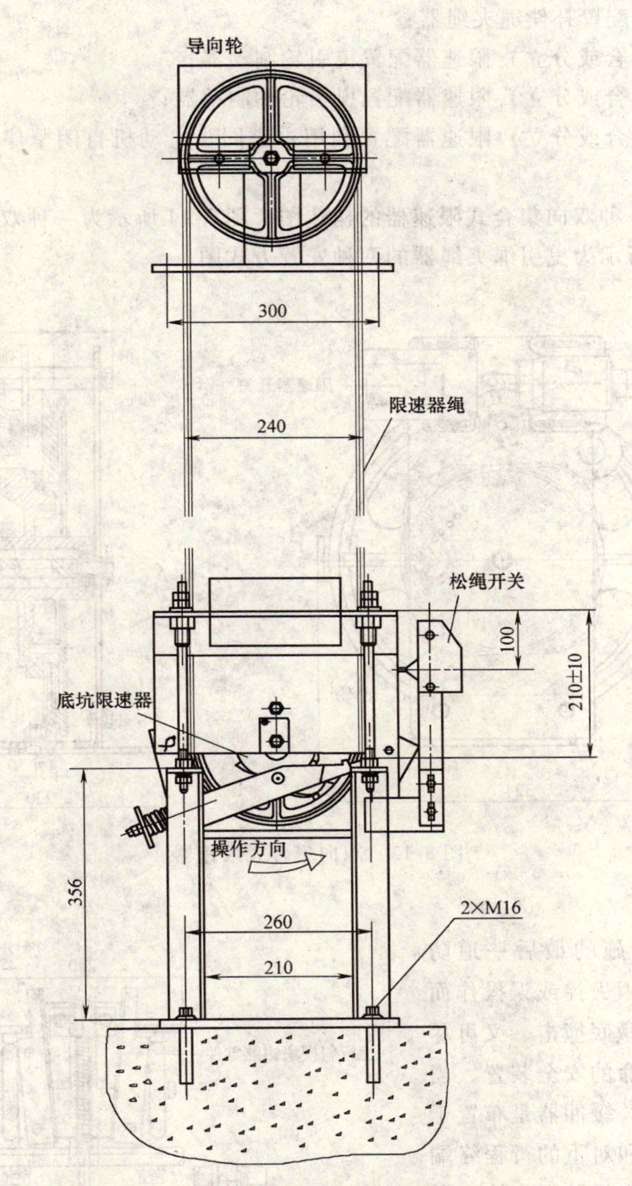

图 3-11　限速器下置构成图

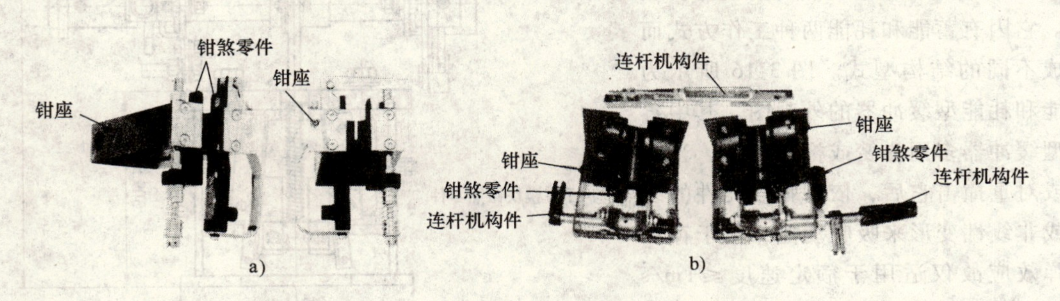

图 3-12　安全钳

a）渐进式安全钳　b）瞬时式安全钳

ⅳ）底坑限速器配置补偿绳夹绳器；

ⅴ）双方向（集合或分立）限速器配置曳引轮制动器；

ⅵ）双方向（集合或分立）限速器配置曳引轮轴制动器；

ⅶ）双方向（集合或分立）限速器配置利用永磁同步电动机自闭掣停特性做成的无齿轮曳引机反电势制动系统。

图 3-13 所示为一种双向集合式限速器的构造图，图 3-14 所示为一种双向集合式轿厢安全钳的示意图，图 3-15 所示为曳引绳夹绳器的两种安置方式图。

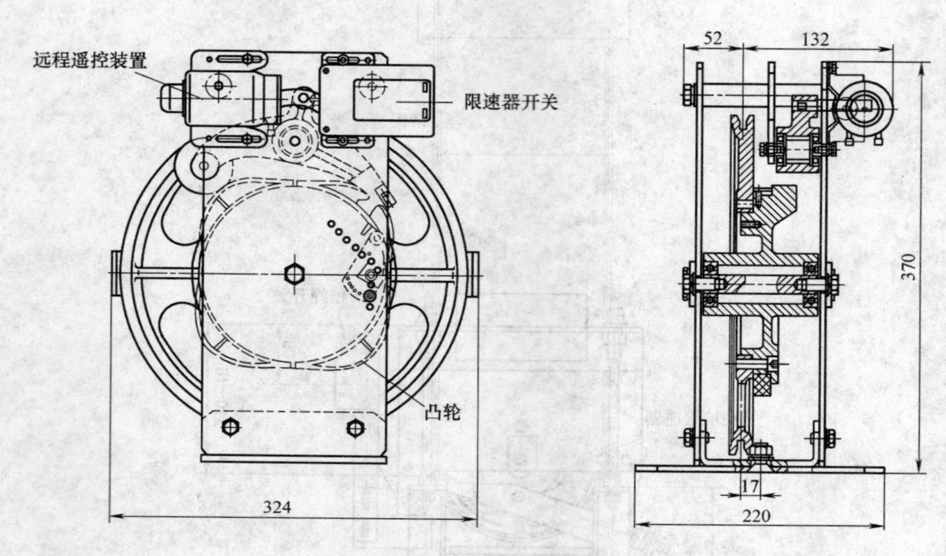

图 3-13　双向集合式限速器

四、缓冲器

作为司职保护措施的最后一道防线，能够既可承受住因失控或误操作而发生的轿厢及对重的蹾底撞击、又可尽力顾全轿厢内乘客性命的安全装置，当非缓冲器莫属。通常，缓冲器是布置于底坑中、装设在轿厢和对重的行程终端点位上的，用来吸收与耗散因失控、误操蹾底的轿厢和对重动能的安全保护设备。它因有蓄能和耗能两种工作方式而生成不同的结构型式。图 3-16 所示为蓄能和耗能型缓冲器的外观图。其中蓄能型缓冲器多用弹簧或橡胶制作，当轿厢或对重撞击它后，依靠弹性元件的线性或非线性变形来吸收动能，由于存在回弹效应故仅适用于额定速度≤1m/s 的电梯。耗能型缓冲器又叫做油压缓冲器或称为液压缓冲器，当轿厢或对重撞

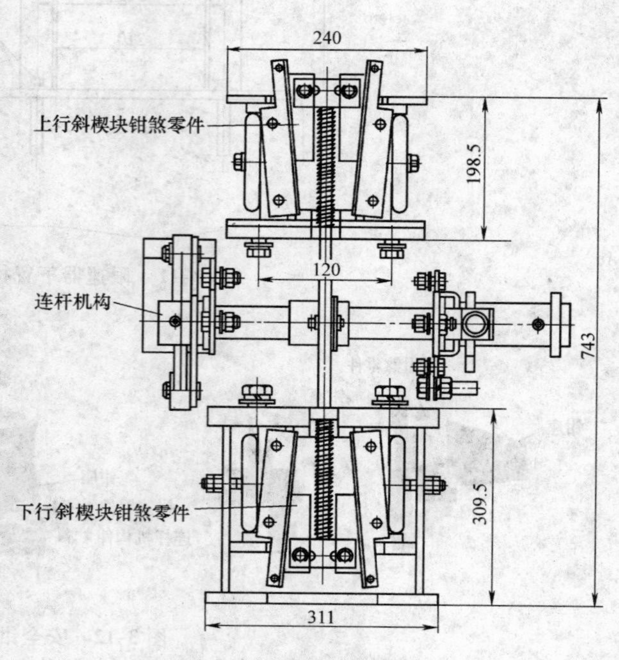

图 3-14　双向集合式轿厢安全钳

击它后，运用液压原理，借助油液的压差使轿厢或对重以匀恒的减速度下降至零速，通过油液的温差将轿厢或对重的动能转换成介质热能并耗散殆尽，且经由缓冲器开关的置位与复位去控制电梯的停止与运行，由于其不含回弹效应故耗能型缓冲器可用于任何额定速度的电梯。

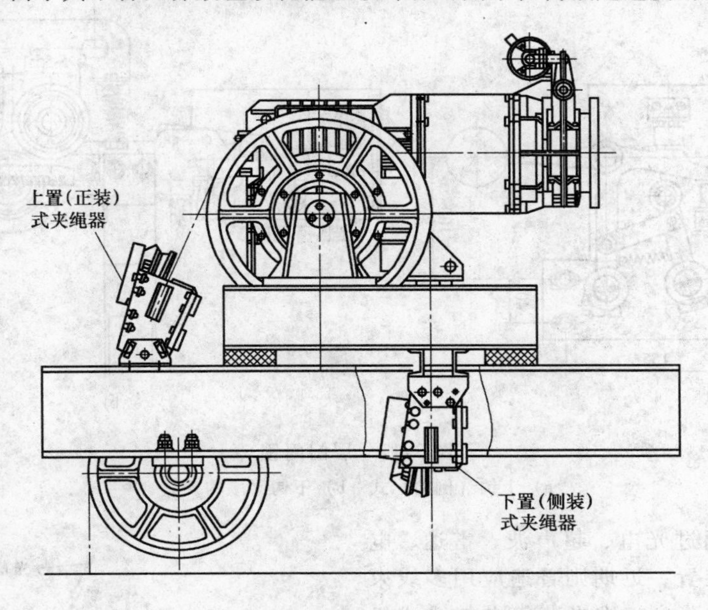

图 3-15　曳引绳夹绳器的作用布置

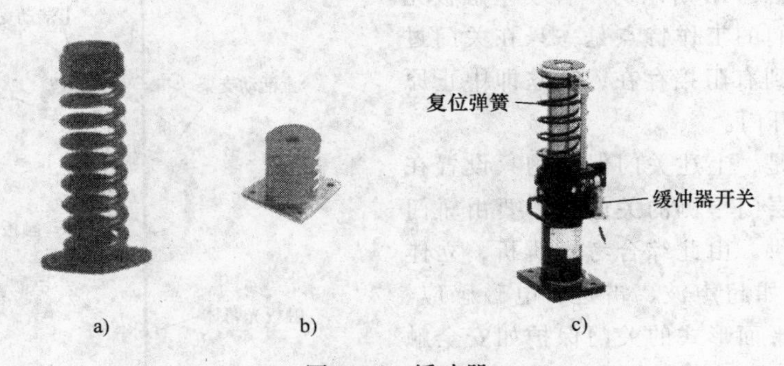

图 3-16　缓冲器

a）弹簧蓄能型　b）聚氨酯蓄能型　c）液压耗能型

五、层门门锁

为了完成轿厢驶离层站后牢靠锁闭层门门扇、啮合紧凑抵御拨扒、防止坠落避免剪切的任务，电梯安全系统即将此重担委派给了层门门锁。如图 3-17 所示，层门门锁由机械锁钩锁闩和电气触点合为一体做成，依据其外形构造一般分为图 3-17a 的上钩（倒钩）式和图 3-17b 的下钩（顺钩）式，另外还有互钩式。通常状态下，层门门锁装在层门内侧的上部。无论如何，只有当锁钩与锁闩充分啮合且经由电气触点接通验证，电梯才能起动运行；只有当轿厢停靠在层站开锁区域，锁钩和锁闩以及电气触点才能被安装在轿门上的门刀经与层门门锁滚轮的相互作用而解开。特殊情况下，电梯检修人员可用专制的三角形钥匙使层门门锁脱钩。

六、关门保护

在门机构依靠电力操纵自动开启或关闭的方式下，防止关门过程中门扇撞夹及挤压乘客的保护装置就是必不可少的了。早先的关门保护多采用安全触板、关门力限制器、低速堵转等机械式

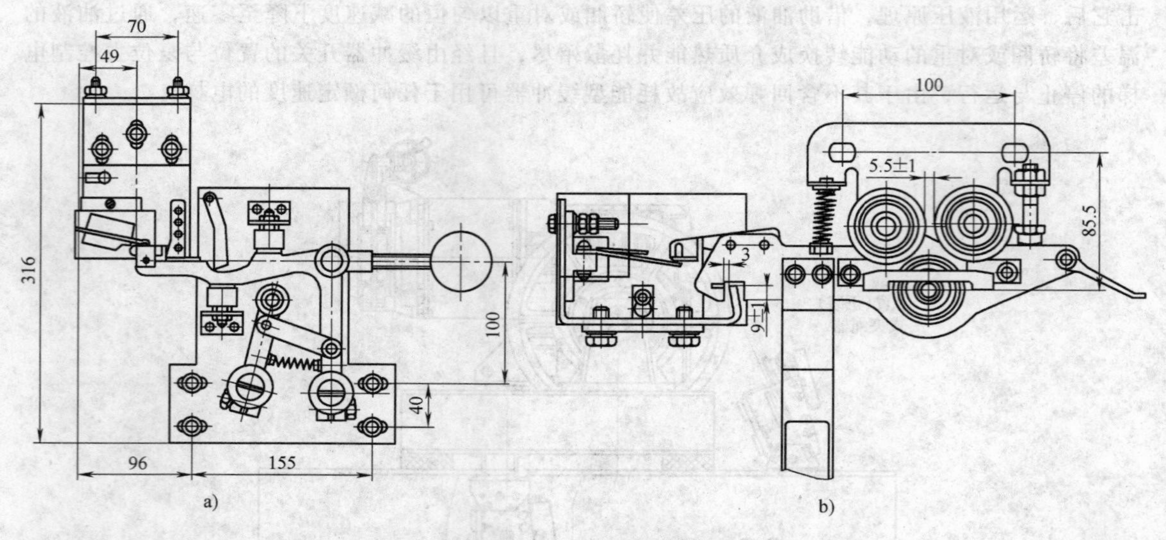

图 3-17 层门门锁
a）上钩（倒钩）式 b）下钩（顺钩）式

设施，后来还使用过光电、超声波、雷达、电磁感应等电子式装置，近期则普遍应用多线束光幕、安全触板光幕、三维光幕等电气式或机电一体式器件。图 3-18 所示为一种安全触板光幕的产品图。它们的工作特点是一旦在关门过程中探测或接触到有阻挡存在，就立即中止原操作进程并反向开门。

值得一提的是，上述关门保护均只设置在轿门上，换言之层门一侧的关门保护要由轿门上的关门保护提供。由此综合考虑辨析，立体形式的关门保护如超声波、雷达、电磁感应、三维光幕等要比平面形式的关门保护如安全触板、关门力限制器、光电、二维光幕等更能兼顾到对层门一侧的关门保护；主动性的关门保护如光电、超声波、雷达、电磁感应、光幕等要比被动性的关门保护如安全触板、关门力限制器、低速堵转等具有优势；多功能组合的关门保护如安全触板光幕、光电加关门力限制器等要比单一功能的关门保护来得保险完善。

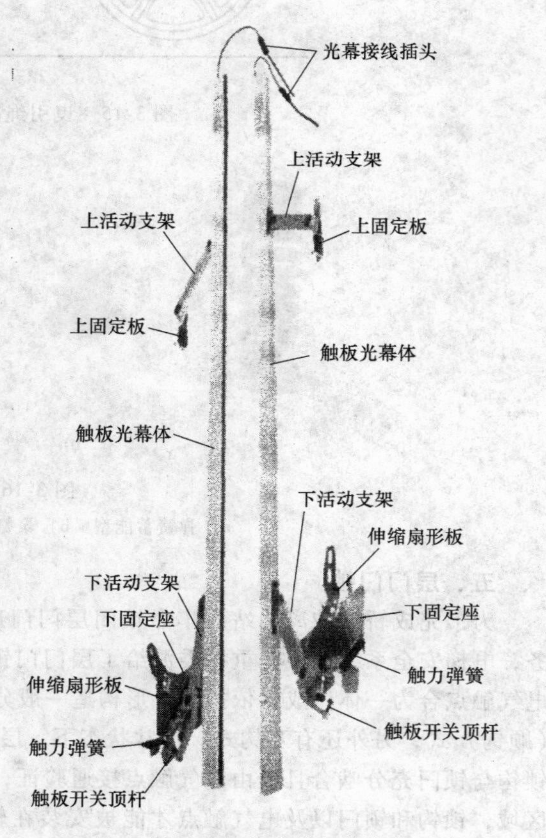

图 3-18 安全触板光幕

七、超载禁止

虽然根据 GB 7588—2003《电梯制造与安装安全规范》生产的电梯轿厢的面积严格对应乘客人数即载重量，但是总会出现因意外拥挤与超常密度而发生的轿内载荷超过额定载重量即超载的现象，这就必须在曳引系统中配备测量与防止由于电梯的超载荷运行而可能引起的设备故障和人身事故的负载称重装置，以及由其而生的超载原始信号。

超载原始信号经过控制系统处理就演变成超载禁止信号，在此情形下告知乘客的轿内声响和光显被激发，梯门保持在打开状态，任何与启动有关的操作全部予以取消。故可得知，安全的超载禁止依赖于可靠的超载信号，而准确的超载信号则取决于精密的负载测量。电梯的负载称重装置按机械构造划分有杠杆传导式和直接施加式，按电子器件拆分有开关式、磁感式和压变式，按测量部位区分有轿底、轿顶、绳头板和轮轴处，其中机械构造的直接施加式又依据支撑零件的不同而细分为弹簧式或橡胶式，电子器件的磁感式和压变式又根据工作原理的不同而微分为非接触的磁性式和光耦式、接触传递的变压器式、扼流圈式和应变电阻片式。图 3-19 所示为采用不同测量部位不同电子器件的电梯负载称重示意图。

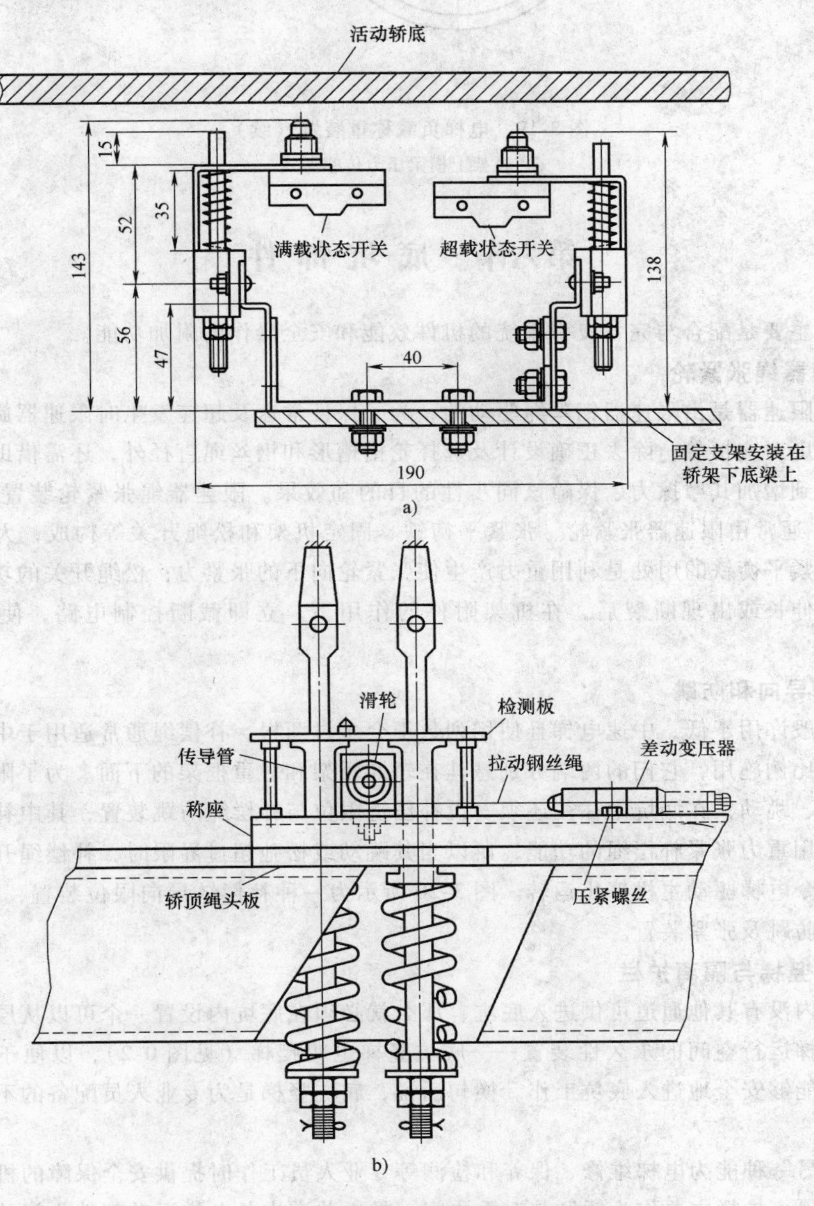

图 3-19　电梯负载称重装置

a）活动轿底行程开关式　b）轿顶绳头板差动变压器式

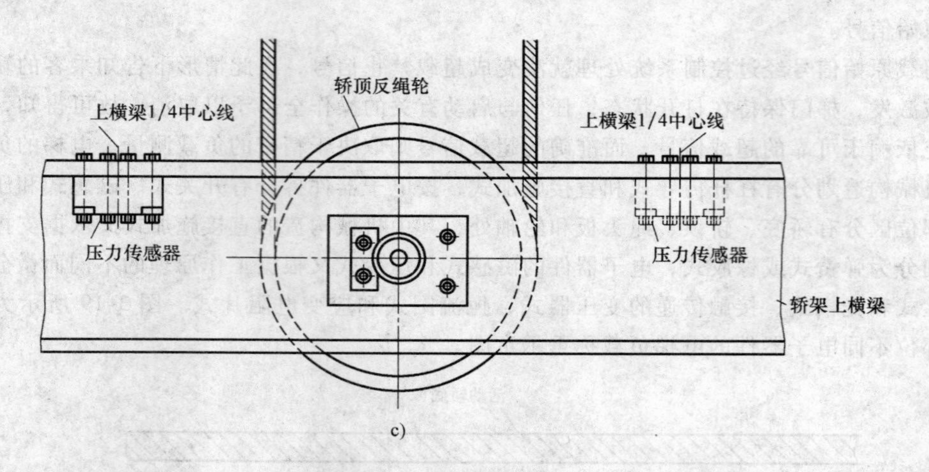

图 3-19 电梯负载称重装置（续）
c）轿架上横梁压力传感器式

第六节 底坑部件

底坑部件主要是配合与完备曳引系统的机件效能和安全操作的附加功能。

一、限速器绳张紧轮

一般来说限速器是由限速器钢丝绳驱动的，为了保证常速及超速发生时限速器旋转角速度与轿厢运行线速度对应恒等，除去正确设计及选择轮槽槽形和钢丝绳直径外，还需借助限速器绳张紧轮的作用达到增加其摩擦力、保障该同步性的目的和效果。限速器绳张紧轮装置如图 3-9c 和图 3-10 所示，通常由限速器张紧轮、张紧平衡铁、固定机架和松绳开关等构成，大多安置在底坑里。其中张紧平衡铁的用处是利用重力产生使张紧轮向下的张紧力；松绳开关的功能是当限速器钢丝绳过分伸长或出现断裂后，在机架附件的作用下，立即截断控制电路，使曳引电动机停转。

二、补偿导向和防跳

补偿链一般许用于低、中速电梯且使用列数不会多过两根，补偿绳通常适用于中、高速电梯并与曳引绳成比例施用，它们的两端分别悬挂在轿厢轿架和对重框架的下面。为了限制补偿链或补偿绳的摆晃、跳动，在底坑中往往还须安设补偿链限位与补偿绳防跳装置，其中补偿绳防跳装置还兼带有利用重力张紧补偿绳的功能，所以当其跳动或松弛超过界限时，补偿绳开关即会切断控制电路，速令电梯驱动主机停止运转。图 3-20 所示为一种补偿链导向限位装置，图 3-21 所示为一种补偿绳防跳及张紧装置。

三、底坑竖梯与隔离护栏

当建筑物内没有其他通道可供进入底坑，那么就必须在底坑内设置一个可以从层门进入且整体不得凸入电梯运行空间的永久性装置——底坑竖梯也叫爬梯（见图 0-2），以便于维修、保养和检测人员等能够安全地进入底坑工作。换句话说，底坑竖梯是为专业人员配备的不可或缺的机械附件。

在底坑中另一种能为电梯维修、保养和检测等专业人员工作时提供安全保障的机械附件是隔离护栏。底坑隔离护栏主要作为轿厢与对重之间、贯通井道内各电梯运动部件之间的安全屏障使用，意图是阻碍与防止操作人员轻易进入该区域，其外形有板、栅、网状等，无论怎样，它的架

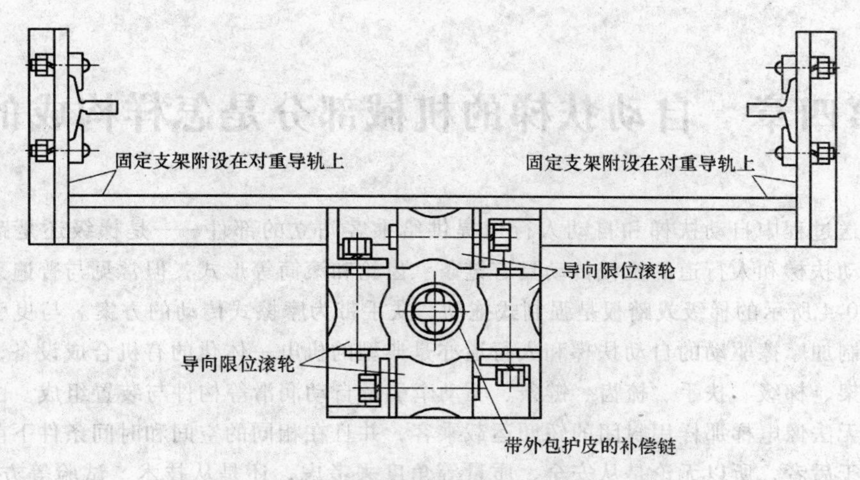

图 3-20　补偿链导向限位装置

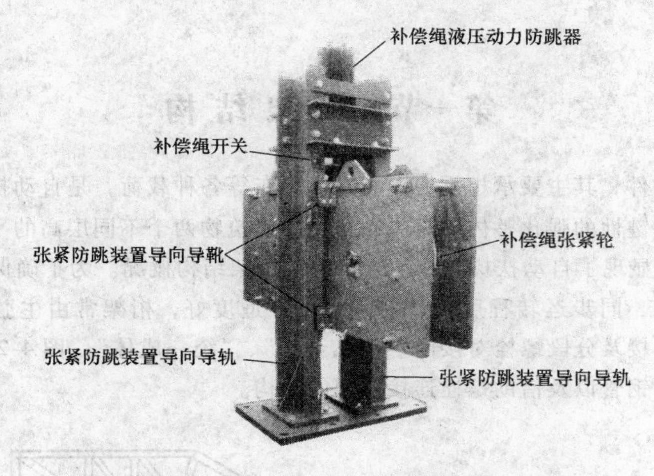

图 3-21　补偿绳张紧防跳装置

构即宽度、高度、刚度及密度均应符合国家标准 GB 7588—2003 中的相关规定。

第四章　自动扶梯的机械部分是怎样构成的

依据运送过程中自动扶梯和自动人行道提供给乘客站立的部件——是梯级还是踏板或是胶带，而使自动扶梯和人行道的机械传动具有链条、齿轮和滚筒等形式，但常见与普遍采用的是如图 0-3 和图 0-4 所示的梯级或踏板是强制式拖动、扶手带为摩擦式传动的方案。与曳引驱动式电梯相像，强制加摩擦驱动的自动扶梯和人行道亦是典型的机电一体化的有机合成设备，其机械部分通常由桁架、梯级、扶手、梳齿、链条、驱动牵引及自动润滑等构件与装置组成。由于自动扶梯和人行道无法像电梯那样用封闭的轿厢运载乘客，并且在相同的空间和时间条件下前者的输送流量也远大于后者，所以无论是从安全、质量等角度去考虑，还是从技术、试验等方面去度量，其各项指标、措施与范围均须遵循及符合 GB 16899—2011《自动扶梯和自动人行道的制造与安装安全规范》。

第一节　桁 架 结 构

桁架即金属结构件，其主要承担重力、集中及均布等各种载荷，是自动扶梯和自动人行道根本性的刚硬基座和关键性的强化整体。只有它才能将建筑物两个不同层高的平面或相距稍远的空间连接融通。图 4-1 显现了自动扶梯和自动人行道的桁架结构概况。为了确保工装精度高、变形挠度小、振动幅度低、同步运转程度优和搭乘平稳舒适度好，桁架常由主弦檩、竖撑柱、斜抵杆、横支杠等通过焊接及分段螺栓对接而“浑然至型”、“统一成体”。图 4-2 所示为主弦件分别采用角形钢材和矩形钢管以及借助螺栓连接桁架的结构。

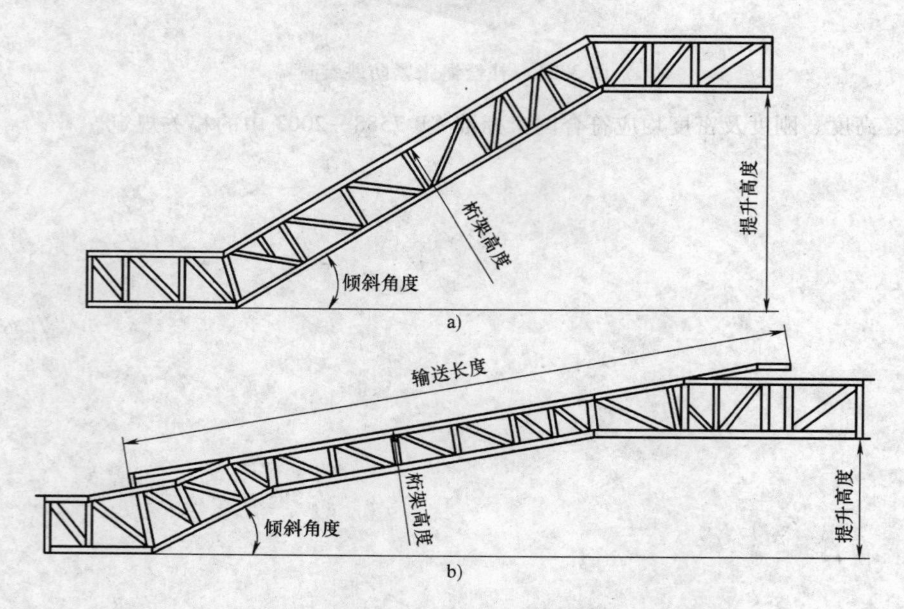

图 4-1　自动扶梯和自动人行道的桁架概况

a）自动扶梯桁架　b）自动人行道桁架

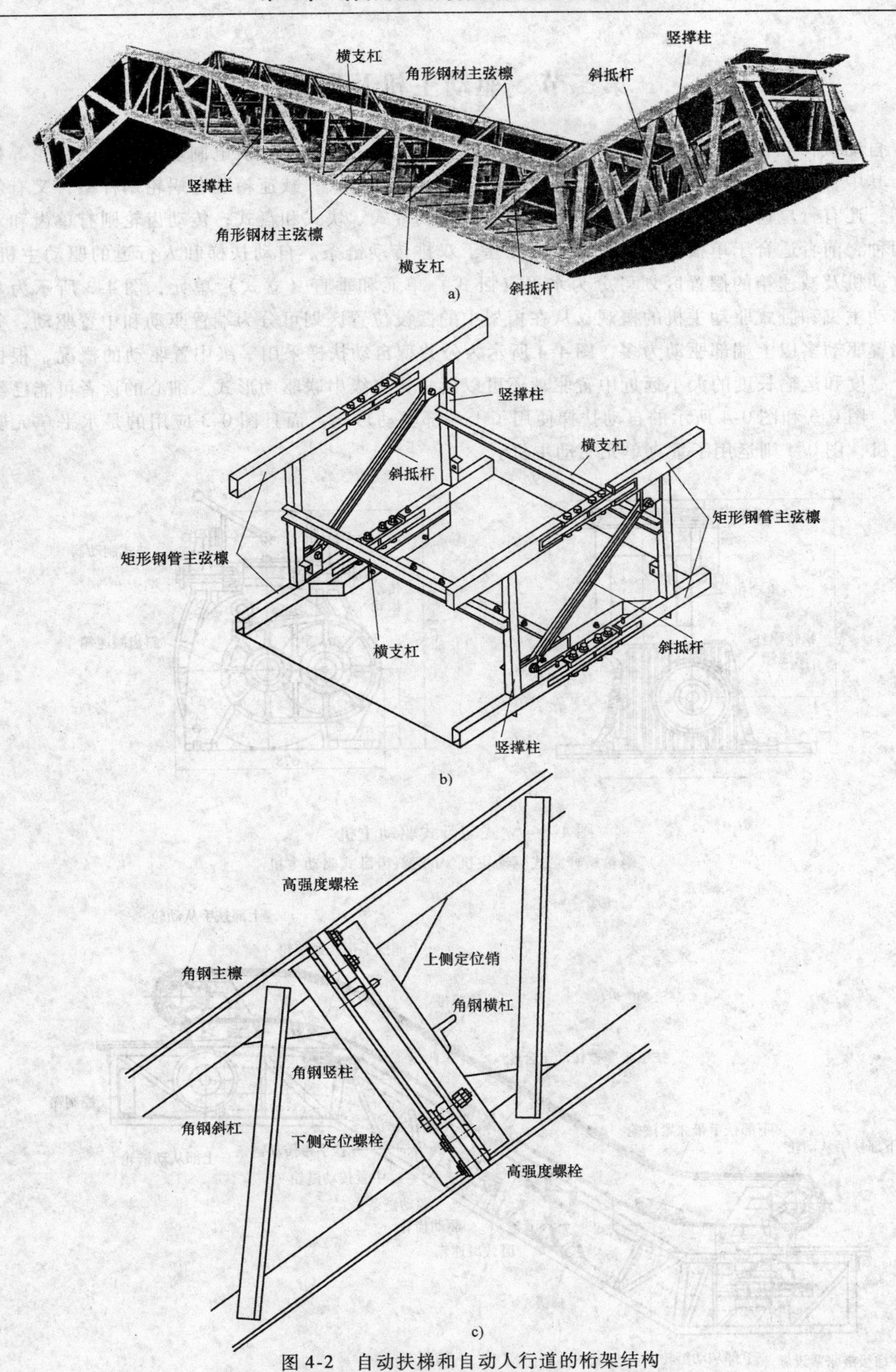

图 4-2　自动扶梯和自动人行道的桁架结构

a）整体桁架　b）水平段连接桁架　c）倾斜段连接桁架

第二节　驱动主机及形式

自动扶梯和自动人行道的驱动主机一般由交流电动机、减速箱、机电制动器和传动齿轮等构成。其中，交流电动机多为异步式，近来也有引入永磁同步式；减速箱既有蜗轮蜗杆型，又有斜齿型，还有行星齿型；机电制动器按照抱闸零件分成带式、块式和盘式；传动齿轮则有单齿和双齿两种，前者适合于单根传动链条，后者配套于双排传动链条。自动扶梯和人行道的驱动主机，从电动机及减速箱的摆置区划可分为水平（卧式）单元和垂直（立式）单元，图 4-3 所示为立式驱动主机和卧式驱动主机的概观；从在桁架中的摆设位置区划可分为端置驱动和中置驱动，并且端置驱动多以上端部驱动为多，图 4-4 所示为公共型自动扶梯采用一级中置驱动的概况，根据提升高度和运输长度的大小远近中置驱动还可以设立为多级串联驱动形式。细心的读者可能已经发现，图 0-3 和图 0-4 所示的自动扶梯使用了上端部驱动形式，而且图 0-3 应用的是水平单元驱动主机，图 0-4 则运用了垂直单元驱动主机。

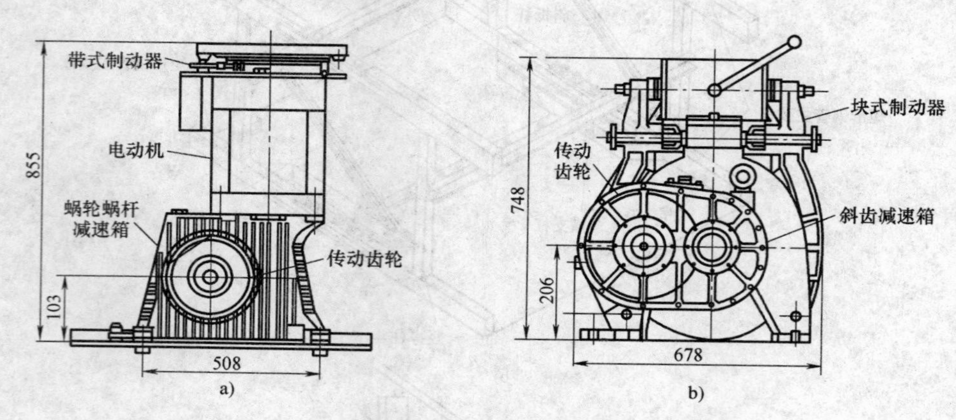

图 4-3　立式与卧式驱动主机

a）蜗轮蜗杆立式驱动主机　b）斜齿卧式驱动主机

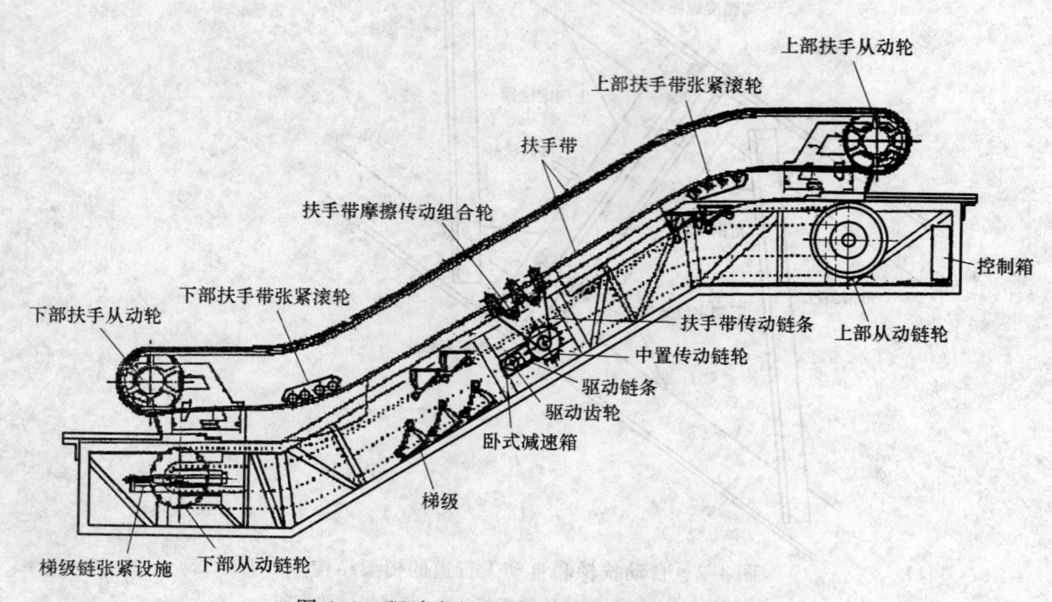

图 4-4　驱动主机设置在桁架中部的自动扶梯

结合图0-3、图0-4和图4-4，常用的自动扶梯和人行道的驱动原理及形式是；利用电动机使电磁力转变成机械力，经由减速箱把机械力转换成转矩力，通过驱动齿轮与驱动链条的啮合进而带动传动链轮和扶手齿轮，然后凭借梯级（踏板）链和扶手轮，将转矩力转化成借助梯级（踏板）链强制拖动梯级（踏板）及依靠压带托带轮摩擦传动扶手带同步运动的牵引力，从而实现安全输送搭梯乘客上至下达的理想境界。

第三节　梯级与梯路

大部分情形下，自动扶梯采用梯级、自动人行道利用踏板作为运送乘客的载体，其外形如图4-5所示。由于它们是运动中的载重部件，故其结构负荷、抗压耐磨、啮合外观等综合因素，既直接决定着梯级或踏板的性能质量，亦间接影响着自动扶梯和人行道的可靠运转。梯级和踏板，依据制作形式分为整体压铸式和分体组装式两种；按照使用材质具有铝合金与不锈钢两样；加之巧妙合理的结构设计，使它们得以以结实而不失灵活、稳重而不失轻便的状态在梯路上周而复始地连续运转、锲而不舍地倒挂翻滚。

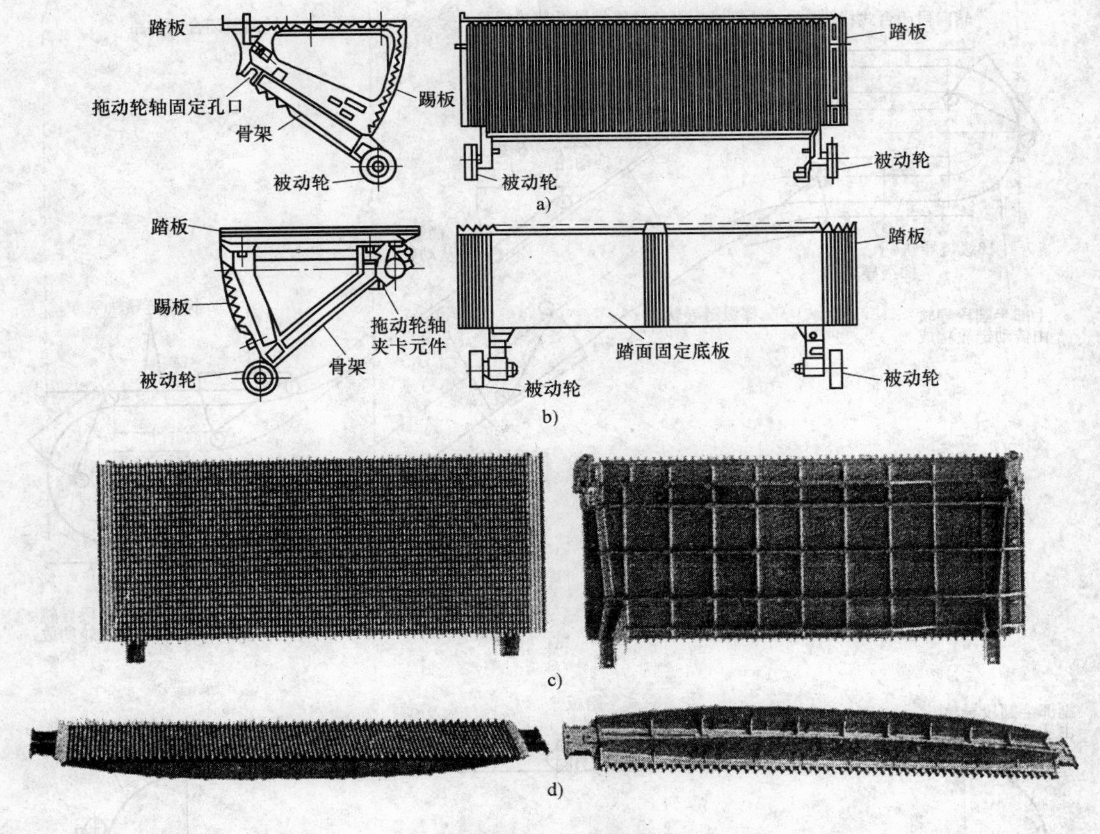

图4-5　梯级和踏板

a）整体式梯级　b）组装式梯级　c）宽体式踏板　d）窄体式踏板

自动扶梯的梯级由骨架、踏板、踢板、拖动轮和被动轮组成，其中骨架是典型的三角形构造，两个拖动轮大多附设在梯级链轴端，两个被动轮则固定在梯级骨架上。所谓的整体式梯级即其骨架，踏板、踢板是一次性整体压铸而成的；而组装式梯级即它的骨架、踏板、踢板是分体化拼缀制作而成。

梯路就是直接支撑并强制引导梯级或踏板沿既定途径运动的轨道。除了自动人行道的水平式梯路略微简单外，自动扶梯的梯路则是为了实现梯级在正向使用区段时呈台阶状、反向循环区段时呈水平状——既压缩占用空间又节省梯级数量——之目的而特殊设置的。梯路由梯级链导轨和梯级导轨两部分组成，通常梯级拖动轮行进在前者上，梯级被动轮行走于后者中，也就是说梯级链导轨将承担来自梯级拖动轮上的载荷力，梯级导轨则经受施加于梯级被动轮上的重量。按照运动轨迹，梯路可分成直行段和转向段。图 4-6 所示为自动扶梯和人行道的梯路构成。从图 4-6 可以得知，一般的商用型自动扶梯的梯级链导轨和梯级导轨在直行段都呈现开放式排列，而在转向段则要运用闭合式布置，因此无论梯路导轨选用角形或槽形或板形或矩形等各式型材，梯级链导轨和梯级导轨都能够在直线段设计成开放状，这是因为在该区间梯级链条对梯级拖动轮、梯级导轨对梯级被动轮有防止跑偏的约束存在；之所以在上下部转向段梯级链导轨和梯级导轨要制成部分与全部闭合状，这是由于梯级拖动轮和被动轮在此有离径脱轨的偶发缘故。对于特殊的公共型自动扶梯和倾斜式自动人行道的梯级链导轨和梯级导轨，为了其能适应严酷和恶劣的环境及条件，则都须采用全区间闭合形式，同时梯路导轨也摒弃板形、矩形，而采用槽形、角形，从而令到梯级即使在外来的抖动、振动、震动的影响下亦能有效地防止跑偏、避免摩擦、稳妥运行。惟

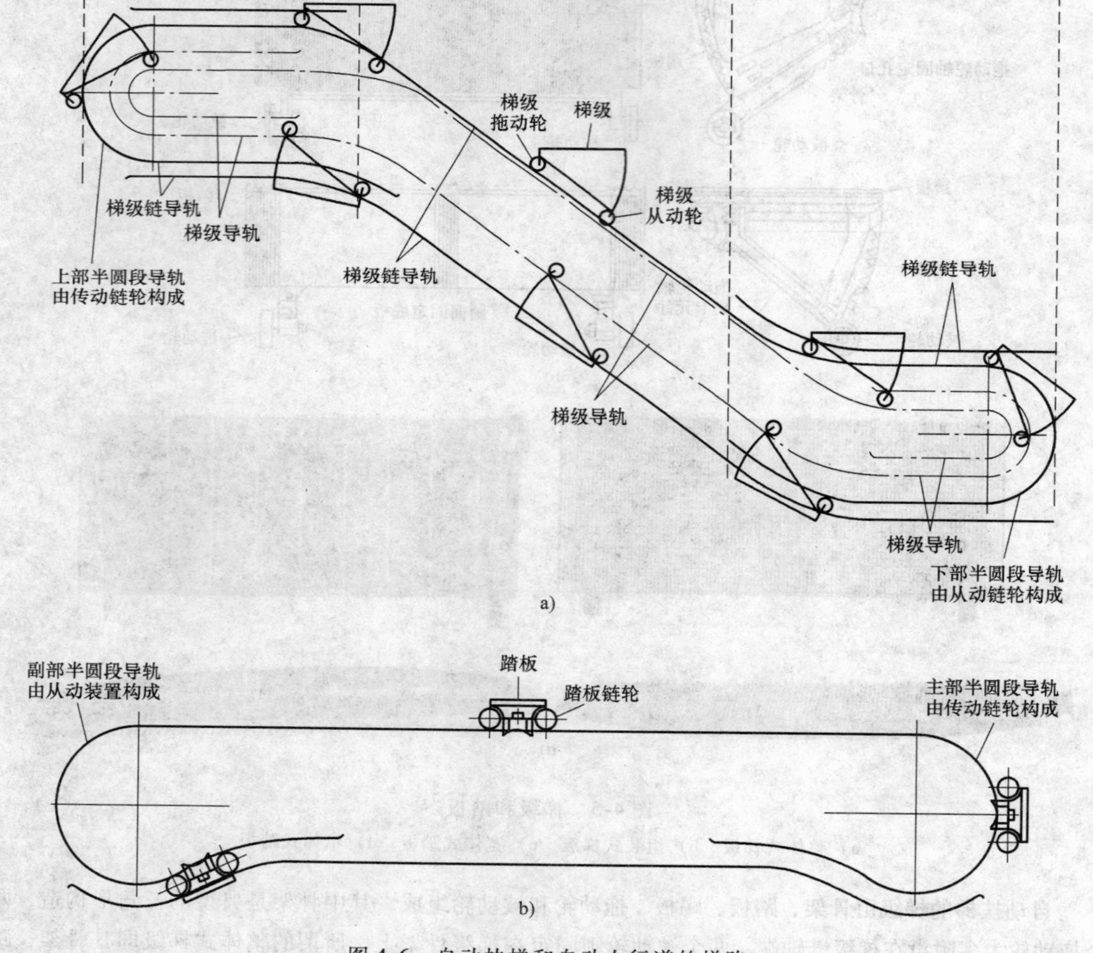

图 4-6　自动扶梯和自动人行道的梯路

a）自动扶梯的梯路构成　b）自动人行道的梯路构成

有如此，才可使公共型自动扶梯和倾斜式自动人行道安全保险地进入能够扩增运量的“左行右立”之模式。另外，梯级和踏板的外形尺寸也直接影响着梯路尤其是转向段的弯曲半径，进而决定着自动扶梯和人行道的整体占据空间。

第四节　牵引机件和张紧设施

宏观上，自动扶梯和自动人行道的梯级或踏板的拖动系统是由传动链轮、从动链轮或从动装置、牵引机件和张紧设施共同组成的。图 4-7 所示为一组传动链轮和从动链轮。细化驱动形式，传动链轮要仰仗从动链轮和牵引机件才能拉拽引领自动扶梯梯级或自动人行道踏板沿着梯路循环运转。根据使用环境、输送场合，牵引机件有链条与齿条两种类型，时至今日得到普遍应用的是前者，而非后者。图 4-8 所示为两种规格的自动扶梯梯级链条，图 4-9 所示为两种规格的自动人行道踏板链条。

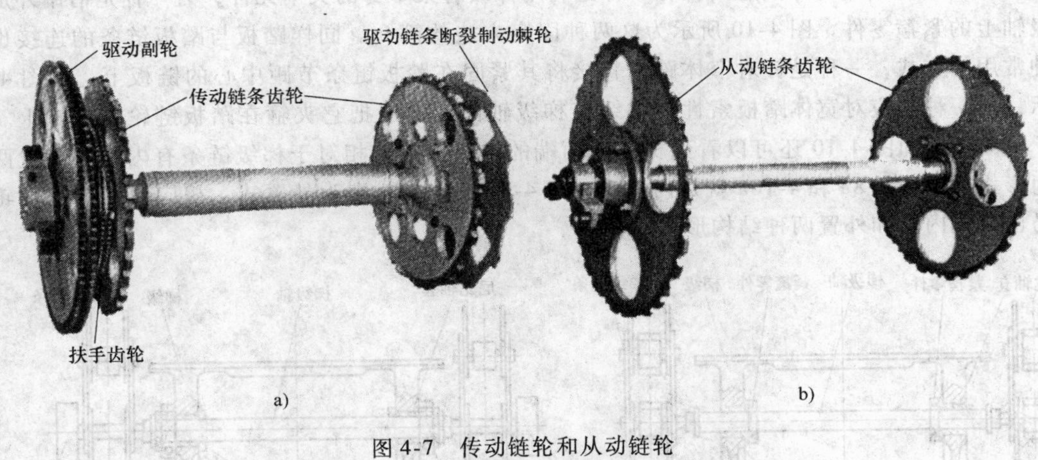

图 4-7　传动链轮和从动链轮

a）传动链轮　b）从动链轮

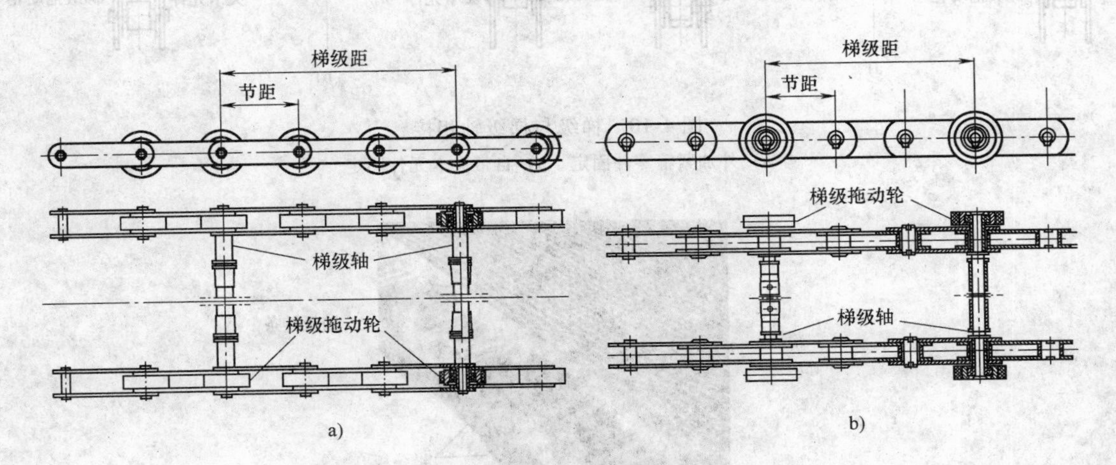

图 4-8　梯级链条

a）梯级拖动轮内置结构　b）梯级拖动轮外置结构

既然梯级（踏板）链条是使传动链轮与梯级（踏板）共同联动的媒介，那么梯级（踏板）链条和梯级（踏板）之间的连接就是完全必要的了，而且还必须依赖巩固彼此密切关系的机

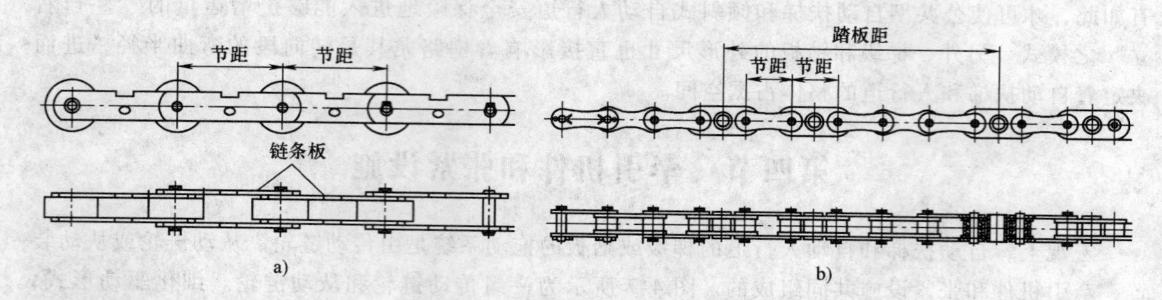

图 4-9　踏板链条

a）窄体式踏板链条　b）宽体式踏板链条

件——梯级轴或链条板去实现。通常情形下，梯级轴的两端安装有梯级（踏板）拖动轮。惯用的梯级与梯级轴相接的方法有两种，一种是利用梯级骨架本身的夹卡元件，另一种是借用外加于梯级轴上的紧箍零件，图 4-10 所示为这两种固定方法的简介。同样踏板与踏板链条的连接也有两种常用的方式，一种是针对窄体踏板直接将其紧固在踏板链条节距中心的链板上，如图 4-11 所示，另一种是应对宽体踏板索性如梯级与梯级轴固定那般把它夹箍在踏板链轮的轮轴上。此外，由图 4-8 和图 4-10 还可以看到梯级轴两端的梯级拖动轮相对于梯级链条有内置和外置两种结构形式，如图 4-8a 和 4-10a 就是内置式，图 4-8b 和 4-10b 则为外置式。相应地踏板拖动轮的布局也分成内置和外置两种结构形式。

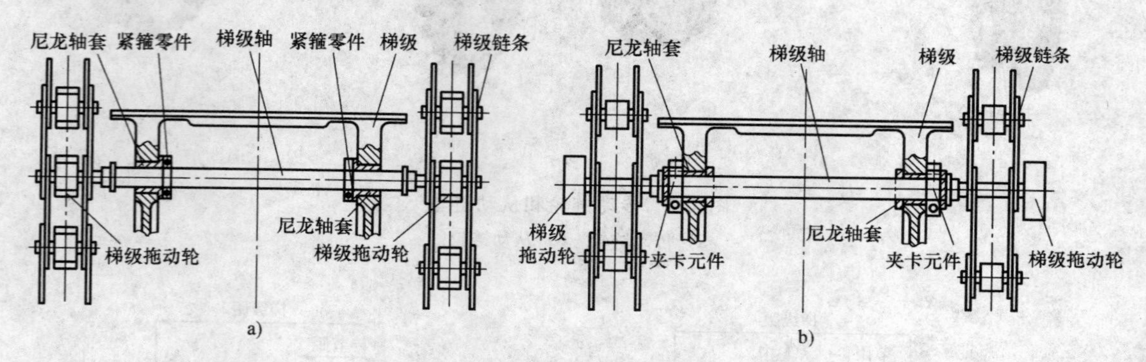

图 4-10　梯级与梯级轴相接

a）外加紧箍零件固定　b）自带夹卡元件固定

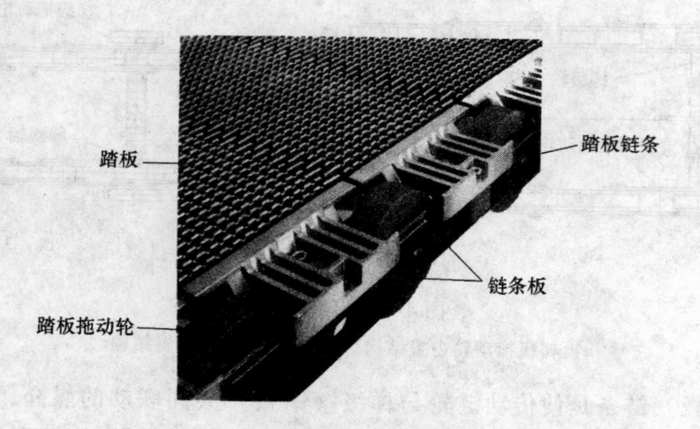

图 4-11　踏板与踏板链条连接

从动链轮或从动装置除了具有让梯级（踏板）链条转弯导向的功能外，亦配备负责张紧该链条的功能设施。一般从动链轮或从动装置及张紧设施均安设在自动扶梯下部或自动人行道副部的桁架内，其构成如图 4-12 所示。除了图 4-12 所示的弹簧式张紧设施外，尚有重锤式张紧设施。无论选用哪种张紧设施，其基本作用都是使梯级链条保持在规定的张紧状态，及时抵消在可控范围内因梯级链条伸长而造成梯级（踏板）等相关部件的偏离、晃荡、震动、冲撞与噪声。

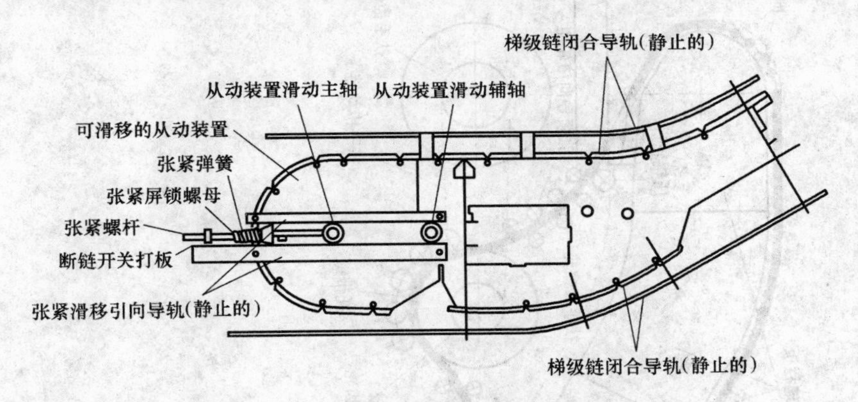

图 4-12　梯级（踏板）链条张紧设施

第五节　扶 手 装 置

从完整性出发，只有融入了扶手装置，且实现其相对梯级（踏板）的运行速度在允差 0 ~ +2% 范围内同向滑行，自动扶梯和自动人行道才真正得以普遍适用和广泛接纳。扶手装置是针对侧装于自动扶梯和人行道的梯级（踏板）两边的由扶手支架、封闭栏板和栏板底座做成的栏杆，跟同配置沿着运送方向作循环滑行的供乘客抓握的扶手带，以及借助摩擦、压制、张紧、导向、回转、支撑与限位等部件去完成相对下部（即梯级/踏板）传动而言为上部（即扶手带）传动的整个机构系统的总称。它与惯用的楼梯栏杆相类似，但起到两种作用，一是安全拦挡，二是辅助运载。其依据能使扶手带做到循环滑行的效果，分为扶手摩擦轮驱动模型方式——简称为摩擦驱动型式（见图 0-4）；和扶手压制轮驱动模型方式——缩写为压制驱动型式（见图 0-3）。顾名思义，前者是利用摩擦力，后者是运用压力，殊途同归地实现扶手带随同梯级（踏板）平稳滑行。

图 4-13 所示为摩擦驱动型式的概况，其通常由扶手齿轮、扶手传动链条和扶手摩擦齿轮组成扶手带动力系统，由扶手摩擦轮、张紧轮、托辊轮、压辊轮、托带链、回转链和扶手导轨形成扶手带闭合路径，由扶手导轨、回转链、封闭栏板、围裙板和内外盖板做成扶手带栏杆架构。

图 4-14 所示为压制驱动型式的构造示意，其一般由链条齿轮、传动齿轮、压制齿轮和传动链条组成扶手带动力系统，由压制轮、托辊轮、张紧轮、压辊轮、回转链和扶手导轨形成扶手带闭合路径，由扶手导轨、回转链、封闭栏板、围裙板和内外盖板做成扶手带栏杆架构。

如同梯级（踏板）必须承重 5000N/m^2 均布载荷，扶手带亦必须担负至少为 25kN 的破断载荷，图 4-15 所示为常规的扶手带构造。值得一提的是暴露在自动扶梯和人行道外表的引导和限定扶手带在其间滑行的扶手支架多为槽形 T 状型材，且必须依赖封闭栏板达至稳固支撑，因此常用的封闭栏板主要由钢化玻璃、不锈钢板和其他合金板材制作，以保证每 0.5m 长度能经受 9000N 的匀分作用力。图 4-16 所示为四种常见的扶手结构模式。

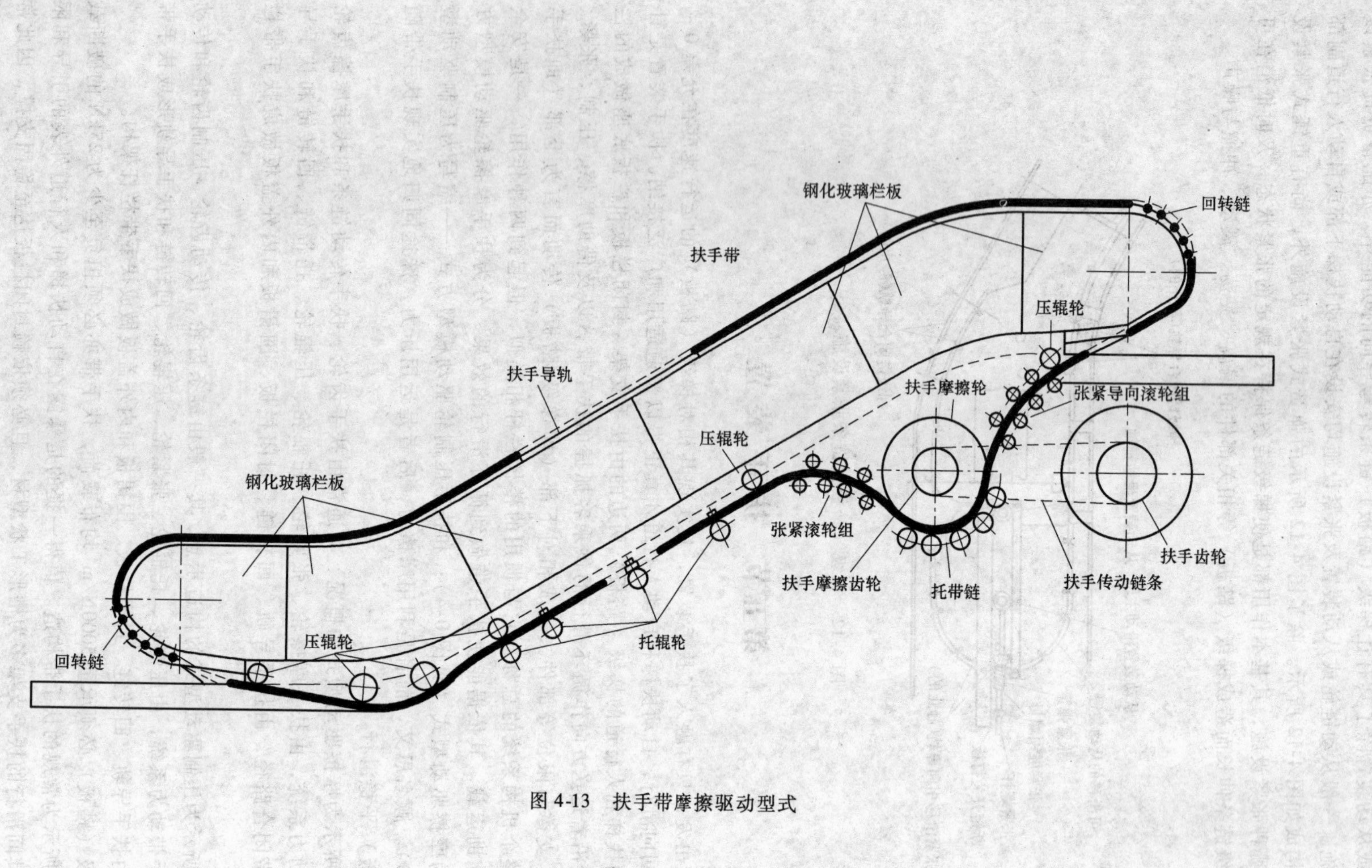

图 4-13　扶手带摩擦驱动型式

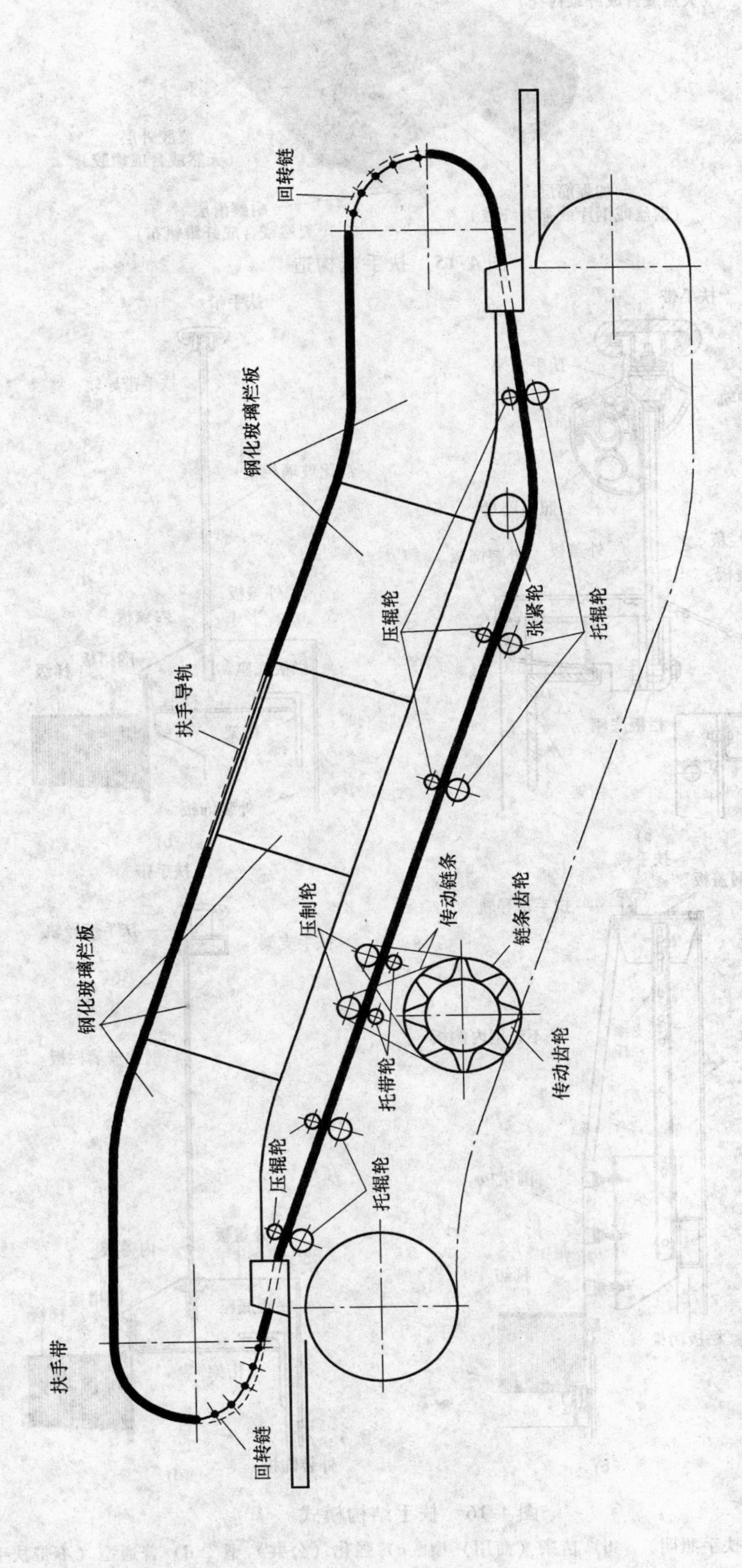

图 4-14　扶手带压制驱动型式

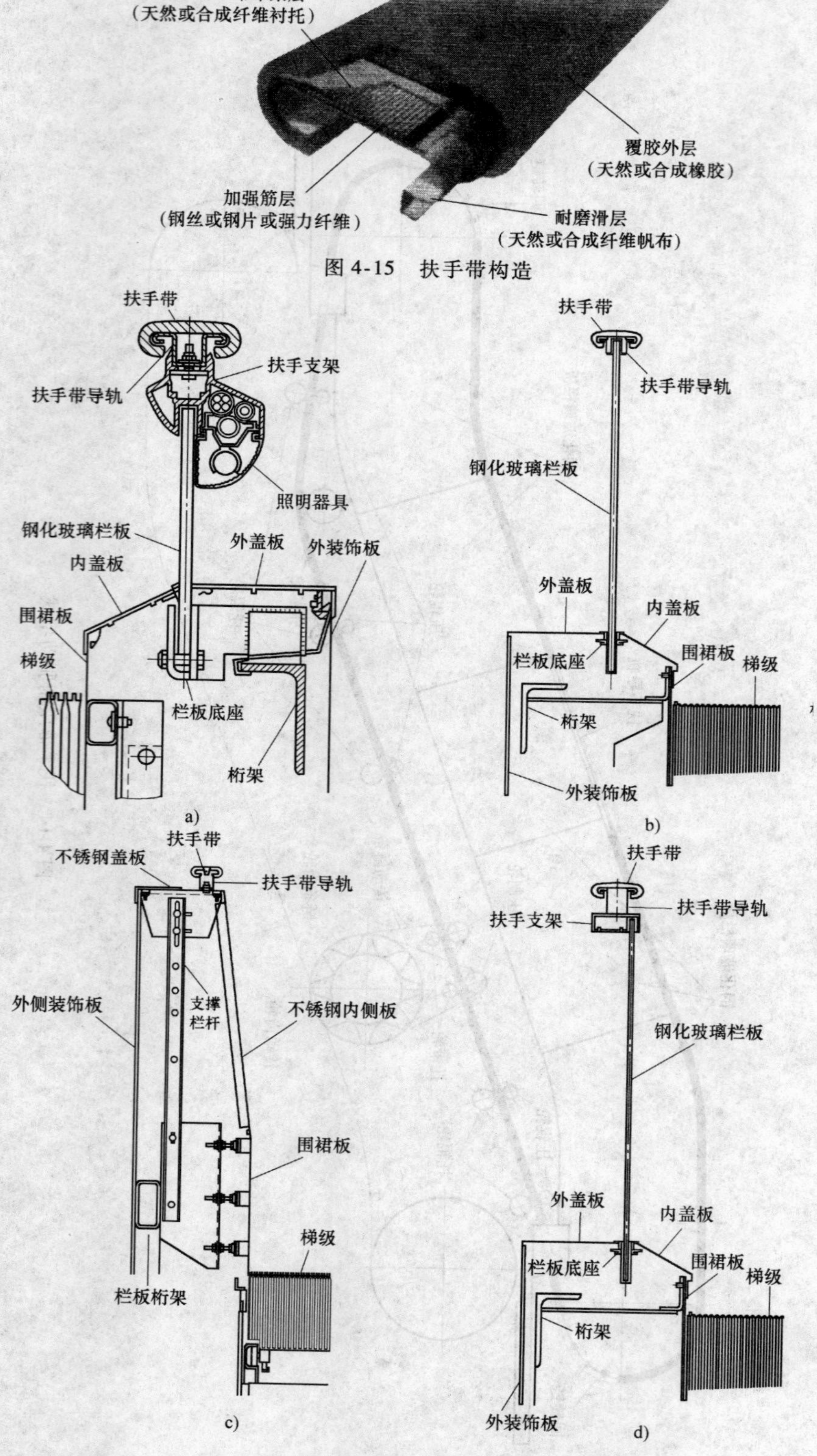

图 4-15　扶手带构造

图 4-16　扶手结构模式

a）标准型（配置扶手照明）　b）苗条（商用）型　c）强化（公共）型　d）普通型（不带扶手照明）

第六节　梳齿部件与纠偏配备

自动扶梯和自动人行道在端口的过渡零件，也即梯级与前沿盖板的衔接元件，莫不由梳齿板来担当，就是说借助于梳齿板与梯级踏面齿槽的深度啮合及弥缝掩隙，以提醒和辅助乘客安全顺利地完成动静状态的转换。图4-17所示为用于自动扶梯和人行道的梳齿板形状。通常，梳齿板用铝或塑料制作，其强度一般都低于梯级（踏板），以充当万一发生两者撞击挤压后的先行破损、求全大局的士卒。图4-18所示为梳齿板与梯级（踏板）齿槽的啮合表示。

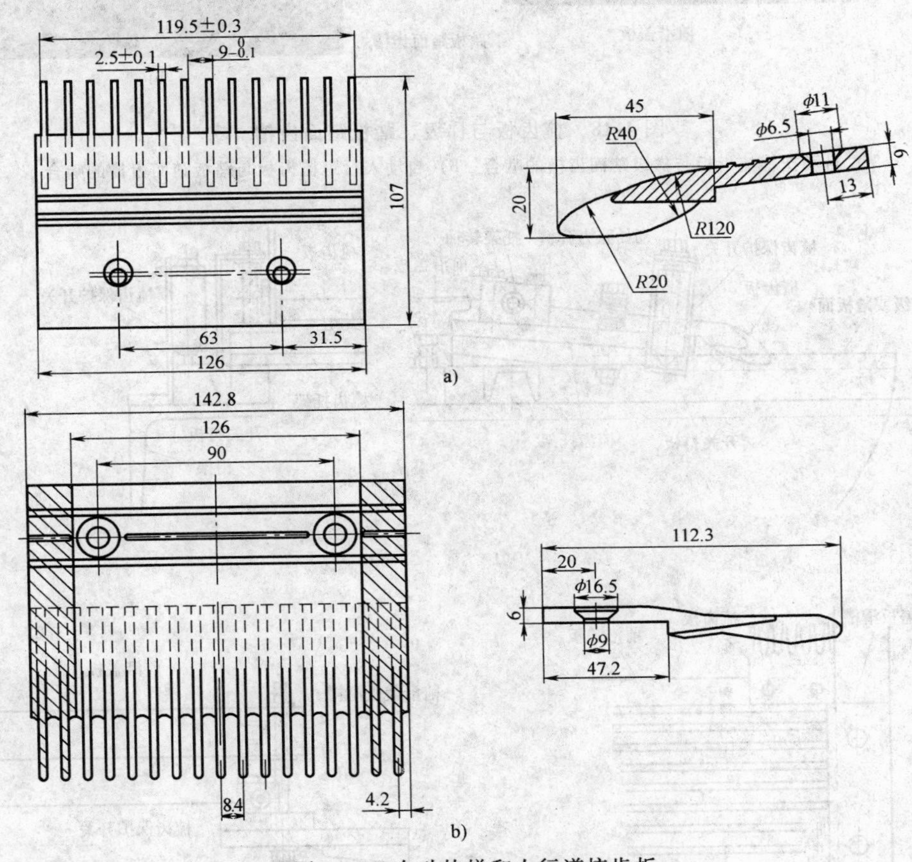

图4-17　自动扶梯和人行道梳齿板

a）自动扶梯梳齿板　b）自动人行道梳齿板

为了防止当有异物卡入梳齿板与梯级齿槽之中后引发人身或设备事故，自动扶梯和人行道必须配置梳齿保护装置。于是，根据所选择的梳齿保护装置的作用机理，梳齿板的安设主要有两种形式：一种是固定在独立的梳齿托架上，其可将撞击挤压力化为垂直位移；另一种是固定在活动的前沿盖板上，它能把撞击挤压力转作水平活动；并因此而构成完整的梳齿部件。图4-19所示为这两种梳齿部件的组成结构。不管怎样，为了保证啮合尺寸，方便修复缺损，梳齿部件都做成可调节的和易于更换梳齿板的形式。

此外，由于运行着的梯级因存在外部干涉与内在差异而会出现些少偏离轨迹的形态，这对梳齿板与梯级踏面齿槽的正确啮合及恰当弥掩是极为不利的，任其悖逆轻则出现碰擦噪声，重则造成齿损槽毁，故就要在梳齿部件的前面即当梯级将与梳齿板相互啮合的预期空间布置纠偏配备，

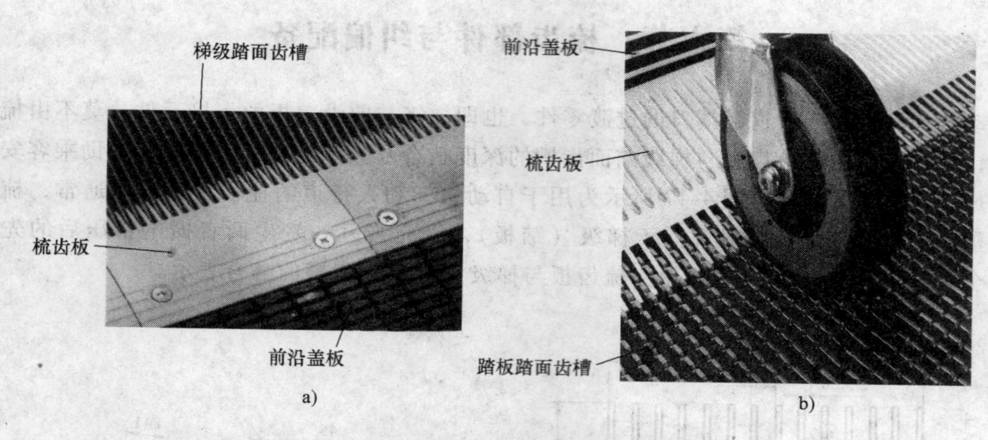

图 4-18 梳齿板与梯级、踏板踏面齿槽

a）自动扶梯梳齿板与梯级踏面齿槽的啮合 b）自动人行道梳齿板与踏板踏面齿槽的啮合

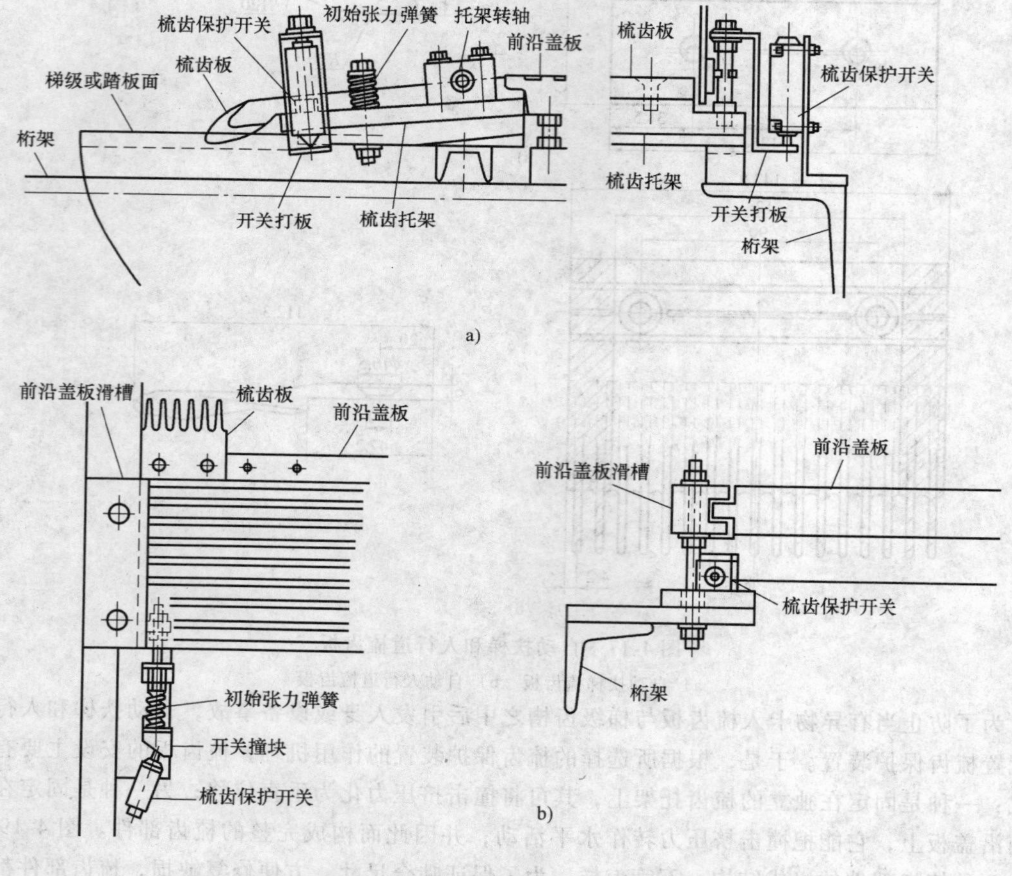

图 4-19 自动扶梯和人行道梳齿板

a）垂直位移法梳齿保护设置 b）水平活动式梳齿保护设置

如此这般既益于梯级的顺当涵齿，亦便于梳齿的爽快入槽。图 4-20 所示为轮式纠偏配备的构成，另一种则是块式纠偏结构，后者只不过是用梯形块代替了前者的纠偏滚轮。

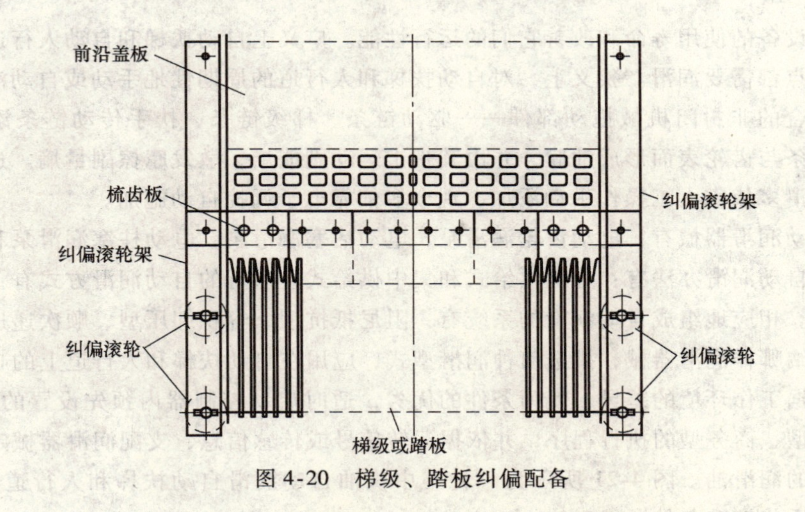

图 4-20　梯级、踏板纠偏配备

第七节　自动润滑器械

润滑的好处是减少摩擦，避免发热，防止磨损，缓解振动，降低噪声，提增效率，进而延长

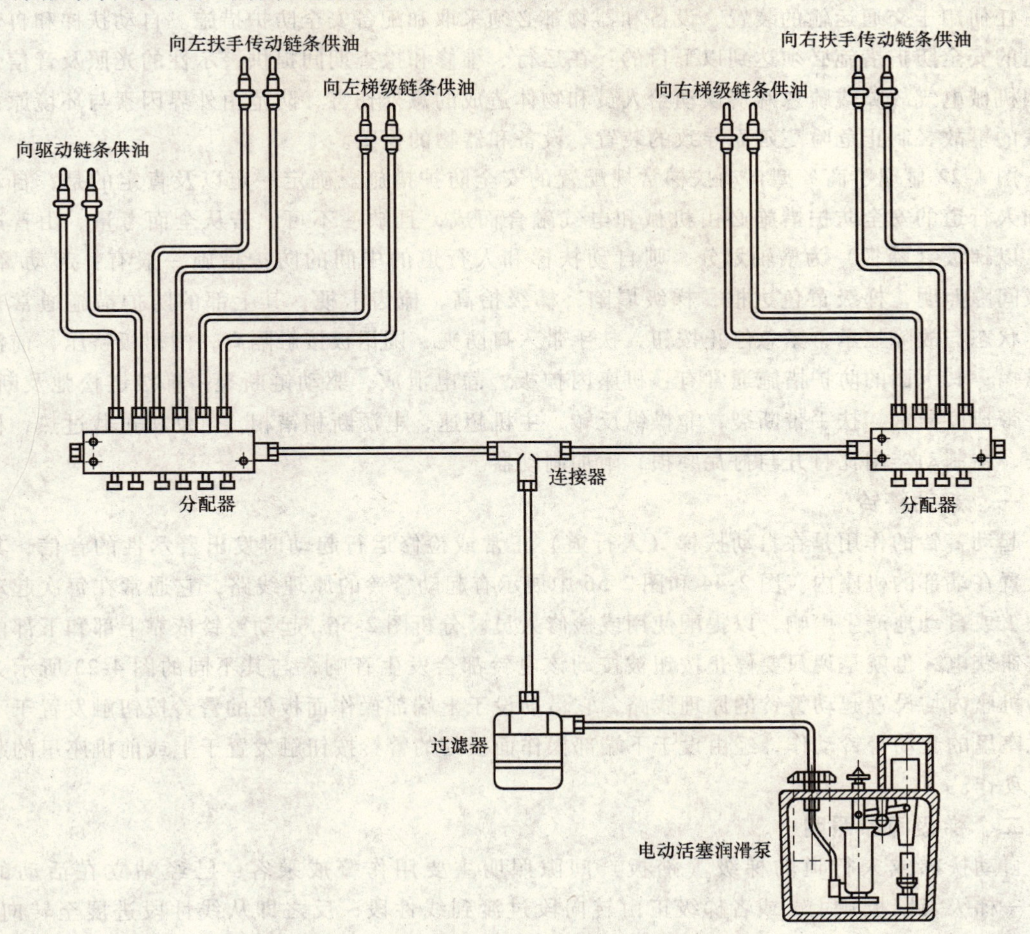

图 4-21　自动扶梯和人行道的自动润滑系统

部件、装置、设备的使用寿命和改善它们的运行性能。广义上自动扶梯和自动人行道的所有参与转动的机械节点都需要润滑。狭义上，对自动扶梯和人行道的周期性地手动或自动润滑是指向带有中间挠性啮合的非封闭机械拖动部件——驱动链条、梯级链条、扶手传动链条添加或施加油脂，以使在链条与齿轮表面形成油膜，并由其带走运动副能焓，散发摩擦副量熵。过往针对这些拖动部位的润滑多依靠人工操作手动添加，现今多依靠电子调控自动施加。

常规的自动润滑器械有：电动齿轮润滑泵，电动活塞润滑泵，电动柱塞润滑泵和电磁柱塞润滑泵。普遍的自动润滑办法有：分散供给式和集中供给式。通行的自动润滑方式有：点滴法、气化法和线流法。相应地组成自动润滑的系统有：阻尼抵抗型、容积卸压型、顺次递进型和喷雾冷却型。不管采纳哪样润滑器械，挑选何种润滑型式，应用在自动扶梯和人行道上的自动润滑的基本原理是：根据工作环境的差异，使用条件的优劣，适时启动控制器内预先设置的应对室内式、室外式、公共型、商务型的执行程序，并依据运转信号或传感信息，支配润滑器械定时地为拖动部件施加定量的润滑油。图 4-21 所示为一种集中供油自动润滑自动扶梯和人行道的驱动链条、梯级链条和扶手传动链条的器械系统。

第八节　安全警示部件与防护设备的配置

任何用于交通运输的装置、设备和器物都必须采取和配备安全防护措施。自动扶梯和自动人行道的安全防护措施必须达到以下目的：在运行、维修和检查期间提供警示性的光照及音信，避免因机械电气故障或疏忽麻痹误动给人员和物体造成的意外伤害，防范由外界因素与环境原由所引发的事故，制止危险蔓延而导致的装置、设备和器物的损毁。

图 4-22 显现了商务型自动扶梯常规配置的安全防护措施。确定一定以及肯定的是，自动扶梯和人行道的安全防护措施必由机械和电气融合而成，且缺一不可。若从全面考量、由普遍着手，以梯级（踏板）为横轴划分，则自动扶梯和人行道的中间的防护措施一般有：起动警铃，梯级间隙照明，梯级黄色边框，梯级塌陷，梯级抬高，梳齿卡梗；其上部的防护措施通常普遍有：状态与故障显示，紧急停止按钮，扶手带入口防夹，围裙板接触隔离，围裙板挤压，前沿盖板掀揭；其下面的防护措施通常有：机座内护板，静电泄放，驱动链断裂，梯级链松弛及断裂，扶手带速度异常，扶手带断裂，非操纵反转，主机超速，电源断相错相，电动机过载过热，梯级丢失，主制动器闸瓦打开与衬瓦磨损，附加制动器。

一、起动警铃

起动警铃的作用是在自动扶梯（人行道）正常或检修运行起动时发出警示性的音信，其一般设置在端部的机座内。图 2-44 和图 2-56 中展示有起动警铃的原理线路，它通常在每次起动前经人工或自动地产生声响，以提醒使用或检修人员。分析图 2-56，起动警铃依靠上部和下部的停止按钮获电，也就是说只要停止按钮被按动该电铃都会发生音响，与其不同的图 4-23 所示为在两端机座内均设置起动警铃的原理线路，它借助设于上端部操作面板处的警铃按钮触发置于下或后机座里的起动警铃动作，经由设于下端部操作面板处的警铃按钮触发置于上或前机座里的起动警铃动作。

二、梯级间隙照明

自动扶梯或人行道的梯级（踏板）间隙照明主要用作警戒乘客：已经站立在活动的载体——梯级（踏板）上，或者梯级正由转向段过渡到线性段，反之即从线性段进展至转向段，并预示梯级（踏板）将驶入与梳齿板啮合的区间。图 4-24 所示为梯级间隙照明的构成与实效。

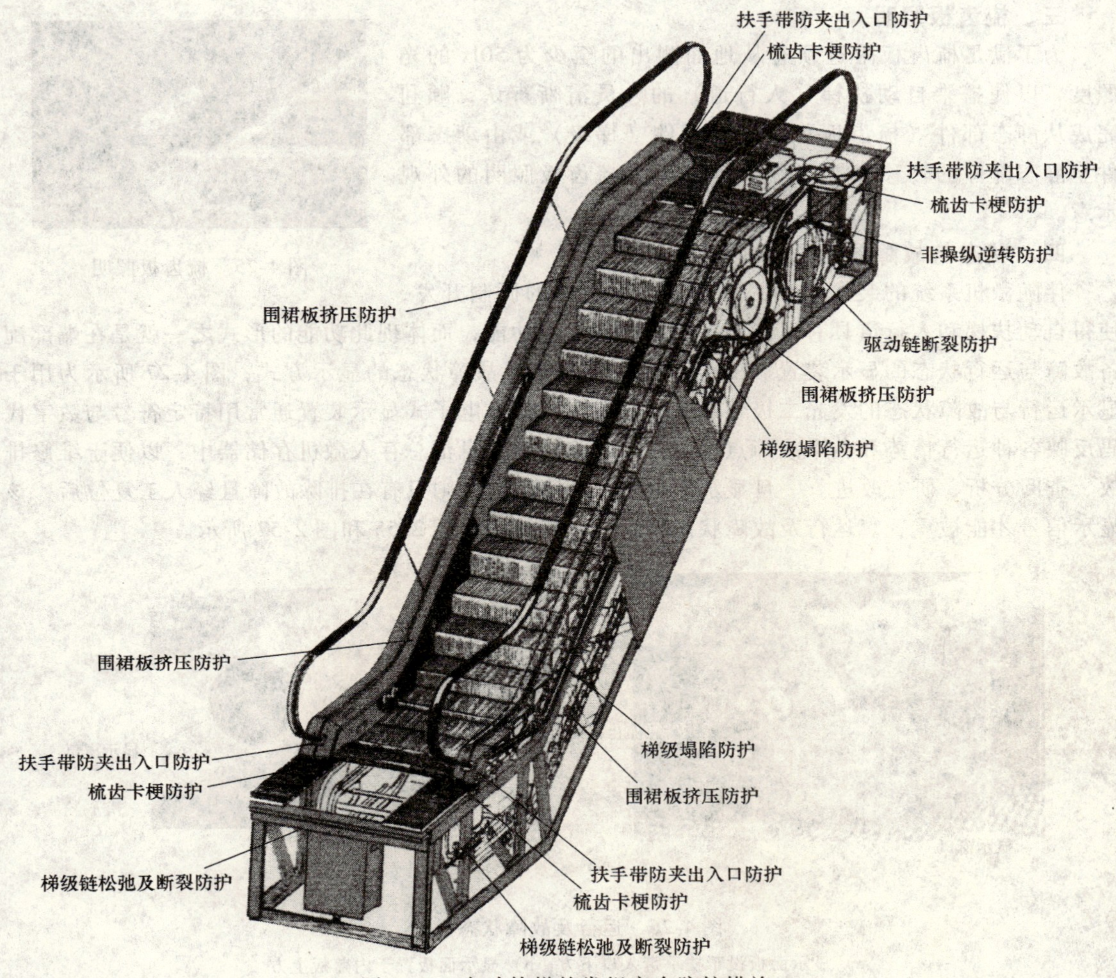

图 4-22　自动扶梯的常规安全防护措施

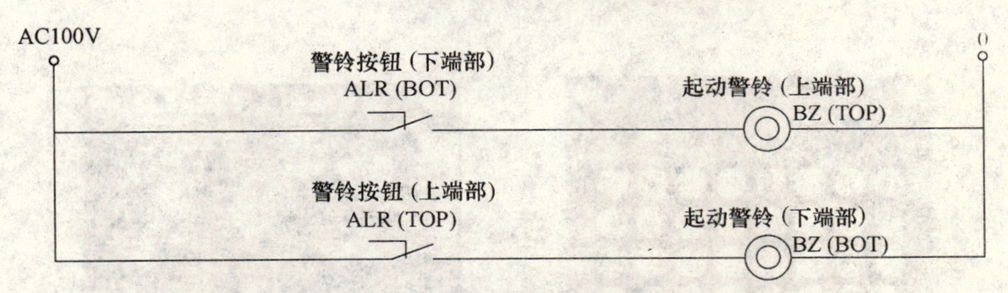

图 4-23　起动警铃原理线路

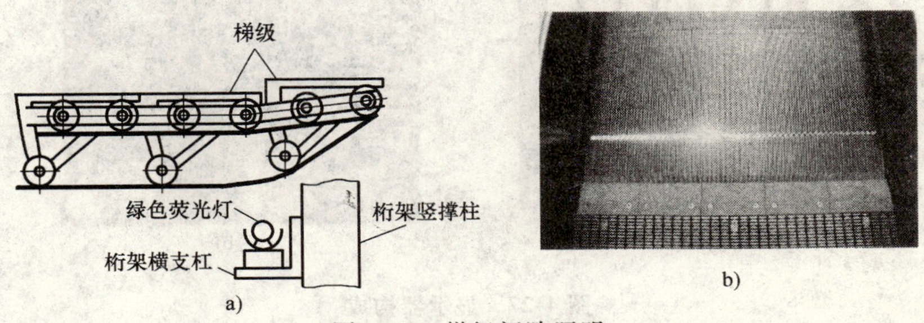

图 4-24　梯级间隙照明

a）构成示意　b）实际效果

三、梳齿板照明

为了满足梳齿板附近须有从地面测出的至少为50lx的光照度，以使搭乘自动扶梯（人行道）的人员清晰辨认，顺利完成从静态部件（梳齿板）到动态部件（梯级）或由动态部件至静态部件的转移变换。图4-25所示为梳齿板照明的外观示意。

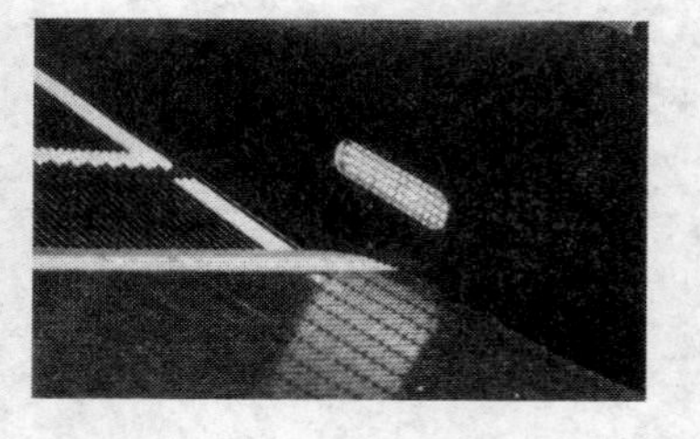

图4-25　梳齿板照明

四、状态与故障显示

伴随微机系统的装备应用，特别是处理软件的研制开发，使得自动扶梯和人行道具有了智能控制与自我诊断功能，而体现此功能的形式之一就是在端部配备故障与运行状态的显示装置。图4-26所示为运行及故障状态的显示方式，图4-27所示为用于显示运行与故障状态的发光二极管矩阵和印制电路板。电子式显示装置通常用特定符号与数字代码反映各种运行情势和各个故障点况，并即时将此类信息汇总存入微机存储器中，以便于维修排故、查阅分析、研究改进。一旦显示装置登入故障信号，则只有在排除故障且经人工复位后，该显示信号才能被重置。运行及故障状态显示的电气线路如图2-55和图2-57所示。

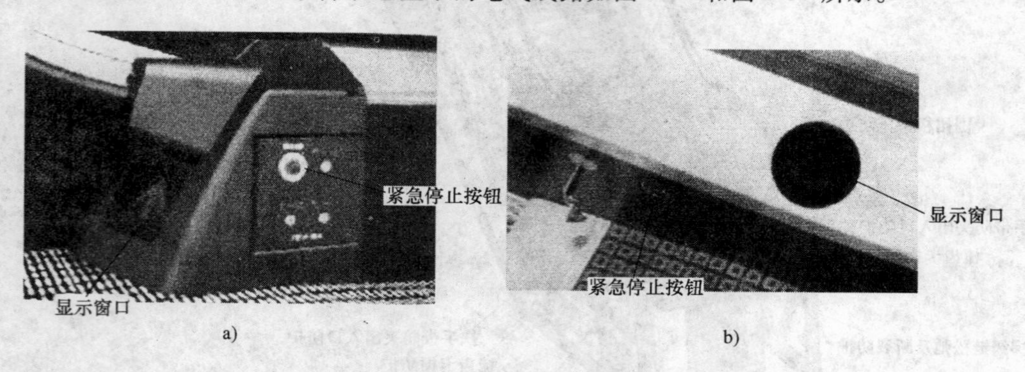

图4-26　运行及故障状态显示

a）显示面板设于扶手带入口下方　b）显示面板置于内盖板上方

a)

b)

图4-27　显示器构成

a）发光二极管矩阵　b）显示控制电路板

五、围裙板接触隔离与梯级黄色边框

针对梯级与围裙板之间，即使有符合要求的间隙，但亦存在因其而引起夹挟及滞阻事故的偶许隐患，故按照《自动扶梯与自动人行道制造和安装安全规范》的预防措施条款，采用加设适宜的围裙板接触隔离与梯级黄色边框的办法，可起到预警和先觉的作用，以降低和减少发生该事故的风险。此设备的术语叫做“围裙板防夹装置”。图4-28所示为两种隔离梯级与围裙板之固有间隙的形式。图4-29所示为借助梯级黄色边框也能有效性督促和意向性引导乘客站入安全区域之内。

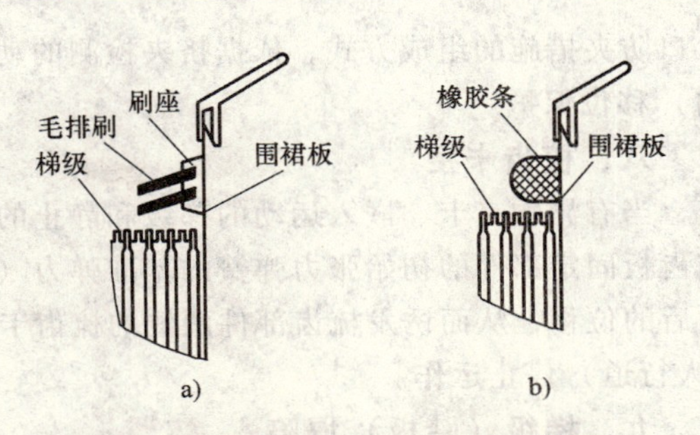

图4-28　梯级与围裙板的间隙接触隔离

a）毛排刷隔离示意　b）橡胶条隔离示意

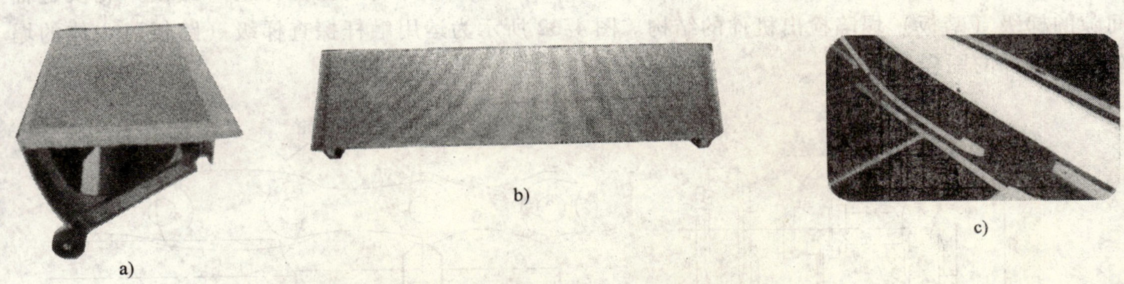

图4-29　警示性的黄色边框

a）带黄色边框的梯级　b）带黄色边框的踏板　c）黄色边框与隔离的效用

六、紧急停止按钮

紧急停止按钮一般设置在自动扶梯（人行道）两边端部的明眼及易于接近的位置上（见图4-26），在提升高度和输送距离超常的情况下，自动扶梯每隔15m，自动人行道每隔40m，就应增设附加的紧急停止按钮。

七、扶手带入口防夹

除了扶手装置的扶手带截面及其导轨的成形组合件不应挤夹手指和手外，在扶手转向端的入口处更应设置防止挤夹手指和手的防护措施，一旦发生此不利与危险现象，即触发扶手带入口防夹开关动作，随后切断安全电路，使自动扶梯（人行道）停止运行。图4-30所示为两种扶手带

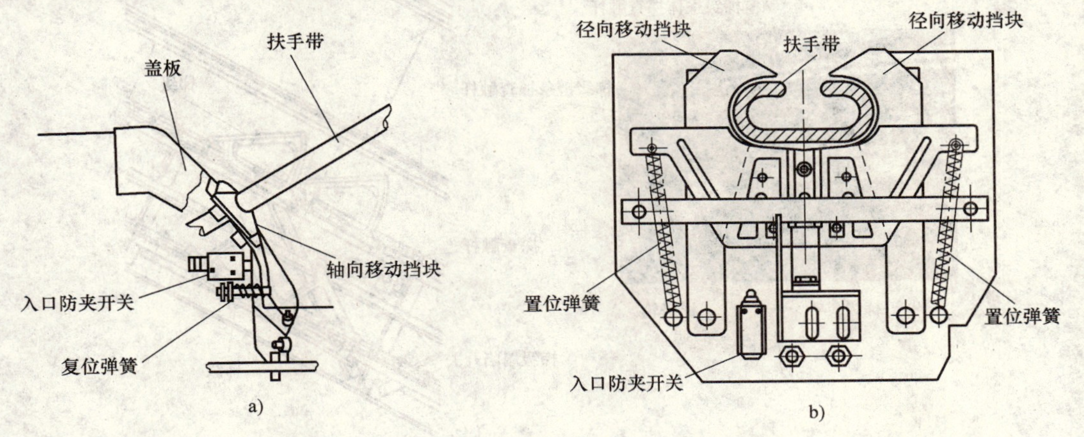

图4-30　扶手带入口防夹组成

a）轴向移位的扶手带入口防夹保护　b）径向移位的扶手带入口防夹保护

入口防夹措施的组成方式，依据挤夹检测的动作它们分属于左右（径向）移位保护和前后（轴向）移位保护。

八、梳齿卡梗

当有异物夹卡、嵌入运动的梯级和静止的梳齿板的啮合区间后，且发生的撞击和挤压力大于梳齿板固定部件的初始张力弹簧的基准弹力（见图 4-19），则梳齿部件就会产生垂直向上或水平向后的位移，从而诱发梳齿部件两侧的梳齿卡梗保护开关动作，随即断开安全电路，令自动扶梯（人行道）停止运作。

九、梯级（踏板）塌陷

如果因梯级（踏板）或梯级链等损坏而致使梯级（踏板）下塌陷落，则借助于设置在桁架上、下部或中部的塌陷检出机件适时测定映证此故障状况，并通过连杆打板拨动塌陷开关，切断安全电路，引发自动扶梯（人行道）停止运转。图 4-31 所示为利用测控梯级（踏板）轮及链轴间隙的梯级（踏板）塌陷检出机件的结构。图 4-32 所示为运用触杆探查梯级（踏板）主体的塌陷检出机件的图样。

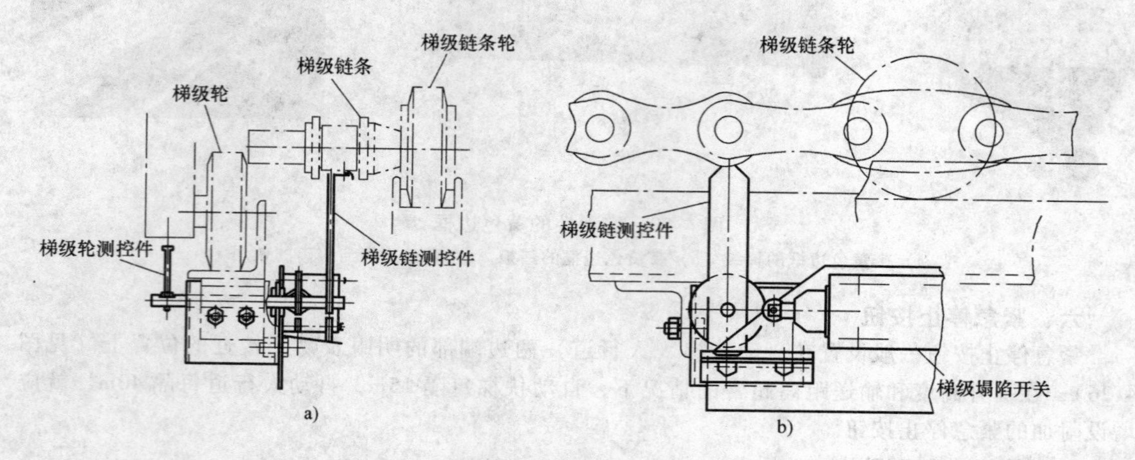

图 4-31　测控梯级（踏板）塌陷的检出机件

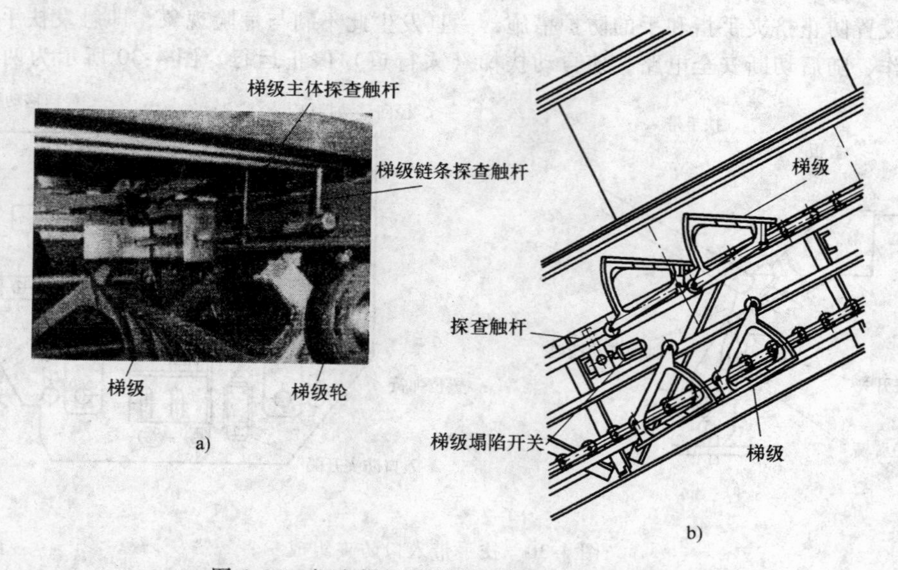

图 4-32　探查梯级（踏板）塌陷的触杆机件

十、梯级（踏板）抬高

梯级（踏板）抬高亦即防梯级（踏板）上冲措施，通常设置在上下（前后）端部，以保证当梯级在倾斜段与水平段啮接转换时因错位碰撞而出现翘起，当梯级（踏板）之间因夹杂异物而产生隆起时，能够准确发出梯级（踏板）抬高信息，使安全电路中断，立即让自动扶梯（人行道）停止运动。图 4-33 所示为运用限位罩板检查梯级（踏板）抬高的布置，图 4-34 所示为应用弹塑打板检测梯级（踏板）抬高的布置。

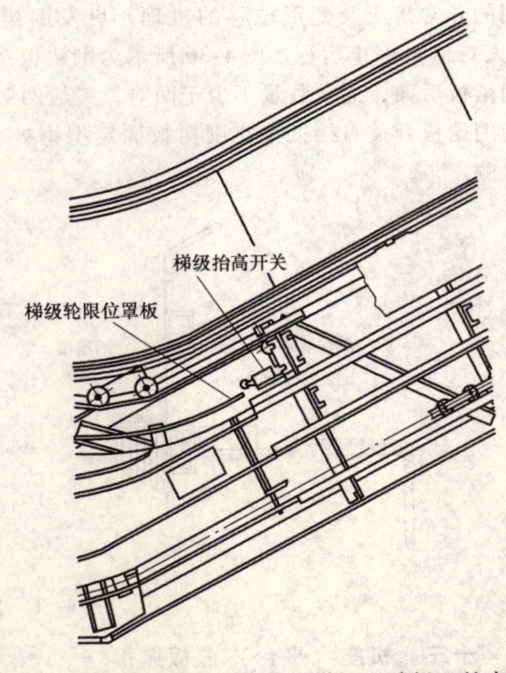

图 4-33　运用限位罩板检查梯级（踏板）抬高

十一、梯级（踏板）丢失

作为运送载体，梯级（踏板）的完整连贯是十分重要的。为了在丢失的梯级（踏板）即将滑动脱出梳齿板之前及时地检测察觉，梯级（踏板）丢失防护一般配置在梯路的转向段，当查获丢失便马上截断安全电路，即刻叫自动扶梯（人行道）停止运载，以杜绝在正向使用区间出现丢失踏空的危险境况。图 4-35 所示为利用探测传感器监控梯级（踏板）丢失的措施。

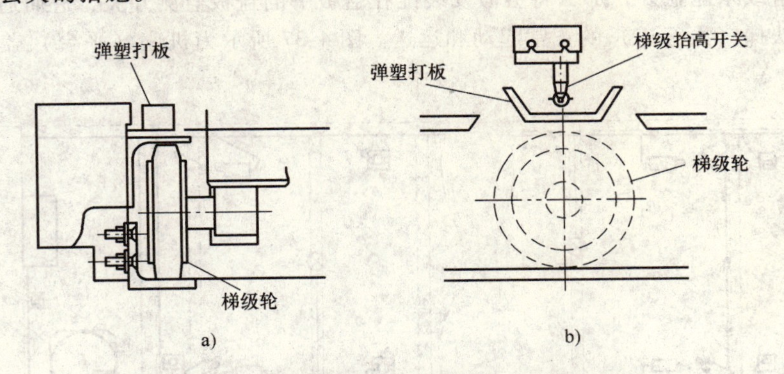

图 4-34　应用弹塑打板检测梯级（踏板）抬高

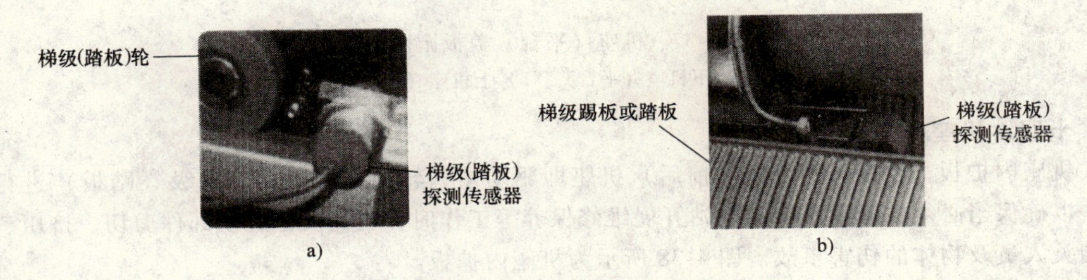

图 4-35　探测梯级（踏板）丢失

a）利用传感器探测梯级（踏板）轮及骨架防止丢失　b）利用传感器探测梯级踢板或踏板防止丢失

十二、围裙板挤压

一旦有异物卡入梯级（踏板）与围裙板之间，为了制止挟滞事故，则多应用此刻围裙板受到的异常挤压及变形位移的机理，启发围裙板开关动作将安全电路断开，紧跟着使自动扶梯（人行道）停止运行。图4-36所示为围裙板挤压防护的构成。围裙板开关普遍安设在靠近端部的围裙板后面，通常数量不少于两对，一般两对间的直线距离不大于10m。不难看出，图4-36a中的围裙板开关直接抵撑在围裙扳固定型钢处，而图4-36b中的围裙板开关则直接触靠于围裙板材侧。

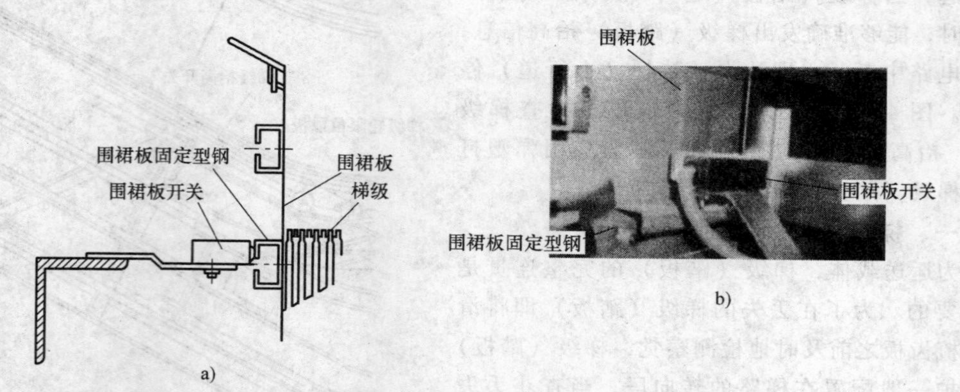

图4-36　围裙板挤压防护

十三、机座（平台）盖板掀揭

若在自动扶梯（人行道）正常起动和运行期间，上下（前后）机座（平台）的盖板被掀揭起开或意外脱落或未能盖好，那么将会激发装配在盖板下的盖板监测开关，进而通过安全电路的开路中断自动扶梯（人行道）的正常起动和运送。图4-37所示为机座（平台）盖板监测开关的设置。

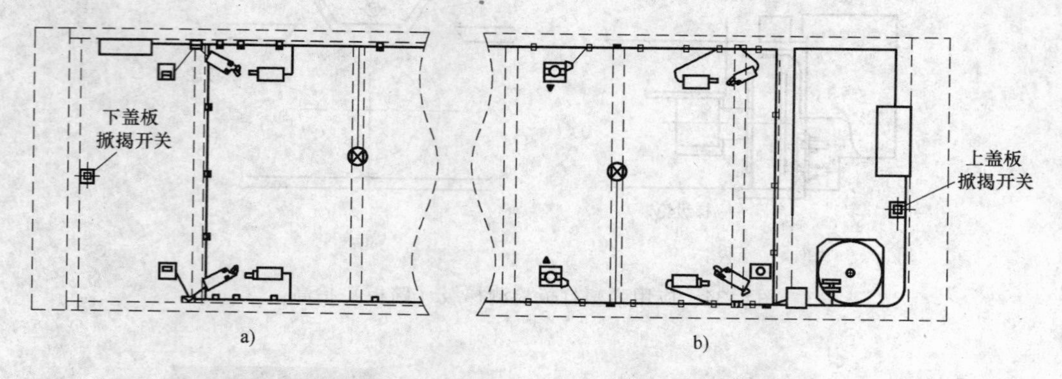

图4-37　机座（平台）盖板掀揭监测

a）下机座（平台）　b）上机座（平台）

十四、机座内护板

机座内护板主要用于对上下（前后）机座即驱动站和转向站内旋动的梯级（踏板）进行隔离，以确保当必须在驱动站和转向站开展维修保养等工作时，避免发生旋动部件剪切、挤压、撞击相关人员及物体的伤害事故。图4-38所示为机座内护板。

十五、静电泄放

静电泄放就是把由摩擦产生的聚集在扶手带、梯级（踏板）上的静电，借助传导件，经过接地线释放至大地，以消除运行时的静电对乘客的刺激或击伤。图4-39所示为静电泄放的机理。

图 4-38　机座内护板

图 4-39　静电的消除与泄放

a）利用固定在横支杠侧的金属丝辫泄放梯级上的静电

b）利用扶手带入口处的碳化毛刷消除扶手带表面的静电

十六、附加制动器

与配制在驱动主机上的主制动器（又叫工作制动器）不同的是附加制动器（或曰安全制动器，也称紧急制动器），它通常配备于提升高度超过 6m 的自动扶梯和倾斜式自动人行道上、或配备于公共交通型的自动扶梯和倾斜式自动人行道上、或配备于合同约定的特别供给的普及型的自动扶梯和倾斜式自动人行道上。附加制动器通常在速度超过额定速度 1.4 倍之前，或在非操纵反转发生之后，或在驱动链破断时等异端情况下，及时地对梯级（踏板）或拖动其运转的链条与链轮实施机械式摩擦制动，强制地使携乘载荷惯量前行的自动扶梯（人行道）减速停顿，并保持静止状态，同时或超前的断开安全电路。附加制动器通常有块式、碟式、爪式、瓦式、齿式等结构，图 4-40 所示为两款附加制动器的构成形式，它们的共同点是对拖动梯级（踏板）运转的链轮加以掣停。

十七、驱动链松弛或破断

当驱动链过度松弛或破损断裂时，借助驱动链检测机件随即切断驱动链开关，从而把安全电路置于断路状态，并经由主制动器和棘板棘齿制动，强迫自动扶梯（人行道）停止运输。为了区分，在驱动链过度松弛的情形下仅使主制动器动作，而在驱动链破损断裂的状况下则使主制动器和棘板棘齿制动共同动作。图 4-41 所示为检测驱动链松弛或破断的机件。对比图 4-40 的附加制动器，图 4-41 的棘板棘齿制动也是附加制动器的另一种作用形式。

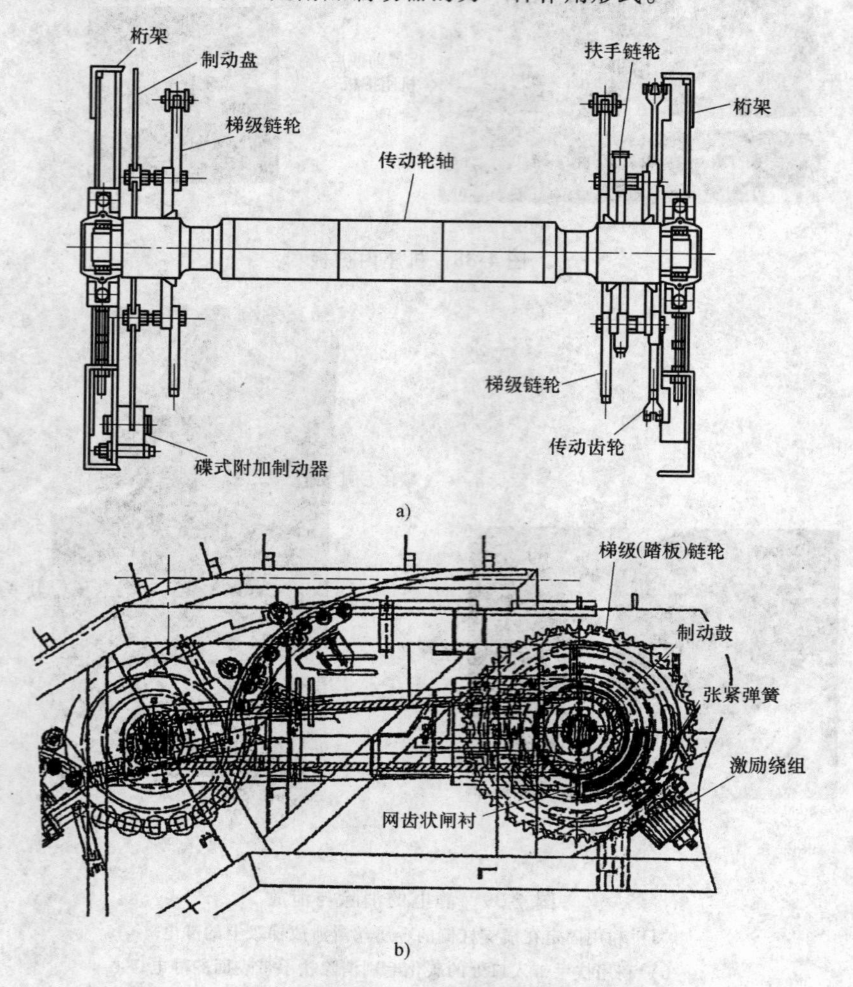

图 4-40　附加制动器构成形式

a）碟式附加制动器　b）瓦式附加制动器

十八、梯级（踏板）链松弛或破断

监视与反馈梯级（踏板）链过度松弛或破损断裂，且在出现此意外故障时借助安全电路的开路强行使自动扶梯（人行道）停止运营的工作，一般由该链的张紧设施和断链开关组合担当。若配置了附加制动器，则在主制动器和附加制动器的双重作用下，就能更好地消除因梯级（踏板）松弛或破断而引起的不利后果。图 4-42 所示为监视与反馈梯级（踏板）松弛或破断的设施。

十九、扶手带速度异常

如果在正常运行中扶手带突然停顿，而此时梯级（踏板）照常运转，则会导致紧握扶手带的乘客发生跌倒甚至人身意外。因此借助安置在扶手带循环迴路中上下两点的扶手带运动传感器，就能及时检测和迅速输出该异常信号。其实作为超前监控，当因为松弛、拉长、龟裂等原因，而使得运行中的扶手带与梯级（踏板）在正向使用区段的同步速度，在监测的时间内持续地超出或滞后规定的允差值，即扶手带的运行速度与梯级（踏板）的运行速度之比值超出了 0 ~0.02 的范

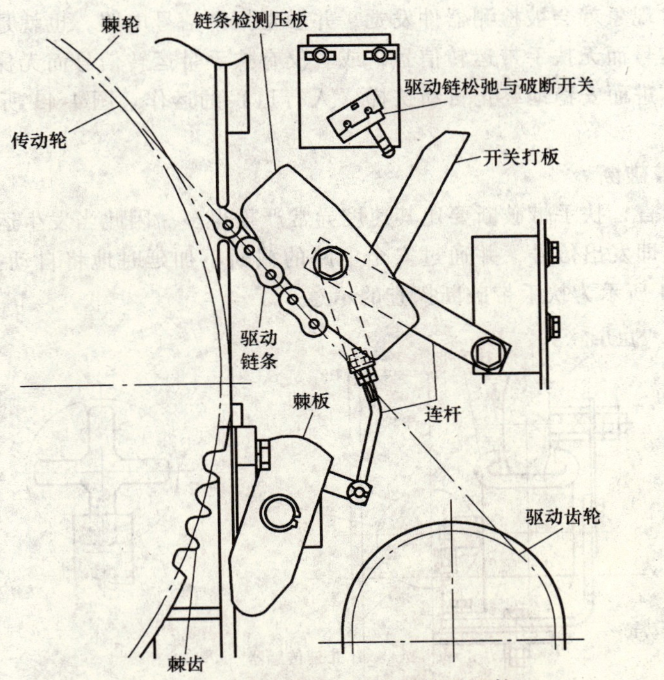

图 4-41　驱动链松弛与破断检测机件

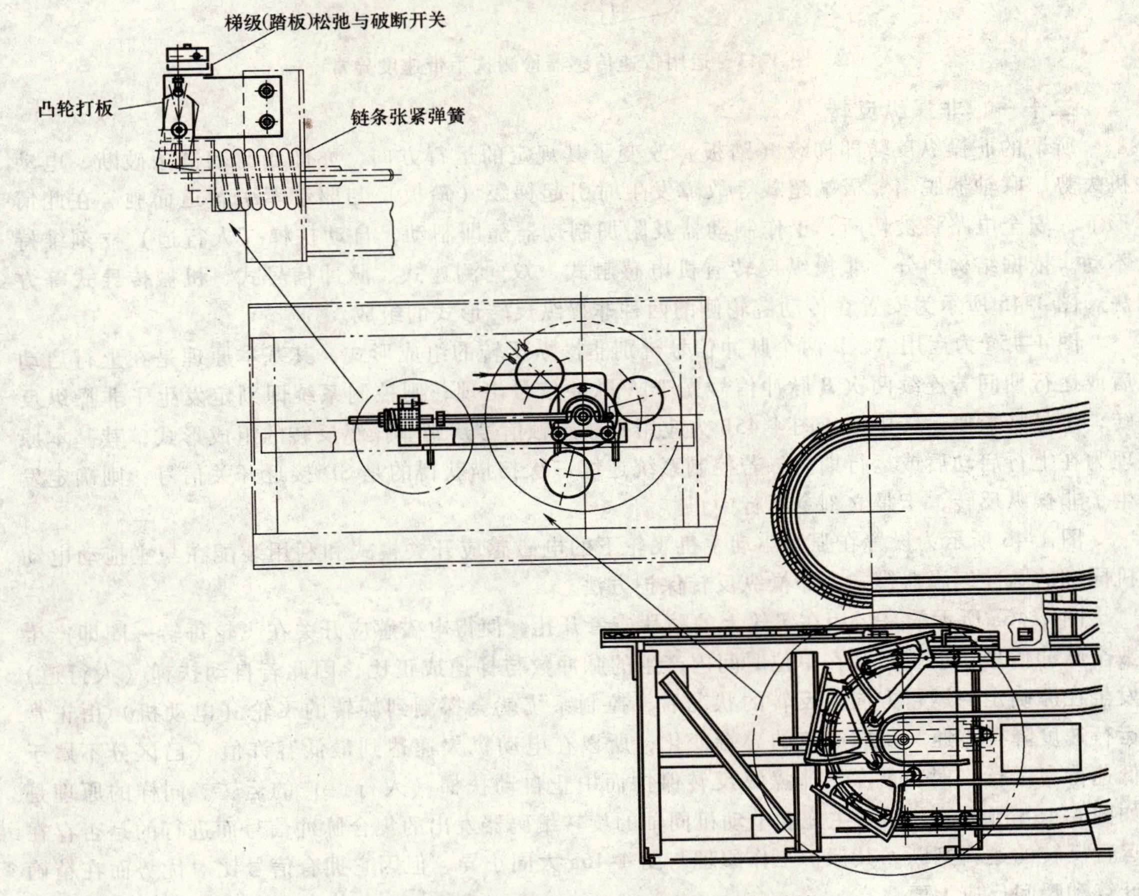

图 4-42　梯级（踏板）松弛与破断监视设施

围，那么此类异常现象就会被检测器件发觉，并触发报警信号电路。也就是说，一旦微机电脑发现只有梯级运转信号而无扶手带运转信号，或者仅有扶手带运转信号而无梯级运转信号，就会立即导引减速停泊，进而安稳地终止自动扶梯（人行道）的运作。图 4-43 所示为检测扶手带速度异常的装置。

二十、扶手带破断

就程度等级而言，扶手带破断要比其速度异常严重得多。因此当发生运行过程中的扶手带破断，探测装置便立即发出信号，并通过安全电路的截断不加延时地将自动扶梯（人行道）置于停止状态。图 4-44 所示为扶手带破断探查的示意。

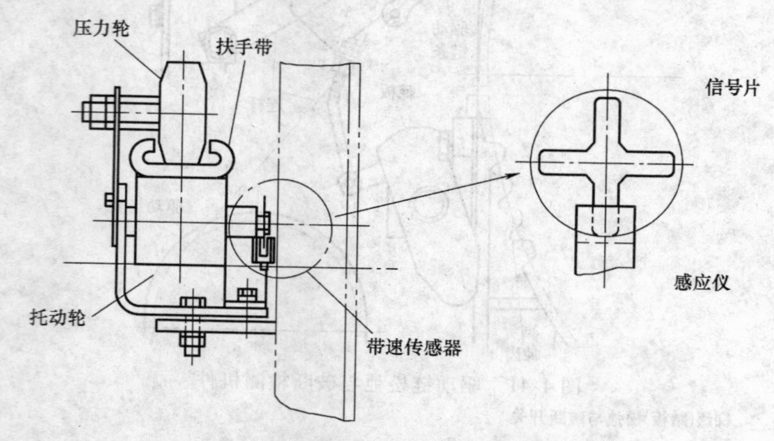

图 4-43　运用带速传感器检测扶手带速度异常

二十一、非操纵反转

所谓的非操纵反转即梯级（踏板）改变了其规定的运行方向，亦即当驱动链条破断、电动机失势、联轴器脱离、极端超载等故障发生时引起梯级（踏板）与驱动牵引背道而驰。在此情形下，安全电路将被切断，工作制动器及附加制动器随即制动，自动扶梯（人行道）立刻维持不动。依据结构划分，非操纵反转有机电感触式、双向测速式、脉冲信号式、机械传导式等方法。图 4-45 所示为安置在传动链轮侧的两种非操纵反转形式的组成。

图 4-45a 为运用 A、B 两个脉冲信号辨别非操纵反转的组成形式，其基本原理是在上行启动后或运行期间若连续两次 B 脉冲信号先于 A 脉冲信号出现，则控制系统即判定发生了非操纵反转，于是马上使运转中断。图 4-45b 为应用机械感触信号辨别非操纵反转的组成形式，其基本原理为在上行启动后或运行期间，若控制系统连续三次扫描获得的是 SD 接近开关信号，则确定发生了非操纵反转，于是立刻令运行中止。

图 4-46 所示为设置在强制驱动主机飞轮下的电磁感应开关模式和利用装配在与主拖动电动机同轴的脉冲编码器模式的非操纵反转保护方法。

图 4-46a 所示的是运用在飞轮上的贴片或者开孔，使得电磁感应开关在飞轮每转一圈即产生数个脉冲信号，也就是其在单位时间内产生的脉冲数与梯速成正比，因此若自动扶梯（人行道）发生在原确定的运行方向上反转的状况后，控制系统就会探测到旋转的飞轮（电动机）由正常运行速度降至零速又反向起速的异端变化，所以在电动机欠速达到最低容许值（已区分不属于低速待命运行）时，就激活非操纵反转保护而中止自动扶梯（人行道）的运转。同样的原理是如图 4-46b 所示的利用与主拖动电动机同轴的旋转编码器发出的集合脉冲信号而进行的是否存在运行反转的逻辑判断，其保护工作原理与图 4-46a 大同小异，但因它拥有信号比对优势而在精确计算和瞬间反应上要略高一筹。

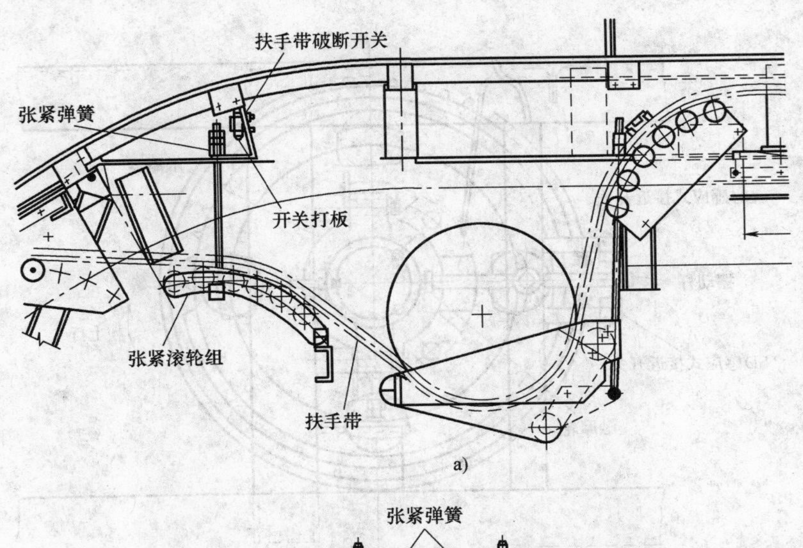

a)

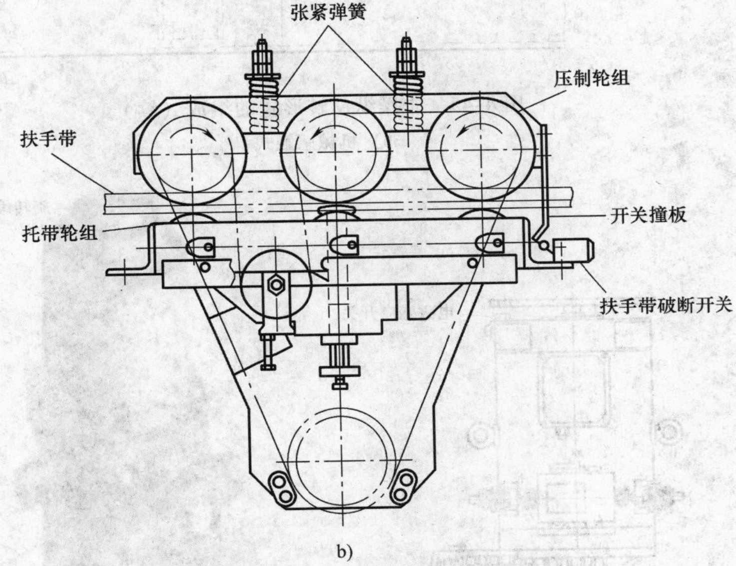

b)

图 4-44　扶手带破断探查

a）摩擦驱动型式的扶手带破断探查　b）压制驱动型式的扶手带破断探查

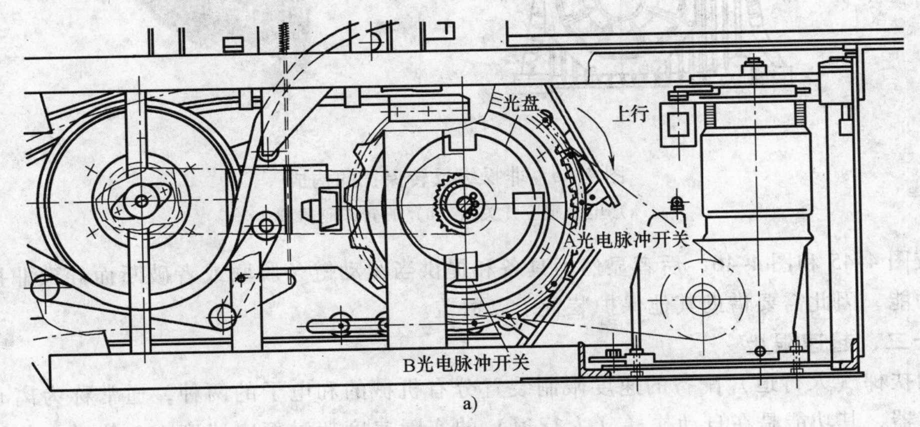

a)

图 4-45　非操纵反转形式的组成

a）脉冲信号式

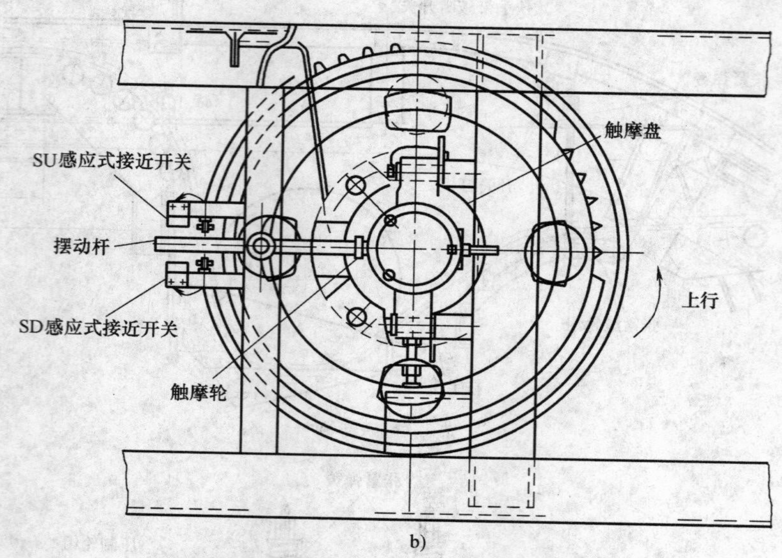

图 4-45　非操纵反转形式的组成（续）
b）机械感触式

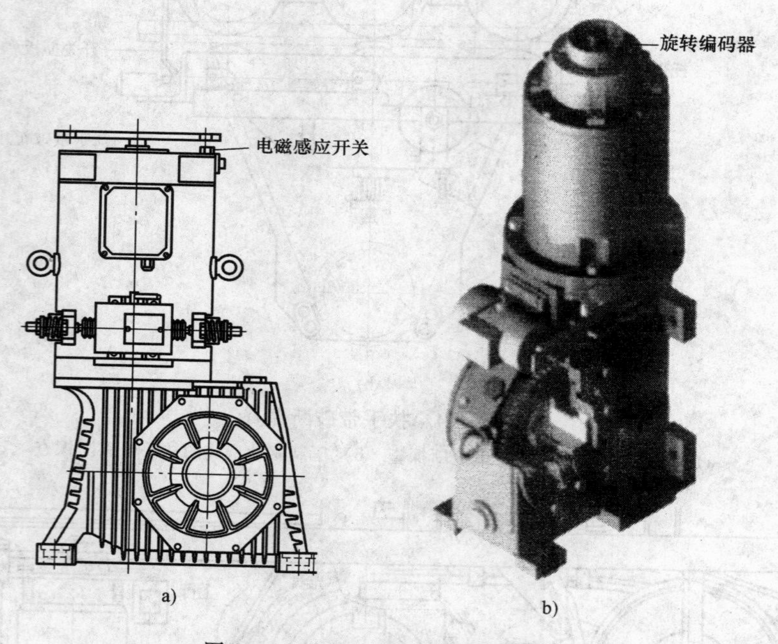

图 4-46　非操纵反转保护的构成
a）电磁感应开关型　b）旋转编码器型

比较图 4-45 和图 4-46，后者显然不具备和提供当驱动链条脱联或者破断而导致非操纵反转的保护功能，因此需要借助其他保护装置予以覆盖。

二十二、超速限止

自动扶梯（人行道）配备的速度限制装置分有机械的和电子的两种，通常称为离心式或光电式限速器，其功能是在自动扶梯（人行道）的实际速度超过额定速度 1.2 倍时立刻切断驱动主机的供电，结束该异常运转。图 4-47 所示为超速限止与低速检出的装置。

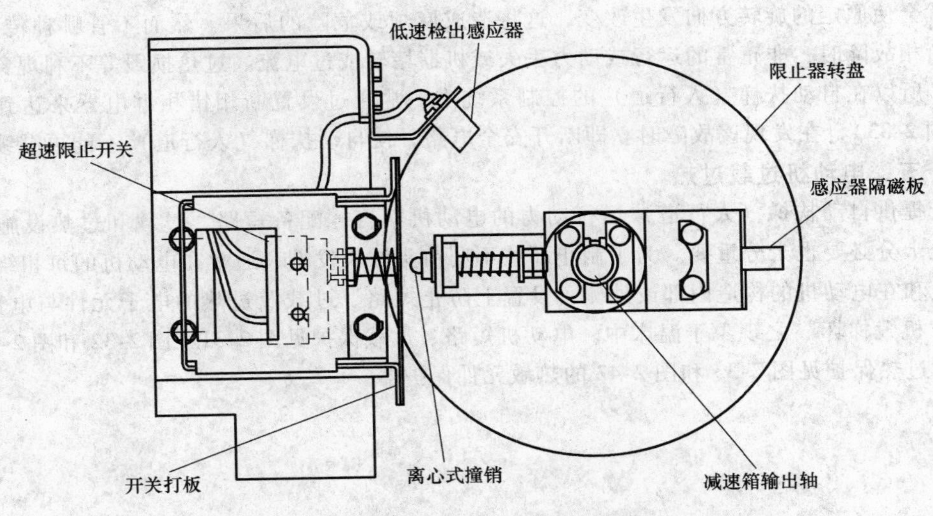

图 4-47　超速限止与低速检出装置

在图 4-47 所示的超速限止装置上还提供了低速检出感应器。为了防止非正常状况下的长期低速运转对驱动主机与调速系统的损害，在实际运行速度低于额定速度的 80% 时，亦即低速检出感应器的输出脉冲信号减少了，此时控制电路也会切断驱动主机的供电，结束该异常运转。当然，在配备了变压变频调速装置的自动扶梯（人行道）上，无乘客情形下的低速蠕行则属于正常运转现象。

二十三、主制动器闸瓦松开与闸瓦磨损

出于当制动器及其闸瓦一旦有任何不正常的状态或不均匀的磨损现象存在，都能通过监测机件予以检出反映的目的，通常在驱动主机上设置能体现主制动器的制动（闸瓦夹紧）和闸瓦实际状态的监测机件和电气开关，以取得在制动器因故不能正常打开或抱紧时可发出报警信号及经短暂延迟令自动扶梯（人行道）减速停顿的主动。图 4-48 所示为制动器监测机件和电气开关的构成。

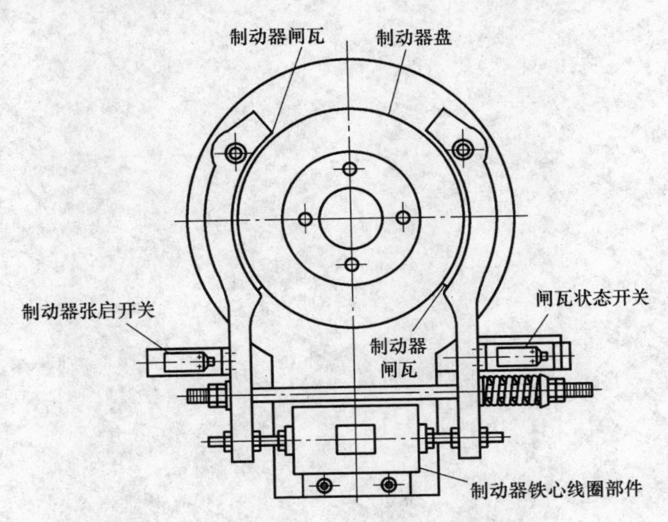

图 4-48　主制动器监测机件和电气开关

二十四、电源断相错相

电动机旋转和速度控制，除变压变频调速装置外，对其他驱动系统而言，当出现电源错相情

况时，就会使原定的旋转方向发生改变，这将造成麻烦或危险的后果。然而不管哪种传动形式，当发生断相故障时，非正常的运行或动力丢失或机器堵转或过电流、过热损毁等不利现象就会随之而来。所以在自动扶梯（人行道）的控制系统中，常通过设置断相错相继电器来达到自动检测（见图 2-33），在发现该故障时立即断开安全电路，使自动扶梯（人行道）不能再继续运动。

二十五、电动机过载过热

对于提供自动扶梯（人行道）运行动力的电动机而言，配备短路、过载和过热设施对其给予保护既十分必要也十分重要。为了制止那些不利苗头滋长发端，通常在电动机的每相绕组的供电线路上和在电动机的构造内部或外侧，设置上防止短路、过载及过热的电子元件与电器部件，以扼杀“机毁梯坏”之现象于温床中。电动机短路、过载保护见图 2-31、图 2-32 和图 2-33 的主断路器，过热保护见图 2-33 和图 2-42 的热敏元件保护器。

第五章　电梯的电控系统有哪些

伴随着新颖理论、新型材料和新奇器件的推陈出新，尤其是得益于超级电子计算机、超大规模集成电路、电力半导体器件的日新月异，促进了交流调速和电力电子逆变等技术的迅猛发展，使得电梯的控制和驱动的操纵方法跃进到了微处理机和变压变频结合应用的崭新阶段，使得电梯的电力拖动系统彻底完成了从直流调速形式向交流调速形式的转换。图 5-1 所示为电梯电控系统的组成概要。

图 5-1 虽然展现的是单台电梯的电控系统，但其反映的情况和构成的内容却是任一电梯不可或缺的。通常微处理机控制加变压变频驱动的电梯电控系统宏观上由机房接线、控制柜、曳引电动机、随行电缆、轿箱中继箱、门电动机、轿内操纵盘、井道布线和层站召唤盒等相关部件总装而成，细分下又有主控微机板、驱动触发板、并联/群控板、轿顶分控板、门机调速板、层站子控扳、速度/位置测量反馈编码器、平层传感器、终端开关、接触器和继电器等电子电气元件组合而成。

第一节　微机程序控制

电梯使用的微型电子计算机，即微处理机，简称微机，又叫微电脑，属于数字制式。其具代表性的有：一位微处理机（OMC）；可编程序控制器（PLC）；微机集散控制系统（DMC）。虽然它们占据电梯操控主体的历史只有区区三十余年，但创造出的统治效应，激励出的震撼造诣，迸发出的无穷活力，却大大地丰富了电梯的运筹智能，扩展了电梯的应变功能，提升了电梯的可靠性能，增强了电梯的耐用机能。事实雄辩地证明，采用微型数字计算机作为电梯的主控制器似乎是顺理成章的天作之合，抑或是水到渠成的珠联璧合。

操控电梯的微机系统由硬件和软件组成。图 5-2 所示为用于操控电梯的 32 位（bit）微机电路，其由微处理器、光耦多路输入触发器、三态多路输出触发器、电可擦写只读存储器、随机读写存储器和线路控制器等基本部件组成。实际上，它和构成电梯微机操控系统的所有电器附件统属于微机的硬件设备。所谓软件即事先编译存储在微机存储器（图 5-2 所示的 EEPROM）内的程序，它经译码成机器代码后，是微机惟一能够理解和执行的系列指令及数据的智慧编辑与有序集合。正是因为有了微机存储器中的程序，才使得控制电梯的硬件系统的元器件和布线急剧减少，使得操纵电梯的形式方法的组合与转换极为灵便。在本书的第二章开头，对涵括了逻辑组合与步进次序和融汇了节奏轨迹及重复循环的操控电梯运行的模型特点和过程规律，作出了详细的描述。实际上，这就是电梯操控应用程序的基本依据。但凡标准的电梯操控程序莫不与图 5-3 显现的软件流程图相去无几，而后者显然起源并依据于“等效梯形运行曲线”的特征要领。

第二节　变压变频调速

变压变频（VVVF）电梯调速的基本原理是，在驱动装置微机的全程及分段运行曲线的参与下，在速度、电流、矢量指令的控制下，以脉宽调制（PWM）方式操纵大功率逆变模块（IGBT、IPM）的导通与关断；从而改变加在定子绕组上的电流、频率和电压，进而在恒定电动机转矩的前提下改变其转速，终而使得轿厢平滑起动及舒适运行。较详细的变压变频电梯的驱动主控示意如图 2-6 所示。图 5-4 所示为变压变频驱动的微机配置，图 5-5 所示为操控变压变频调控的程序流程。值得一提，迄今为止，电梯上普遍使用的变压变频调速装置多为交-直-交电压源型变频系统。

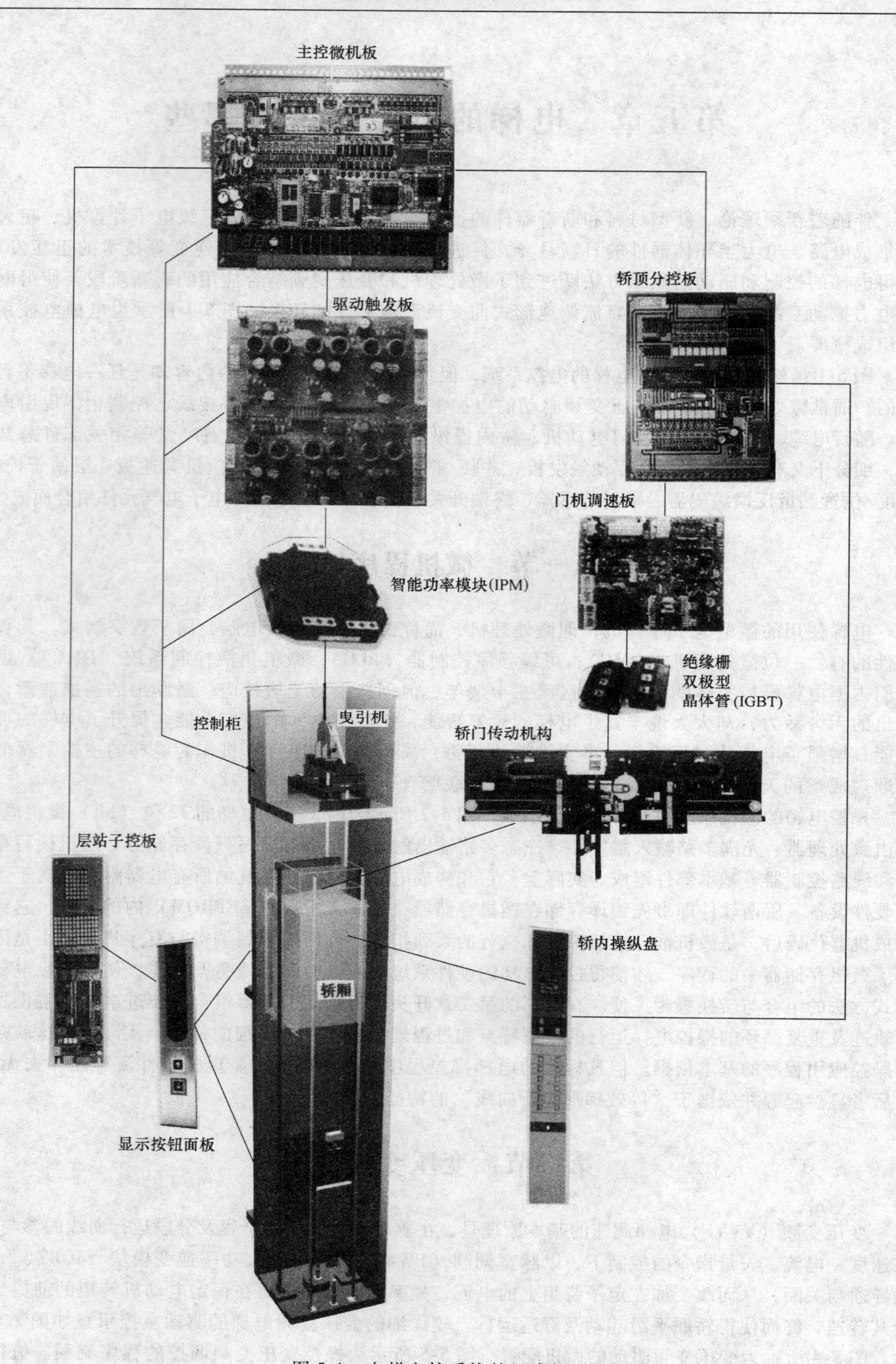

图 5-1　电梯电控系统的组成概要

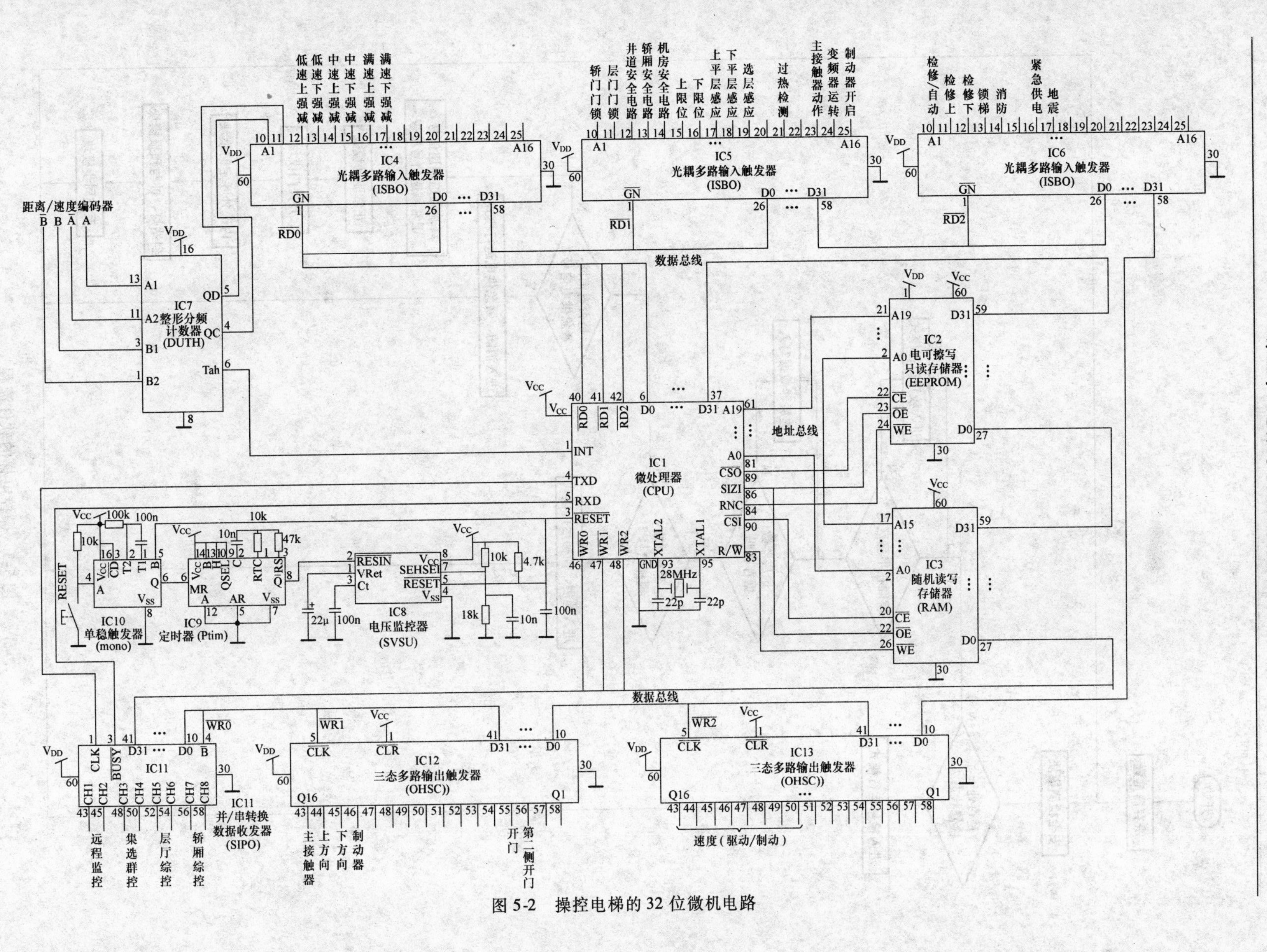

图 5-2　操控电梯的 32 位微机电路

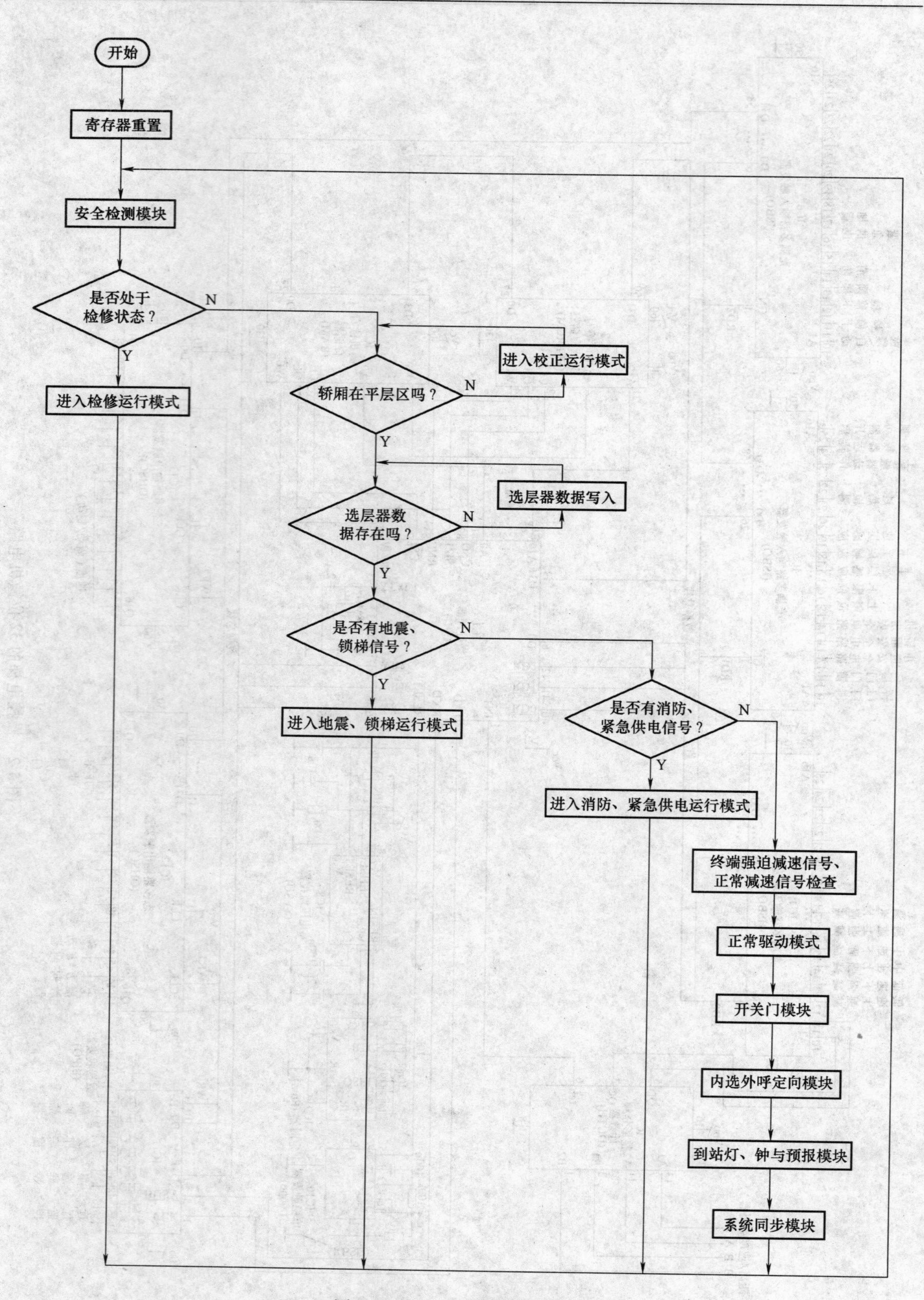

图 5-3　操控电梯的软件流程

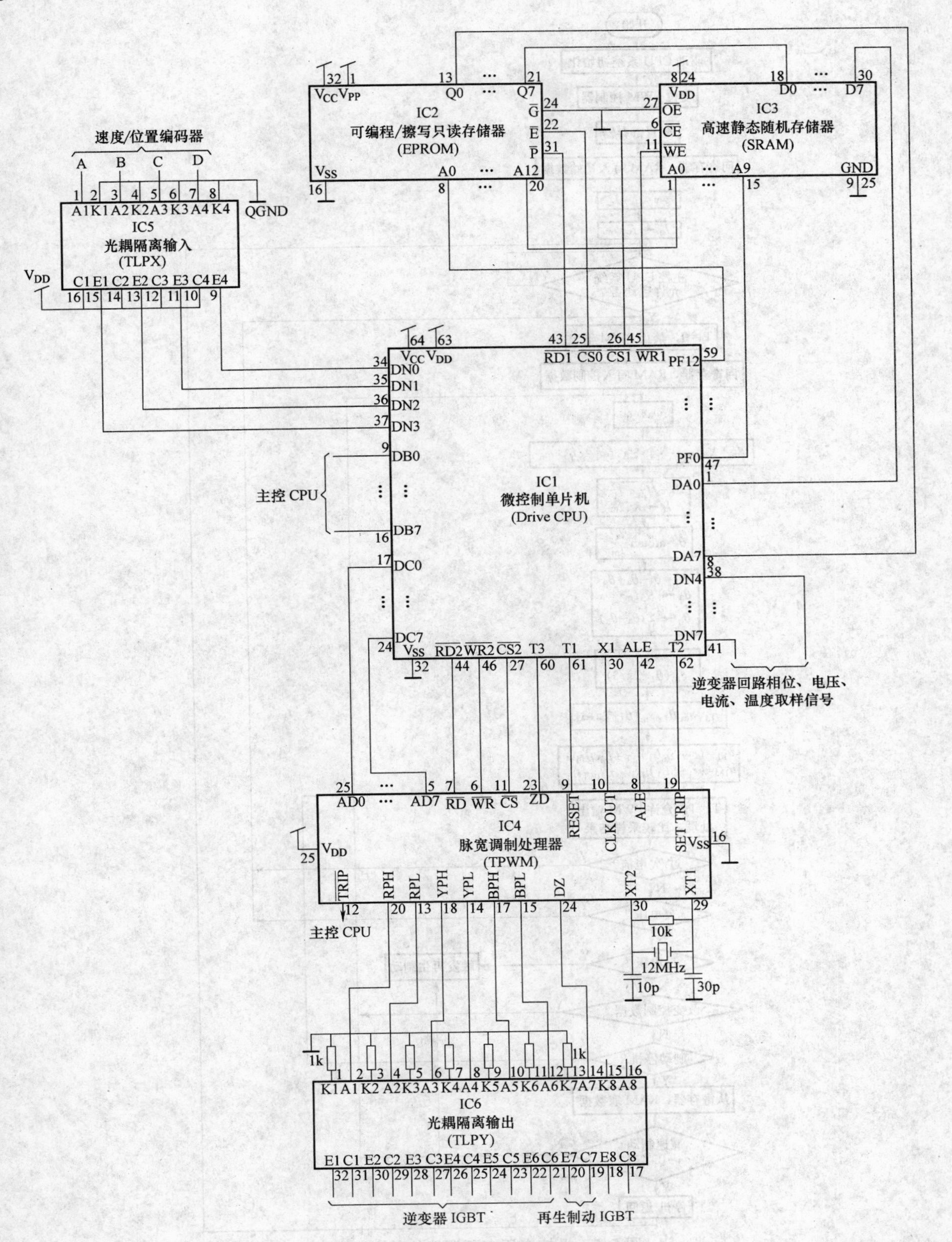

图 5-4　变压变频驱动的微机配置

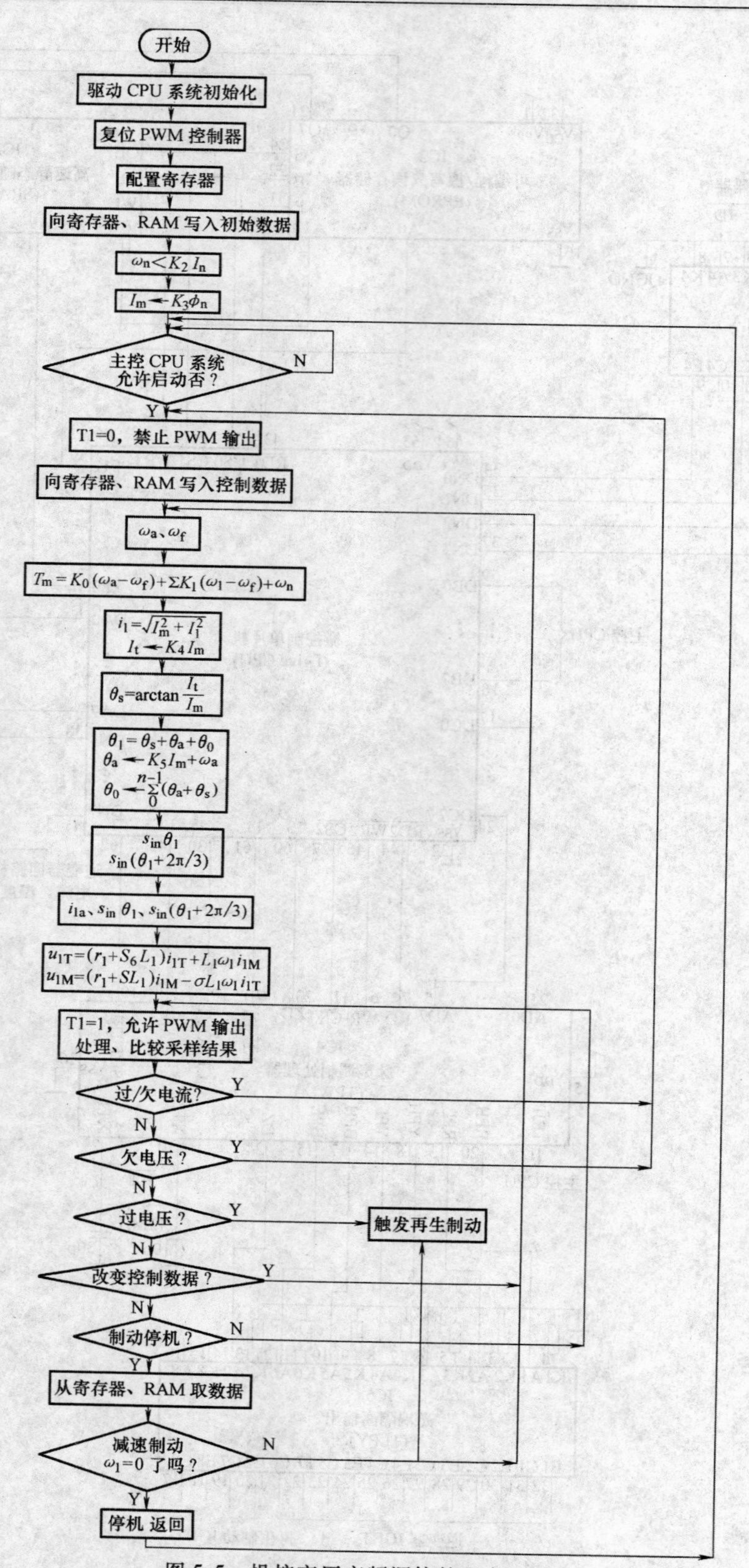

图 5-5　操控变压变频调控的程序流程

第三节 安全保护环节

电梯的安全保护环节由两大基本电路组成。一为安全电路，二是保险电路。安全电路如图2-4和图2-5所示。它由置于机房、轿厢、井道和底坑中的限速器、安全钳、层门和轿门锁、缓冲器、轿厢上行超速保护等安全部件，由断相错相、紧急停止、终端限位、安全出口、绳头松弛、

程序步	指令	信号地址	代码	简注
1091	STR	0001	IAH	取值·安全电路
1092	AND NOT	0013	INS	与非运算·检修运行
1093	AND NOT	0100	IER	与非运算·紧急运行
1094	AND	0002	IKB	与运算·制动器触点
1095	AND	0003	ISH	与运算·运行接触器
1096	AND	0203	IVZ	与运算·楼层平层信号
1097	TMR 601			触发/装数·运行计时器
	K020～060			（只能在20～60s间取值）
1099	STR TMR 601			取值·运行计数器
	SET 21			若计时完毕则软件限制器置位/自保 （此信号立即使运行和制动器接触器断电）
1100	STR	0000	IKU	取值·电源接通脉冲信号
1101	OR INS	0013		或运算·检修运行
1102	OR IER	0100		或运算·紧急运行
1103	RST 21			软件限制器自保持复位

图5-6 用汇编语言构成电动机运转时间限制保护软件

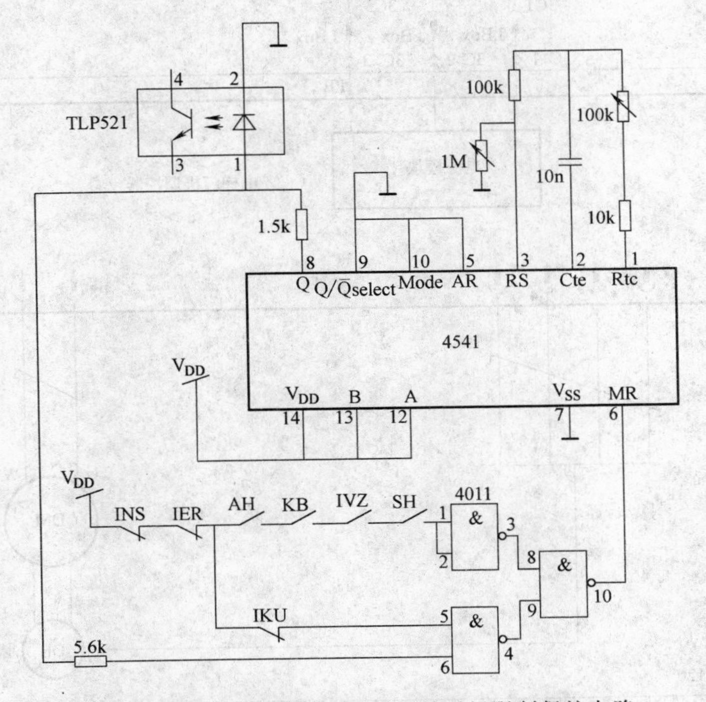

图5-7 用硬件做成的电动机运转时间限制保护电路

断绳开关等安全附件构成。保险电路就是通过相应的电气元件、电子装置和电力设备为电梯的安全运行提供超前的冗余的及限定的保障。它有梯门入口保护（见图 2-8 和图 2-9），超载禁止报警（见图 2-16 和图 2-17），端站强迫减速（见图 2-23），短路过热检测（见图 2-2、图 2-3 和图 2-24），地震迫降、火警返回与后备供电（见图 2-28），运转时间限制等防范和护卫的形式及办法。

微机操控的变压变频电梯的安全和保险电路具有硬件和软件的双重监护功能。相对而言，安全电路在出现问题时电梯只有马上紧急停止这一种选项，而保险电路在出现问题时则根据具体情况和对策允许电梯要么保持开门，要么减速停靠，要么立即制动等多种反应手段与状态。图 5-6 和图 5-7 所示为利用软件或硬件做成的曳引电动机运转时间限制保护器。

第四节　门机自动操纵

电梯轿门和层门的自动操纵虽然已采用微机控制，但提供驱动力的电动机还是有交流和直流

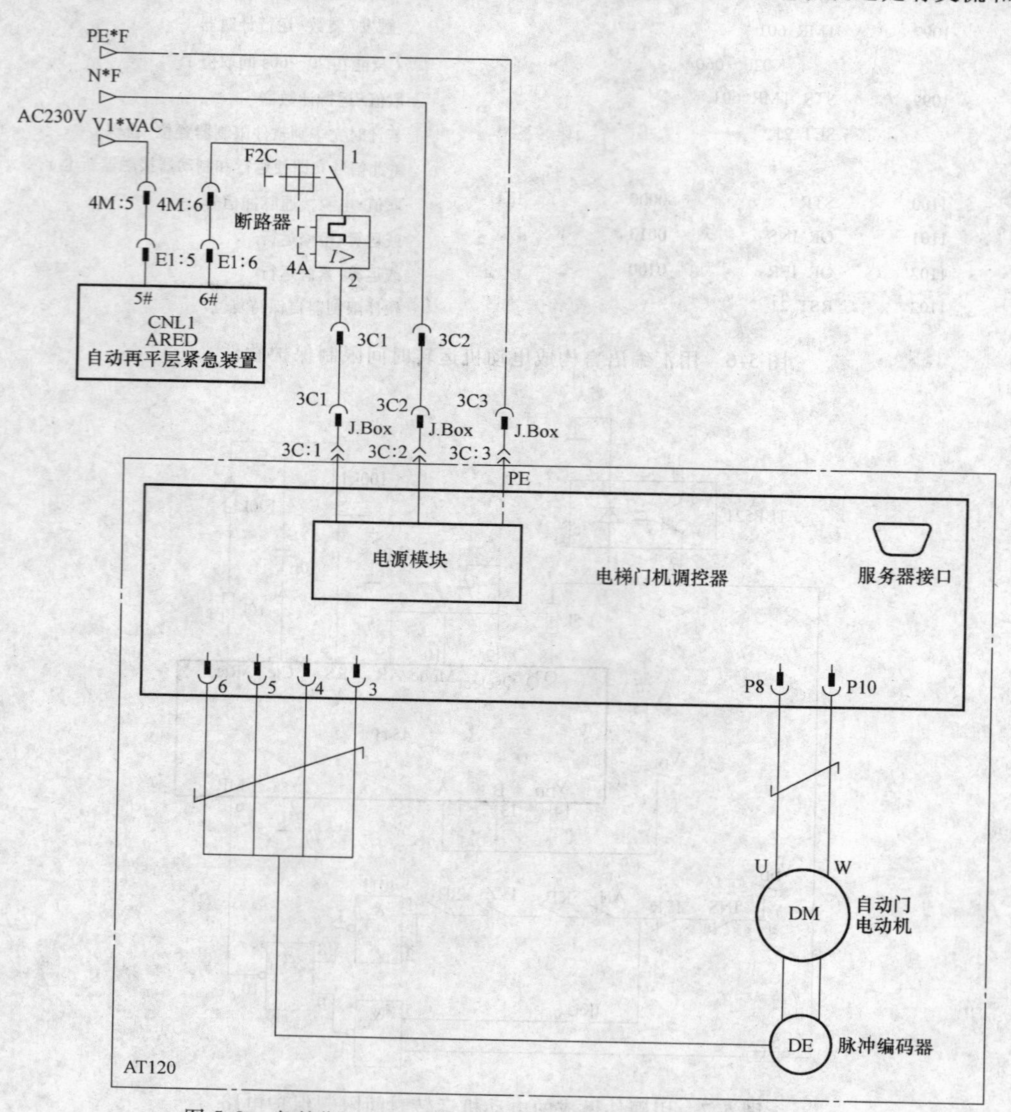

图 5-8　奥的斯 CeN2 CN-MRL 型无机房电梯直流门机电路

两种形式，只不过前者的变频环节为AC-DC-AC，而后者的变频环节是AC-DC。图2-8中的自动门电动机系感应异步电动机。图2-9中的自动门电动机属永磁同步电动机，正因为如此，它的编码器需用14根线，以能精确测控转子位置。图5-8所示为奥的斯GeN2CN-MRL型无机房电梯采用永磁无刷直流电动机做成的门机系统。图5-9所示为永磁无刷直流电动机AC-DC变频环节的电路，其工作原理是：经由单片微处理机的程序控制，通过对组成桥式功率模块触发脉冲的PWM控制，同时借助转子/测速传感器的信号形成位置与速度闭环反馈，并凭借自学习阶段编码脉冲个数的读取运算，自动生成开关门距离、速度和时间的最佳组合曲线，从而使得流经永磁无刷直流电动机定子绕组的电压即电流的大小和方向受到操纵，进而使得电动机产生足以拖动轿门及层门平稳滑行的旋转力矩。

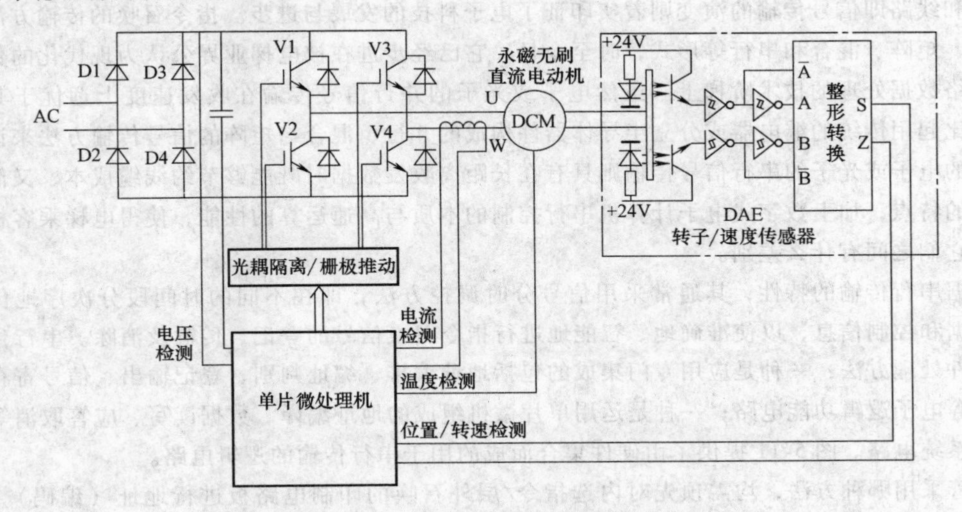

图5-9　永磁无刷直流电动机的变频环节电路

永磁无刷直流电动机的转子由稀土永磁材料制成，用以生成梯形波的气隙磁通密度即永磁磁场；其定子为整距绕组，当加入受PWM控制而变化的超越临界值的直流方波后，便产生能直接带动转子转动的旋转磁场。针对AC-DC变频环节与依据PWM控制的触发脉冲分配如图5-10所

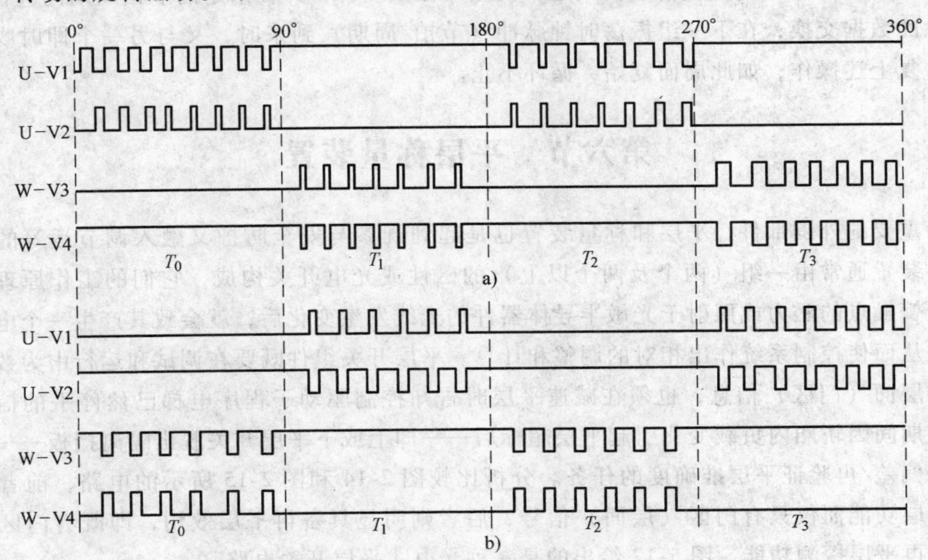

图5-10　直流变频触发脉冲的分配

a）关门时　b）开门时

示。图中 T 表示周期节拍，且采用高电平有效的控制方式。结合图 5-9 和图 5-10 分析：当关门时，调制波上半周（0°～90°、180°～270°）V1 接受调制，V2 处于互补调制（即 V1 开通时，V2 关断；V1 关断时，V2 开通），V4 恒通，V3 关断；调制波下半周（90°～180°、270°～360°），V4 接受调制，V3 处于互补调制，V1 恒通，V2 关断。当开门时，则反之。

第五节　指令召唤传输

内选指令和层外召唤无外乎由触摸按钮和登录显示组成（见图 2-10～图 2-13），但是其背后的电路和线路即信号传输的演变则着实印证了电子科技的发展与进步。指令召唤的传输方法经历了并行、矩阵、混合和串行等形式，时至今日，它已经步进在被电梯业界公认为现代化的数字式串行网络数据处理的技术阶梯上。虽然电子或光子的并行信号传输在收发速度上远优于其他形式，但比起用传统的继电器或分立半导体器件构成的并行、混合与矩阵的信号传输方法来讲，微机操控的电子或光子的串行信号传输则具有在长距离收发数据时既能够节约线缆成本、又简化安装维护的特点，加上数字式电子计算机串行控制的本质与高速运算的性能，使得电梯乘客根本觉察不到它们之间有什么差别。

根据串行传输的特性，其通常采用信号分时调控方法，即在不同的时间段分次序地传输地址、数据和控制信息，以使准确地、智能地进行指令召唤信号的登记、传输及消除。串行传输有两种硬件处理方法：一种是应用专门集成的包括地址编排、编址判别、登记输出、信号寄存、消号输入等电子逻辑功能电路；一种是运用单片微机组成的地址编译、数据读写、应答取消等计算机网络系统电路。图 5-11 提供了由硬件集合而成的用于串行传输的逻辑电路。

不管采用哪种方法，均需预先对内选指令/层外召唤的印制电路板进行地址（编码）设定，为与控制微机系统匹配，其多数借助于编址开关（DIP SW）实现。如 8 位编址开关可与 256 个指令/召唤终端进行通信，即最多可服务于 86 个楼层。串行信号传输处理的基本原理是：主微机总线控制器根据振荡时钟节拍依次递增/递减地将编址信息向指令或召唤终端发送，当惟一的与该编址信息相同的指令或召唤终端被判定，就立即互锁应答，并在给定的节拍周期内进行信号登记或消除的数据交换；在下一组振荡时钟脉冲（节拍/周期）到来时，又与另一个即时吻合的信号终端重复上述操作；如此周而复始，循环不止。

第六节　平层称量装置

作为重要的外围部件，平层和称量装置也是起到既参与安全防护又融入调节运筹的关键作用。平层装置通常由一组（两个及两个以上）的磁性或光电开关构成，它们的工作原理是，当施加于干簧触点的磁力或照射于光敏半导体器件的光线发生变化后，就会致其产生一个电平或脉冲信号，从而使控制系统作出相对的调整和计算。平层开关组件既要在调试和运行中为数字化选层器提供层面（门区）信息，也须在减速平层时告知控制驱动子程序电梯已然停平的信号，又可在静止期间因轿厢内负载变化引起平层超标后——即上或下平层开关脱出隔离挡板——担当再检查平层偏差/再验证平层准确度的任务。分析比较图 2-14 和图 2-15 所示的电路，前者显然未配置再平层功能而仅只有门区（层面）信号，后者则明显具备再平层效用，即既有门区检寻功能，又有再平层探测功能。图 5-12 给出的是一种光电式平层开关电路。

称重装置（电路见图 2-16 和图 2-17）的安设地点依照测量手段及部件的不同，有装在活络

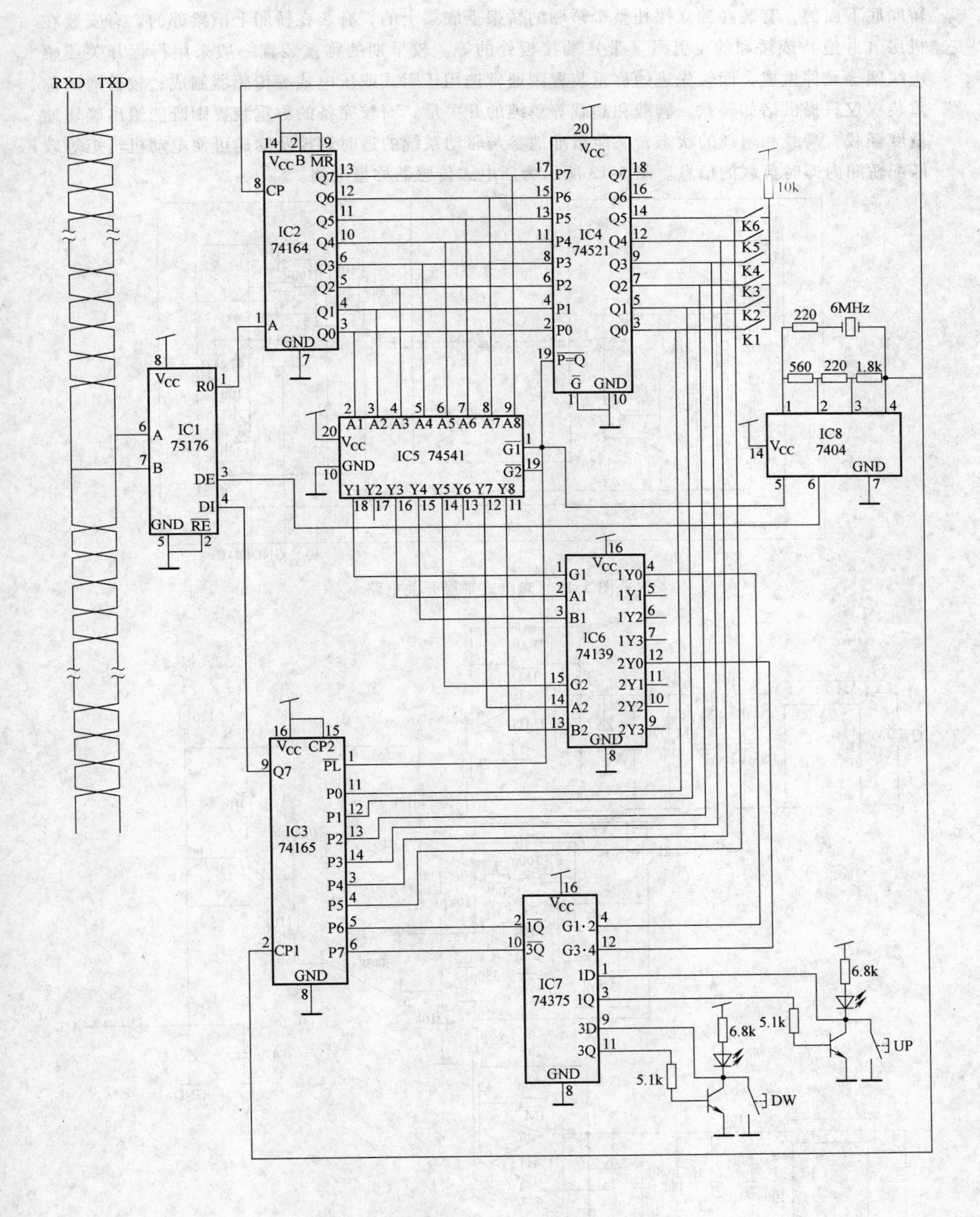

图 5-11　层外召唤信号串行传输逻辑电路

轿厢底下面的，有装在独立撑托整个轿厢的轿架下底梁上的，有装在轿厢上横梁部的，有安装在机房（井道）或轿厢的曳引绳（带）端接板处的等。较早期的称重装置一般采用行程开关或感应线圈等元件做成，而较先进的称重装置则通常选用压阻式或压电式等传感器制成；较普通的称重装置仅只提供诸如轻载、满载和超载等单纯的开关量，而较完备的称重装置则既能给出确切地量度轻载、满载和超载的状态，又能精准地参与驱动系统的适时调控及输送可使电动机转矩等效匹配轿厢内即时负载的信息。图 5-13 所示为压电式传感器称量电路。

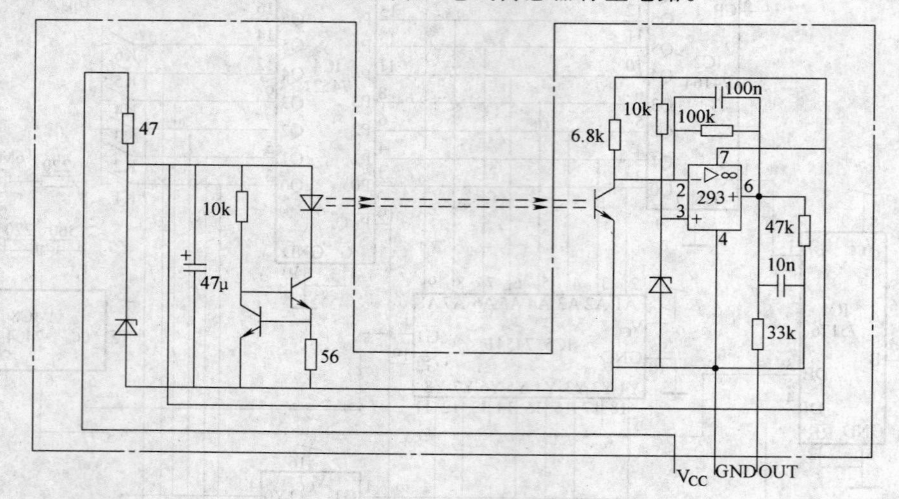

图 5-12　光电式平层开关电路

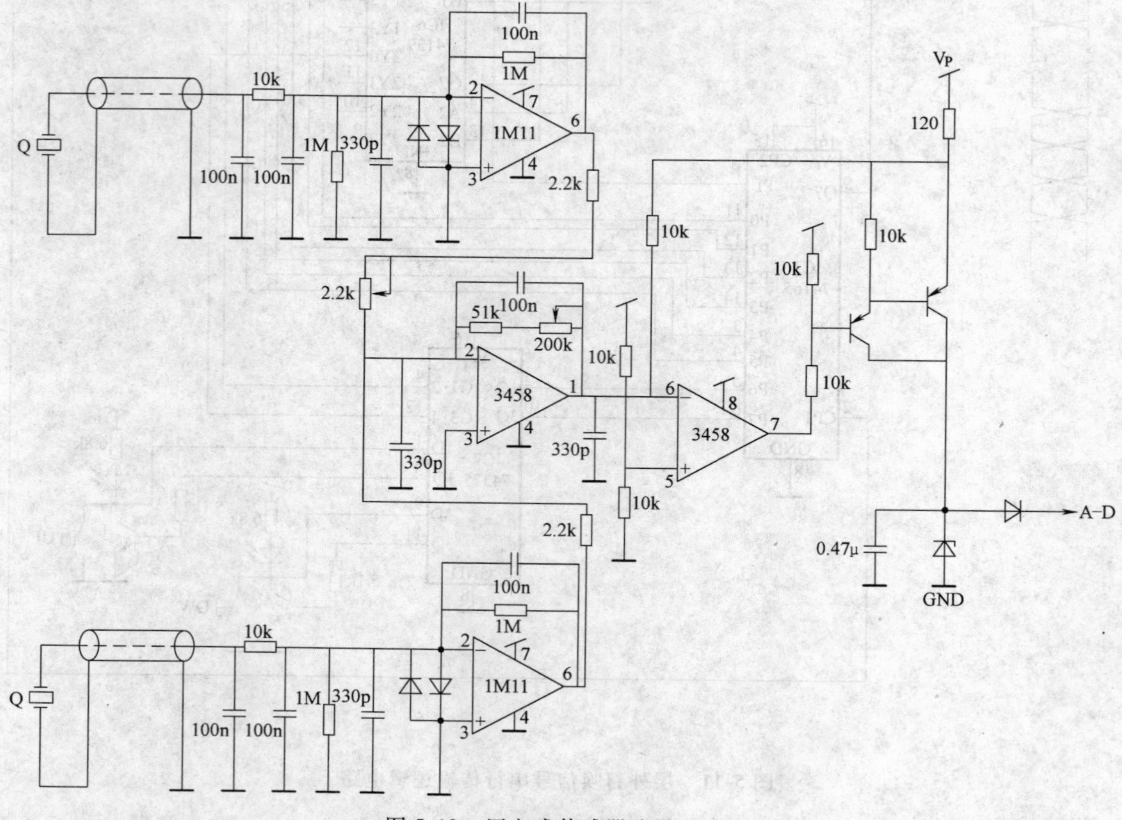

图 5-13　压电式传感器称量电路

第七节　并联群控实施

虽经人类殚精竭虑与改良创新，但电梯的控制方式也唯有手柄开关操控、按钮优先控制、信号司机控制、下集选控制、集选控制、并联控制和群控这七种。毫无疑问的是，前三种控制方式都已经成为历史记忆，值得庆幸的是后四种控制方式早在20世纪初期即已步入电梯的自动控制阶段，扼腕感叹的是近一百年来，未曾发觉有更新奇的控制方式脱颖而出。实际上，下集选控制和集选控制仅局限于单台电梯范围，并联控制尚可同时调配2~3台电梯，而群控则能成组地操纵4到8台电梯。实质上，集选、并联控制和群控的终极目标是高效及时与节能合理地自动指派最适宜的电梯去应答已登入的层站呼梯信号。图2-18~图2-21呈现的只是各梯并联和群控的连接电路，然而不难看出其中特点，即受益于串行通信技术的应用，它们之间可以用最少的导线而传送大量的数据信息。实施上，并联控制和群控也经历了继电器-接触器操控，半导体逻辑操控和微机操控。也只是在进入到被微机操控的阶段，电梯的群控才真正达到数字化、智能化、动态化和网络化。图5-14所示为用C语言设计的判断群控上行（又叫上班）高峰服务成立介入的程序。

```
#define IRZS/＊第一向上满载＊/
STEPA(int RVSA,R1WA,4RTLA)/＊定义A梯上行、基站、满载变量信号＊/
   { int STEPA;
        STEPA = RVSA&&R1WA&&4RTLA;
   }
STEPB(int RVSB、R1WB、4RTLB)/＊定义B梯上行、基站、满载变量信号＊/
   { int STEPB;
        STEPB = RVSB&&R1WB&&4RTLB;
   }
STEPC(int RVSC,R1WC,4RTLC)/＊定义C梯上行、基站、满载变量信号＊/
   { int STEPC;
        STEPC = RVSC&&R1WC&&4RTLC;
   }
STEPD(int RVSD,R1WD,4RTLD)/＊定义D梯上行、基站、满载变量信号＊/
   { int STEPD;
        STEPD = RVSD&&R1WD&&4RTLD;
   }
TEP5(int 4RZS)/＊定义向上满载辅助变量信号＊/
   {int TEP5;
        TEP5 = (STEPA || STEPB || STEPC || STEPD)&&4RAS;
   }
IRZS(int 1RZS,3RZS)/＊定义第一向上满载、向上非满载变量信号＊/
   {int IRZS;
        IRZS = 3RZS&&IRZS || TEP5;
     Printf("%d",IRZS);/＊输出IRZS＊/
   }
```

图5-14　四台电梯群控上行高峰鉴别程序

```
#define 4RZS/ * 向上满载辅助 * /
  {
     int IRZS,4RZS = 0;
     IRZS = 1;
     While(IRZS < = 2e7)
     {4RZS + = IRZS;
     IRZS + +;
     }
     printf("% d",4RZS);/ * 输出 4RZS * /
  }
#define 2RZS/ * 第二向上满载 * /
  {int 2RZS;/ * 定义第二向上满载变量信号 * /
  2RZS = TEP5! &&4RZS!;
  printf("% d",2RZS);/ * 输出 2RZS * /
  }
#define RST/ * 上行客流顶峰 * /
  {int RZZ,time,RST;/ * 定义自动选择、计时给定、上行客流顶峰变量信号 * /
  RST = RZZ&&2RZS&&IRZS || time;
  Printf("% d",RST);/ * 输出 RST * /
  }
```

图 5-14　四台电梯群控上行高峰鉴别程序（续）

上行客流高峰的特征是：通过连续地监测交通状态（观察基站登梯率、轿厢起动时的负载、登记的外呼、给定时间等），上行客流高峰程序被自动地接入和断开。在接入状态下，各轿厢自动地返回基站，开着门停在那里，准备下次运行。各轿厢在基站的门开启时间则用登梯率、轿厢负载和平均间隔来控制。当分层站同时出现上行客流高峰的特殊情形时，为了提高输送能力，则相应细分成几个区域或设置多个候梯基站（例如在有停车场的情况下）。针对非基站外呼信号，即依据多数轿厢上行、少数轿厢下行和先基站、后层站法则，并采用诸如服务成本计算、智能神经网络优选等手段，使其在候梯承受心理值内得到服务。

第八节　附属功能配备

附属功能电路在图 2-22 ~ 图 2-28 中都有涉及，在此着重论述电梯的远程报警和无机房电梯的特殊配置。

电梯的远程亦即紧急报警系统，是为受困于轿厢内的乘客以及不幸陷于井道中的工作人员向外求援而设置的。当电梯行程大于 30m，或在机房和井道之间、在轿厢内与紧急操作地点之间不可能进行直接对话的状况下，就必须在上述各点设置能向外求援且易于识别和触及的报警装置。该装置通常包含两部分：警铃设施和对讲系统，并由可自动再充电的紧急照明电源或等效电源为其供应至少正常工作 1h 的电能容量。报警开关按钮应用黄色及铃形符号加以标识，在启动此系统之后，被困人员即不必再做其他操作，也就是说，倘若报警开关按钮被撤动，警铃的鸣响与对讲的通知是同时发生着的。用于接受轿厢、井道和紧急操作地点发出呼救信号的具备接受及报警功能的铃钟或装置，应清楚地标明“电梯报警”字样，如果是多台电梯应能辨别出正在发出呼救信号的轿厢、井道和紧急操作地点。报警装置布设处与求援服务之间的实际通话必须是双向对讲系统，并且应保证整个联系过程的持续有效。

过往的对讲装置多为模拟信号（如电话式的频移键控/双音多频）（FSK/DTMF）、（音频调制解调）系统，其有传输中易受外界干扰，不增加布线就无法区分呼叫是来自轿厢抑或其他地点，特别是 N 处同时通话的信号质量较差等缺陷；如今随着数字通信（如 RS-458、CAN-BUS）技术的飞速发展和日益成熟，电梯的远程紧急报警装置亦从模拟通信转向数字通信。图 5-15 所示为利用微机操控的串行传输数字式报警与通信系统架构。

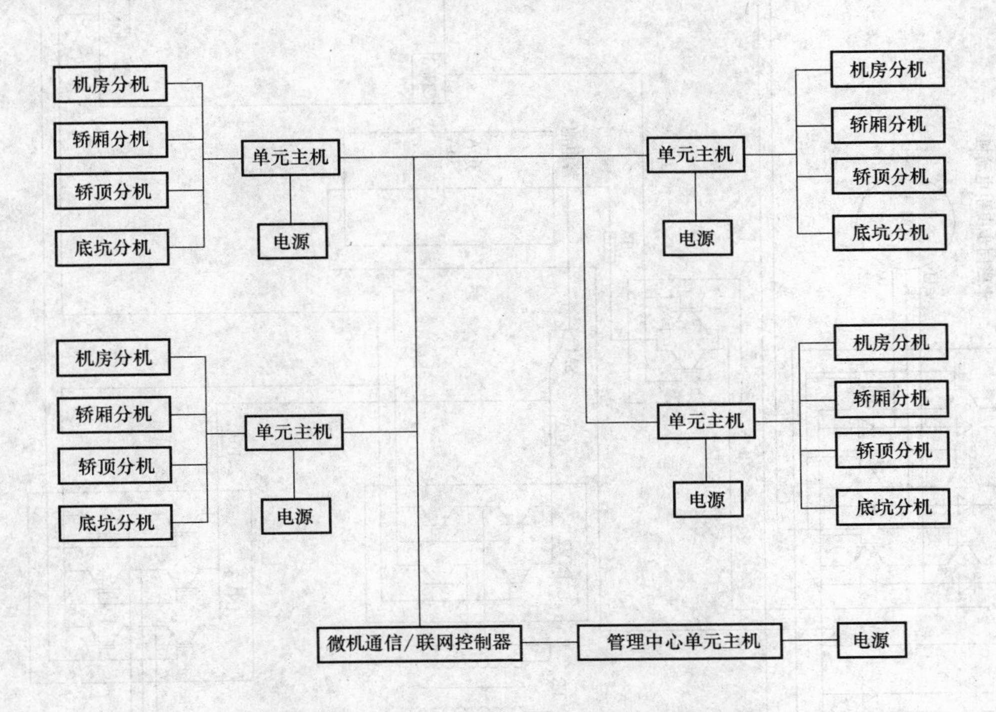

图 5-15　微机操控串行传输数字式报警与通信系统架构

无机房电梯除省去了机房建筑和用尽了井道空间外，基本秉承了传统的有机房电梯的曳引型式，但因其与生俱来的另类性，故为满足及符合安全规范，在结构和功能设计方面又与有机房电梯存在差异。而正是这些差异，造就了无机房电梯与众不同的特殊配置。其中比较突出的有曳引机制动器远程闸瓦松开、限速器远程操作及复位、安全钳的短距移动重置、蓄电池供电救援疏散、轿顶/井道维修平台等。这其中尤为重要的是非蓄电池供电救援疏散 + 曳引机制动器远程闸瓦松开组合莫属。它具备手动和自动两项功能，其工作原理是：将平时当曳引电动机处于再生发电制动状态下产生的电能部分储存于蓄电池内。一旦发生平衡载荷下困人、轻载冲顶、重载蹾底的极端故障后，在相应的安全措施到位和手动操作的前提下，低频逆变蓄电池放电电压向曳引机制动器和曳引电动机供电，进而移动轿厢找准门区救出被困人员。如果经主控制系统判定电梯发生非安全部件和安全电路引起的困人故障，则在相应的安全保护环节均到位和自动操作的条件下，低频逆变蓄电池放电电压向曳引机制动器、曳引电动机、门电动机、门区传感器供电，终而移动轿厢自动平层疏散被困人员。图 5-16 所示为蓄电池供电疏散救援电路。

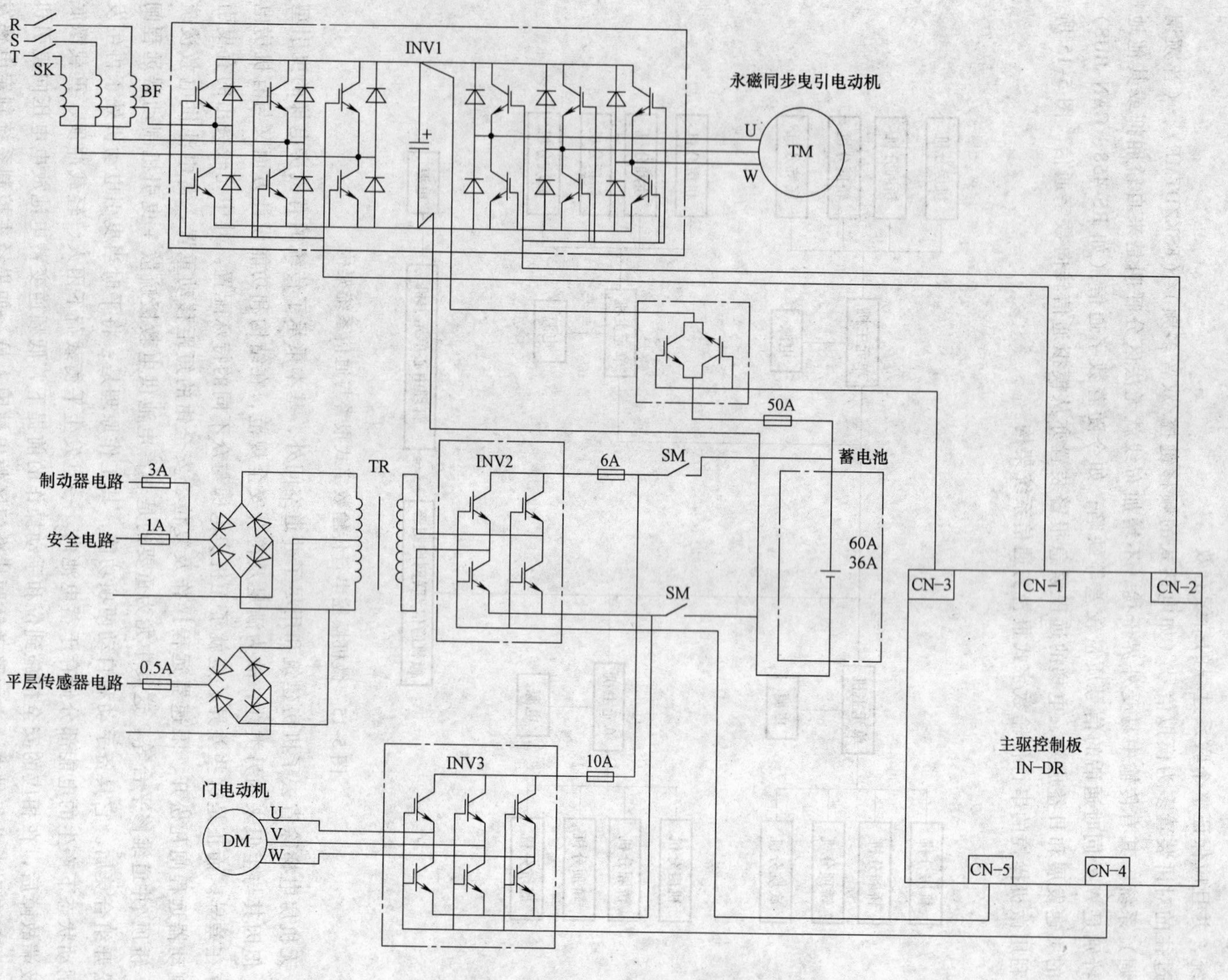

图 5-16　无机房电梯蓄电池疏散救援电路

第六章　自动扶梯的电控系统有哪些

从复杂性和整体性着眼，相对来讲自动扶梯的电控系统要比电梯稍显简练，但从特有性和独到性考量，绝对而言自动扶梯的电控系统又不比电梯逊色多少。与电梯控制方式的进展相似，自动扶梯电控系统的主操纵部件相继有继电器-接触器、PLC、微机三个序列。不管采用哪种主操纵部件，自动扶梯的电控系统基本由驱动调节、安全电路、运行检测、状态显示、润滑配备和检修操作等环节组成。

第一节　驱动电动机调节方式

自动扶梯的驱动调节，归根结底是对电动机转动过程亦即对自动扶梯的起动运行与制动停止各阶段进行操控。它们有Y-△转换变速（见图2-33）或串联电阻变极对数换速或变压变频调速（见图2-34和图2-35）起动运行等办法，有断电自由减速或换极发电减速或变压变频匀减速制动停止等手段。总之，不管使用哪种手段和办法对驱动电动机进行调节，为了抑制和减轻自动扶梯在起动和制动阶段带给乘客的晃荡与振动，以及兼顾效率，都必须确保梯级（踏板）和扶手带在该区间的加/减速度均符合并介于下述值域：

额定速度	加/减速度
0.5m/s	0.25～1.25m/s^2
0.65m/s	0.33～1.41m/s^2
0.75m/s	0.38～1.63m/s^2

图6-1所示为变速阶段运用变频器、稳速运行阶段旁路变频器的曳引调节电路。其最大的特点是具备变频工频冗余配置，在全变频调制、旁路变频器调节、Y-△调控等方式选择参与下，省却了制动电阻及其附属电路，节余了稳速段变频单元的耗电，减少了因仅有一种操控案略的故障而导致停梯的概率。它的工作原理是当自动扶梯处于自动待机和加减速情形下时采用全变频调制（KF↑，KP↓，KB或KT↑，KS↑），在稳速过程中运用旁路变频器调节（KF↓，KP↑，KB或KT保持↑，KS↓，KD↑），若置之手动启动或检修操作状态下则应用Y-△调控。

第二节　安全电路的组成特点

通常，自动扶梯的安全电路（见图2-37和图2-38）由一连串的触点和触头组成，其编排的特点是上部的触点和触头自成一体，下部的触点和触头自成一系，中间的触点和触点自成一脉，然后根据设计习惯、工艺偏好、制作传统予以串联综合。自从微机（或PLC）成为自动扶梯的电气主控部件后，使得自动扶梯的综合性能有了质的跨越，亦使得自动扶梯发生故障的几率显著降低，尤其是智能化的自我诊断和远程监测功能的应用，更使得自动扶梯因故障停驶的时间大为压缩。譬如针对安全电路的意外中断而言，继电器-接触器控制系统因先天的不足，只能借用逐步逐段测量查找的办法，即使采取PLC控制系统也可方便的选用把相应节点并行接到输入端口且检出示意的办法，当然优异的微机控制系统反馈及解决此问题的办法就更灵活多样些，在智能化的自我诊断和远程监测功能的辅助下，寻获那中断点的告知时间必会短瞬。图6-2所示为利用

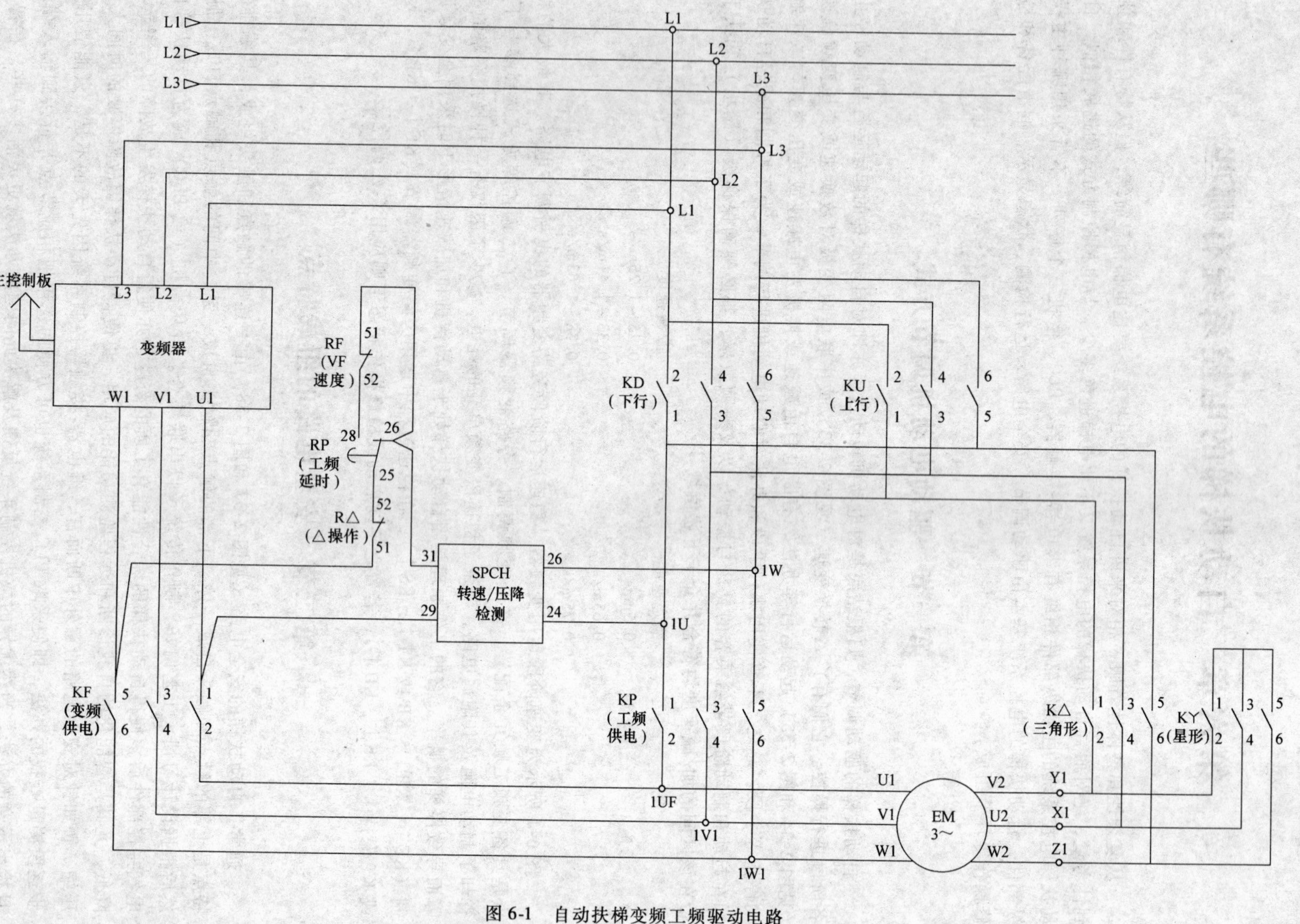

图6-1　自动扶梯变频工频驱动电路

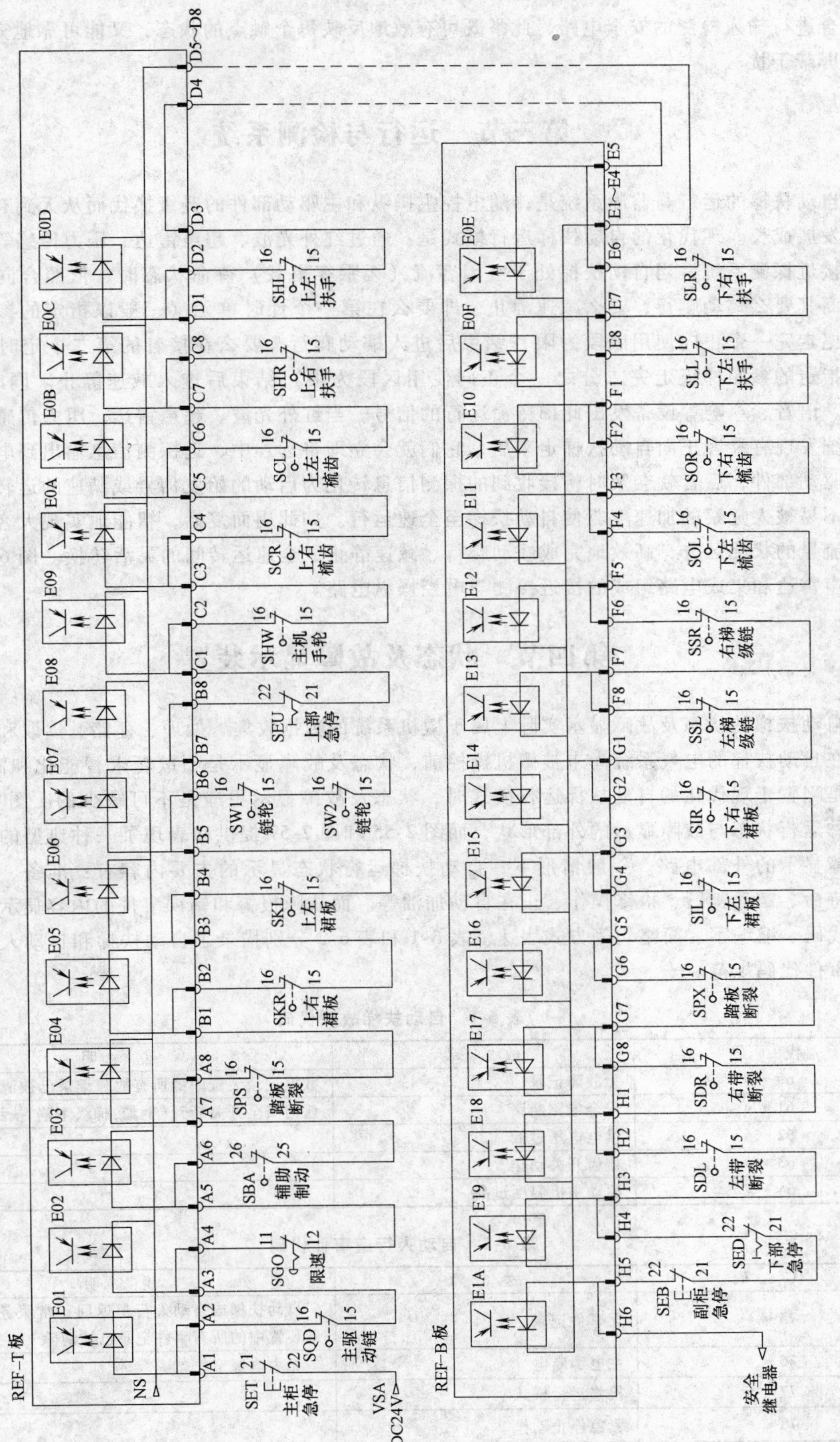

图 6-2　安全电路的双重检测

光耦合进行输入检测的安全电路，此举既可有效地反映每个触点的状态，又能可靠地完成隔离任务及屏蔽干扰。

第三节　运行与检测系统

自动扶梯的运行与监测系统是伴随电控主操纵和主驱动部件的升级换代而从无到有、由简至全的发展成长。现代化的自动扶梯运行模式是：通过红外光波、超声雷达、压力传感等物理装置组成接近探测系统，当自动扶梯处于空闲客流（无乘客搭载）待命状态时，依照合同约定或现场协商其要么蠕动爬行，要么减速静止，即要么在第一个计时单元（一般以指定的参照梯级从头到尾走完一个正向使用区段为限）结束后进入蠕动爬行，要么在接着的第二个定时周期（通常以指定的参照梯级走完二分之一个正向使用区段为限）结束后进入减速静止。同时以闪烁、显示、语音、声响等设备发出此梯待命运行的信号。当红外光波、超声雷达、压力传感等接近探测系统发现有乘客正向自动扶梯走来后，它们就会立即将远、中、近探测信息输出到电控主操纵和主驱动部件，后者就会及时将接收到的探测信息转化为启动的始发信号或满速的运转信号，从而以不易被人觉察的加速度驱使自动扶梯至全速运行。如此周而复始，智能地实现大客流量和空闲客流量的状况区分，高效地完成蠕动爬行、减速静止、全速运转间的灵活转换。图 6-3 所示为由超声雷达和集成电路组成的接近探测与电控操纵电路。

第四节　状态及故障显示装置

自动扶梯的状态及故障显示实际上属于微机系统的数据收集、处理、存储、读取和输出的范畴。在自动扶梯的电气系统尚未被微机操控前，状态及故障显示是不敢奢求智能化和高精度的。特别是当置于现代化的自动扶梯运行模式时，状态及故障显示更应是不可缺少的。图 4-26 所示为一种运行状态与故障显示的外部形状，而图 2-55 和图 2-57 提供和表现了一种典型的运行状态与故障显示的外部电路。一般情形下，自动扶梯运行状态显示的主要内容有：准备、起动、运转、待命、蠕动爬行、检修操作、正在自动加油等。而故障报警和错误事件的内容显示则通常借助于代码、缩编字、简略句等方式表达。表 6-1 和表 6-2 分别描录了自动扶梯和自动人行道的故障与事件代码规范。

表 6-1　自动扶梯故障代码

代　码	故　障	说　明
60 * *	无故障记录	数据记录装置中的所有故障记录已被清除
61 * *	安全电路断路	任何安全开关断开（例如：梯级下陷、扶手带断裂）
62 * *	供电电压过低	
63 * *	梳齿开关动作	
64 * *	驱动主机温度过高	

表 6-2　自动人行道事件代码

代　码	故　障	说　明
75 * *	无事件记录	自动扶梯或自动人行道返回正常服务或数据记录装置中的所有事件记录已被清除
76 * *	主电源断电	无主电源
77 * *	检修运行模式	
78 * *	紧急停止动作	

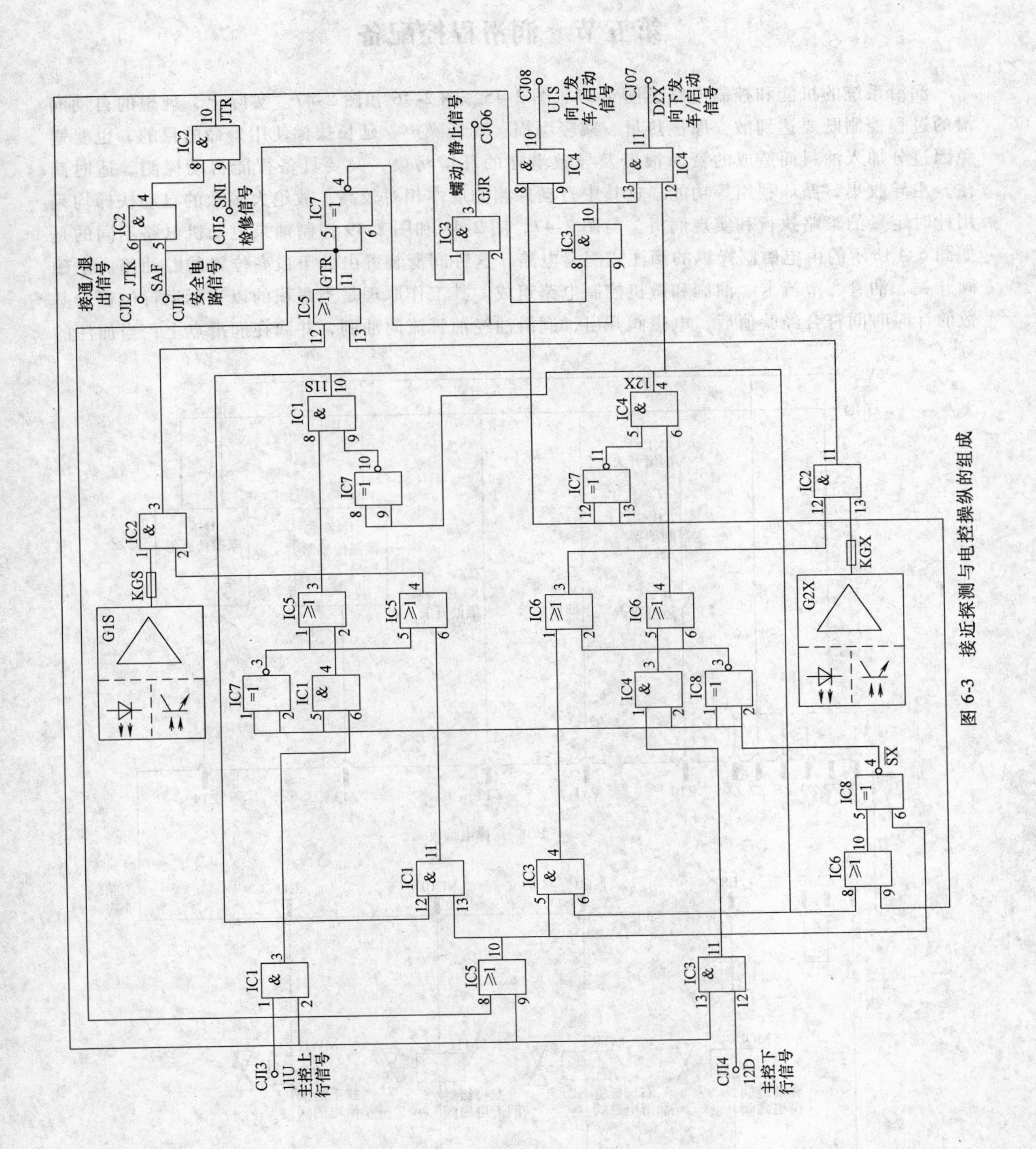

图 6-3　接近探测与电控操纵的组成

无论如何，自动扶梯的状态及故障的记录收集应包含时间和日期，并应至少保存最近的十条记录内容，且应提供备份使记录数据能保持八个小时。

第五节　润滑程控配备

润滑系统的机能和控制电路见图 4-21、图 2-45、图 2-46 和图 2-47。实际上，理想的自动润滑的过程控制既要达到散去摩擦热量、减轻磨损、降低噪声、延长扶梯使用寿命的目的，也要避免因过分加入油料而造成的资源浪费及导致潜在的环境污染，又要具备智能自动探测、适时滴注、主导收集、循环利用等功能。这其中自动探测的成本相对较高，故绝大多数的自动扶梯均采用计时定量的策略执行和实现润滑。与图 2-47、图 2-48 和图 2-49 控制油泵电动机电路不同的是如图 6-4 所示的由电磁阀操纵的滴注式润滑电路，这种润滑装置由处于最高位置的贮油箱、电磁阀开关、油管、节流卡、油刷和微机控制电路组成。其工作原理是当累积的以实际运行过程为基数的计时时间符合经验值后，电磁阀开启，润滑油经油管流向油刷，并滴在润滑点上；当加注的

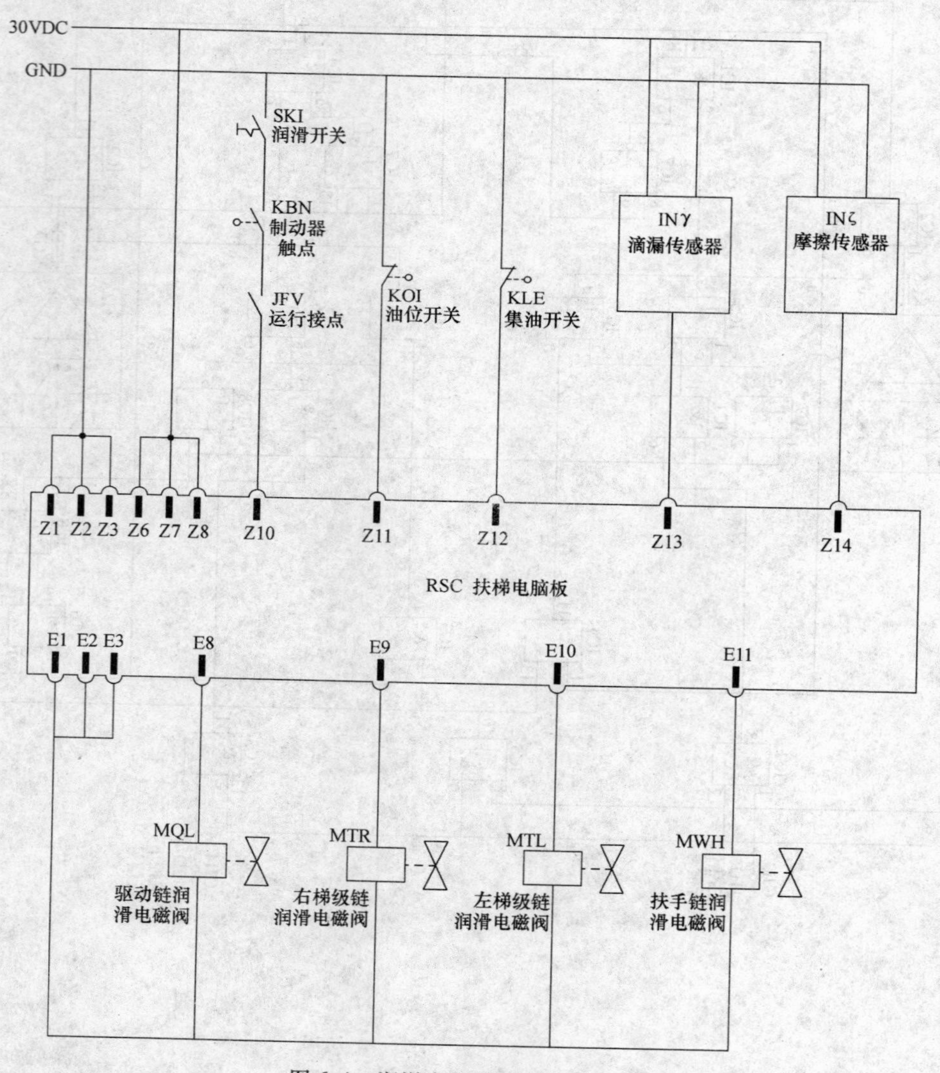

图 6-4　润滑电磁阀控制电路

计时时间达到测算值或贮油箱油位过低（油位开关动作）时，电磁阀关闭，润滑装置不工作；如此循环不已，周而复始。

第六节　检修操作设施

对完善的电力驱动、传动、拖动的装置、设备和系统而言，检修操作功能、措施和配备是必然存在的，否则其将是缺欠、麻烦和不安全的。自动扶梯检修操作的首要条件是安全性，虽然图2-50、图2-51和图2-52分别提示了继电器-接触器、PLC、微机三种控制系统下的检修操作电路，但细致分析不难看出成熟可靠的检修操作有其共通性，即转接插头插座和检修上下按钮间的互制对锁；即一旦拔下转接插头，自动扶梯的自动运行和检修运行都不能进行；检修时若已按下一个运行方向的按钮，则另一方向运行的按钮将不起作用。因此互制对锁的办法是确保自动扶梯安全地进行检修操作的关键前提。

除了上述的组成自动扶梯电控系统的环节外，电源供给（见图2-31和图2-32）、照明报警（见图2-53、图2-54和图2-55）等环节也是不可缺少的重要部分。鉴于其较易理解和掌握，故不再赘述。

第七章　怎样进行电梯和自动扶梯的安装调整

事实证明，电梯和自动扶梯的准确安装及精细调整，对保证运行质量、延长使用寿命，起着“后来居上”的功效与发挥着“大器晚成”的作用。与此同时，针对被解体、拆细、零散、分门别类运到现场后再装配成的电梯和自动扶梯等产品而言，安装工序、调整方法、检验规程的选择、确立、执行和完成是确保达到上述目标的关键环节。否则，即使坐拥先进的技术，优秀的设计，良好的制造，也会因这一环节的欠缺与失误，而“积重难返”和“悔之晚矣”。现如今，电梯的无脚手架安装工艺与工序、自动扶梯整体安装工艺与工序已日臻完善及成熟，因此一旦弄懂、掌握并融会贯通这项知识和技术，就可陡增“无所不能”的本领和平添“大有作为”的实力。工序即过程，工艺即方法，是安全操作的总结，是质量效益的汇合，血和泪的经验教训告诫我们：遵顺工序与工艺法则即会连获安全和质量，违逆工序与工艺法则就将罹生隐患和问题。

第一节　无机房电梯无脚手架安装和调整的工艺及工序

一、利用卷扬机进行无机房电梯无脚手架安装和调整的工艺及工序方法

适合于混凝土井道及曳引机固定在导轨上（见图 0-2）的安装方法。

1. 开工前的准备

进行无机房电梯的无脚手架安装和调试的作业人员必须具有电梯安装培训合格的资质，接着需要经过此项安装工艺的专门培训，对该施工过程、技艺、操作和特点了解掌握后，方可正式上岗操作。

备齐和复印范围覆盖所安装电梯全部参数的安装许可证、施工方案、安装告知书和施工现场作业人员持有的特种设备作业人员证。

了解所装电梯的型号、规格、参数、用途和性能，熟悉随机文件、安装图纸和土建图纸，清楚轿厢尺寸、开门宽窄、层门高矮与按钮显示盒箱孔洞大小，明白井道底坑深度、顶层高度、楼层间隔、安全距离、井道内防护、承重点面数据和井道下方是否有人可以进入的空域，知晓供电系统、曳引型式、安全装置、线槽电缆的整体布局，根据土建工程总体安排和电梯施工方案，筹划与细化电梯安装进程和节点。

除层门口和必要的开口外，井道应当完全封闭；当建筑物中不要求井道在火灾情况下具有防止火焰蔓延的功能时，允许采用部分封闭井道，但在人员可以正常接近电梯的处所应当设置无孔的高度足够的围壁，以能防止人员遭受电梯运动部件的直接危害，或能限制人员用手持物体触及井道中的电梯设备。

井道已清理，井道内壁无凸出的异物，底坑底部平整，无渗水、漏水、积水。搞妥存放开箱货物与安装工具的可封闭区域，清楚允许堆放施工废弃物的地点。电梯部件全部发货至工地，并尽可能堆放到距离安装位置较近以及毗靠一条畅通且尽量短的运输道路。

配足用于安装、防护和检测的工具、用具与器具，备齐应急联络、图纸资料、过程报告、记录表格和自验文档等事项，尤其收集施工过程记录与随检报告、安装过程中事故记录与处理报告、变更设计的证明文件、整机自检记录和检验报告。索取每个楼层完成面的标记，明确需有独立的可上锁的施工电源且具备接地与漏电保护的接驳处。设置临时的适当的井道内外照明和远距

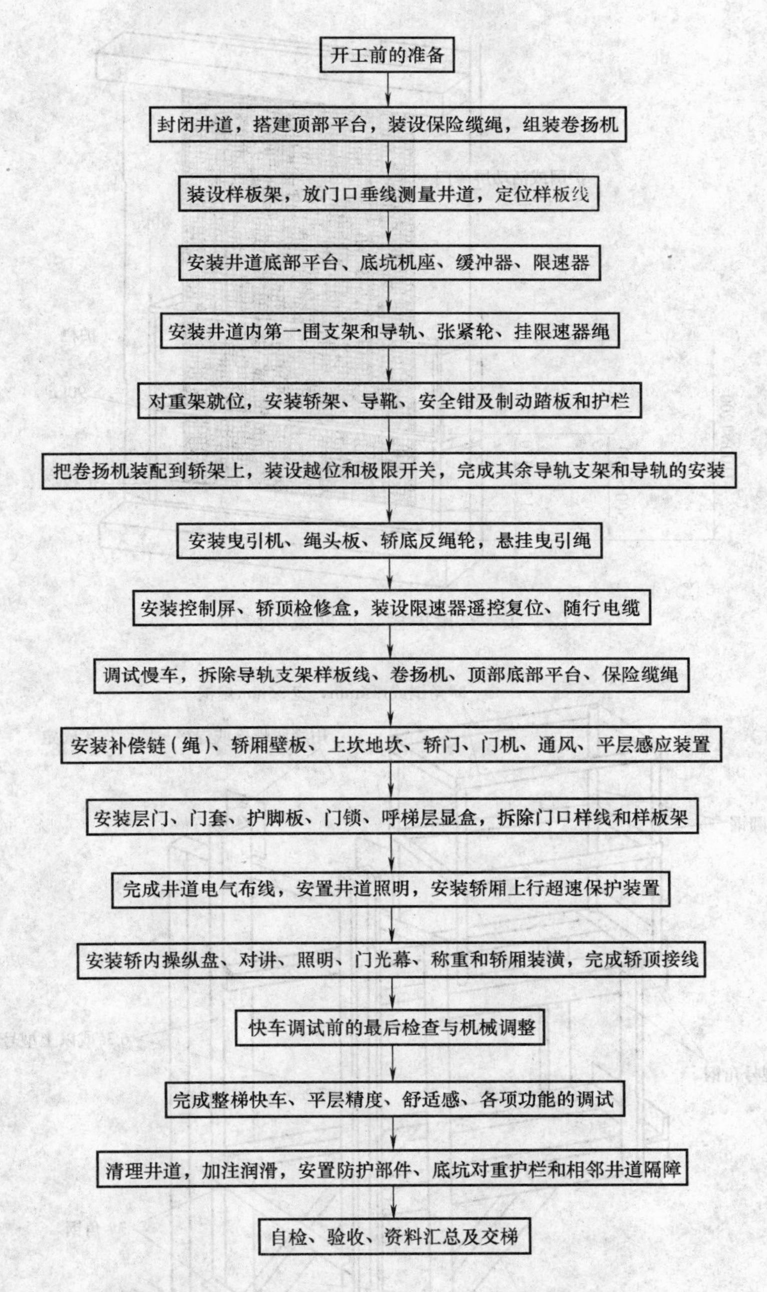

离通信装置。要求提供能安全锁闭且地面干爽及面积合适的库房。

2. 封闭井道，搭建顶部平台，装设保险缆绳，组装卷扬机

如果在贯通的井道中同时安装多台电梯，则务必保证和坚持在相近的水平区域同时同步进行施工及作业。

在每个层门口和必要的开口处安装防护网、护栏或设置屏障门（见图 7-1），即封闭井道防止坠落，且验证防护栏和屏障门能分别承受≥90kg 的垂直向下和水平向内的作用力。

在项层搭建顶部平台，如图 7-2 所示，其步骤为：1）顶部平台的承重能力应≥250kg/m^2；2）平台工作平台的整体尺寸应不阻隔和妨碍样板线的垂放、卷扬绳的穿越、曳引机与导轨的就

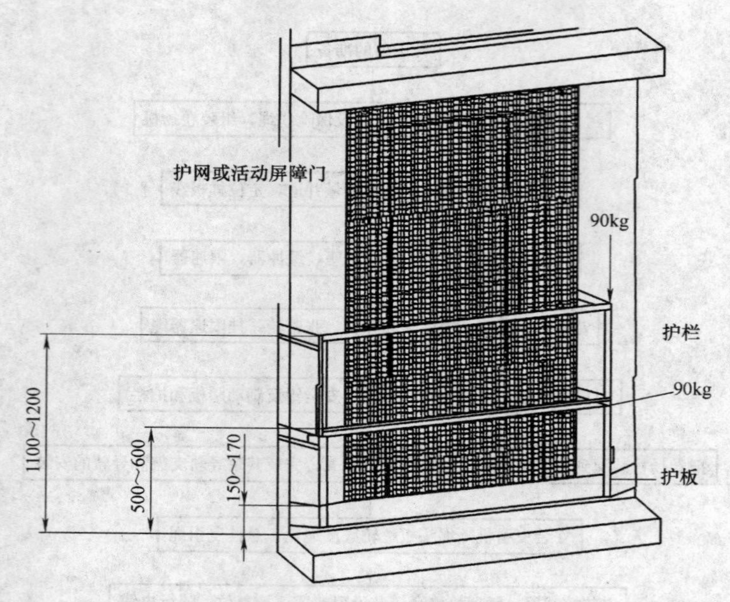

图 7-1　安设护栏、护网或屏障门

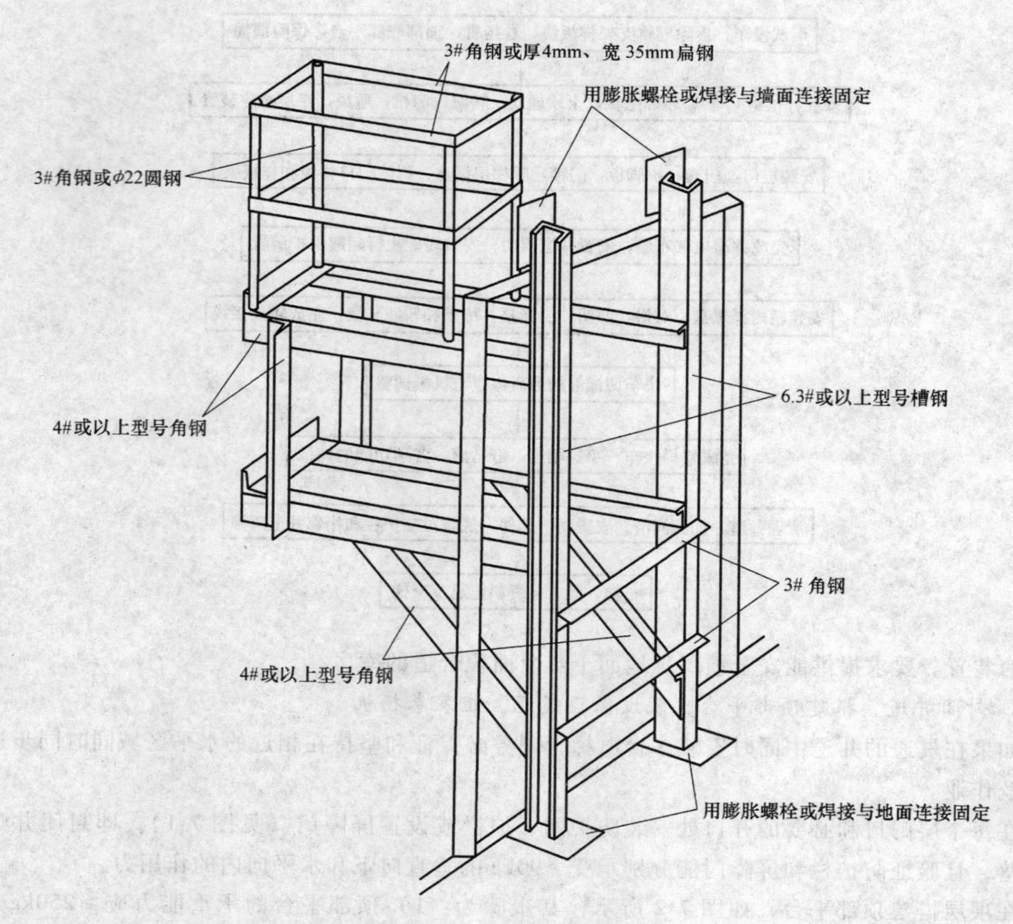

图 7-2　顶部平台示意图

位；3）在顶层组装平台框架，尽量采用螺栓连结；4）在留出卷扬绳口的前提下，铺满及紧固平台工作面的承载木板；5）拆去顶层门口护栏和屏障；6）把平台移吊入井道；7）将平台与顶层层门口的地面和墙面紧靠固定。

将换向滑轮固定在顶端吊钩处（见图7-3），若土建未提供该受力件，则参照图7-4加工装配上，并确保该悬吊点的载荷力≥2500kg。滑轮的最小卷绕直径不小于钢丝绳直径的15倍；滑轮槽深不应小于钢丝绳直径的1.5倍；钢丝绳绕进和绕出滑轮时偏斜的最大角度不应大于4°；滑轮上应设有防绳脱槽装置，该装置与滑轮最外边缘的间隙不得超过钢丝绳直径的1/5；滑轮应转动灵活，侧向摆动不得超过滑轮直径的1/1000。

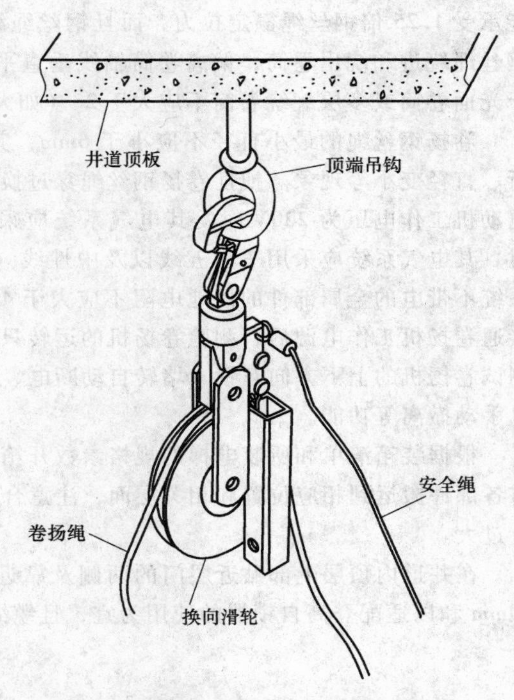

图7-3　固定在井道顶板下的换向滑轮

把额定曳引（提升）力≥8kN的卷扬机（其不应采用摩擦传动、皮带传动和设有离合器）及配有过载、短路、漏电保护及设有防水、防震、防尘措施的电气控制装置稳固设置在最低层站门口处。卷扬机制动器应能使最大载重量的125%的重量及钢丝绳工作长度全部放出的重量可靠停住。卷扬机卷筒应安装可靠、转动灵活，其最小卷绕直径为钢丝绳直径的19倍；对于多层缠绕的卷筒，当卷扬钢丝绳全部收拢后卷筒两侧挡缘的高度应超过最外层钢丝绳，该超出高度不应小于钢丝绳直径的2.5倍：钢丝绳在卷筒上的固定应安全可靠，在它的工作长度全部放出时，卷筒上钢丝绳的安全圈数不应少于3圈，但这3圈应

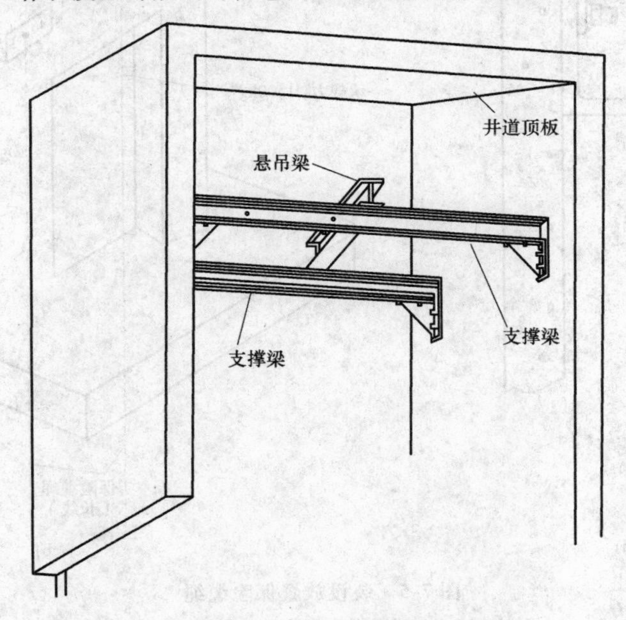

图7-4　加工悬吊梁

注：两根支撑梁上部平面的高度差应≤1/1000，相互间开档应<或>净开门距、离非接触井道壁应>导轨支架距、距井道顶板应>样板架到井道顶板距，即应不妨碍与兼用于样板架及样板线的固定垂放，导轨、限速器和曳引机的安装。

能承受 1.25 倍钢丝绳额定拉力，而且钢丝绳绳端的固接强度不应小于钢丝绳破断拉力的 80%；钢丝绳绕进和绕出卷筒，偏离卷筒轴线垂直平面的角度，对于有螺旋槽的卷筒不应大于 4°，对于光面卷筒或多层缠绕卷筒不应大于 2°（如大于 2°则设置排绳机构）。

卷扬钢丝绳的最小直径不应小于 6mm，其安全系数不应小于 9，且无断丝、断股、露芯弯折、直径变小等现象。拽扯卷扬钢丝绳穿过换向滑轮形成到达底坑的环绕后装上吊钩。当卷扬机电动机工作电压为 220V 时，其电气系统应采用 2P + PE 制；当卷扬机电动机工作电压为 380V 时，其电气系统应采用三相五线以及中性线（N）与保护线（PE）始终分开的制式；且卷扬机系统不带电的金属部件的接地电阻不应大于 4Ω，带电部件与机体间的绝缘电阻不应低于 2MΩ。接通卷扬机工作电源后，测验卷扬机的运转只能通过持续揿压已标明上、下方向的按钮来实现，测试卷扬机的上下方向互锁、堵转自动断电、急停按钮终止、过卷极限保护、松弛乱断停转、断电手动撤离等功能。

根据装箱清单和所装电梯的规格参数开箱清点、核对电梯部件，利用卷扬机，按照工程需求将各部件搬运到相应位置和相关层面，注意合理堆放，及易于保管，并避免部件垒垛处楼板承重量过大。

在井道内顶层上部贴近层门的两侧及靠近曳引机一侧装设放置保险缆绳，该缆绳的直径≥20mm 和以适配登高自锁器的使用为宜，且缆绳悬挂点的承重力至少要达到 1500kg（见图 7-5）。

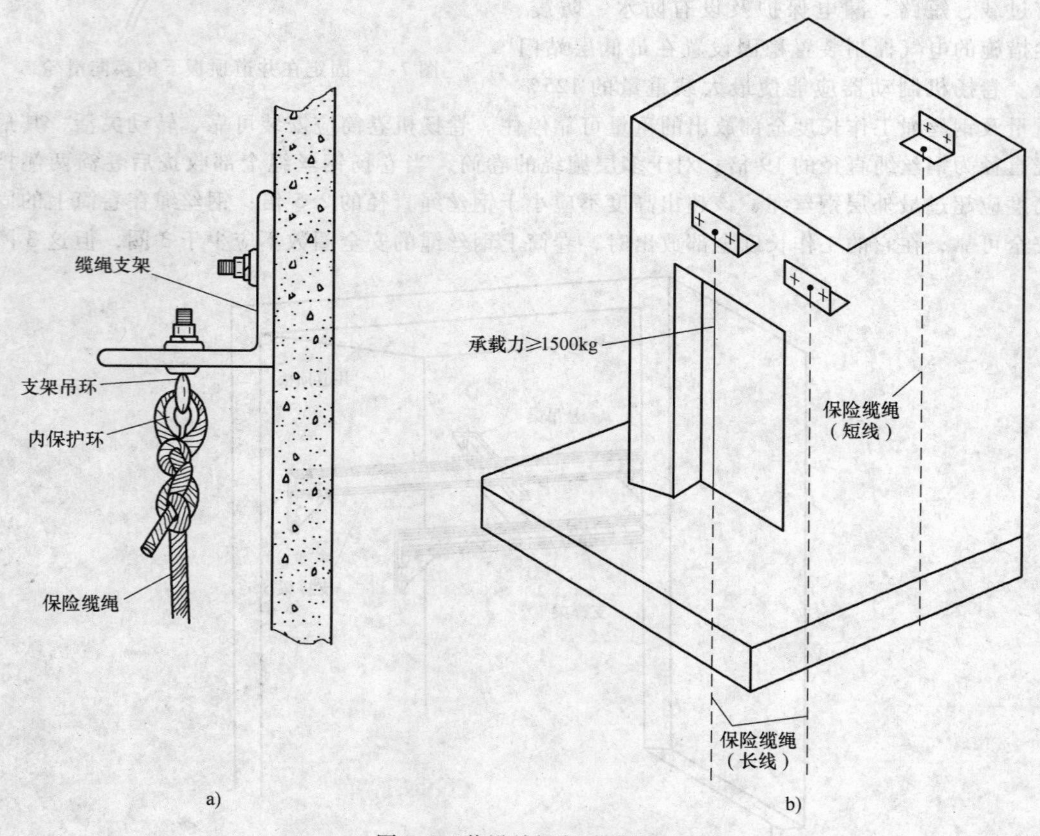

图 7-5　装设放置保险缆绳

注：与井壁连接的膨胀螺栓至少使用二根

3. 装设样板架，放门口垂线测量井道，定位样板线

根据无脚手架施工的特点在顶部平台上部定做与组装样板架，依照土建工程图和考虑无脚手

架调校导轨的情形确定与垂放导轨支架平面、层门宽度距离、导轨调校参照的样板线（见图7-6），并采取用角尺检查样板对角线的方法复核样板各部尺寸，确保各线的位置偏差不超过0.25mm。样板线宜采用0.6～0.91mm的钢丝或镀锌铁丝。定放样板线时尤其要注意轿厢与对重之间的间隔距离应大于等于50mm；井道内表面与轿厢地坎、轿门或门框的间距应小于等于150mm；导轨支架与井道固定处的距离应小于既有支架的最大水平长度；且在样板线的末端拴挂10～20kg重的坠物，甚至可运用浸入油筒或水筒后的阻尼原理，使样板线得以悬静吊停；利用层门的两条铅垂样板线测量全部井道尺寸与垂直度，并填写按图7-6编制的表7-1。

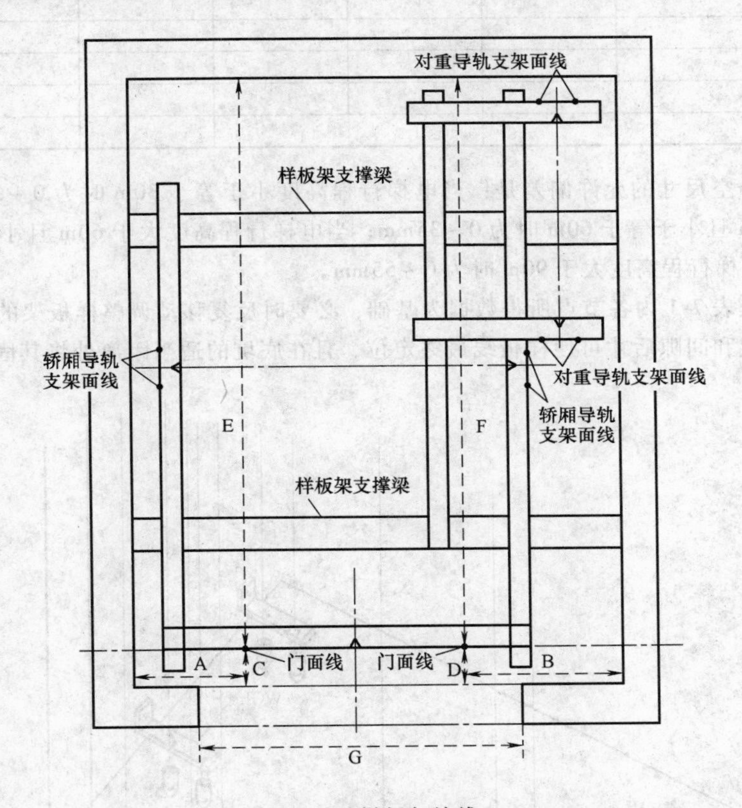

图7-6　样板与放线

注：①样板架支撑梁，在无起吊支撑梁时与井道内壁相固定，在有起吊支撑梁时与起吊支撑梁上平面相固定。

②导轨支架面线的左右宽度大于支架面10～20mm（每边5～10mm），前后深度或与支架面等齐或超过支架面5～10mm。

③门线离开门口120～200mm，其宽度等于净开门尺寸。

表7-1　井道测量记录

	A	B	C	D	E	F	G
18层							
17层							
16层							
15层							
14层							
13层							
12层							

（续）

	A	B	C	D	E	F	G
11层							
10层							
9层							
8层							
7层							
6层							
5层							
4层							
3层							
2层							
1层							

井道最小净空尺寸的允许偏差是：当电梯行程高度小于等于30m时为0～25mm；当电梯行程高度大于30m且小于等于60m时为0～35mm；当电梯行程高度大于60m且小于等于90m时为0～45mm；当电梯行程高度大于90m时为0～55mm。

以分析比较表7-1内各节点所得数据为基础，必要时反复移动调整样板架的位置，直到在兼顾各节点的区域和间隙后才可使样板线最终定位，且在底坑的适当距离处将其固定（见图7-7）。

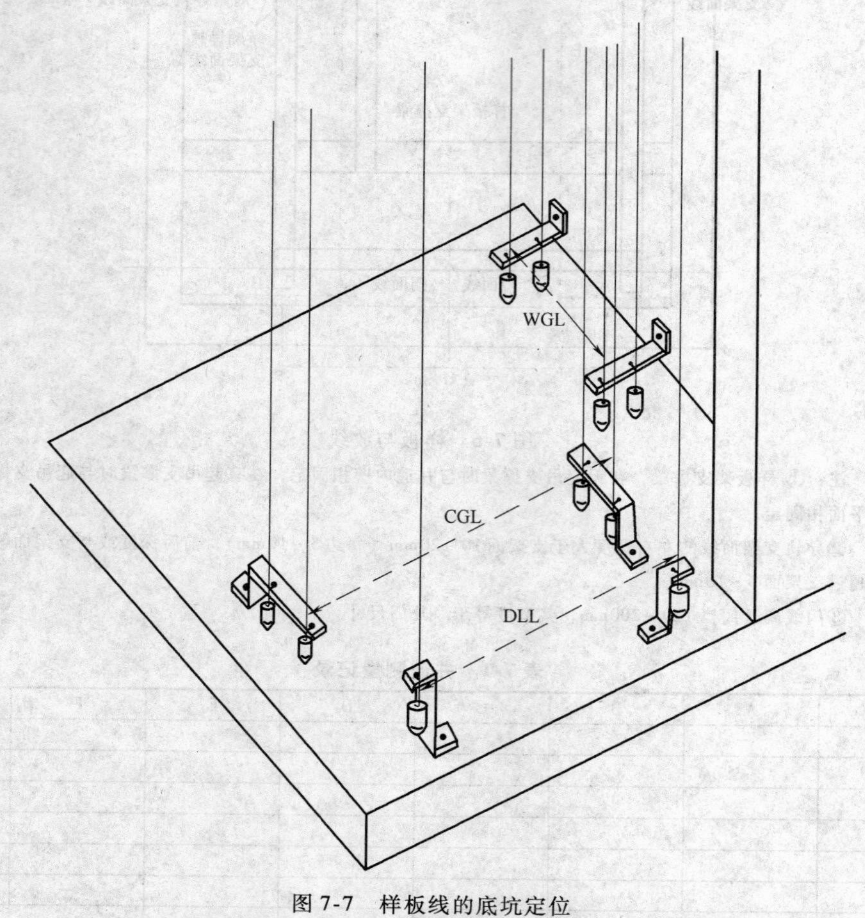

图7-7　样板线的底坑定位

DLL—门线宽度　CGL—轿厢导轨面线宽度　WGL—对重导轨面线宽度。

在尽量靠近层门的井道壁侧，且不凸入电梯的运行空间，即不妨碍电梯部件运动的地方安装底坑爬梯（见图7-8）。

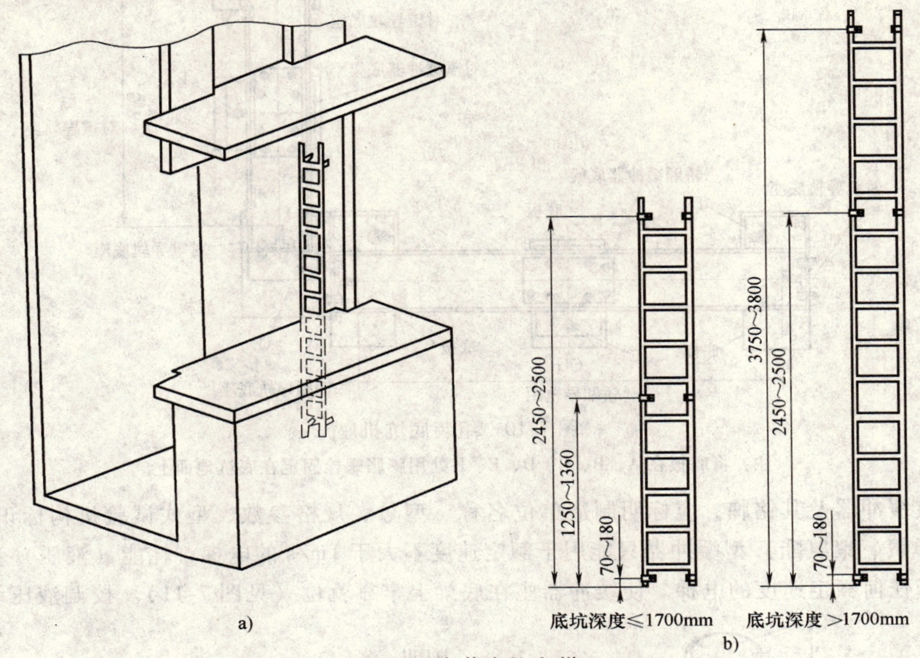

图7-8　安装底坑爬梯

4. 安装井道底部平台、底坑机座、缓冲器、限速器

在底坑拼装底部平台，并配备上下爬梯（见图7-9），底部平台的承重能力应大于等于500kg/m²；它的整体尺寸应不扰乱和擦碰已垂放的样板线、应不妨碍和阻挡底坑中其他部件的搬入和安装。

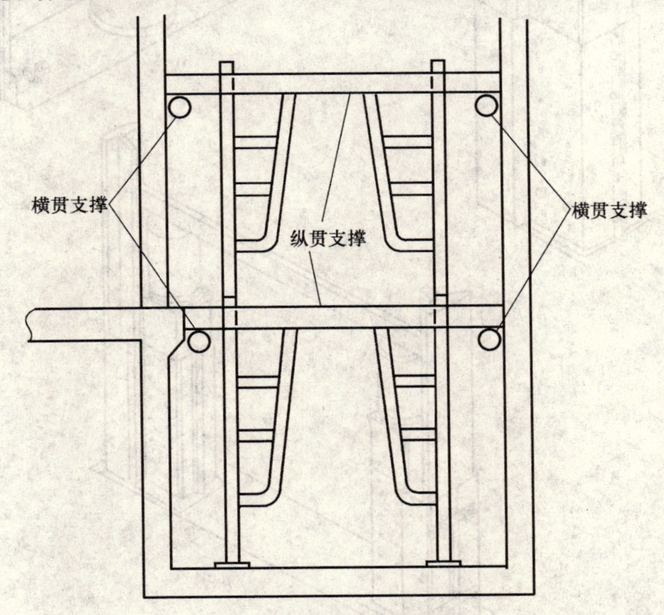

图7-9　拼装底部平台

组装底坑机座，其由轿厢导轨底座、轿厢缓冲器底梁、对重导轨底座、对重缓冲器底梁构成（见图7-10）。

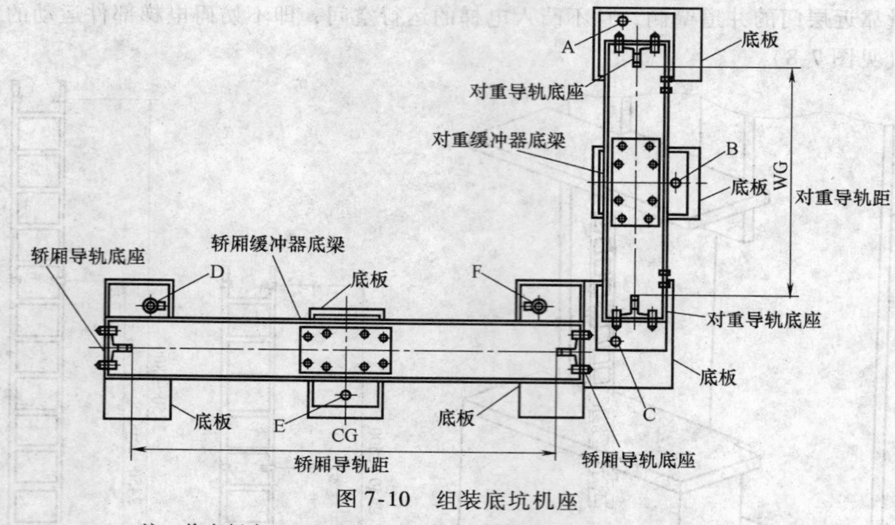

图 7-10 组装底坑机座

注：将底板在 A、B、C、D、E、F 处用膨胀螺栓固定在底坑地面上。

查核缓冲器及其铭牌，应标明制造单位名称、型号、规格参数、型式试验机构标识。注意，蓄能（弹簧、聚氨酯）型缓冲器只能用于额定速度不大于 1m/s 的电梯，耗能（液压）型缓冲器却可用于任何额定速度的电梯。使缓冲器座在底梁上牢靠就位（见图 7-11）。校调液压缓冲器柱

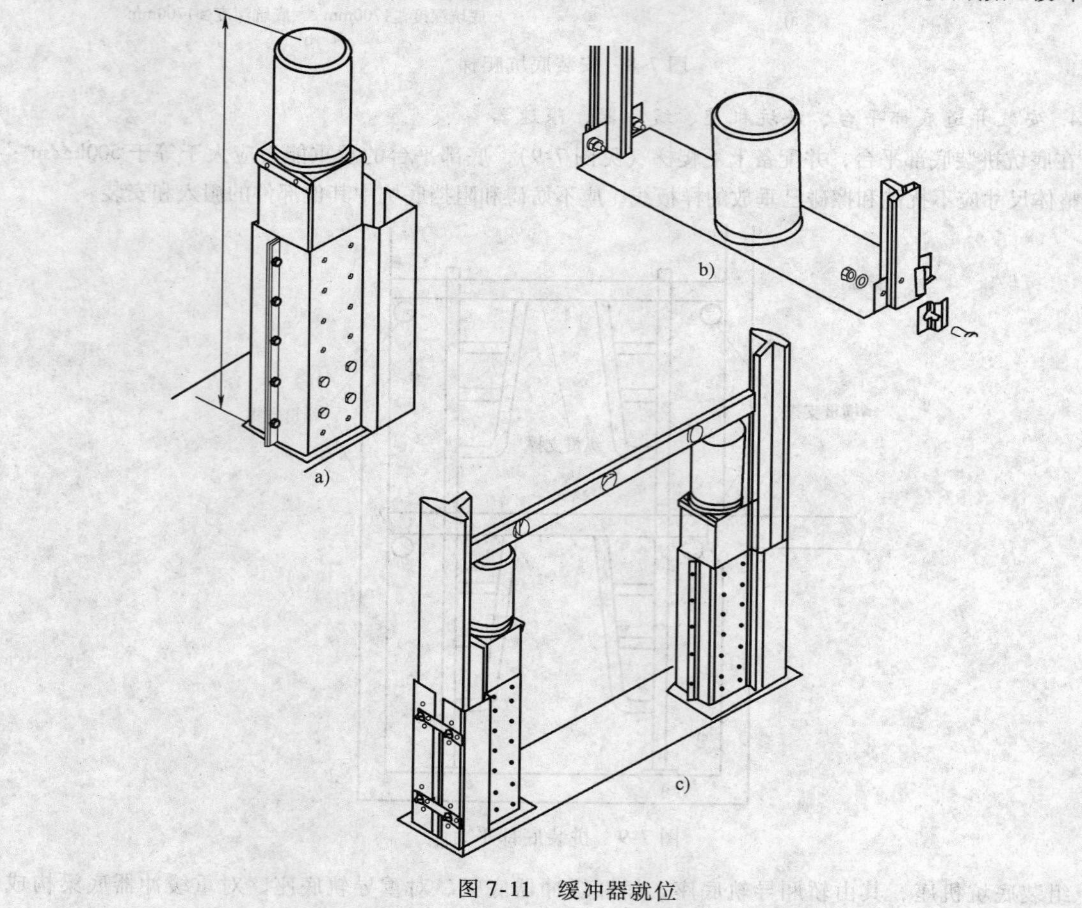

图 7-11 缓冲器就位

a）轿厢缓冲器的安装高度 b）对重缓冲器 c）两个缓冲器的水平度

塞的铅垂度不大于0.5%。轿厢、对重的撞板中心与各自缓冲器中心的偏差不大于20mm。兼顾及留有当轿厢在两端站平层时轿厢、对重的撞板与各自缓冲器顶面间的距离可被适度调节的余地。该距离对于液压型缓冲器为150~400mm，对于弹簧或聚氨酯缓冲器为200~350mm。保证同一基础上的缓冲器顶部与各自撞板的对应距离差不大于2mm。

必须保证当轿厢完全压在缓冲器上后同时满足下述条件：①对重导轨提供不小于（$0.1+0.035V^2$）m的进一步制导行程；②轿底有一个能放入不小于0.5m×0.6m×1.0m矩形体的空间；③底坑地面与导靴、安全钳、护脚板等部件之间距离不小于0.1m；④底坑地面与轿厢的其他最低部分之间的净空尺寸不小于0.5m。

必须保证当对重完全压在缓冲器上后同时满足下述条件：①轿厢导轨提供不小于（$0.1+0.035V^2$）m的进一步制导行程：②轿顶可站人的最高面积的水平面与相应井道顶最低部件的水平面之间的自由垂直距离不小于（$1.0+0.035V^2$）m；③井道顶的最低部件与轿顶设备的最高部件的间距（不包括导靴、钢丝绳附件等）不小于（$0.3+0.035V^2$）m；④轿顶上方有一个不小于0.5m×0.6m×0.8m的空间。

随后，安装进入底坑时能方便操作的井道照明电气开关、底坑适当位置上的永久性电气照明与供电开关以及2P+PE型电源插座。串接装设进入底坑时和于底坑地面上均能方便操作的底坑非自动复位的红色停止开关。配调检测液压缓冲器柱塞复位的安全电气开关，及检查该缓冲器的充液量，其油位应正常，并确认它被防尘罩牢靠地包裹。

如果对重之下有人能够到达的空间，则或者将对重缓冲器安装在一个竖直延伸到坚固地面的实心桩墩上，或者在对重上装设安全钳。

查核限速器及其铭牌，应标明制造单位名称、型号、规格参数、型式试验机构标识，应设有在轿厢上行或下行速度达到限速器动作速度之前动作的安全电气开关和验证限速器复位状态的安全电气开关。

借助临时固定架使限速器在井道顶部（与实际安装位置等齐处）就位（见图7-12），装校限速器绳轮对铅垂线的偏差不大于0.5mm。

5. 安装井道内第一围支架和导轨、张紧轮、挂限速器绳

清除涂抹在导轨上的防锈油脂，将接导板装配到导轨的榫头端（见图7-13）。

在随后的安装过程中遵循导轨安置法则（见图7-14）。

依照样板线和土建工程图安装井道内最低挡支架。须保证每挡导轨支架的水平两头之差小于4.0mm与垂直两端之差小于2.0mm，且最低挡支架距底坑地面的高度掌握在550~1500mm范围内，并在随后的安装过程中确定每根（包括端部）导轨至少要被两挡支架定位，以及每两挡支架间的距离小于2.50m（如果距离大于2.50m，则应有计算依据）。

对于埋入式支架，其伸进井壁的支架或地脚螺栓的长度应大于等于120mm，并牢固的封闭；对于焊接式支架，其与井壁内预置钢板的焊缝应是连续的，并双面焊牢；对于膨胀螺栓式支架，只能用于具有足够强度的混凝土井壁，该膨胀螺栓深入墙内的尺寸应大于80mm，且平直牢靠的固定。

电梯运行的平稳、静寂、轻柔，与导轨的加工精度和安装质量息息相关、环环相扣。惯例和经验清晰地表明，安装好的电梯惟有导轨无法再度校正修直，若欲硬搞则无异于拆掉重装。因此，在电梯的安装工序中，导轨的安装、调整尤应细致入微，更再精益求精。

吊装、调校及稳固井道内首圈导轨，其中照导尺的设计如图7-15所示，并证实导轨已坚固地坐落在导轨底座的底板上，且仅用压板将导轨固定在支架上。

必须保证，轿厢导轨和设有安全钳的对重导轨的工作（导向）面与样板线每5m的偏差为0~+0.6mm，对于不设安全钳的对重导轨则允许为0~+1.0mm；轿厢导轨的顶面与样板线在

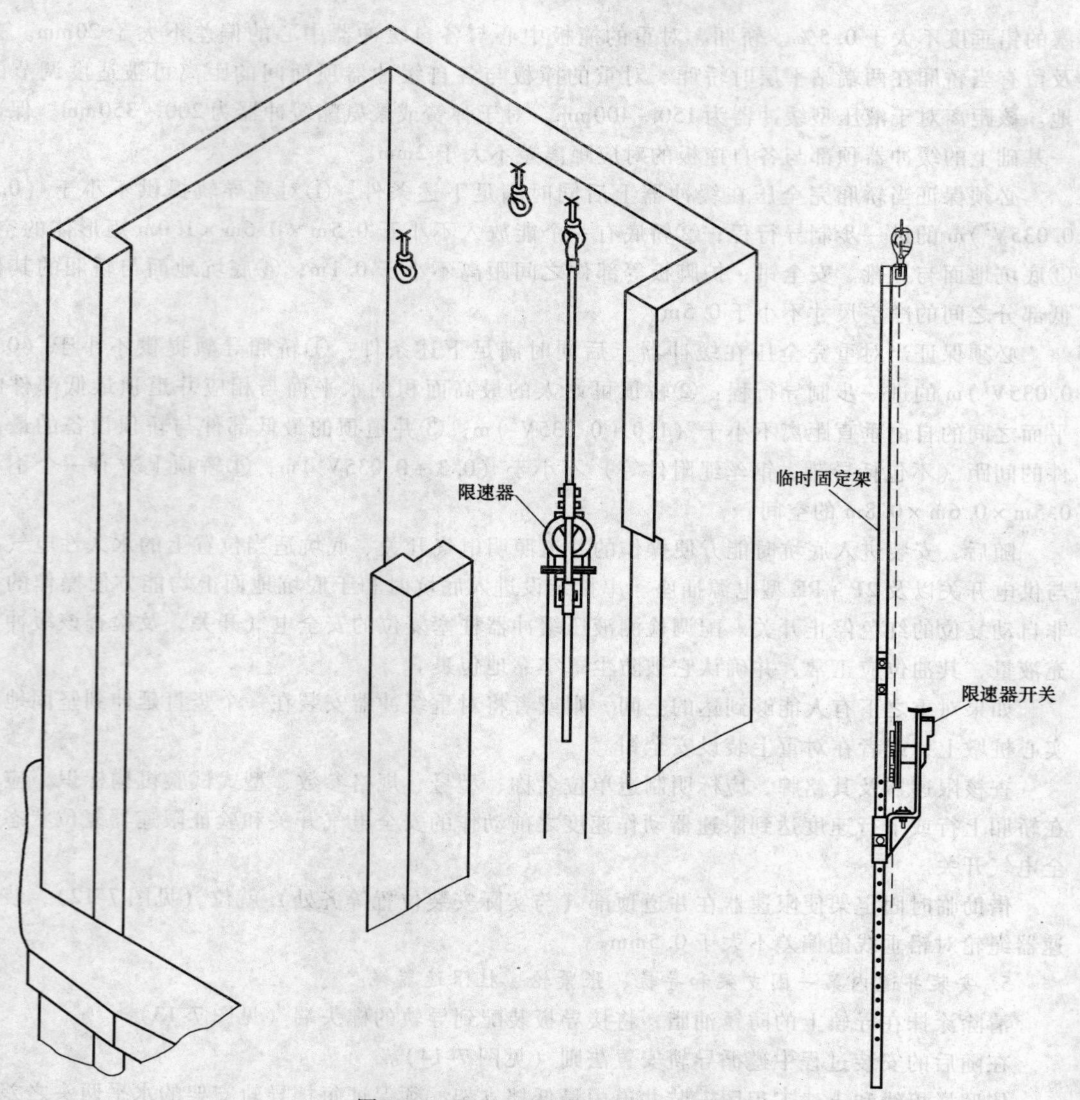

图 7-12　限速器的临时固定

注：若无顶端吊钩，则利用悬吊梁使限速器及临时固定架就位。

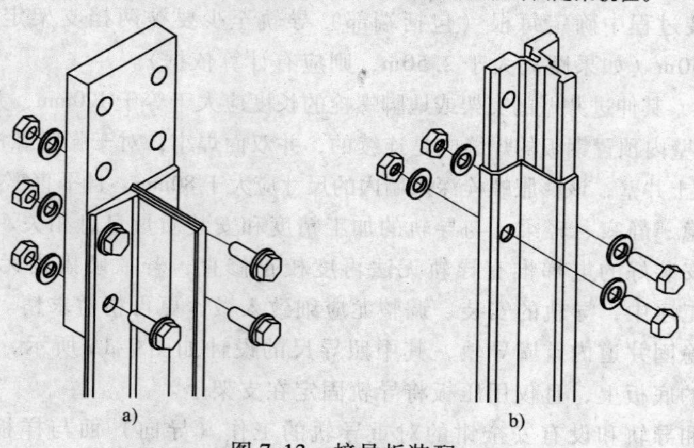

图 7-13　接导板装配

a）T型实心导轨　b）T型空心导轨

整个井道长度内的偏差为 0 ~ +1.0mm，而对重导轨的顶面与样板线在整个井道长度内的偏差则允许为 0 ~ +1.5mm；在它们的侧面和顶面的接头处不应有连续缝隙，即使有局部缝隙也不应大于 0.5mm，且接头处台阶不应大于 0.05mm，对于不设安全钳的对重导轨的接头缝隙和接头处台阶则分别容许不大于1.0mm 及0.15mm。倘若台阶超标就应修平，修平长度应大于 150mm。

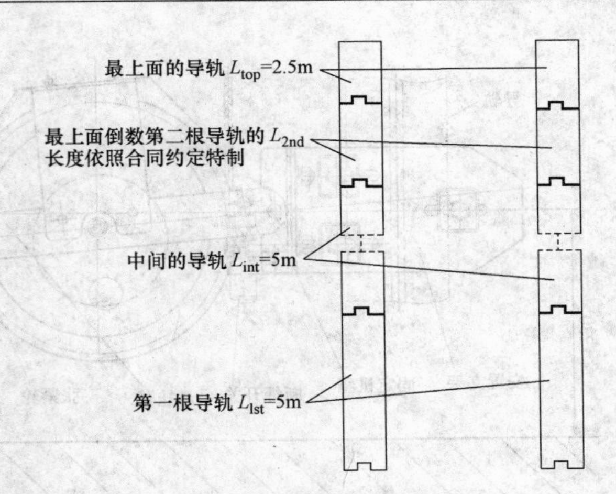

图 7-14 导轨安置法则

注：$L_{2nd}=H\Sigma-L_{1st}-n\cdot L_{int}-L_{top}-L_{gap}$ (m)

式中 $H\Sigma$—井道总高；

n—中间导轨的配置根数；

L_{gap}—最上面的导轨距离井道顶板的尺寸，取 0.05 ~ 0.07m。

将带有导向装置的限速器绳张紧轮固定在对应的导轨侧（见图 7-16），该轮距底坑地面的高度应控制在 220 ~ 250mm，接着挂放并张紧限速器绳，使其在运行中不得与轿厢或对重相碰触，同时确保该绳至导轨导向面与顶面两个方向的偏差均不得超过 10mm，随后装调限速器绳张紧轮部件上的当该绳断裂或过分伸长时即令电梯停止运转的安全电气开关。

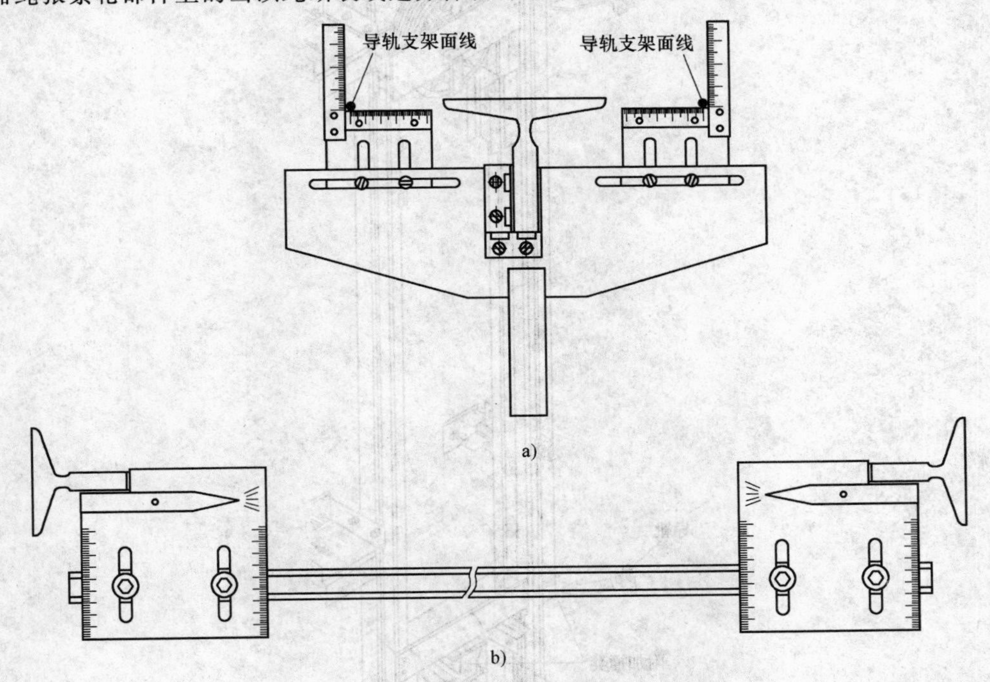

图 7-15 校导尺和照导尺

a) 校导尺 b) 照导尺

6. 对重架就位，安装轿架、导靴，安全钳及制动踏板和护栏

将对重架（包括对重反绳轮）吊入底坑对重导轨间并置于临时支撑件上，在调整好对重架的水平度不超过 0.5/1000 和垂直度不超过 1/1000 后，测试反绳轮的铅垂度应不大于 1mm，然后把导靴装配到对重架上（见图 7-17）。

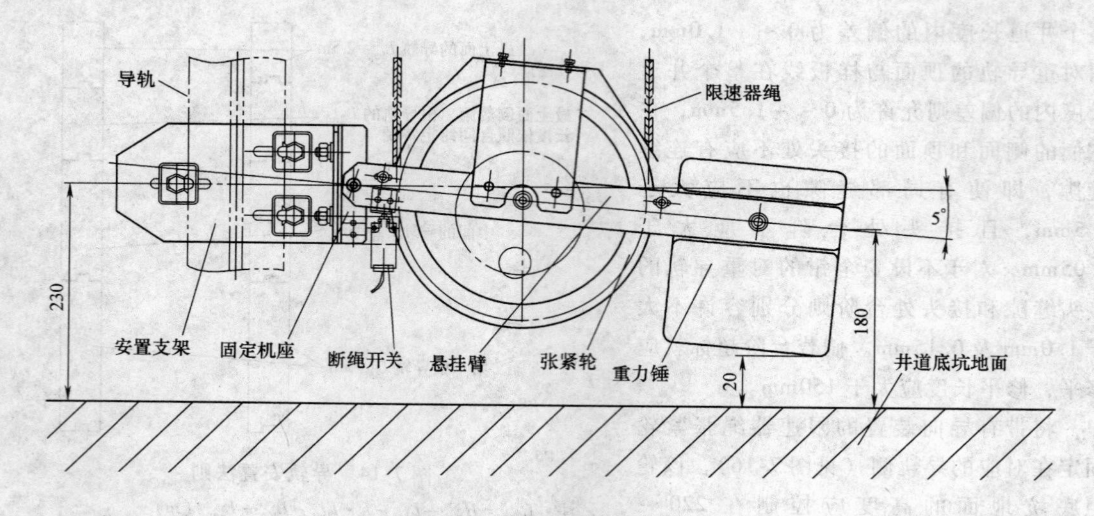

图 7-16　安装限速器张紧轮

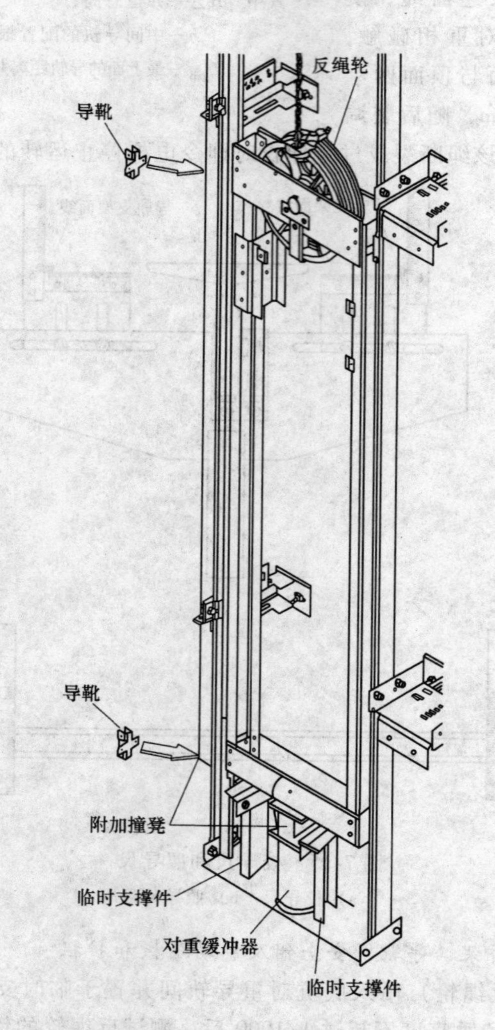

图 7-17　对重架的安设

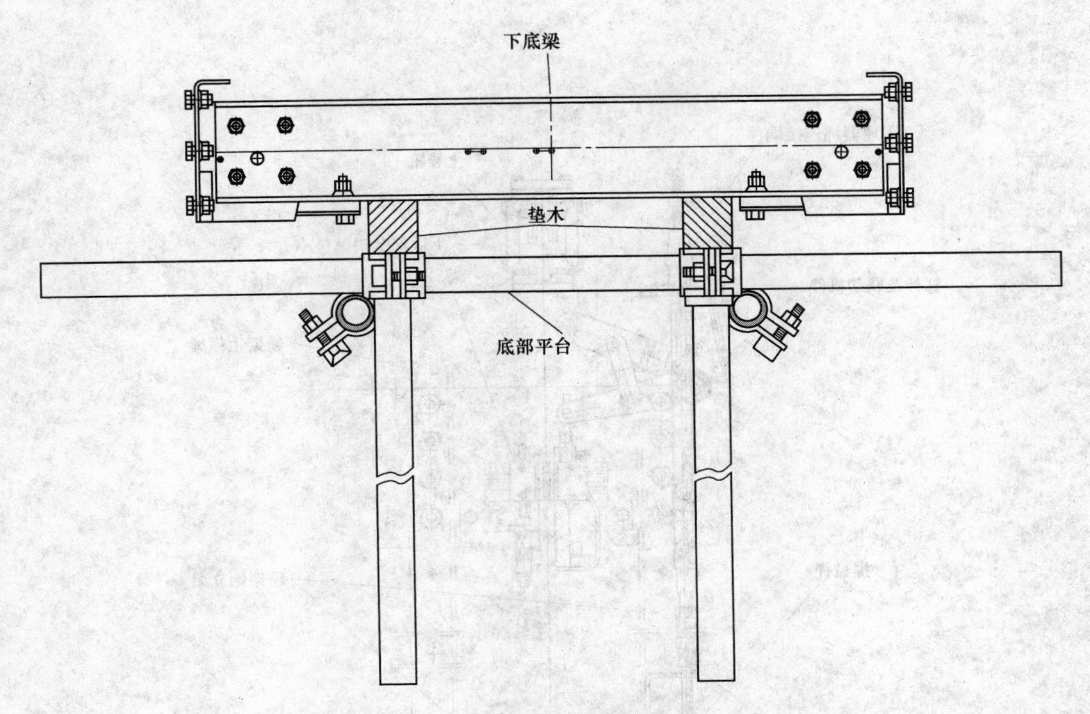

图 7-18　轿架下底梁就位

核对轿架底梁下轿厢撞板的位置尺寸，接着把轿架下底梁吊入井道并水平放置在底部平台上（见图 7-18），确调轿架下底梁的水平度不超过 1/1000。查核安全钳及其铭牌，应标明制造单位名称、型号、规格参数、型式试验机构标识；当额定速度大于 0.63m/s 及轿厢与对重装有数套安全钳时应采用渐进式安全钳，其余则可选用瞬时式安全钳。随之装配安全钳和轿下导靴，并完成平准校正（见图 7-19）。

在完成轿架侧立梁、轿架上横梁、轿上导靴的装配后，首先将轿底吊入轿架下底梁上，并用原配的或暂用的拉条调整固定之，且确调轿底平面的水平度不超过 1.5/1000；其次将轿顶吊入轿架上横梁下，临时但牢靠地与轿架侧立梁和轿架上横梁结合（见图 7-20）；接下来把限速器绳连接到安全钳拉杆处，且在拉杆轴端装配上具有防止施工中误操作措施的制动踏板，与在轿厢上装设一个在安全钳动作以前或同时动作的安全电气开关，随即进行联动试验，确认平时安全钳楔块能同步夹箍导轨与断开安全电气开关，而踏下后安全钳即松开及安全电气开关接通（见图 7-21）；最后在轿顶面上装备永久的和轿底面上装备临时的护栏（见图 7-22），护栏应能分别承受大于等于 90kg 的垂直向下和水平向外的作用力。护栏由扶手、0.10m 高的挡脚板（挡脚板与底板间隙应不大于 5mm）、中间栏杆等组成，其高度为 1.10m，且设在距轿顶、轿底水平四周边缘最大为 0.15m 之内，并掌握扶手外缘和井道中的任何部件之间的水平距离不会小于 0.10m，且在与层站相对的位置面设有内开式出入口，另外还须在上下工作面设置非自动复位的红色停止按钮，在上下护栏醒目的方位设置最大载重量仅为 350kg 的告诫标牌和防止坠落的警示符号，在上下底板面落实防滑措施，在距上底板面适当的高度处搭设防止杂物坠落伤人的棚板。

7. 把卷扬机装配到轿架上，装设越位和极限开关，完成其余导轨支架和导轨的安装

随着轿架式安装平台工序的完成，就可把设置在最低层站门口处的卷扬机，配有过载、短

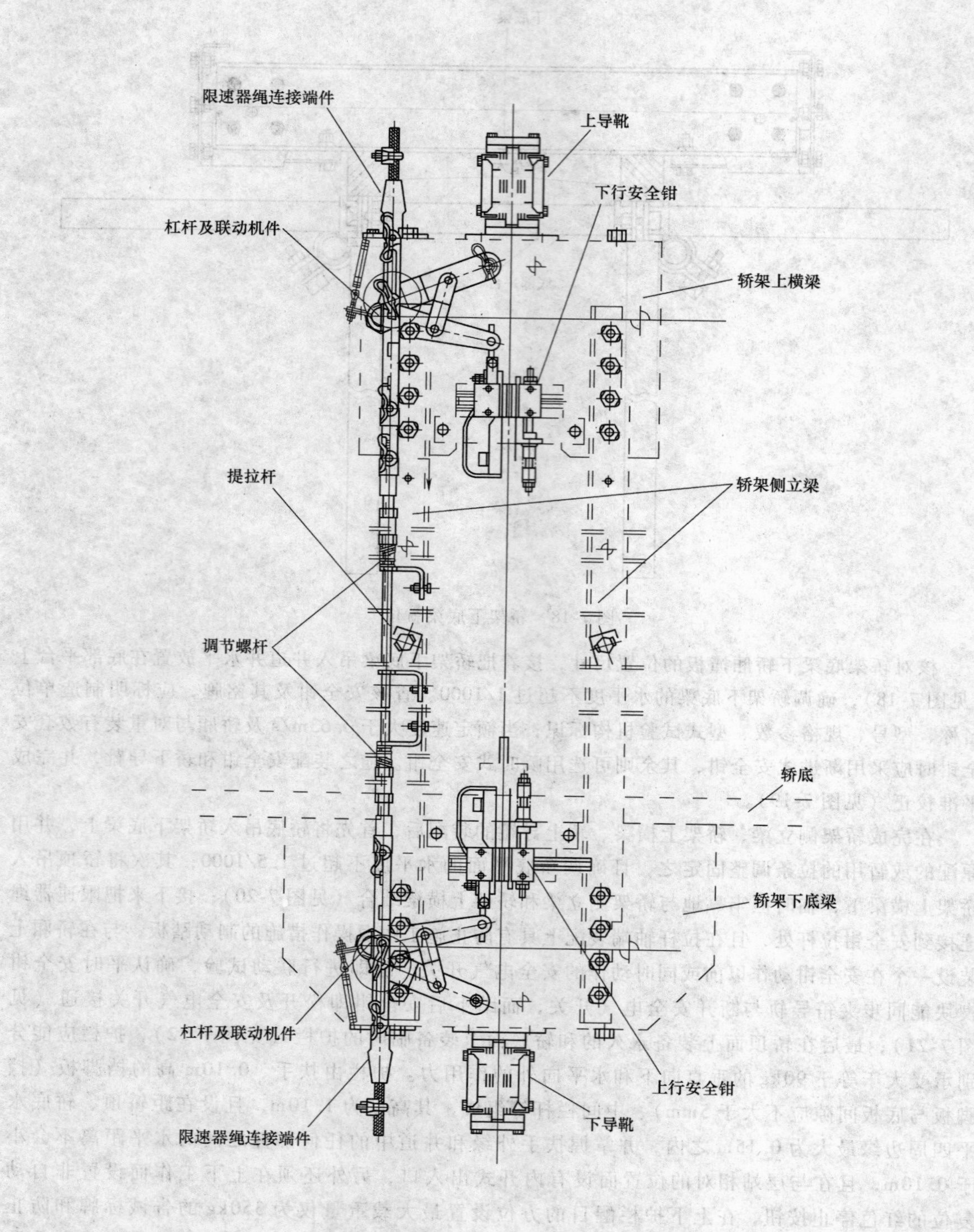
限速器绳连接端件
上导靴
下行安全钳
杠杆及联动机件
轿架上横梁
提拉杆
轿架侧立梁
调节螺杆
轿底
轿架下底梁
杠杆及联动机件
上行安全钳
下导靴
限速器绳连接端件

图 7-19　安装安全钳

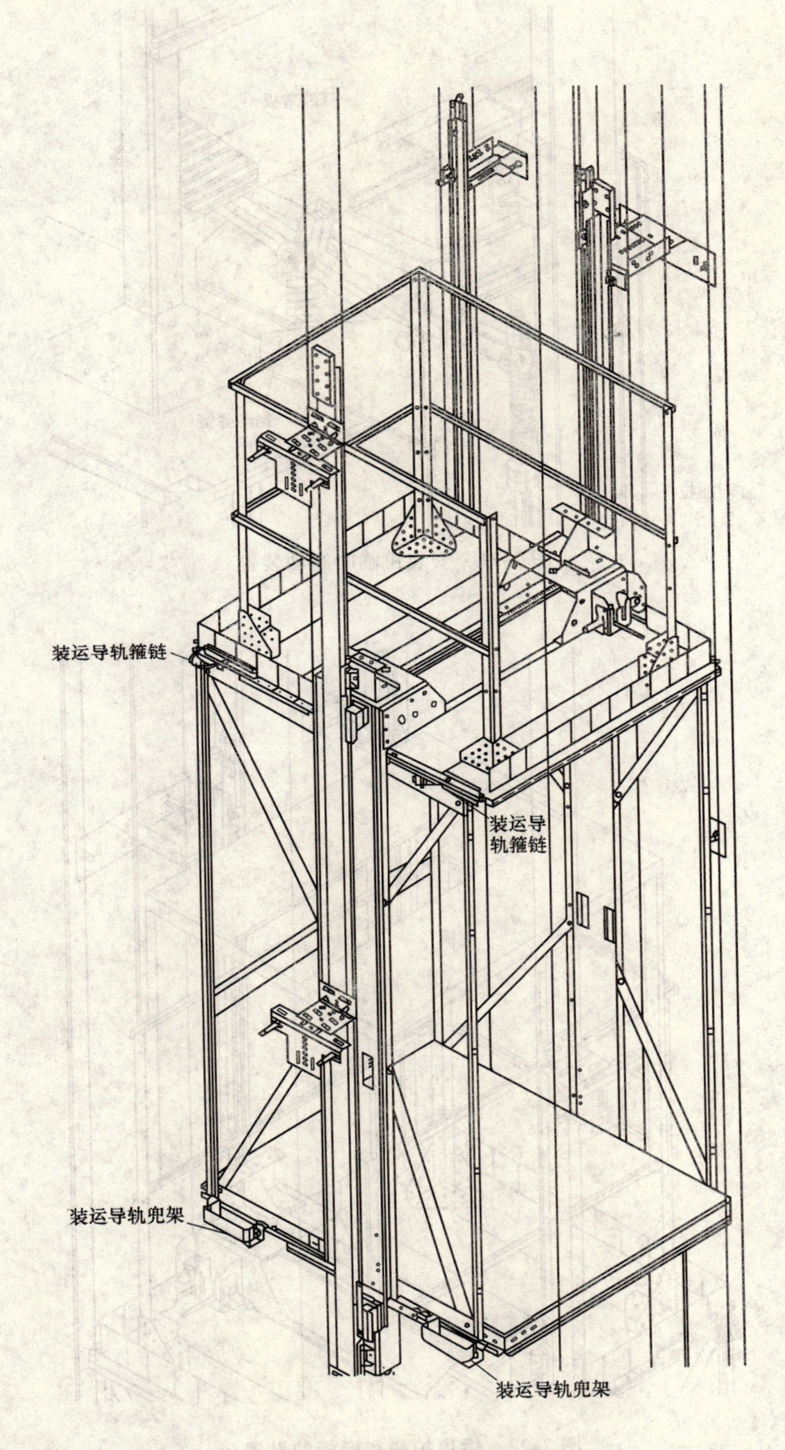

图 7-20　轿架式安装平台

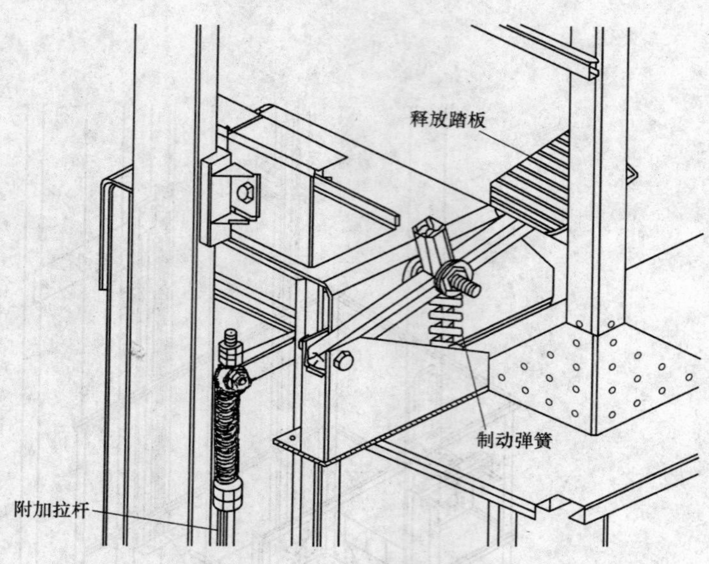

图 7-21　安装钳临时制动装置

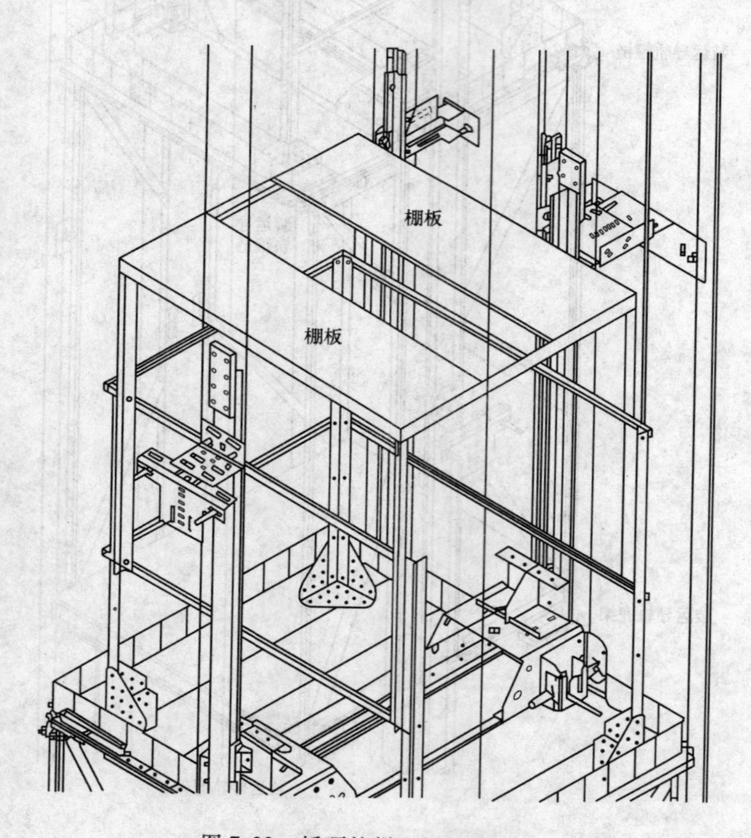

图 7-22　轿顶护栏和棚板的设置

路、漏电保护及设有防水、防震、防尘措施的电气控制装置和专用供电/控制电缆移装到轿架的上横梁上（见图 7-23），安装平台不带电的金属部件应可靠接地，接地电阻不应大于 4Ω，带电部件与不带电的金属部件间的绝缘电阻不应低于 2MΩ。

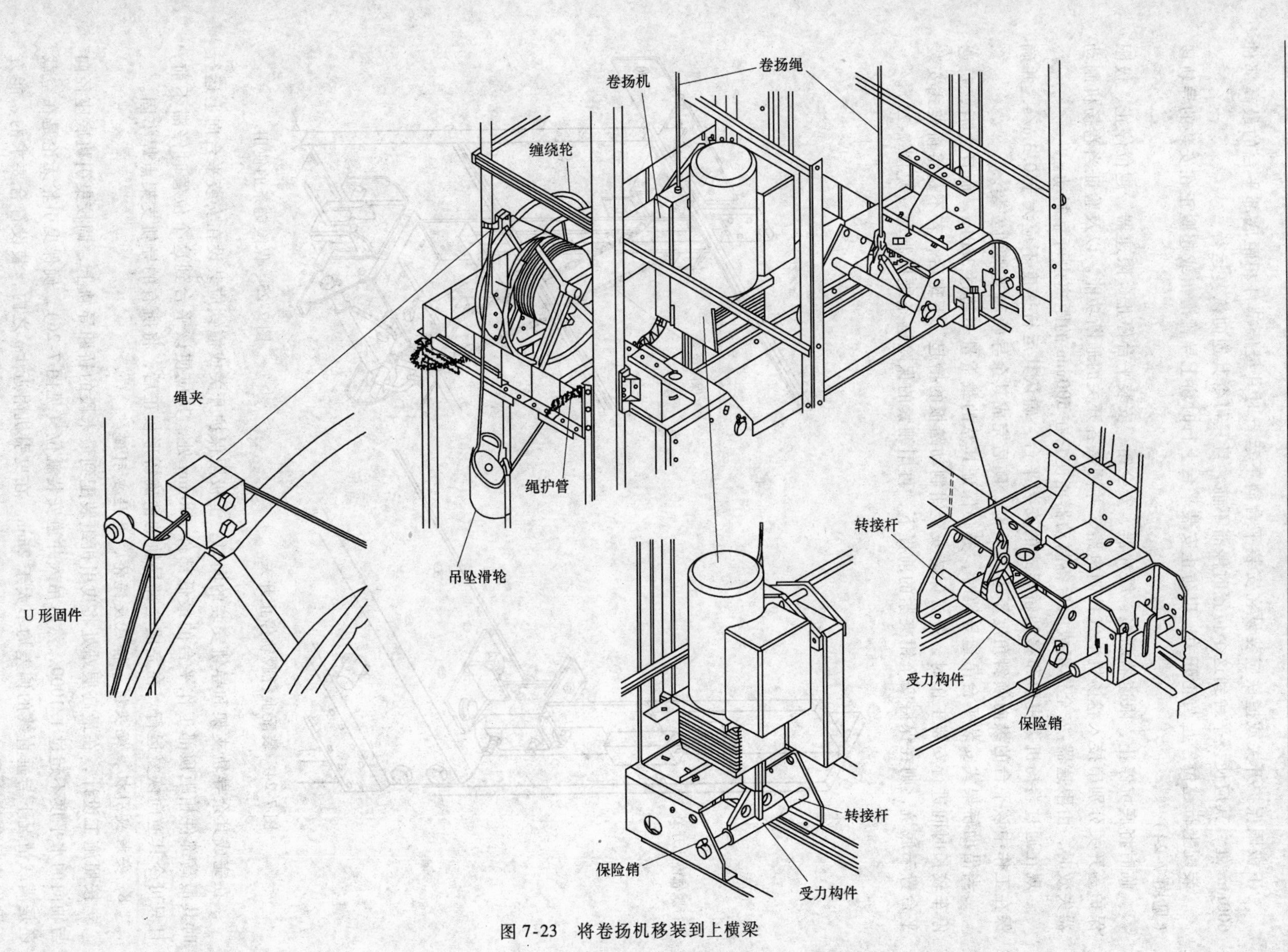

图 7-23　将卷扬机移装到上横梁

下极限保护开关或撞铁应装设在安装平台向下运行时其最低部件相距底部平台的最高部件600mm处，其应使该平台到这个位置时停滞不前，且只可令其逆向恢复运行。

装配上行越位停止凸轮开关，以防止安装平台上行时轿上导靴滑出或超脱正在安装的导轨段（见图7-24）。

临时将底坑停止、限速器断绳、缓冲器、安全钳、安装平台停止、限速器、越位停止、极限保护等开关分别串接入卷扬机电气控制电路，并测试各开关的通断功能。以及验证当卷扬机制动器失效时，由限速器-安全钳组成的后备制动器能使它在500mm的距离内可靠制动。

现在通过卷扬机去曳引和移动轿架式的安装平台，确认其运行速度不应大于0.3m/s，并确保在工作中该平台的纵向倾斜角度不应大于8°，随后完成其余导轨和支架的安装。

当借助轿架式安装平台吊运导轨时，务必保证其总的载重量不超过350kg。而且之后，每遇停车较长时间进行安装工作时，务必保持安全钳制动踏板的抬起。下班后，若不是将轿架式安装平台置于底坑，则在保持安全钳夹紧的前提下，再用绷紧的保险链条维持制动（见图7-25）。

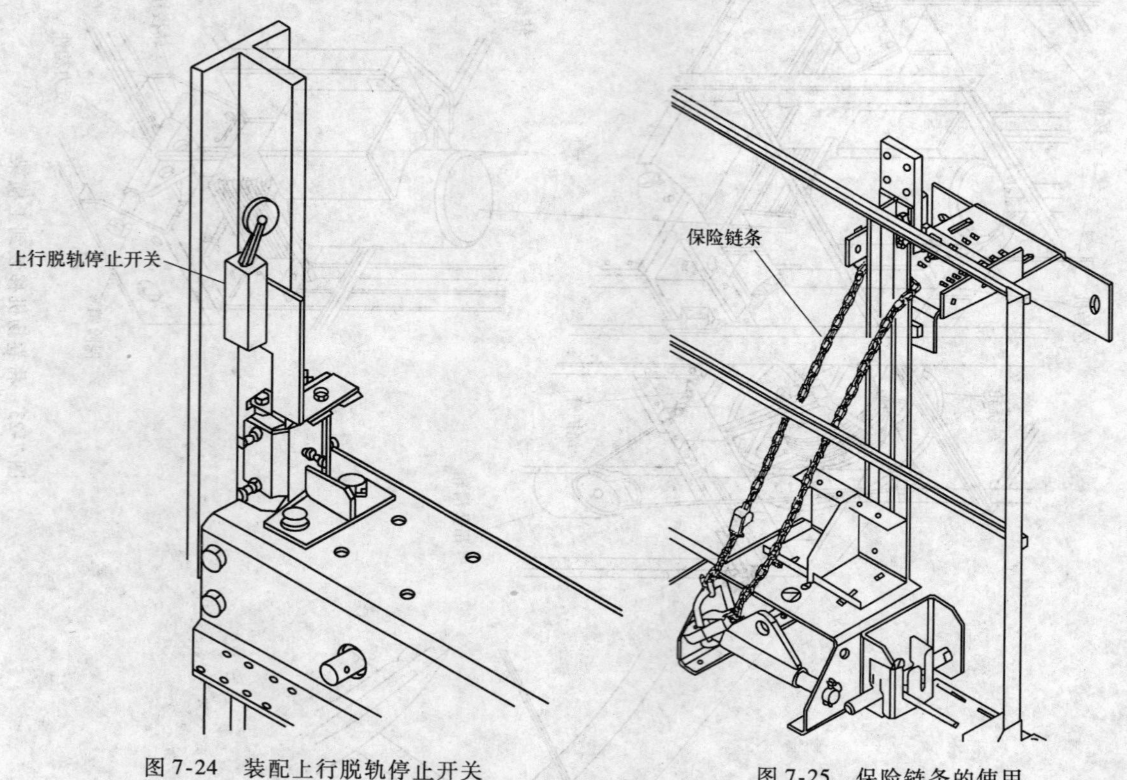

图7-24　装配上行脱轨停止开关

图7-25　保险链条的使用

在完成其余导轨支架和导轨安装的同时，上极限保护开关或撞铁应装设在安装平台向上运行时其最高部件相距顶部工作平台的最低部件600mm处，其应使该平台到这个位置时停滞不前，且只可令其逆向恢复运行。在完成全部导轨的精确矫形校正后，将所有的导轨支架点焊牢固。

8. 安装曳引机、绳头板、轿底反绳轮，悬挂曳引绳

按照施工设计，在最高层站处将曳引机组装配到最末段的轿厢导轨上，调校曳引机底座径向与轴向的水平度不超过1/1000，然后吊入井道安装就位（见图7-26），确保曳引轮无论是在空载还是满载情况下与垂直线的偏差均不大于2mm。在曳引机附近1m之内，装设符合要求的、能方便操作的紧急停止开关。

依据井道布置图和部件安装图将绳头板、轿底反绳轮固定在正确的位置上（见图7-27），测调反绳轮的铅垂度不大于1mm。

按照绕绳工序垂挂曳引绳（见图7-28）。

为了避免差错，两个绳头板间曳引绳的截取长度应通过实地测量，其方法为将轿厢停在最接近顶层端站的地方，用1.5～2.0mm² 的镀锌铁丝或塑料电线从曳引轮、导向轮分别垂放到轿厢、对重，并沿绳路轨迹，且包括复绕轮、反绳轮，直至到达各自的绳头板处，测出该线的长度c，及加上轿底平面和顶层端站地面的差距值j，和减去对重撞板与缓冲器顶面间的越程值y，再计入绳头加工过程的消耗量x（通常取0.2～1.1m，依据绳头型式而定），就得到应截取的曳引绳之长度L。即

$$L=c+j+x-y \quad (\mathrm{m})$$

截取前应选找平坦干净的场地拖放曳引绳并拉紧测量，截取时为防止松股要把截取点两端用0.5～0.7mm² 的铁丝绑紧，截断曳引绳的工具通常使用切割机，也可利用钢凿（剁子），还可应用强力剪刀。若楼层过高，则可运用由曳引轮向两端绳头板垂放曳引绳的办法，这样可边放、边量、边核实、边切断。若所供的曳引绳是卷筒式包装则应借助转动托架，若所供的曳引绳是空心式包装则应经由循环转动，皆顺势垂序地盘放与盘卷，还应检查和确保曳引绳的表面清洁及不粘有杂质，没有打结、扭曲、松散和断丝。对于前一种方法，完成截取后就可进行绳头制作，对于后一种方法，则只能边截取边制作绳头。

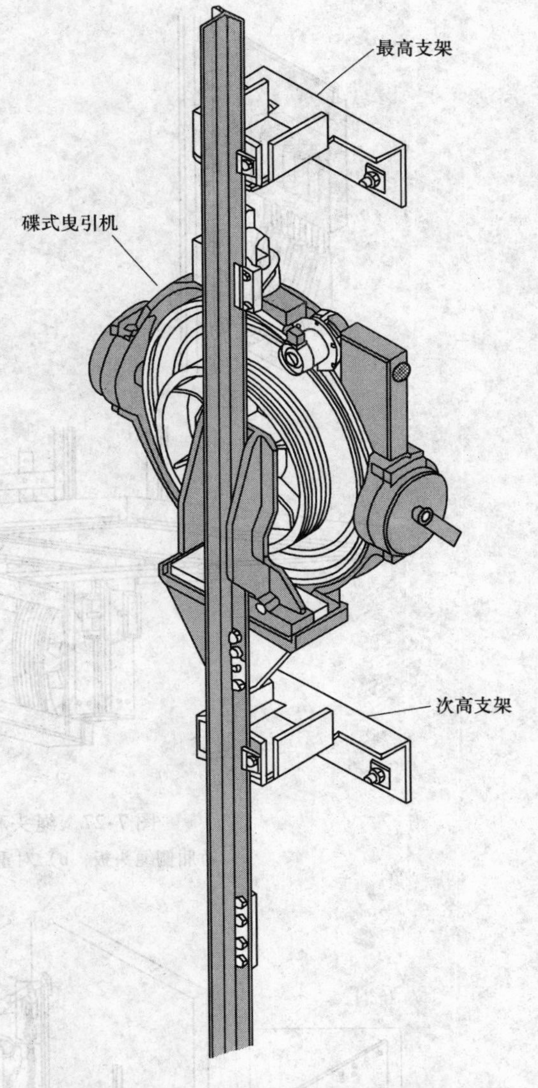

图7-26 碟式曳引机的安置

组装制作绳头应根据配给的绳头型式进行加工，不管怎样组装制作完成的绳头的机械强度应不小于曳引绳最小破断载荷的80%。填充式绳头制作工序如下（见图7-29），首先将绳穿入锥套和在距断头80～95mm处再用铁丝捆牢，其次拆去早先端部所绑铁丝与散开绳股及剪掉绳心，接着把各股弯折成手爪（菊花）状，随后用力将绳拉入锥套且敲打致紧并使手爪状绳项不露出锥套，最后把加热到270～350℃（溶液表面泛黄）的巴氏合金一次浇入锥套，且以刚好填充至绳顶为准。自锁式绳头加工工序如下（见图7-30），首先将绳穿过锥套，其次再把450～530mm长度的绳端反穿出锥套入口处，接着将楔块放入绳的圆弧处，随后用力把绳拉入锥套且敲打致紧，最后用三个间距为100mm的绳夹将穿出绳头锥套的短段绳与穿入的曳引绳相固定。

在绳头与绳头板牢靠固定前应使曳引绳不带负荷地自由悬垂，待释放完扭转应力后，方可让其就位承载。同时将所有绳头螺杆露出绳套螺母的尺寸调节成一样，接着检查绳头弹簧、螺母、开口销、索扣、楔块、填充合金等端接部件在受力后应无异常或缺损。

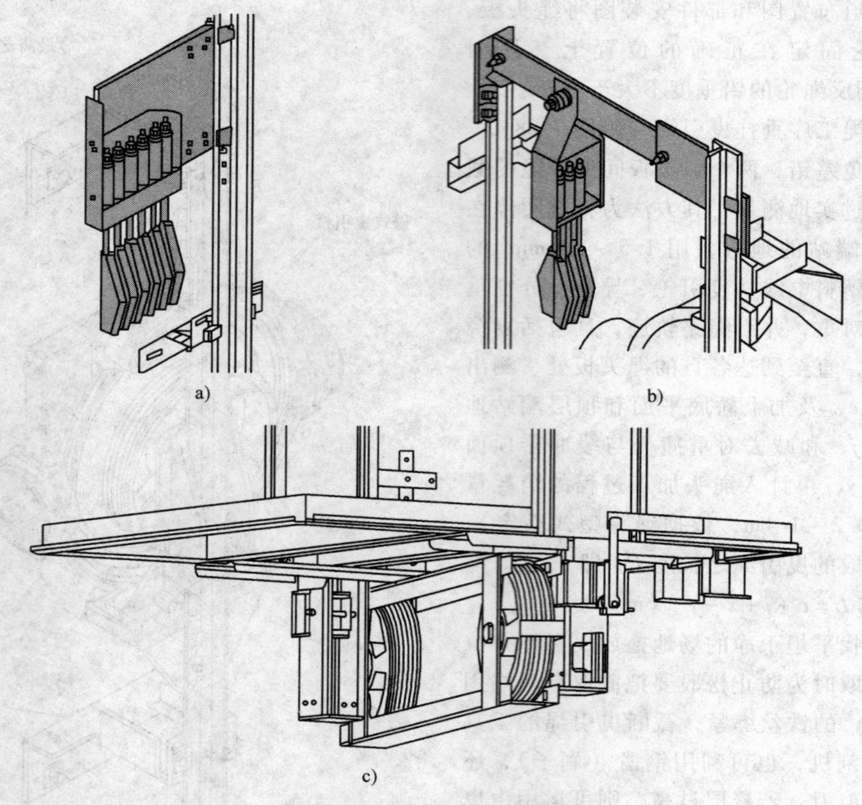

图 7-27　绳头和反绳轮的安装

a）轿厢侧绳头板　b）对重侧绳头板　c）轿底反绳轮

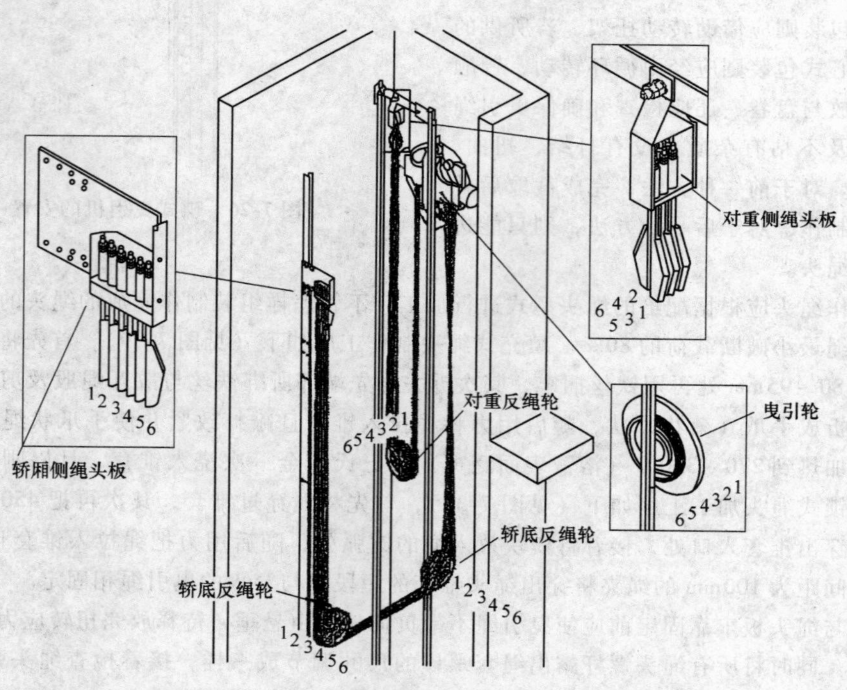

图 7-28　曳引绳垂挂工序

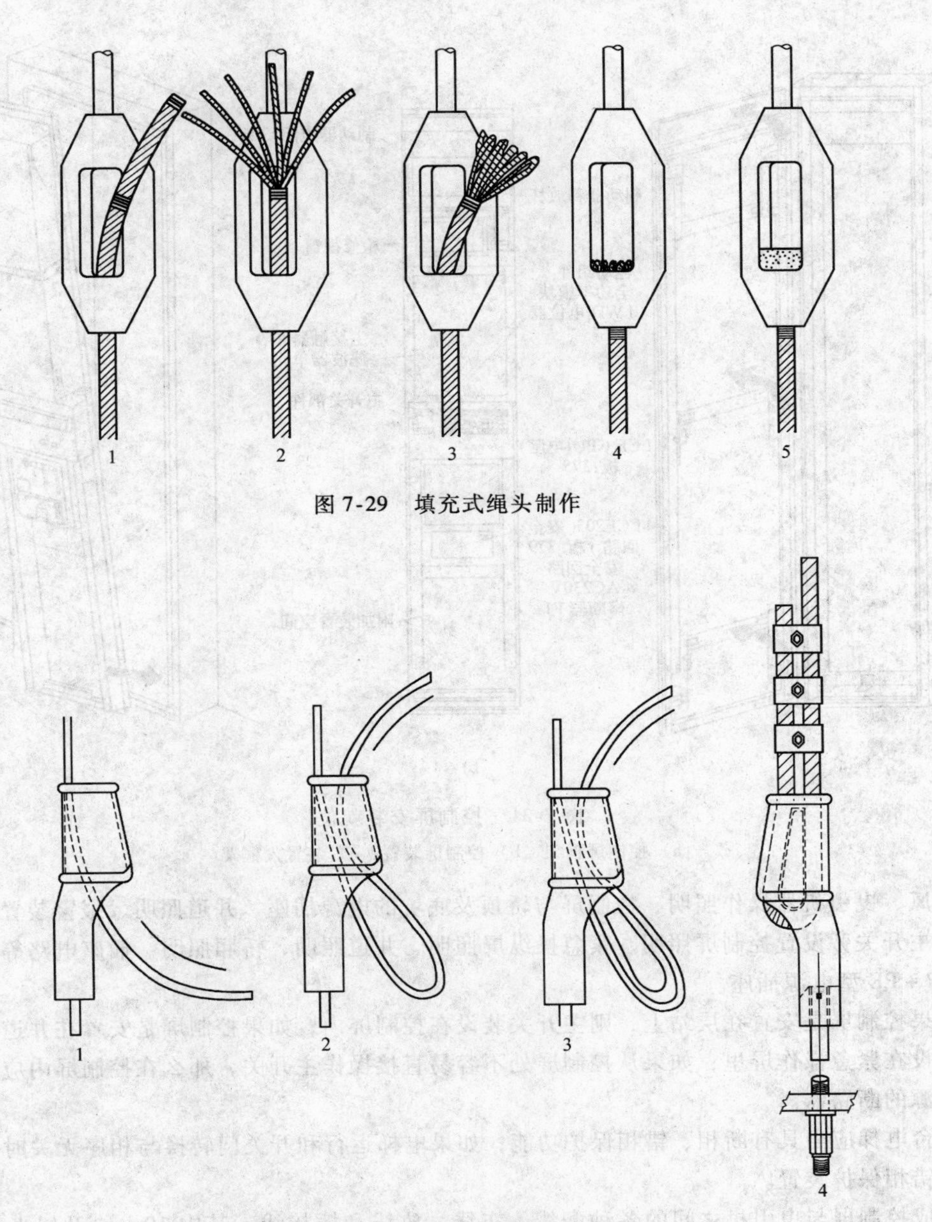

图 7-29　填充式绳头制作

图 7-30　自锁式绳头加工

随后装调防止曳引绳松动的安全电气开关。

将对重块放入对重框架内，其块数对应的重量约为轿厢额定载重量的 30%，随后压固框架内的对重块。

9. 安装控制屏、轿顶检修、限速器遥控复位、随行电缆

将控制屏运至最高层站门套旁的事前设定的土建位置处，并安装就位（见图 7-31），确认在控制屏的前面有不小于 0.7m（深）×0.5m（宽）的操作空间，进入控制屏的供电采用三相五线以及中性线（N）与保护线（PE）始终分开的制式。

每台电梯装设单独的易于接近和操作的主开关，该开关具有稳定的断开和闭合位置，并在断开位置时能够用挂锁或其他等效装置锁住，且可以有效地防止误操作。主开关不得切断轿厢的照

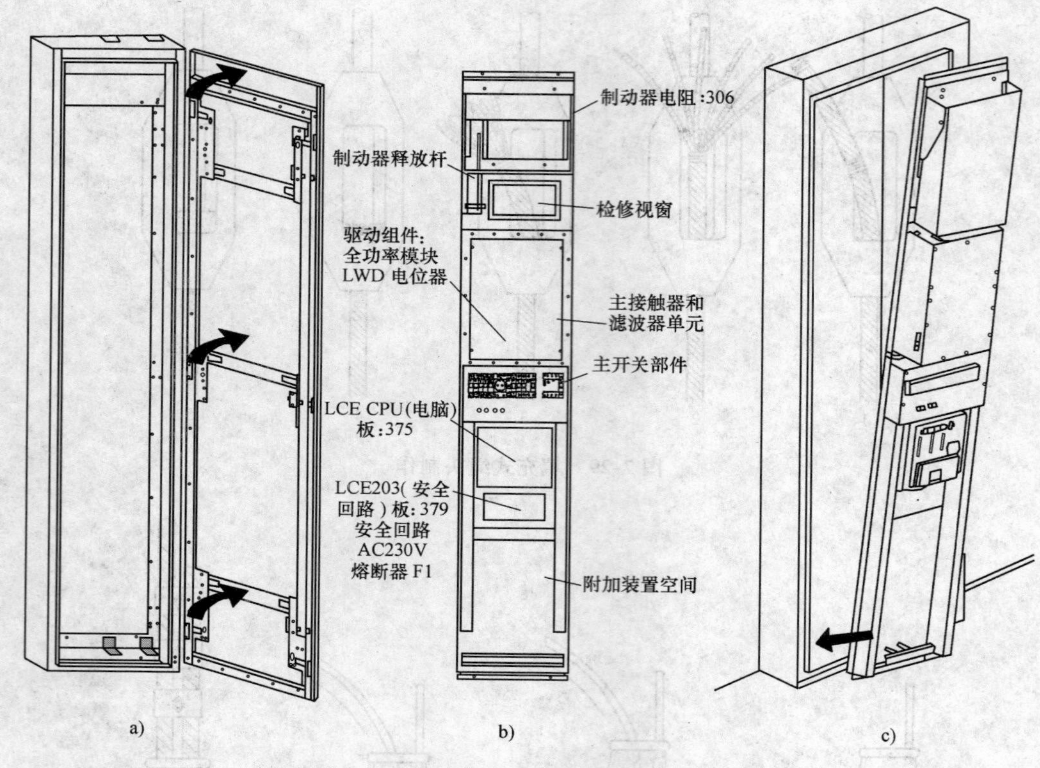

图 7-31　控制屏安装就位

a）控制屏框架　b）控制屏装置　c）装置入框架

明和通风、曳引机器操作照明、控制屏与轿顶及底坑的电源插座、井道照明、报警装置的供电电路。在主开关旁设置控制屏照明、紧急操纵屏照明、井道照明、轿厢照明、插座电路等电源诸开关和 2P + PE 型电源插座。

如果控制屏是安置在层站上，则主开关装设在控制屏内；如果控制屏是安置在井道中，则主开关装设在紧急操作屏里；如果从控制屏处不容易直接操作主开关，那么在控制屏内应装设能分断主电源的断路器。

每台电梯应当具有断相、错相保护功能；如果电梯运行和开关门转换与相序无关时，则可以不装设错相保护装置。

完成控制屏与曳引机之间的各种配线、布线、放线和插接线，其中 $10mm^2$ 及以上大截面的导线与供电箱、变压器、电动机、变频器、控制屏等装置的连接应采用配套的线卡子、线端子和线鼻子。

在控制屏、紧急操纵屏的适当位置上装设永久性电气照明和 2P + PE 型电源插座。在控制屏或紧急操作屏的醒目地方应当贴设清晰的应急救援程序指引。

将轿顶紧急停止开关和轿顶检修盒分别或合并安放在轿顶上一个从入口处易于接近的地方（见图 7-32）。在轿顶适当位置上安设永久性电气照明与供电开关以及 2P + PE 型电源插座。

在井道顶部安装限速器托架，使悬挂架上的限速器重新就位，随后在控制屏预定部位装配限速器遥控复位（见图 7-33）。

依从施工布置，轿底随行电缆支架应与井道随行电缆支架平行固定，且井道电缆支架应固定

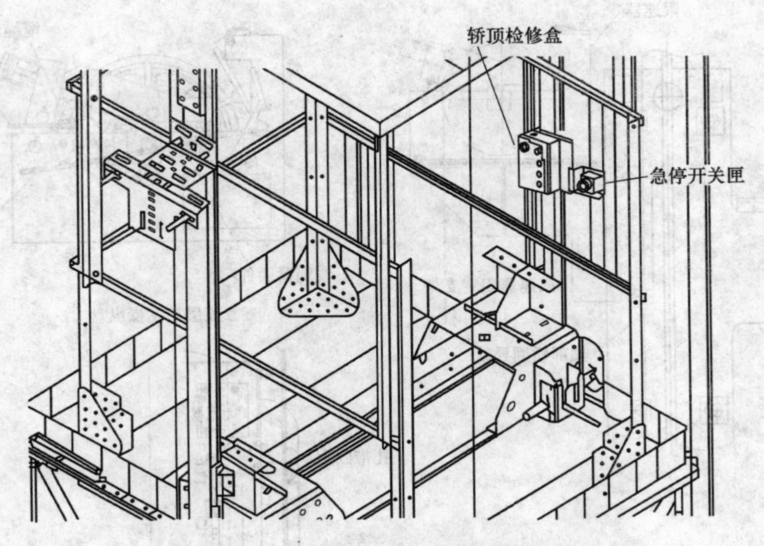

图 7-32　固定轿顶检修盒与急停开关

在整个井道高度的 1/2 向上加 1.5m 处。于控制屏和轿厢之间顺势垂放随行电缆，在使其自由悬垂及消除扭转应力后，再可靠固定它的两端（见图 7-34），且确保随行电缆的弯曲部分直径至少为 400mm 以及相互处的水平距离应大于 80mm、垂叠距离应大于 30mm，使彼此间不应有打结、弯折、扭曲、环缠等现象，并避免该电缆在运动中与限速器绳、井道开关、线槽软管等机件的干涉、交叉、卡阻，并证实当它处于井道底部时能避开底坑部件，和同这些部件保持一定的距离，与查验当轿厢压在缓冲器上后该电缆不会与底坑地面和轿厢底边框相接触。

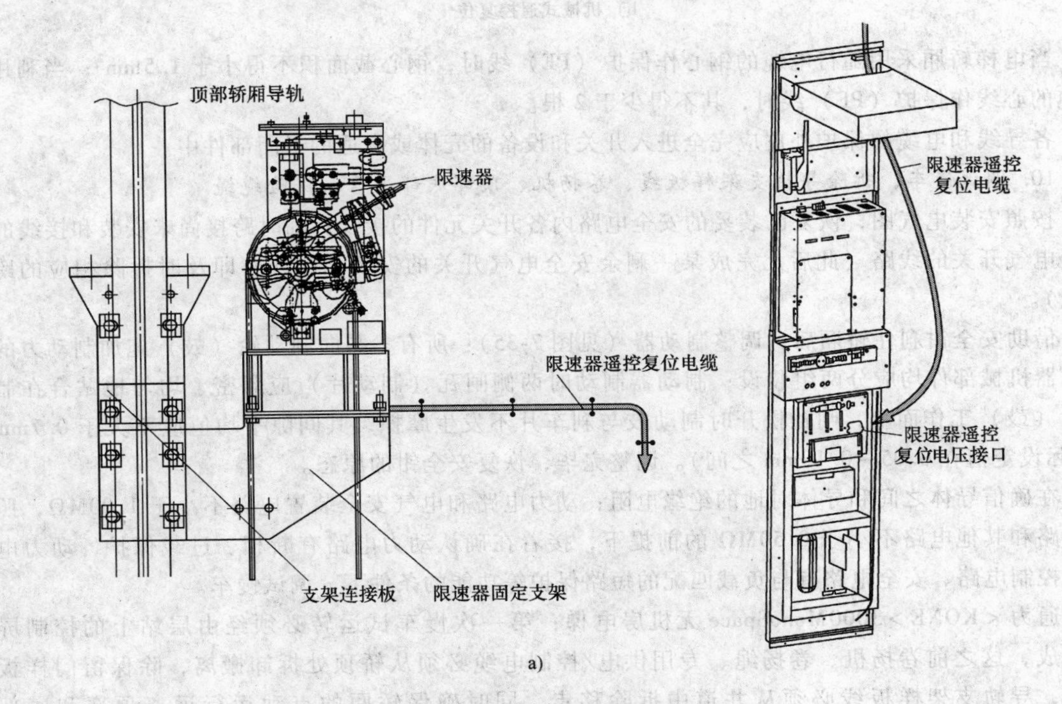

图 7-33　装配限速器及遥控复位

a）电气式遥控复位

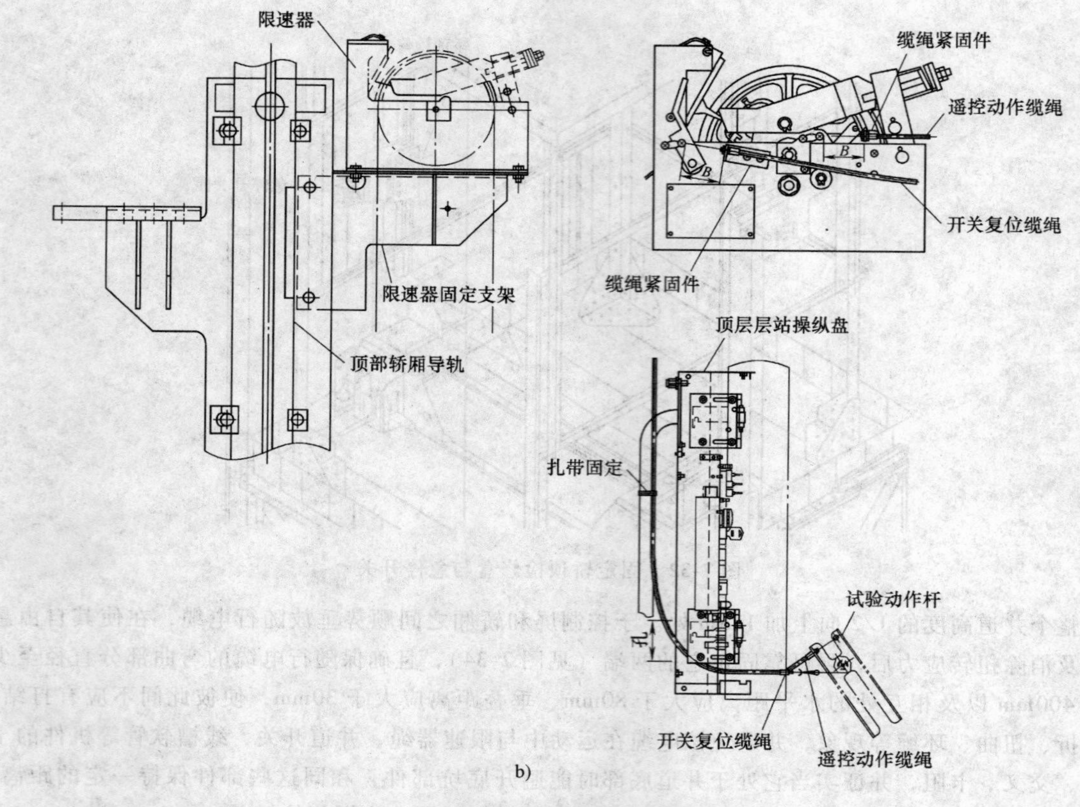

图 7-33　装配限速器及遥控复位（续）
b）机械式遥控复位

当电梯轿厢采用随行电缆的钢心作保护（PE）线时，钢心截面积不得小于 1.5mm²；当利用电缆的心线作保护（PE）线时，其不得少于 2 根。

各导线和电缆的保护外皮应完全进入开关和设备的壳体或合适的封闭部件中。

10. 调试慢车，拆除导轨支架样板线、卷扬机、顶部底部平台、保险缆绳

按照安装电气图，恢复已装妥的安全电路内各开关元件的接线；临时跨接尚未安装和接线的安全电气开关的线路（此后凡完成某一剩余安全电气开关的安装和接线，即及时拆除相应的跨接线）。

借助安全钳刹住轿厢后，调整制动器（见图 7-35）：所有参与向制动轮（鼓）施加制动力的制动器机械部件均应分两组装设；制动器制动时两侧闸瓦（制动片）应紧密、均匀地贴合在制动轮（鼓）工作面上，闸瓦松开时制动鼓与刹车片不发生摩擦，其间隙平均值应不大于 0.7mm（实际设定值在 0.05～0.10mm 之间）。调整完毕，恢复安全钳的原态。

在确信导体之间和导体对地的绝缘电阻：动力电路和电气安全装置电路不小于 1.00MΩ，照明电路和其他电路不小于 0.50MΩ 的前提下，接着在确认动力电路有断相、过载保护，动力电路、控制电路、安全电路有与负载匹配的短路保护等功能的条件下，调试慢车。

通力 <KONE> 3000MonoSpace 无机房电梯：第一次慢车试运转必须经由层站上的控制屏去完成，这之前卷扬机、卷扬绳、专用供电/控制电缆必须从轿顶处拆卸搬离，除保留门样板线外，导轨支架样板线必须从井道中拆除移走。同时确保轿厢的点动运行远离顶部和底部平台。

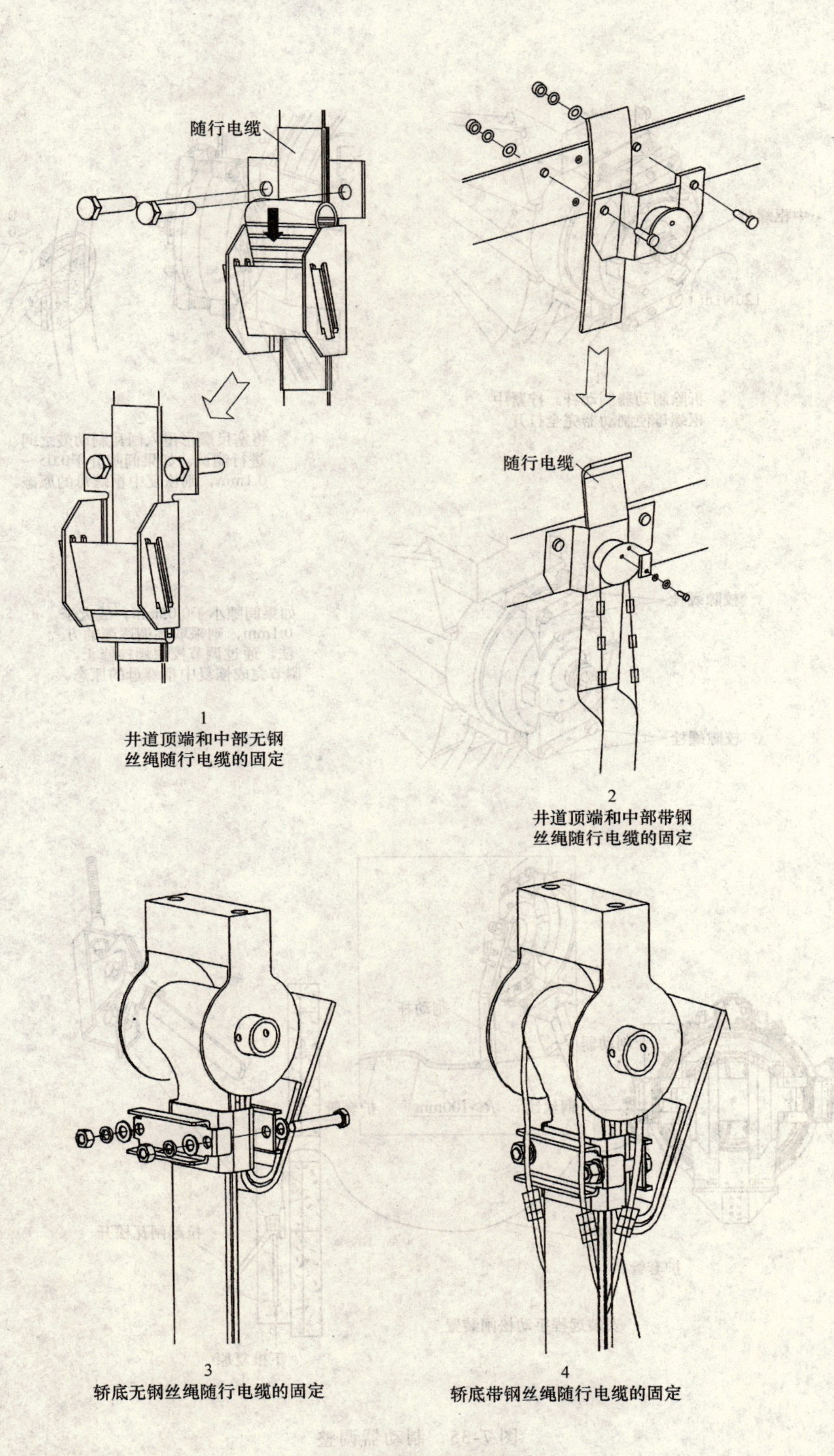

图 7-34　随行电缆的固定

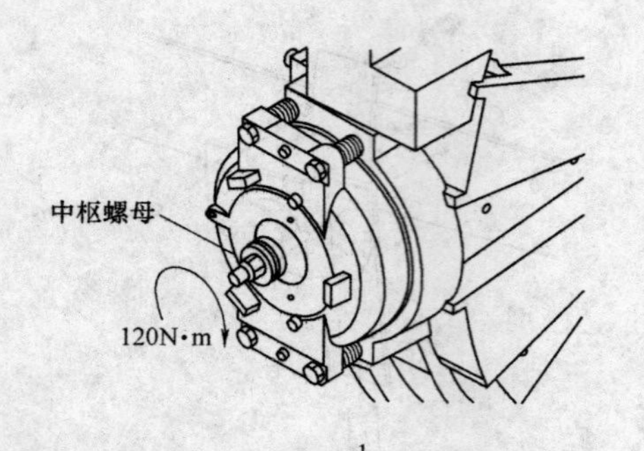
中枢螺母
120N·m
1
拆除制动器制动杆。拧紧中
枢螺母使制动器完全打开。

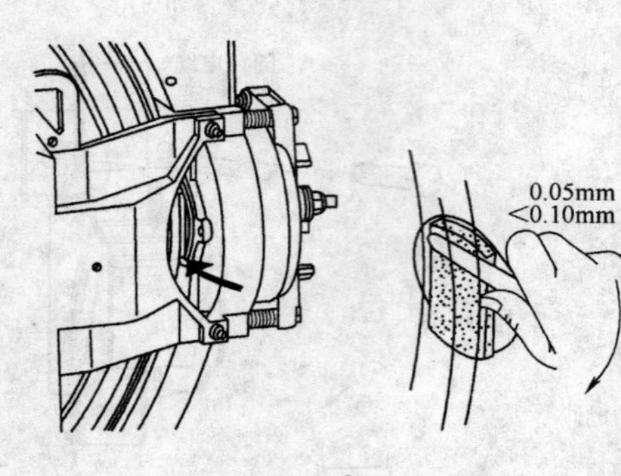
0.05mm
<0.10mm
2
将塞尺顺形滑入闸瓦制动鼓之间
进行测试。如果间隙介于0.05～
0.1mm，则恢复中枢螺母的原态。

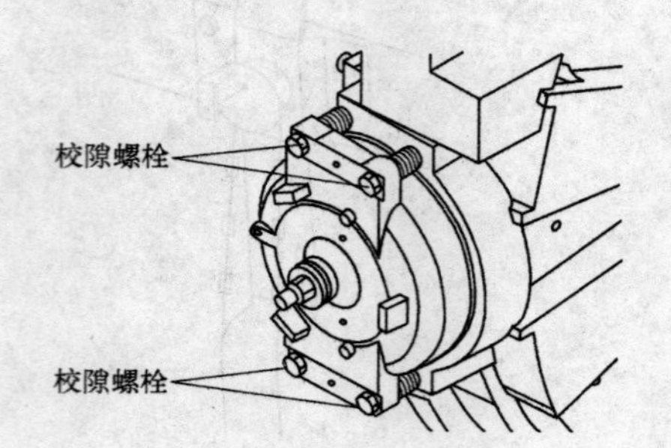
校隙螺栓
校隙螺栓
3
如果间隙小于0.05mm，或大于
0.1mm，则采取逐调逐测的方
法，通过调节校隙螺栓修正。
调节完成恢复中枢螺母的原态。

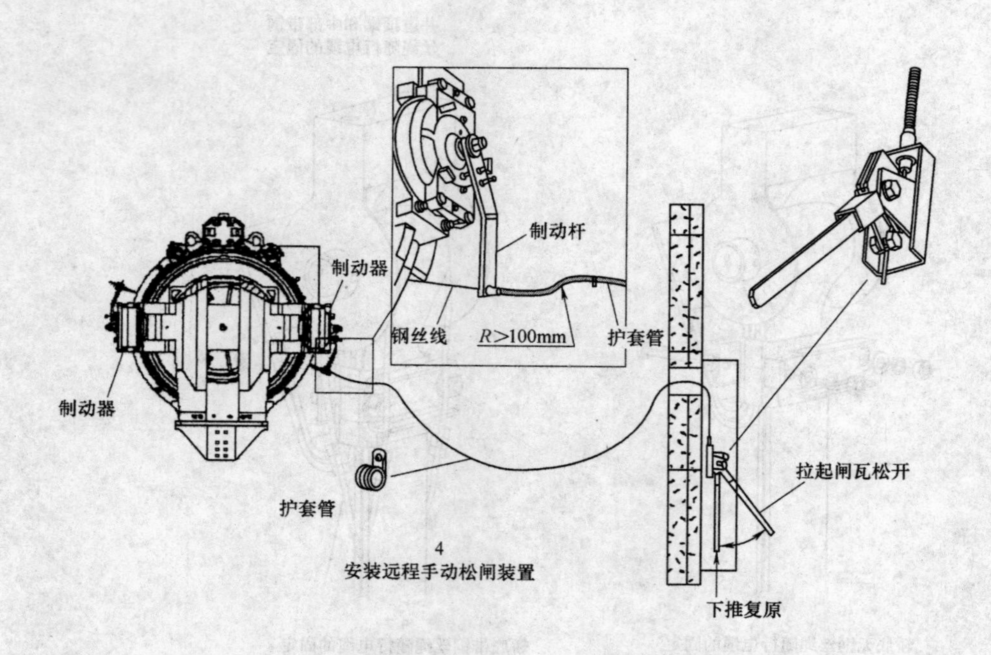
制动杆
制动器
钢丝线
R>100mm
护套管
制动器
护套管
拉起闸瓦松开
下推复原
4
安装远程手动松闸装置

图 7-35　制动器调整

A. 首次慢车试运转的设置

步骤	操　作	注　释
1.	将电梯转到 RDF(控制屏 270 开关)	RDF(紧急电动运行)跨接极限开关(51),安全钳开关(52)和限速器触点(127)
2.	将轿顶上的检修操作状态转至 NORMAL(正常)	
3.	在大的凹槽内调妥限速器绳	戴手套
4.	转动主开关(220)接通电源	
5.	查看熔断器和发光二极管的状况	参见相关的熔断器和发光二极管说明

步骤 6.

行　动	显示
按动 MEUN 按钮直到数字 2 出现在 MENU 显示器上	2 ____
按动 SELECT/ACCEPT 按钮	2 ____ 1 ____
按动 SELECT/ACCEPT 按钮;如果电动机型号不相符,则利用标以箭头的按钮设置正确的型号	2 ____ 1　XX XX 闪烁
按住 SELECT/ACCEPT 按钮直到相符的设置被确认	2 ____ 1 XX 不闪

XX = 电动机型号
05 = MX05
06 = MX06
10 = MX10

步骤	操　作	注　释
7.	断开和接通电源使得控制系统复位	在复位情形下,新的设置被自动记录
8.	在 RDF 装置(270:RB)上按压 RUN 按钮并查看 SAFETY INPUT(安全电路输入)发光二极管 **不要按压方向按钮**	参见用户界面发光二极管说明
9.	借助 RDF 检查安全电路的功能操作: 每次激发一个,轿顶上的急停按钮、停止按钮和井道底坑内张紧轮触点,确认在每次激发后按压 RDF/RUN 按钮时 SAFETY INPUT 发光二极管应不亮	

B. 负载称量装置的临时调整

步骤	操　作	注　释
1.	首先将驱动单元上的 GAN 电位器旋至一头终端,然后把它反转向另一头终端,同时记住旋转的圈数。重新将该电位器调到中间位置	
2.	旋转驱动单元上的 OFFSET 电位器,使得用户界面上显示出 50% 负载指标	此非最终的调整,仅适用于首次驱动电梯

步骤 2.

行　动	显示
按动 MENU 按钮直到数字 5 出现在 MENU 显示器上	5 ____
按动 ACCEPT 按钮	5 ____ 1
按动 ACCEPT 按钮	L ____ XX　该 XX 是百分比负载值
旋调 OFFSET 电位器直到数字 50 出现在显示器上	L ____ 50

注意:在这项调整做完之前不要试图驱动电梯。

C. 首次驱动电梯的调试

步骤	操　作
1.	通过 SDF 检查测速器极性和电动机的旋转方向 尝试向下驱动轿厢,同时查看驱动单元上 TPOL 发光二极管的状态和轿厢的动向

按动	TPOL	运转	测速器	电动机
向下	点亮	朝下	正确	正确
向下	点亮	往上	错误	错误
向下	闪烁	不动	正确	正确
向下	闪烁	不动	错误	错误

如果轿厢是朝错误的方向运行,则断电,交换电动机电缆中的两根大线和交换测速器电缆中的两根导线,并重复上述检查操作。如果 TPOL 发光二极管是闪烁的而且轿厢不移动,则变动电动机的相序和重复上述检查操作。如果需要则再重做以上的互换操作

（续）

步骤	操作
2.	先将轿顶上的检修操作装置转到 SERVICE，再在控制屏里断开 RDF，试验检修操作装置上的按钮功用
3.	在 SERVICE 模式下，逐个地激发轿顶上的极限开关、轿顶停止按钮、曳引机停止按钮和限速器触点，起动运行，电梯应不会开动 向下驱动并激发极限开关，电梯照理马上停车 保持层门门锁打开，并尝试启动运行，电梯必须不动 通过打开轿门测试轿门门锁功能，顺带试验轿门开启按钮的作用。维持轿门开启，将检修操作装置转到 NORMAL 模式，查看用户界面上 CAR DOOR CONTACT（轿门触点）和 SAFETY INPUT 的发光二极管应当熄灭
4.	试验轿门触点（87）和层门触点（121）中断安全电路的功能

确认曳引机在工作时无异常噪声和振动。确定至少有两个独立的电气装置能切断曳引电动机供电和制动器电流，而且当电梯停止时如果其中一个电气装置（如接触器或者变频器）未断开，则最迟到下一次运行方向改变后，制动器即无法再开闸，电梯将被制止再运行。

在确证使用轿顶检修盒操作慢车运行——即①轿顶检修控制优先于其他位置的检修控制；②必须确保从此时此刻开始直到快车调试后，即使检修转换开关无意中被拨在非轿顶检修位置，轿厢也不会因此而自行滑移或运动；③只有依靠持续按压标明了防误操作与运行方向的按钮，才能使轿厢以不大于 0.63m/s 的速度移动；④轿顶检修盒上的急停开关、轿厢上的安全钳开关、井道中的限速器开关等应能起作用——无误以后，拆除上行越位停止凸轮开关、顶部和底部平台、保险缆绳、安全钳制动踏板。

11. 安装补偿链（绳）、轿厢壁板、上坎地坎、轿门、门机、通风、平层感应装置

考虑均衡，及时装上补偿链（绳）（见图 7-36）。补偿链（绳）固定应牢靠，其端接或绳头部件的弹簧、螺栓螺母、形状螺杆、开口销、索扣、楔块、填充巴氏合金等应无异常和无缺损。装调限制补偿链过分晃动的挡链杆或挡链轮，装调检测补偿绳张紧状态的安全电气开关和当额定速度大于 3.5m/s 时检测补偿轮、绳跳动超常的安全电气开关。

在拆掉轿底面上的临时护栏后，补充装上轿厢壁板、轿厢地坎和前踏板、轿厢护脚板（见图 7-37）。轿厢壁板的水平度和垂直度应不超过 1.5/1000，轿门地坎的水平度应不超过 0.5/1000，轿厢护脚板的高度至少为 0.75m，宽度不小于层门打开净尺寸即不小于层站入口宽度。

当距轿底面在 1.1m 以下使用玻璃轿壁时，必须在距轿底面 0.9～1.1m 的高度安装扶手，且扶手必须独立地固定，不得与玻璃有关。

然后安装轿门上坎，其水平度和垂直度应不超过 0.5/1000，并用线锤找正与轿厢地坎的对应安装尺寸；安置开关门机架和机构，它们应牢固可靠地与轿架或轿顶紧密连接，其中机架的水平度和垂直度应不超过 1/1000，并在≤75kg 垂直向下和水平向内作用力的施加下不产生变形；安放轿内通风机、平层感应装置，轿内通风机与轿顶、轿顶风口间应避振消噪的连接与耦合，平层感应装置支架与轿架立梁的连接应牢靠，其水平度和垂直度应不超过 0.5/1000。

安装轿门，其门扇的垂直度和水平度应不超过 0.5/1000，且滑动灵活。轿门的门扇之间、门扇与门前壁之间、门扇与地坎之间的间隙应不大于 6m，对于货梯则应不大于 8mm；当在水平滑动门的开启方向，以 150N 的力施加在最不利的点上时，对于旁开式轿门其间隙应不大于 30mm，对于中分式轿门其间隙总和应不大于 45mm。当轿门在正常轨迹上行走时，不得发生脱轨、机械卡阻、行程终端错位等异常状况。

当轿门采用玻璃门时，应查核玻璃门上的生产厂商名称或商标、型式与等级标志，及在受冲击或玻璃下沉等情况下固定件不会使玻璃从其中脱出，且有防止玻璃拖曳儿童手足的措施。

轿门的闭合应由一个安全电气开关来验证，如果滑动轿门是由数个间接机械连接的门扇组成，则未被锁住的门扇上也应由一个安全电气开关来验证。

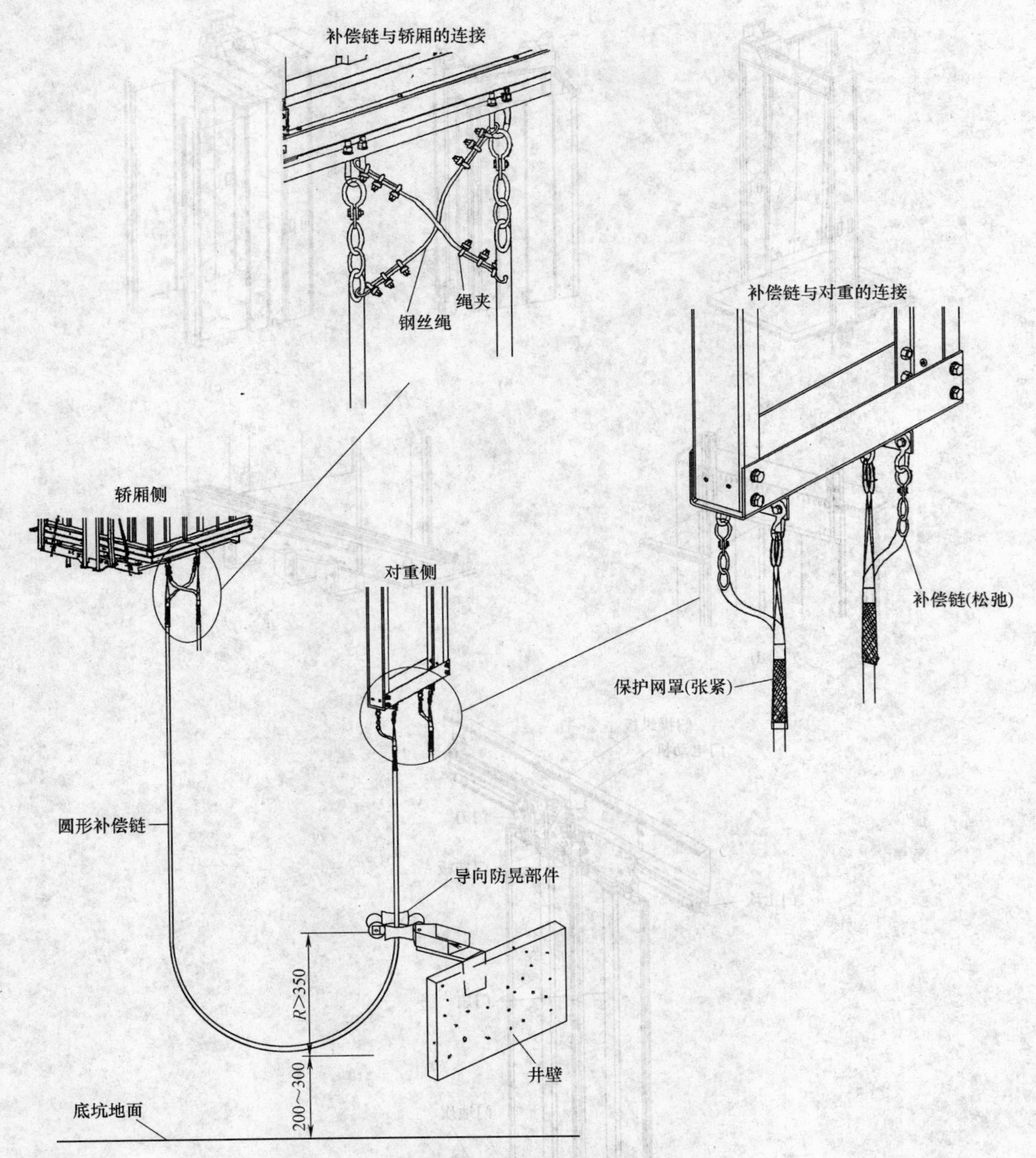

图 7-36　补偿链的安装

完成开关门机构与轿门的机械连接；通过调整使其运转自如。

12. 安装层门、门套、护脚板、门锁、呼梯层显盒，拆除门口样线和样板架

安装层门门套、层门地坎、层门、护脚板、门锁（见图 7-38）。

层门地坎的水平度不得大于 1/1000，层门地坎应高出装修地面 2～5mm。调校层门地坎与轿门地坎的水平距离不大于 35mm，该允许偏差为 0～+3mm。层门门扇的垂直度和水平度应不超过 1/1000，且滑动灵活。层门的门扇之间、门扇与门套之间、门扇与地坎之间的间隙应不大于 6mm，对于货梯则应不大于 8mm；当在水平滑动层门的开启方向，以 150N 的力施加在最不利的点上时，对于旁开式层门其间隙应不大于 30mm，对于中分式轿门其间隙总和应不大于 45mm。

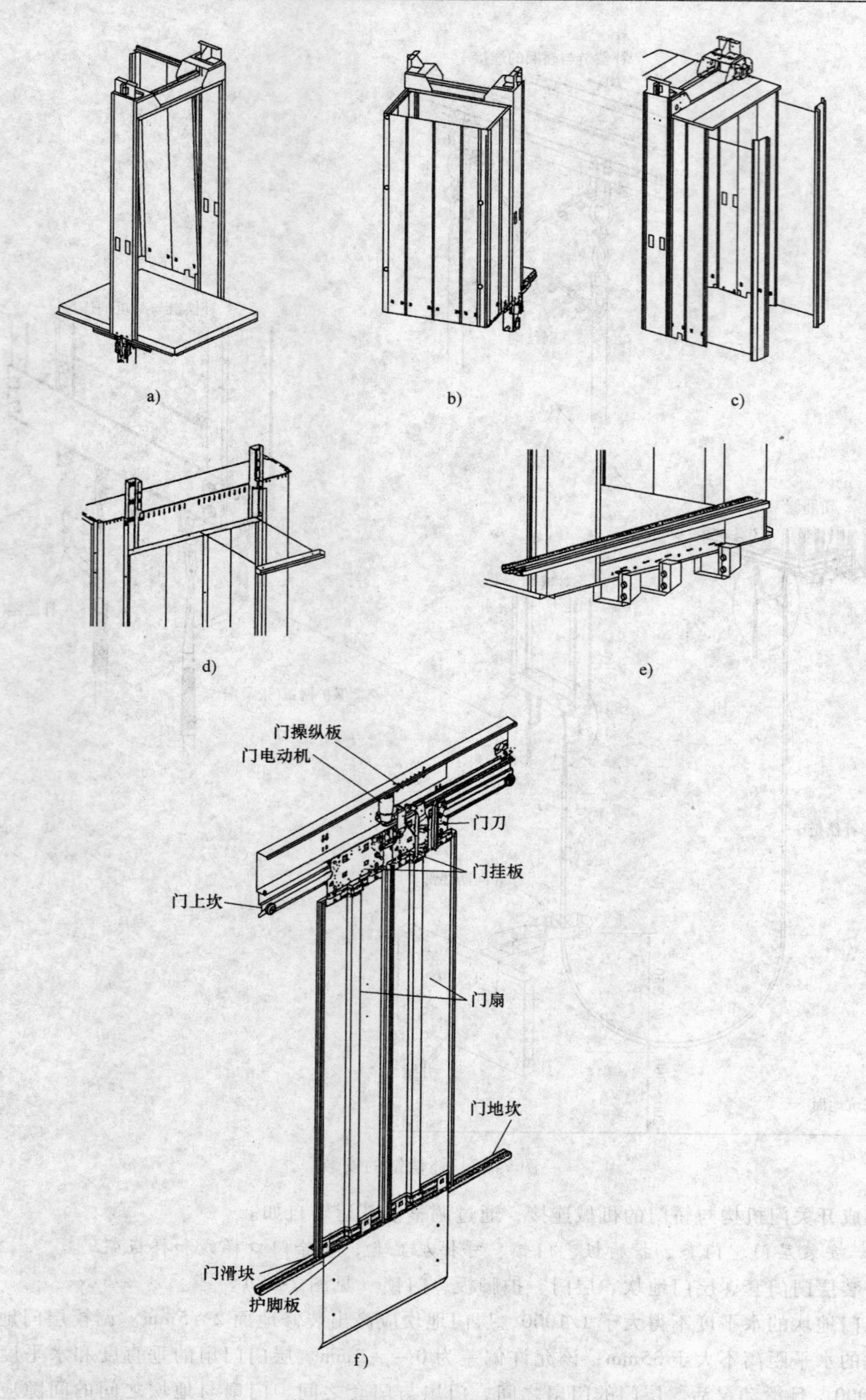

图 7-37　轿厢部件的补装

a）轿厢侧壁的安装　b）轿厢后壁的安装　c）轿厢前壁的安装　d）轿厢上楣的安装　e）轿厢地坎的安装　f）轿门的安装

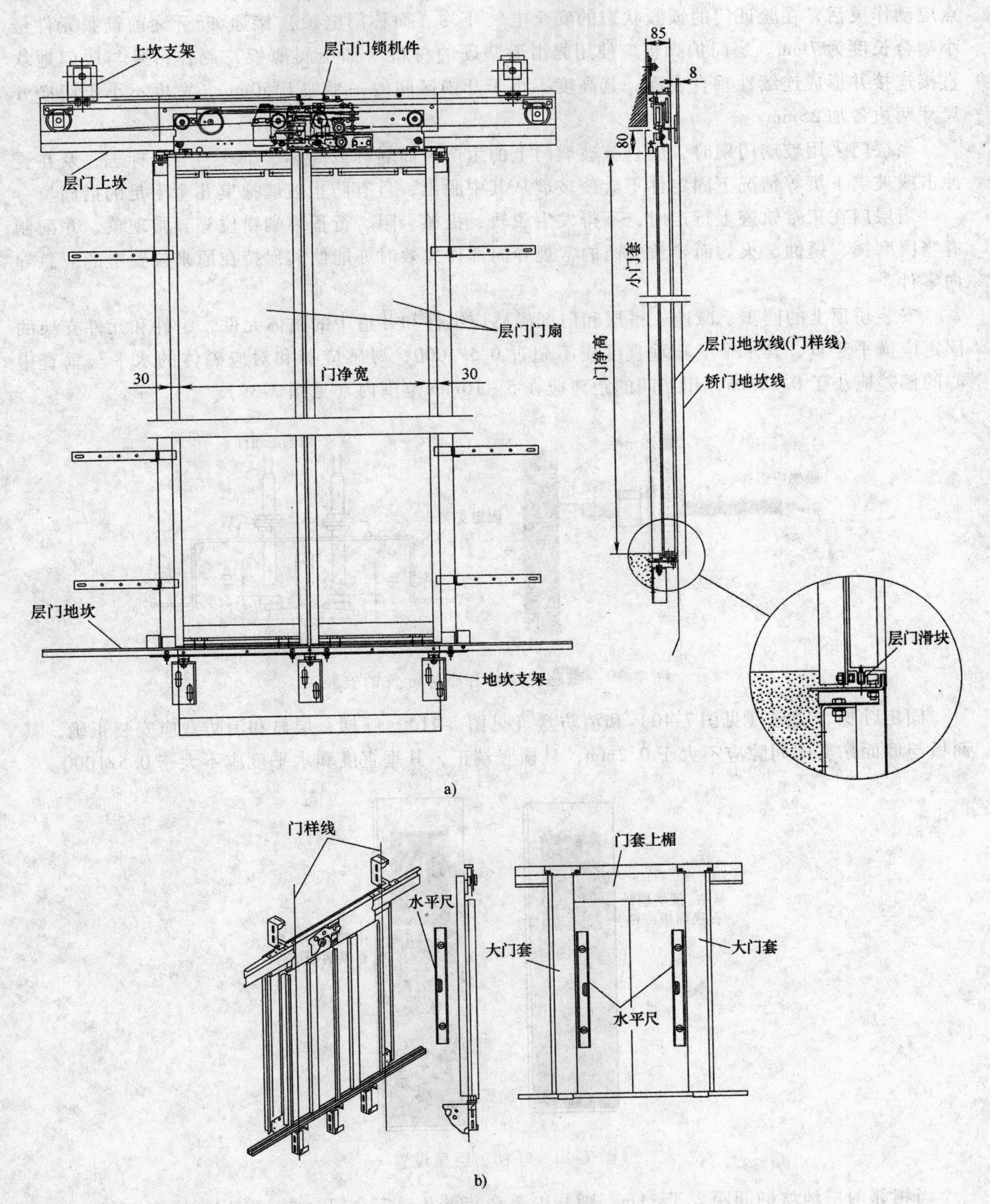

图 7-38　层门部件的安装

a）层门及附件的安装与固定　b）层门及门套的校准

每扇层门的闭合应由一个安全电气开关来验证，如果滑动层门是由数个间接机械连接的门扇组成，则未被锁住的门扇上也应由一个安全电气开关来验证。每个层门都要装设紧急开锁装置，并能用钥匙打开层门，且开锁钥匙一旦退出则该开锁装置应自动复位；门锁锁钩、锁臂及安全触点应动作灵活，在验证门的锁紧状态的安全电气开关（简称门电锁）接通/断开之前锁紧元件最小啮合长度为7mm。层门护脚板应使用光滑而坚硬的材料（如金属薄板）制作，且与层门地坎直接连接并形成连续性垂直表面，其高度不小于开锁区间的一半加上50mm，宽度不小于门净开尺寸两边各加25mm。

当层门采用玻璃门扇时，应查核玻璃门上的生产厂商名称或商标、型式与等级标志，及在受冲击或玻璃下沉等情况下固定件不会使玻璃从其中脱出，且有防止玻璃拖曳儿童手足的措施。

当层门在正常轨迹上行走时，不得发生脱轨、机械卡阻、行程终端错位等异常现象，并配制有当因磨损、锈蚀、火灼而导致层门的常规导向部件失效时亦能使其保持在原来位置上的应急导向零件。

安装轿顶上的同步、减速、平层和门区磁感应组件和井道中的磁体元件，组件和元件支架的固定应横平竖直，其水平度和垂直度应不超过0.5/1000，磁感应器和对应磁体的水平与垂直中心的偏差应小于0.25mm，相互间的距离应在5～10mm范围内（见图7-39）。

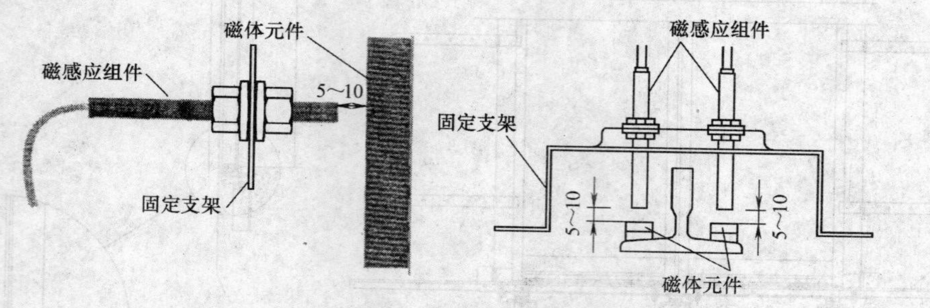

图7-39　磁感应组件和磁体元件的安装

固定呼梯、层显（见图7-40）和消防盒（见图7-41）。呼梯、层显和消防盒应安装正确，其面板与墙面贴实的间隙应不大于0.2mm；且横竖端正，其垂直度和水平度应不大于0.5/1000。

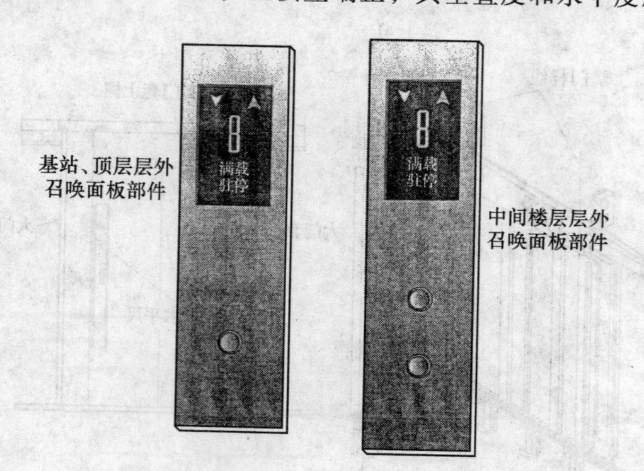

图7-40　呼梯、层显设置

当相邻两层地坎的间距大于11m，则其中要么装设井道安全门，要么使用轿厢安全门，该门高度不低于1.80m、宽度不窄于0.35m，且不得朝井道内开启，此门上装配有用钥匙或在井道内才能打开、不用钥匙亦可关闭的锁紧机件，并借助安全电气开关验证这门的关闭状态。

若为了检修方便而开设井道安全门，则该门高度不低于1.40m、宽度不窄于0.60m，且不得朝井道内开启，此门上装配有用钥匙或在井道内才能打开、不用钥匙亦可关闭的锁紧机件，并借助安全电气开关验证这门的关闭状态。

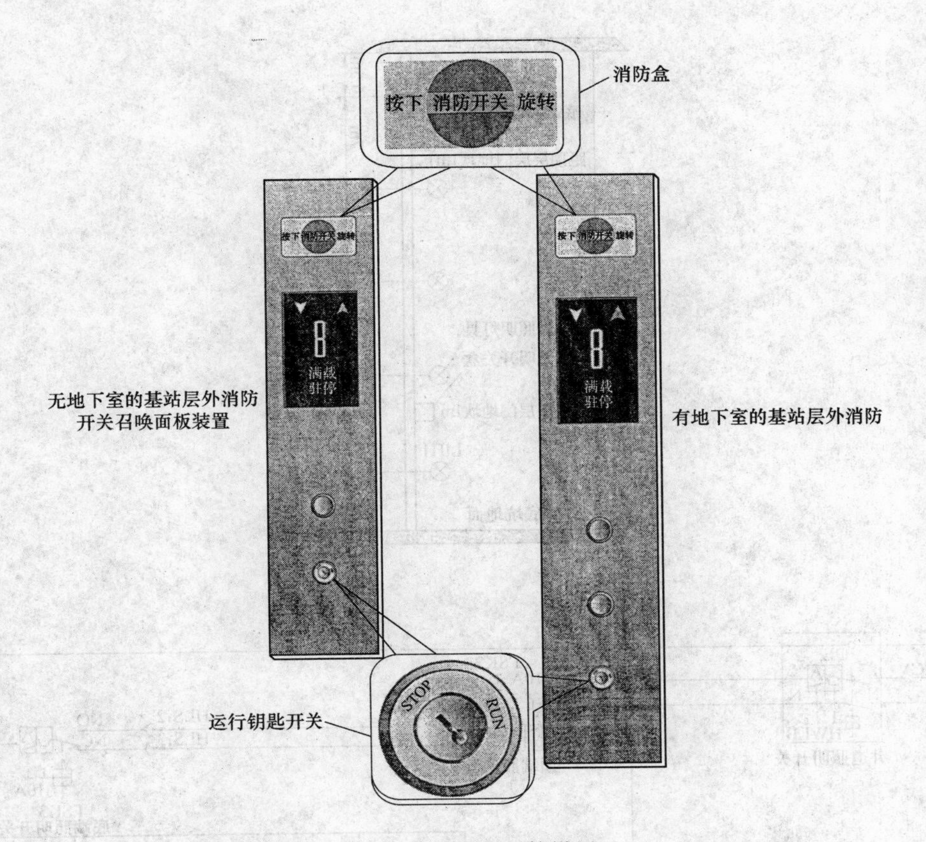

图 7-41　消防盒/箱设置

所有层门和附加门等安装完毕后，拆除并移走样板架及门线。

13. 完成井道电气布线，安置井道照明，安装轿厢上行超速保护装置

按照产品要求和电气接线图，完成井道内的配线、布线、放线和接插线。务必保证控制屏与井道间的来往线路要用线槽或线管予以保护，且各转弯抹角处均应装设防磨衬垫；保证线缆、线槽、线管的排放平直、整齐、牢固；保证电气元件标志和导线端子编号与电气原理图相符，并正确、完整、清晰和便于查寻；保证动力与控制线路分隔敷设；保证强、弱电缆走线相互隔离及有屏蔽措施；保证所有电气设备及线管、线槽外露的可以导电的部分与保护（PE）线可靠连接；保证门电气安全装置导线的截面积不小于 $0.75mm^2$。

软线和无护套电缆应在导管、导槽、线管、线槽或能确保起到等效防护作用的装置中使用。护套电缆和橡套软电缆可明敷于除地面外的电梯电气设备间。线槽和导槽内置入的导线的总面积不应大于槽净面积的60%；导管和线管内穿入的导线的总面积不应大于管净面积的40%；软管、阻燃塑管固定间距不应大于1m，端头固定间距不应大于0.1m。接地支线应采用黄绿相间的绝缘导线，各支线应分别直接接到地线端柱上，而不得互相串联后再接地。

查核轿厢上行超速保护装置及其铭牌，应标明制造单位名称、型号、规格参数、型式试验机构标识，安装轿厢上行超速保护装置，并查证在控制屏或者紧急操作屏内有进行轿厢上行超速保护装置动作试验的方法说明。

安置井道照明，其电路如图7-42所示，即在井道侧壁或者后壁的最高与最低位置的0.5m以内各装设一盏带防护罩的照明灯具，然后再在中间每隔7m处装设一盏。对于部分封闭的井道，

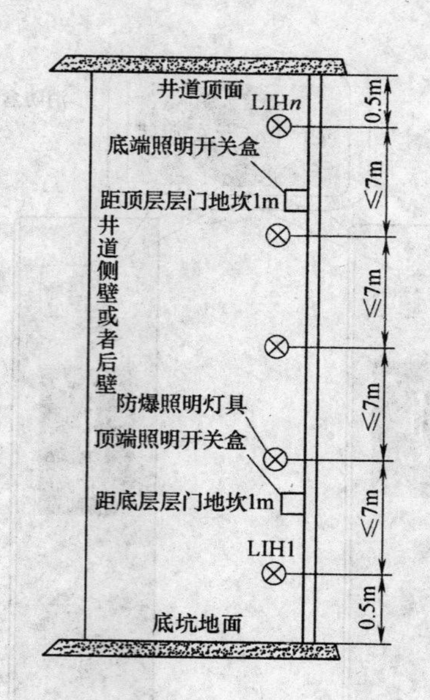

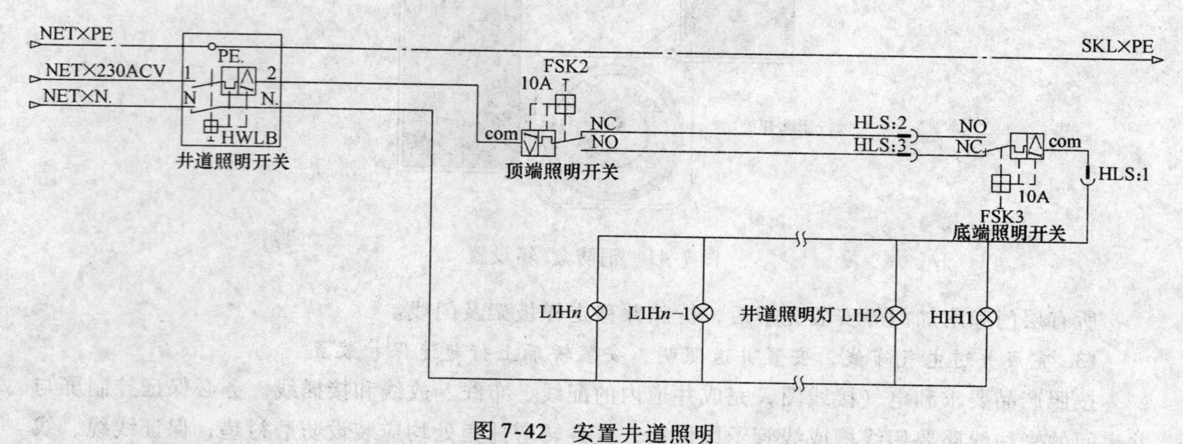

图 7-42　安置井道照明

如果井道附近有足够的电气照明，那么井道内就可以不设照明装置。

当轿厢设有安全窗时，则应有手动的借助安全电气开关验证其关闭状态的上锁装置，并仅能朝轿厢外开启，而打开后的窗体的任何一面均不得超出轿厢的边缘，且可不用钥匙就能自轿厢外将它开启，但必须用规定的三角钥匙才能从轿厢内将该窗打开。

14. 安装轿内操纵盘、对讲、照明、门光幕、称重和轿厢装潢，完成轿顶接线

安装轿内操纵盘（见图7-43）、对讲机（见图7-44）、紧急报警装置、应急照明、轿内照明、轿顶天花、轿内扶手、轿厢附加装潢、门保护光幕、称重装置，最终完成轿厢部分的所有配线、放线、布线、接插线。

必须确保当电梯行程大于30m后，在轿厢和控制屏、底坑、监控室等之间应装设紧急报警和对讲系统，且在停电时由自动再充电的紧急电源向上述系统供电。

安置轿厢内标明额定载重量及乘客人数、制造单位名称或商标的铭牌。

检查轿内操纵盘的垂直度应不大于0.5/1000，且与前壁板的贴合间隙应不大于0.15mm；测试轿内操纵盘的各钥匙、按钮、声响、显示等元件的功能和可靠性；试验对讲机、紧急报警装置的操作与使用，并核对报警和对讲按钮的功效等同及它们距完工后轿底面的尺寸应在900～

1400mm 范围内；操作和察看应急照明、轿内照明等器件的在正常与紧急状况下的通断燃熄。

关门保护光幕的安装有移动、固定和混合型等方案，其中移动和固定型多用于中分式梯门，固定和混合型者多用于旁开式梯门。移动型光幕是将两根光幕条安设在关闭后相互靠拢的中分式轿门的门扇加强筋上（见图 7-45），其装配应紧密，两根光幕条在同一平面位置的高度差应小于 2mm；固定型光幕是将两根光幕条安设在轿门上坎和地坎的两边端头处的角形支架上（见图 7-46），其装配应平直，两根光幕条在同一平面位置的高度差应小于 2mm，垂直度偏差应小于 0.5/1000；混合型光幕是将两根光幕条分别安设在轿厢门套立柱的边沿板和轿门上坎与地坎的单边端头处的角形支架上（见图 7-47），其装配应紧密平直，两根光幕条在同一平面位置的高度差应小于 2mm，垂直度偏差应小于 0.5/1000。不管采用哪种方案，光幕电缆的走向都要选择能够不被任何运动部件勾住、撞断、磨损的路径，特别是在每一个折弯处都要使用活动链槽，以及利用尼龙扎带将其不是过分紧地和留出伸展余量地绑在门机架、角形架、门立柱上。

若称重装置为压力传感式，其安装如图 7-48 所示，即先将用于感应调节的角板连接到活动轿底型材的中部，再把装有传感装置的支撑角板固定在轿架下底梁上的对应位置处，接着在传感探头和调节角板之间插入 5mm 厚的垫片，随之在拧紧各自螺钉后取出垫片，并用扎带将传感电缆沿着进入轿壁线槽的路径分段固定。

若称重装置为行程开关式，其安装如图 7-49 所示，即先将带有压制螺杆组的板材连接到活动轿底槽型材的中部，再把装有称重开关组的角形板固定到轿架下底梁的相应位置上，接着调整位于轿底四角的防过压螺栓，使螺杆顶面距离活动轿底框架 5mm，随后将开关接线沿着进入轿顶接线盒的路径分段固定。

15. 快车调试前的最后检查与机械调整

最终完成安装的动力电路、照明电路和电气安全装置电路的绝缘电阻应符合下列要求；

标称电压/V	测试电压(直流)/V	绝缘电阻/MΩ
安全电压	250	≥0.25
≤500	500	≥0.50
>500	1000	≥1.00

一旦进入检修运行，则正常运行（包括任何自动门操作）、紧急电动运行、对接操作运行、消防地震返回操纵运行等状态均被取消。检修运行时，各安全装置及其安全电气开关必须起作用。

矫补整体轿厢的水平和垂直偏差。借助轿底平衡铁块的调节，使轿厢的水平度和垂直度小于 1/1000，调整完毕紧固轿底平衡铁块。

修正对重与半载轿厢的平衡。在对重框架内增加对重块，使其块数对应的重量约为轿厢额定载重量的 40% ~50%。随后通过楔件和压板可靠固定对重块，不使其在运行中产生晃动与噪声。

检查轿厢与对重之间的间隔距离应不小于 50mm；面对轿厢入口的井道内表面与轿厢地坎、轿门或轿门框的间距应不大于 150mm（若轿厢装有只能在开锁区内才可打开的由机械锁紧的门时，则此间距不受限制）；门刀与层门地坎、门锁滚轮与轿门地坎的间隙不小于 5mm；当轿门在开锁区域以外时每个层门都应有能有效地自动关闭，且有防止自闭装置重锤脱落的设施。

确定补偿链（绳）装配牢固可靠，并用 ϕ8mm 钢丝绳做成防断裂环；且检查张紧状况及跳动超常的安全电气开关监测有效。

验证各安全部件、装置、设备和安全电路的可靠动作、稳妥连通，不得因正常的碰撞、摆动而产生位移、损坏和误动作，所有停止开关均应选配红色。

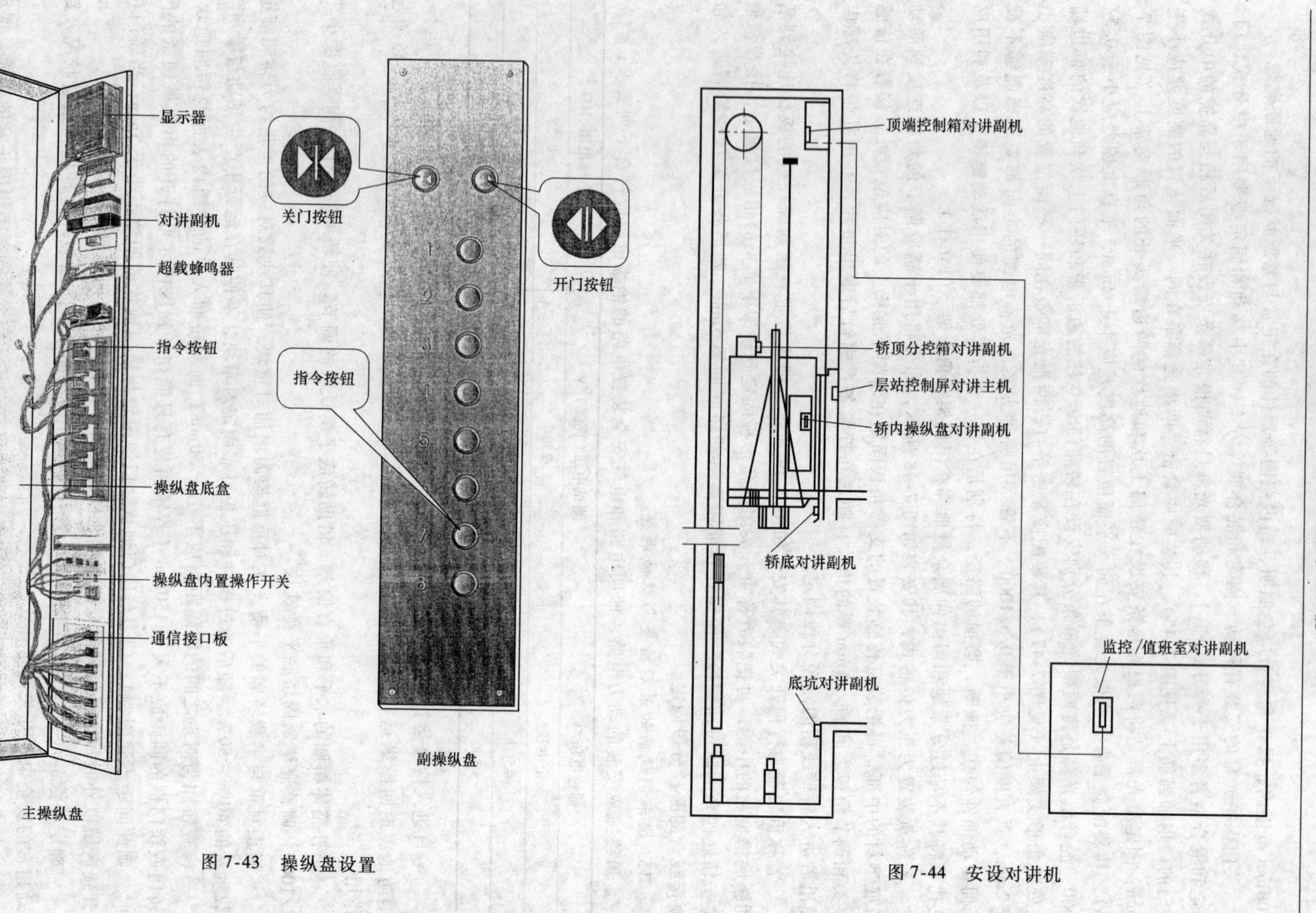

图 7-43 操纵盘设置

图 7-44 安设对讲机

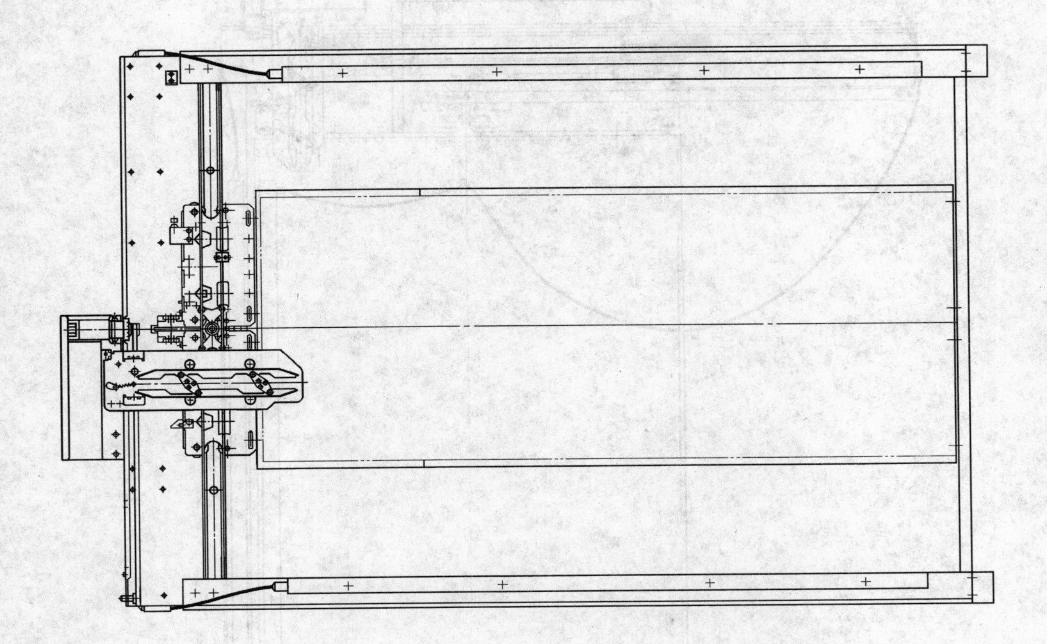

图 7-46　门保护光幕固定型安设

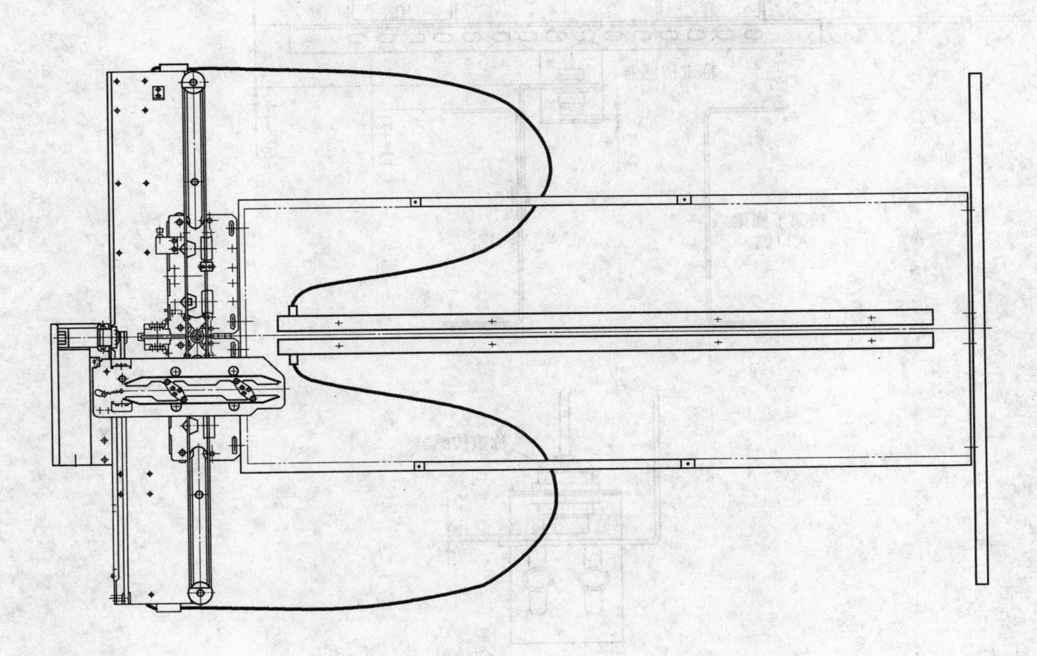

图 7-45　门保护光幕移动型安设

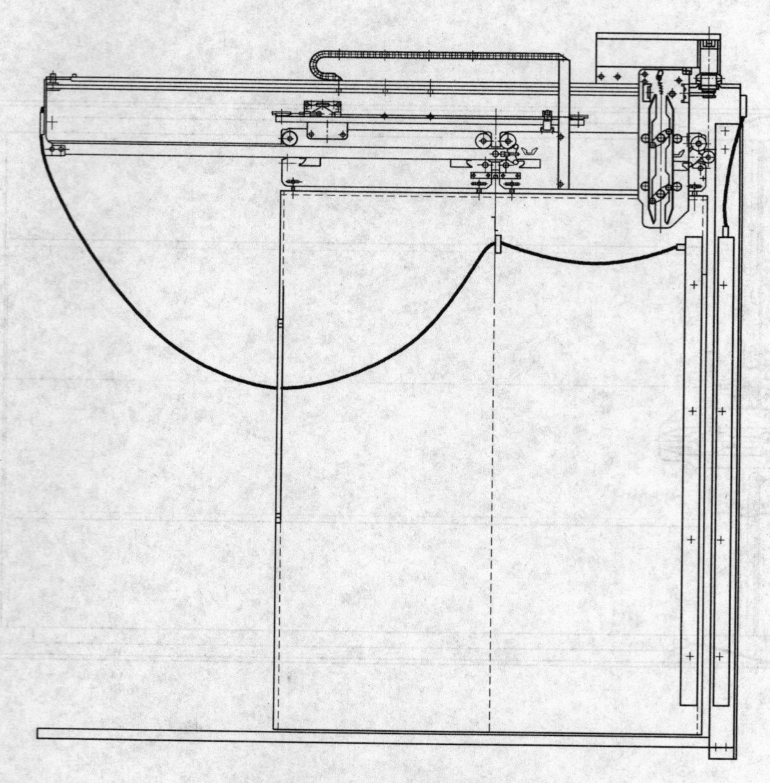

图 7-47　门保护光幕混合型安设

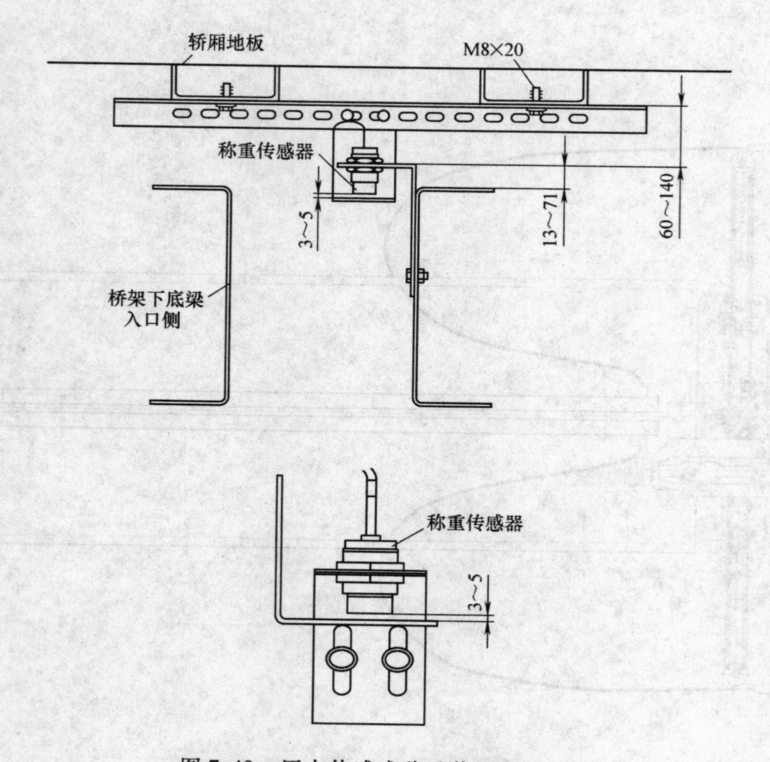

图 7-48　压力传感式移重装置的装配

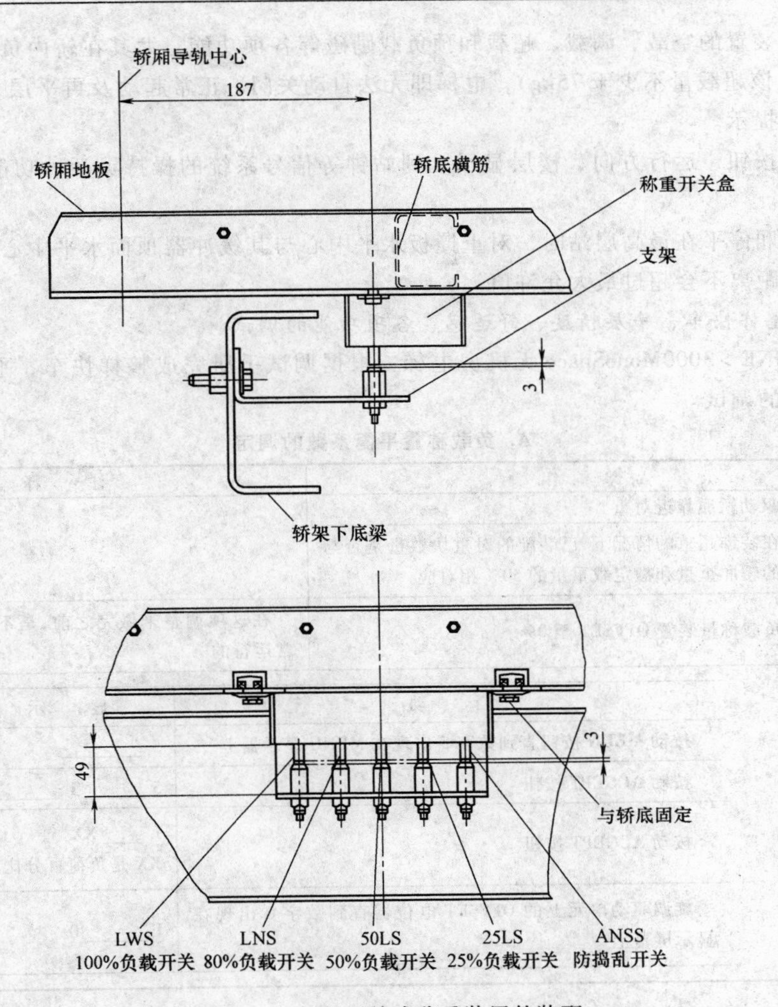

图 7-49　行程开关式称重装置的装配

校准平层感应器与层站隔离板的前后左右耦合间隙，其每边的偏差尺寸应小于0.5mm。

复核端站强迫减速的距离，该距离值不应超过规定值的 ±3mm。

重校井道极限保护开关的动作距离，它应在轿厢或对重接触缓冲器前 200 ~ 400mm 处起作用，并在缓冲器被压缩期间保持其动作状态，同时校调极限保护开关碰铁相对铅垂线的最大偏差不超过 3mm。

调整自动开关门的速度、力矩、时间和线性运转，使得开关门时间符合表 7-2 中的规定值。动力操纵的水平滑动门的防止夹人的保护装置应动作准确，使用可靠，操控有效；在关门开始的 1/3 行程之后，阻止关门的力严禁超过 150N。

表 7-2　乘客电梯的开关门时间/s

开门类型	开门宽度 B/mm			
	$B \leqslant 800$	$800 < B \leqslant 1000$	$1000 < B \leqslant 1100$	$1100 < B \leqslant 1300$
中分自动门	3.2	4.0	4.3	4.9
旁开自动门	3.7	4.3	4.9	5.9

注：开门时间是指从开门启动至达到开门宽度的时间；关门时间是指从关门启动至轿门、层门安全电气门锁开关全部接通的时间。

测试称重装置的空载、满载、超载和预负载励磁等各项功能。尤其在轿内负荷超过100%额定载重量（且该超载量不少于75kg），电梯即无法自动关门、正常起动及再平层，轿内有音响与发光信号给予提示。

检查各种按钮、运行方向、楼层显示、到站钟等信号系统的操持灵活、功能有效，形式正确，动作无误。

量度当轿厢停平在最高层站时，对重撞板水平中心与其缓冲器顶面水平中心间的垂直距离，并保证该垂直距离不会超过最大允许值。

16. 完成整梯快车、平层精度、舒适感、各项功能的调试

通力<KONE>3000MonoSpace无机房电梯：根据调试手册完成整梯快车、平层精度、舒适感、各项功能的调试。

A. 负载称量平衡系数的调定

<table>
<tr><th>步骤</th><th>操　　作</th><th>注　　释</th></tr>
<tr><td>1.</td><td>慢车驱动轿厢靠近对重</td><td></td></tr>
<tr><td>2.</td><td>核对在装饰超重的情况下，已装配的对重块数量是否与已定型的轿厢重量和额定载重量的50%相对应</td><td></td></tr>
<tr><td rowspan="2">3.</td><td>调设负载称量装置OFFSET至0%</td><td>在这项调整未做完之前，是不可能驱使电梯正常运行的</td></tr>
<tr><td colspan="2"><table>
<tr><th>行　　动</th><th>显　　示</th></tr>
<tr><td>按动MEUN按钮直到数字5出现在MENU显示器上</td><td>5 ____</td></tr>
<tr><td>按动ACCEPT按钮</td><td>5 ____ 1 ____</td></tr>
<tr><td>按动ACCEPT按钮</td><td>L ____ XX
XX是负荷百分比</td></tr>
<tr><td>旋调驱动单元上的OFFSET电位器直到数字0出现在显示屏幕上</td><td>L ____ 0</td></tr>
</table></td></tr>
</table>

B. 负载称量装置的增益调设

<table>
<tr><th>步骤</th><th>操　　作</th><th>注　　释</th></tr>
<tr><td>1.</td><td>将轿厢置于井道顶端适当的高度，并用安全钳楔块锁定</td><td></td></tr>
<tr><td>2.</td><td>闸瓦松等待，直到稳态的负载出现。重复制动和用确实形成全部张力的松开，再试之</td><td></td></tr>
<tr><td rowspan="2">3.</td><td colspan="2">经由控制屏内的用户界面设置负载称量装置的增益</td></tr>
<tr><td colspan="2"><table>
<tr><th>行　　动</th><th>显　　示</th></tr>
<tr><td>按动MEUN按钮直到数字5出现在MENU显示器上</td><td>5 ____</td></tr>
<tr><td>按动ACCEPT按钮</td><td>5 ____ 1 ____</td></tr>
<tr><td>按动ACCEPT按钮</td><td>L ____ XX
XX是负荷百分比</td></tr>
<tr><td>旋调驱动单元上的GAIN电位器直到数字50出现在显示屏幕上</td><td>L ____ 50</td></tr>
</table></td></tr>
<tr><td>4.</td><td>通过再次松开检验此项设置</td><td></td></tr>
<tr><td>5.</td><td>制动，释放安全钳楔块</td><td></td></tr>
</table>

C. 将电梯置于初始化模式

步骤	操　作	注　释
1.	用 RDF 将轿厢运行到最低层站	结果是 61:U、77:N、(77:S)、30 和 B30 发光二极管点亮
2.	借助用户界面进入初始化模式	
	行　动	**显　示**
	按动 MEUN 按钮直到数字 5 出现在 MENU 显示器上	5 ____
	按动 ACCEPT 按钮,在 SUBMENU 显示器上数字 1 出现	5 ____ 1
	按动∧(上箭头)按钮直到数字 2 出现在 SUBMENU 显示器上	5 ____ 2
	仅按动 ACCEPT 按钮一次。一个闪烁的数字 0 出现在 VALUE 显示器上	5. ____ 2. ____ 0.,此时 0 闪烁
	选择上箭头(∧)按钮直到 1 替代 0 出现在显示器上	5. ____ 2. ____ 1.,此时 1 闪烁
	按动 ACCEPT 按钮以确认该选择	5. ____ 2. ____ 1.,此时全部数字不闪
3.	将 RDF(270)开关转至断开(OFF),随后轿厢就要开始初始化运行	
4.	注视显示器上初始化过程	

D. 由用户界面观察初始化运行

步骤	显　示	程　度
1.	≡. ____ . ____ .,此刻 SUBMENU 显示器出现轿厢即时层站数	初始化运行开动
2.	≡. NN. ____ .,SUBMENU 显示器出现最高层站数	轿厢返抵最高层站
3.	.....	初始化成功
4.		等…
5.	显示器上出现楼层数字	继续下面的调试

E. 参数设置的修正

(重要:在上轿顶开慢车之前,要改变参数 71)

步骤	操　作		注　释
	检查参数 71 的设置。它必须是 0。否则在检修运行时轿厢速度会太高		
	行动	**显示**	
	按动 MEUN 按钮直到数字 1 出现在 MENU 显示器上	1 ____	
	按动 ACCEPT 按钮,在 SUBMENU 显示器上出现数字 1	1 ____ 1	
	按动∧按钮直到数字 71 出现在 SUBMENU 显示器上	1 ____ 71	
	只按动 ACCEPT 按钮一次。一个闪烁的数字 0 出现在 VALUE 显示器上	1 ____ 71 0.,此时 0 闪烁	如果参数 71 的数值不是 0,则将其改为 0
	选择下箭头(∨)改变数值,直至替代原先设置的 0 再次出现在显示器上	1 ____ 71 0.,此时 1 闪烁	
	按动 ACCEP 按钮去确认该选择	1 ____ 71 0.,此时全部数字不闪	

F. 平层准确度调整

步骤	操　作
1.	驱使轿厢进入每个层站以及测量、记录平层偏差
2.	回到最高层站并登上轿顶
3.	在轿顶开梯到每个需要调整的楼层磁体处,将磁体调移到能修正平层偏差的减速点位上
4.	当完成磁体调整,则再激活一次初始化运行
5.	如果需要,重复上述 2 ~5 步骤

轿厢在空载和额定载荷范围内的平层精度应符合下列要求：换速电梯为±15mm；调速电梯为±6mm。

设置标准减速点。

检查61：U和61：N磁感应器间的距离应为130mm（这是为设置标准减速点而划定的界限）。

G. 电动机平衡测试

步骤	操　　作
1.	将电压表连接到驱动板上"电动机电流测量"的测试点上 该电压与电动机电流等效，即AC0.1V表示1A
2.	驱动空载轿厢下行并记录测得值
3.	驱动装有100%额定负载的轿厢上行且记录测得值
4.	将测得值与下表相比较。如果相差太大，则应查找原因，再重作鉴定

额定负载 kg	驱动空轿厢下行和100%满载轿厢上行	
	最小电流/A	最大电流/A
700	10.8	13.6
800	11.8	14.8
900	13.3	16.7
1000	14.4	18.1

H. 最后的试验工作

步骤	操　　作
1.	在轿顶蓄电单元内接上应急照明电池插头"227电池" 在完成调试之前，不要接通电池，以阻止不必要的放电
2.	在电梯正常运行中，关断任一供电以检验紧急电池驱动 电梯应当驶入确定的层站，平层后开门

在井道外进行在失电或电气系统毛病或停梯故障时慢速移动轿厢的应急（也称紧急、又叫复位）操作，确认能够直接或通过显示装置观察到轿厢的运动方向、速度以及是否位于开锁区，确信按照应急救援程序及时解救被困人员的措施稳妥可靠，确定当应急和试验操作装置上的非自动复位红色停止开关被断路后，上述所有操作均无法进行。

在电源电压波动不大于2%的工况下，使用符合电动机供电频率、电流、电压范围的仪表，测量和记录轿厢上、下快车运行至与对重同一水平位置时的电流或电压，确证电梯的平衡系数满足要求。

当电源为额定电压、额定频率，除去加速和减速区间，半载轿厢向下运行至行程中段时，其速度应在额定速度的105%～92%的范围内。

整梯的允许噪声值为：开关门过程最大噪声值不大于65dB（A）；额定速度小于等于2.5m/s的电梯，运行中曳引机、控制屏和驱动柜的平均噪声值不大于80dB（A），轿厢内最大噪声值不大于55dB（A）；额定速度大于2.5m/s小于等于6.0m/s的电梯，运行中曳引机、控制屏和驱动柜的平均噪声值不大于85dB（A），轿厢内最大噪声值不大于60dB（A）。

在井道外进行规定的动态（门锁、制动器、曳引力、限速器-安全钳、缓冲器、轿厢上行超速保护）试验操作。①除非轿厢停泊在层站的开锁区域内，否则正常运行状况下层门不能被打开，反之如果一个层门或轿门（或者多扇门中的任何一扇门）开着，那么电梯便不能启动或立即中止运行。②当对重压在缓冲器上而曳引机按电梯上行方向转动时，应不能提升空载轿厢。③轿厢空载以正常运行速度上行至行程上部时，和轿厢装有1.25倍额定载荷以正常运行速度下行至行程下部时，切断电动机与制动器的供电，轿厢应被可靠制停，且无变形和损坏。④轿厢分别以空载、半载和额定载荷三种工况，在连续 120 次/h，每次通电持续率在 40%，延续不少于 8.5h/天的情形下，电梯始终应运行平稳、制动可靠、几无故障，且制动器温升不应超过 60K，曳引机减速器油温不应超过 85℃。⑤电梯在 110% 额定载荷，通电持续率 40%，起、制动运行 30 次的状况下，始终应可靠地起动、运行和停在平层区，曳引机组无异常噪声和振动。⑥对于瞬时式安全钳轿内均匀分布装入额定载荷，对于渐进式安全钳轿内均匀分布装入 1.25 倍额定载荷，轿内无人，短接轿厢限速器与安全钳的安全电气开关，以检修速度下行，人为让限速器动作，进行轿厢限速器-安全钳联动试验，其后果是轿厢被制停在导轨上，只能上行复位，且在此载荷试验后相对于原先轿底的倾斜度应不超过 5%，⑦轿厢空载，轿内无人，短接对重限速器与安全钳的安全电气开关，以检修速度上行，人为让限速器动作，进行对重限速器-安全钳联动试验，其结果是对重被制停在导轨上，仅可上行复位。⑧临时取消井道下部终端和极限保护，空载轿厢以检修操作下降运行，直至将液压缓冲器完全压缩，从轿厢开始离开缓冲器的一瞬间起，只有当其柱塞恢复到正常伸展位置后，相应的安全电气开关方能复位，电梯才可正常运行，而且缓冲器完全复位的最大时间限度为 120s。⑨根据配设型式进行轿厢上行超速保护的联机试验，当速度监控部件动作时轿厢上行超速保护装置亦随即动作，并使轿厢可靠制停，或者至少让轿厢的上行速度降低至对重缓冲器所能承受的撞击速度之内，且触发相应的安全电气开关动作，令曳引机停转。

如果需要在轿厢内、或底坑中、或平台上移动轿厢，那么就应当在相对的位置上安设附加检修控制操作盒的电路接口；且每台电梯只能配备一个附加检修操作盒，该附加操作盒的型式要求与轿顶检修盒相同；当其中一个检修装置被转换到“检修”位，则只有通过持续按压此装置上的按钮才能使轿厢移动；倘若两个（轿顶检修和附加检修）操作盒均被置于“检修”位，要么就都不能经由任何一个检修操作盒去移动轿厢，要么唯有同时按压这两个检修盒上的相同方向的按钮方可令移动轿厢。

当检查、维修曳引机和控制屏的作业场地是设在轿顶上或轿厢内时，应配具以下安全措施：①设置防止轿厢移动的机械锁定设备；②设置检查锁定设备工作方位的安全电气开关，当该设备处于非正常状态，即能阻止轿厢的所有运行；③若在轿厢壁上设置检修门（窗），那么其不得向轿厢外开启，并套装用钥匙才可打开、不用钥匙即能关闭的锁紧机件，同时搭配检查该门（窗）锁定位置的安全电气开关；④在检修门（窗）开启、从轿内移动轿厢的情况下，应于该门（窗）附近设置轿内检修控制部件，此控制部件能够使检查门（窗）锁定位置的安全电气开关失效；⑤当人员站在轿顶时，不能使用轿内检修控制部件来移动轿厢；⑥如果检修门（窗）的尺寸中较小的一个长度超过 0.20m，则井道内安装的设备与该检修门（窗）外边缘之间的距离不小于 0.30m。

当检查、维修曳引机和控制屏的作业场地是设在底坑内时，应配有以下安全措施：①设置中断轿厢运行的机械制停装置，以确保作业场地面与轿厢最低部件之间的距离不小于 2m；②设置检查制停装置工作方位的安全电气开关，当该装置处于非正常状态，即能阻止轿厢的所有运行；③一旦机械制停装置进入工作方位，则唯有经由检修控制才能使轿厢电动挪移；④在井道外设置电气复位机件，仅限相关人员的正确操作，方可令电梯切换到正常运行状态。

当检查、维修曳引机和控制屏的作业场地是设在平台上时，不管该平台是否位于轿厢或者对重的运行通道中，应配有以下安全措施：①平台是有足够机械强度和护栏的永久性装备；②设有只能借助相关人员在底坑里或者井道外的操纵才可让平台进入与退出工作方位的构件，并通过一个安全电气开关验证该平台完全缩回后电梯才能运行；③如果检查、维修作业不需要移动轿厢，则设置防止轿厢移动的机械锁定机件和检查该锁定机件工作方位的安全电气开关，当其处于非正常状态，即能阻止轿厢的所有运行；④如果检查、维修作业需要移动轿厢，则设置活动式机械止挡组件来限制轿厢的运行区间，无论轿厢位于平台的上方或者下方，该止挡组件均能使轿厢停止在距平台最高或者最低部件至少2m处；⑤设置检查活动式机械止挡组件工作方位的电气安全开关，只有该组件处于完全伸展位置时才允许轿厢在限制区间内运行，只有该组件完全收缩位置时才允许轿厢转入无限制区间内运行。

进行司机、专用（独立）、消防、地震、锁梯、紧急疏散、应急供电、集选、并联、群控、强迫关门、断电照明、对讲通信、关门保护、超载报警、满员直驶、轿内误指令消除、上电再平层、微动再平层、自动返回、语音广播、静默待机、溜车制止、门锁短接、次层停靠等功能的调试，测验。

17. 清理井道，加注润滑，安置防护部件、底坑对重护栏和相邻井道隔障

井道内的结尾清扫工作，应自上而下、以检修运行速度进行。

将曳轮外侧面、限速器轮外侧缘涂成黄色。把制动器和限速器遥控机件、器件的端部漆成红色。

将保护罩和挡绳框等部件安装到曳引轮、导向轮、轿厢滑轮、井道反绳轮、对重反绳轮、限速器轮、限速器绳张紧轮、补偿绳张紧轮上。

清理完井道后，装上滑动导靴润滑器，同时向导靴润滑器油杯、安全钳楔块、门动机构、补偿链加注对应的润滑油（脂）。

安装底坑对重防护隔板（见图7-50）。务必保证轿厢与对重隔板的间隙不少于50mm。对重防护隔板的高度应从底坑地面上不大于0.3m位向上延伸到离底坑地面至少2.5m处，其宽度至少等于构成整个对重装置宽度的两边各加0.1m。

如果在贯通的井道中装有多台电梯，则于相邻电梯的运动部件简装设隔障。隔障至少达到从轿厢、对重行程的最低点延伸到最低层站楼面以上2.5m的高度，其宽度以能防止人员从此底坑通往相邻底坑为准。假使轿厢顶部边缘和相邻电梯的运动部件之间的水平距离小于0.5m，那么隔障就要贯穿整个井道，其宽度至少等于该运动部件或该运动部件所需保护部分的宽度每边各加0.1m。

在对重缓冲器附近的井壁或底坑对重防护隔板上设置永久性的明显标识，以指示当轿厢停平在最高层站时，对重撞板水平中心与其缓冲器顶面水平中心间的最大允许垂直距离。

18. 自检、验收、资料汇总及交梯

执行自检工序，填写自检报告。配合特检部门完成验收及整改等工作。进行资料汇总及办理移交电梯手续，资料与手续应包括以下内容。

（1）装箱清单。

（2）范围覆盖该安装电梯全部参数的制造许可证明文件。

（3）标注有制造许可证明文件编号、该电梯的产品出厂编号、主要技术参数以及门锁装置、限速器、安全钳、缓冲器、含有电子元件的安全电路、轿厢上行超速保护装置、驱动主机、控制柜等安全保护装置和主要部件的型号和编号等内容，并且有电梯整机制造单位的公章或者检验合格章与出厂日期的产品质量证明文件，即产品出厂合格证。

（4）顶层高度、底坑深度、楼层间距、井道内防护、安全距离、井道下方人可以进入的空间等满足安全要求的机房井道布置图。

（5）包括使用、日常维护保养和应急救援等操作内容的使用维护说明书。

（6）包括动力电路和连接安全装置电路的电气原理图及符号说明表。

（7）电气敷设图。

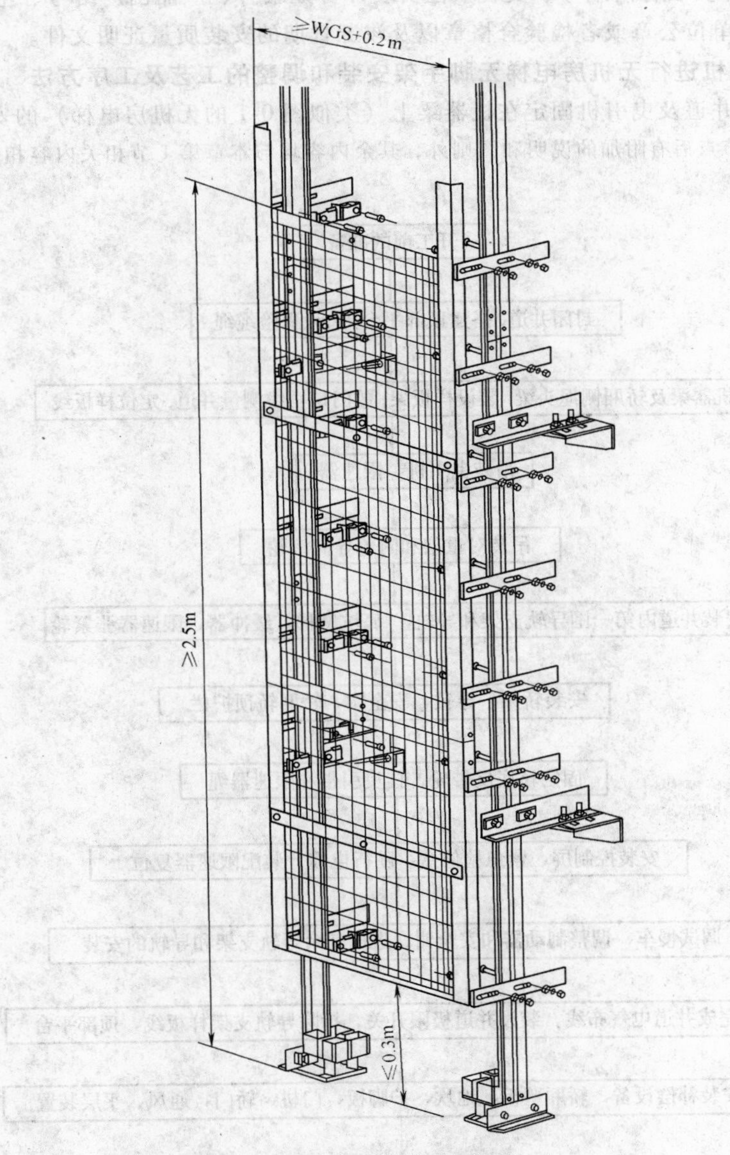

图 7-50　安装对重护栏

注：WGS—对重导轨两边底面间距/m

（8）部件安装图。

（9）安装说明书。

（10）门锁装置、限速器、安全钳、缓冲器、含有电子元件的安全电路、轿厢上行超速保护装置、驱动主机、控制柜等安全保护装置和主要安全部件的型式试验合格证，以及限速器与渐进式安全钳的调试证书。

（11）范围覆盖该安装电梯全部参数的安装许可证和安装告知书。

（12）检查和试验项目齐全、内容完整的施工过程记录和自检报告。

（13）由使用单位提出、经整机制造单位同意的变更设计证明文件（如果安装中存在变更设计时）。

（14）包括电梯安装合同编号、安装单位安装许可证编号、产品出厂编号、主要技术参数等内容，并且有安装单位公章或者检验合格章以及竣工日期的安装质量证明文件。

二、利用曳引机进行无机房电梯无脚手架安装和调整的工艺及工序方法

适合于混凝土井道及曳引机固定在机器梁上（类似图 0-1 的无机房电梯）的安装方法。

（注：除在下列节点后有附加的说明和图则外，其余内容均与本章第 1 节相关内容相同，故可参照实行，此间不再赘述。）

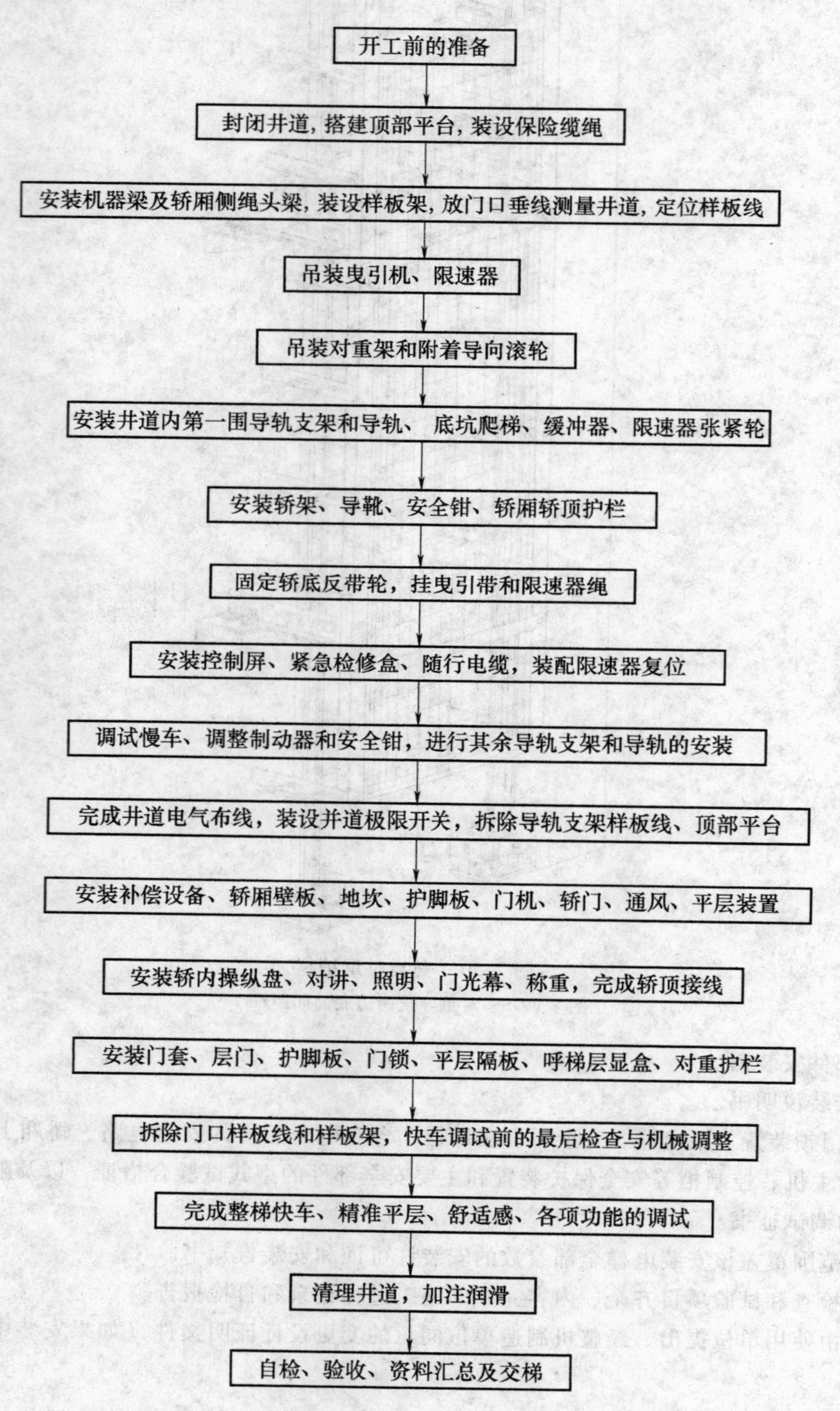
开工前的准备
封闭井道，搭建顶部平台，装设保险缆绳
安装机器梁及轿厢侧绳头梁，装设样板架，放门口垂线测量井道，定位样板线
吊装曳引机、限速器
吊装对重架和附着导向滚轮
安装井道内第一围导轨支架和导轨、底坑爬梯、缓冲器、限速器张紧轮
安装轿架、导靴、安全钳、轿厢轿顶护栏
固定轿底反带轮，挂曳引带和限速器绳
安装控制屏、紧急检修盒、随行电缆，装配限速器复位
调试慢车、调整制动器和安全钳，进行其余导轨支架和导轨的安装
完成井道电气布线，装设并道极限开关，拆除导轨支架样板线、顶部平台
安装补偿设备、轿厢壁板、地坎、护脚板、门机、轿门、通风、平层装置
安装轿内操纵盘、对讲、照明、门光幕、称重，完成轿顶接线
安装门套、层门、护脚板、门锁、平层隔板、呼梯层显盒、对重护栏
拆除门口样板线和样板架，快车调试前的最后检查与机械调整
完成整梯快车、精准平层、舒适感、各项功能的调试
清理井道，加注润滑
自检、验收、资料汇总及交梯

1. 开工前的准备

2. 封闭井道，搭建顶部平台，装设保险缆绳

封闭井道。

搭建顶部平台（见图7-51），其工序为：1）顶部平台的承载能力应不小于350kg/m²；故选用10#槽钢两根，长度不小于井道深度+500mm，作为承载梁；选用厚度10mm、宽度40mm、长度分别为1450mm和1550mm的扁钢各两根，作为承载梁的左右拉杆：选用5#、厚度5mm、长度200mm的两段角钢作为承重载梁的辅助拉架；选用厚度50mm、长度等于架好后的承载梁外侧两边之间的尺寸、数量能基本横向铺满承载梁的木板作为承载面；选用ϕ12mm膨胀螺栓，作为槽钢、扁钢和角钢与井道门洞墙体及后壁相互固定的机件；选用ϕ12mm连接螺栓，作为扁钢拉杆与槽钢承载梁之间、扁钢拉杆与扁钢拉杆之间、角钢辅助拉架与槽钢承载梁之间相互连接的零件；选用Φ6mm×80mm的沉头螺栓作为承载木板与承载槽钢相互紧连的元件；2）在最高层站井道门洞左右侧墙体的中心距地面（1500±3）mm处打入膨胀螺栓；3）设定槽钢在门洞底端两侧墙体中心的固定点后打入膨胀螺栓；4）将扁钢拉杆与扁钢拉杆、扁钢拉杆与槽钢承载粱相互连接；5）把两根承载梁及其拉杆分别推入井道和扣进门洞墙体上的膨胀螺栓上，随之拧紧螺栓螺母，并在层站地板处承载梁的终端补加保险膨胀螺栓：6）在不阻碍门口样板线的垂放和留出起吊卷扬机绳孔的前提下，铺设及紧固承载木板；7）在井道后壁承重梁上方安设角钢式辅助拉架，并用连接螺栓使之与槽钢承载梁紧密连接；8）在便于机器梁、曳引机、限速器、导轨、样

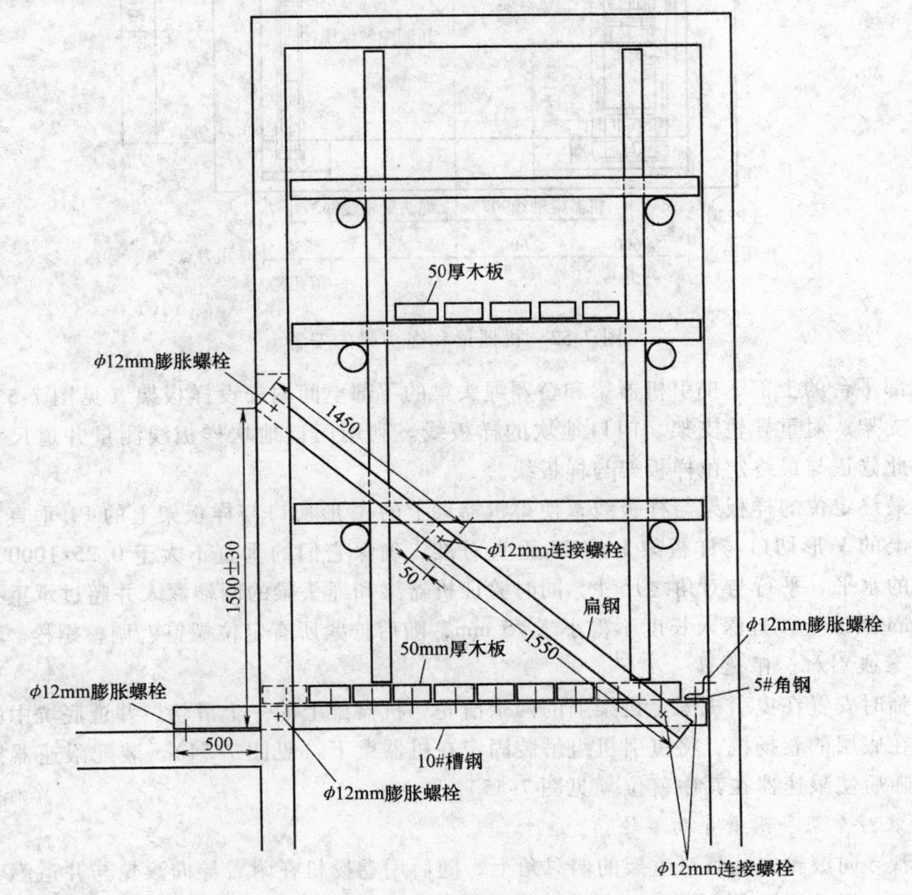

图7-51　搭建顶部平台

板架等搬运、起吊、就位、装设的条件下，在承载木板上搭置纵顶横贯支撑的脚手架及铺设脚手板。

装设保险缆绳。

3. 安装机器梁及轿厢侧绳头梁，装设样板架，放门口垂线测量井道，定位样板线

依照土建布置图，将曳引机器梁和轿厢绳头梁的减震垫板和垫片摆放到井道顶部的井壁预留承重孔座上，接着把机器梁、绳头梁吊装搁置在承重孔座上（见图 7-52），并校正它们的水平不大于 0.5/1000。

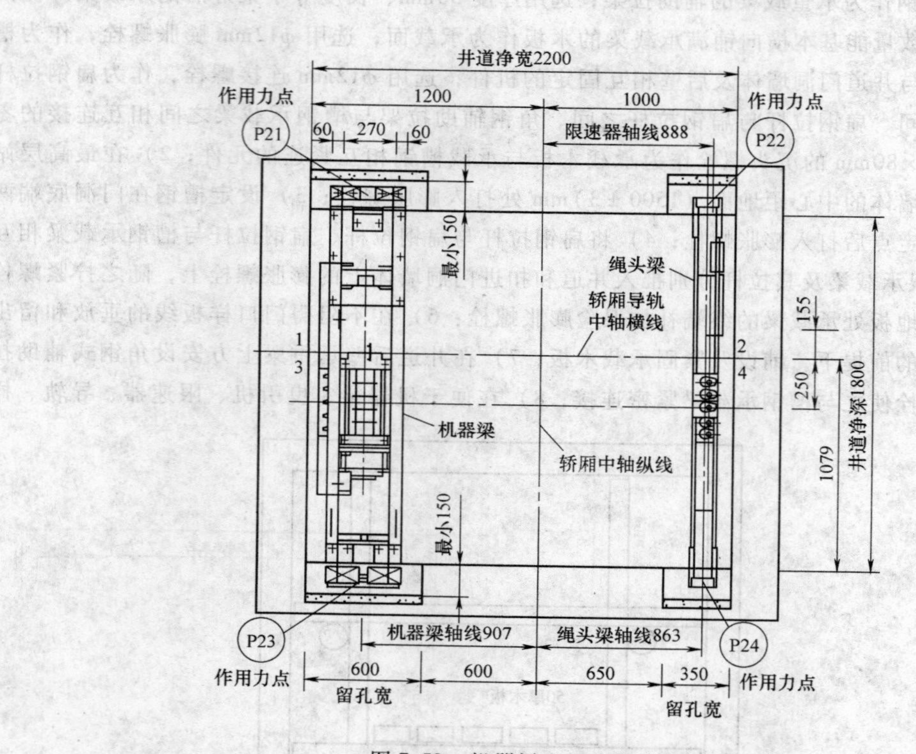

图 7-52　机器梁和绳头梁的安置

在顶部平台的上部、曳引机器梁和轿厢绳头梁的下部空间内安设样板架（见图 7-53），垂放轿厢导轨支架、对重导轨支架、门口地坎的样板线。利用门口地坎样板线测量井道尺寸与垂直度，并据此修正与最终定位样板架与样板线。

根据最终定位的样板架与样板线，使得机器梁上的 V 形切口与样板架上的 P1 垂直对准，使得绳头梁上的 V 形切口与样板架上的 P2 垂直对准，确保它们的垂直不大于 0.25/1000，并再次校正它们的水平、平行与对角之尺寸，同时验证机器梁和绳头梁的两端深入并超过承重孔座墙厚中心 20 mm 及以上，且深入长度不得小于 75 mm，随后拧紧所有定位螺钉、调整螺栓。

4. 吊装曳引机、限速器

利用临时安置在曳引机固定机架上的两个滑轮、机器梁上的一个滑轮、井道底坑中的一个滑轮和安设在底层的卷扬机，将曳引机组吊装固定在机器梁下（见图 7-54）。装配限速器托架到绳头梁下，随后使限速器在其中就位（见图 7-55）。

5. 吊装对重架和附着导向滚轮

将附着导向滚轮安装到对重架的四只角上，随后用卷扬机在附着导向滚轮与井道侧壁摩擦滑动的状况下，把已配置反带轮的对重架起吊悬挂至机器梁下（见图 7-56）。

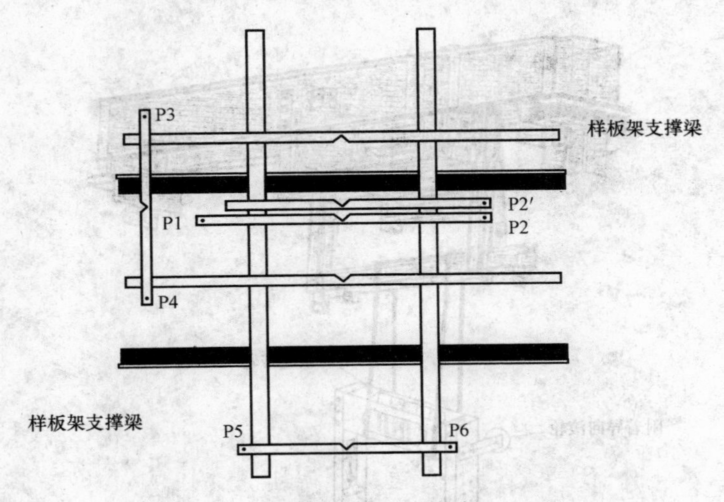

图 7-53　安设样板架

P1—轿厢导轨支架线　P2—轿厢导轨支架线　P2′—轿厢导轨支架面线　P3—对重导轨支架线　P4—对重导轨支架线　P5—层门地坎线　P6—层门地坎线

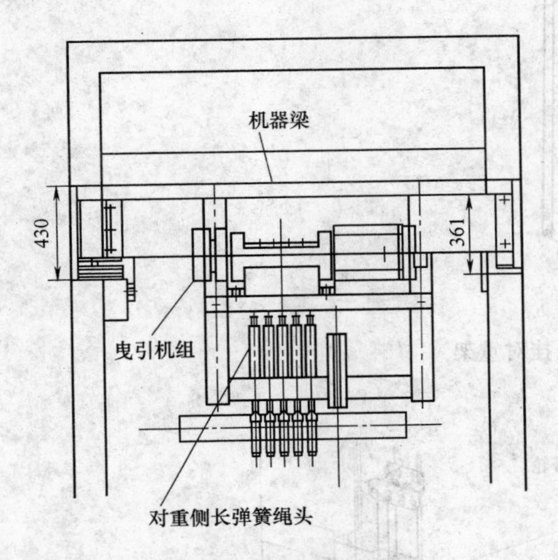

图 7-54　吊装固定曳引机

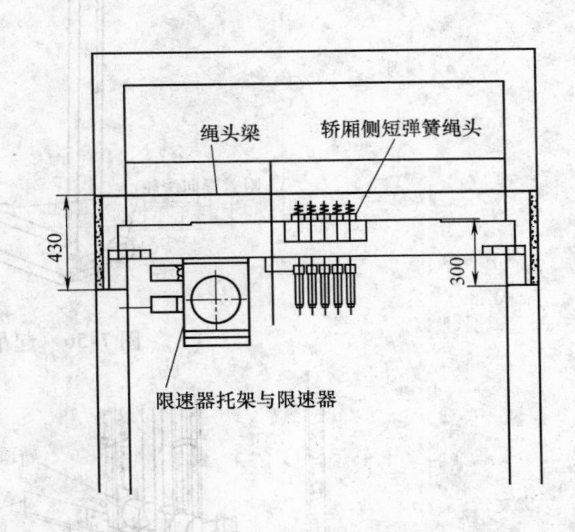

图 7-55　安装限速器

6. 安装第一围导轨支架和导轨、底坑爬梯、缓冲器、限速器张紧轮

7. 安装轿架、导靴、安全钳、轿厢轿顶护栏

8. 固定轿顶反绳轮、挂曳引带和限速器绳

固定轿顶反带轮（见图 7-57）。按照绕绳工艺垂挂曳引带（见图 7-58）。首先必须确保每根曳引带的长度精确、余量适当；接着进行曳引带与绳头的组装，注意曳引带上有凹槽的一面应与曳引轮相接触（见图 7-59），因此其平整面在绳头锥套中始终相向存在（见图 7-60），并使长弹簧绳头与曳引带上的箭头指向侧相连接，短弹簧绳头与曳引带上的箭尾标记侧相连接；然后令对重在顶部，轿厢在底部，逐条地进行曳引带的垂挂，其中长弹簧绳头与机器梁（即对重侧）固定（见图 7-58 和图 7-54），短弹簧绳头经曳引带检测装置与绳头梁（即轿厢侧）连接（见图 7-58 和图 7-55），其步骤是：长弹簧绳头经过轿顶反带轮，向上穿过曳引轮，下行通过对重反带轮，再拉至机器梁绳头板处固定，随后将短弹簧绳头提升至绳头梁绳头板固定。垂放完毕即装好

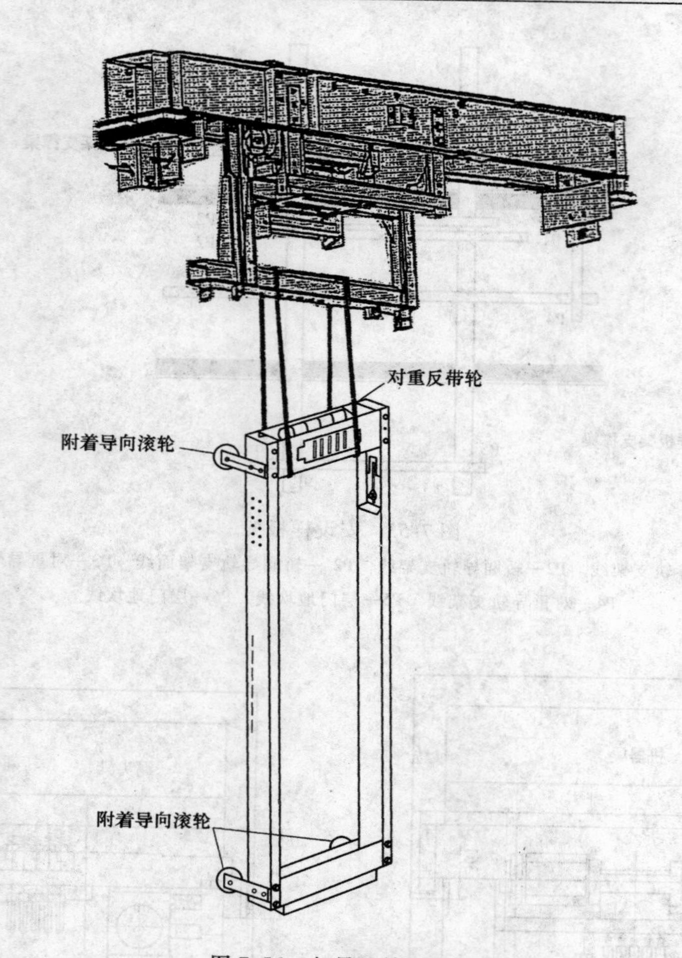

图 7-56　起吊悬挂对重架

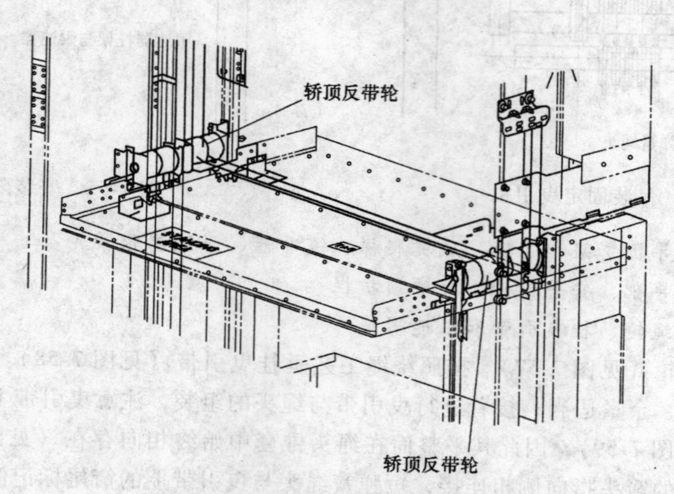

图 7-57　固定轿顶反带轮

上横梁处轿顶反带轮的防护盖板。

从井道顶部向下垂放限速器钢丝绳，在轿架上横梁处将限速器绳与安全钳拉杆连接。

将约 300kg 的对重块放入对重框架内，并用压件予以紧固。

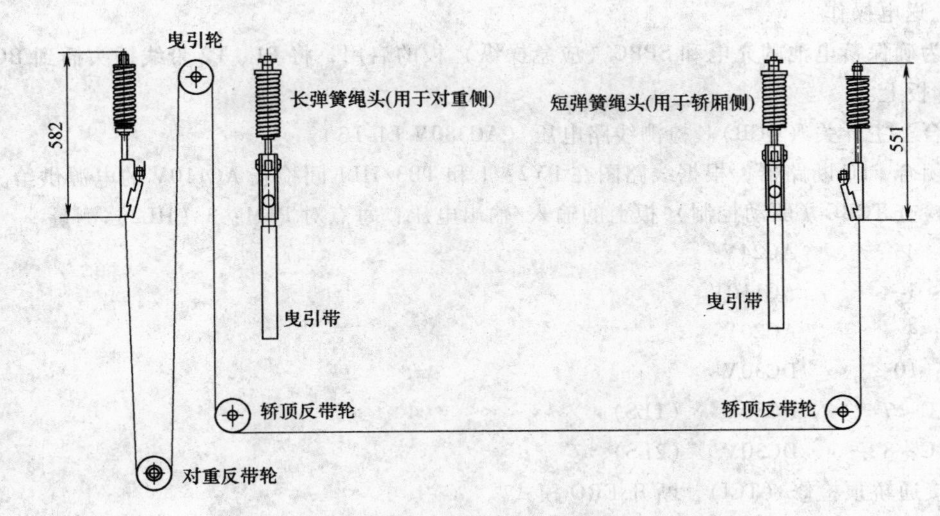

图 7-58　曳引带垂放工艺

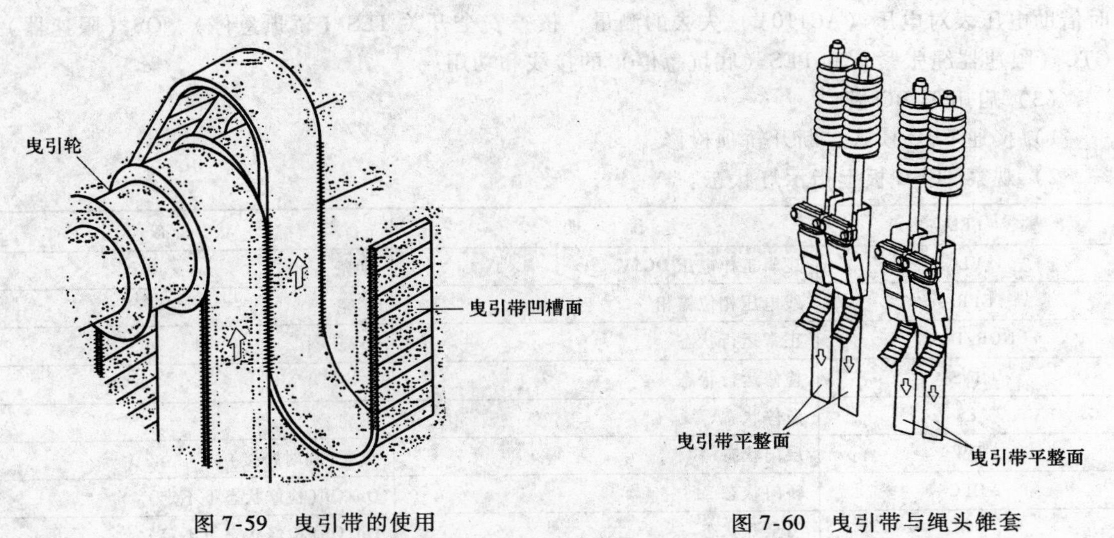

图 7-59　曳引带的使用　　　　图 7-60　曳引带与绳头锥套

9. 安装控制屏、紧急检修盒、随行电缆，装配限速器复位

10. 调试慢车，调整制动器和安全钳，进行其余导轨支架和导轨的安装

奥的斯 <OTIS> GeN2-MRL 无机房电梯：

以检修（ERO/INS）模式运行

（1）检查接线及主电源

1）首先确定 E&I（层站紧急检修）屏上的主电源开关是断开的，及转入 ERO（紧急电动复位运行）模式。

2）拆开汇流条 HL1 与 PE、汇流条 HL2 与 PE 的连接。用万用表检查绝缘电阻值：

① 从 PE 到 HL1 >0.5MQ；

② 从 PE 到 HL2 >0.5MQ；

③ 从 PE 到 L1—L3 线路端 >0.5MΩ；

④ 从 PE 到 U1—W1 电动机端 >0.5MΩ；

检测完毕，恢复 HL1/HL2/PE 的连接。

（2）送电操作

1）为确保蓄电池的充电和 SPBC（应急操纵）板的启用，将 P1、P2 带线插头插到 BCB（充电控制）板上。

2）合上主开关（OCB）。检测线路电压（AC380V L1-L3）。

3）闭合 F1C 断路器，根据线路图在 PY2：1 和 TB3/HL1 间检查 AC110V 的电源供给。

4）检查 TCBC（驱动控制）板上的输入/输出电压：每点对 P1M：3（HL2）测量

PY1：4　　AC24V

PY2：1　　AC110V

PY2：4　　AC20V

PX1：10　　DC30V

P101C：7　　DC30V　（1LS）

P101C：8　　DC30V　（2LS）

5）接通轿顶检修（TCl），断开 ERO 模式。

6）在 TCBC 板上的跨接线 P19M：4—P19M：5 插上的状况下，通过逐个断开安全开关，同时借助电压表对电压（AC110V）失去的测量，核查安全开关 TES（轿顶急停）、OS（限速器）、GTC（限速器绳张紧）和 PES（底坑急停）的接线和功用。

（3）启用 TCBC 板

1）接通 ERO 模式，断开轿顶检修。

2）观察 TCBC 板上指示灯状态。

LED	说　明	状　态
VLC	逻辑工作电压 DC5V	点亮
GPR/J	线电压相位错相	不亮
NOR/DIAG	正常运行状态	不亮
INS	检修运行状态	点亮
ES	急停状态	不亮
DW	层门状态	点亮（临时跨接）
DFC	轿门状态	On/Off（检修状态下不定）
DOL	门全开状态	On/Off（检修状态下不定）
DOB	开门按钮状态	On/Off（检修状态下不定）
DZ	平层状态	Off（平层时点亮）
RSL	远程通信链路状态	闪烁

注：若指示灯状态与表中不符，则检查相应之电路。

（4）启用 SPBC 板

1）确定 TCBC 板与 SPBC 板、MCB（电动机调控）板与 SPBC 板间的所有带线接插件已连妥。

2）检查速度编码器（DTG-4）的接线。

3）将 SPBC 板上的 SW1 编址开关设为 62。

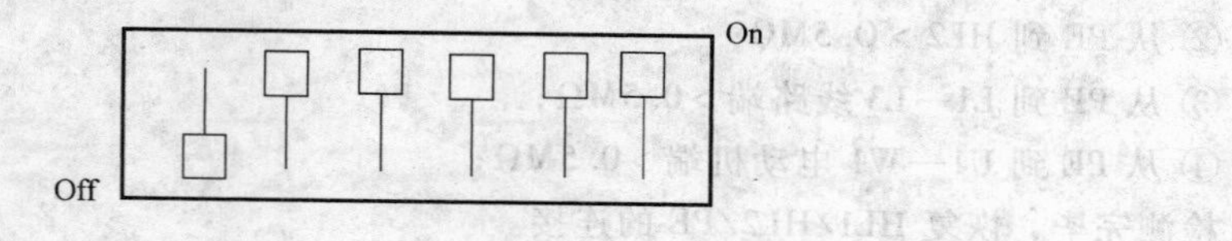

4）检测电压。

① 用万用表检查下表内 SPBC 板的各接口电压：

接　口	测　试　点	电压(范围)
P2	P2:1-P2:2	AC69V(AC63 ~75V)
P1	P1:1-P1:5	DC48V(DC45 ~51V)
P11	P11:2 ~ P3:4	正常供电状态:DC50V(DC45 ~55V) 电池供电状态:DC48V(DC45 ~51V)[见 203 页中(6)点]

② 用万用表检查 SPBC 板上 P2：4 和 P2：3 间的 RSL 供给电源应为 DC27 ~36V。

(5) 确认 RSL（运程遥控）及服务器通信

1）再次确认 SPBC 板上的所有接插件已可靠连接。

2）同时按 SPBC 板上的 REB 和 CCTL 按钮，或者持续按按钮区任一按钮超过 2s，如果 7 段 LED 显示器 DIS1 和 DIS2 呈现“Sr”，则表明远程遥控和服务器通信已被确认。

3）连接 SVT（服务器）至 SPBC 板上，按 < Module > < 1 > < 1 > < 2 > < GO ON >，检查输入信号 SE、/1TH、/2TH、INS、/ES、DW、DFC，这些信号必须是激活（大写字母）的。同样，通过按 < Module > < 1 > < 2 > < GO ON >，检查输入信号 BY、DBD 和 BSW 的状态。

4）SVT 上的 DR（驱动准备）信号必须是激活的，它表示逆变器正处于待命状态，即指明变频器已准备就绪。

(6) 启动 BRE（应急制动器释放）

1）确定 BCB 板与 SPBC 板间的全部带线接插件已连妥。

2）检测电压

接　口	测　试　点	电压(范围)
P1	P1:1-P1:4	DC48V(DC45 ~51V)[电池]
P11 (接通 RBR1、按住 RBR2)	P11:2-P3:4	DC48V(DC45 ~51V)[电池供电]

3）LED 显示

功能描述	按钮操作		LED 状态		说　明
	BRB1	BRB2	LED2(BRB2)	LED1(BRB1)	
BRE 不工作	按下	未通	点亮	熄灭	没有执行拯救操作
BRE 启用	按下	接通	点亮/闪烁	点亮/闪烁	正在进行拯救操作

(7) 确认 MCB 信号及参数

1）用 < Module > < 1 > < 2 > < GO ON > 检查输入信号 BYCHK 和 DBD。

2）通常所有基本参数出厂前都已预先调好，能够满足以检修（ERO 或 INS）模式运行。

3）假使发生关闭，则检查有关的参数。

① 合同参数（M-3-1）

a. CON SPE：合同确定的电梯速度：

例如，合同速度是 1.60m/s，Con Spe = 160。

b. Con Nmot：合同（铭牌）曳引电动机转速（R. P. M）：

例如，合同（铭牌）转速为 611r/min，则设 Con Nmot = 611。

注：Con Nmot 可以与 Nnom Con Nmot（额定合同转速）不同。

c. Motor Type：电动机型号

630kg 1.6m/s⇨500 型

1000kg 1.6m/s⇨501 型

630kg 1.0m/s⇨502 型

1000kg 1.0m/s⇨503 型

d. Sys Inert：总系统惯量：

按以下计算指引确定总系统惯量，

$$\text{Sys Inert} = J_{tot} = J_{mot} + \frac{D^2}{4 i_y i_j g}(m_1 + m_2)$$

式中　J_{tot}——系统惯量（kgm^2）；

J_{mot}——电动机惯量（kgm^2）；

D——曳引轮直径（m）；

i_y——曳引比，1:1 取 1，2:1 取 2；

i_j——齿轮比，例如，17:1 取 17，63:2 取 31.5；

m_1——对重质量（kg）；

m_2——空载轿厢质量（kg）。

注：典型的系统惯量介于 0.5～2.5kgm^2。

e. Encoder Type：编码器型式：

若使用 Heidenheim 正弦/余弦编码器，则设 Encoder Type＝3。

f. Load W Type：负载称重型式：

如使用厢体称重 LWB 装置，则设 Load W Type＝2。

注：为避免尚未安装称重装置时的溜车，可暂将 Load W Type 设置成 0。

g. 2LV avail：第二门区开关的效用：

如仅用 1LV，则设 2LV Avail＝0。

h. DDP：驱动超时保护：出厂设置 20s，须依据额定速度和提升高度予以重设；

i. TOP FLOOR：顶层位置：

例如，对于 8 层站的电梯，设 Top Floor＝7。

j. FLOOR IN 1LS：下行终端减速开关覆盖的楼层数：

如下行终端减速开关 ILS 仅覆盖一个楼层，则设 Floor ln 1LS＝1。

k. MCB Operat：MCB 操控：

如带 TCBC 标准型式，则设 MCB Operat＝0。

l. Brake SW Type：制动器开关型式：

用于选取 Brake SW Type（闸瓦松开和闸瓦制动触点），GeN2 的主机 Brake SW Type＝2。

m. Motor Dir：电动机方向：

0—原始的；

1—曲线方向和 MCB 速度编码方向反相。

n. Encoder Dir：编码器方向：

当出现“DRV：Encoder Dir”时，则针对曲线方向，改变 MCB 速度编码器极性方向。

② 运行曲线参数（M-3-2）

通过 CON SPE 的设定，调整共同的速度曲线。

a. INS SPE：检修运行速度（最大 0.63m/s）：

例如以 0.35m/s 运行，则设 Ins Spe＝35；

b. NOM SPE：正常运行速度：

例如，合同参数 CON SPE 被调到 160 [0.01m/s]，则 NOM SPE 能够由 160 下减至 150 [0.01m/s] 运行；

③ 其他参数（M-3-4、M-3-5-2）

MCB 其他参数设置：（*号参数的作用是避免无负载时的轿厢溜移）

Start/Stop Parameter（M-3-4-GO ON）

Prof Delay* =10；

VCB Ctl Parameter（M-3-5-2-GO ON）

Spc Fnr* =100，

Spc Fno* =100.

（8）TCBC 板参数设置

TCBC 板中的全部参数已由工厂按正常操作预设。仅在出现功能失灵状况时，才去检查这些参数的设置。

对于检修运行，以下参数的设置是必需的：

Service Parameter（M-1-3-1-7-GO ON）

Encoder =13，

SDI-Dir =0，

SDI-Max =30，

Spe-Rng =20，

SPB-Temp =60，

BRE-Max =20，注：此参数值只有在拯救操作时轿厢不能移动才能被修改。

BRE-Min =7，

BRE-Hold =20，

BRE-Tout =5，

SYSTEM Parameter（M-1-3-1）

Top = 实际楼层数 -1，

Door Parameter（M-1-3-1-5-GO ON）

Door =12，

CM-Typ =0，

TRO-Typ =0。

（9）编码器的调试

1）在第一次运行之前，进行编码器的调试，以使编码器轴与同步电动机磁性轴成一直线。通常，编码器的调试是在安装好曳引带、轿厢、对重以及检修模式空轿厢下进行，也允许在没有曳引带的情形下进行编码器的调试。

2）等装好曳引带后，再重新进行一次编码器的调试。

3）将正弦/余弦编码器的带线插头插到 MCB 的 P5 插座上。

4）遵照 SVT 显示的指令。通过进入 SVT“编码器调试（<M><4><2>）”菜单启动自动调试。在调试期间，经由 E&I 屏内的 ERO 开关从检修模式转换到正常模式，然后再回到检修模式。如果调整无法进行，则查看出错记录（M-2-1-GO IN）。在此情形下，翻阅关于 MCB/VCB 故障说明的专用文件（FCM）。

5）在安置和连接好编码器后，即可开始编码器的调试。

6）核对输入的编码器型式（Encoder Type）参数：如果是使用 Heidenheim 正弦/，余弦编码器，那么设 Encoder Type = 3。

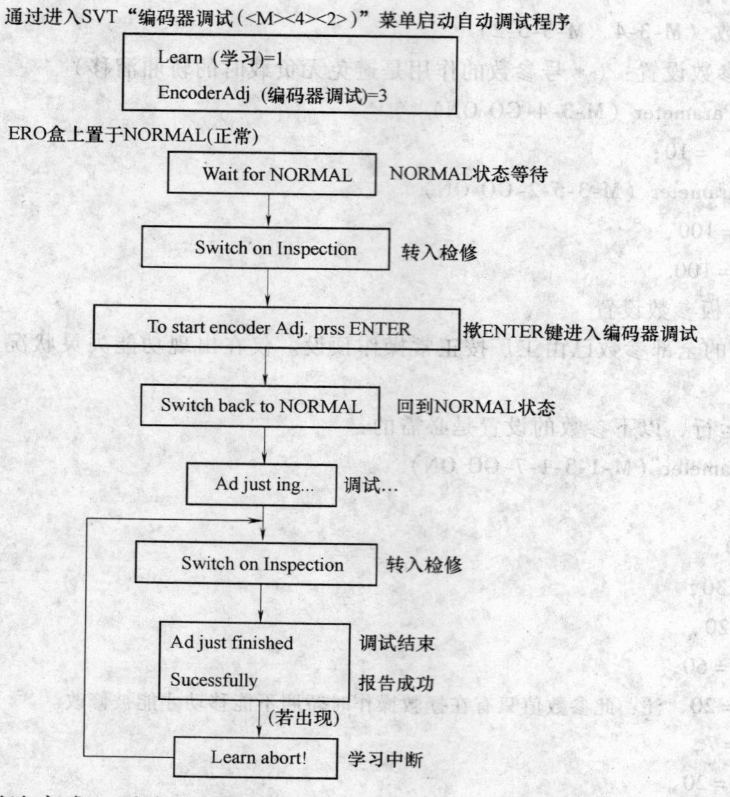

7）假如调试无法完成，则检查 ENG VCB 参数（<M><3><5><1><GO ON>）：Encoder type，Motor Dir（电动机方向），Encoder Dir（编码器方向）。

（10）检查运行及编码器的方向

1）在合同参数设置和编码器调试完成后，借助 ERO 按钮（E82I 屏）检查运行方向。

2）针对 INS 或 ERO 操纵，UIB 或 DIB 信号务必输入 MCB（MCB：M-1-2-GO ON）。

3）经由 SVT 能够监控驱动状态（MCB：M-1-1）。

4）通过按压 UP 或者 DOWN 按钮，曳引电动机转动。

5）如果显示“Encoder Dir”错误信息，那么就要改变 Encoder Dir（MCB：M-3-1-GO ON）参数（0/1）[预置值 = 0]。

6）如果转动方向与想要的方向不同（轿厢运动方向与所按压的 UIB/DIB 按钮相背离），那么就要改变 MCB 合同参数 Motor Dir（MCB：M-3-1-GO ON）参数（0/1）[预置值 = 0]。

7）如果轿厢不能移动，那么该错误就能够从状态显示中查找；若显示停止运转（SHTD-WN），则可用查出错记录（Errlog）的办法（M-2-2-1-GO ON），分析找到原因；在此情况下，翻阅关于 MCB/VCB 故障说明的专用文件（FCM）。

8）在层站 E&I 屏检修运行成功后，再在轿顶用 TCI（轿顶检修）-UP 或者 DOWN 按钮核查运行方向，当运行超过 5s 电梯不出现异常就表明轿顶检修操作运行已经成功，否则查找、排除线路原因，重复上述步骤。

9）断开和接通主开关可清除当前故障。

10）现在可以用 INS/ERO 模式驱动轿厢运行了。

调整制动器和限速器-安全钳联动。

进行其余导轨支架和导轨的安装与校正。

11. 完成井道电气布线，装设井道极限开关，拆除导轨支架样板线、顶部平台

12. 安装补偿设备、轿厢壁板、地坎、护脚板、门机、轿门，通风、平层装置

13. 安装轿内操纵盘、对讲、照明、门光幕、称重，完成轿顶接线

14. 安装门套、层门、护脚板、门锁、平层隔板、呼梯层显盒、对重护栏

15. 拆除门口样板线和样板架，快车调试前的最后检查与机械调整

16. 完成整梯快车，精准平层、舒适感、各项功能的调试

奥的斯 <OTIS> GeN2 - MRL 无机房电梯：

以正常模式运行

（1）检查安全设置

1）安全钳及其传动机构的测试

测试安全钳和经由按压 SPBC 板上的 REB&RTB 按钮检查限速器遥控电气脱钩（夹绳）与取道按压 SPBC 板上的 REB&RRB 按钮核准限速器遥控机械复位（释放）诸功能。

2）测试应急制动器释放

在控制或驱动系统出现故障或失去供电的状况下，借助 SPBC 板上的 RBR1&RBR2 按钮和开关测试应急制动器松开功能。

（2）平层感应系统（PRS2）

参照图 7-61 的示意，进行垂浮钢带和传感器部件的安装以及磁条在每个平层区位的设置。平层磁条的长度为 250mm。针对超短楼层，其两个门区磁条间的最小距离至少为 180mm。否则电梯的控制系统无法辨别与分界这两个门区。

（3）第一次正常运行的准备工作

为了确保正常模式下的运转，井道和轿厢的机械，井道内的电气和控制屏，均已毫无疑问地结束了安装工作。且电气连接已彻底地完成和校核过。全部安全开关应有把握地操控和锁闭相关的机械装置与部件。

1）串行通信链路（CDL/HDL）

① 用于串行链接的接插件暂不塞紧。因为串行链接中错误的接线会毁坏所有的遥控站板（RS）、线路终端器板（LT）和 TCBC 板。

② 检查遥控串行链接（RSL）、DL1、DL2、RTN 和 DC30V 的电源电压：DL1 与 DL2 之间为 DC500 ~ 600mV，RTN 与 DC30V 之间为 DC30V。

③ 切断主开关，检查全部使用的遥控站板的地址和接线。

④ 检查 RSL 的接线是否正确：轿厢链接（CDL）和层站链接（HDL）。

⑤ 塞紧串行链接的每个接插件，接通 ERO 和主开关。

⑥ 借助 SVT，经由菜单“self test <自身测试>”（M-1-2-5）检查所有的 RS 链接；如果自身测试显示一个“+”，则表明 RS 串行通信链路功能及设置是正确的。

2）井道信号检查

① 在 PRS2 系统安装以后，在执行自学习之前，在 ERO 状态下，通过服务器 SVT（M-1-2）检查全部的井道信息：1LV、2LV、1LS、2LS、UIS、DIS 等。

② 用 0.2m/s 的最大的速度（M-3-2⇨INS SPE = 20）执行这项检查，因为 SVT 通信有延迟。

3）启用自动门系统（DCSS5）

① 层门、轿门的机械部件已经过预调整。

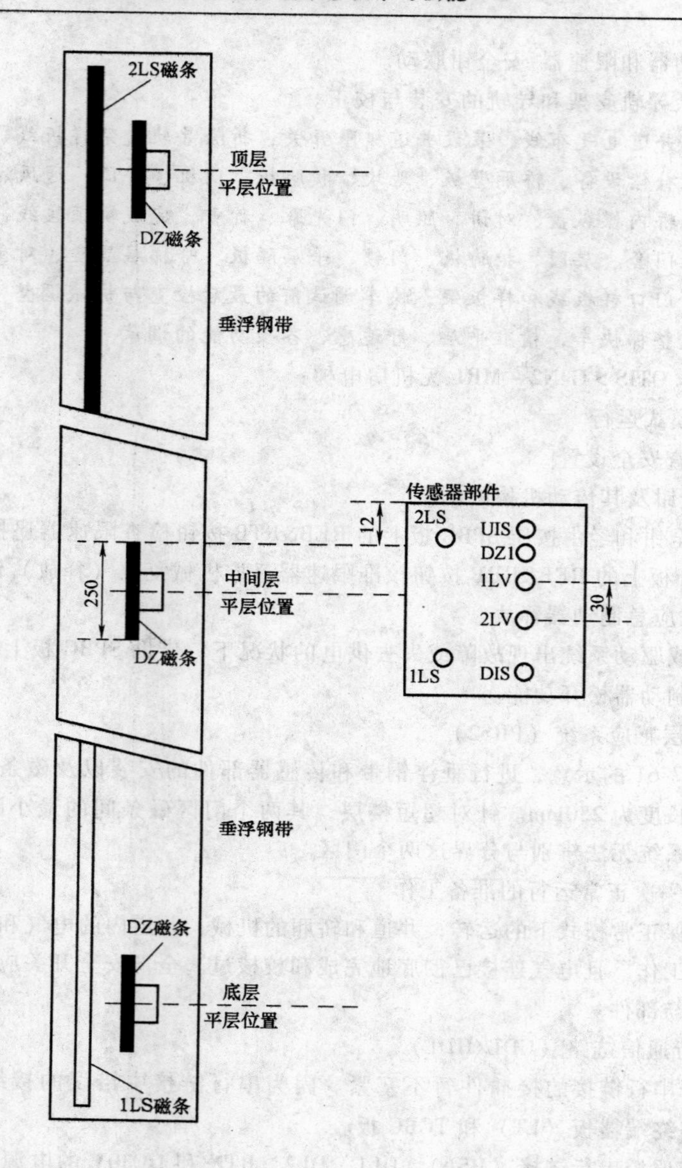

1LS/2LS距离

合同速度	1.0m/s	1.6m/s	公差
1LS	1.2m	2.1m	±0.1m
2LS	1.2m	2.1m	±0.1m

图 7-61　平层感应系统的安设

1LV—门区上边开关　2LV—门区下边开关　DZ1—门区开关　UIS—再平层上部开关
DIS—再平层下部开关　1LS—下行强迫减速开关　2LS—上行强迫减速开关

② 根据接线和原理图，检查 DCSS5 门系统的信号线连接以及供给电源，正常操作前将层站紧急检修屏内的 P4T 插到 P5T 的位置上。

③ 进入轿顶驱驶轿厢到门区，调整门刀与滚轮的啮合，确保在启用自动门系统 DCSS5 时层门、轿门能一起联动。

④ 把 SVT 接至 DCSS5 电路板的 P6 插座，检查对应于轿顶接线盒内 RS14 板的 I/O 地址（TCB：M-1-3-2）：

I/O	Address
991 ST1 =	13.2
992 ST2 =	13.3
993 ST3 =	13.4
0 DOL =	13.1
605 DOS =	13.4
607 LRD =	13.3

⑤ 用 SVT（M-1-1-2）菜单检查 TCBC 发出的 STl－ST3 信号正确与否。

⑥ 在进行门机系统自学习之前，用 SVT 键入 SHIFT&7，进入 SETUP 菜单，再键入（M-3-3-1-1），按提示逐步执行 DCSS5 门系统自学习功能。

注意：1）为保证开关门有足够的力矩，在选择门类型时应挑取 SIT9692C0 门。

2）LRD 信号为低电平有效。

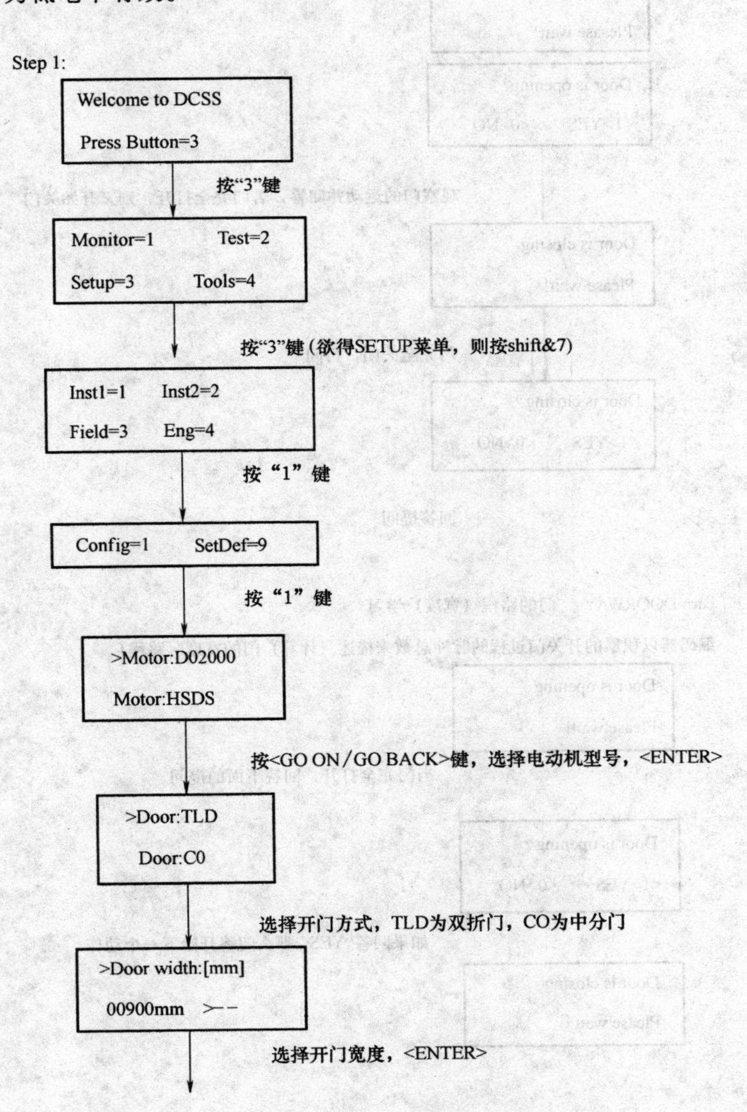

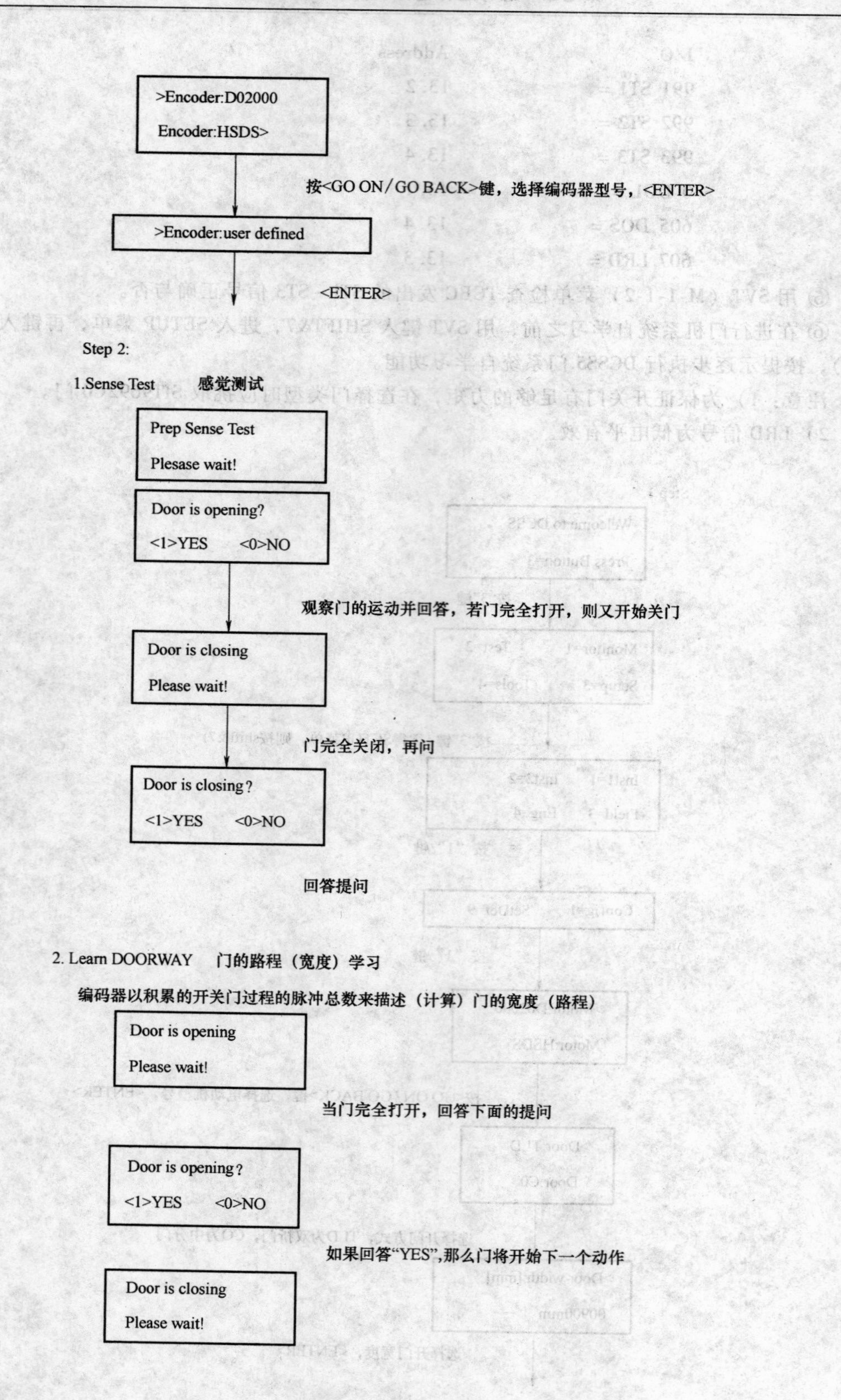
>Encoder:D02000
Encoder:HSDS>
按<GO ON/GO BACK>键，选择编码器型号，<ENTER>
>Encoder:user defined
<ENTER>
Step 2:
1.Sense Test 感觉测试
Prep Sense Test
Plesase wait!
Door is opening?
<1>YES <0>NO
观察门的运动并回答，若门完全打开，则又开始关门
Door is closing
Please wait!
门完全关闭，再问
Door is closing?
<1>YES <0>NO
回答提问
2. Learn DOORWAY 门的路程（宽度）学习
编码器以积累的开关门过程的脉冲总数来描述（计算）门的宽度（路程）
Door is opening
Please wait!
当门完全打开，回答下面的提问
Door is opening?
<1>YES <0>NO
如果回答“YES”,那么门将开始下一个动作
Door is closing
Please wait!

3. Learn Creep Ways 爬行路程（距离）学习

DCSS5 门系统的开门和关门的爬行距离及转矩的学习是由打开和关闭门锁实现。

Learn Creep Ways
<Enter>

<ENTER>

Lock Distance Check
Please wait!

门将进行几次短行程的开启和关闭

Lock Dist Check
Please wait!

如果爬行距离学习完成，则进入下一步

4. Learn Torques 转矩学习

门系统以检测速度找出完全开门所需的最小转矩。如果此次的学习行为超出了这个转矩的范围，那么又将重新学习一遍再予增量的转矩，所有的爬行和关门转矩都取决于学习时的转矩值。

Learn Torques
<Enter>

<ENTER>

Learn Torques
Please wait!

如果自学习期间可使门完全打开，则DCSS5关闭门重新准备下一个步骤

Door is closing
Please wait!

当门完全关闭后，此学习即结束，显示

Prepare Profiles
Please wait!

5.Learn Forward Gain 步进增益学习

参数由速度、加速度核减速度提供。

Learn Forward Gain
<Enter>

<ENTER> 首先开始关门

Door is opening
Please wait!

然后进行开关门间断性测试学习。如果速度曲线距离比实际开门行程要长，则修改控制参数重试

Forward Gain Check
Please wait!

这个循环一直进行，直至找到最佳的速度曲线参数。相关的参数有两个：

P1：FeedUp-Gain,　　P2：FeedDown-Gain,

结束时显示

Writing Gains
Please wait!

到此，DCSS5 门系统自学习完成了。

4）自学习运行

a. 在电梯投入正常运转之前必须执行井道自学习步骤，在以后的当门区平层磁条的位置或系统（CON SPE）的参数有变更后，亦须重新进入自学习状态。

b. 在自学习开始之前要重新确定或设置下列 MCB 参数：

（检修情形下）　Prof Delay = 70　（M-3-4）
　　　　　　　　SpC FNr = 50　（M-3-5-2）
　　　　　　　　SpC　FNo = 50；

c. 在自学习启动之前，再次核查 1LS、2LS 的距离尺寸。

d. 在自学习进行期间，轿厢必须保持空载。

e. 为了避免外部干扰，在触发自学习之前，在 SPBC 板上的断开 DDO（门驱动）和切除 CHCS（层站呼梯）。

f. 将电梯停在最低层站区间，键入（MCB：M-4-1），激活自学习。

g. 若自学习过程中出错及中途停止，可通过（MCB：M-2-2-1）查阅故障记录。

① 自学习运行情况

a. 参数 TOP FLOOR 和 FLOORS IN 1LS 毫无疑问地被正确设定。

b. 可以在最低 LV 区域内或 1LS 开关范围外任一位置处开始自学习运行。

用 SVT < M > < 4 > < 1 > 激活自学习运行

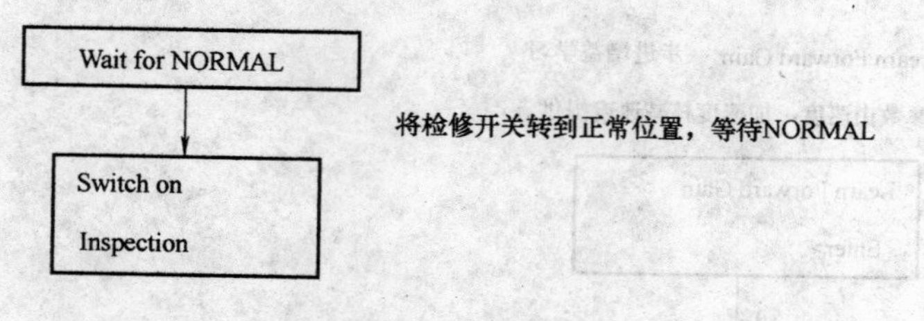
Wait for NORMAL
将检修开关转到正常位置，等待NORMAL
Switch on
Inspection

检修开关转回检修位置

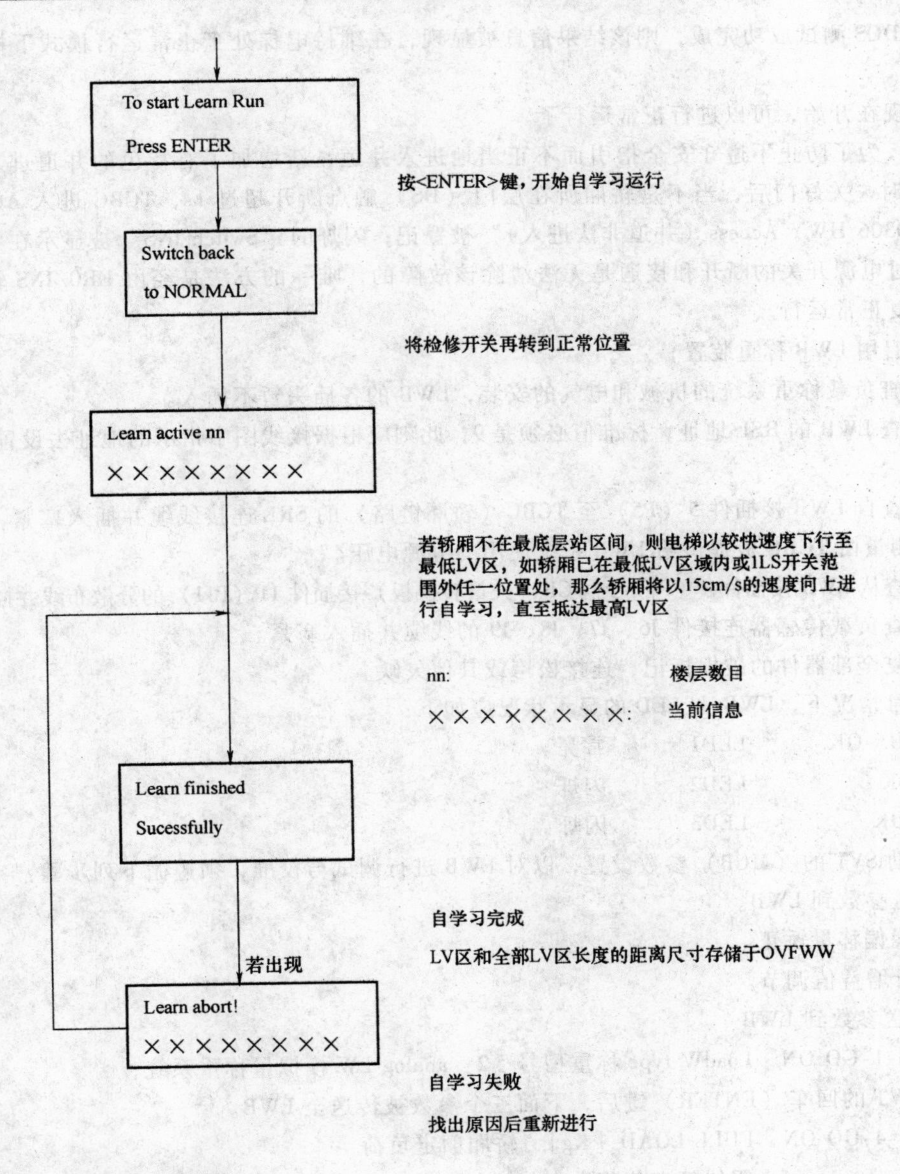

② 层门（DCS）检测

在自学习成功以后，进行层门（DCS）检测运转。

a. 复位 SPBC 板上的 DDO 开关，用 ERO 模式，逐层检查层门门锁，确证每层层门关闭，且门锁锁钩啮合与触点接触良好。

b. 将轿厢置于最低层站，并确认轿门与该层层门已关闭。

c. 连接 SVT 到 SPBC 板的 P15 插座上。

d. 取消再平层操作功能（TCB，M-1-3-1-6-GO ON，EN-RLV =0）。

e. 把 ERO 开关转到正常位置。

f. 随着按键顺序（M-1-3-5），激活 DCS 检测运转。

g. 如果软件察觉某个层门触点不导通，就会将轿厢闭锁停在该层站上，且该错误信息被显现。

h. 在排除全部错误后，将轿厢开回到最低层站并再次重新启动 DCS 运行。

i. 若 DCS 测试成功完成，则该结果信息被显现，在维持电梯处于正常运行模式下按 GO ON 三次。

j. 从现在开始，可以进行正常运行了。

注意：为了防止不遵守安全指引而不正当地进入井道，新增加了有特色的井道进入监测功能；NOR 时，关好门后，当不是轿厢所在层门（DS）触点断开超过 1s，TCBC 进入 ACC 模式，该事件“0306 HWY Access（井道非法进入）”被登记；闪烁的“Switch INS”被显示在状态菜单上；仅通过电源开关的断开和接通是无法清除该故障的，唯一的方法是经由 ER0/INS 转换才可使电梯恢复正常运行。

（4）启用 LWB 称重装置

① 检查负载称重系统的机械和电气的安装，LWB 的各插头暂不插入。

② 检查 LWB 的 RSL 地址，标准值必须是 9，此刻应根据接线图中指示的地址去设置 LWB 的 RSL 地址。

③ 检查自 LWB 接插件 5（P5）至 TCBC（轿厢链路）的 SRL 连接线缆并插入塞紧，用数字式万用表测量由 TCBC 板提供给 LWB 系统使用的电源电压。

④ 检查从 LWB 接插件 4（P4）到 VCB（矢量转换板）接插件 11（P11）的分散布线并插入塞紧。

⑤ 检查负载传感器连接件 J6、J7、J8、J9 的线缆并插入塞紧。

⑥ 修复全部器件的破损标记、连接松垮或其他欠缺。

⑦ 正常情况下，LWB 上 LED 的显示状况应如下：

CANBUS-OK	LED1	常亮
RSL-OK	LED2	闪烁
LWB-OK	LED3	闪烁

⑧ 借助 SVT 的（MCB）参数设置，以对 LWB 进行调试与校准，须遵循下列步骤：

a. 传送参数到 LWB。

b. 开展偏移量矫正。

c. 执行增益值调节。

1）传送参数到 LWB

① M-3-1-GO ON　LoadW type 称重型号　2：analog LW 模拟量称重系统；

当按 SVT 的回车（ENTER）键后，下面三个参数被传送至 LWB。

② M-3-4-GO ON　FULL LOAD［Kg］　轿厢额定负荷

假如额定负荷为 630kg，那 FULL LOAD［kg］= 630

TOTAL # of PADS　垫片总数

假如使用 6 块垫片，那 TOTAL # of PADS = 6

# of LOAD SENSORS 负载传感器的数量

假如采用 4 个传感器，那 # of LOAD SENSORS = 4；

运用以下两个参数，通过 VCB 去计算电动机转矩。

③ M-3-4　GO ON　BALANCE［%］　平衡系数　通常为 45% ~ 50%，

GO ON ALWcomp Corr［%］　模拟修改　通常为 95% ~ 120%。

2）开展偏移量矫正

① 偏移量矫正是在空载轿厢情形下，经由层站处 E&I 屏，用 SVT 操作来进行的。

② 将空载轿厢开至最低层站。

③ 键入 M-4-3-1，在提示“CAR IS EMPTY?”后，揿按“ENTER”确证。

④ LWB 偏移量矫正结束，若显现“DONE”则表示成功，若为“failed”则参照错误记录（M-2-2）的提示予以排除后重试。

3）执行增益值调节

① 在偏移量矫正完成后，将选定的 30% ~90% 之间的额定载荷置入轿厢。

② 键入 M-4-3-2，SVT 菜单会询问以 kg 为单位的轿厢内准确的载荷值。

③ 在键入用于增益值调节的当前轿内载荷量即 M-4-3-2-Load［kg］-ENTER 之后，就会执行增益值调节。

④ 当 LWB 增益值调节结束，会有“DONE”提示显现，若为“failed”则参照错误记录（M-2-2）的提示予以排除后重试。

4）传感器检查与负载值的监测

按序键入 M-2-A（shift）—GO ON—GO ON—GO ON—GO ON—GO ON—GO ON…

（sensorl）（sensor2）（sensor3）（sensor4）（Load）（sensorl）…

可以通过 SVT 查看每一个传感器（sensor）的以 mV 为单位的即时电压（其范围 2.000 ~ 16.000mV 之间），以及可以查看轿厢内的当前负载（Load）值，并关注测量值与实际值的误差应掌控在 10kg 范围内，否则重新检查与调校 LWB 系统。

（5）精准平层调整

1）驱动参数（< M > < 3 > < 2 >）

驱动参数 NOM SPE 是经由设置的 CON SPE 而自动地调整的，其一般与 CON SPE 的取值相同。仅在必需，如降低正常运行速度或实现超短楼距停站时，才会去改变它。

① INS SPE［0.01m/s］　检修运行速度　≤0.63m/s（≤63）

② NOM SPE［0.01m/s］　正常运行速度　≤1.75m/s（≤175）

③ REL SPE［0.01m/s］　再平层运行速度　0.02 ~ 0.03m/s（2 ~ 3）

④ CRE SPE［0.01m/s］　平层爬行速度　0.06 ~ 0.08m/s（6 ~ 8）

⑤ ACC［0.01m/s^2］　加速度变化率　≤1.2m/s^2（≤120）

⑥ DEC［0.01m/s^2］　减速度变化率　≤1.2m/s^2（≤120）

2）平层精度（< M > < 3 > < 3 >）

① 在调整门区参数（井道信号）之前，先以检修速度使轿厢作贯穿整个提升高度的运行。

② 键入 < M > < 1 > < 2 > < GO ON >，借助 SVT 观察 IPU/IPD，（SLU、SLD），LV，（1LV、2LV），1LS 和 2LS 等开关的通断。

③ 随着这个测试工作的执行完毕，门区参数（井道变量）已被调整到位。

④ 接下来在井道中部找定一个校准楼层。

⑤ 从自上而下（下行方向）、自下而上（上行方向）两个方向运行至该校准楼层，并检查平层情况。

⑥ 通过改变参数 LV DLY UP［mm］（上行不平层）和 LV DLY DOWN［mm］（下行不平层），以修正平层偏差：如果轿厢过早地停层（即欠层）则 mm 值应该增加（+停层欠缺的 mm 数值），如果轿厢太迟地停层（即超层）则 mm 值应该减少（-停层超越的 mm 数值）；

⑦ 在校准楼层的上下平层调整结束后，驱使轿厢从两个方向驶入除校准楼层外的每个楼层并测试平层偏差，然后通过移动门区磁条，使平层精度符合要求。

（6）LS 位置调整

① 在进行 1LS、2LS（下行和上行终端减速开关）调整之前，即在进行 1LS DLY 和 2LS DLY 参数调整之前，先将爬行时间 T_creep 调至理想点位 640ms；

② 在 SVT 菜单 DATALOG（<M><2><5>）中可检查爬行时间参数 T_creep，其实际值在 0.2～0.8s（200～800ms）之间；

③ 1LS DLY 和 2LS DLY 必须借助在向顶层运行以启动 IPU-减速、在向底层运行以启动 IPD-减速的方法进行调整；

④ 当上/下端站内的减速是由上行和下行终端减速开关（2LS/1LS）触发的，则 SVT 会显现"DECDIST"；

⑤ 增加 1LS DLY 或 2LS DLY 的值，直到在上/下端站内减速后，底层和顶层故障不再出现；反之，则相应减少 1LS DLY 或 2LS DLY 的值。

⑥ 因为 T_creep 对 1LS DLY、2LS DLY 有影响，所以在完成 LS 位置调整后，再将 T_creep 参数设置在 200～300ms 之间。

（7）TCBC 板的扩大启用

1）位置指示器（M-1-3-4）

① 在（M-1-3-4）项下提供位置指示器的楼层显示更改操作。

② 通过 POS，程序化 CPI 10 LCD 或 CPI 11 ELD 位置指示器。

③ 针对 L（左）和 R（右）分段，通过登入一组代码，选择期望的字符功能。

2）检查 ADO 与 RLV 功能

通过激活 ADO 提前开门（TCB 参数 DRIVE＝19，M-1-3-4-GO ON）和 RLV 再平层（TCB 参数 EN-RLV＝1，M-1-3-6-GO ON）功能，进行核查。

（8）参数的储存

① 收集记录已调整地参数并存放在控制屏中。

② 键入 <M><3><7>，即将已修改设置的参数储存于 EEPROM 里了。

最后，完成舒适感和其他各项功能的调试。

17. 清理井道，加注润滑

18. 自检、验收、资料汇总及交梯

第二节　自动扶梯安装和调整的工艺及工序

一、整体式自动扶梯（同样适合于自动人行道）安装和调整的工艺及工序方法

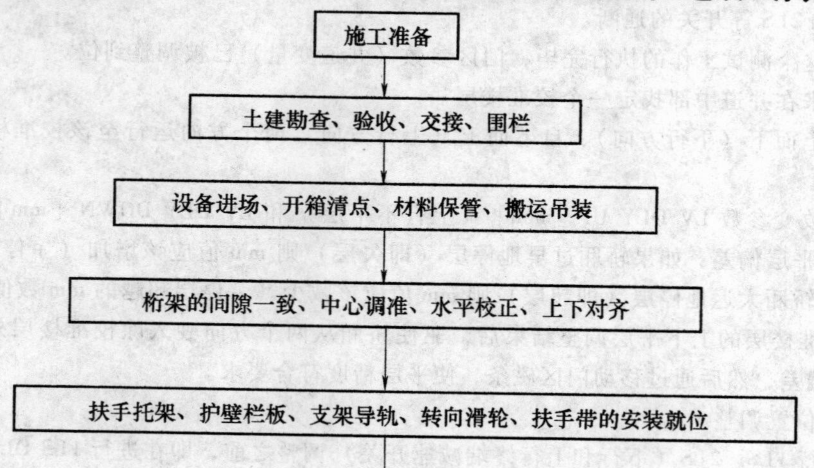
施工准备
土建勘查、验收、交接、围栏
设备进场、开箱清点、材料保管、搬运吊装
桁架的间隙一致、中心调准、水平校正、上下对齐
扶手托架、护壁栏板、支架导轨、转向滑轮、扶手带的安装就位

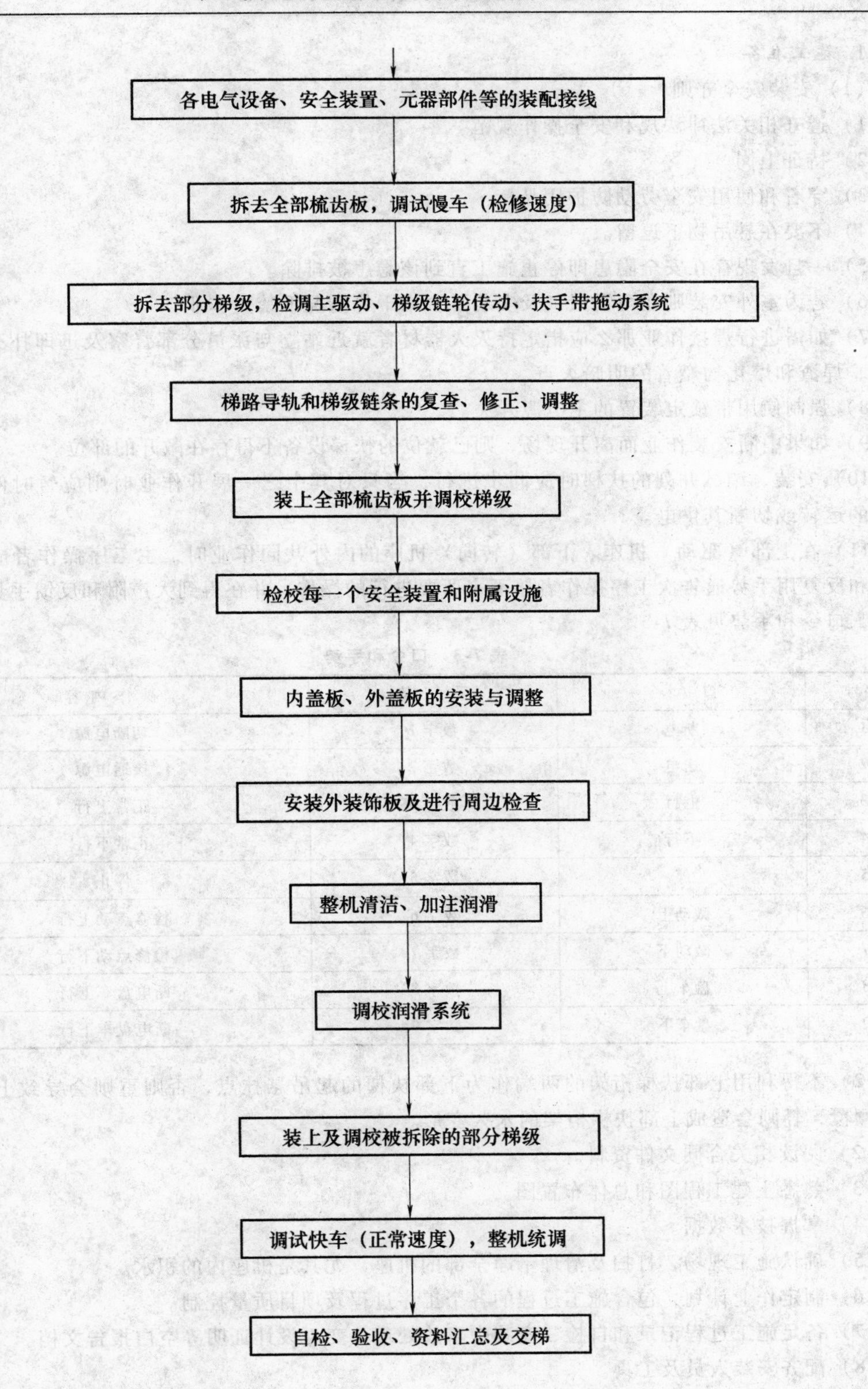
各电气设备、安全装置、元器部件等的装配接线
拆去全部梳齿板，调试慢车（检修速度）
拆去部分梯级，检调主驱动、梯级链轮传动、扶手带拖动系统
梯路导轨和梯级链条的复查、修正、调整
装上全部梳齿板并调校梯级
检校每一个安全装置和附属设施
内盖板、外盖板的安装与调整
安装外装饰板及进行周边检查
整机清洁、加注润滑
调校润滑系统
装上及调校被拆除的部分梯级
调试快车（正常速度），整机统调
自检、验收、资料汇总及交梯

1. 施工准备

（1）安装安全守则：

1）遵守相关法律法规和安全操作规范。

2）持证上岗。

3）穿着和使用安全劳动防护用品。

4）不要在悬吊物下逗留。

5）一旦发现存在安全隐患即停止施工直到该隐患被排除。

6）若为室外安装则在雨雪天气及安装平台未干等情况下禁止作业。

7）如需进行焊接作业那么应指定持灭火器材者就近站立与派员分部督察及迅即扑灭飞散的火花、焊渣和熔化物燃着的明暗火点。

8）强制使用带锁定装置的主电源开关。

9）如果中断安装作业而离开现场，则已就位的扶梯设备不得存在敞开的部位。

10）安装、调试并列的扶梯时应同步进行，当只对其中之一展开作业时则应暂时停止另外扶梯的运转或切断其供电。

11）在上部（驱动）机座、下部（转向）机座的内外共同作业时，主工序操作者应大声用口令和反复用手势通告次工序操作者接下来所要进行的操作，并在得到大声附和反馈手势后方可实施，口令和手势见表 7-3。

表 7-3 口令和手势

序号	口 令	手 势	操作内容
1	断电	数字 1	切断电源
2	送电	数字 2	接通电源
3	上行	数字 3	正常上行
4	下行	数字 4	正常下行
5	停	数字 5	停止
6	微动上	数字 6	检修点动上行
7	微动下	数字 7	检修点动下行
8	盘车上	数字 8	断电盘车上行
9	盘车下	数字 9	断电盘车下行

12）不得利用上部扶梯桁架的两端作为下部扶梯的起吊悬挂点，否则重则会导致上下部扶梯的颠覆，轻则会造成上部扶梯桁架的永久变形。

（2）阅读相关合同文件资料。

（3）熟悉土建工程图和总体布置图。

（4）掌握技术数据。

（5）确认施工现场，打扫及清理干净全部的机座，尤其是机座内的积水。

（6）制定作业计划，包含施工过程的各个工序过程及项目质量控制。

（7）备足施工过程记录和自检、安装中事故处理、变更设计证明等空白报告文档。

（8）配齐安装人员及工具。

（9）找寻或搭建靠近作业区的可以锁闭的散件材料堆放仓库或房屋。

（10）设置足够的照明。

（11）规范搭接由合同方提供的临时施工电源。

(12) 指定三相五线正式电源进入控制屏（柜）的路径。

2. 土建勘查、验收、交接、围栏

(1) 根据土建工程图、总体布置图逐部逐项检查、核对已交付的土建尺寸（图7-62）。

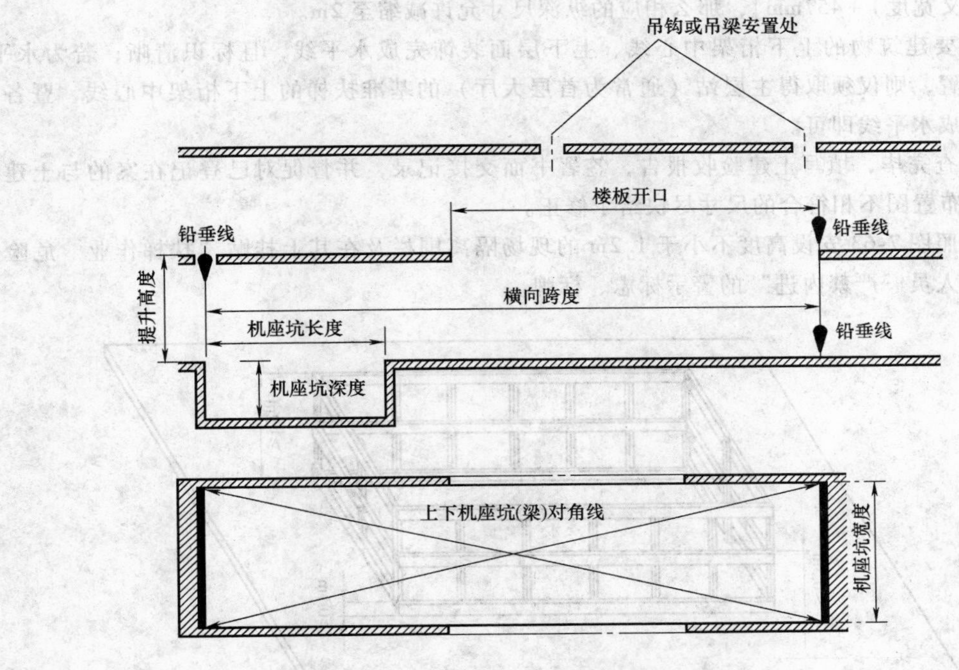

图7-62　核对已交付的土建尺寸

1) 提升高度，其允许公差：-15～+15mm。

2) 横向（上下支撑梁的垂直间距）跨度，其允许公差：0～+15mm。

3) 楼板开口，其允许公差：其允许公差：0～+30mm。

4) 下部机座坑长度、深度、宽度，其允许公差：0～+15mm。

5) 上部机座坑深度、宽度（如机座下有楼板），其允许公差：0～+15mm。

6) 上、下部机座坑的对角线距离，其允许公差：0～+5mm。

7) 如为全封闭井道，则上下留孔的宽度、长度、深度，其允许公差：0～+15mm。

8) 上下承重预埋钢板（如有）的布设尺寸，其允许公差：-3～+3mm。

9) 中间支撑梁（如有）的高度尺寸，其允许公差：-5～+5mm。

10) 中间支撑梁（如有）的预埋钢板（如有）的布设尺寸，其允许公差：-3～+3mm。

11) 分离机房（如有）的空间尺寸，其允许公差：-25～+50mm。

12) 防灌排水机坑（如有）的体积尺寸，其允许公差：0～+25mm。

(2) 确认上、下承重梁和中间支撑梁的承载强度应满足土建工程图的设计要求。

(3) 如有预埋钢板则将其清理出来，并确保该钢板四周的混凝土不得高于它的平面；如无预埋钢板则将机座承重梁和中间支撑梁的混凝土表面修整抹平。

(4) 查证吊钩或吊梁的配置以及承载应满足土建工程图的设计要求，通常起吊上部（驱动）机座一侧的吊钩或吊梁应能承载不小于60kN，起吊下部（转向）机座一侧的吊钩或吊梁应能承载不小于40kN。

(5) 审核当提升高度不超过6m，额定速度不超过0.5m/s时，自动扶梯的倾斜角度允许增至35°，否则应不超过30°。

（6）实测在自动扶梯出入口的畅通区域，其宽度至少等于 z_1（梯级名义宽度）+457mm，从梳齿板齿根部起往出入口以外计量的纵深尺寸至少达到2.5m；如果该区域宽度扩至不小于2×[z_1（梯级名义宽度）+457mm]，那么相应的纵深尺寸允许减缩至2m。

（7）索要建筑物的上下桁架中心线、上下层面装饰完成水平线，且标识清晰；若为水平、纵列多部配置，则仅须取得主层站（通常为首层大厅）的基准扶梯的上下桁架中心线，暨各层面的装饰完成水平线即可。

（8）勘查完毕，填写土建验收报告，签署书面交接记录，并督促对已登记在案的与土建工程图、总体布置图不相符合的尺寸尽快给予修正。

（9）按照图7-63安设高度不小于1.2m的现场隔离围栏及在其上挂贴“扶梯作业　危险勿近”、“无关人员　严禁内进”的警示标志、标牌。

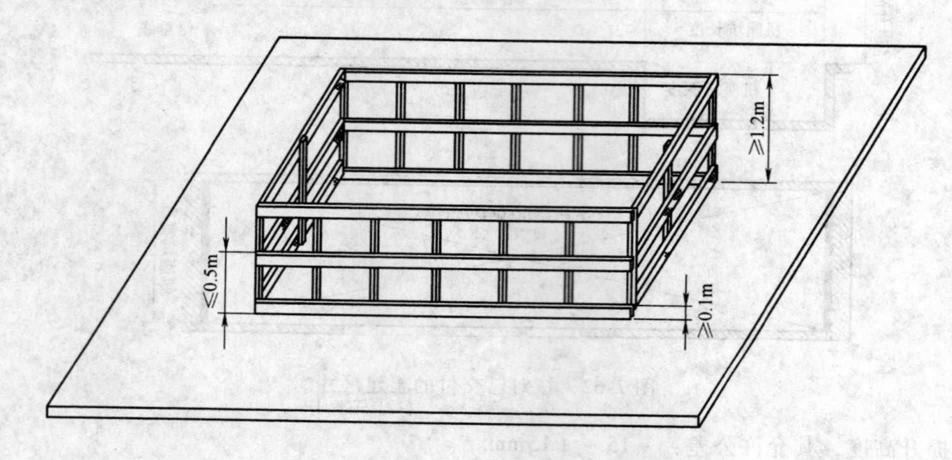

图7-63　隔离围栏

3. 设备进场、开箱清点、材料保管、搬运吊装

（1）核查卸货地点和水平驳运整梯设备所经路径、楼层的容积与负荷是否满足作业要求，奉行选择合适驳运通道，确定最佳吊装方案的旨意。

（2）协助、监督将到货设备驳运吊卸至事前勘察好的比较接近作业区域的卸货地点，期间和随后的吊装就位应避免扶梯机体与其他物体相互间的冲撞碰击。

（3）目测设备的外观，不存在明显损坏。

（4）收集装箱清单、随机文件。

（5）根据装箱清单开箱清点所有零部件、安装材料，后者应与装箱清单内容相符；填写开箱清点缺损件记录报告，并及时反馈以尽快得到追补备件。

（6）将开箱和摆放在桁架内的全部散件材料妥善地搬入事前设定的仓库或房物，予以稳当地堆放和保管。

（7）在落实周到严密的安全措施和应对意外的紧急预案后，配合专业人员进行整梯的吊装就位。

（8）必须遵循从上至下、自里而外、由面到面（这层平面完成再转入下层平面）的顺序吊装法则使自动扶梯就位（见图7-64）。

（9）确证桁架端接板与上下机座承重梁之间的组合垫板（见图7-65）的规格，其一般不应小于下列尺寸：

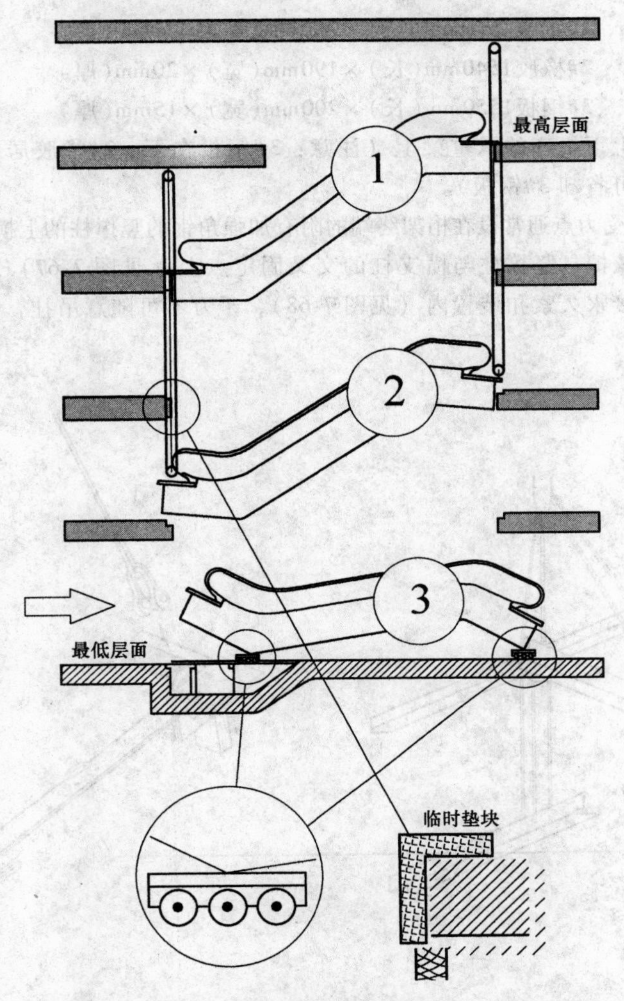

图 7-64　吊装顺序

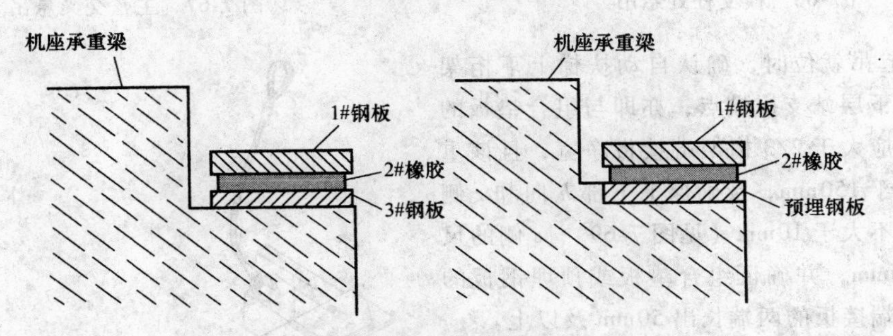

图 7-65　组合垫板

梯级宽度 800mm，1#钢板1150mm（长）×200mm（宽）×20mm（厚）

2#橡胶1140mm（长）×190mm（宽）×20mm（厚）

3#钢板1150mm（长）×200mm（宽）×15mm（厚）

梯级宽度 1000mm，1#钢板1350mm（长）×200mm（宽）×20mm（厚）

2#橡胶1340mm（长）×190mm（宽）×20mm（厚）

3#钢板1350mm（长）×200mm（宽）×15mm（厚）

梯级宽度 1200mm，1#钢板1550mm（长）×200mm（宽）×20mm（厚）
2#橡胶1540mm（长）×190mm（宽）×20mm（厚）
3#钢板1550mm（长）×200mm（宽）×15mm（厚）

并预先将其搁在上下机座的承重梁上（注意：3#钢板在下、2#橡胶居中、1#钢板在上的放置，如有预埋钢板则可省却 3#钢板）。

（10）整梯的起吊受力点通常设在桁架终端的附有加强角钢的竖撑柱的上横支杠处（见图 7-66），或设在桁架终端的主弦檩、竖撑柱与横支杠的交叉固定点上（见图 7-67）或设在桁架终端的与竖撑柱与横支杠相焊接永久索扣装置内（见图 7-68），千万不可随意吊挂，否则会导致桁架的永久变形。

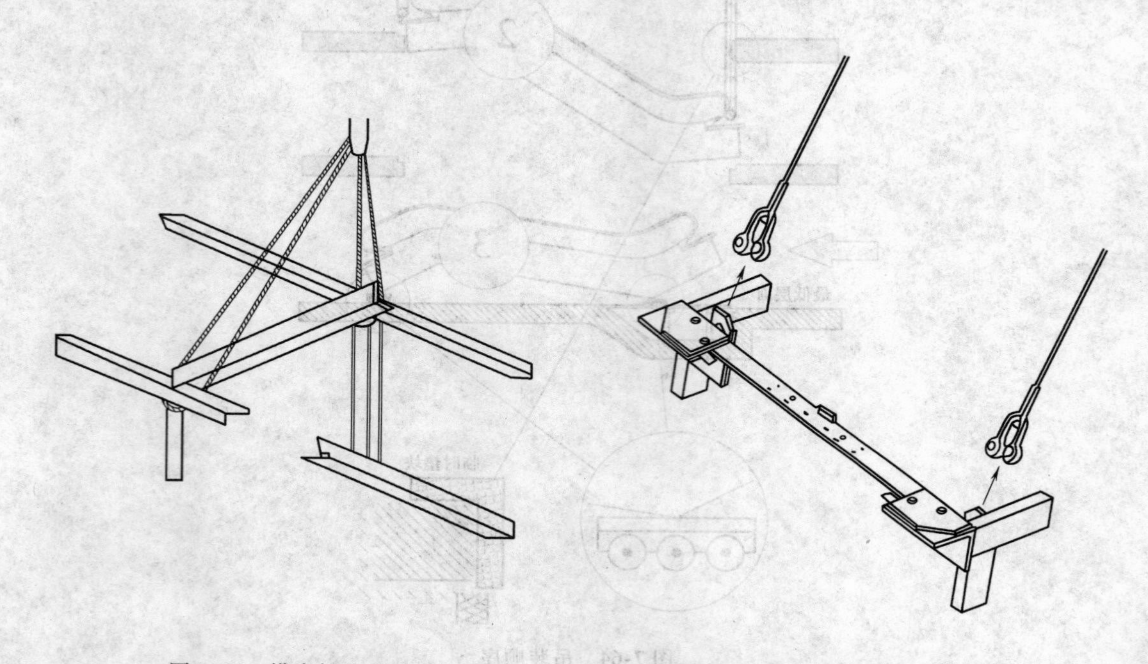

图 7-66　横支杠处悬吊　　图 7-67　主弦交叉悬吊

（11）起吊就位时，确认自动扶梯上下桁架端接板与上下层站支撑端点，亦即与组合垫板的重叠尺寸，应大于 2/3 桁架端接板净宽，且该重叠深度不小于 150mm，及确保上下部 h 向和 z 侧的间隙偏差不大于 10mm（见图 7-69），z 侧的尺寸不大于 50mm，并确证组合垫板或预埋钢板的两端比桁架端接板的两端长出 50mm 及以上。

（12）如果设有桁架中间支撑部件，则确证中间支撑的垫板规格，其一般不应小于 470mm（长）×420mm（宽）×20mm（厚），并在完成整梯吊装就位后，立即进行中间支撑部件的顶柱安装，且保证其高度符合土建工程图标注的尺寸，同时已经承担压力，以防止和避免桁架的永久变形（见图 7-70）。

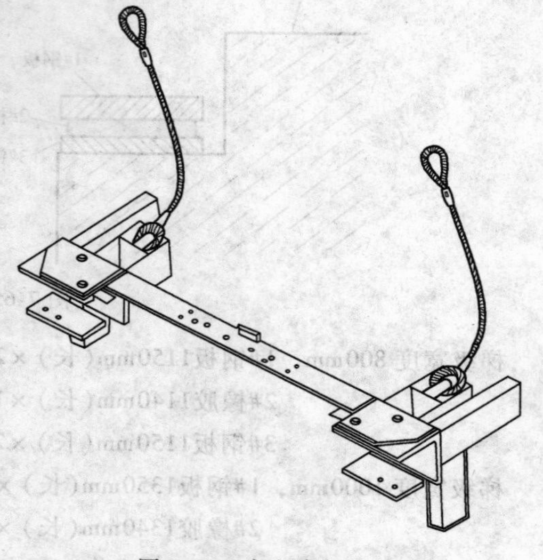

图 7-68　永久索扣悬吊

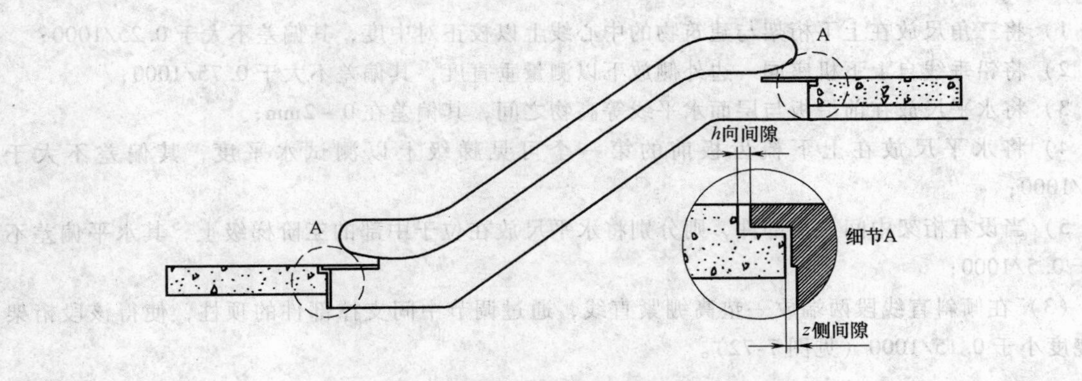

图 7-69　h 向和 z 侧间隙

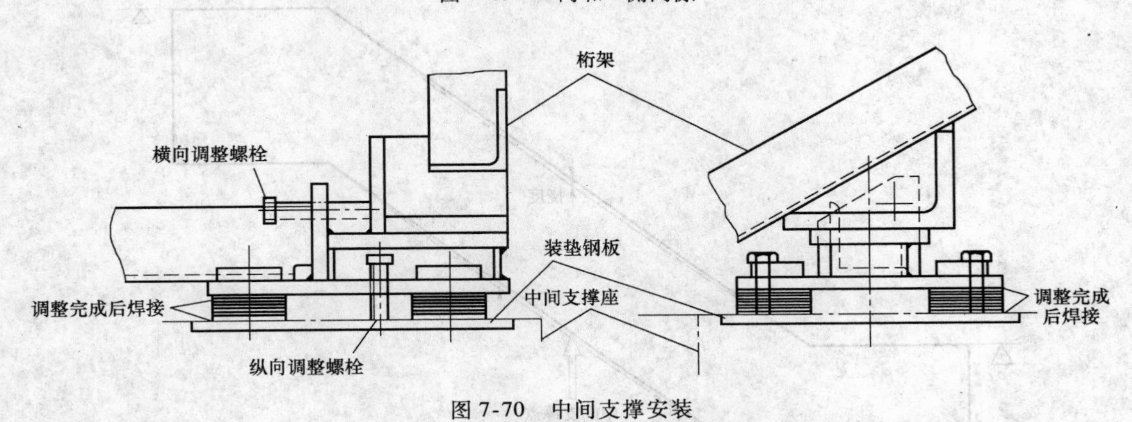

图 7-70　中间支撑安装

（13）吊装就位完毕，在扶梯四周的空隙部分设置安全网，当作业中确需拆开安全网时则在该项作业结束后立即将其复原。

（14）核查每个梯级的上空垂直净高不小于 2.3m。

（15）看懂扶梯安装图册与安装说明书、电气原理和接线及安全电路示意图、使用维护说明书。

4. 桁架的间隙一致、中心调准、水平校正、上下对齐

（1）在整梯桁架就位后，务必及时开展和进行桁架的间隙一致、中心调准、水平校正、上下对齐之作业，以有效防止因斜搁扭曲而致使桁架的永久变形。

（2）依据桁架中心线、层面装饰完成水平线，借助起吊和挪移器械、铅垂线与水平量度工具、升降螺栓或钢制垫片（见图 7-71）完成扶梯的对中、垂直、水准、直线平行和垂直纵列的位置调整（通常钢制垫片的数量厚度不超过 3mm，否则用薄钢板替代之）：

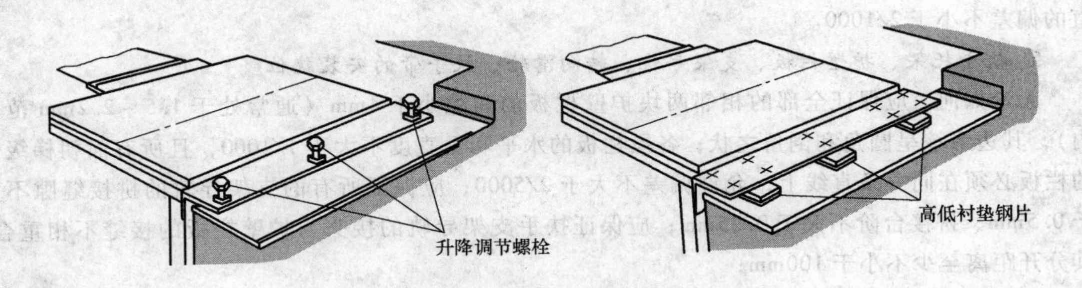

图 7-71　升降螺栓与钢制垫片调配

1）将三角尺放在上下桁架与建筑物的中心线上以校正对中度，其偏差不大于0.25/1000；

2）将铅垂线自上下机座同一边外侧放下以测量垂直度，其偏差不大于0.75/1000；

3）将水平尺放在前沿板与层面水平线等高物之间，其偏差在0～2mm；

4）将水平尺放在上下梳齿板前的第一个可见梯级上以测试水平度，其偏差不大于0.5/1000；

5）当设有桁架中间支撑部件，则分别将水平尺放在位于中部的三阶梯级上，其水平偏差不大于0.5/1000；

（3）在倾斜直线段两端放一垫高绷紧直线，通过调节中间支撑部件的顶柱，使得该段桁架的挠度小于0.15/1000（见图7-72）。

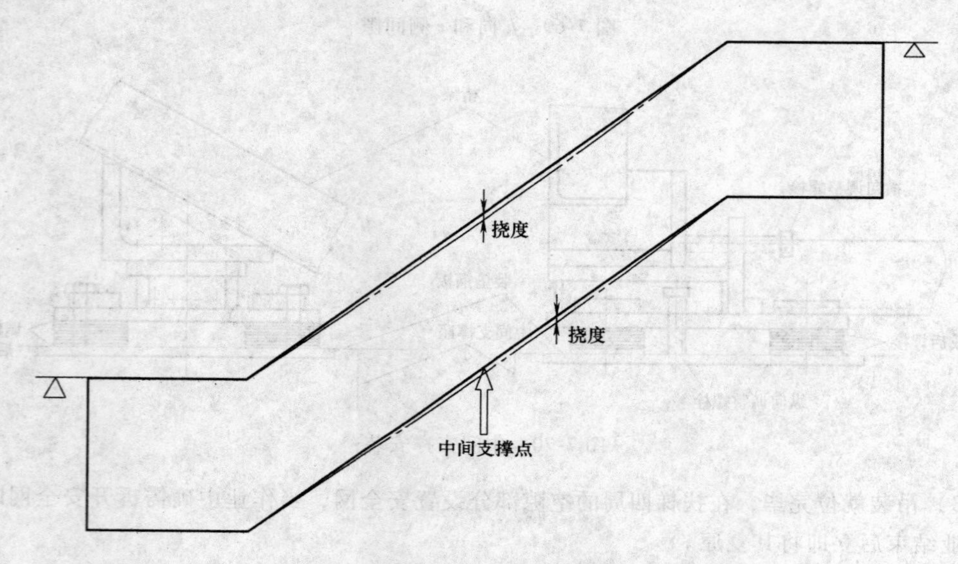

图7-72 桁架的挠度测量

（4）对于两部或以上平行布置的扶梯（平行距离在1～8m之间），以已完成对中、垂直、水准等位置调整的基准扶梯为参照，完成其余扶梯的位置、上下前沿板外侧边（拉直线）的横向平行的调整，其中心线间的偏差不大于2.5mm，直线平行的偏差不大于2/1000，高度偏差不大于1～3mm；对于两部或以上靠近布置得扶梯（平行距离不大于1m），它们中心线间的偏差不大于0.5mm，相互之间的缝隙应符合土建工程图和总体布置图的设计要求，不管怎样该间隙应不小于10mm。

（5）对于两部或以上纵列布置的扶梯，以已完成对中、垂直、水准等位置调整的基准扶梯为参照，完成其余扶梯的位置、上下机座同一外侧边（放垂线）的纵列垂直的调整，其纵列垂直的偏差不小于2/1000。

5. 扶手托架、护壁栏板、支架导轨、转向滑轮、扶手带的安装就位

无论如何，应保证全部的相邻两块护壁栏板的间隙小于4mm（通常处于1.5～2.2mm范围内），其边缘该呈圆角和倒角之状；各段栏板的水平和垂直度不大于1/1000，且所有面朝梯级侧的栏板必须在同一条直线上，允许偏差不大于2/5000；应保证所有的支架导轨的拼接缝隙不大于0.5mm、拼接台阶不大于0.25mm；应保证扶手支架导轨的接头与护壁栏板的接缝不相重合，其分开距离至少不小于100mm；

不管怎样，对于同一部自动扶梯的两列扶手支架导轨的中心到中心的距离应等于z_1（梯级名

义宽度）+457mm；对于平行紧靠布置的扶梯，其上下部圆形扶手支架导轨的最前端应保持平齐，偏差不大于5mm，对于平行距离不大于8m并排布置的扶梯，该偏差不大于10mm。

（1）针对钢化玻璃式护壁栏板（通常用于商用型自动扶梯），依照安装图册与安装说明书，将扶手托架暨栏板夹紧器固定到桁架的主弦檩上，且扶手托架暨夹紧器（见图7-73）应按以下原则分配。

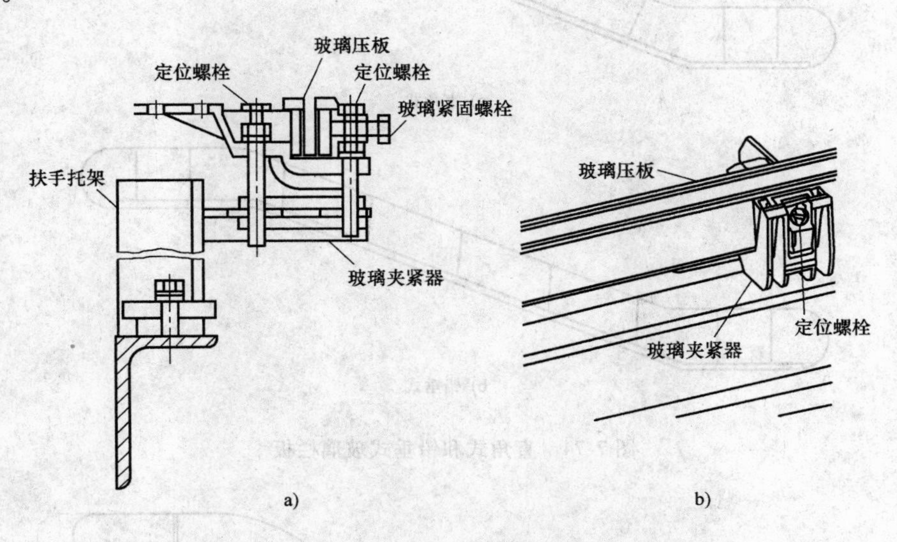

图7-73　扶手托架暨夹紧器

① 循从中至上下（左右）的轨迹安设扶手托架暨夹紧器。

② 每块玻璃栏板至少要被两挡扶手托架暨夹紧器定位，一般而言该挡间距离应控制在500mm左右。

③ 当栏板的曲线、直线长度大于等于1.8m时，其要被三挡等距的扶手托架暨夹紧器定位。

④ 在两块栏板的接缝处必须设置扶手托架暨夹紧器。

1）在安装玻璃式护壁栏板过程中，搬放时要防止碰撞摔打，紧固时要避免过猛逾度；正常情况下夹紧器上螺栓固定玻璃栏板的最大力矩在26～43N·m之间。

2）玻璃栏板分有直角式和铅锤式（见图7-74），但每块玻璃栏板的水平和垂直偏差均应不大于1/1000，且玻璃栏板的相互接合处的上下缝隙掌控在2mm（公差：0～+2mm），并维持整个玻璃栏板的直线度不大于2/5000。

3）应按自下而上的次序安装各块玻璃栏板（见图7-75）。

① 下部曲线段玻璃栏板：

a. 将尼龙衬垫（见图7-76）放入夹紧器中。

b. 使用玻璃吸盘将下部曲线段玻璃栏板插进带尼龙衬垫的夹紧器内。

c. 借助扶手托架和夹紧器上的定位螺栓及垫片，调整曲线栏板的水平和垂直度。

d. 边调整边拧收各螺栓螺母，直至下部曲线段玻璃栏板被紧固在夹紧器上。

② 下部水平段玻璃栏板（仅适于上下入口水平段梯级不小于3阶的状况）：

a. 将尼龙衬垫放入夹紧器中。

b. 把两只随梯提供的底边厚度为2mm的U形橡胶衬垫、或具相同厚度的有吸附性的软物质，卡贴在将与下部水平段玻璃栏板接合的下部曲线段玻璃栏板一侧上。

c. 利用玻璃吸盘将下部水平段玻璃栏板插进带尼龙衬垫的夹紧器内。

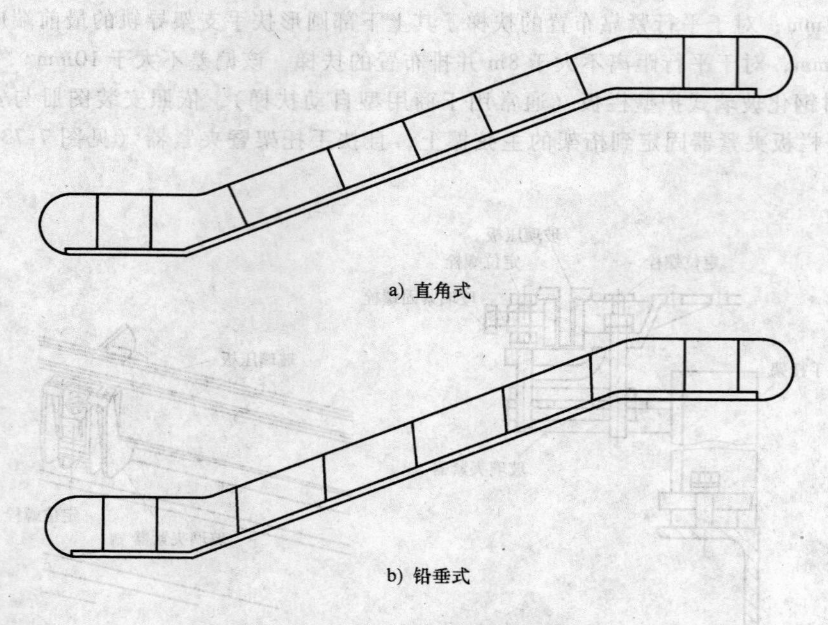

a) 直角式

b) 铅垂式

图 7-74　直角式和铅垂式玻璃栏板

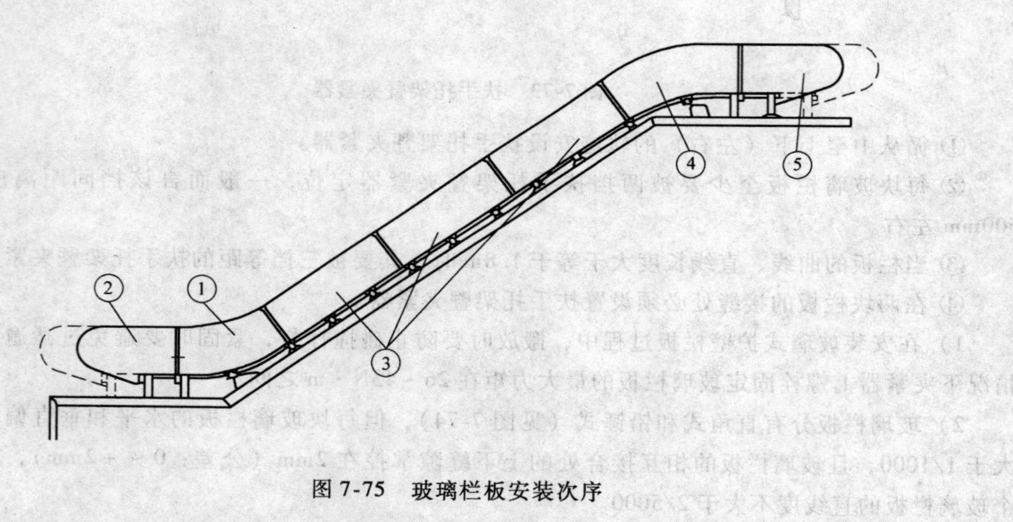

图 7-75　玻璃栏板安装次序

d. 经由扶手托架和夹紧器上的定位螺栓或垫片，在确保两段玻璃栏板的接缝间隙上下一致的前提下，调整下部水平栏板的水平和垂直度，并与下部曲线段玻璃栏板成一直线。

e. 边调整边拧收各螺栓螺母，直至下部水平段玻璃栏板被夹紧器可靠固定。

③ 下部圆形端头段玻璃栏板：

a. 将尼龙衬垫放入夹紧器中。

b. 把两只底边厚度为2mm 的 U 形橡胶衬垫、或具相同厚度的有吸附性的软物质，卡入或贴在将与下部圆形端头玻璃栏板接合的下部水平（或下部曲线）段玻璃栏板一侧上。

c. 利用玻璃吸盘将下部圆形端头玻璃栏板插进带尼龙衬垫的夹紧器内。

d. 经由扶手托架和夹紧器上的定位螺栓或垫片，在确保两段玻璃栏板的接缝间隙上下一致的前提下，调整下部端头栏板的水平和垂直度，并与下部曲线段玻璃栏板成一直线。

e. 边调整边拧收各螺栓螺母，直至下部圆形端头段玻璃栏板被夹紧器可靠固定。

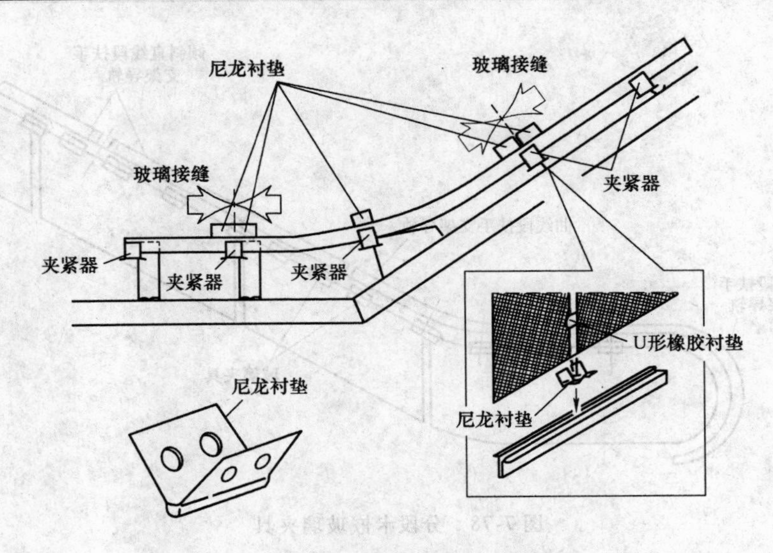

图 7-76　安置尼龙衬垫

④ 其余各段玻璃栏板的安装：

a. 接着按上述的安装和调整方法，完成倾斜直线段、上部曲线段、上部圆形端头段的玻璃栏板的正确就位。

b. 无论如何，应保持所有两块相邻玻璃栏板的间隙均等，各段栏板的水平和垂直度的偏差符合要求，且全部玻璃栏板必须在同一条直线上。

4）无扶手照明型扶手支架导轨的安装

① 对于苗条（商用）型扶手支架导轨，在其玻璃栏板的外露端连续粘贴 U 形衬垫胶带（见图 7-77）。

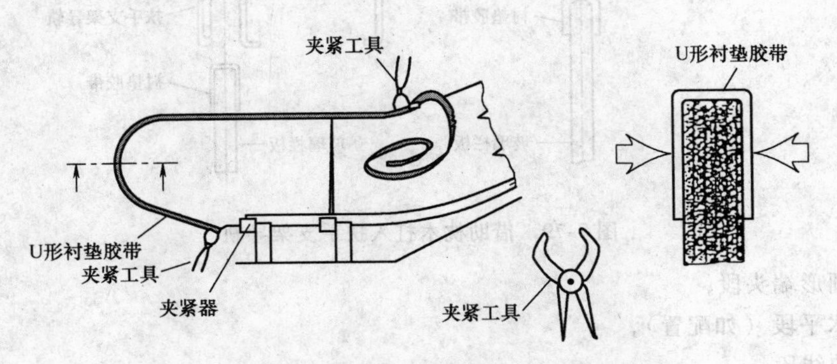

图 7-77　连续粘贴 U 形衬垫胶带

② 对于普通型扶手支架导轨，在其玻璃栏板的外露端按下述要求分段卡嵌玻璃夹具（见图 7-78）。

a. 在所有的玻璃栏板接缝处卡嵌玻璃夹具。

b. 在每个圆形段与直线段、曲线段与直线段、曲线段与倾斜直线段的扶手支架导轨的对触点两边 50mm 处分别卡嵌玻璃夹具。

c. 在其余扶手支架导轨的对触点两边 20mm 处分别卡嵌玻璃夹具。

d. 除上述之外，在每隔 400 ~ 600mm 处卡嵌玻璃夹具。

e. 如果玻璃厚度为 8mm，则夹具分厚、薄边，而薄边置于靠近梯级的玻璃内侧，亦即厚边

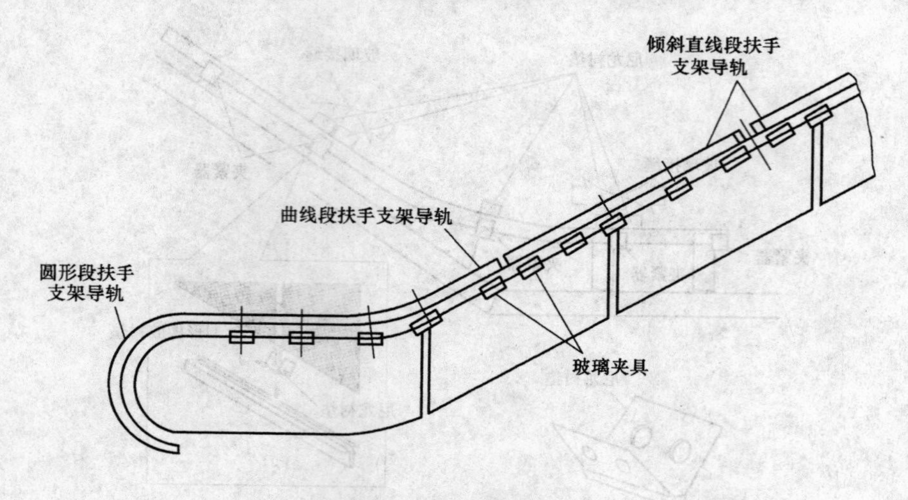

图 7-78　分段卡嵌玻璃夹具

装在玻璃的外侧，如果玻璃厚度为 10mm，则夹具两边厚薄相同。

③ 在仅能借助枕木传递压力（见图 7-79），不允许直接敲打扶手支架导轨的条件下，顺从下列次序将各段扶手支架导轨卡入玻璃栏板的外露端：

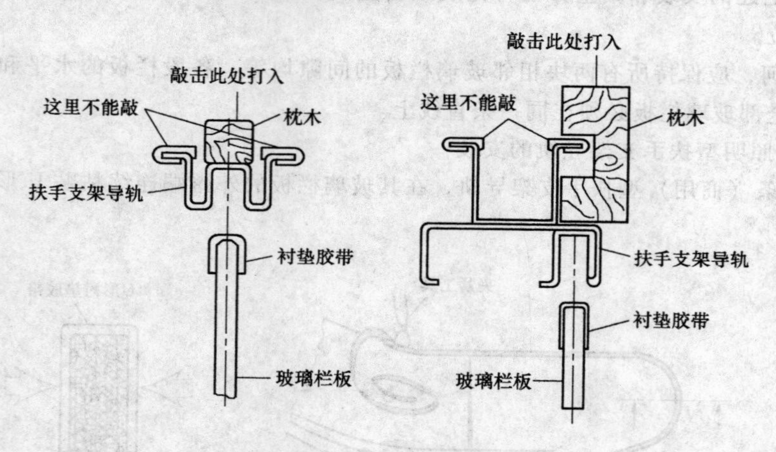

图 7-79　借助枕木打入扶手支架导轨

a. 下部圆形端头段，

b. 下部水平段（如配置），

c. 下部曲线段，

d. 倾斜直线段，

e. 上部圆形端头段，

f. 上部水平段（如配置），

g. 上部曲线段，

h. 补偿填平段。

④ 补偿填平段扶手支架导轨留有切割余量，装配时要谨慎地按实际长度锯断，以确保接头缝隙、台阶符合要求。

⑤ 使用接导件平整圆滑地对接扶手支架导轨（见图 7-80），确保整体接头缝隙不大于 0.5mm，周边接头台阶不大于 0.25mm，且不得存在毛刺、凹凸，必要时用砂纸或细锉修整。

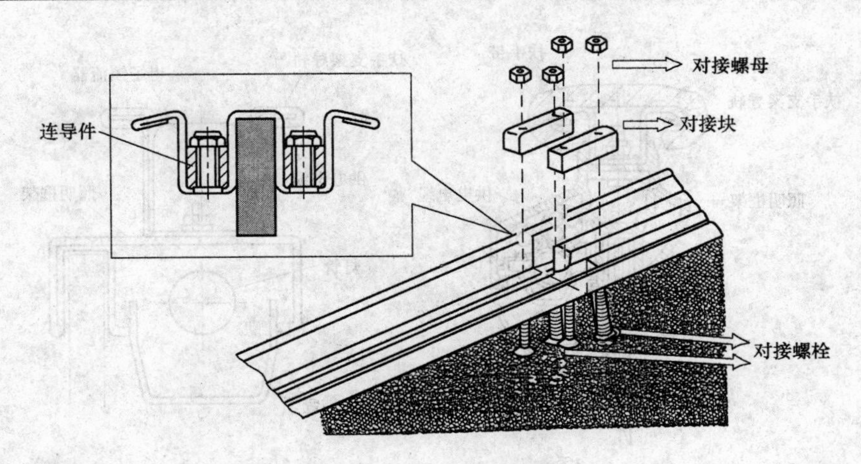

图 7-80　扶手支架导轨对接

⑥ 按照图 7-81 所示安置上下部圆形端的转向滑轮（亦称作回转链），应保证滑轮转链不扭曲，每个滑轮转动灵活。

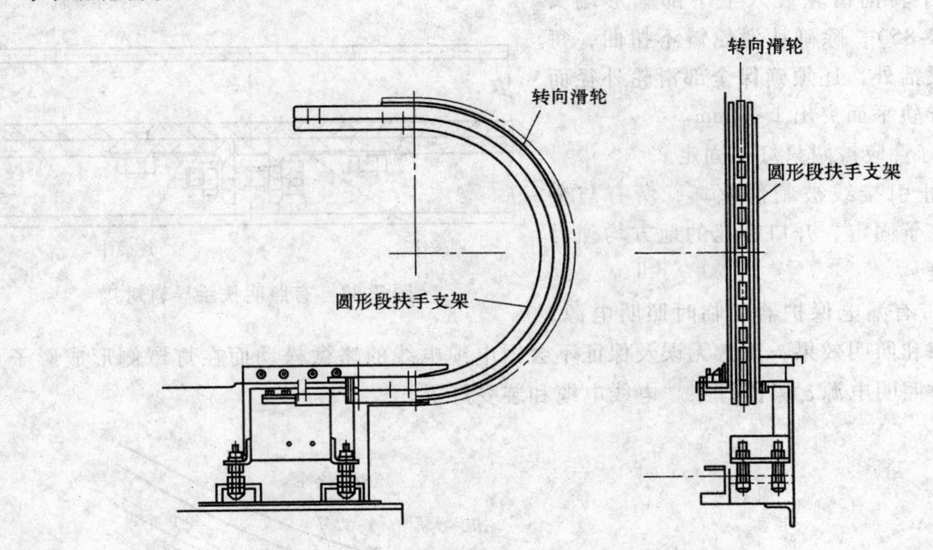

图 7-81　安置圆形端转向滑轮

5）有扶手照明型扶手支架导轨的安装

① 在安装有扶手照明型扶手支架导轨（见图 7-82）时，要同步进行照明灯架和供电电缆的安装。

② 对于带照明的扶手支架导轨，若其采用玻璃栏板外露端的连续粘贴 U 型衬垫胶带的办法，则与前述的苗条（商用）型扶手支架导轨的设置要求相同；如其采用玻璃栏板外露端的分段卡嵌玻璃夹具的办法，则与前述的普通型扶手支架导轨的要求相同。

③ 而它的各段扶手支架导轨的装配就位，则参照上述的无扶手照明型扶手支架导轨的安置方式，有区别的是，其使用如图 7-83 所示的连接件平整圆滑地对接扶手导轨，及运用如图 7-84 所示的压板螺栓固定导轨。

④ 在扶手导轨精确对接、安设就位后，为防漏光，再利用不透明硅酮密封胶从内侧将每个接合部涂堵掩蔽。

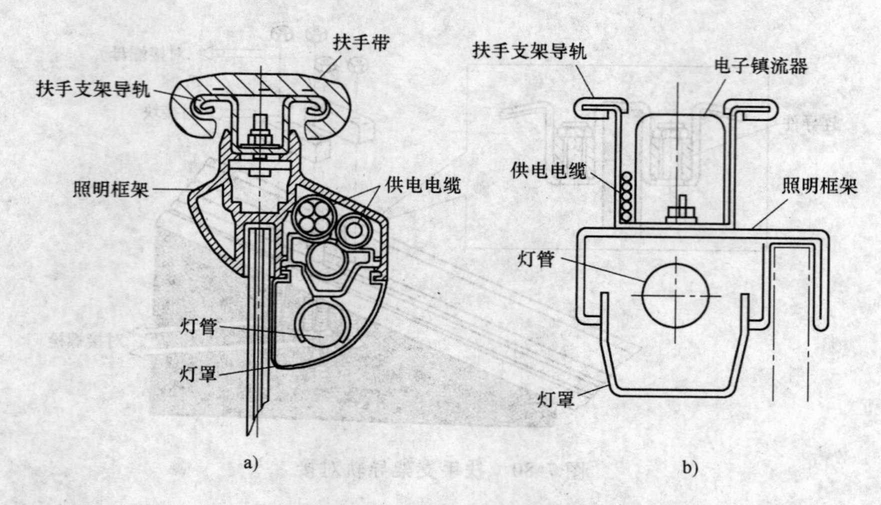

图 7-82　照明型扶手支架导轨

⑤ 将扶手转向滑轮装入上下部圆形端头段内（见图 7-85），除确认滑轮链不扭曲，每个滑轮转动灵活外，还须确保全部滑轮外径面比扶手支架导轨平面突出 1～2mm。

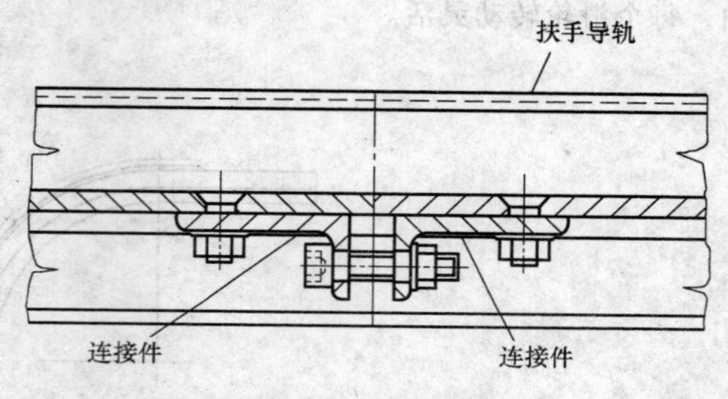

图 7-83　有照明扶手导轨对接

⑥ 每根灯管应被两只灯架固定。

⑦ 为防止引接线被刺伤擦坏，所有与金属碰触、被夹子固定、开口穿孔的地方均须另用护套管包裹。

⑧ 接通带有漏电保护器的临时照明电源，调整灯管间隙和照明效果，正常无误及保证不会因电缆电线的略微松动而在灯罩侧形成影子后，断电拆除临时照明电源，紧固灯架、电线电缆和装妥灯罩。

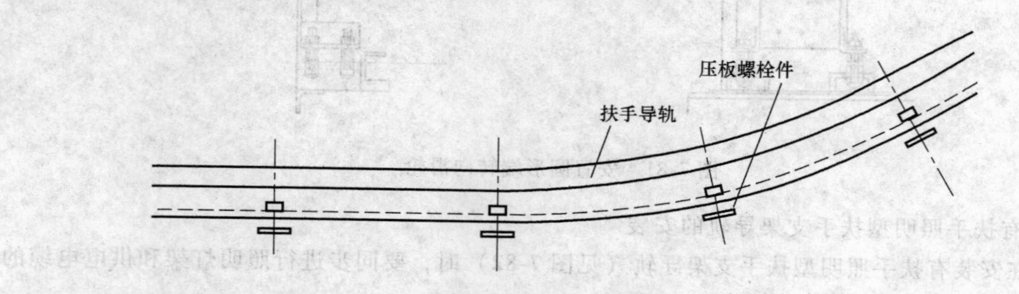

图 7-84　用压板螺栓固定扶手导轨

（2）针对不锈钢式护壁栏板（一般用于公共交通型自动扶梯），根据安装图册与安装说明书，将扶手支撑栏杆固定到桁架的主弦檩上，支撑栏杆的安置数量以满足随后开始的主盖板的安装时，每块主盖板（包括补偿填平段）都能拥有 2 根或以上支撑栏杆，且应按以下步骤进行（见图 7-86）。

① 在倾斜直线段的端部安装调整支撑栏杆：

a. 先在倾斜直线段的上下端部安置支撑栏杆，并调妥纵横与高度的尺寸。

b. 然后从上端部支撑栏杆的顶部向下端部支撑栏杆的顶部引放一根直线。

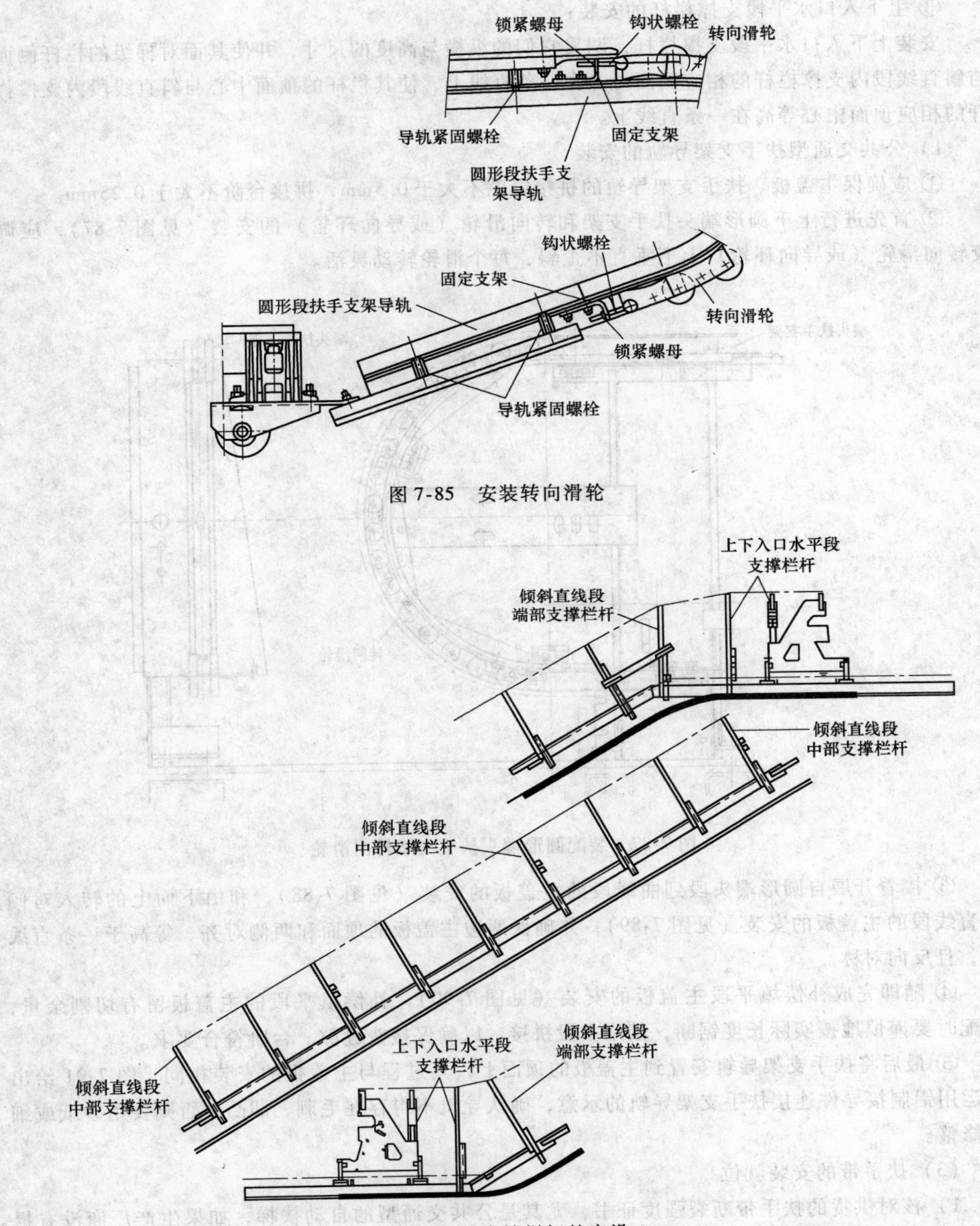

图 7-85　安装转向滑轮

图 7-86　支撑栏杆的安设

c. 注意在靠近上部支撑栏杆处留出用于固定补偿填平段主盖板的支撑栏杆空位。

② 安装中部斜直线段扶手支撑栏杆：

a. 依靠引放的直线，由端部往中间，等距的设置位于斜直线段内的支撑栏杆。

b. 照搬的调妥直线段内的支撑栏杆的纵横与高度的尺寸，使得面对梯级的栏杆侧面和将要安置扶手导轨的栏杆顶面对齐和等高在一条直线上。

③ 上下入口水平段支撑栏杆的安装：

安装上下入口水平段支撑栏杆，调妥它们的纵横与高度的尺寸，并使其面对梯级的栏杆侧面与斜直线段内支撑栏杆的相应侧面对齐在一条直线上，使其栏杆的顶面中心与斜直线段内支撑栏杆的相应顶面中心等高在一条直线上。

1）公共交通型扶手支架导轨的安装

① 应确保主盖板、扶手支架导轨的拼接缝隙不大于0.5mm，拼接台阶不大于0.25mm。

② 首先进行上下圆形端头扶手支架和转向滑轮（或导向环轮）的安装（见图7-87），应调校转向滑轮（或导向环轮）上下垂直不歪斜，每个滑轮转动灵活。

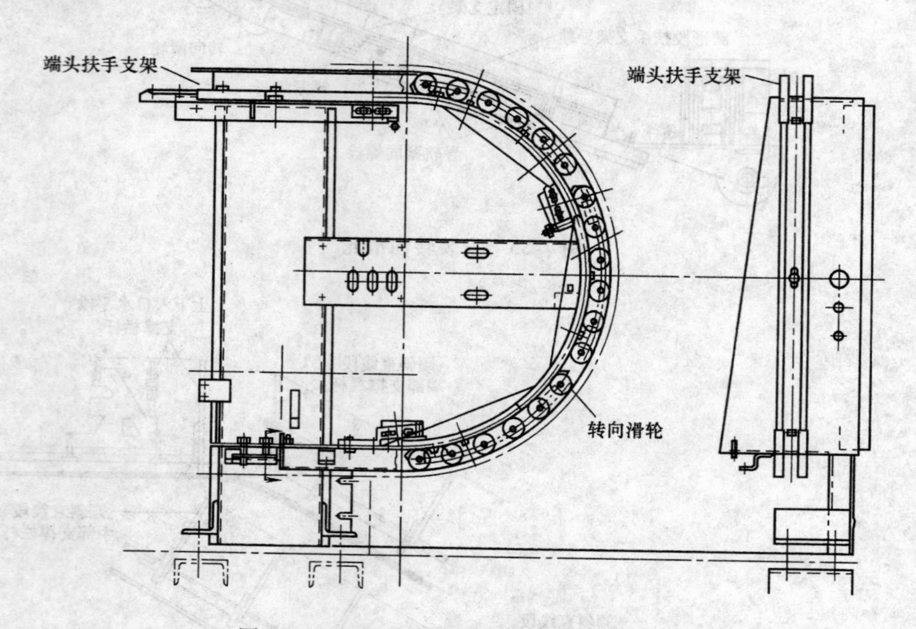

图7-87　装配圆形端头扶手支架转向滑轮

③ 接着开展自圆形端头段到曲线段的主盖板的安装（见图7-88），和由下而上的转入对倾斜直线段的主盖板的安装（见图7-89），并确保两边主盖板的顶面和两侧对齐、等高于一条直线上，且反向对称。

④ 随即完成补偿填平段主盖板的安装（见图7-90），补偿填平段的主盖板留有切割余量，装配时要谨慎地按实际长度锯断，禁用多段拼接，以确保接头缝隙、台阶符合要求。

⑤ 最后将扶手支架导轨安置到主盖板的顶面上，其过程与主盖板的安装相同，图7-91给出了运用铝制接导件连接扶手支架导轨的示意，确认导轨不得存在毛刺、凹凸，否则要用砂纸或细锉修整。

（3）扶手带的安装就位

1）核对供货的扶手带断裂强度证书，尤其是公共交通型的自动扶梯，如果生产厂商没有提供扶手带的破断载荷至少为25kN的证明，则应提供能使自动扶梯在扶手带断裂时停止运行的装置。

2）拆去放置在正向使用区段的扶手带的包裹物，并查看其表面的平整度与完好性，毫无疑问扶手带的最大宽度应在70～100mm之间。

3）安装扶手带时只能利用钝头弯钩或圆角油灰铲刀使扶手带握导槽部卡入扶手支架导轨（见图7-92），千万不能借用螺钉旋具或其他比较尖锐的工具。

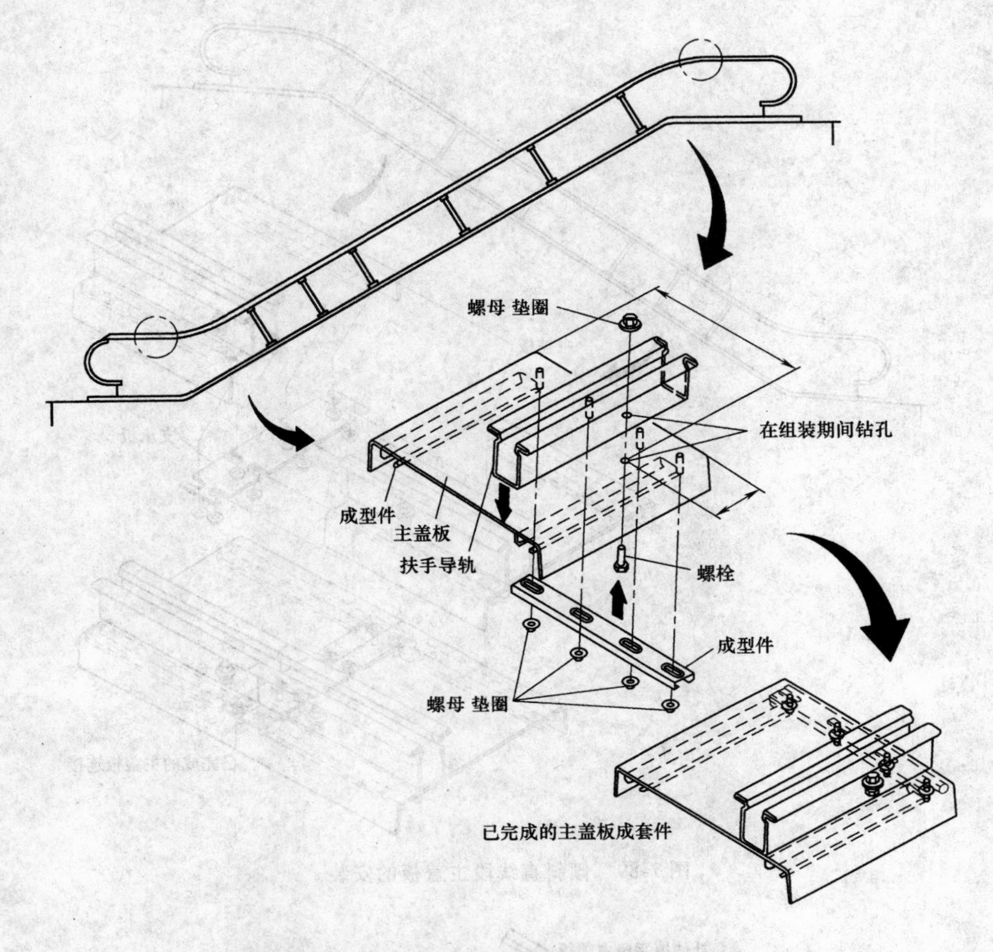

图 7-88　圆形端到曲线段主盖板的安装

4）临时拆去扶手带入口防夹装置。

① 摩擦驱动型式的扶手带安装就位

a. 扶手带摩擦驱动型式在全行程内各部件的分布（见图 7-93）。

b. 摩擦驱动型式扶手带的安装就位步骤：

• 展开扶手带并将之摆放到正向使用区段的梯级上。

• 松懈所有使扶手带张紧与夹持的部件。

• 利用钝头弯钩或圆角油灰铲刀，先使距离接合处大于 5m 的扶手带，在上部圆形端头导轨区间就位（见图 7-94），卡入的多少以确保其不会滑脱出轨为宜。

• 接着把扶手带置入反向循环区段内，并整放到位，确认其已可靠帖贴地平展在全部的张紧导向滚轮、多楔托带、张紧滚轮和托辊轮上。

• 随即令扶手带在上部曲线段导轨就位，然后顺势而下地用力将整条扶手带拉入到倾斜直线段的扶手支架导轨上。

• 最终使扶手带在下部曲线段和下部圆形端头导轨区间内就位。

• 通过收紧托带链轮的提拉螺杆而使弹簧受压，进而导致扶手摩擦轮与多楔托带之间产生对扶手带的夹持力。

• 经由对张紧滚轮组的带弹簧螺栓的收紧，使得扶手带被适当张紧。

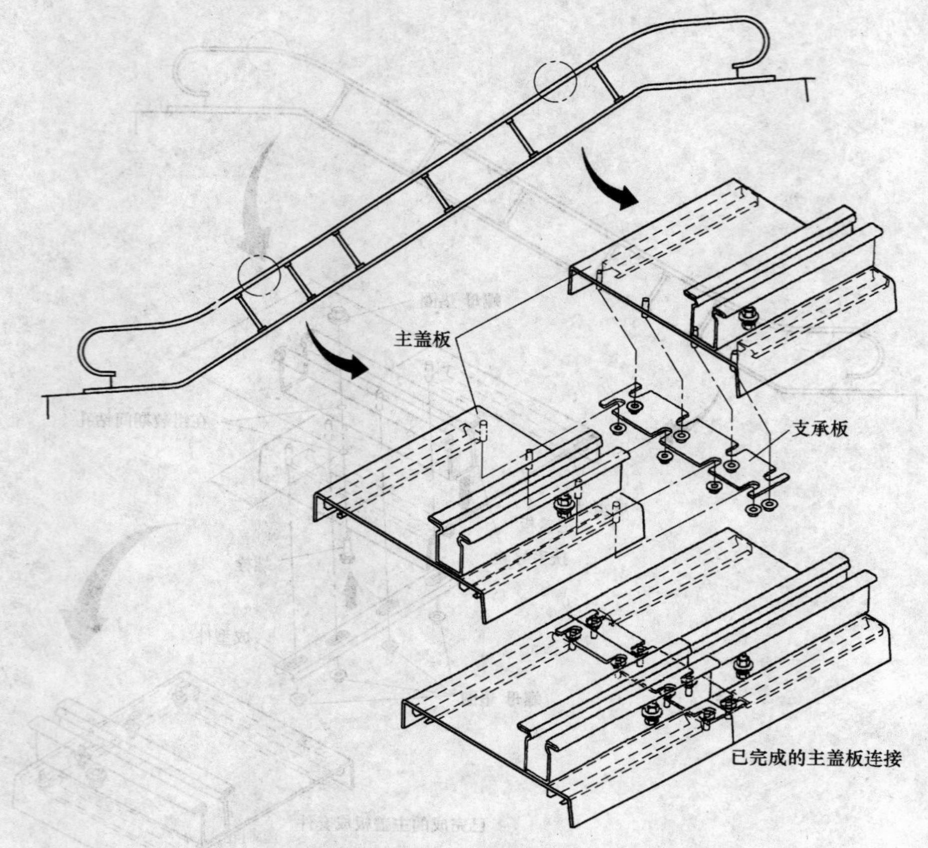

图 7-89　倾斜直线段主盖板的安装

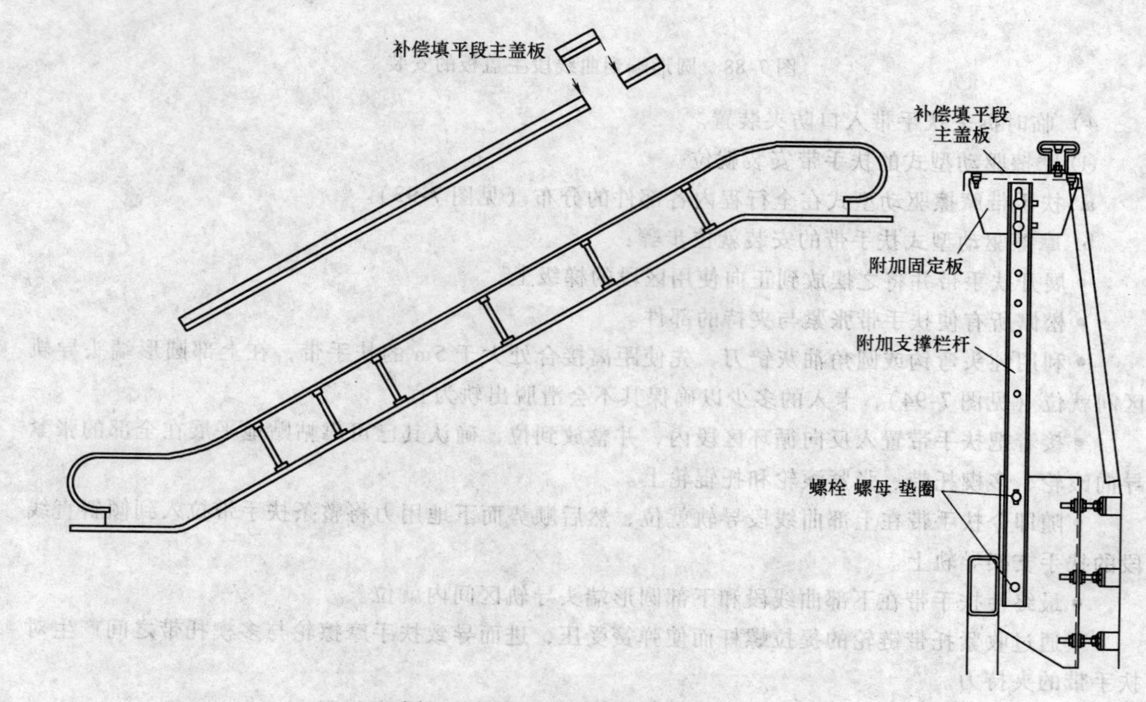

图 7-90　补偿填平段主盖板的安装

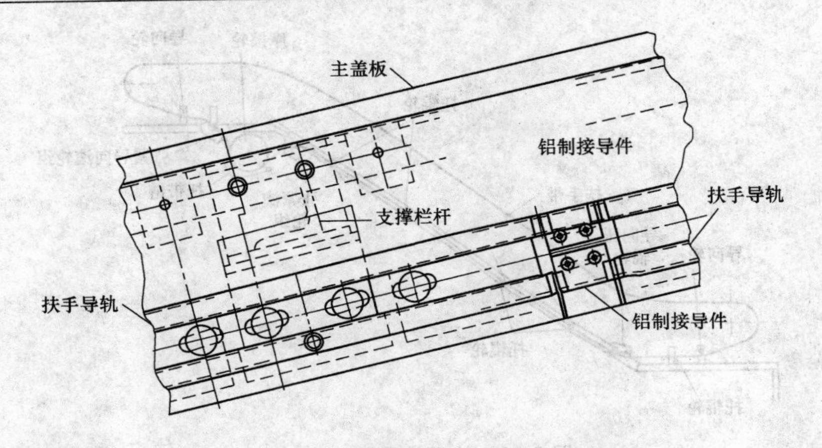

图 7-91　连接扶手支架导轨

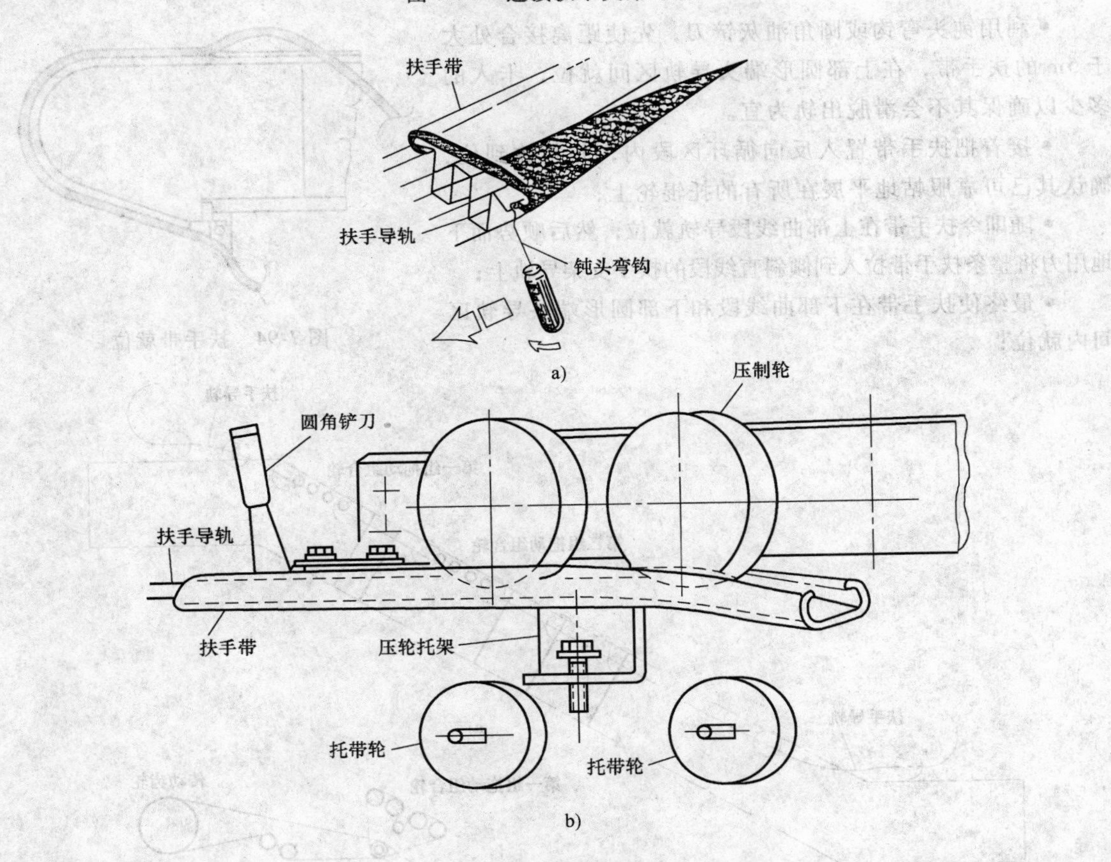

图 7-92　扶手带入轨

- 检查及调节扶手带防偏箍（限）位挡块的分布和居中间隙。

② 压制驱动型式的扶手带安装就位

a. 扶手带压制驱动型式在全行程内各部件的分布（见图 7-95）。

b. 压制驱动型式扶手带的安装就位步骤：

- 展开扶手带并将之摆放到正向使用区段的梯级上。
- 松懈所有使扶手带张紧与夹持的部件。

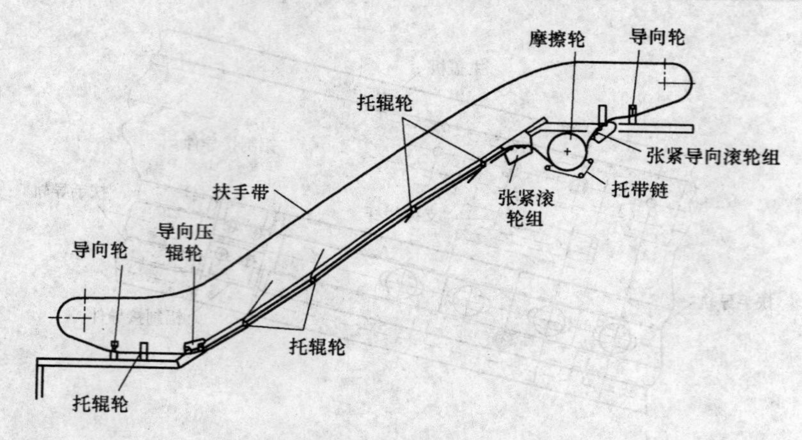

图 7-93　扶手带摩擦驱动型式

• 利用钝头弯钩或圆角油灰铲刀，先使距离接合处大于 5m 的扶手带，在上部圆形端头导轨区间就位，卡入的多少以确保其不会滑脱出轨为宜。

• 接着把扶手带置入反向循环区段内，并整放到位，确认其已可靠服帖地平展在所有的托辊轮上；

• 随即令扶手带在上部曲线段导轨就位，然后顺势而下地用力将整条扶手带拉入到倾斜直线段的扶手支架导轨上；

• 最终使扶手带在下部曲线段和下部圆形端头导轨区间内就位；

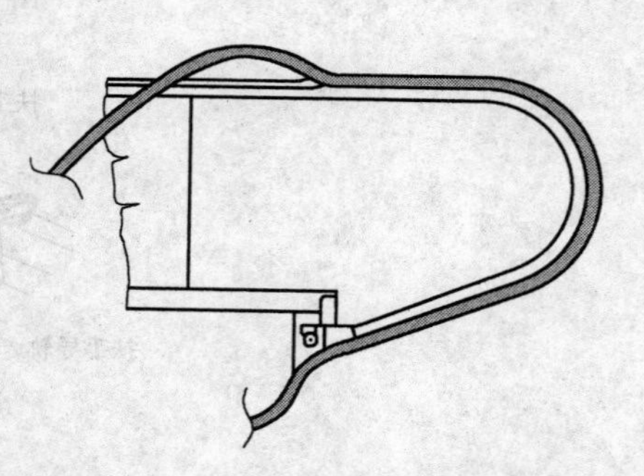

图 7-94　扶手带就位

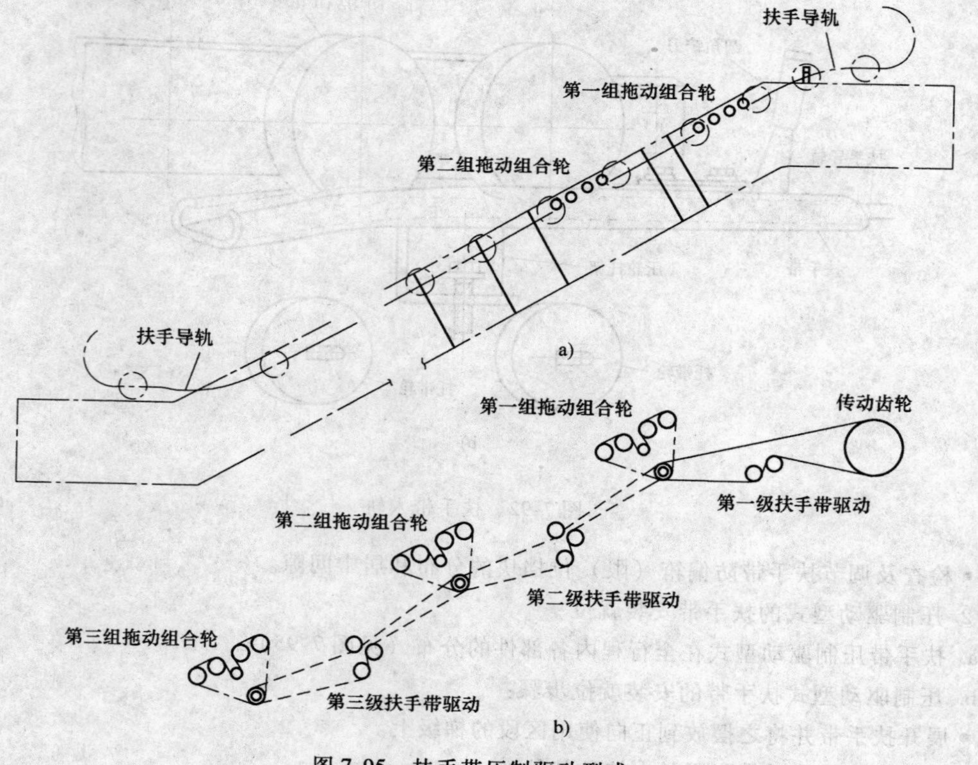

图 7-95　扶手带压制驱动型式

● 通过收紧托辊轮的提拉螺杆而使弹簧受压，进而导致扶手压制轮与托辊轮之间产生对扶手带的夹持力（图 7-96）；

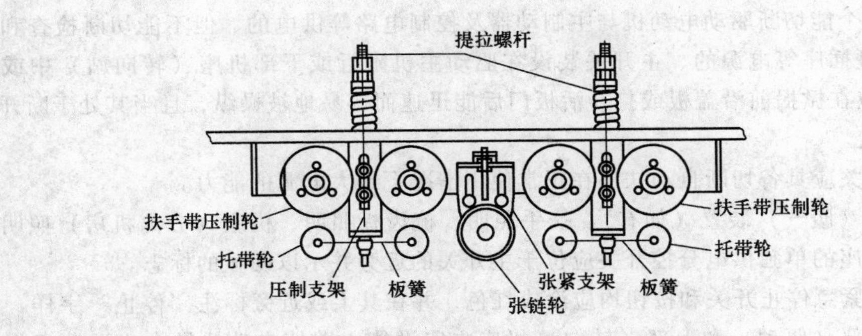

图 7-96　调整拖动组合轮提拉螺杆

● 检查及调节扶手带防偏箝（限）位挡块的分布和居中间隙；

5）复核扶手带的顶面在正向使用区段，与梯级踏面的垂直距离应介于 0.9m ~ 1.1m 之间。

6）查验护壁板之间任何位置的水平距离应小于两扶手带之间的水平距离。

7）检测扶手带内侧垂线与护壁板内侧垂线之间的水平距离不应超过 50mm。

6. 各电气设备、安全装置、元器部件等的装配接线

（1）切断控制屏（柜）内所有断路器，卸下全部熔丝。

（2）安全触点的保护外壳的防护等级不低于 IP4X，而其余电气部件则应采用防护等级最低为 IP2X 的防护罩壳，以防止直接触电。

（3）根据电气原理和接线及安全电路示意图，完成各电气设备、安全装置、元器部件等的装配接线，核准每个电气元件标志和导线端子编号均与随机提供的技术资料相符。

（4）按表 7-4 复核主电源和主驱动的电线电缆之参数规格：

表 7-4　电线电缆规格

功　率	电线电缆规格	功　率	电线电缆规格
5.9 ~ 14.9kW	$6mm^2$	18.6 ~ 23.9kW	$16mm^2$
15.0 ~ 18.5kW	$10mm^2$		

（5）安全装置电气电路导线的截面积不应小于 $1.0mm^2$。

（6）控制、信号、显示等安全电压等级以下的电路，只允许置于导管、线槽或具有等效保护作用的类似装置中，导线的截面积不应小于 $0.75mm^2$。

（7）照明、制动器等安全电压等级以上的电路，带有护套保护的，导线的截面积不应小于 $1.5mm^2$。

（8）零线和地线应始终分开，动力线路与控制线路应分离铺排。

（9）所有电线接头、连接端子、接插器件、印制电路板都应设置摆放在罩壳、箱盒、屏柜内，总之，布线当合理美观，接线应紧固牢靠，插件须塞进到位，主线接头（线鼻）用灌锡处理，每根（接插）导线（电缆）要标志清晰。

（10）线槽、线管应设置整齐、安放牢固，金属槽、管的入口应包裹专用防护材料，导线、电缆的保护外皮应完整地进入开关和设备的壳体内。

（11）敷设于线槽、线管内的导线总截面积（包括外护层）不得超过线槽净截面积的 60%，不得超过线管净截面积的 40%。

（12）备用线不能露出金属芯层，需用塑料扎带或绝缘胶带集中捆绑，严禁用其他导线或金属丝缠绕。

（13）将一个能切断驱动电动机与主制动器及控制电路等供电的、但不能切断检查和维修时所需用的照明暨插座等电源的、主开关装设在驱动主机附近或下部机座（转向站）中或控制装置旁；该开关应在掀揭前沿盖板或打开活板门后能迅速而容易地被操纵，且当其处于断开位置时可被锁住或销定。

（14）主开关应具备切断自动扶梯在正常使用情况下最大电源的能力。

（15）加热（暖气）装置（如有）、扶手照明、梳齿板照明、机座（分离机房）照明、机座（分离机房）插座的单独供电分控开关应位于主开关的近旁并示以明显的标志。

（16）所有紧急停止开关和按钮均应涂成红色，并在其上或近旁标注“停止”字样。

（17）在上部（驱动）和下部（转向）机座中安设能立即使自动扶梯中止运转（切断驱动电动机电源与使主制动器制动）的、仅可手动的、具有清晰及永久性示意其动作及复位标记的、符合安全触点要求的急停开关；倘若上部机座内已设置有主开关，则该机座内可免设该开关。

（18）按照安装说明，在自动扶梯出入口附近的明显而易于接近的地方安设紧急停止按钮，且当提升高度超过12m后，在相距不超过15m的地方另设附加紧急停止按钮；或当紧急停止开关间的距离超过30m（自动人行道为超过40m）时，应增设紧急停止开关。

（19）当多台连续且无中间出口的自动扶梯，或自动扶梯出口被建筑结构（如闸门、防火门）阻挡，则应在距梳齿板与梯级踏面相交线2～3m、且与扶手带最高点相等处的站立区域增设附加紧急停止开关。

（20）正常启动开关的安装位置，应使操纵开关的人员在作业之前能够看到整个自动扶梯，或者配套相应的措施确保操纵开关者知晓和掌握扶梯的当前全况，同时在启动开关的周边或近旁设置明显的运行方向标识。

（21）拆去控制和驱动电路板上的插件、连线和接地线，用绝缘表及万用表检查：导体之间和导体对地之间的绝缘电阻应大于1000Ω/V，并且其值不得小于：

1）动力电路和安全装置电气电路（用绝缘表测）：1.00MΩ。

2）控制、信号、显示等安全电压等级以下电路（用万用表测）：0.25MΩ。

3）照明、制动器等安全电压等级以上电路（用绝缘表测）：0.50MΩ。

（22）所有电气设备的金属外壳均配有易于识别的接地装置，且接地电阻值不大于4Ω。

（23）检查和确证，处理梯级和扶手带静电泄放的机件（如金属丝、金属轮、碳化毛刷等）已可靠接地。

（24）绝缘测试结束后，复位插件、连线和接地线。

（25）整定驱动电动机绕组温度保护装置的设定值为额定温升的1.0～1.1倍，过载保护装置的动作电流值为额定电流值的1.1～1.3倍，短路保护装置的动作电流值为额定电流值的1.3～1.5倍。

7. 拆去全部梳齿板，调试慢车（检修速度）

（1）确证分离机房（如有）、上机座、下机座中有一块$0.3m^2$且较小一边的长度不少于0.5m的没有任何固定设备的站立面积。

（2）分离机房（如有）、上机座、下机座内的固定式控制屏（柜）前要有一个宽度不小于0.5m，深度为0.8m的自由空间。

（3）分离机房（如有）、上机座、下机座里，和固定式控制屏（柜）外的，在需要对运动部件进行维修和检查的地方，应有一个底面积至少为0.5m×0.6m的自由空间。

(4) 当主驱动装置或主制动器装在梯级的正向使用（载客分支）区段和反向循环（返回分支）区段之间（参见图 4-4）时，应提供一个能对其进行安装、维修工作的面积不小于 $0.12m^2$ 且最小边尺寸不小于 0.3m 的固定式或移动式立足平台。

(5) 在分离机房（如有）、上机座、下机座内的固定式控制屏（柜）前，供站立、活动、检查、维修和工作的净高度在任何情况下不应小于 2m。

(6) 旋拧驱动、转向部件的所有固定螺栓螺母，证实其不存在松动。

(7) 拆去扶梯上下入口处的全部梳齿板。

(8) 核查减速器箱内已加足符合要求的齿轮油。

(9) 使用如图 7-97 所示的便携式的其上各按钮、开关均标有简捷清晰之使用功能记号的检修操控盒，并将其插入上部（驱动）机座的检修操控插座里，检修操控盒所配电缆的长度至少为 3m。

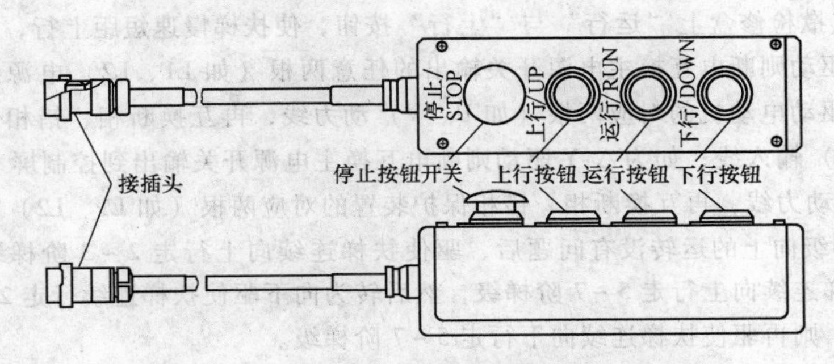

图 7-97　便携式检修操控盒

(10) 依据电路图，核对电气电路，复查及装上全部熔体，在送上用户方供电开关和断开自动扶梯主电源开关的前提下，检查进入控制屏（柜）的三相五线正式电源的相电压、线电压，其变化范围不应超过 ±7%，若为临时电源也应作相应检查，且在正式电源提供后再重复上述检查。

(11) 合上自动扶梯主电源开关，送上主电源后，首先检查断相、错相保护装置和调试启动蜂鸣器电路，若无配置则加装该蜂鸣器及维持至整机统调结束之后，确保在扶梯的每次运转前蜂鸣器发声至少 5 秒钟或以上；

(12) 测试和检查制动电路、控制系统、安全电路、照明显示的供电电压，和除了扶手带入口防夹装置开关（暂时跨接）以外的、已完成机械安设与电气接线的构成安全电路的所有开关、器件、装置和设备的安全电路电压，控制和驱动电路的每一个输入输出节点上的工作电压，均须准确无虞；

(13) 检查分离机房（如有）、上部机座、下部机座内的永久性的固定照明，其应配置防护外罩，且能正常点亮，光照度至少达到 200lx；在不适宜设置永久性的固定照明的桁架内部和固定的照明光源辐射不到的地方，应安设供常备的手提行灯使用的永久性的固定插座；

(14) 测试装配于分离机房（如有）、上机座、下机座里的一个或多个插座的电压，当该插座用一个单独的和扶梯主电源分离的开关控制时其应是的 2P + T（2 极 + 地线）型，电压为交流 220V；当该插座用一个专门的安全电压供电时其电压应为直流 36V；

(15) 中止（如有）节电蠕动、静寂待机和自动启动等功能；

(16) 慢车运转前一定要检查确认桁架内和梯级上无任何人员、物品及临时障碍，且在互相通知并应答后才能操作；

（17）毫无疑问，一旦开出慢车，就不允许任意拔下检修操控插头，以防止误触启动开关而触发快车运行，如确必要转换上部、中部（如有）或下部机座的检修操控，则须断开上部或下部机座中的主开关或急停开关，尔后拔出与插入检修操控插头；

（18）必须确证在检修操控状态下，只能经由揿压检修盒上“运行”、“上行”或“下行”的按钮才可使扶梯运转，而所有正常启动的开关功能和附属配备均是失效的，且当该盒上的停止开关处于断开状态时，揿压任何按钮都是徒劳的。

（19）将已做上标记的连接在驱动电动机端子上的动力线拆下二根并用绝缘胶布缠裹严实，检修点动（同时点揿检修盒上“运行”与“上行”或“下行”钮），观察主制动器（又叫做工作制动器）的制动（抱闸）和张开（松闸）情况，确认其开闭自如无卡阻，制动时制动机件与被制动部件的接触面应紧密均匀，张开时制动机件与被制动部件之间已脱离接触及不发生摩擦，必要时借助塞尺验证。

（20）同时点揿检修盒上“运行”与“上行”按钮，使扶梯慢速短距上行，若梯级运动方向反相，如为变频驱动则断电互换主电源开关输出的任意两根（如 L1、L2）电源线，同时互换变频驱动输出至主驱动电动机的对应两根（如 U、V）动力线，再互换断相、错相保护装置的对应两根（如 L1、L2）输入线；如为△-Y 驱动则断电互换主电源开关输出到控制屏（柜）的任意两根（如 L1、L2）动力线，再互换断相、错相保护装置的对应两根（如 L1、L2）输入线。

（21）确认梯级向上的运转没有问题后，驱使扶梯连续向上行走 2～3 阶梯级，若确信没有问题，再驱使扶梯连续向上行走 5～7 阶梯级，然后转为向下驱使扶梯连续行走 2～3 阶梯级，如未出现特别异常，则再驱使扶梯连续向下行走 5～7 阶梯级。

（22）试探检修操控插座的电路逻辑，当插入（连接）一个以上的检修操控盒时，随便按动哪个按钮应都不起作用，但所有安全开关和安全电路均应维系秉持原样功能。

（23）核实驱动电动机的供电电路中串接有两个独立的电气装置，以及由这些电气装置来执行电动机供电电源的断开与接通；当自动扶梯停止时，若其中任何一个电气装置（如接触器或者变频器）未释放，则扶梯不能再次起动。

（24）直接与电源连接的驱动电动机必须设有短路保护装置，并配用具备过载保护功能的带手动复位的自动开关，且此开关能切段电动机的所有供电。

（25）验证主制动器供电电路的接通与断开至少由两套独立的电气装置（通常为接触器或继电器）来实现，这些装置可以中断驱动电动机的电源，并且当自动扶梯停止时，若其中任何一个电气装置没有断开，则扶梯不能重新起动。

（26）断电，检验能由手动释放的制动器的操作，借助手的持续力（≥150N）应可使制动器保持开闸的状态；若提供了非曲柄或非多孔轮的手动盘车装置，则测试应能安全可靠、操持方便地转动（盘转力≤300N）该装置，并在靠近盘车机构的附近地方备注使用操作说明及标注盘旋位移方向，总之手动张开和盘车操作应可行及有效。

（27）若需对变频器（装置）进行测试或拆卸，则须在断电超过 10min，待充电指示灯熄灭，且测量直流环电压低于 36V 后，才可进行该项操作。

8. 拆去部分梯级，检调主驱动、梯级链轮传动、扶手带拖动系统

（1）核查相关的梯级型式试验报告。

（2）为检查、调整、测试的方便，要拆去连续 3 阶或以上的梯级。

（3）在开展拆去和取出部分梯级的作业时应在断电状态下进行，拆卸时（见图 7-98）预先在梯级轴杆上划标印记，且只能借助手动盘车或检修点动，并应防止肢体被夹在梯级与梯级、梯级与桁架之间，拆下的梯级应放置在既不妨碍通行又不影响作业的干净平整的地方，仅可重叠三

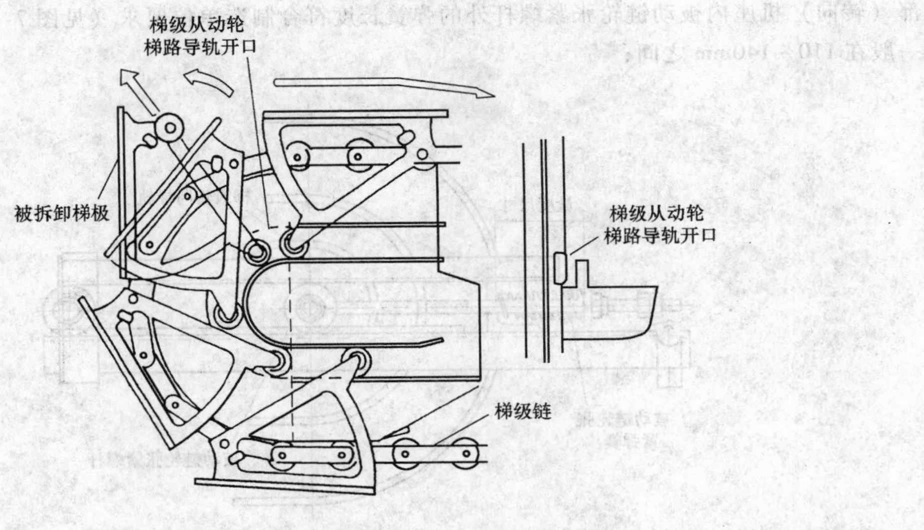

图 7-98　梯级拆卸

级或以下堆放。

(4) 在拆去部分梯级后，若需要进入扶梯桁架内部开展检查和调整，则为安全计，除切断主电源和安排专人监控外，还必须加装上如图 7-99 所示的机械锁紧装置，且不得同时进行另一项与桁架内检调无关（譬如控制屏检查）的作业。

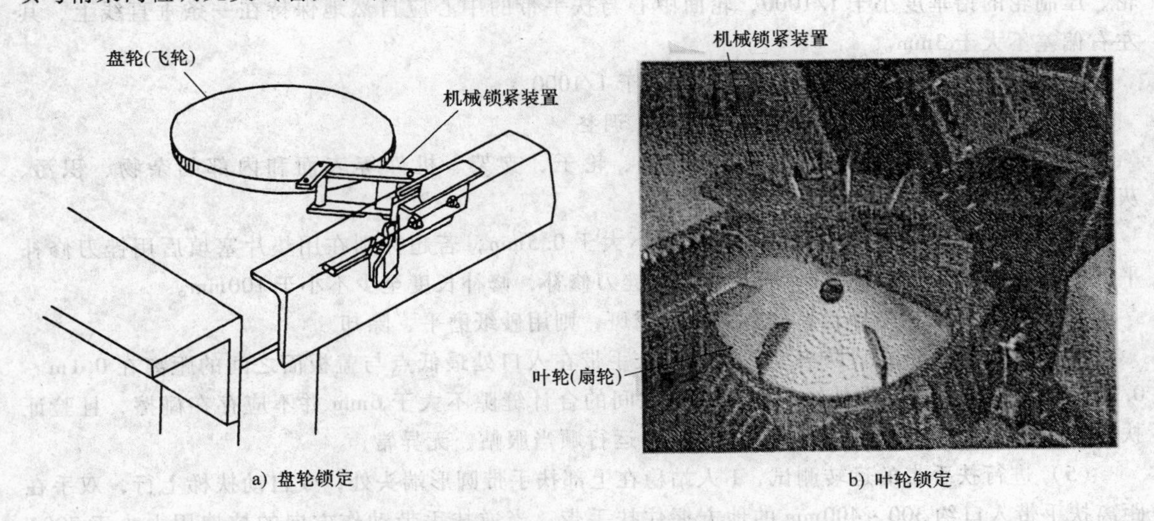

a) 盘轮锁定　　b) 叶轮锁定

图 7-99　机械锁紧装置

(5) 部分梯级被拆去后，若需暂时中断作业离开安装现场时，应将被拆去梯级的空间部分置于反向循环区段内，并切断主电源。

(6) 检查调整主机驱动：主驱动链条的断裂强度与所受静力之比的安全系数不应小于 10，主驱动齿轮的铅垂度小于 1/1000，主驱动链条的张紧度以非接触段悬宕最大的一边为测量点，其下垂量宜掌握在 6～13mm 之间。

(7) 检查调整：主驱动齿轮面与传动链轮面的平行度小于 1/1000。

(8) 检查调整梯级链轮拖动：每根链条的断裂强度与所受静力之比的安全系数不应小于 8；梯级链轮的铅垂度小于 1/1000，梯级链轮的张紧度应小于链条的抗拉载荷（kN），并以套装在下部（转向）机座内被动链轮张紧螺杆外的弹簧长度符合制造单位要求（见图 7-100）为准绳，其一般在 110 ~ 140mm 之间；

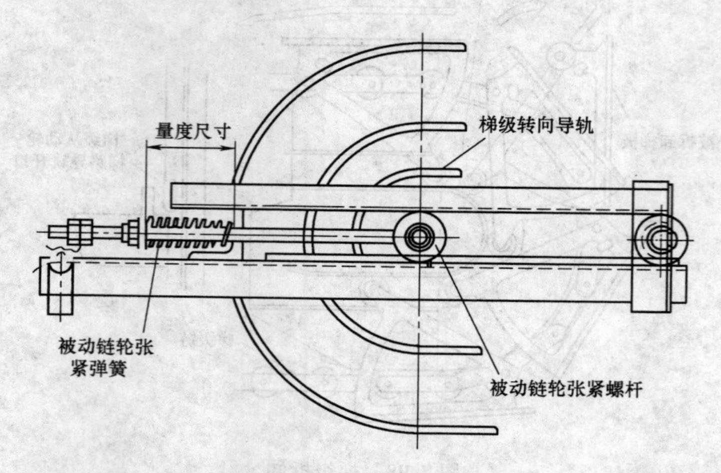

图 7-100　被动链轮张紧弹簧尺寸

（9）检查调整：主驱动齿轮面与扶手齿轮面的平行度小于 1/1000。

（10）检查调整扶手带传动：扶手带传动链条的断裂强度与所受静力之比的安全系数不应小于 6，扶手带传动链条非接触段悬宕最大一边的松弛下垂量应调控在 7 ~ 14mm 之间，扶手带摩擦轮、压制轮的铅垂度小于 1/1000，轮面中心与扶手带的中心应自然地保持在一条垂直线上，其左右偏差不大于 3mm。

（11）检查调整：从动链轮的铅垂度小于 1/1000。

9. 梯路导轨和梯级链条的复查、修正、调整

（1）清扫散落在扶手带、导轨、链条、轮子、支架、机件等表面和内部的杂物、积污、灰尘。

（2）检查每个梯路导轨接头：其缝隙不大于 0.5mm，若超标则在用垫片塞填后用锉刀修补平整；其台阶不大于 0.25mm，若超标则用锉刀修补，修补长度至少不小于 100mm。

（3）检查全部梯路导轨，如有毛刺、锈斑，则用砂纸磨平、除却。

（4）装上扶手带入口防夹装置，量度扶手带在入口处最低点与盖板面之间的距离在 0.1m ~ 0.25m 之间，使得扶手带外缘与防夹入口之间的合计缝隙不大于 6mm 并不应存在碰擦，且验证扶手带在防夹入口、导向环轮处的上下滑动运行顺当服帖、无异常声。

（5）进行扶手带的运转测试，1 人站稳在上部扶手带圆形端头处，令自动扶梯上行，双手在距离扶手带入口约 300 ~ 400mm 的地方握住扶手带，当逆扶手带动作方向的拉拽用力小于 700N 时应不能对扶手带的滑行造成阻滞，否则再重调整扶手带的张紧度和夹持力，并在其后以检修速度连续短距使扶手带运转一周（整圈），观察扶手带的走向与表面似无摇摆扭曲及刮迹压痕。

10. 装上全部梳齿板并调校梯级

（1）**断开主电源**，装妥扶梯上下入口处的全部梳齿板，应确认固定与支撑梳齿板的托架活络可调，以易于梳齿板的更换，以利于啮合尺寸的校正。

（2）选定至少 3 ~ 5 阶梯级作为调校梳齿板的参照物，慢车上下移动这些梯级，检查及调整梳齿托架，使梳齿板的齿部与梯级踏面齿槽的啮合深度应不小于 6mm，从梳齿板齿根部延伸的水平线与梯级踏面的垂直间隔应不大于 4mm，梳齿板梳齿与梯级踏面齿槽啮合的两边缝隙之和应不小于 1mm（见图 7-101）。

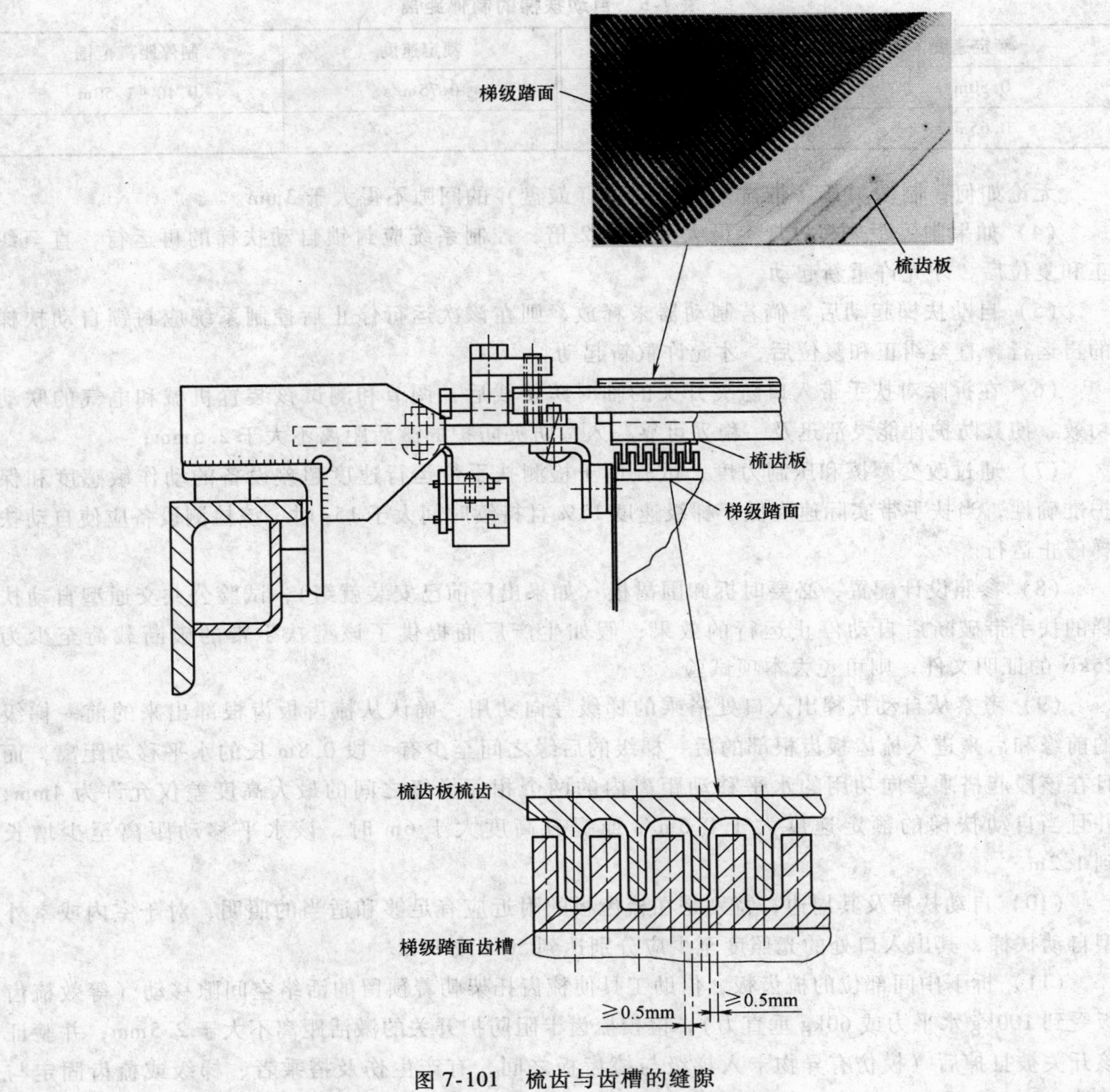

图 7-101　梳齿与齿槽的缝隙

（3）驱使已在位的梯级全数通过上下梳齿板，确保梳齿、梳齿板与梯级踏面齿槽、齿槽底面不应有碰擦现象，否则调整个别梯级的固定位距满足之。

11. 检校每一个安全装置和附属设施

（1）从此刻开始进入检校每一个安全装置的工序，在检修（慢车）运行状态下，确证每一个安全装置的电气开关或元器零件被激活与触发后都能迫使自动扶梯中断运转和使到主制动器暨附加制动器（如有）抱闸及制动。

（2）直接与电源连接的电动机应采用手动复位的、能切断其所有供电的自动断路器进行过载保护；当过载保护取决于电动机绕组温升时，则保护装置可在该绕组充分冷却后自动地闭合，但必须在人工操纵下投入再运行。

（3）通过对产生制动力的弹性或重力机件的调整，结合在主制动器制动动作开始时，对画上标记的梯级滑行尺寸的测量，使得空载和有载向下运行、并达到额定速度（如设法转入 Δ 电路、或变频至 50Hz）的自动扶梯的制停距离符合表 7-5。

表 7-5 自动扶梯的制停距离

额定速度	制停距离范围	额定速度	制停距离范围
0.50m/s	0.20～1.00m	0.75m/s	0.40～1.50m
0.65m/s	0.30～1.30m		

无论如何，制动闸瓦（带衬）与制动轮（鼓盘）的间隙不得大于3mm。

（4）如果制停距离超过规定最大值的1.2倍，控制系统应封锁自动扶梯的再运行，直至纠正和复位后，才允许重新起动。

（5）自动扶梯起动后，倘若制动器未释放，则在该次运行停止后控制系统应封锁自动扶梯的再运行，直至纠正和复位后，才允许重新起动。

（6）在拆除对扶手带入口防夹开关的临时跨接线后，调节和测试该装置机械和电气的联动功效，使其防护性能灵活迅及、稳妥可靠，入口防夹防护的激活距离不大于2.5mm；

（7）通过改变摩擦和压制力度，试验用于检测扶手带运行速度超差设备的动作敏感度和保护准确性，当扶手带实际速度低于梯级速度15%且持续时间大于15s时，该检测设备应使自动扶梯停止运行。

（8）参照设计配置，必要时拆卸围裙板（如果出厂前已安装就绪），试验公共交通型自动扶梯的扶手带破断后自动停止运行的效果；假如生产厂商提供了该型扶手带的破断载荷至少为25kN的证明文件，则可免去本项试验。

（9）考察从自动扶梯出入口处搭乘的梯级导向功用，确认从梳齿板齿根部出来的前一梯级的前缘和后来进入梳齿板齿根部的后一梯级的后缘之间至少有一段0.8m长的水平移动距离，而且在该段起搭乘导向功用的水平移动距离内的两个相邻梯级之间的最大高度差仅允许为4mm，并且当自动扶梯的额定速度大于0.5m/s或提升高度大于6m时，该水平移动距离至少增长到1.2m。

（10）自动扶梯及其周边，特别是在梳齿板的附近应有足够和适当的照明，对于室内或室外型自动扶梯，其出入口处的光照度至少应分别达到50lx或15lx。

（11）拆下中间部位的梳齿板，借助工具使梳齿托架朝着预留的活络空间隙移动（等效梳齿板受到100kg水平力或60kg垂直力），检校梳齿卡阻防护开关的激活距离不大于2.5mm，并验证该开关被打掉后（模仿有异物卡入梯级与梳齿板之间，有产生伤及搭乘者、梯级或梳齿固定与支撑托架的危险时）自动扶梯无法再次起动。

（12）手动触发配备在自动扶梯驱动系统上的速度限制装置（加封物为出厂调妥件，切勿随意摆弄），仿造其已超过额定速度1.2倍，此际自动扶梯的驱动系统失去供电并停车制动（如果驱动电动机与梯级间的传动是非摩擦性的连接，并且转差率不超过10%，同时没有随梯供货的话，则可免去这项调校）。

（13）根据所供货的自动扶梯对非操纵反转（俗称倒溜）现象判择的机型原理，采取相应的检测方法，试验发生反转（倒溜）之际的防护功能，确保在梯级改变规定的运行方向时，该装置系统能马上中断自动扶梯的运行，同时使主制动器暨附加制动器（如有）即刻制动。

（14）确认在驱动装置与转向装置之间的距离（无意性）缩短之时，即因固定部件松脱、主轴折断、驱动主机颠覆等原因，而导致驱动主机或梯级主动链轮非自愿移位，那么机械和电气的检出装置将令自动扶梯无法继续工作。

（15）进行当主驱动链条折断脱齿或极度松弛时，该链条联动机件和检测开关应能强迫自动扶梯停止运输，并在出现折断脱齿故障后，亦应激发附加制动器参与制动的试验。

（16）验证直接拖动梯级的链条在运动过程中，能被装于从动链轮处的设施连续和自动地张紧，且当梯级链条断裂或过分伸长时，该设施应使自动扶梯停止运转。

（17）测定针对塌陷下落的梯级运行到距梳齿板相交线前、至少大于相关制停距离的上限值、触动检出机件作出保护动作，既而引发自动扶梯滞留的过程，在恢复置位后量度检出机件与非塌陷下落梯级间的间隙应不大于5mm。

（18）查证在下列任何一种情况下，自动扶梯应设置一个或多个附加制动器，且该制动器具有利用摩擦原理制成的安全牢靠的机械结构，并须直接作用于梯级传动装置的非摩擦元件上。

1）主制动器和梯级传动轮之间不是经由轴、齿轮、多排链条、两根及以上的单根链条连接的。

2）主制动器不是机-电式制动器。

3）提升高度超过6m。

4）公共交通型。

根据已到现场的自动扶梯所配置的附加制动器型式，查看其结构是否符合摩擦机理，分别在自动扶梯上行和下行过程中，在采取不使主制动器抱刹（如松开产生制动力的弹性或重力机件）的条件下，激活附加制动器以模拟检验其在下述任何一种状态下的抱刹效果。

1）在速度超过额定速度1.4倍之前。

2）在梯级改变其规定运行方向时。

不管怎样，附加制动器抱刹的制停距离要涵括在表7-6的范围内。

表7-6　附加制动器抱刹的制停距离

额定速度	制停距离范围	额定速度	制停距离范围
0.50m/s	0.65～1.00m	0.75m/s	1.00～1.50m
0.65m/s	0.85～1.30m		

（19）试探上下左右围裙板挤压开关的动作灵敏性，其激活的作用力应不小于400N、动作间隙应不大于2.5mm。

（20）监测装设在驱动装置（站）和转向装置（站）的检拾梯级（踏板）缺失、并在该缺失开口从梳齿板位置出现之前就中断自动扶梯运转的功能。

（21）对于可拆卸的非曲柄或多孔的手动盘车设备应在其装上驱动主机之前和装上时应触发盘车电气安全装置，使自动扶梯静止下来。

（22）实施桁架区域无孔的楼层和检修盖板只能经由专用钥匙或工具才可开启的、以及反映该盖板被打开后的电气安全装置应能阻止自动扶梯起动和继续运行、并且能从其下或内里不用钥匙与工具即可掀起和打开的查验工作。

（23）当含有电气安全装置的电路发生接地故障，驱动主机应立即停机。

12. 内盖板、外盖板的安装与调整

（1）进行此步骤工作前，应对在相互拼接后将难以撕去的部位，预先揭除保护膜，这些部位如（见图7-102）：外盖板与嵌条间、内盖板与嵌条间、内盖板与围裙板间、围裙板与梯级间，而其余部位的保护膜则暂时保留至整机清洁、加注润滑阶段再予以撕除。

（2）在安装内、外盖板的同时将上下操作控制面盘与运行方向指示装置一同安装就位。

（3）在安装内盖板、外盖板和围裙板（如果出厂前没有安装）的作业中，务必佩戴手套。

（4）任何情形、环境、状态和条件下，内盖板、外盖板、围裙板与护壁栏板的凸出和凹进部应无刃边或利齿。

（5）沿运行方向的盖板连接处，特别是围裙板与护壁栏板之间的连接处，其结构效果应使

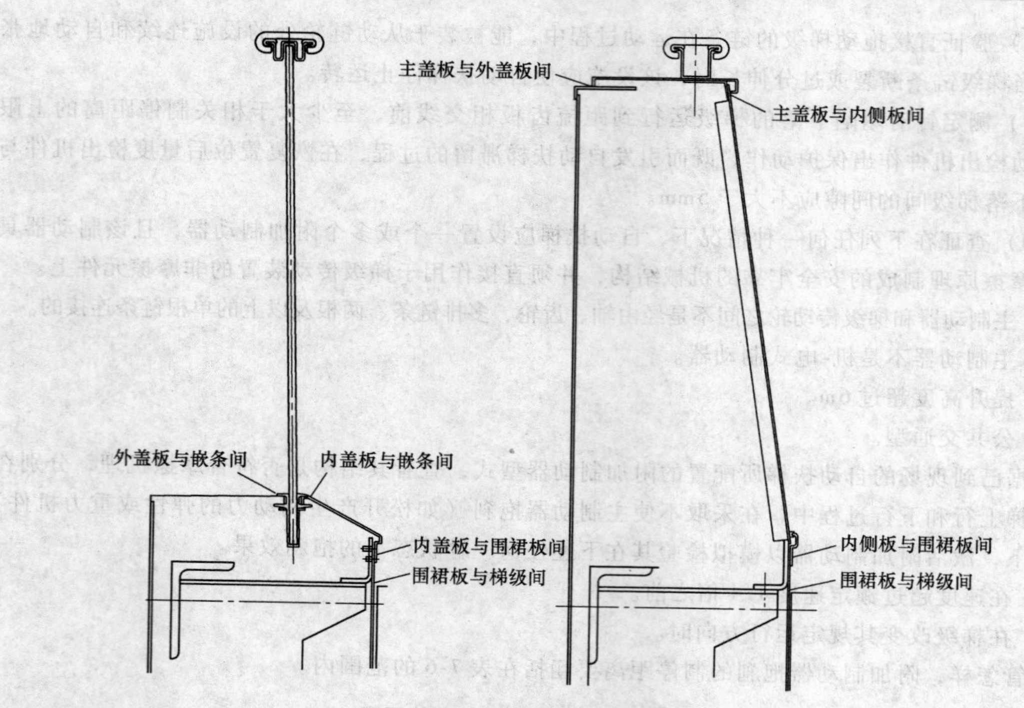

图 7-102　预先揭去护膜

勾绊的危险等级降至极小或接近零。

（6）围裙板的结构应坚实牢固，其整体安置和对接缝边应垂直平滑，围裙板上缘或内盖板折边底部或防夹装置刚性部分与梯级踏面之间的垂直距离应不小于 25mm。

（7）设置在梯级两侧的围裙板，其与梯级任何一侧的水平间隙应不大于 4mm，且在它与梯级两侧边缝对称处测得的间隙总和应不大于 7mm。

（8）内盖板和护壁栏板（除去内盖板与护壁栏板相连的宽度小于 30mm 的水平接口）与水平面的倾斜角均应不小于 25°。

（9）内盖板与嵌条与护壁板间的水平部分之和应小于 30mm。

（10）当内盖板与水平面的倾斜角在 25°～45°之间时，其水平方向宽度应小于 120mm。

（11）接通（如配置）扶手照明的供电，检查扶手照明的点燃状况，安装扶手照明透光盖板。

13. 安装外装饰板及进行周边检查

（1）搭设脚手架，安装桁架外装饰板。

（2）外装饰板的固定件应至少能够承受两倍所负围板自重。

（3）已卡入扶手支架导轨的扶手带，其开口处与导轨之间的缝隙，在任何情况下均不允许超过 8mm。

（4）从扶手转向端顶点即转向端扶手带的垂直切线，到扶手带入口处即扶手带与入口防夹装置最外侧接触垂线，该两线的水平距离应至少为 0.3m。

（5）当扶手带中心线与任何障碍物之间的距离小于 0.5m 时，则在自动扶梯与楼板的交叉处以及各交叉设置的自动扶梯之间，以外盖板内侧垂线为参照，设置无锐利边缘的垂直防剪碰警示挡板（例如无孔的三角板），且该挡板离扶手带的垂直高度不应小于 0.3m。

（6）无论什么状况，扶手带外缘与墙壁或与其他障碍物之间的水平距离均不得小于 80mm，而此水平距离应保持在自动扶梯梯级上方至少2.1m高度处。

(7) 量度扶手带中心线之间的距离所超出围裙板内侧之间的距离的差值不应大于0.45m。

(8) 自动扶梯扶手带外缘与建筑墙壁或障碍物间的楼层开口部位应设防护栏杆，当开口部位尺寸大于等于200mm则应设防止物品下落的用钢材制作骨架的防护网，且该网网孔不应大于50mm。

(9) 对相互邻近平行或交错设置的自动扶梯，其扶手带外缘之间的距离至少为120mm。

(10) 扶手装置及两侧上、下边缘区段内应无可供人站立的任何部位，必要时应设立与扶手装置平行或垂直的阻止人们翻越的栏杆、密檐、护架或类似设施。

(11) 朝向梯级一侧的扶手装置部分应是光滑的，当其所用的压条或镶条的装设方向与运行方向不一致时，则允许该压条或镶条凸出的部分不大于3mm，且应坚固以及具有圆角或倒角的边缘。

14. 整机清洁、加注润滑

(1) 撕除粘贴在部件表面的保护膜。

(2) 确保上下机座、控制柜（屏）、桁架、导轨、扶手带、梯级踏面踢板、前沿盖板、围裙板、内外盖板、装饰板等的清洁、卫生、无杂物、无油污、无伤痕。

(3) 确保扶手带摩擦轮、压制轮、压辊轮、托带轮、张紧轮、托辊轮、制动器轮（盘鼓）表面干净清洁无划印。

(4) 预先手动加注润滑油脂至主驱动链节、梯级拖动链节、扶手带传动链节、梯级轴杆、梯级（导靴）挡块（若有）等部件处，以减少摩擦阻力、延缓磨损、降低/噪声。

(5) 清洁及加注完毕，即安设上部（驱动）机座、下部（转向）机座内的护板，以隔离随后的快车调试时旋转的梯级、链条、齿轮等动态部件对人体的伤害。

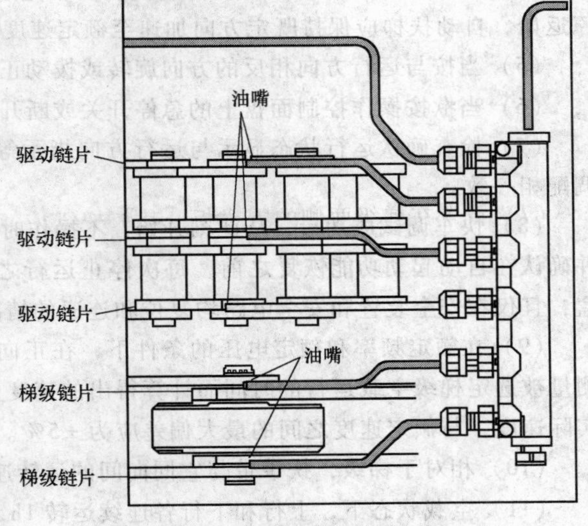

图7-103　油嘴加注位置

15. 调校润滑系统

(1) 检查储油罐已加满润滑油。

(2) 核实各油嘴对各链条的加注位置，其均应处于链片之间（见图7-103），且油嘴离链片的尺寸应在5~10mm之间。

(3) 依据使用环境、随机文件和现场实际，确定加注时间与待加周期：

$$加注时间=\left[\frac{单边梯级链总长(m)}{梯级运行速度(m/s)}+\frac{每分钟所需油量(mL)}{油泵每分钟排量(mL)}\right]\times\frac{1.1}{60}(min)$$

$$待加周期=\frac{油泵每分钟排量(mL)\times加注时间(min)\times 11}{每分钟所需油量(mL)}(min)$$

(4) 通过揿压手动加油按钮，观察油泵运作和油嘴注滴是否正常，然后临时性调短待机延时，测试自动加油的过程和效果。

16. 装上及调校被拆除的部分梯级

(1) 装上因检查、调整、测试的需要而拆下的部分梯级，慢慢和仔细地运转，及依据梳齿板调妥它们的位置、啮合和间隙。

（2）确保为在梳齿板区段保证梳齿板梳齿和梯级踏面齿槽啮合的两边缝隙符合要求而采用的限位滚轮、制约滚筒、卡距挡板、导向滑块等纠偏措施的有效性能及可靠程度，检调防偏装置的滚轮、滚筒、挡板、滑块与梯级的顶部低4～8mm，其每侧间隙为0～0.2mm，所有梯级在通过防偏装置的滚轮、滚筒、挡板、滑块时不应有明显的冲撞。

（3）通过调节围裙板或位移梯级，维持梯级（导靴）挡块（若有）与围裙板的两侧间隙之和不大于1mm。

（4）在正向使用区段的任何位置上，测量两个连贯的梯级踏面耦合间隙，其不应大于6mm。

（5）装上下前沿盖板，盖板间、盖板与边框应平整，其高低差小于0.8mm，间隙缝小于1.0mm。

17. 调试快车（正常速度），整机统调

（1）确认当下自动扶梯的起动只能通过操作一个或数个开关来实现，该开关可采用钥匙触发式、拆卸手柄式、护盖可锁式、远程起动式等，但不应兼具主开关的功用。

（2）第一次快车运转前，重再检查确认桁架里、机座内和梯级上无任何物品及临时障碍，且在互相通知并应答后才能操作。

（3）断开检修操控盒与控制屏（检修操控插座）的连接，用操作控制面盘上的钥匙、或手柄、或护盖等正常起动开关试验自动扶梯上行、下行、蜂鸣器等动作过程。

（4）当按所需运行的方向旋转或拨动正常起动开关并待自动扶梯进入运转后，使该开关归原返始，自动扶梯应保持既定方向加速至额定速度。

（5）当按与运行方向相反的方向旋转或拨动正常起动开关后，自动扶梯应实现软性化停车。

（6）当撳按操作控制面盘上的急停开关或断开某个安全触点后，自动扶梯应立即紧急停车。

（7）检查确认运行状态显示与运行方向指示等装置的工作情况应与上下部操作控制面盘的调配相一致。

（8）快车调试成功后，从此刻开始，不操作时必须拔出扶梯起动的钥匙、手柄或锁紧护盖，并确认在自动起动功能恢复之前，每次停止运行之后，只有经由正常起动开关或通过检修操控盒，且仅在安全装置和安全电路均复位和连通的情况下，才可使自动扶梯重新运行。

（9）在额定频率和额定电压的条件下，在正向使用区段的倾斜直线距离内、用秒表与卷尺测量被选定梯级空载运行的时间而计算得出的速度，或直接用转速表测量梯级沿梯路导轨运行的实际速度，与额定速度之间的最大偏差应为±5%。

（10）相对于梯级，扶手带与它同向间的运转速度，仅允许偏差0～+2%。

（11）空载状态下，上行和下行各连续运转1h，整梯运行应平稳，在梯级踏板和驱动主机盖板上方1.6m处测得的运行噪声应不超过63dB，且无异常碰撞刮擦及杂声噪声等情况出现，若有则修整消除。

（12）模拟连续试运行2h后，驱动电动机温升应不超过60K，扶手带表面温升应不超过5K。

（13）观察减速箱的输入、输出轴端及油标处有无严重渗漏油脂的情况，通常可接受的渗漏量为0.1mL/h。

（14）恢复（如有）节电蠕动、睡眠待机和自动起动等功能，并调试检测开通运转之（通常在2s时间内循所需运行的方向旋转或拨动正常起动开关两次）。

1）自动起动应在该搭乘者走到梳齿板梳齿与梯级踏面啮合叠交区域之前，并可借助以下方法来实现：

① 光束，应设置在梳齿与踏面啮合叠交区域之前至少1.3m处，或者利用雷达原理的超声波、红外线探测器的扫描距离介于1.2～1.5m之间。

② 触点踏垫，其外缘应设置在梳齿与踏面啮合叠交区域之前至少 1.8m 处，沿运行方向的触点踏垫长度至少为 0.85m，并以 25cm^2 为一测试作业面，将其布设在踏垫的任一方位上，当施加在作业面的载荷接近 150N 时，触点即该作出响应，或者采用应变传感踏垫，其探测面积覆盖整个前沿盖板。

③ 在搭乘者到达梳齿与踏面相交线时，自动扶梯应以不小于 0.2 倍的名义速度运行，然后以小于 0.5m/s^2 加速。

2）自动起动的运行方向应通过清晰易见的指引与显示系统预先告知搭乘者，如果发生搭乘者逆着预先告知的运行方向进入的事件，则在其到达梳齿与踏面啮合叠交区域之前，自动扶梯照常按预先告知的方向起动，并至少运行 10s 以上。

3）控制节电蠕动、睡眠待机和自动起动等功能的系统，在搭乘者激活或触发了扫描与探测等元件及部件进而使自动扶梯正常运行后，至少应经过一段足以输送完已踏入梯级的搭乘者再加 10s 的时间（行程）、或者俱全判证梯级上已无搭乘者的软硬件即时监控手段之后，才允许转入节电蠕动、睡眠待机和自动起动状态。

（15）装上下部机座（转向站）和上部机座（驱动站）内的防护挡板。

（16）安装警示与防护有可能被梯级与围裙板之间夹持的附加装置——防夹毛刷，其宽度应在 33 ~ 50mm 之间，毛刷座连接端头的缝隙、台阶应不大于 0.25mm。

（17）拆除现场隔离围栏和安全网，从此刻开始若需暂时中断作业离开安装现场时，应盖好所有前沿盖板及内外盖板，确认扶梯不存在任何敞开裸露部位，并切断主电源。

18. 自检、验收、资料汇总及交梯

（1）汇总资料：

1）土建工程图、总体布置图。

2）产品出厂合格证。

3）装箱清单。

4）安装和使用维护说明书。

5）动力及安全电路的电气原理图。

6）梯级型式试验报告、扶手带断裂强度证书、附加制动器型式试验报告。

7）扶梯安装质量手册、安装竣工自检报告。

8）特种设备检测部门的验收检验报告。

（2）将搭乘须知、警示标签张贴在上下出入端的告示牌子、护壁栏板的醒目处，且须包括以下内容［这些内容尽可能用象形图则（最小尺寸 80mm × 80mm）表示，见图 7-104］：

1）必须紧拉住小孩。

2）宠物必须被抱住。

3）站立时面朝运行方向，脚须离开梯级边缘。

4）搭乘时握住扶手带。

5）赤脚者不准使用。

6）不准运输笨重物品和手推车。

（3）在自动扶梯的至少一个入口的明显位置处用文字标明：

1）生产厂商。

2）产品型号。

3）系列编号。

（4）交梯后，若暂不投入运行，则用防水帆布（对于室外）或编织布（对于室内）予以覆

图 7-104　象形警示图则

盖，以减少日后清理的工作量及时间。

二、分段式自动扶梯（同样适合于自动人行道）安装和调整的工艺及工序方法

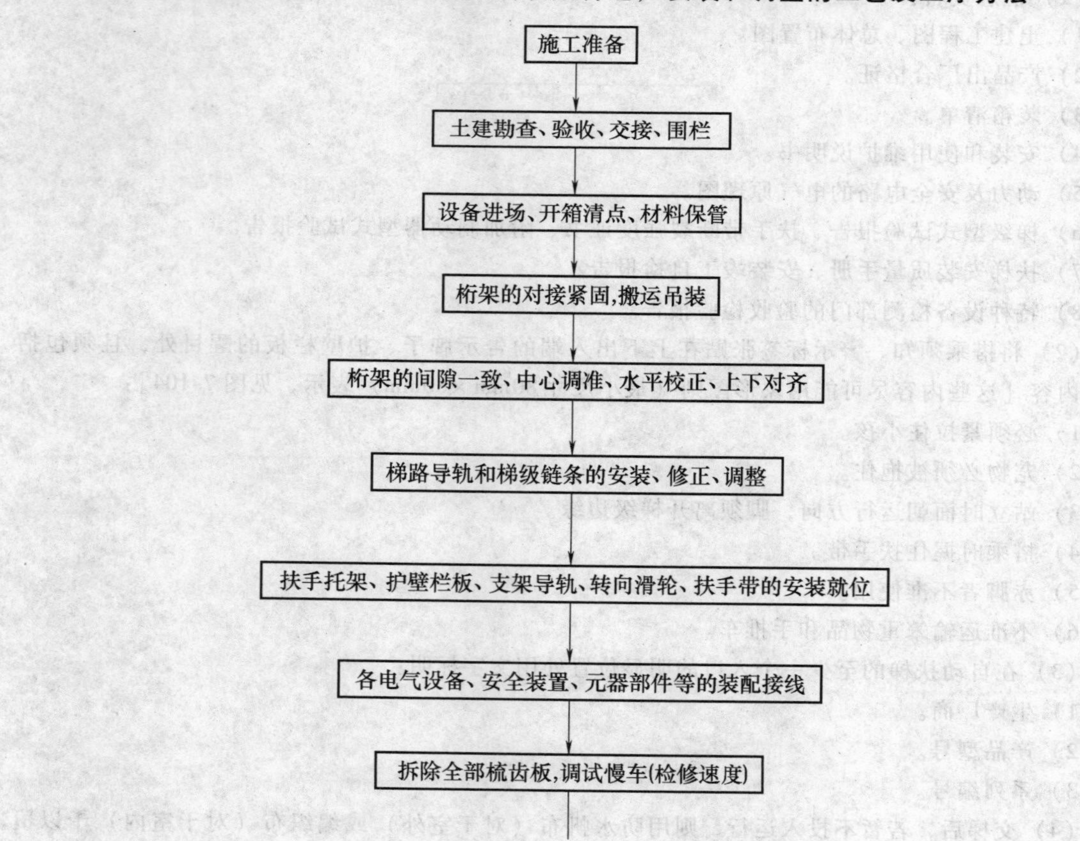
施工准备
土建勘查、验收、交接、围栏
设备进场、开箱清点、材料保管
桁架的对接紧固,搬运吊装
桁架的间隙一致、中心调准、水平校正、上下对齐
梯路导轨和梯级链条的安装、修正、调整
扶手托架、护壁栏板、支架导轨、转向滑轮、扶手带的安装就位
各电气设备、安全装置、元器件部件等的装配接线
拆除全部梳齿板,调试慢车(检修速度)

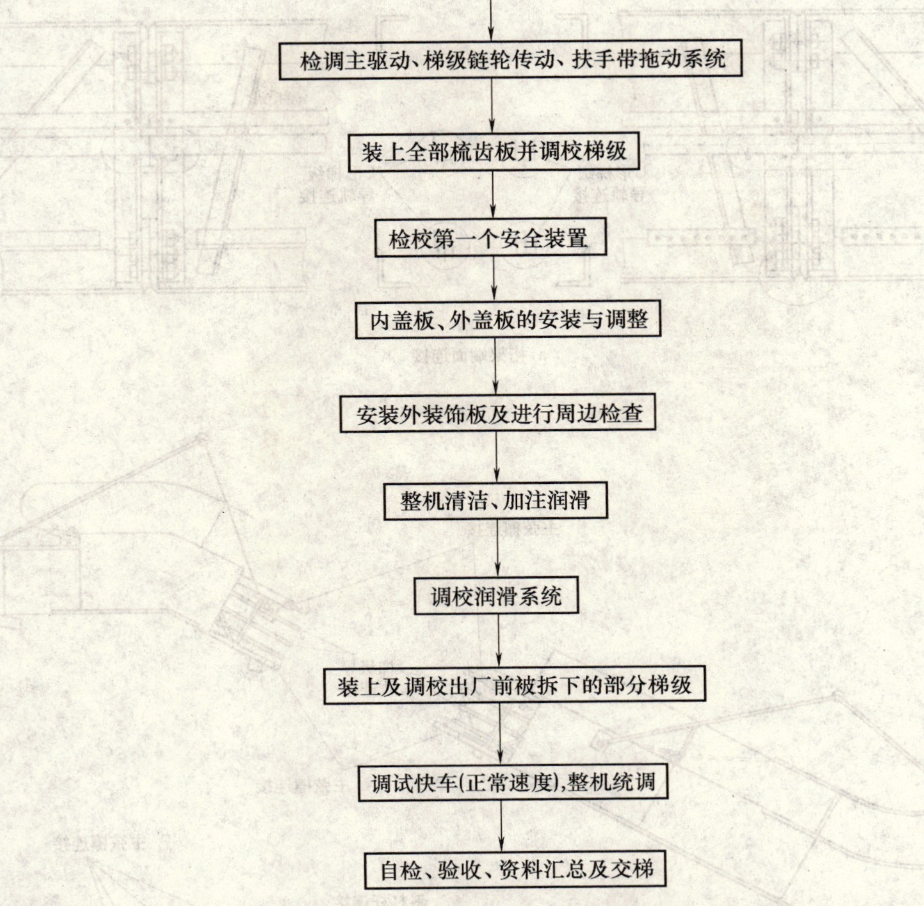

（注：除在下列节点后有附加的说明和图则外，其余内容均与本章第二节相关内容相同，即可依照执行，这里省略记叙。）

1. 施工准备

2. 土建勘查、验收、交接、围栏

3. 设备进场、开箱清点、材料保管、搬运吊装

将开箱点出的待装梯级放置在既不妨碍通行又不影响作业的干净平整的地方，且仅可重叠三级或以下堆放。

4. 分段桁架的对接紧固，搬运吊装

（1）一般情况下，整个桁架在工厂内已完成拼装校正，并做好标记后再分拆包装运到工地。

（2）桁架的对接拼装通常有端面连接法和榫卯连接法两种（见图7-105），所以应根据随梯提供的自动扶梯安装图册与安装说明书开展此项工作。

（3）通常采用在安装工地或利于搬运吊装的近旁安排足够的空间和平整的地方作为对接拼装的场所，特殊地也可利用悬吊方式开展对接拼装，但此时要对悬吊机具、捆绑绳索、支承选择、端部稳固、起吊技巧、扭曲校正、安全保障等因素及分寸应全面把握与绝对掌控。

（4）悬吊方式的工序：若为三段式，则先悬吊并临时固定下部机座桁架段，接着悬吊中间倾斜桁架段及开展对接拼装，最后悬吊上部机座桁架段与进行对接拼装，并在确认整体桁架已可靠地在上下层站支撑端就位后，方能撤除全部悬吊机具和捆绑绳索；若为二段式，则先悬吊并临时固定下方桁架段，随后悬吊上方桁架段与进行对接拼装，且在验证整体桁架已可靠地在上下层

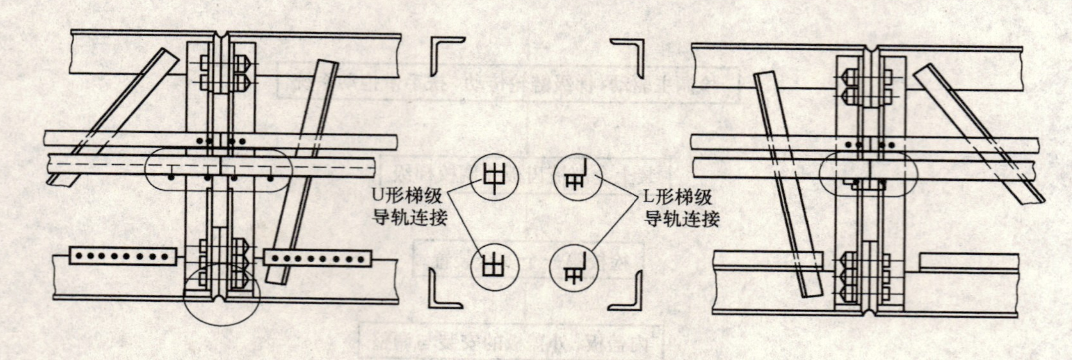

a) 桁架端面连接

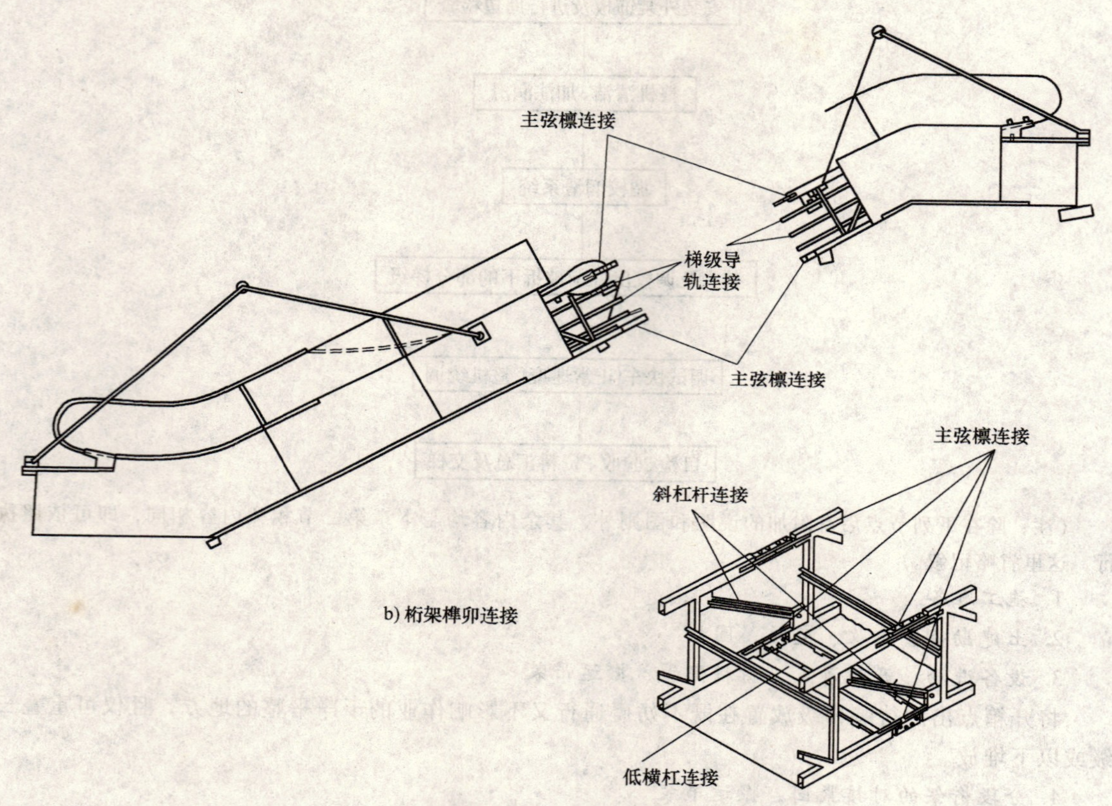

b) 桁架榫卯连接

图 7-105　桁架的对接拼装

站支撑端就位后，才可撤除所有悬吊机具和捆绑绳索。

（5）不管采用哪种对接拼装方法，均应采用随梯配备的高强度螺栓，并使用专门的扭力矩扳手旋拧该螺栓，且拧紧力矩须符合表 7-7。

表 7-7　螺栓规格

螺栓规格	M16	M20	M22	M24
拧紧力矩/N · m	250	450	650	800
测试力矩/N · m	270	490	710	880

（6）按照出厂标记，严密对接拼装分段桁架：其中端面连接法应至少使用 10 颗 M24 高强度

螺栓对接拼装两侧桁架，榫卯连接法应至少使用16颗M24高强度螺栓对接拼装四根主弦檩，并依据指引检查确认对接拼装所需放置的垫片数量和厚度尺寸，且须正确使用垫圈，即垫圈的倒角（圆边）要放在紧靠螺母与栓帽侧。

5. 桁架的间隙一致、中心调准、水平校正、上下对齐

除非以下尺寸符合要求，否则通过增减轮轴端座的垫片调整。

1）用水平仪测量上机座内传动链轮轴的水平度，其偏差不大于0.3/1000。

2）用水平仪测量下机座内从动链轮轴的水平度，其偏差不大于0.6/1000。

6. 梯路导轨和梯级链条的安装、修正、调整

（1）对接拼装梯路导轨，确保各导轨间的缝隙在0～0.5mm范围内，台阶在0～0.25mm范围内，否则用细锉和砂纸打磨修平。

（2）彻底松懈张紧下部（转向）机座内被动链轮螺杆外弹簧的螺母，然后对接拼装梯级链条，确保销轴端的开口销至少张开60°。

（3）暂时不必装上出厂前被拆下的梯级。

7. 扶手托架、护壁栏板、支架导轨、转向滑轮、扶手带的安装就位

8. 各电气设备、安全装置、元器部件等的装配接线

9. 拆除全部梳齿板，调试慢车（检修速度）

10. 检调主驱动、梯级链轮驱动、扶手带驱动系统

11. 装上全部梳齿板并调校梯级

12. 围裙板的安装与调整，检校每一个安全装置

13. 内盖板、外盖板的安装与调整

14. 装上及调校出厂前被拆下的部分梯级

15. 安装外装饰板

16. 整机清洁、加注润滑

17. 调校润滑系统

18. 调试快车（正常速度），整机统调（见表7-8和表7-9）

表7-8 迅达9300型自动扶梯参数选调

序号	参数号	内容特征	说　明	值域
1	P000	YDMAXTIME	星形-三角形运行起动时间(0.1s)	0～99
2	P001	HANDRAILTIME	扶手带出错延时(0.1s)	0～999
3	P002	SESMAXTIME	节能三角形运行时间(1s)	0～999
4	P003	LUBRICATIONTIME	润滑时间(1s)	0～999
5	P004	LUBRICATION PAUSETIME	润滑关闭时间(1min)	0～9999
6	P005	LUBRICATION RELIEFTIME	润滑解除时间(0.01s)	0～9999
7	P016	AUTOMATICTIME	自动运行时间(1s)	0～9999
8	P017	DHBUZZERTIME	急停后蜂鸣器触发时间(1s)	0～9999
9	P020	GFU-RSF-TIMER	蠕爬运行时间限制(1s)	0～9999
10	P070	LEARNINGOFF	学习运动结束选择	ON/OFF
11	P071	DELETE_EEPROM	EEPROM格式化选择	ON/OFF
12	P072	DIG_PES	PES板上数字显示选择	ON/OFF
13	P079	DIG_PEM	PEM板上数字显示选择	ON/OFF

（续）

序号	参数号	内容特征	说　明	值域
14	P080	SAFETYBRAKE	安全制动器选择	ON/OFF
15	P081	SES	节能运行接通选择	ON/OFF
16	P082	SAFETYCIRCUIT 24VDC	安全电路电压选择	ON/OFF
17	P083	AUTOMATICLUBRICATION	自动润滑选择	ON/OFF
18	P085	BUZZERFORSTART	启动蜂鸣器选择	ON/OFF
19	P087	ECO-PHV	节能运行模式选择	ON/OFF
20	P088	HANDRAILMONITORING	扶手带监控选择	ON/OFF
21	P091	DIRECTIONMONITORING	方向监控选择	ON/OFF
22	P092	STEPABSENCE	梯级丢失检查选择	ON/OFF
23	P100	LIGHTCURTAIN	光幕选择	ON/OFF
24	P256	SPEEDRATED	额度速度（m/s）	自动学习
25	P257	RPMRATED	飞轮的转速（m/s）	自动学习
26	P258	PRMYDSWITCHING	从星形到三角形的转换速度（m/s）	自动学习
27	P260	RPMSESLOW	节能运行下限切换速度（m/s）	
28	P261	RPMSESHIGH	节能运行上限切换速度（m/s）	
29	P263	BRAKEMEASUREFACTOR	制动距离测量系数	自动学习
30	P264	STEPLENGTH	梯级丢失检查长度	自动学习

表 7-9　奥的斯 506NCE 型自动扶梯参数选调

序号	参数号	内容特征	说　明	值域
1	YD-T	STAR-D	星形-三角形起动时间（s）	000～009
2	LUB-EN	LUB2，LUB6	选择润滑系统	000～002
3	LUBstp	LUB2，LUB6	油泵暂停时间（h）	000～255
4	LUBwrk	LUB2，LUB6	油泵工作时间（10s）	000～255
5	ValveT	LUB6	第二阀门工作时间（s）	000～255
6	LUBres	LUB2，LUB6	油位故障时间（h）	000～255
7	LUBtst	LUB2，LUB6	润滑测试选择	000～001
8	INT-EN	INT	间歇模式选择	000～001
9	INT-LR	INT，ETA3	顺选方向长的运行时间（s）	000～255
10	INT-SR	INT	反选方向短的运行时间（s）	000～255
11	BLS-EN	BRAMO1/2	制动监测选择	000～002
12	Inplev	PCO/PCO1	乘客探测器选择	000～003
13	ErrDis	NOTIS	出错显示选择	000～001
14	BUZ-T	BUZZ	蜂鸣器时间（s）	000～010
15	Errlog	Standard	出错记录情况	000～002
16	ETA-EN	ETA3	节能模式选择	000～001
17	PRSMax	ETA3	限定星形到三角形（#）	000～030

（续）

序号	参数号	内容特征	说　明	值域
18	PRSMin	ETA3	限定三角形到星形(#)	000～029
19	En60Hz	60Hz	电动机频率选择	000～001
20	Speed	Standard(X)	梯级速度(cm/s)	050～075
21	HRSFrq	HRS	铭牌频率(0.1Hz)	000～170
22	HRSHys	HRS	允许的差值(%)	000～100
23	HRSErr	HRS	锁停代码	000～255
24	EnHgKg	CODE-HK	锁停触点选择	000～001
25	Langua	Standard(X)	显示语言选择	000～003
26	Panell	OP/CP	上部电路板1地址	032～040
27	Pane12	CP	下部电路板2地址	000～041
28	EMS-ID	ERMS-2	扶梯各点(ERMS)地址(#)	000～255
29	LubCIK	LUB2,LUB6	每日工作时间(h)	000～024
30	INT-VF	INT&VF	低速时间(0.5m)	000～255

19. 自检、验收、资料汇总及交梯

第八章　如何对电梯和自动扶梯进行修理

第一节　电梯和自动扶梯运行故障的辨别分析、判断思考、排除技巧

电梯和自动扶梯是一种既省力亦舒适而且效率较高的运输设备。对其而言，不管什么品牌，何种驱动方式，哪种操控系统，正常情况下均是按照“等效梯形运行曲线”来完成每一次运行过程的。这个有其内在规律的过程，如图8-1所示。针对电梯，首先是登记内选指令或层外召唤信号（过程1），随后关门或这之前门已自动关闭（过程2），接着是起动加速（过程3），然后至满速度或中间分速度（过程4）以恒速运行（过程5），继而在信号登记的目的楼层前预置距离点减速（过程6）制动（过程7），最后是平层（过程8）开门（过程9）。针对自动扶梯，首先是借助钥匙或手柄或锁紧护盖开关，或经由自动起动装置，触发开动（过程1、2），随即是加速（过程3），然后至额定速度运行或经由节电蠕动功能转入给定低速运转（过程4、5），当经由钥匙或手柄或锁紧护盖开关发出停用指令，或通过睡眠待机功能传出停顿信号，则执行减速制动或自由溜停（过程6、7），最终是静寂停用或者是停顿待命（过程8、9）。

对于从事电梯和自动扶梯维保修理的操作人员来讲，在高科技日益进步的时代，学会和掌握多种系列电梯的技术特征和专业知识，非但必要而且确需，因为现实证明仅会维修单一技术系列的电梯和自动扶梯是不可能持久地胜任本职工作和持续提增劳动报酬的。因此，应该认真地根据“等效梯形运行曲线”的工艺原理了解不同品牌、不同系列电梯和自动扶梯的特点，领会其技术精髓，不仅掌握继电器开关电路，而且懂得集成电路逻辑运筹，不但通晓可编程序控制器（PLC）操作原理，还能熟悉群网计算机（MC）软硬件控制过程，这样在遇到故障时就有了准确找出原因和及时排除的“本领”与“利器”。当然，针对“等效梯形运行曲线”的每个阶段，结合不同品牌、不同系列电梯和自动扶梯的特点而设立的“逻辑判断流程”（见图8-2～图8-4），与“细节考虑流程”（见图8-5～图8-7），及“诊断排除框表”见表8-1～表8-3，并熟读原理电路图册，甚至能画出简洁易懂的微缩全图且记住关键电路编号（这便意味着将会减少每次排除故障的时间），和做好每次的修理日志，即写下心得体会，再善于同业内同仁交流汲取维修的收获与经验，暨建立在上述基础上的“灵感运气”（联想猜测：理性的猜测和感性的联想）也对排除各类故障大有裨益。

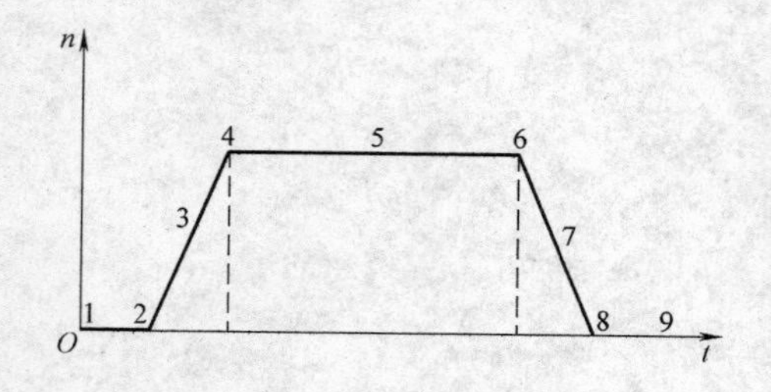

图8-1　等效梯形运行曲线

所谓电梯或自动扶梯出现故障，即当针对该产品的设计、制造、安装、维护和使用中存有缺陷及人为疏忽的情形时，在构成该产品的机械和电气系统等众多零部件和元器件发生自然磨损或偶然损坏状况下，造成电梯或自动扶梯部分功能丧失，无法继续正常运行。与之区别的是，虽然携带自然磨损、偶然损坏、部分功能丧失等异常现象，但暂未伤及电梯或自动扶梯的“中枢”要害跟主控“神经”，其仍能照常运行，故将此归为带病运行。

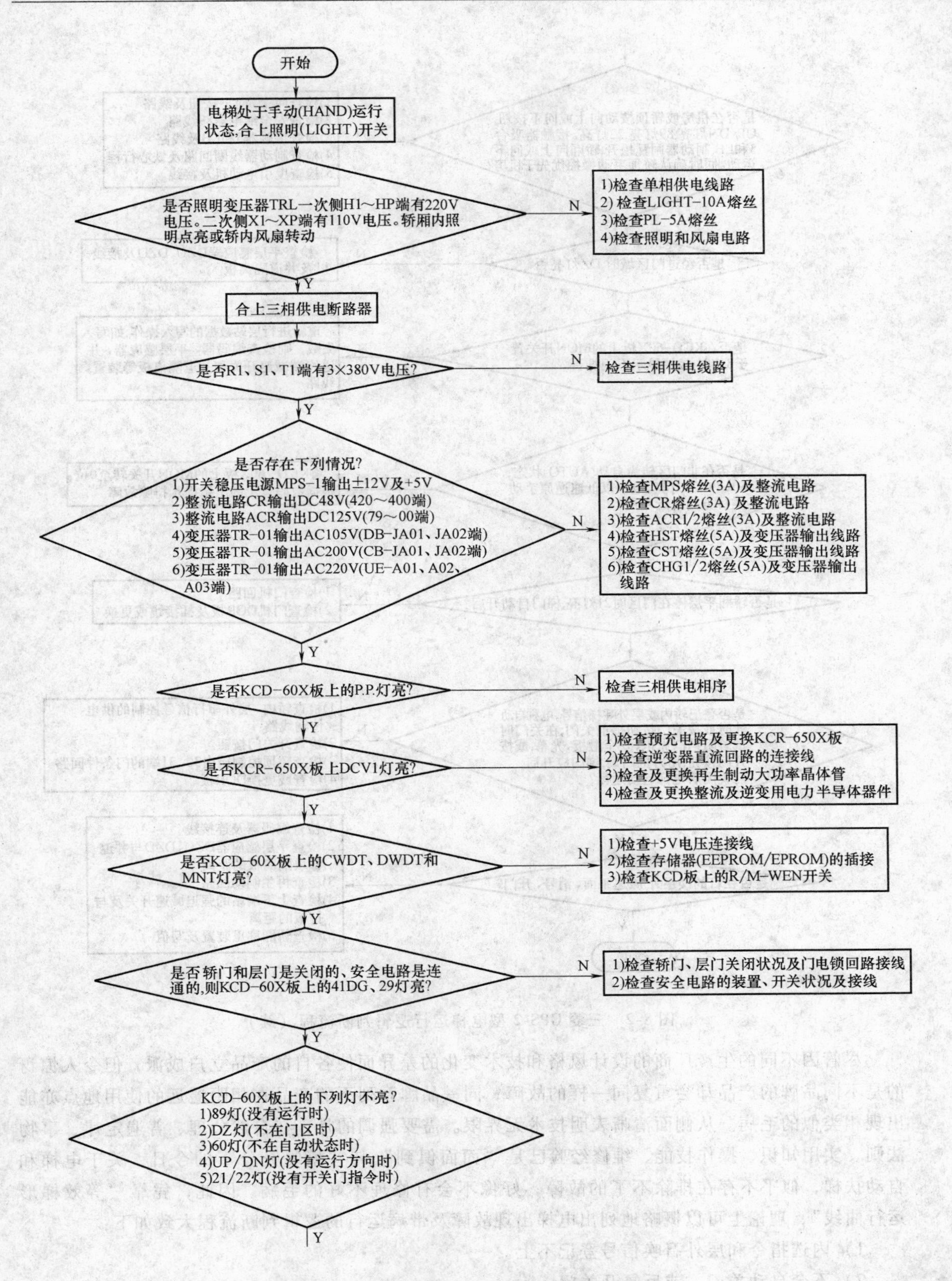

图 8-2　三菱 GPS-2 型电梯运行逻辑判断流程

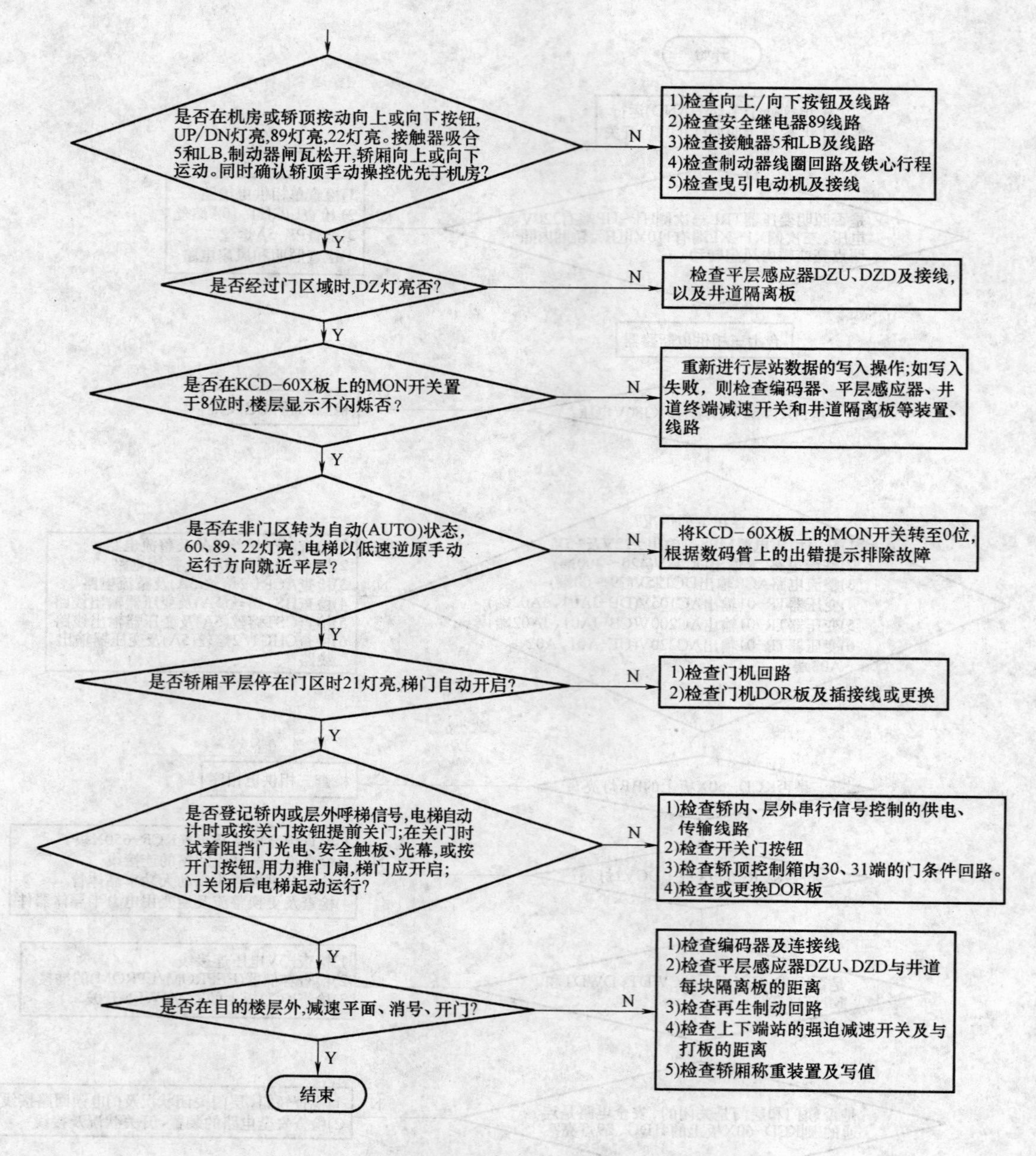

图 8-2　三菱 GPS-2 型电梯运行逻辑判断流程（续）

尽管因不同的生产厂商的设计风格和技术变化的差异而使各自的产品立户成派，但令人惊讶的是不同品牌的产品却会重复同一样的故障，同一品牌系列下的产品在相距遥远的使用地点亦能出现相类似的毛病。从侧面清晰表明技术无界限。需要强调的是，在自然公理、普遍定律、事物法则、实用知识、操作技能、维修经验已是“面面俱到”与“繁复充分”的今日，关于电梯和自动扶梯，似乎不存在排除不了的故障，好像不会有修理不好的毛病。因此，凭靠“等效梯形运行曲线”，理论上可以概略地列出电梯出现故障及带病运行的逻辑判断流程大致如下：

1）内选指令和层外召唤信号登记不上。

2）不会自动关门，或反复开关门。

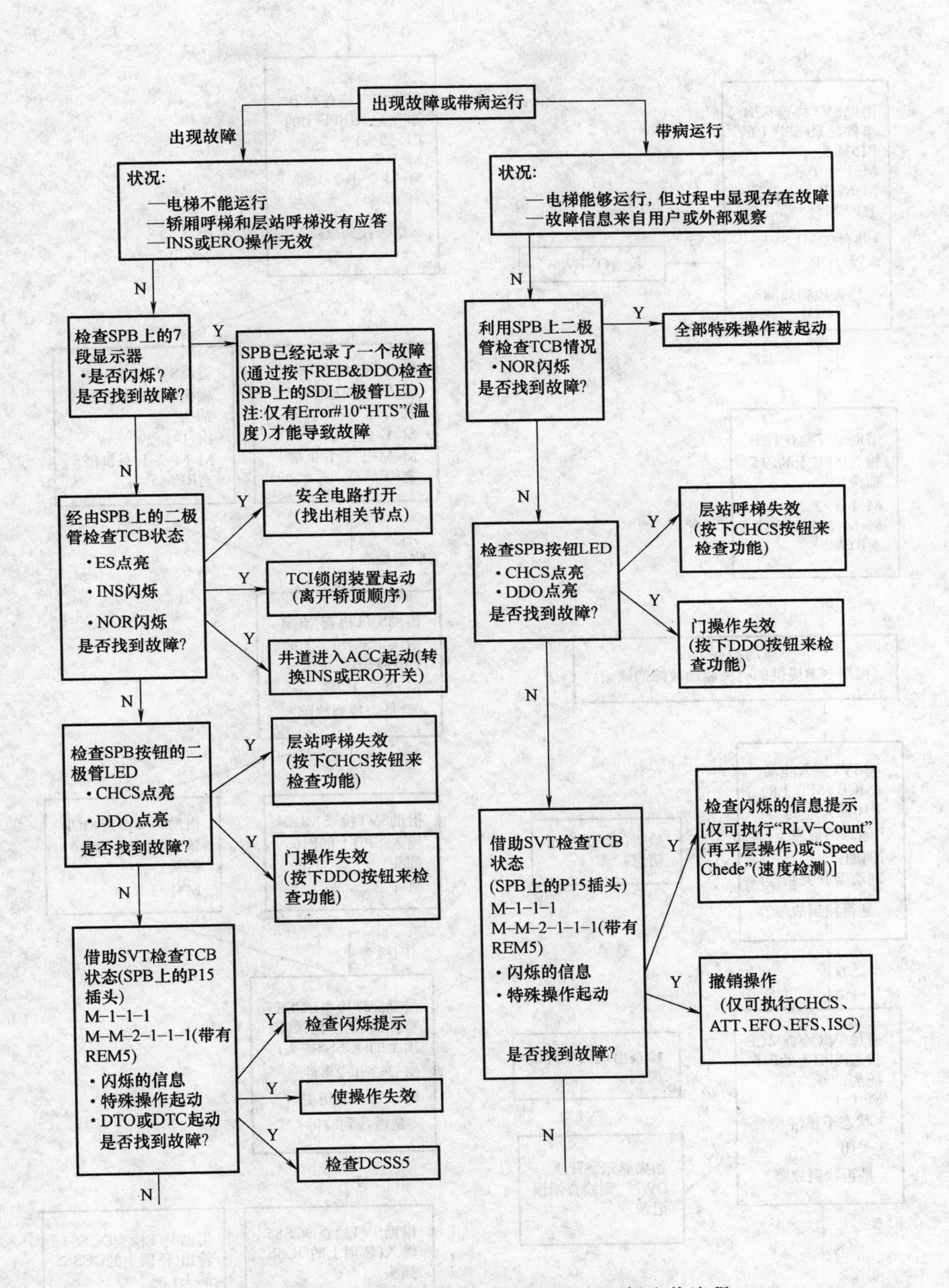

图 8-3　奥的斯 GEN2 型无机房电梯运行逻辑查找流程

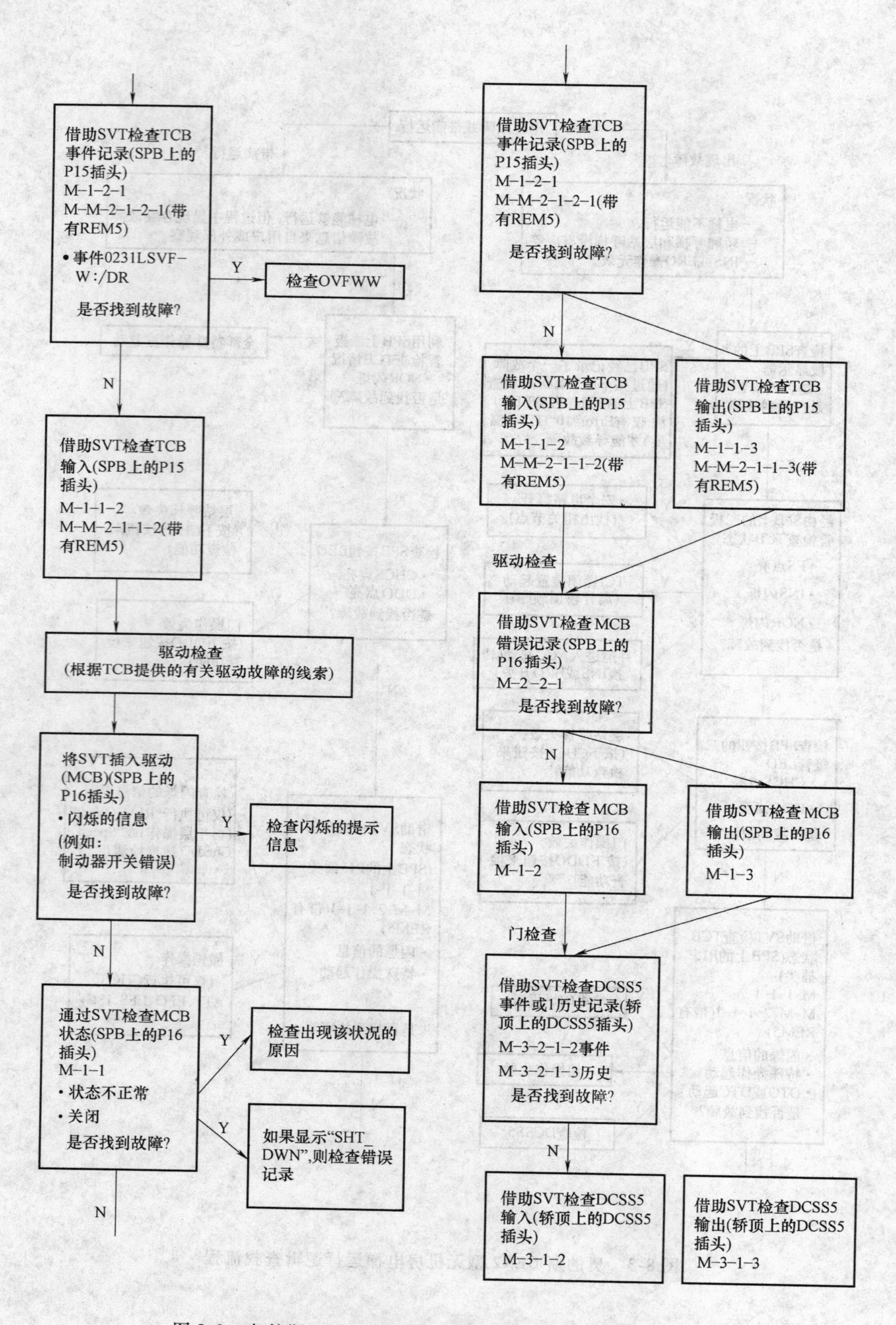

图 8-3　奥的斯 GEN2 型无机房电梯运行逻辑查找流程（续）

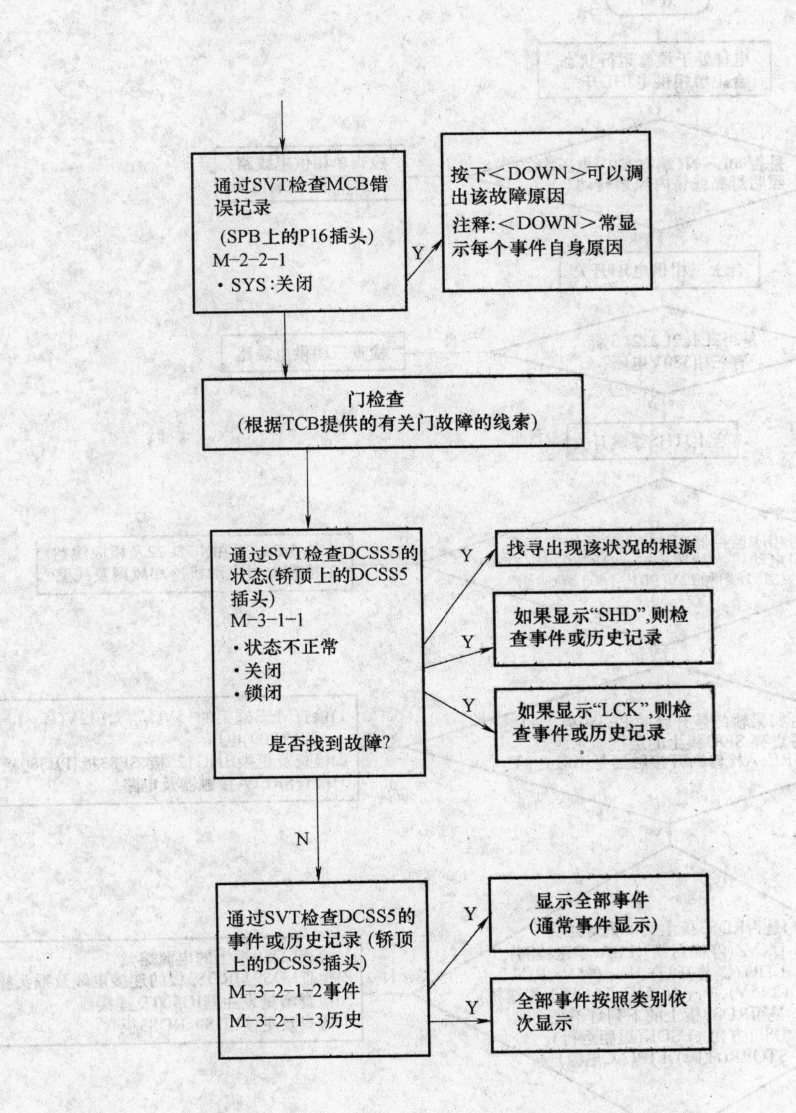

图 8-3　奥的斯 GEN2 型无机房电梯运行逻辑查找流程（续）

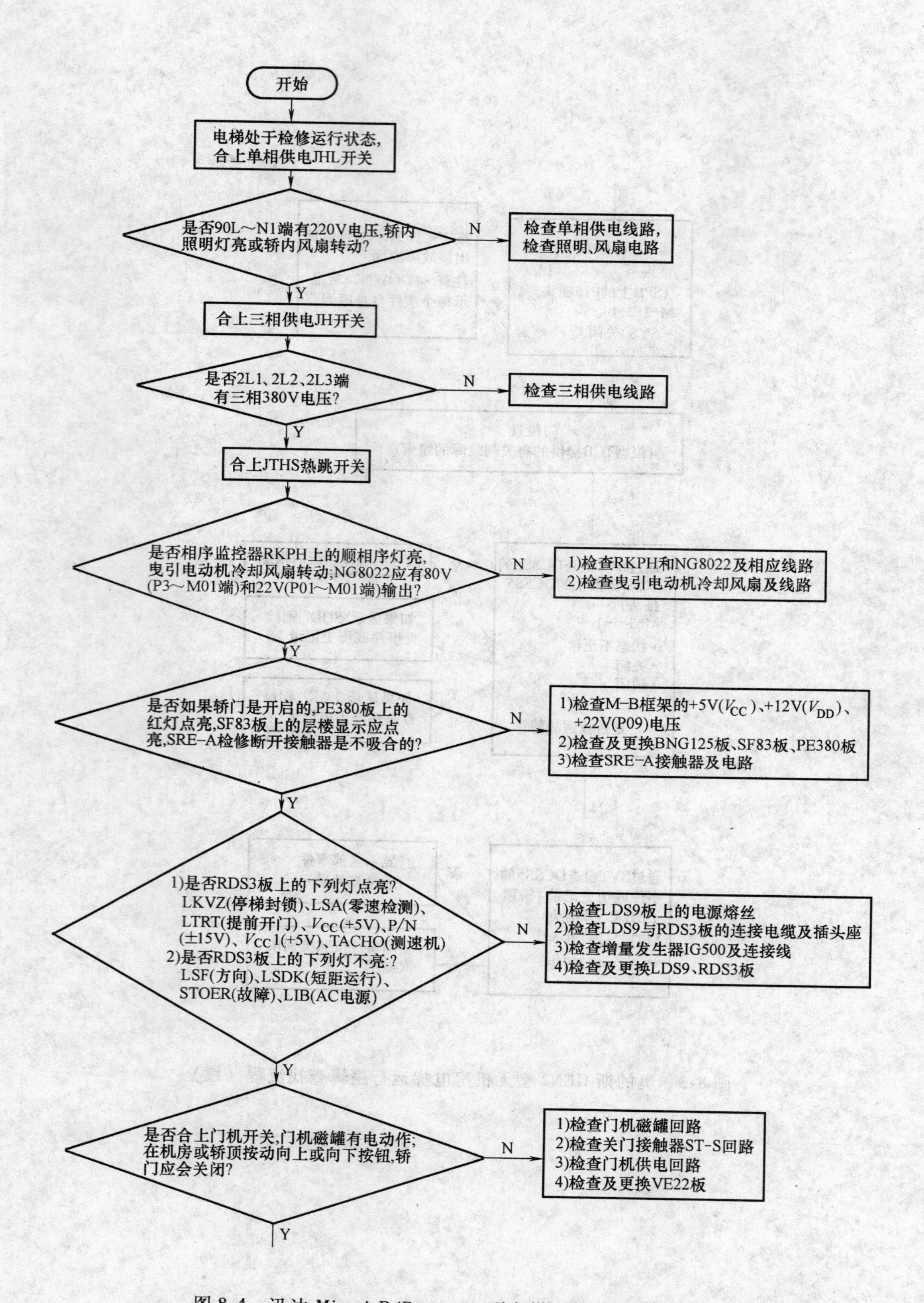

图 8-4　迅达 MiconicB/Dynatrons 型电梯运行逻辑排除流程

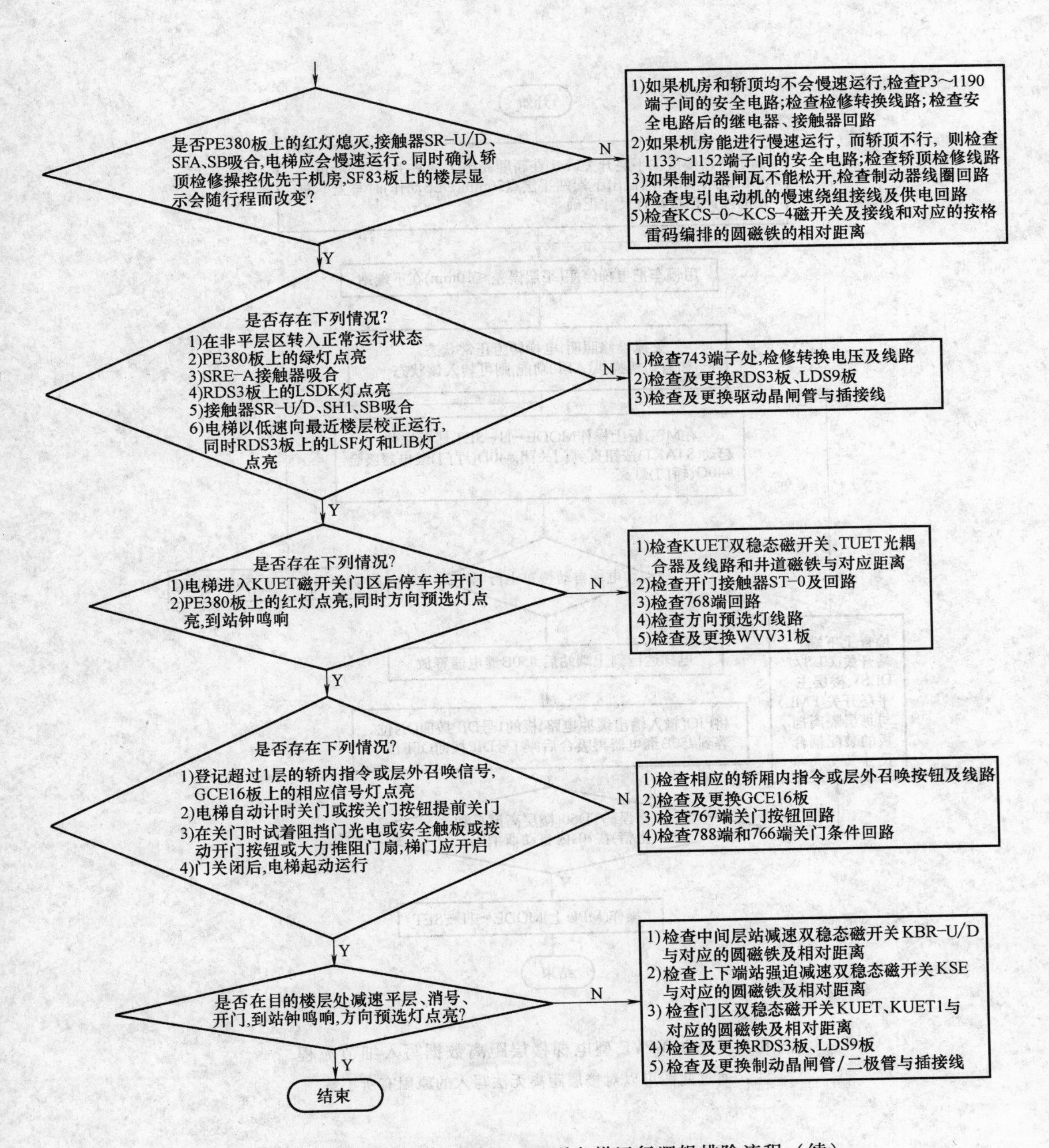
是否PE380板上的红灯熄灭,接触器SR-U/D、SFA、SB吸合,电梯应会慢速运行。同时确认轿顶检修操控优先于机房,SF83板上的楼层显示会随行程而改变?
N
1)如果机房和轿顶均不会慢速运行,检查P3~1190端子间的安全电路;检查检修转换线路;检查安全电路后的继电器、接触器回路
2)如果机房能进行慢速运行,而轿顶不行,则检查1133~1152端子间的安全电路;检查轿顶检修线路
3)如果制动器闸瓦不能松开,检查制动器线圈回路
4)检查曳引电动机的慢速绕组接线及供电回路
5)检查KCS-0~KCS-4磁开关及接线和对应的按格雷码编排的圆磁铁的相对距离
Y
是否存在下列情况?
1)在非平层区转入正常运行状态
2)PE380板上的绿灯点亮
3)SRE-A接触器吸合
4)RDS3板上的LSDK灯点亮
5)接触器SR-U/D、SH1、SB吸合
6)电梯以低速向最近楼层校正运行,同时RDS3板上的LSF灯和LIB灯点亮
N
1)检查743端子处,检修转换电压及线路
2)检查及更换RDS3板、LDS9板
3)检查及更换驱动晶闸管与插接线
Y
是否存在下列情况?
1)电梯进入KUET磁开关门区后停车并开门
2)PE380板上的红灯点亮,同时方向预选灯点亮,到站钟鸣响
N
1)检查KUET双稳态磁开关、TUET光耦合器及线路和井道磁铁与对应距离
2)检查开门接触器ST-0及回路
3)检查768端回路
4)检查方向预选灯线路
5)检查及更换WVV31板
Y
是否存在下列情况?
1)登记超过1层的轿内指令或层外召唤信号,GCE16板上的相应信号灯点亮
2)电梯自动计时关门或按关门按钮提前关门
3)在关门时试着阻挡门光电或安全触板或按动开门按钮或大力推阻门扇,梯门应开启
4)门关闭后,电梯起动运行
N
1)检查相应的轿厢内指令或层外召唤按钮及线路
2)检查及更换GCE16板
3)检查767端关门按钮回路
4)检查788端和766端关门条件回路
Y
是否在目的楼层处减速平层、消号、开门,到站钟鸣响,方向预选灯点亮?
N
1)检查中间层站减速双稳态磁开关KBR-U/D与对应的圆磁铁及相对距离
2)检查上下端站强迫减速双稳态磁开关KSE与对应的圆磁铁及相对距离
3)检查门区双稳态磁开关KUET、KUET1与对应的圆磁铁及相对距离
4)检查及更换RDS3板、LDS9板
5)检查及更换制动晶闸管/二极管与插接线
Y
结束

图 8-4　迅达 MiconicB/Dynatrons 型电梯运行逻辑排除流程（续）

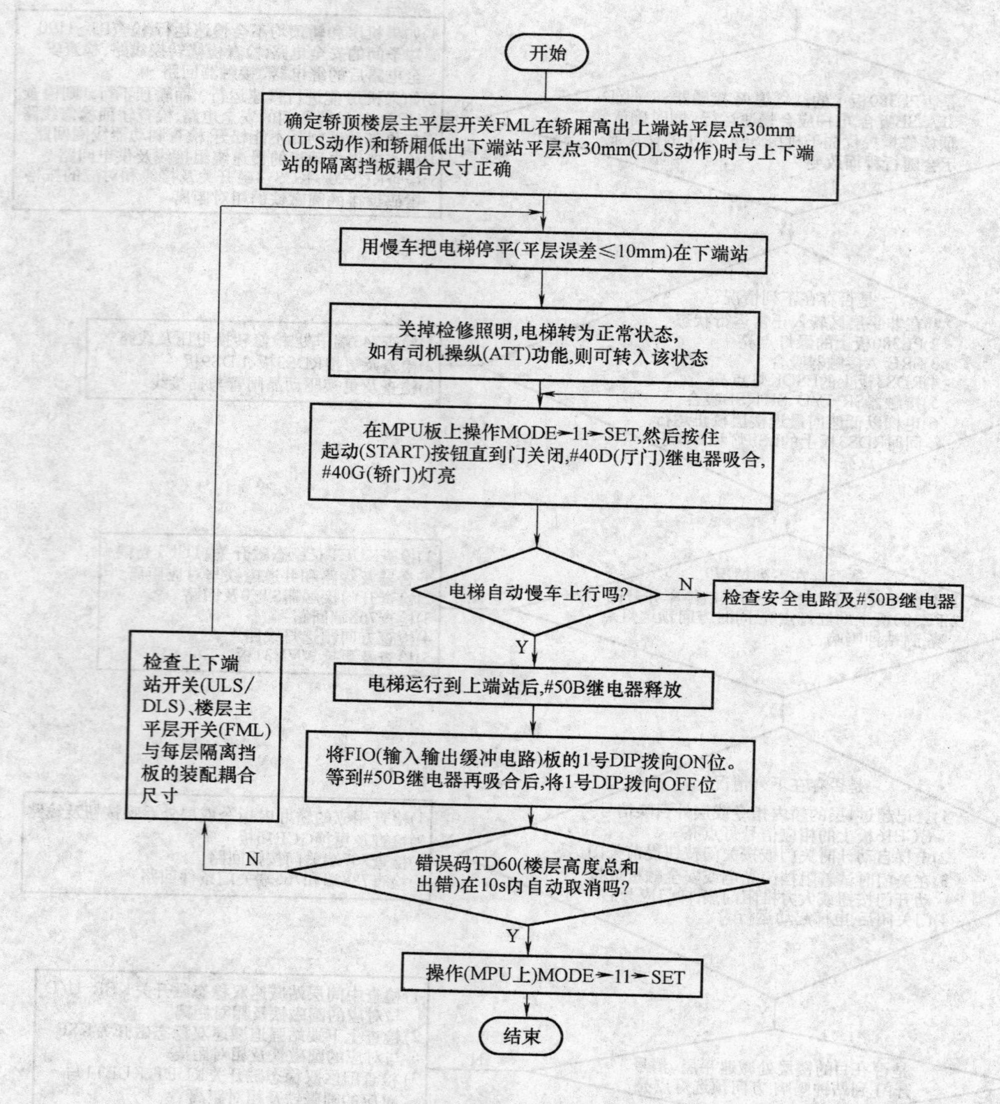

图 8-5　日立 YPVF 型电梯楼层距离数据写入细节流程

注：通过此图可以对楼层距离无法写入的原因有所了解

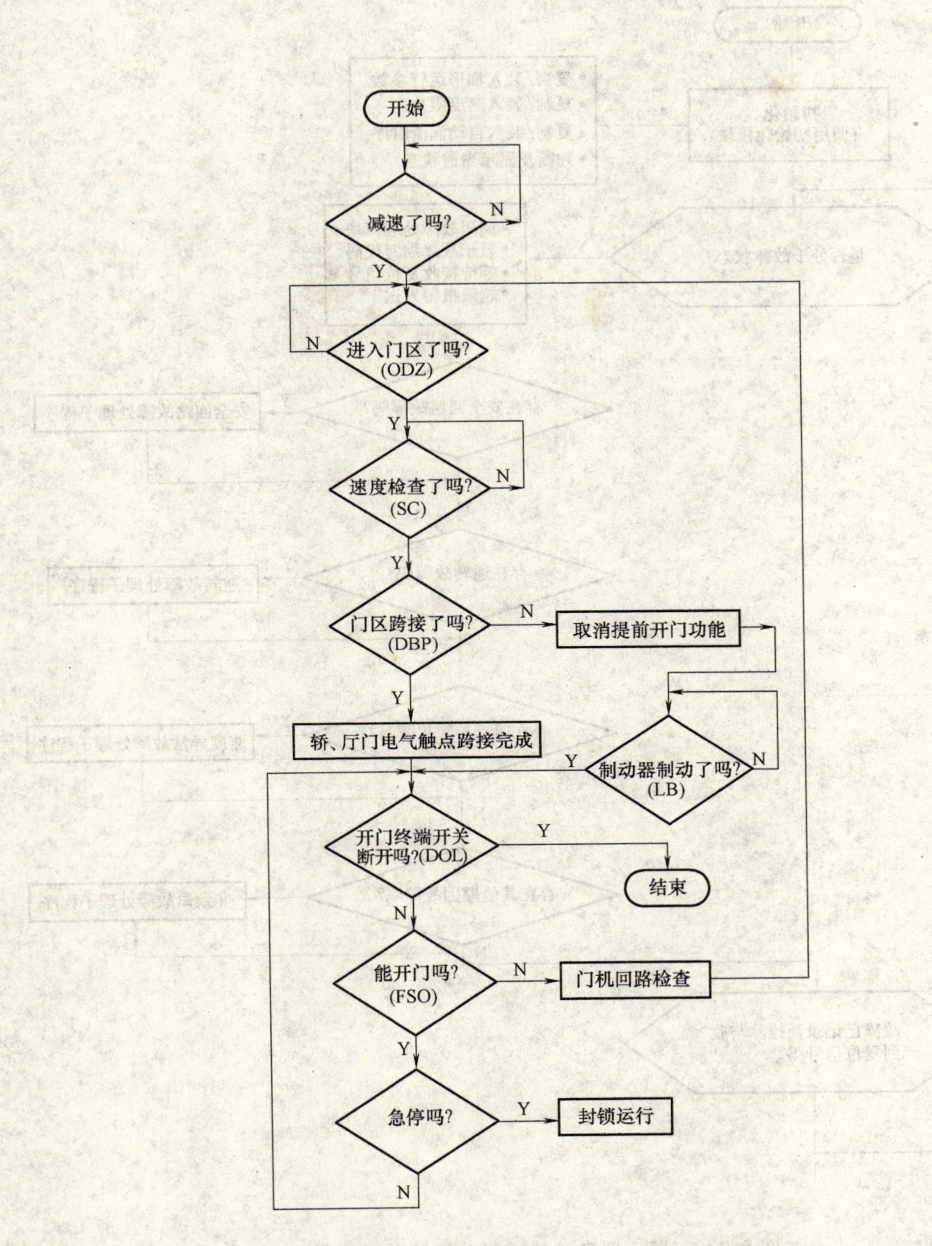

图 8-6　奥的斯 SPEC90 型电梯提前开门/正常开门考虑流程

注：借助此图或许对判断无提前开门、开门急停或不开门等故障有所帮助

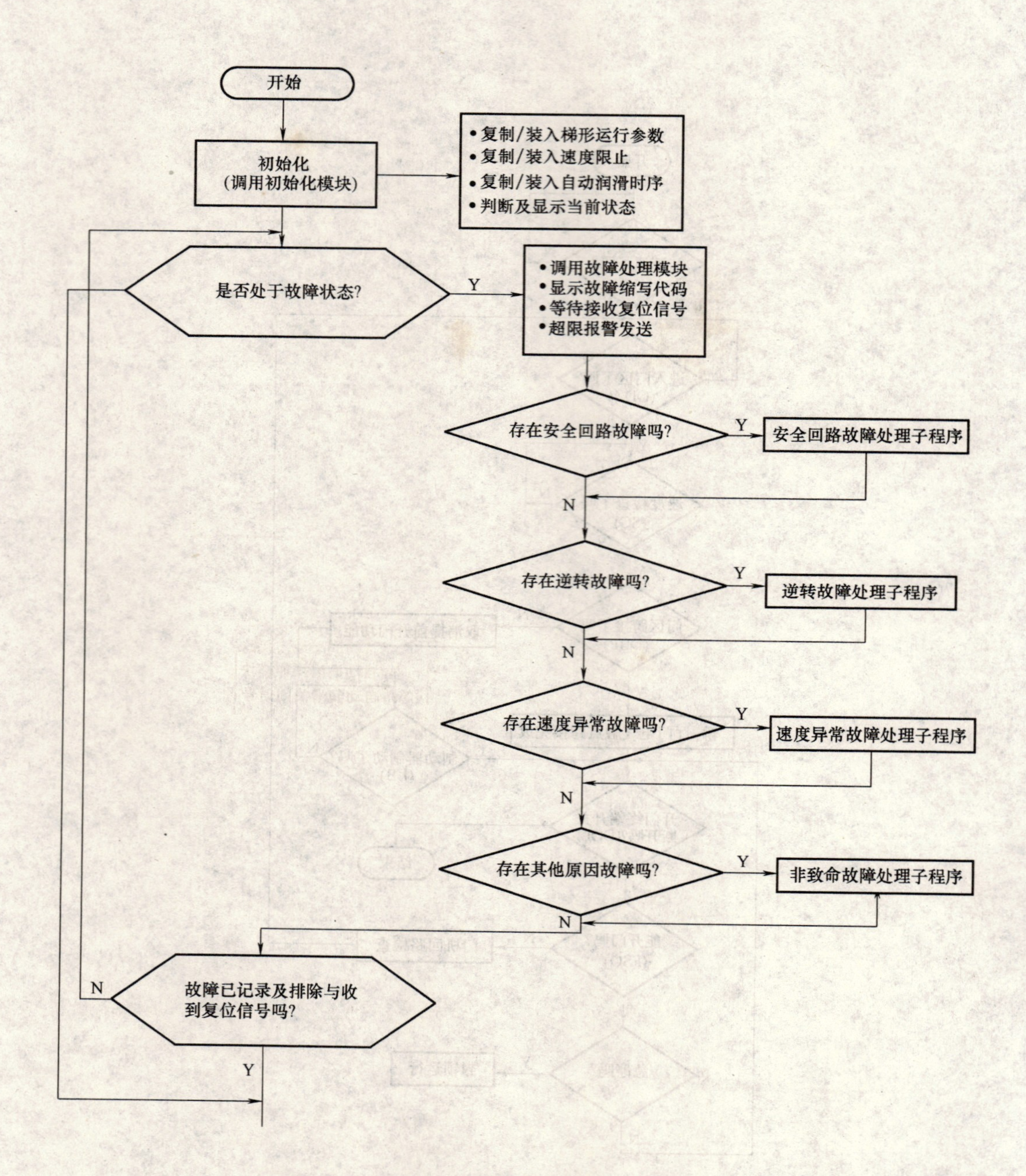

图 8-7　三菱 J 型自动扶梯起动运转功能流程

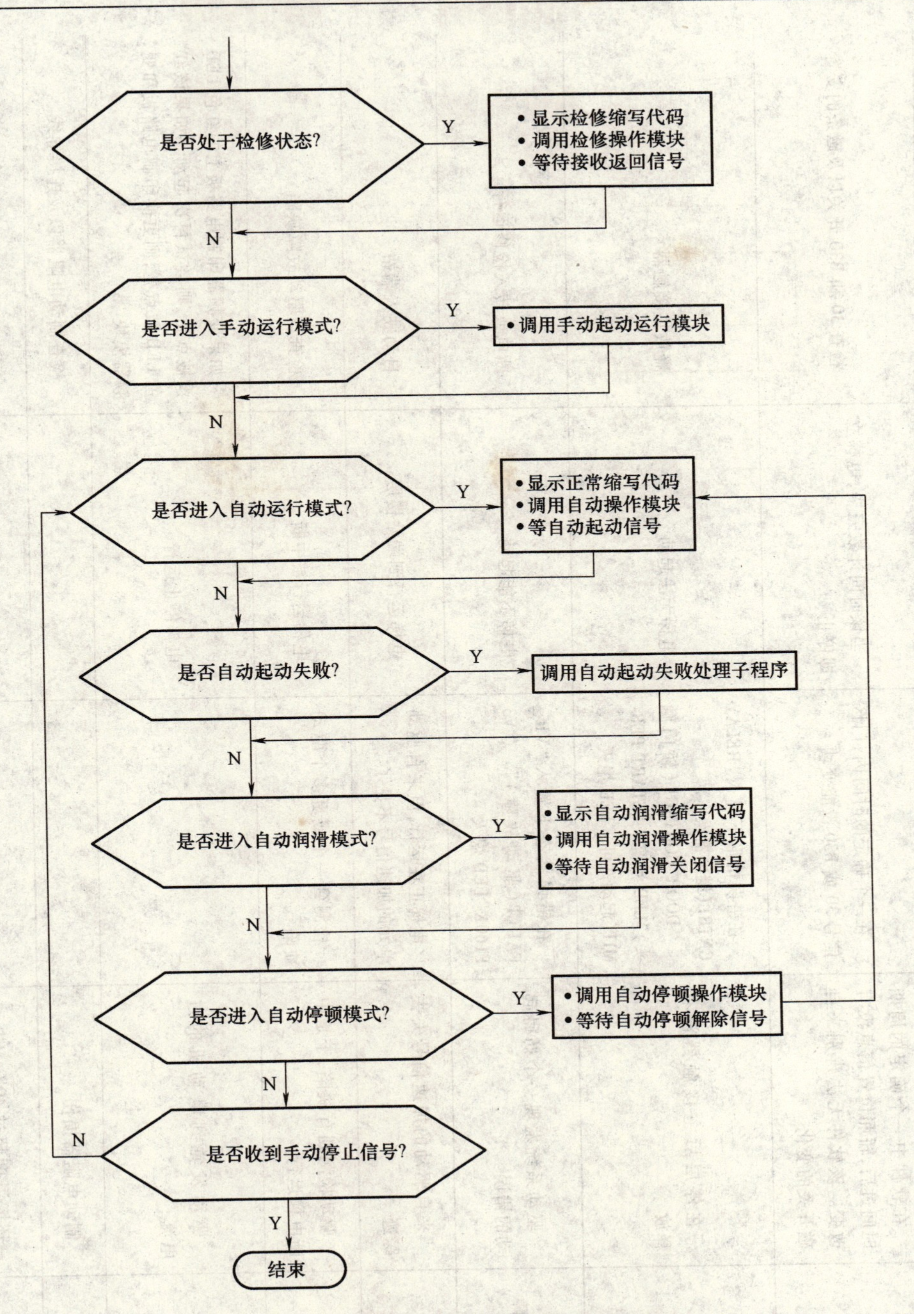

图 8-7　三菱 J 型自动扶梯起动运转功能流程（续）

注：经由此图能够对自动扶梯的出错环节有所掌握。

3）关门后不起动。

4）起动阶段急停。

5）起动末期达不到额定的满速度或给定的分速度。

6）运行中的急停。

7）不减速，错层，在越过层站或消除信号后急停。

8）减速制动阶段急停。

表 8-1 通力 Mono Space 型无机房电梯 LCECPU 印制电路板——驱动故障代码

故障代码	简　述	原　因	判　查	现　状	修　复
00-01	驱动时间超出监控	在软件中一个确定的周期时间过后，轿厢位置信息没有改变。该软件无法辨别来自磁开关的变化	在一个确定的时间内，门区信号 30 或 B30 没能变动	当该时间计数完毕，电梯立即停止	检查 30 和 B30 开关以及磁条的安置
00-25	起动允许出错	在停层后主接触器没有释放	在错误情形下置入“RELAY CNTRL（继电器操作）”“DOOR CONTACT（轿门触头）”LED 点亮。“START PERMIT（起动许可）”LED 熄灭	电梯无法起动	释放主接触器
00-26	来自驱动系统的故障	驱动系统发现一个妨碍起动的错误	在错误状态下置入“VR_FAULT（驱动故障）”。“V3F160K”LED 熄灭	电梯不能起动	断电或转入检修运行
00-60	V3F-16 加速遗漏	来自驱动的加速信号失去踪迹	电梯正在运行，但来自驱动单元的加速信号不见了	电梯运行到端站楼层	自动驶入端站
01-01	驱动停止	驱动检测到有缺陷，于是中断电梯运行	检测到一个或更多个驱动缺陷	电梯运行被中断	检查该驱动故障缺陷
01-02	RMS 过流	驱动发觉到电动机的过电流		电梯停止运行	如果变频器印制电路板上的红色 LED 没被点亮，则尝试再次起动。如果该红色 LED 被点亮，则更换印制电路板和变频器模块
01-03	制动电阻	制动电阻器损伤			检查制动电阻器以及连接导线
01-04	电动机过热	环境温度超过 40℃。电动机热敏电阻起反应、变值或截止。制动器调节偏差	线圈温度超过 120℃。热敏电阻阻值≪50Ω	阻止重新起动	等待电动机冷却下来。检测热敏电阻导线和绕组温度。检查制动器的调整状况

（续）

故障代码	简　述	原　因	判　查	现　状	修　复
01-05	AC 电压	电源电压异常或者断相或者安全电路断开（此时安全输入 LED 电路点亮）	中继电路电压不正常	电梯制动停止	检查相序。电源电压应为： AC 380V（1+10%），AC 400V（1+10%）， AC 415V（1+6%～-10%）， AC 420V（1+10%～-15%）
01-06	变频器异常	探测到 01 03 或者 01 04 故障			依据故障代码检查
01-07	负载称量（LWD）欠缺	在起动时负载称量装置给出错误值（电压低于 0.6V）		运行期间无效	调试负载称量装置
01-08	电动机/测速/运算器欠缺	测速器极性搞错或者轿厢平衡欠缺或者负载称量装置调试有误或者制动器没能打开或者驱动参数不妥或者超速	速度参考与速度反馈间差值太大	电梯停止	检查测速器与运算器的连接，尤其连接到驱动模块外壳接地导线处的测速器电缆的屏蔽网线
01-09	位置丢失	驱动丢失位置	绝对位置值与来自层站的位置值有差异	同步失效	检查 77：U/N、61：U/N、77：S 的位置
01-10	散热器阻止起动	在驱动模块后面的铝质散热器太热或传感器断路	散热器温度超过 75℃	阻止重新起动	等待电动机冷却下来。检查热敏电阻的接线
01-11	磁开关 61：N 低于 61：U	61：U 与61：N 开关搞错			检查61：U 与61：N 的顺序
01-12	61：N/U 重叠太少	61：U/N 重叠太少			检查61：U 与61：N 开关的位置
01-13	同步开关误差	77：U，77：N 或77：S 开关失误			检查77 开关系列的安装与动作以及磁条的方位
01-14	楼层间太靠近	两个层站彼此间距太短			按照井道磁条布置图检查磁条方位
01-15	比例失调	正常模式或起始指令瞬间缺失			重置驱动

表8-2 三菱ELENESSA型无机房电梯KCD-91X（P1）印制电路板上故障显示内容

7SEG1 \ MONO	0	1	2	3	4	5
0						
1	INV 温度检测	远程 复位/测试	#5 ON 故障	MELD 过载	2次 E-stop	电气安全电路
2	E-stop 1次	选层器 错误16次	E-stop 2次	异常低速	INV 欠电压	#29锁存
3	CC-WDT 2次	串行故障	系统故障	异常高速	E-stop F/F复位	断电（DC电源故障）
4	SLC-WDT 2次	电容器 电容量不足	再复位请求	反转定时（电动机运行时间限制）	#LB线圈 故障	INV 欠电压
5	电动机 过电流	手动运行 按钮故障	PCB 基极驱动故障	反向运行	#5线圈故障	12V电源故障
6	制动电阻过载	速度图形 跳转5次	DC-CT故障	反转定时器（CWT）	#BK1线圈 故障	控制屏打开
7	4J 接触器故障	#LB接触器 动作失败5次		反转定时器（CWT BS标准）	#BK2线圈 故障	手动过载运行
8	终端 减速开关故障	#5接触器 动作失败5次	浸水感应器 故障	逆变器 过电压	上电	驱动S/W E-stop
9	平层开关故障	#BK1动作 失败5次	反浸水动作 结束	逆变器 欠电压		管理S/W E-stop
A	称量装置 故障	#BK2动作 失败5次	#PWD 关断指令 持续3min	CC-WDT 1次		
B	E1板故障	LVLT 5次	扶手开关 保持	SLC-WDT 1次	逆变器 充电失败	异常制动器 滑动距离
C	UHS/DHS 开关故障	E1板故障	制动器 拖动运行 结束	逆变器 过电流		
D	DZ 检测电路故障	风扇故障	制动器 再动作故障	SLC E-stop		
E		风扇或E1 板故障		编码器故障（自动）		
F		风扇或E1 板故障	选层器故障 运行16次	编码器故障（手动）		

SEG1 \ MONO	6	7	8	9	A	B
0						
1	逆变器 欠电压	CC-WDT 5次	#BK1 过电流	驱动 E-stop	转速-图形 跳转	10min 不能使用
2	PCB门极 驱动故障	CC-WDT 4次	#BK2 过电流	电动机 过电流	转速图形 跳转异常	16min 不能使用

（续）

SEG1 \ MONO	6	7	8	9	A	B
3	IVN 保护 电路动作	CC-WDT 3 次	#BK1 DC-CT 断线	不能再起动 （驱动 S/W）	驱动 S/W E-stop	不能再起动 10min
4	#29 锁存	SLC-WDT 5 次	#BK2 DC-CT 断线	MELD 过载运行	再生电阻 过载	不能运行 10min
5	12V 电源 故障	SLC-WDT 4 次	#BK1 线圈故障	TSD 开关 故障		不能开门 2min
6	温度开关 超过 75℃	SLC-WDT 3 次	#BK2 线圈故障	称量装置 故障	手动过载 运行	熔丝故障 2min
7	温度开关 超过 75℃		#BK1 线圈短路	DC-CT 故障	MCP 逆变器 过电流	#60 故障
8	温度开关冷却 /接插件断线		#BK2 线圈短路	TSD 运行	TSD-PAD 故障	不能开门
9	逆变器 过电流		#BK1 DC-CT 故障	编码器 Z 相故障	称量装置 传送错误	操纵箱故障
A	逆变器 过电压		#BK2 DC-CT 故障	编码器 E 相故障	称量装置 温度异常	门传感器 ON 故障
B	断电 （DC 电源故障）		#BK1 线圈 全部短路	带定时器 电动机 电流检测		关人警告
C	E1 板警告	称量电路板 低于 30℃	#BK2 线圈 全部短路			不能使用警告
D	DC 电源 故障	称量电路板 30～40℃				群控故障
E	AC 电源 故障	称量电路板 超过 60℃		门切断电路 故障		电源故障 （层站）
F	#PWD （电源故障检修）	称量装置 A-D 转换				门感应器 OFF 故障

SEG1 \ MONO	C	D	E	F
0				
1	SLC 传送故障	前门 BC-CPU1 异常	后门 BC-CPU5 异常	
2	SLC E-stop	前门 BC-CPU2 异常	后门 BC-CPU6 异常	
3	SLC 异常高速	前门 BC-CPU3 异常	后门 BC-CPU7 异常	
4	SLC 反转定时器	前门 BC-CPU4 异常	后门 BC-CPU8 异常	
5	开门运行检出 （SLC）	前门 CS-CPU 异常	后门 CS-CPU 异常	
6	SLC RAM 故障	前门 DC-CPU 异常	后门 DC-CPU 异常	

（续）

MONO / SEG1	C	D	E	F
7		前门 IC-CPU 异常	后门 IC-CPU 异常	
8		前门 CZ-CPU 异常	后门 CZ-CPU 异常	
9		SC-CPU 异常		
A		SH-CPU 异常		
B		SC-CPU 异常		
C		SH-CPU 异常		
D		HS-CPU 异常		
E				
F				

表 8-3　奥的斯 506 型自动扶梯 NTC/NCE/NPE 系列操作板和服务器上的故障代码信息

序号	状况	特征	操作板故障代码	服务器故障代码	说　明
1	*L*	C	OTIS B25	0100 MSD IEU B25	MSD 上部梯级缺失
2	*L*	C	OTIS B26	0101 MSD IEL B26	MSD 下部梯级缺失
3		C	OTIS S5	0102 FPC UAC S5	FPC 上入口盖板
4		C	OTIS S6	0103 FPC MAC S6	FPC 下入口盖板
5		S	OTIS XXXX	0104 FfCode unkn	RSFF 接线故障监测板(30 种故障)
6		C	OTIS S32	0105 BLWDwear S32	BLWD2 闸瓦磨损 S32
7		E	OTIS B2	0106 Motortem B2	TMOT 电动机温控触点
8		C	OTIS ARS	0107 Occup ARS	ARS 重新起动已占用
9		C	OTIS S34	0108 No lift S34	BRAMO1/2 制动器闸瓦不松开
10		C	OTIS S34	0109 No fall S34	BRAMO1/2 制动器不制动
11		C	OTIS S31	0110 BLWDwear S31	BLWD1 闸瓦磨损 S31
12		E	OTIS ASN	0111 Voltage ASN	ASN 供电故障
13		E	OTIS J	0112 Phase rev J	J 相位反转
14	*L*	E	OTIS NR0	0113 MotorB1 NRD	NRD 经由 B1/B1.1 检出上向时反转
15		E	OTIS E12	0114 up&dwn E12	同时出现 UP 与 DWN 的逻辑错误
16		E	OTIS E11	0115 /up&/dwn E11	运行时无 UP 和 DWN 的逻辑错误
17		E	OTIS E14	0116 KS INS E14	检修时 KSU 或 KSD 的逻辑错误
18		C	OTIS S53	0117 Emer. Br. S53	EB1-3 附加制动器开关
19	*L*	C	OTIS K02	0118 Emer. Re. K02	EB1、2 附加制动器继电器
20		E	OTIS US	0119 NRD down US	通过 ECB 的下向速度太低(欠速)
21		C	OTIS S44	0120 Oillack S44	在一段时间内缺油(油位故障)
22		E	OTIS E15	0121 KS Wire E15	KSU/D 继电器电路
23		E	OTIS E16	0122 pfall E16	24V 电源故障(VRS)
24		E	OTIS E17	0123 KS >10s E17	KSU 或 KSD 激活时间长于 10s

（续）

序号	状况	特征	操作板故障代码	服务器故障代码	说明
25		E	OTIS B9	0124 HRS right B9	HRS 右扶手带打滑
26		E	OTIS B8	0125 HRS left B8	HRS 左扶手带打滑
27	*L*	E	OTIS E20	0126 HRS lock E20	HRS 右扶手带监控
28	*L*	E	OTIS E21	0127 HRS lock E21	HRS 左扶手带监控
29		E	OTIS E22	0128 No RUN E22	起动 2s 后不运行
30		C	OTIS TCU	0129 B3.1 TCU	TCU 温度太低
31		C	OTIS HLT	0130 Remote HLT	HLT 远程（遥控）站
32		E	OTIS E25	0131 RUN on E25	KSU/D 运行时无 UP/DWN
33		S	OTIS FSA	0132 Sa. fuse FSA	ECB 上的安全电路熔体
34		S	OTIS S28	0133 BDC S28	BDC 驱动链破断
35		S	OTIS S27	0134 OS S27	OS 限速器超速保护
36	*L*	S	OTIS K66	0135 NRD up K66	NRD 经由 RSFF 发出上向时反转
37	*L*	S	OTIS S10	0136 Lock up S10	上部梯级（踏板）断裂
38		S	OTIS S4	0137 HSS u&r S4	HSS 右上部裙板开关
39		S	OTIS S3	0138 HSS u&l S3	HSS 左上部裙板开关
40		S	OTIS S94	0139 CRMS ri S94	CRMS 右链轮监测
41		S	OTIS S95	0140 CRMS le S95	CRMS 左链轮监测
42		S	OTIS S73	0141 Handwh. S73	Q4/S73 上机座（站）停止或手轮开关
43		S	OTIS S2	0142 CMB u&r S2	右上部梳齿
44		S	OTIS S1	0143 CMB u&l S1	左上部梳齿
45		S	OTIS S23	0144 HRE u&r S23	右上部扶手带入口
46		S	OTIS S24	0145 HRE u&l S24	左上部扶手带入口
47		S	OTIS S21	0146 HRE l&r S21	右下部扶手带入口
48		S	OTIS S22	0147 HRE l&l S22	左下部扶手带入口
49		S	OTIS S17	0148 CMB l&r S17	右下部梳齿
50		S	OTIS S16	0149 CMB l&l S16	左下部梳齿
51		S	OTIS S14	0150 BC right S14	右梯级链破断
52		S	OTIS S15	0151 BC left S15	左梯级链破断
53		S	OTIS S18	0152 HSS l&r S18	HSS 右下部裙板开关
54		S	OTIS S19	0153 HSS l&l S19	HSS 左下部裙板开关
55	*L*	S	OTIS S20	0154 lock lo S20	下部梯级（踏板）断裂
56		S	OTIS S45	0155 HR br. l S45	HBC 左扶手带断裂（RSFF）
57		S	OTIS S46	0156 HR br. r S46	HBC 右扶手带断裂（RSFF）
58		S	OTIS RES	0157 Safety RES	备用的下部安全触点
59		S	OTIS Q3	0158 Stop low Q3	下机站（座）停梯开关
60		S	OTIS S25	0159 EBS low S25	下机站（座）急停按钮
61		S	OTIS S26	0160 EBS up S26	上机站（座）急停按钮
62		S	OTIS GR3	0161 Drv FSA GR3	安全电路熔体
63		S	OTIS GR3	0162 Drv S28 GR3	主驱动链破断
64		S	OTIS GR3	0163 Drv S27 GR3	限速器超速保护
65	*L*	S	OTIS GR3	0164 Drv K66 GR3	NRD 经由 RSFF 发出反转
66	*L*	S	OTIS GR4	0165 Upp S10 GR4	上部梯级（踏板）断裂
67		S	OTIS GR4	0166 Upp S4 GR4	HSS 右上部裙板
68		S	OTIS GR4	0167 Upp S3 GR4	HSS 左上部裙板
69		S	OTIS GR4	0168 Upp S94 GR4	CRMS 右链轮
70		S	OTIS GR4	0169 Upp S95 GR4	CRMS 左链轮
71		S	OTIS GR4	0170 Upp S73 GR4	Q4/S73 上机座（站）停止或手轮触点
72		S	OTIS GR4	0171 Upp S2 GR4	右上部梳齿
73		S	OTIS GR4	0172 Upp S1 GR4	左上部梳齿

（续）

序号	状况	特征	操作板故障代码	服务器故障代码	说　明
74		S	OTIS GR2	0173 Upp S21-24 GR2	下部扶手带入口
75		S	OTIS GR5	0174 Lower GR5	在下机座（站）的触点：S14，S15，S16，S17，S18，S19，S20，S45，S46，RES，Q3
76		S	OTIS GR1	0175 S25，S26 GR1	上、下机座（站）急停按钮
77	*L*	S	OTIS S1	0176 CMB lock S1	HK-代码　左上部梳齿
78	*L*	S	OTIS S2	0177 CMB lock S2	HK-代码　右上部梳齿
79	*L*	S	OTIS S3	0178 HSS lock S3	HK-代码　左上部裙板
80	*L*	S	OTIS S4	0179 HSS lock S4	HK-代码　右上部裙板
81	*L*	S	OTIS S16	0180 CMB lock S16	HK-代码　左下部梳齿
82	*L*	S	OTIS S17	0181 CMB lock S17	HK-代码　右下部梳齿
83	*L*	S	OTIS S18	0182 HSS lock S18	HK-代码　左下部裙板
84	*L*	S	OTIS S19	0183 HSS lock S19	HK-代码　右下部裙板
85		C	OTIS S33	0184 No lift S33	BRAMO2　制动器闸瓦不松开
86		C	OTIS S33	0185 No fall S33	BRAMO2　制动器不制动
87		S	OTIS S10	0186 INS 30F S10	上部梯级（踏板）断裂（30 种故障）
88		S	OTIS S20	0187 INS 30F S20	下部梯级（踏板）断裂（30 种故障）
89		S	OTIS GR4	0188 INS S10 GR4	上部梯级（踏板）断裂（6 组故障）
90		E	OTIS E26	0189 No up E26	KSU 空转 3s 后无 UP
91		E	OTIS E27	0190 No dwn E27	KSD 空转 3s 后无 DWN
92		C	OTIS VFO	0191 VF Fall VFO	VF 逆变器故障
93		E	OTIS E29	0192 KS REST E29	重置（复位）ARS KSU 或 KSD
94		C	OTIS K39	0193 VF relay K39	VF 逆变器启动继电器

状况与特征注释：

L——锁闭。

S——安全触点。

C——非安全触点。

E——安全和功能故障。

9）不平层。

10）平层不开门。

11）停层不消除已登记的信号。

当然，根据不同品牌系列电梯的特点，还会有一些比较特殊的故障及毛病：

1）在起动、运行和制动过程中的轿厢振荡。

2）开关门速度异常缓慢。

3）冲顶、墩底。

4）无提前开门或提前开门时急停。

5）层楼数据无法写入。

6）超速运行检出。

7）减速时加不上制动电流与再生制动出错。

8）负载称量系统失灵。

9）再平层差异。

同样，依据“等效梯形运行曲线”理论能够概略地列出自动扶梯出现故障及带病运行的逻辑判断流程大致如下：

1）无法借助操作控制面盘上的钥匙或手柄或护盖等开关，或者经由节电蠕动、睡眠待机、自动起动等装置，正常起动。

2）起动阶段急停。

3）起动末期达不到额定速度（Y-△减压起动出问题　变频输入点出问题）。

4）运行中的停止。

5）非操纵反转。

6）扶手带与梯级的相向速度超差。

7）无法通过操作控制面盘上的钥匙或手柄或护盖等开关，或者利用节电蠕动、睡眠待机、自动起动等功能，正常停止或静止。

8）减速制停距离短欠或冗长。

如此，依照不同品牌系列自动扶梯的特点，还会有一些比较特殊的故障及毛病：

1）在起动、运行和制停过程中的抖晃（梯级、扶手带）。

2）速度超限。

3）上行与下行的跑偏（梯级、扶手带）。

4）扶手带滑脱。

5）运转中的异常杂音（磨损、脱落、碰擦、冲击、偏差）。

6）节电蠕动、睡眠待机、自动起动功能失效。

7）自动润滑出错。

普遍来说，投入正常使用后电梯的电气系统与机械部分可能发生故障及带病运行出现的概率比为7:3，其中疑难故障与一般故障出现的概率比为2:8。相比而言，投入正常使用后自动扶梯的电气系统与机械部分可能发生故障及带病运行的概率比为4:6，而其疑难故障与一般故障出现的概率比则为1:9。引起机械部分故障的原因大多有润滑不当、机件磨损、质地老化、外形失衡、紧固件松脱、间隙超标、连接偏差、啮合移位、异物撞击、承载变异等。导致电气系统故障的原因大多有：电源波动超标，温升过高使绝缘恶化、安全电路阻断、电器元件损毁、插件连线松动、触点虚脱、传感耦合离散、环境干扰侵袭等。现如今微机（或微处理器）与网络装备、全数字化调节技术与先进的驱动方式、可靠的智能化电力半导体器件及大规模逻辑集成电路、创新的自动控制与电力拖动理论，已广泛地应用于电梯和自动扶梯的各个系统中，特别是自我故障诊断到提前预报功能的运用，尤其远程监控的效力作用，对判断维修电梯和自动扶梯的各类故障愈为“襄助有加”，更却“得心应手”。为了简便快捷地察觉、判断常见的故障，许多电梯和自动扶梯的生产厂商都在各自研发的控制和驱动电路板上设置了或延伸布置了发光二极管、数码管和液晶屏，或装备了外接服务器和微机的插口，以提示有关的故障。因此，电梯和自动扶梯的维修人员，必须熟记这些发光二极管和数码管的显示内容所代表的含义，特别是那些采用可编程序控制器输入输出点的LED显示，必须熟记由液晶屏、服务器和微机所告知的故障简码或缩写代码的内容。例如奥的斯（OTIS）SPEC90（TOEC22000VF，GZ300VF）系列电梯为反映微机各子系统的工作状态而在各电路板上设置了发光二极管（LED），用于实时显示而确定对错（见表8-4）。又譬如三菱（MITSUBISI）GPS-3型电梯就非常巧妙地利用了KCD-70X（P1）板上的7SEG3数码管的段划去反映部分机能（见表8-5）。再比如通力（KONE）3000MONOSPACE型无机房电梯借助CPU板界面上的LED显示（见图8-8）用以较全面详细地呈现当前情况（见表8-6）。而表8-7则是迅达（SCHINDLER）9300型自动扶梯主控板（PEM）上的数码显示器显示的故障代号。

表 8-4　奥的斯 SPEC90 型电梯状态 LED 表示

子系统	LED 名称	内容说明	
OCSS （轿厢电路印制电路板）	GL4、3（组运转时同各单元通信线路的状况）	正常时，按一定的时间间隔闪动	异常时，不规则地闪烁、熄灭
	2（LMCSS 的通信状况）		
	1（表示和遥控台〈站〉的通信状况）		
LMCSS （运行控制印制电路板）	OCF（表示和 OCSS 的通信状况）	正常时，一直点亮	异常时，熄灭
	DIF（表示和 DISS 的通信状况）		
	DBF（表示和 DBSS 的通信状况）	正常时，慢慢地闪烁	
	WD（表示本体电路板的状况）		
备注	DISS：门接口子系统		
	DBSS：驱动调控子系统		

表 8-5　三菱 GPS-3 型电梯状态数码表示

7SEG3	名　称	机　能
UP-Call 21　29 PWFH (P.P) 22　89 DOWN-Call	29	安全电路检测，正常时点亮
	89	1）手动（HAND）模式； 2）自动（AUTO）模式，自动状态下点亮
	PWFH（P. P）	逆、欠相检出，正常时点亮
	21	开门指令
	22	关门指令
	UP-Call	上行指令
	DOWN-Call	下行指令

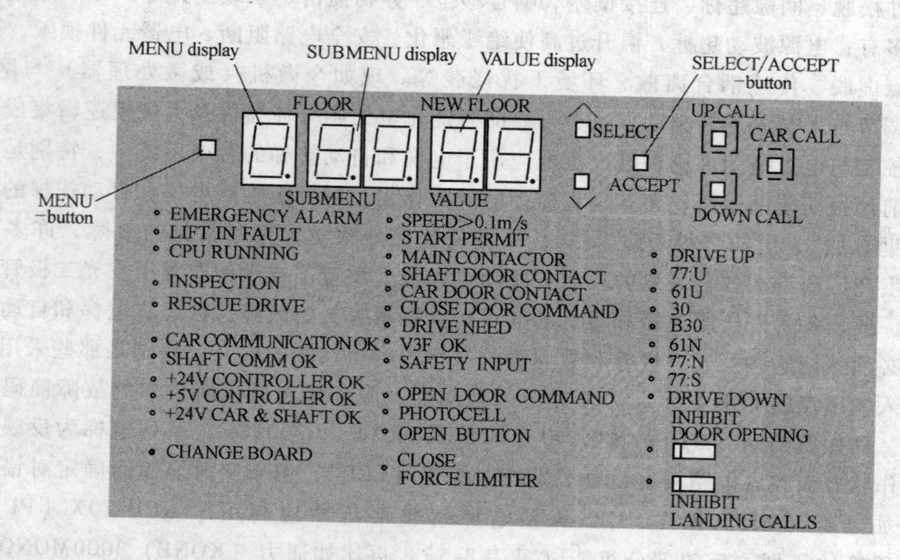

图 8-8　通力 3000MONOSPACE 型电梯 CPU 板上的 LED 显示

大多数情况下，维修人员是在电梯或自动扶梯已发生故障和接获通知后赶到现场的。面对出现故障的电梯或自动扶梯，维修人员要务必保持镇静，首先是让乘客安全地撤离轿厢或梯级，然

表 8-6　通力 3000MONOSPACE 型电梯 CPU 板上的 LED 显示说明

序号	LED 名称	LED 点亮对应功能	正常状态	颜色
1	EMERGENCY ALARM(警铃)	轿厢内的警铃按钮被揿动	熄灭	红
2	LIFT IN FAULT(电梯故障中)	故障阻断轿厢运行	熄灭	红
3	CPU RUNNING(CPU 运算)	CPU 和 SW 正工作着	闪烁	黄
4	INSPECTION(检修)	轿顶检修操作接通(42: DS)	熄灭	黄
5	RESCUE DRIVE(救援(紧急电动)运作)	源于控制屏的救援运行开通(270). LCECPU(375)XM11/2 输入	熄灭	黄
6	CAR COMMUNICATION OK(轿厢通信正常)	轿厢通信网络工作正常	点亮	绿
7	SHAFT COMM. OK(井道通信正常)	井道通信网络工作正常	点亮	绿
8	+24V CONTROLLER OK(控制器 +24V 正常)	DC +24V 控制电压正常	点亮	绿
9	+5V CONTROLLER OK(控制器 +5V 正常)	DC +5V 控制电压正常	点亮	绿
10	+24V CAR&SHAFT OK(警轿和井道 +24V 正常)	轿厢和井道 DC +24V 电压正常	点亮	绿
11	CHANGE BOARD(更换印制电路板)	在 LCECPU 板上发生致命故障	熄灭	红
12	SPEED >0.1m/s(速度 >0.1m/s)	该 LED,在加速阶段当速度超过 0.1m/s 时点亮,在减速阶段当速度低于 0.3m/s 时熄灭	点亮/熄灭	黄
13	START PERMIT(起动允许)	主接触器(201:1,201:2)或制动接触器中的一个没有释放。379 板 XD1/3 输入	点亮/熄灭	黄
14	MAIN CONTACTOR(主接触器)	LCECPU 发出主接触器吸合指令	点亮/熄灭	黄
15	SHAFT DOOR CONTACT(井道层门触点)	层门已关闭. 379 板输入 XH2/3 有电压	点亮/熄灭	黄
16	CAR DOOR CONTACT(轿门触点)	轿门已关闭. 379 板输入 XC1/7 有电压	点亮/熄灭	黄
17	CLOSE DOOR COMMAN(关门命令)	发出关门指令	点亮/熄灭	黄
18	DRIVE NEED(驱动需求)	针对驱动,控制器识别了一个需求	点亮/熄灭	黄
19	V3F OK(V3F 正常)	V3F 没有问题,其有能力驱动电梯	点亮	绿
20	SAFETY INPUT(安全输入)	379 板的安全电路输入 XC1/5 有电压	点亮	绿
21	OPEN DOOR COMMAND(开门命令)	发出开门指令	点亮/熄灭	黄
22	PHOTOCELL(光电(光幕))	光电(光幕)起作用。LCECCB(806)板 XB29/2 和 XB31/2 输入	点亮/熄灭	黄
23	OPEN BUTTON(开门按钮)	开门按钮揿动。LCECOB(32)板 XC10/1 输入	点亮/熄灭	黄
24	CLOSE FORCE LIMITER(强迫关门限制)	开通强迫关门限制。LCECCB(806)板 XB28/8 和 XB30/8 输入	熄灭	黄
25	DRIVE UP(驱动上行)	驱动上行指令已传送到 V3F	点亮/熄灭	黄
26	77: U(上行减速)	轿厢处于顶层减速区域	点亮/熄灭	黄
27	61: U(上平层)	轿厢位于平层区 -140 ~ 10mm 范围内	点亮/熄灭	黄
28	30(前门区)	轿厢置于前门门区	点亮/熄灭	黄
29	B30(后门区)	轿厢置于后门门区	点亮/熄灭	黄
30	61: N(下平层)	轿厢位于平层区 -10 ~ 140mm 范围内	点亮/熄灭	黄
31	77: N(下行减速)	轿厢处于底层减速区域	点亮/熄灭	黄

（续）

序号	LED 名称	LED 点亮对应功能	正常状态	颜色
32	77：S(同步)	轿厢在端站区域	点亮/熄灭	黄
33	DRIVE DOWN(驱动下行)	驱动下行指令已传送到 V3F	点亮/熄灭	黄
34	INHIBIT OPENING(阻止开门)	通过开关旁的 LED 告知梯门开启被阻止	熄灭	黄
35	INHIBIT LANDING CALLS(阻止层外召唤)	经由开关旁的 LED 告知层外召唤被阻止	熄灭	黄

表 8-7　迅达 9300 型自动扶梯主控板上的数码显示器显示的故障代码

序号	显示故障代码				缩略语	故障部位
1	E	①	1	0	KKP-TL	上机站(座)左侧梳齿板触点
2	E		1	1	KHLE-TL	上机站(座)左侧扶手带入口触点
3	E		1	2	KSL-T	上机站(座)围裙板触点
4	E		1	3	SKVB	下机站(座)控制接触器
5	E		1	4	DH	下机站(座)紧急停车按钮
6	E		1	5	KKP-BL	下机站(座)左侧梳齿板触点
7	E		1	6	KHLE-BL	下机站(座)左侧扶手带入口触点
8	E		1	7	KKS-B	梯级链张紧延伸触点
9	E		1	9	KAK	驱动链破断触点
10	E		1	A	KBFM-T	上机站(座)烟雾探测器
11	E		1	b	KHLA	扶手带监控触点
12	E		1	d	KUS-T	上机站(座)梯级冲跳触点
13	E		1	E	RTHFK-B	下机站(座)梳齿板加热
14	E		1	F	KSL-B	下机站(座)围裙板触点
15	E		2	4	WTHM	电动机绕组热敏电阻
16	E		2	5	SFE	接触器释放(复位)检查
17	E		2	6	INVK	运行(电动机旋转)方向出错
18	E		2	8	KKA-B	下机站(座)梯级断裂触点
19	E		2	A	JH-T	上机站(座)停止开关
20	E		2	b	KHLL	扶手带延伸(拉长)触点
21	E		2	C	JH-B	下机站(座)停止开关
22	E		2	d	GFU	变频器故障
23	E		2	E	JH-A	外控制柜停止开关
24	E		2	F	KDMR-T	上机站(座)入口盖板触点
25	E		3	0	INVK-T/B	次控板(PES)检出超速
26	E		3	1	INVK-T/B	次控板(PES)检出欠速
27	E		3	2	INHL-L	左侧扶手带监测

（续）

序号	显示故障代码				缩略语	故障部位
28	E		3	3	INHL-R	右侧扶手带监测
29	E		3	4	KB	主制动器触点
30	E		3	5	MGBA	附加制动器触点
31	E		3	6	KKA-T	上机站(座)梯级断裂触点
32	E		3	8	INBWM	制动距离检测传感器
33	E		3	9	INVK	上机站(座)梯级(踏板)缺失
34	E		3	A	INVK	上机站(座)梯级(踏板)监控传感器故障
35	E		3	b	INVK	下机站(座)梯级(踏板)缺失
36	E		3	C	INVK	下机站(座)梯级(踏板)监控传感器故障
37	E		3	d	SKVT	上机站(座)控制接触器
38	E		3	E	INVK-T/B	主控板(PEM)检出超速
39	E		3	F	INVK-T/B	主控板(PEM)检出欠速
40	E		4	1		钥匙开关停止(软停车)
41	E		4	4	EEPROM	参数丢失
42	E		4	5	SRE-A	维修操作接触器(SRE-A)释放核查出错
43	E		4	8	KHLE-TR	上机站(座)右侧扶手带入口触点
44	E		4	9	KHLE-BR	下机站(座)右侧扶手带入口触点
45	E		4	A	KKP-TR	上机站(座)右侧梳齿板触点
46	E		4	b	KKP-BR	下机站(座)右侧梳齿板触点
47	E		4	C	RSK	安全电路中断
48	E		4	E	KDMR-B	下机站(座)入口盖板触点
49	E		4	F		停止运行
50	E		A	0	FOS	PEM 硬件复位
51	E		A	1	FOS	PES 硬件复位
52	E		b	E	FOS	PEM 超时复位
53	E		b	F	FOS	PES 超时复位
54	E		C	A	FOS	PEM-PES 印制电路板复位
55	E		C	b	FOS	电压接通复位
56	E		d	1	KBFM-B	下机站(座)烟雾探测器
57	E		d	2	KSL-M	中部围裙板触点
58	E		d	3	RKPH	相序故障
59	E		d	4	KGB-T	上机站(座)橡胶皮带触点
60	E		d	5	KGB-B	下机站(座)橡胶皮带触点
61	E		d	6	KBV	机械锁定装置

（续）

序号	显示故障代码				缩略语	故障部位
62	E		d	7	RTHFK-T	上机站（座）梳齿板加热
63	E		d	8	KUS-B	下机站（座）梯级冲跳触点
64	E		d	9	INBB	制动衬监测
65	E		d	A		大楼内的停止开关
66	E		d	b	KWS	水位监控
67	E		E		DRES2	电气互锁错误

① 一共是四个 7 段数码管，第二个用作特殊功能显示。

后使故障电梯或自动扶梯脱离输送服务（即令电梯处于封锁自动开关门的专用状态，或者让电梯或自动扶梯进入检修操作模式），接着详细地询问、小心地探查及冷静地看清故障现象（表象、概念），根据“等效梯形运行曲线”，确定故障发生在哪个区间或节点（分辨、综合），随即认真地分析原因，且建立与形成清晰的级进式多重思路（判断、推理），最终采用有效的寻找手段和修理技巧，迅速准确地查出故障源头，并及时稳妥地予以排除（实践、检验），这些步骤构成了一个完整的逻辑修理过程。

在这里需要特别指出的是，看清故障现象是十分重要的。有些故障其实并不复杂，但由于维修人员没有全面辨别与仔细察觉，甚至被虚假现象或主观臆断所迷惑，结果兜了一个大圈，走了不少弯路，耗费了精力和时间。其次认真地分析原因也不可忽略。维修人员可以尝试以下的方法，在看清故障现象找出故障处于“等效梯形运行曲线”的区间或节点后，摊开电路图，思考分析几分钟，摆出可能导致该故障的几种原因，例如是机械还是电气、是人为还是本身、是偶尔随机还是固定不变，源自单梯还是来自群组、是控制系统还是驱动装置、是强电线路还是弱电线路、是链式安全电路还是信号传输网路、是控制屏外的设备与引线还是控制屏内的连接与器件、是印制电路板（硬件）还是程序（软件）；针对电梯还有是井道部分还是机房单元、是轿顶轿内还是轿底轿侧、是主电动机组还是门电动机构等；针对自动扶梯，再有是上（驱动）机站区间还是下（转向）机站区间、是梯级环节还是扶手带环节等；或者是两者合一，亦许交错反馈，或者是累积复加，分清这些故障原因后再动手检修，这样比较瞎摸胡找几个小时要有效得多。

如何确定变压变频（VVVF）调速电梯的故障出自哪个系统、哪一部分？通常的方法是将电梯置于检修（手动）运行状态，在轿顶或机房点动轿厢上行或下行来判断。如果轿厢能被点动运行，且没有发现异常，则可认为机械的主曳引系统和电气的主驱动系统不会埋伏着较棘手的问题，偏差大多始自电气的自动运行情形下的各子控制电路或机械的自动梯门状态下的各分操纵部件。因为与交流调压调速（ACVV）电梯系列不同，VVVF 调速电梯的检修运行速度是在低频调节主电动机同一绕组供电下实现的，而不必像前者那样要借助于主电动机中的慢速绕组，所以对 ACVV 电梯系列而言，检修状态下能够移动轿厢不一定就能证明电气的主驱动系统没有故障。如果轿厢不能被点动运行，就说明故障可能产自曳引的机械悬挂系统或驱动的电气操控系统。此时应先检测相关的电气调节主电路及其控制子电路，若存故障，初步可确定故障来自电气操控系统，若无故障，便该断电，利用手动盘车装置松开制动器移动轿厢，倘然能够移动，则大体断定曳引机械悬挂系统没有故障，故障大概来自于与制约悬挂系统运转有关的机械或电气单元，倘然无法移动或出现运转杂声及异样现象，遂就基本确定故障出自曳引机械系统了。

怎样诊断自动扶梯的故障源自哪个系统、哪一部分？一般的方法是，把自动扶梯转入检修（手动）运转模式，在上机座或下机座处点动梯级上行或下行去判断。如果梯级能被点动运行且未出现旋转杂声及异样现象，则表明机械和电气的主驱动系统基本没有问题，故障大多出自自动起停情形下的各电气控制子电路或自动输送状态下的各机械操纵分部件。因为不管自动扶梯的驱动方式是多极单速，还是变极调速，是Y-Δ转换，或者是变压变频，其在手动（检修）操作与自动（正常）运行模式下均会加速至额定转速，这一特点对判断和排除自动扶梯的相关故障极为有利。如果梯级不能被点动运行，就说明故障可能来自机械驱动系统或电气操控系统。此刻先检测相关的链式安全电路、电气调节主电路及其控制子电路，若存在阻碍，乃初步确定故障来自电气操控系统，若无毛病，便该断电，利用手动盘车装置松开制动器移动梯级，倘然能够移动，则大体断定机械的主驱动系统没有意外发生，故障大概来自于与制约驱动系统运转有关的机械或电气单元，倘然无法移动或出现运转杂声及异样现象，遂就基本肯定故障出自驱动机械系统了。

最后，修理技巧和寻找故障手段的运用对判断区域、压缩范围、剔除疑点和及时排除故障也起着关键的作用。如前述的“等效梯形运行曲线”的判断流程，以及随后综述的“先外后内先易后难法”、“比较交换代入法”、“视听嗅摸观察法”、“静态（阻值）动态（压降）测量法”、“短路故障开路法”、“开路故障短路法”等，在修理电梯和自动扶梯的实践中被证明是屡试不爽的制服真经与制胜法宝。

所谓“先外后内先易后难法”，就是在分析摆列引致电梯或自动扶梯故障的原因时，应按照由简到繁、由浅入深、由易至难、由表及里、由外部界面（输入输出）到内部核心（信息处理）的循序渐进的法则去操作。实际的统计和经验表明，引起电梯和自动扶梯出错、带病和故障的原因中，有80%～90%是由非常简单的外围因素造成的。

“比较交换代入法”，就是通过比较故障电梯或自动扶梯与正常电梯或自动扶梯的电位状态、信号指示、继电器接触器动作顺序、线路通断、静态阻值等来分析查找故障原因，通过逐个交换故障梯与正常梯（前提是该故障不是因短路造成的）的控制和驱动系统的印制电路板、可疑元器件，去及时地判别故障是源于印制电路板，还是出自印制电路板外的电路或元器件。

“视听嗅摸观察法”，就是利用人体的感觉器官去探测环境物质的变化，去探测电梯和自动扶梯各部件的变质、异化、走样。如用眼去观察元器件或印制电路板等有无爆裂烧焦的痕迹，机械部件、设备、装置有无运转阻滞或间隙超标的现象；用耳去听辨机械或电磁动作声响在正常与故障时的差别；用鼻去闻嗅电动机、变压器、功率管或集成块等有无击穿电灼的煳味，机械旋转部件有无高热蒸发的油味及缺失润滑的炙味；用手去触摸机械和电气部件的温度、协调、配合是否出现异常等。

“静态（阻值）动态（压降）测量法”，就是借助仪器仪表工具测试断电状态和通电情况下，各线路、回路、电路、网路和印制电路板的阻值与压降，以快速辨析及找出造成电梯和自动扶梯不正常的带病与故障是处于哪一区间、哪一段落、哪一节点、哪一部分、哪一印制电路板、哪一元器件上。

“短路故障开路法”，就是在遇见短路现象，特别是电源供给与传输部分发生短路（如断路器跳闸、熔体熔断、功率管爆毁、主触头熔结等）的故障时，先断开故障处所有的内外连接点，然后逐一测试判定短路故障潜存的环节、部位，并予逐个排除。

“开路故障短路法”，就是在遇见运行时应该连通的电路，应该吸合的继电器、接触器，应该工作的传感器、印制电路板、电动机、部件、装置、设备，因开路现象而产生问题时，依照其工作原理，分别地分区分段分支跨接（但此法不能盲目随意地用于安全电路，特别是电梯的轿门和层门电锁触点的链式连接的开路故障）被怀疑的开路点，最终剔除和纠正引起电梯或自动扶梯不能正常运行的故障。

也许会有人指出，基于电梯和自动扶梯的调控操纵的综合因素和机电衔联的动静瞬变，不见得会如此刻板，随时随地会发生令人意想不到的或出现超越“等效梯形运行曲线”范围外的故障。有了这个提问，即说明在看待“等效梯形运行曲线”和认知出错判断流程及掌握分析处理其他特殊故障的能力方面就不会存在偏颇与差池了。因为，任何事物都具有必然（规律）性和偶然（不确定）性，对电梯和自动扶梯而言，正常运作归为必然范围，带病与故障则属于不确定界限。无可否认，即使有完备的自我故障诊断和提前检测预报等功能，还是会有些未见过的“妖”毛病，不曾遭遇的“怪”故障，超出人脑及微机所编制的代码与编号的边缘。

通俗地讲，任何维修过程都可归纳为：看问题，找问题，想问题，解决问题；任何一个好的维修人员都有着共同的特点，那就是好动脑筋加勤笔头。已经知道的排除故障过程与结果的记录及示意的方法有许多种，如逻辑流程法、日志总结法、综合分析法、表格分类法等。前三种方法在前面都有描述和举例，而从直观、实用和简便的角度考虑，表格分类法也不失为一种有效的较好的排除故障的参考方法。前述的表 8-1 ~ 表 8-3，以及下面列举的针对迅达（SCHINDLER）300P 型电梯（见表 8-8）或者蒂森（THYSSENKRUPP）TE-E 型电梯（见表 8-9）的故障找寻与排除对策便都属于表格分类的方法。毋庸置疑，通过灵活应用上述这些方法，实能得到拓展思路、触类旁通、举一反三、事半功倍的效果。在此有两条久由实践检验和历经岁月考核后被证明是有效的“准绳”：第一是照葫芦画瓢，第二是见好就收。其中涵义难以言喻全面，唯有边劳作边体会，愈琢磨愈透彻，亦思量亦执意，越付诸越获益。例如，若楼宇里有两部以上电梯或自动扶梯存在，维修坏梯时就以好梯为参照标准修复；若仅配置一台电梯或自动扶梯，则以修复到能正常运行即可；倘使追求“太完美”、“太圆满”，那往往会弄巧成拙、过犹不及。

表 8-8　迅达 300P 型电梯部分故障与排除的表格分类

故障现象	故障代码	可能原因	排除方法
电梯在运行中速度突然加快、剧烈抖动、触发急停	617	1）运行参数不对 2）编码器输入不对 3）负载输入不对	1）检查运行控制和电动机控制等参数 2）检查速度和距离编码器及其连接 3）检查称重装置及连接和负载参数
曳引电动机通电时发出噪声，不旋转	647 655 663	1）制动器闸瓦没有松开 2）速度编码器失灵或损坏 3）变频系统输出故障	1）检查制动器电路及机械部件 2）检查速度编码器及其连接 3）检查 ACVF 装置、接触器 K2 及连接电缆 4）检查或更换 PVF 印制电路板
直流环制动电阻过热，电梯在静止时将被阻止再运行，在运行时如超出 30s 将触发急停保护	637	1）制动斩波器或制动电阻异常 2）变频装置的直流环检测电压输入错误 3）再次装修后的平衡系数变化	1）检查制动单元和制动电阻及连接 2）检查直流环的连接线 3）检查过热保护触点 KTHBR 及连接线 4）检查平衡系数
曳引电动机电流超差/过电流警告，并触发紧急制动或急停	616	1）制动器存在摩擦现象 2）轿厢称重装置信号紊乱 3）再次装修后的平衡系数变化 4）逆变器 IGBT 短路 5）PVF 参数错误，令取值偏差	1）检查制动器的机械部件 2）检查平衡系数与重调称重参数 3）检查及更换逆变器 IGBT 4）检查驱动参数的调试设定值域

（续）

故障现象	故障代码	可能原因	排除方法
起动时轿厢倒拉的方向错误	618	1)电动机输入或速度编码器接线故障 2)负载测量的数据错误 3)起动预置参数不对 4)平衡补偿出问题	1)检查电动机和速度编码器及接线 2)检查称重装置和负载的参数 3)检查运行和电动机的控制参数 4)检查对重与补偿装置

表 8-9　蒂森 TE-E 型电梯部分故障与排除的表格分类

故障代码	内容现象与根由原因	修复对策
01XX	门锁触点在 XX 层卡住不通	在 XX 层检查门锁触点或门的机械部件
06XX	在井道层站 XX 处三次锁不上门后紧急停梯	检查井道层站 XX 处的门锁触点或门的机械部件
14XX	XX 楼层处门锁触点在运行中断开	1. 制止无故在层门外用钥匙开层门 2. 检查门锁磁铁推动力道 3. 调整门刀电动机 4. 消除门刀或锁销的异常阻力
18XX	XX 楼层后门门锁触点开路	处理方法同 14XX
6000,6100 6200,6300	安全电路断开	检查安全电路各装置、开关、触点
09NN	锁定 >4min,虽有召唤,但轿厢在 4min 内不能起动	检查重开门电路与装置,检查限速器轮及限速器绳,检查带防爬行装置的限速器上的安全开关
0b01	主门侧光幕故障	检查主门侧光幕装置及接线
0b02	后门侧光幕故障	检查后门侧光幕装置及接线
0C30	井道总线故障	1. 轿厢 BUS 线(总线)接触不良,重新拔插 2. 轿顶 24V 干扰而过电压,将多余电缆线接地 3. 更换 MF3 板 4. 控制柜内零线与地线跨接不良,重新跨接 5. 主板与变频器的连线接触不良,重新拔插 6. 把 CTU2 板的开关门终端信号线换成屏蔽线 7. 轿厢通信线的铁芯线接地 8. 重做井道教入学习
0d8b	给定值发生器零速有误,静止时 MW1 板发现 $v_{实际} > 0.25m/s$	检查编码器的屏蔽线接地与布线路径是否合理
0F0B	无机房电梯保养维修平台被打开	检查平台及相关电气开关
1AYY/1bYY	LK 感应器指示不正确,选层器出错	1. 检查 LK 感应器或楼层码板 2. 检查曳引钢丝绳是否存在打滑 3. 曳引系统是否存在振荡 4. 检查编码器
3C00	L/K 感应器与楼层码板读出的编码与井道教入学习的编码不符合,导致平层急停,而不停站通过不急停	1. 检查 LK 感应器是否触点颤抖 2. 检查曳引轮与钢丝绳的磨损状况 3. 检查编码器及电缆屏蔽 4. 清除楼层码板上的脏污
3d00	不停站通过时到站码与离站码不相等	1. 检查或更换 LK 感应器 2. 检查调整楼层码板与感应器的间隙尺寸 3. 清除楼层码板上的脏污
2100,2400 EEyy,EExx	EEPROM 存储地址丢失、固化或烧毁	重写与更换 28C64 存储芯片,更换 CPU
3E00	防爬行装置限速器脱扣故障	检查 MAS 磁铁、限速器开关、限速器机件机构
3F00	防爬行装置限速器锁住故障	检查 MAS 磁铁、限速器开关、限速器机件机构
6400	曳引电动机温控动作	检查电动机供电、电动机 PTC 热敏电阻、曳引机制动器、过热保护联扣机构

第二节 电梯故障维修实例

一、轿厢内选指令和层外召唤信号登记不上

这类故障与其他的电梯故障相比较，所处等级和所占比例都不算大，但它的出现轻则妨碍了人们对电梯的操作，重则导致电梯无法正常运行。对此类故障，首先必须确认在电源供给正常的情形下，电梯是否处于以下之一的功能状态中：如检修运行，锁梯停止，紧急电动运行，自学习校正运行，专用独立，火警返回，消防操作运行等：然后辨别是内选指令还是层外召唤、是个别还是一对、是单列还是全部信号登记不上，同时还要排除指令召唤信号灯（如微型灯泡、发光二极管、氖泡）接触不良、接线虚焊或烧毁而造成的信号登记不上的虚情，也应摒弃按动本层层外按钮能够开门就表明层外按钮电路正常与按下本层层外按钮不能开门就反映层外按钮电路不正常的假象（因为有些型号的电梯本层开门与信号登记消除是配置了两种电路或在微机里是设计了不同的程序）。

引发内选指令和层外召唤信号系统故障的原因主要有以下几个方面：

1）工作电压丢失。

2）带电拔插电路板。

3）带电拆卸信号或电源接插件。

4）接地线悬浮或虚接。

5）高控制电压窜入低控制电压。

6）信号线负载短路或碰地。

7）按钮触点、感应按钮及相应印制电路板上的元件开路或短路。

8）按钮的构件卡阻揿不到位。

9）按钮的灵敏度变化无法激活。

10）专职内选指令或层外召唤信号的接口电路器件或印制电路板损坏。

11）并行线路，或串行线路的接头、接插件接触不良。

12）串行线路的印制电路板编址错误。

一般情况下，全部登记不上与内选指令和层外召唤的供电电源、与该信号和主微机的通信线路阻滞中断有关，分别登记不上则与内选指令或层外召唤的对应端口连接或专用电路板有关，个别登记不上即与相关的按钮或按钮元件有关了。

1. 三菱 SP-VF 系列

三菱 SP-VF 系列电梯的指令与召唤信号系统的特点是串行时分电路——根据分配给每个按钮的给定时间处理信号的登记及消除。其电路原理如图 8-9 所示。除去电源线共用 6 根（最多可控制 28 层）信

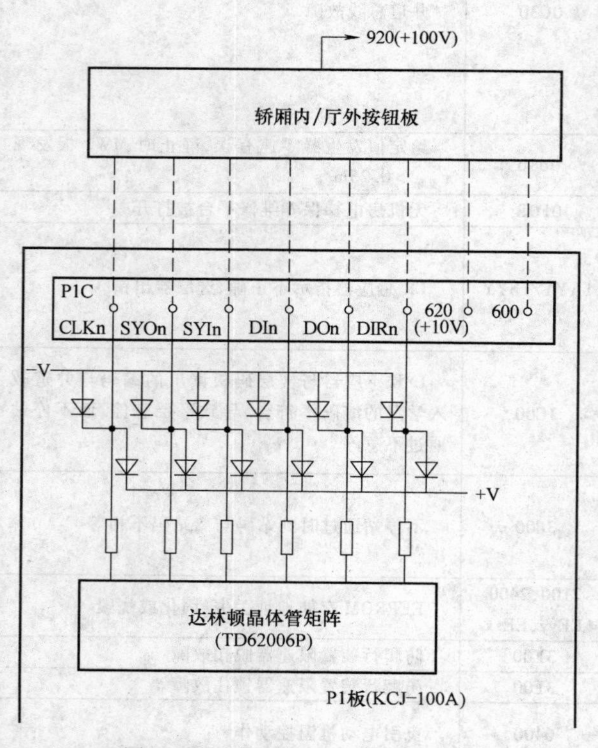

图 8-9 三菱 VFCL 信号原理电路

号线，由 P1（KCJ-100X）板操控。如果不慎让高控制电压（如 DC100V）窜入信号线、或开关电源击穿，则会立即烧毁钳位二极管或信号转换驱动达林顿晶体管矩阵集成电路（TD62006）。此时指令或召唤将无法登记，电梯仅可盲目地层层运行。修复的办法是查出故障原因和隐患部位后，更换烧毁的钳位二极管或 TD62006 集成电路。

2. 三菱 GPS 系列

三菱 GPS 系列电梯的层站召唤信号控制系统采用了数字式串联址分网络——根据分配给每个按钮的给定地址串行处理信号的接收与取消。它们之间的通信，在主控 P1（KCD-XXX）板上由 SH（8 位数据线微机，专职层站召唤和群控单元的串联传输）负责，在每个层站上则由 HS（8 位数据线微机，专管层站召唤与显示的串联传输）担当。为了完成网络的双向交流和反馈，串联输入与输出电路使用了工作电压低、传输效率高的光耦驱动收发器，并利用贴片稳压二极管进行保护。其示意电路如图 8-10 所示。因此在排除层站按钮（LHH-XXX）板上的编址开关（RSW0，RSW1）设置有误而导致召唤信号登记不上或混乱外，由于内外因素（如人为或水浸产生的短路）而引起 P1 板召唤网络接口电路元器件的损坏，也是造成信号登记不上的主要原因，此时故障烧毁点多数集中在 P1 板 DV/DL 插座后的贴片稳压二极管或光耦驱动收发器上。

3. 三菱 ELENESSA 系列

三菱 ELENESSA 系列无机房电梯的指令和召唤信号控制系统亦属于串行网络形式。其连接布置如图 8-11 所示，不难看出，它与 GPS 系列（见图 8-10）如出一辙，故除去跟 GPS 系列指令或召唤诸故障相同的原因外，电路板的虚接、虚焊会时隐时现。

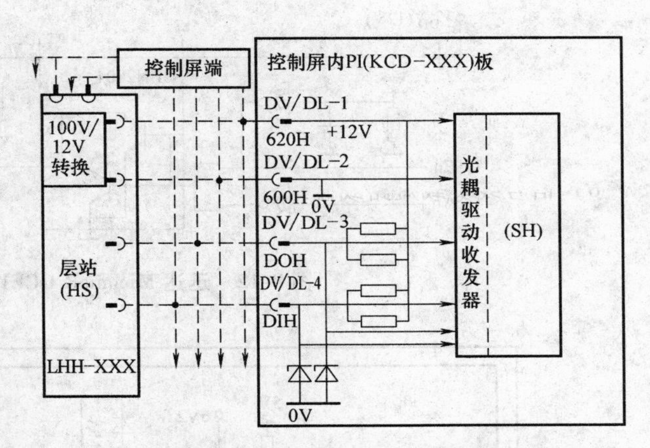

图 8-10　三菱 GPS 系列层站召唤网络示意电路

4. 迅达 Miconic B 和 Miconic V 系列

迅达 MiconicB 和 MiconicV 系列电梯的每个指令、召唤按钮要占用一根信号线（除供电线外），属于传统的并行电路方式，分别采用 GCE16 和 EA2232 板进行信号的登记、收集、传递和取消。由图 8-12 所示的原理电路可以看出，MiconicB 系列的信号线既担任信号登记传输，也肩负信号显示，因此倘若一旦发生负载（微型灯泡或发光二极管或连接线）短路，则大电流会立即烧毁信号驱动器——ULN2004 达林顿晶体管矩阵集成电路。如果大电流将达林顿管击穿开路，那么信号显示表现为按动时亮，松开后灭；反之，达林顿管被击穿短路，则信号显示常亮；总之，给人的感觉是信号登记不上或无故点亮。修复的办法是排除负载或电路的短路点后更换相应的 ULN2004 集成块或 GCE16 板。从图 8-13 所示的原理电路亦可发觉 MiconicV 系列信号线的功用与 MiconicB 相同，故其发生故障的原因与处理方法也与前者一致，所差异的是当某轿内指令或层外召唤被电梯接应后，而此信号仍未消失，则 MiconicV 微机系统将在监视器上显现故障代码“LIFT DD xxxx”，并在 10min 内不再理会它，以及当该故障是由被烧毁的达林顿晶体管矩阵集成块所引起的，那么这个集成块的型号变成为了 ULN2804。

5. 迅达 300PMRL 和 100PMRL 系列

迅达 300PMRL 和 100PMRL 系列无机房电梯的指令和召唤信号控制系统均使用了 MiconicMX-GC 微机串行操纵方式。图 8-14 和图 8-15 给出了两者的层站召唤安装图，它们的区

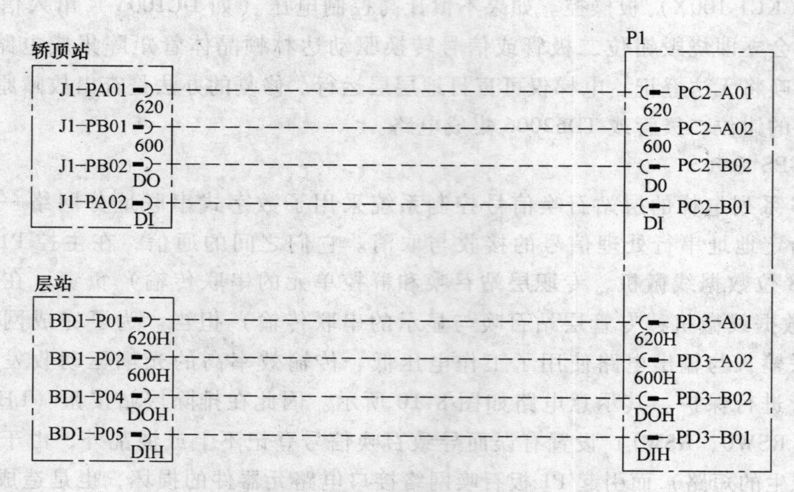

图 8-11　三菱无机房电梯指令召唤信号连接布置

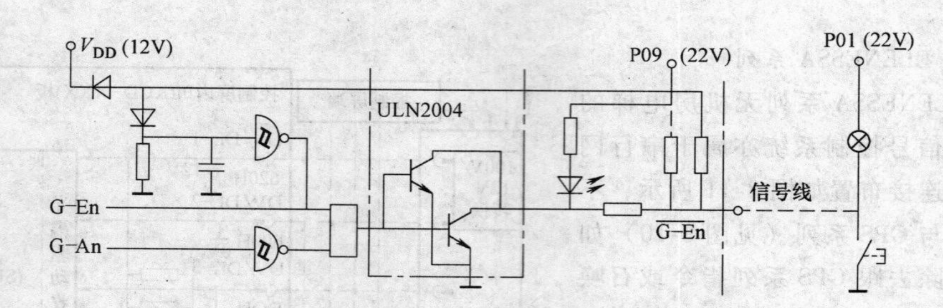

图 8-12　迅达 MiconicB GCE16 板原理电路

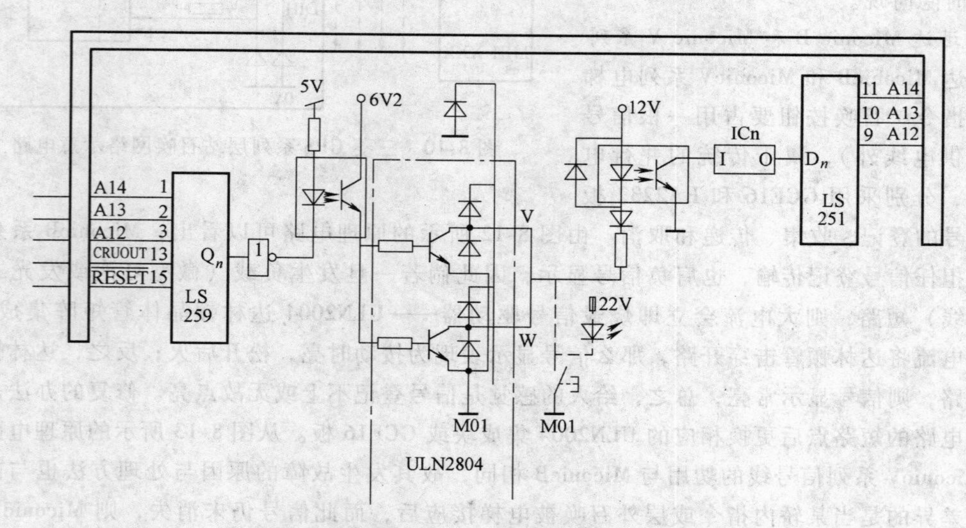

图 8-13　迅达 MiconicV EA2232 板原理电路

别是 300PMRL 的 LONG 通信（采用 LRBPL 板）在每层的按钮电子板上都配制了编址开关，而 100PMRL 的 LONS 通信（采用 ASIX 板）则没有在按钮电子板上设置此元件。因此，当遭遇必须更换损坏的按钮电路板时，前者只要拨对编址即可，后者则要重新进行召唤信号的自学习。

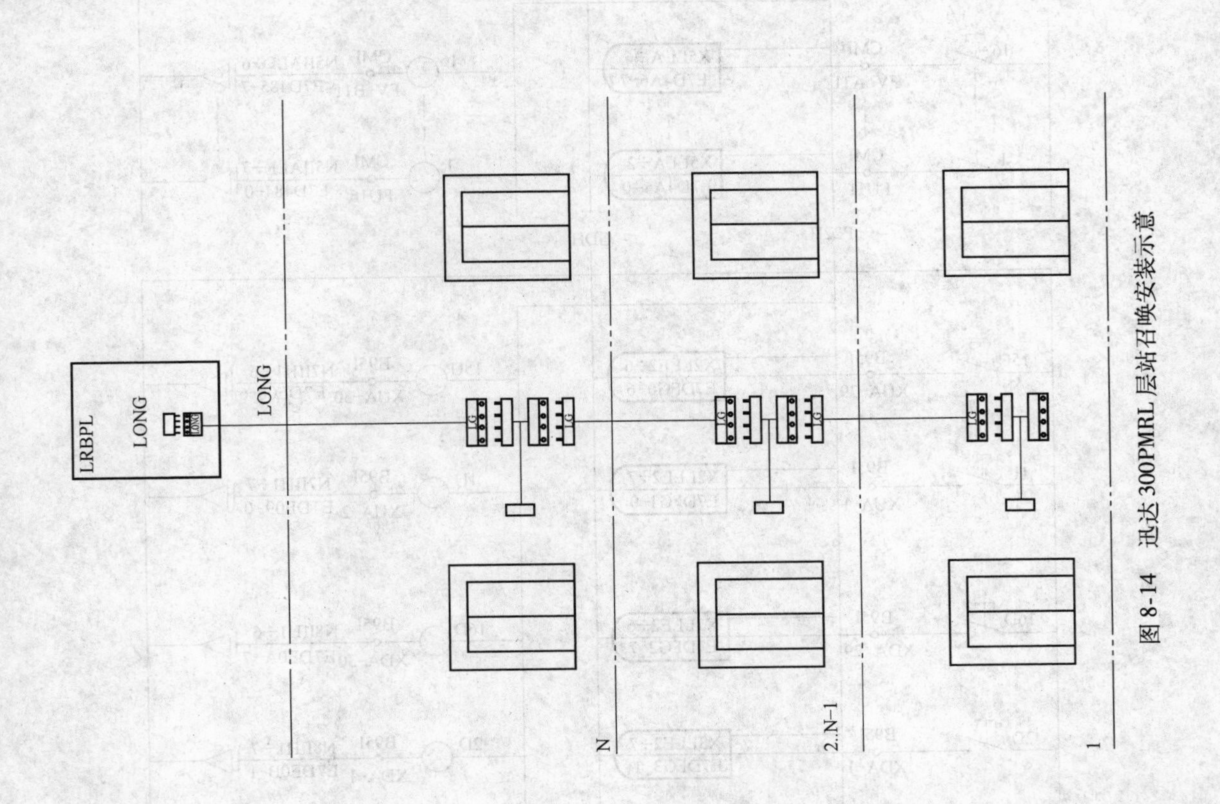

图 8-14　迅达 300PMRL 层站召唤安装示意

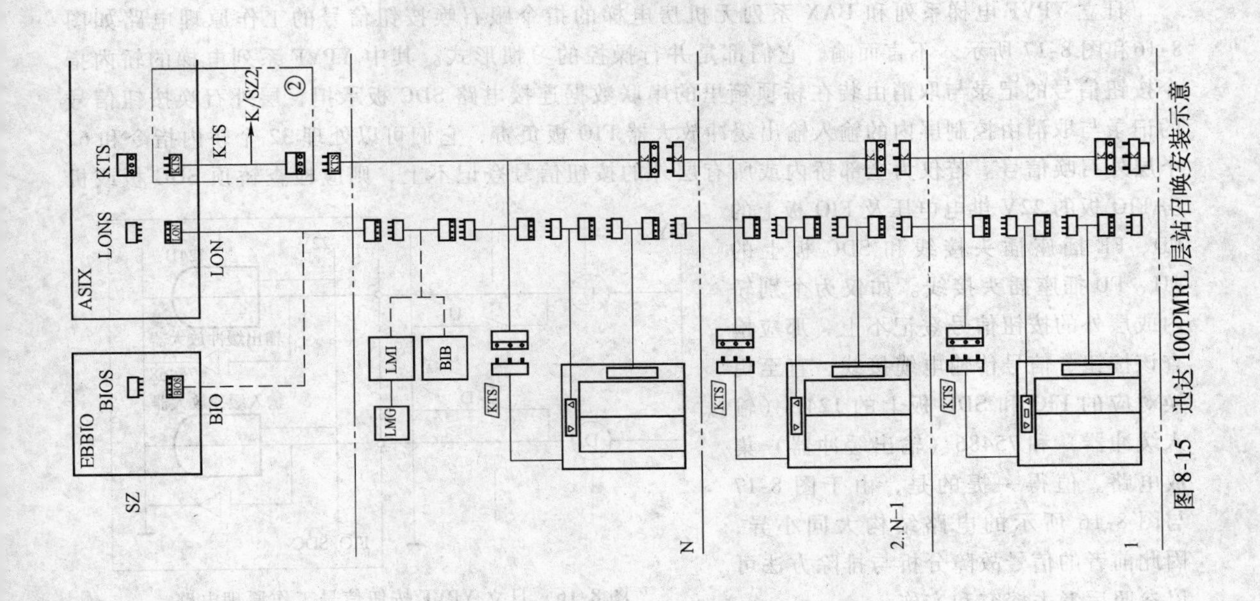

图 8-15　迅达 100PMRL 层站召唤安装示意

6. 日立 YPVF 和 UXA 系列

日立 YPVF 电梯系列和 UAX 系列无机房电梯的指令跟召唤按钮信号的工作原理电路如图 8-16和图 8-17 所示。不言而喻，它们都是并行操控的习惯形式。其中 YPVF 系列电梯的轿内指令按钮信号的记录与取消由装在轿顶箱里的串联数据连接电路 SDC 板承担，层外召唤按钮信号的记录与取消由控制屏内的输入输出缓冲放大器 FIO 板负责，它们可以处理 32 个轿内指令和 62 个层外召唤信号。若仅为全部轿内或所有层外的按钮信号登记不上，则应检查轿顶 SDC 板或机房 FIO 板的 22V 供电电压及 FIO 板上的 FD、FE 插座插头接线和 SDC 板上的 FH、FU 插座插头接线。如仅为个别轿内或层外的按钮信号登记不上，那应检查该按钮、信号传输电缆接线，直至更换对应的 FIO 和 SDC 板上的 124B（输入缓冲器）和 75486（输出缓冲器）集成电路。值得一提的是，由于图 8-17 与图 8-16 所示的电路结构大同小异，因此前者的信号故障分析与排除方法可以参照后者去探究和实施。

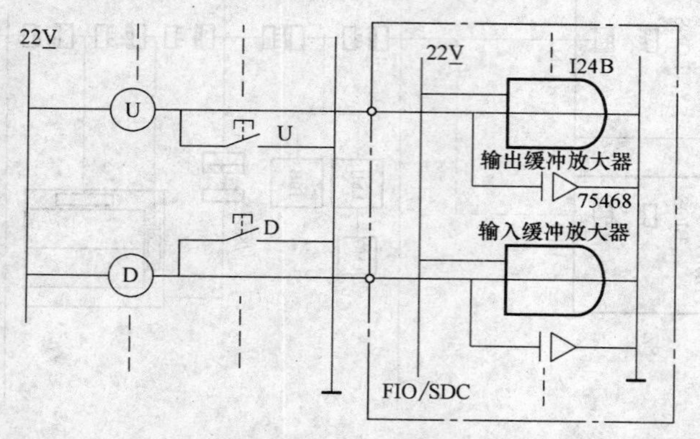

图 8-16　日立 YPVF 按钮信号工作原理电路

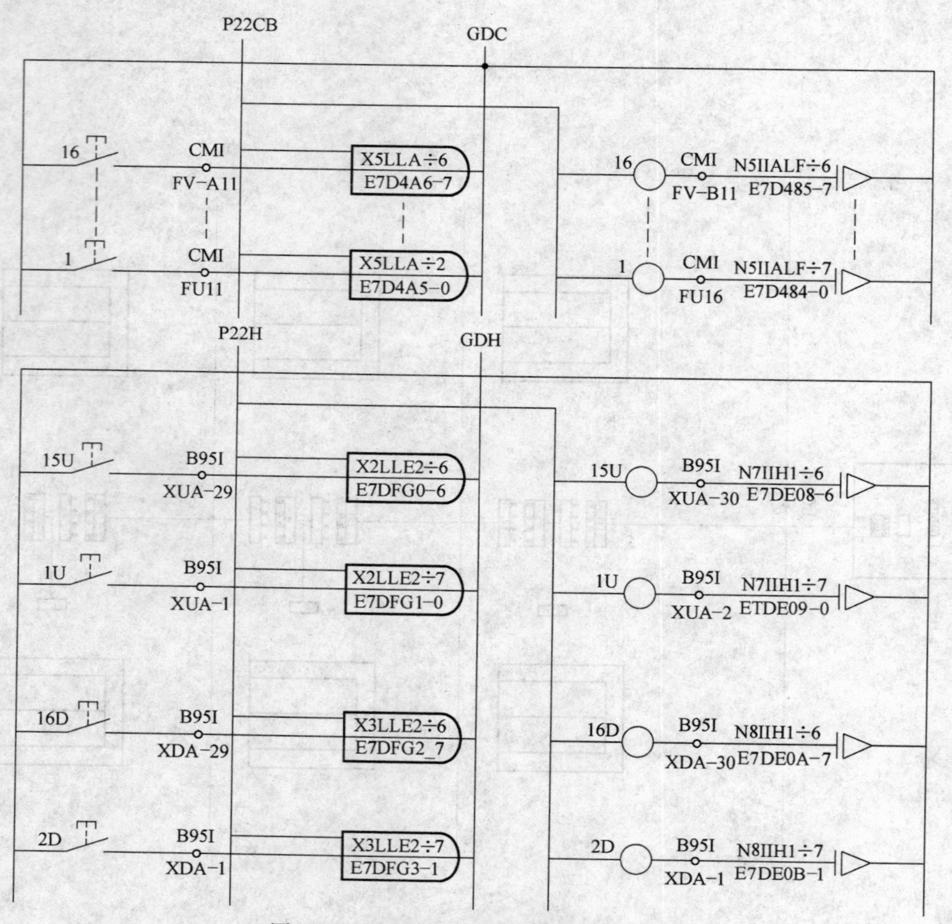

图 8-17　日立 UAX 按钮信号示意电路

7. 奥的斯 SPEC90（TOEC2000VF、GZ300VF）系列

奥的斯 SPEC90（TOEC2000VF、GZ300VF）系列电梯的指令与召唤信号系统属于网控既优且佳、功能收扩自如串行数码传输程式。其原理电路如图 8-18 所示。除去电源线，指令和召唤信号各占用 2 根线，最多可伺服 36 个楼层的呼梯信息。故此，由于信号电源（30V）线破损挤压碰地或意外水浸短路而引起工作电压丢失，或信号转接端子接触氧化及耦合松懈，或 OCSS（RCB 板）微机系统失效损坏等是造成整个指令、召唤系统瘫痪的主要原因：而轿厢操纵盘内的按钮及 RSEB 电路板或层站按钮盒内的按钮及 RS4/5 电路板的失效损坏，则是造成部分指令或个别召唤分支电路无法登记与消除的主要原因。

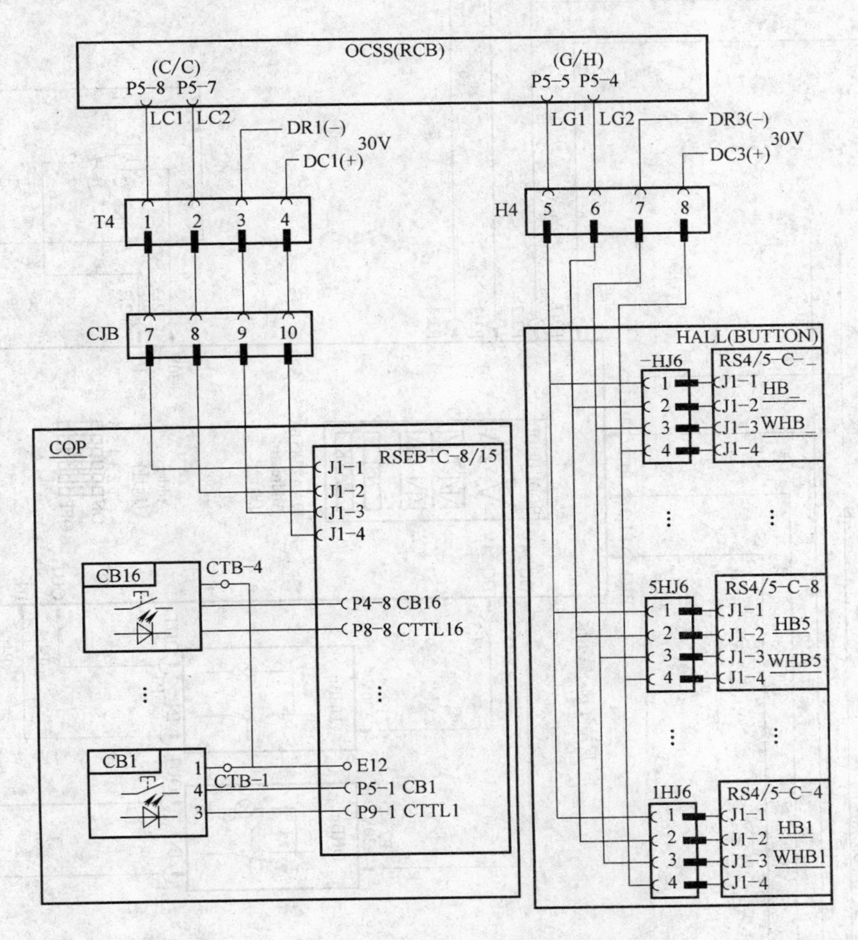

图 8-18　奥的斯 SPEC90（TOEC2000VF、GZ300VF）信号原理电路

8. 奥的斯 Gen2/REGEN 系列

奥的斯 Gen2/REGEN 系列无机房及小机房电梯的指令与召唤信号系统秉承和发扬了数字化串行传输方式的特性及优点，其轿内指令电路（Gen2）如图 2-11 所示，层站召唤示意电路（REGEN）如图 8-19 所示。虽然它的操纵驱动子系统（TCB/TCBC）与（RCB2、LMCSS）有所不同，但该系列电梯信号系统的故障表现和分析排除方法仍可参照前述的针对 SPEC90（TOEC2000VF、GZ300VF）的有关方法进行处理。只是 Gen2/REGEN 系列电梯的层站信号电路板的故障或损毁，有时还会累及群控并联的运作。

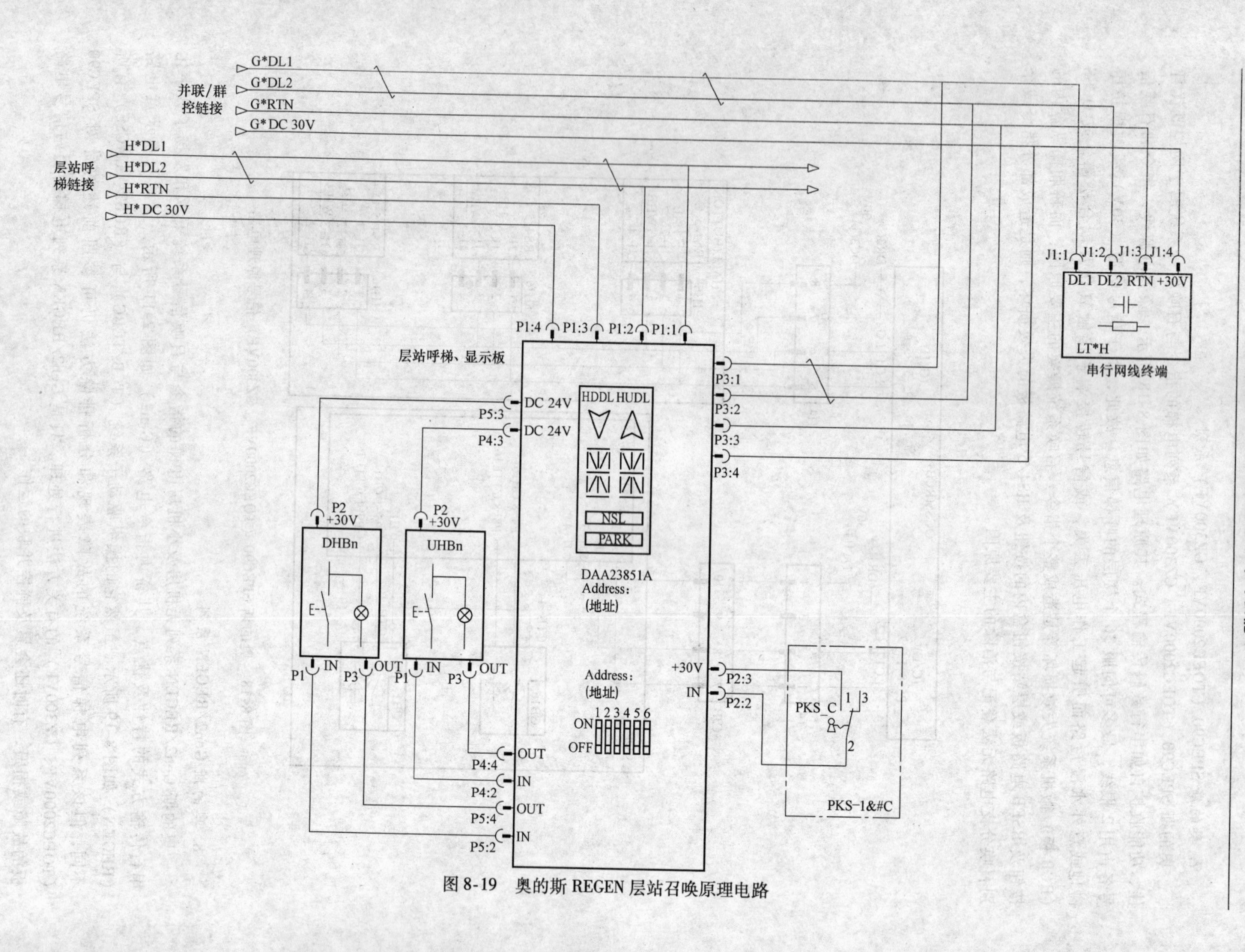

图 8-19　奥的斯 REGEN 层站召唤原理电路

二、不能自动关门或反复开关门

电梯门系统上出现的问题在整体故障率中占有很大的比重。通常情形下，不同品牌系列电梯不能自动关门、门关上时又打开、门打开后又关上的错误原因是如下。

1）安全触板、门光电、门光幕（也称门光栅）失灵和误动。

2）门扇随动电缆、电线暗断。

3）轿内开门按钮、层外召唤按钮被操作或没有释放或被摁死。

4）开门或层外召唤按钮自激触发。

5）停层后层外召唤未被消号。

6）门传动部件（如V带、多楔带、钢丝绳、链条、门挂件、曲柄连杆等）打滑、脱落、碰阻、磨损。

7）门机械变形而使阻尼增大（如层门和轿门因紧固件松动而下移拖地等）。

8）门的导向滑槽（上轨下坎）内卡入异物而造成电动机堵转，或导致门负载过电流监控（多数调速门机装置都配备）功能被激活。

9）门开足后开门终端开关没有动作或关门限位开关没有复位。

10）门位行程、光电开关失灵损坏。

11）轿厢超载保护被触发。

12）控制器发出的关门指令电路中断或遭受通信干扰。

13）关门接触器电路不通、线圈断路、触点接触不良。

14）门机供电断相及失电。

15）门机或调速板被烧毁击穿。

16）门机过热保护触点、热敏电阻跳断或动作。

17）主控板或轿厢板检出致命故障或主、子微机系统串行通信有误或“死机”而形成不关门保护等。

还有一个极易扰人视线、搞乱脑子的情况，即电梯被人置于独立（专用操作）、司机操作、消防员操作等运行状态下，这时的电梯虽然能登记上内选指令信号，但不会自动关门。

在此提供一个简易快捷的区分已配备强迫关门功能的门系统不自动关门故障的排除办法。如果在延时一段时间后，梯门能够缓慢强迫关闭（如迅达 Miconic TX 300P 型电梯和奥的斯 MCS220 413 型电梯是鸣响蜂鸣器，三菱 GPS 系列电梯则是点亮关门按钮内的发光二极管），说明不关门错误由外部因素引起；如果连在检修运行状态下也不关门，就表明麻烦出自门机驱动电路或调速装置上了。例如三菱 SP-VF 型客梯的交流调速门机有时门开足后还会不停地抖动而造成不再关门，在排除调节光电收发器及光盘装置、开门终端和门负载传感器异常等嫌疑后，换上一块新的 DLX-Vxx 调速电路板，故障现象就会马上消失。又譬如迅达 M-B/VF 型电梯的电阻式涡流调速门机，再关门时，关门接触器 ST-S 一吸即放，过一会儿又是如此，在排除是关门力限制器、安全触板、光电保护、门过热保护开关等的故障后，故障的焦点应集中到功率放大印制电路板 VE22 和信号整形印制电路板 SF83 上。

1. 迅达 VFP 系列

有一台迅达 VFP/AD9F 电梯（AD9F 表示其门机驱动采用了 Vsmini 变频器），偶尔在登记了信号以后，电梯门关会即停，停后又关，而观察开门则一切正常。根据原理电路及 IFCT（门信号接口）电路板的触点示意图（见图 8-20）分析，此故障似与关门控制电路有关。先用短路法检查安全触板（KTL）、门光电保护（RPHT）、关门力限制器（KSKB）及门电动机过热保护（KTHMT），结果均表现正常，再检查 PLC（可编程序控制器）的输出点（控制屏 -22V 端子到

IFCT 5 号端子）在关门过程中也能可靠接通，据此判断故障可能出自 IFCT 电路板与变频器。由于 IFCT 电路板上集中了关门（RT-S）、关门减速（RBS）、关门终端（RES）等微型继电器，它们的触点构筑的逻辑电路，还参与对 FCT 电压频率输出的操控，所以反复检查 IFCT 电路板上反映各微型继电器通断的各发光二极管的工作状态，并用跨接线试着短路与关门有关的触点，结果发现 RT-S 的 4、5 触点或因内部机械装配偏差、或因触点磨损移位而有时导通有时虚接，在重新焊上一个好的 RT-S 后，电梯的关门运作便恢复正常。

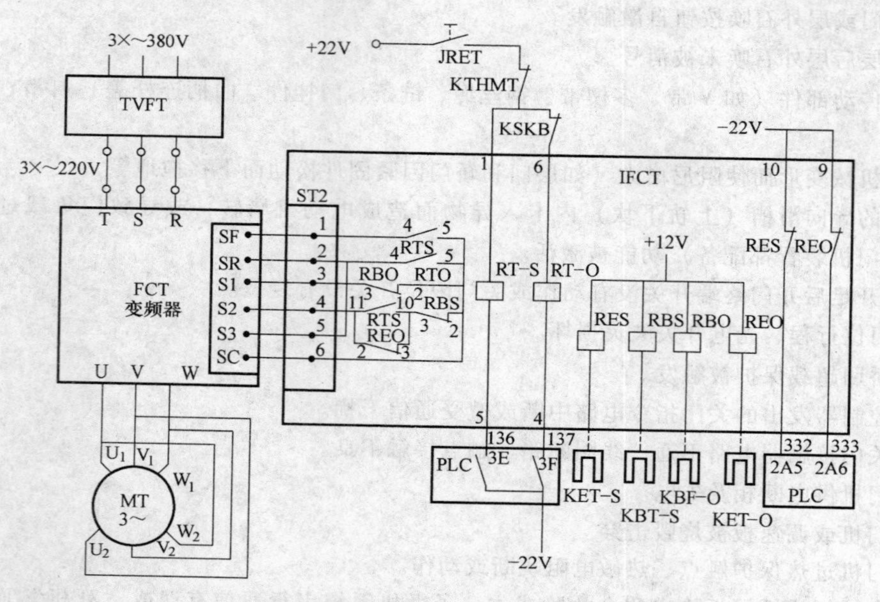

图 8-20　迅达 VFP 变频门机原理电路

2. 迅达 Miconic B/V 系列

迅达 Miconic B/V 系列电梯配置了 QKS9 型门机系统，当出现不能自动关门的故障时，还要注意以下原因（Miconic B 如图 8-21 所示，Miconic V 如图 8-22 所示，其他系列参照类推）：

1）关门控制电路断开。Miconic B 控制屏为 766#端到 M01 端，Miconic V 控制屏为 241#、

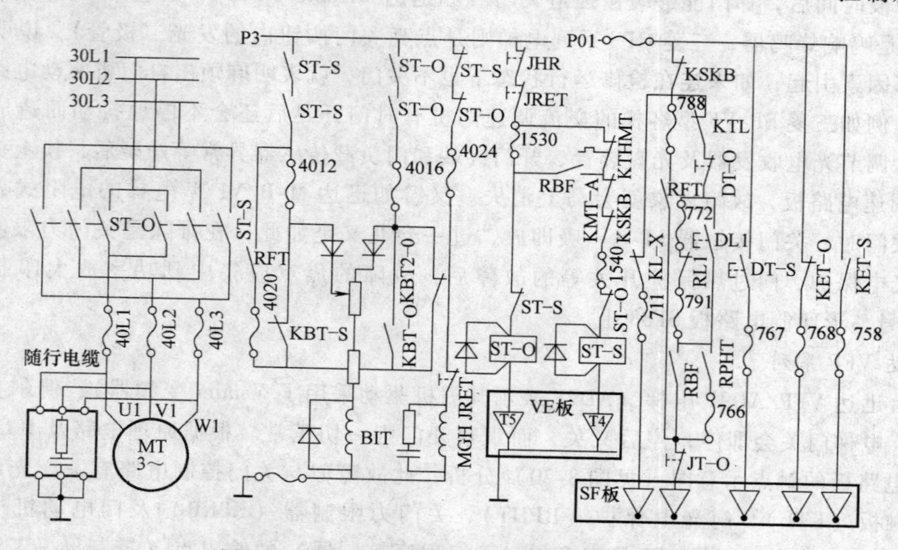

图 8-21　迅达 Miconic B QKS9 门机原理电路

245#、247#、249#、251#、253#端到266#端。其中有安全触板KTL、门光电保护RPHT、关门力限制KSKB开关、开门按钮DT-0等，这时强迫关门可起作用。

2）关门接触器电路断开。其中有门电动机过热保护触点KTHMT、关门力限制KSKB开关、开门接触器ST-0的61和62常闭触点、关门终端KMT-A开关等，此刻强迫关门丧失功能。

需要强调的是，为了对应所起的作用，常把KMT-A称为关门终端硬件开关，而将KET-S（Miconic B）或KET-0（Miconic V）叫做关门终端软件开关，这点在维护修理时务必区分清楚。

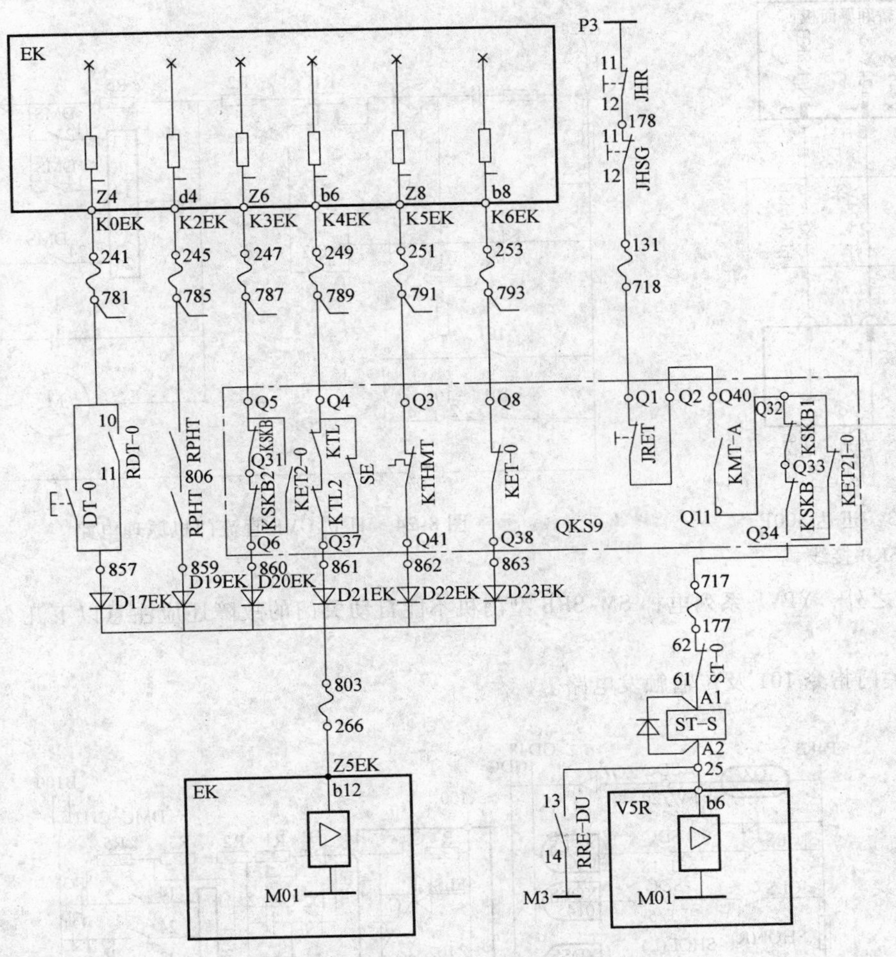

图8-22　迅达Miconic V QKS9门控原理电路

3. 迅达300P系列

两台并联的迅达300P系列电梯几乎同时出现停层开足门后的等待关门超时，而在首次超时（约30s）结束后，又可重复关门，且过程中光幕（SE <PRHT>）能起作用，此现象十分诡异，一度怀疑是并联系统出了差错。后分析认为还是单梯方面的问题，先查KMT-A、KET-S、KET-O、KSKB等开关，确定其触点均正常，遂用短路法逐段检查相关接线，研究后首先选择了关门力限制器KSKB开关的轿门随动电缆（见图8-23），幸运的是马上就证实此故障为该电缆暗断所致，不巧的是这两台电梯同时生成了这麻烦事，否则排除的时间还将大大缩短。

4. 日立GVF、YPVF系列

日立GVF系列电梯的门驱动原理电路如图8-24所示。该电路的奇特之处在于利用双向晶闸管的轮流导通去改变输出的电压和极性，从而改变直流电动机的旋转方向，进而达到操控门开关的目的。图 8-24 中，101 是关门继电器触点，102 是开门继电器触点。当遇到该梯种不能自动关门的故障时，在排除了安全触板和关门继电器的因素后，直流电动机的电刷（特别是新装或更换过电刷的）接触不良（电刷在槽中滑动不灵活）、R1 电阻的阻值调得太接近临界、在热态下阻值变化（运转一段时间后发生）使得电动机转矩变小，是造成不能自动关门故障的缘由。修复的办法是清理电刷槽、将电刷在金相砂纸上研磨和重新调节 R1 的跨接环。

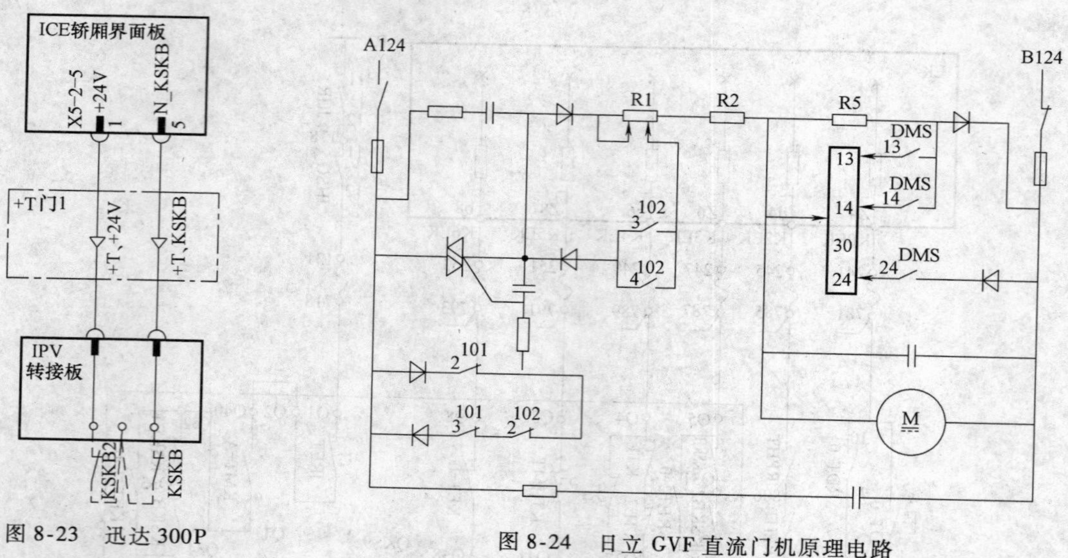

图 8-23　迅达 300P KSKB 接线

图 8-24　日立 GVF 直流门机原理电路

除此之外，YPVF 系列电梯 SM-SRB 型门机不能自动关门的故障还应注意以下几个方面（见图 8-25）。

1）关门指令 101 及传输触发电路。

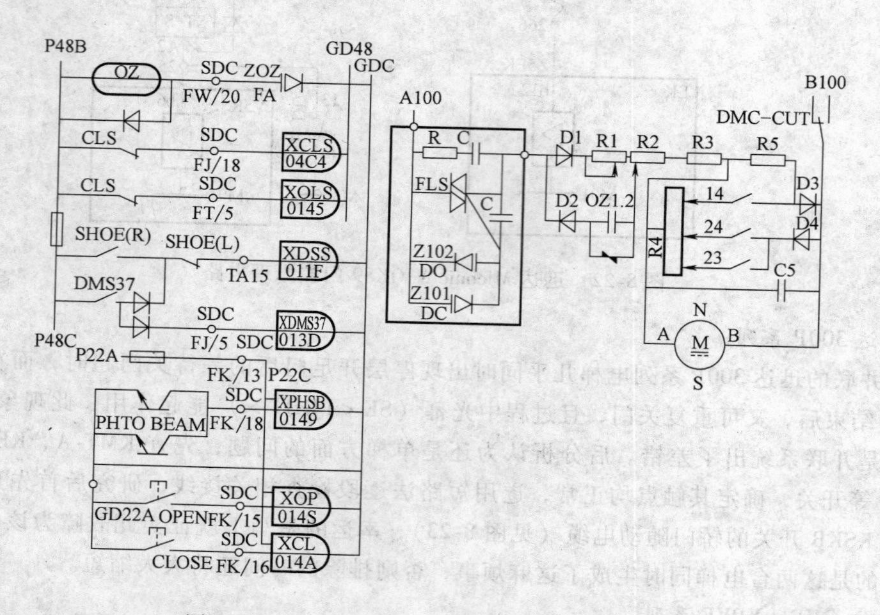

图 8-25　日立 YPVF SM-SRB 型门机电路原理

2）关门终端 CLS 开关复位状态。

3）串行数据转接电路板 SDC 的 FJ/18 输入端电压及接线。

4）关门电路二极管 D1、D3 及连接等。

5. 日立 UAX 系列

一台日立 UAX 系列无机房电梯 UA2 型门机（其与图 5-9 所示的原理电路相同），偶尔会出现开关门时的抖颤，或任意地半途停顿，故障代码有时轮流为 E71：变频门机故障；E87：电梯关门超时；E86：电梯开门超时；有时则没有提示。分析认为，此故障与关门控制电路无关，多与门驱动系统相关，于是检查了（见图 8-26）输入电压、双向晶闸管及触发组件、门电动机和编码器，均未发现异常，接着小心翼翼地试着更换一块 GDCA（逆变）板，现象还是照旧，由此怀疑是电流反馈出了问题，当将 UA-CMI（反馈）板更换后，其即刻就能正常开关门了。

6. 三菱 SP-VF 系列

前述之外，三菱 SP-VF 系列客梯的交流调速门机不能自动关门的故障起因，还会有以下的原因（见图 8-27）。

1）关门指令 22 端信号耦合转换电路故障。

2）位置调节光电（透遮）盘松动移位，造成门开足后仍发不出门开尽 OTL 终端信息，或仍旧发出门已关闭 CLT 终端信息。

3）终端信息的耦合放大元件烧坏。

4）门机调速晶闸管烧毁或门机 DLX-V CO/2S 电路板损坏。

5）门负载传感器或过热保护开关动作。

有一台 SP-VF（B）病床电梯，一开始偶尔出现开关门卡阻不顺，到后来越来越频繁发生，最终发展到要么关不足，要么开不尽的境地，经检查后发现是门机曲柄轴承和门机电动机轴承的磨损咬轴（见图 8-28）而共同导致的结果。蹊跷的是在换好轴承及门机构装配复位后，又出现了或是只可关足门而到站后不开门，在互换了直流电动机定子接线 J、K（见图 8-29）后又是仅能到站开足门而不关门的现象，仔细研判可能是门机电动机的磁场和电枢的励磁方向因拆卸漏磁而存在了排斥异力，于是将定子接线 J、K 复原后，把转子接线 A、B 互换，通电运转即一切正常。

7. 三菱 GPS 系列

三菱 GPS 系列电梯开创了门驱动使用带有电流和速度反馈的变压变频（VVVF）系统之先河，同时门机械采用了齿轮带线性化传动。其原理电路如图 8-30 所示。由于 GPS 系列属于全微机网络智能化控制，因此它的门驱动电路相当简练，将有形的触点开关操控化为无形的数字化操控，由门位置终端检测（OLT/CLT）开关间绝对位置的数字脉冲数及轿顶控制箱内的 DORX 电路板上的跨接插头（SP01～03）组合，通过自学习而自动地给出最佳的门运行曲线。排除不能关门故障的方法是在机房、轿顶和轿内的门开关均处于正常位置的前提下，如果有强迫关门现象，则故障点多属光幕装置（AMS 触点）、安全触板（SDE 触点）及引线（此时 DORX 电路板上的 DOQ 灯亮）。如果在检修运行状态下能够关上门，则故障原因多与门位置终端检测开关与门挡板有关。此时可观察 DORX 电路板上的 OLT/CLT 发光二极管（有效时点亮）和数码管的显示内容，若显示 5. 即表示 OLT/CLT 同时接通（中间没有了位置差）；若显示 b. 则指明 OLT/CLT 在不恰当的位置上接通。如果在检修运行状态下门也不能关上，那么就要检查 DORX 电路板（根据其上发光二极管和数码管显示所代表的功能查找）和门机电动机定子绕组及电路接线。在每台 GPS 系列电梯的轿顶控制箱的盖板内侧均附有 DORX 电路板上发光二极管和数码管显示所代表的功能说明（见表 8-10），它对查找与排除故障大有帮助。

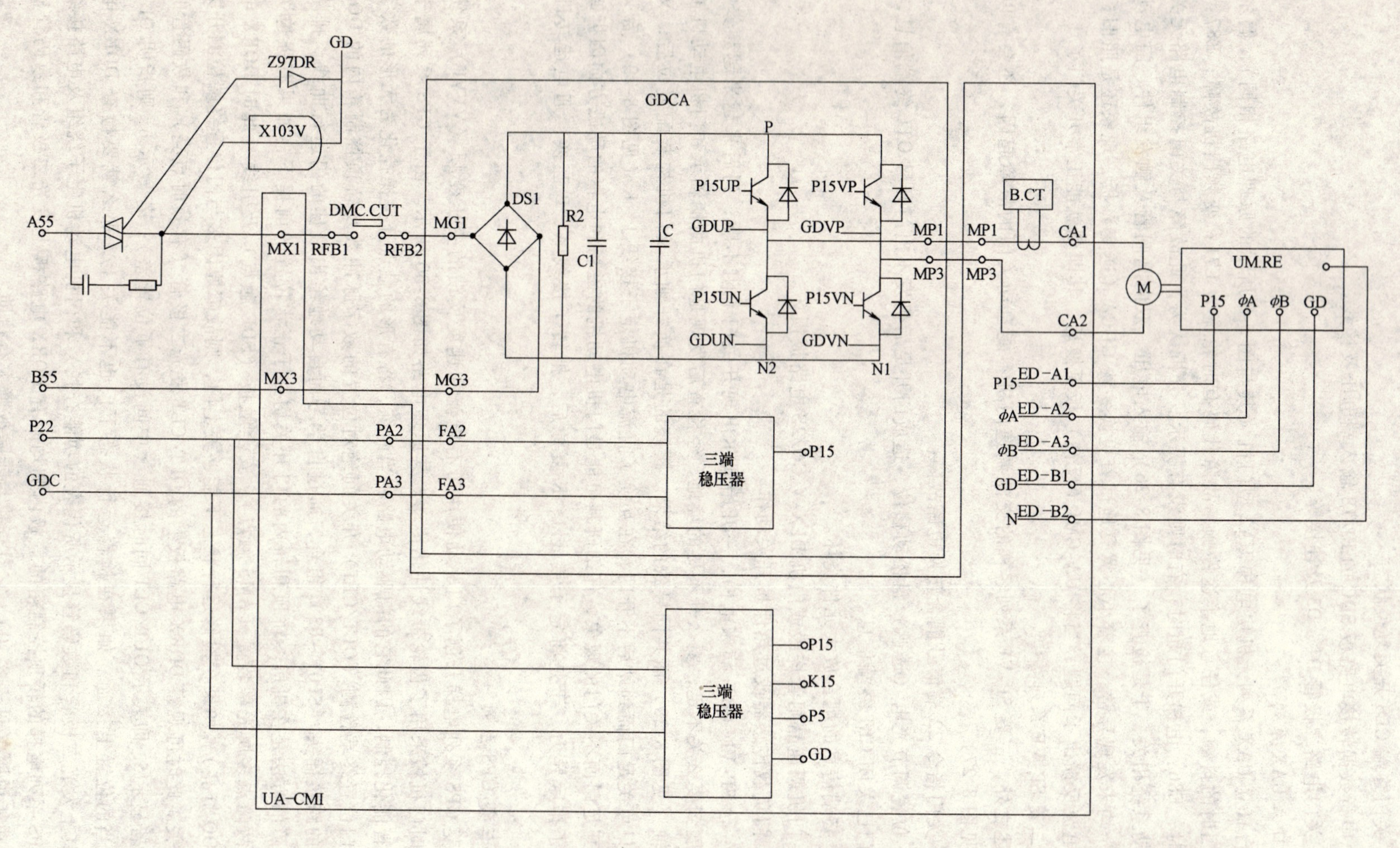

图 8-26　日立无机房电梯门机电路

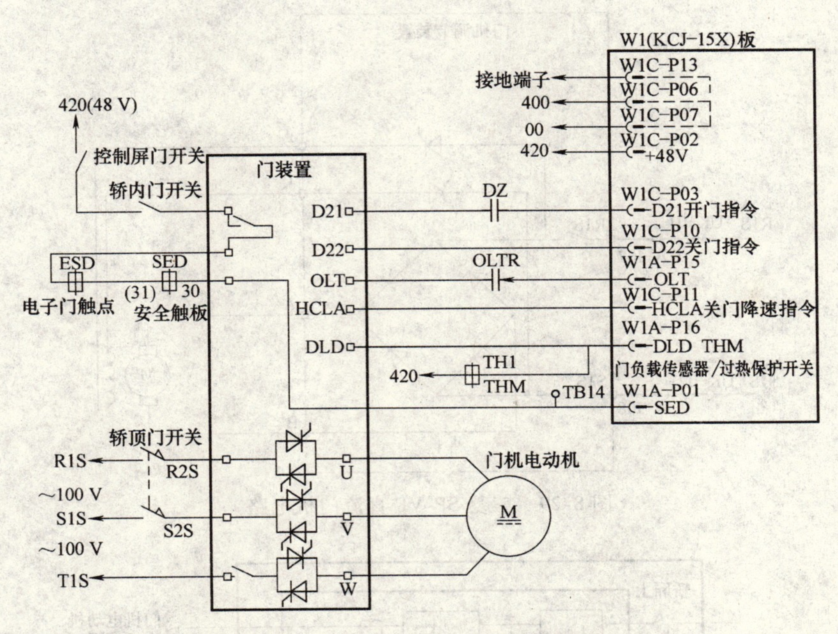

图 8-27　三菱 SP-VF 交流门机电路

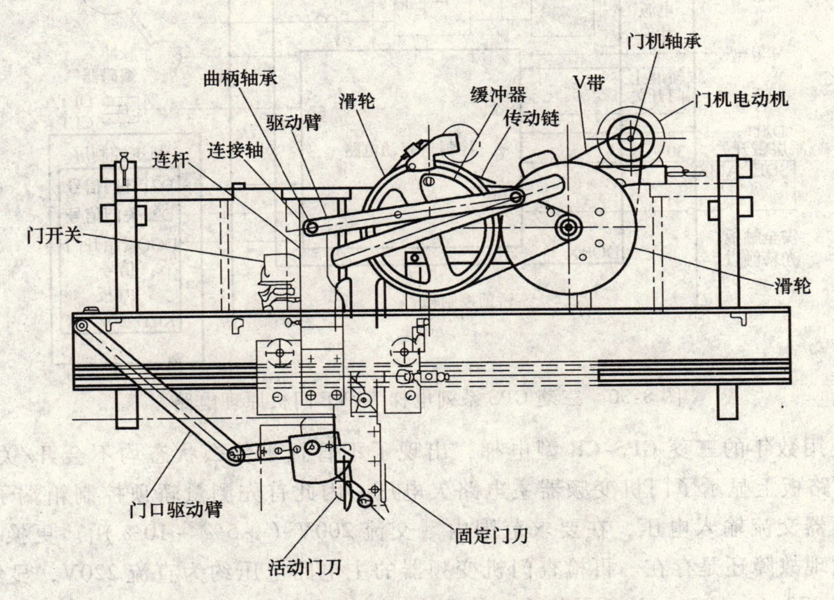

图 8-28　三菱病床电梯门机构

表 8-10　GPS 电梯 DORX 电路板上的显示说明

显示符号	状 态 说 明	显示符号	状 态 说 明
1	门机逆变器过电流	F	门动作超速检出
2	+12V 欠电压	5.	门位置检测器 OLT/CLT 同时接通错误
3	主电路欠电压	b.	门位置检测器 OLT/CLT 不恰当位置接通错误
7	开门操作硬件出错	c.	门机编码器出错
D	门机电动机过电流		

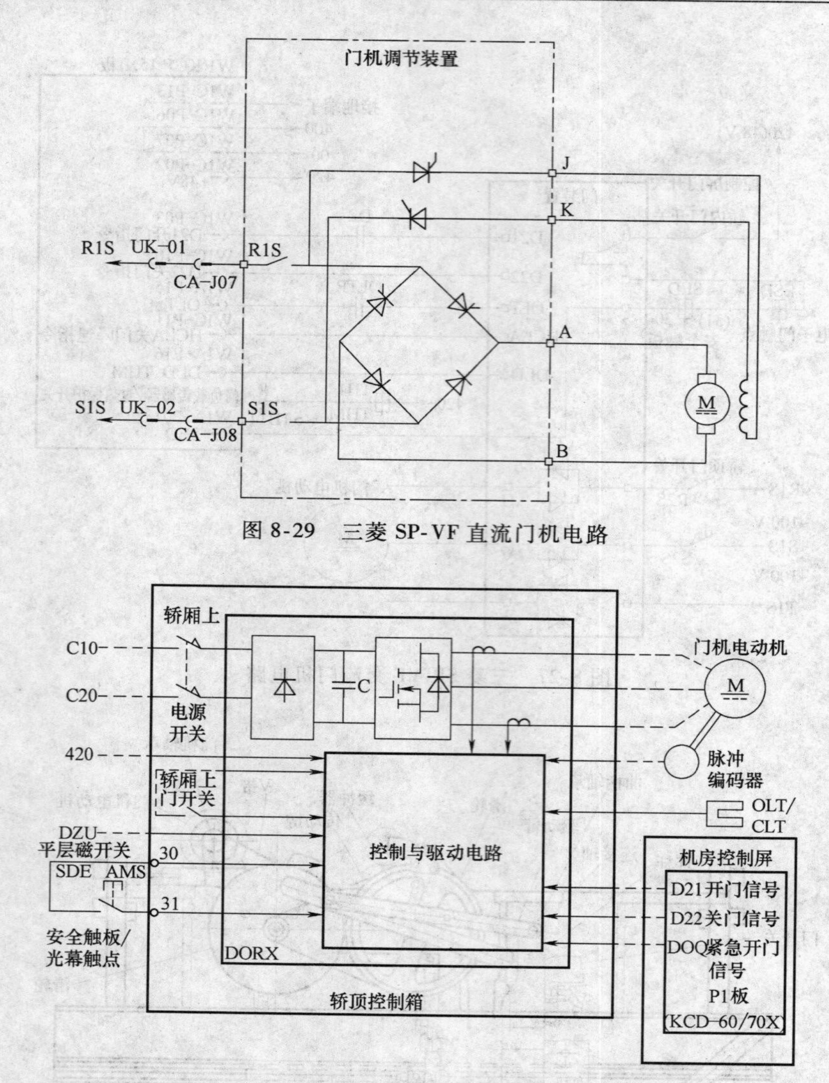

图 8-29　三菱 SP-VF 直流门机电路

图 8-30　三菱 GPS 系列电梯 VVVF 门机原理电路

有一台使用数年的三菱 GPS-CR 型电梯，出现了不管置于什么状态均不会开/关门的现象，DORX 门机电路板上显示了门机变频器主电路欠电压。因此首先测量轿顶控制箱端子 C10、C20 间的门机变频器交流输入电压，在要求范围内［交流 200V（+5%～10%）］。更换一块 DORX 电路板后，发现故障还是存在。再检查门机变频器的主电路电压约为直流 220V，显然比正常的工作电压直流 270（±10%）V 低了许多。依照交-直-交变频器工作原理分析，门机变频器主电路电压由把单相交流电整流后经大电容量电容器 C（1200μF/400V）滤波平滑升举电位形成，故而在排除了整流器和晶体管逆变器（均设置在 DORX 电路板上）的因素后，最大的可能就是大电容量电容器 C 经长期使用后，电解质液体损耗而引起的电容量值下降。根据上述判断推理，试着更换一只相同规格的电容器后，该故障代码和现象马上消失，电梯又能正常地开关门了，由此亦证实先前的分析判断是相当的准确。

8. 三菱 LEHY 系列

三菱 LEHY 系列电梯的门系统沿用了全微机变压变频操控加线性化传动的技术。有一台带前后门的 LEHY 电梯（原理电路如图 8-31 所示），每当在层站同时开启前后梯门后就偶尔会产生不

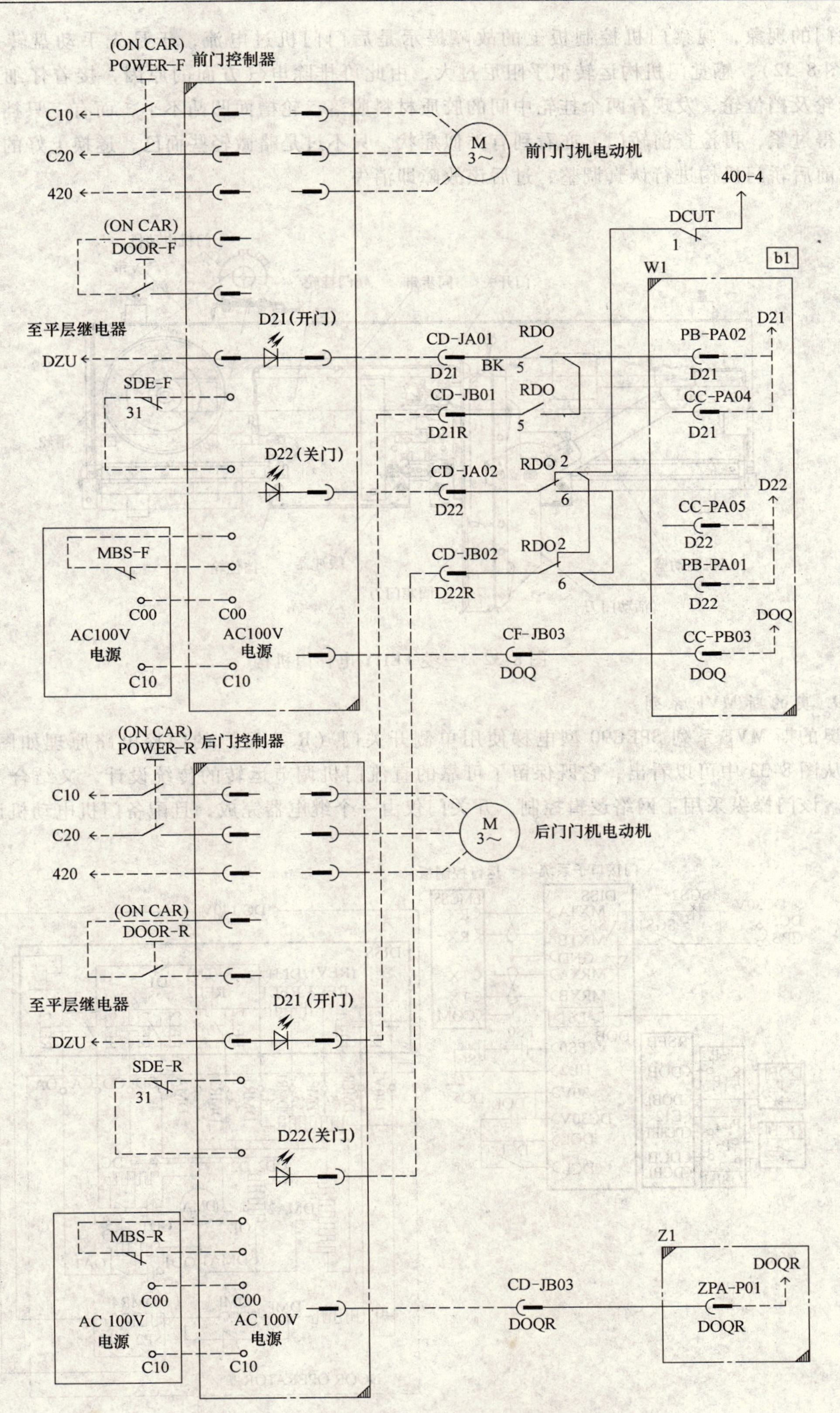

图 8-31 三菱 LEHY 电梯门原理电路

再关门的现象，观察门机控制板上的故障提示是后门门机过电流，于是先手动盘转后门滑轮（见图 8-32），感觉门机构运转似乎阻尼过大，由此可排除电气方面的原因，接着仔细查看后轿门挂轮及挡位轮，发现有两个挂轮中间的胶质材料脱落，轮槽面凹凸不平，而有三只挡位轮的夹持调得过紧，再检查前轿门，亦看到有类似症状，只不过是略微轻些而已，遂换上好的门轮，重新对前后轿门机构进行认真调整，过后该故障即消失。

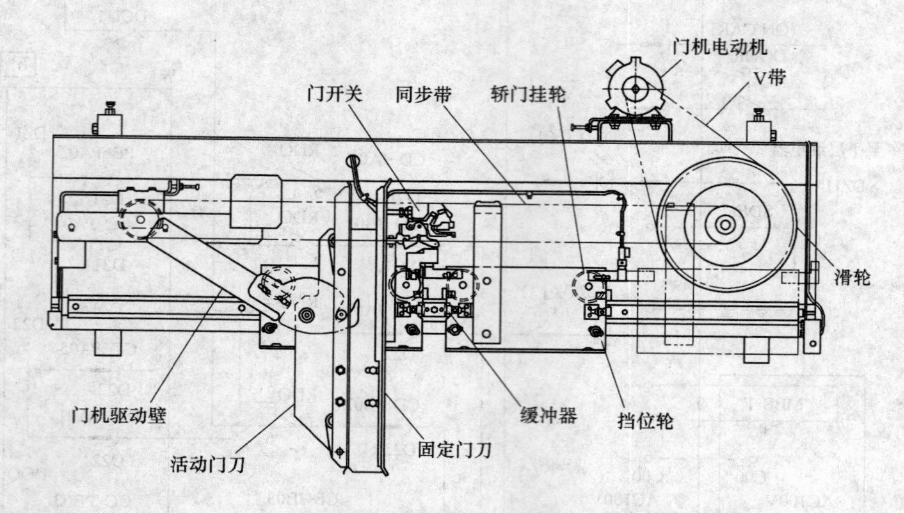

图 8-32　三菱 LEHY 电梯门机构

9. 奥的斯 MVF 系列

奥的斯 MVF 系列 SPEC90 型电梯使用单侧开关门（R. B 型）的门控电路原理如图 8-33 所示。从图 8-33 中可以看出，它既保留了可靠的直流门机调节运转的传统设计，又结合了现代的革新。该门操纵采用了网络逻辑控制，开关门仅由一个继电器完成，且配备门机电动机调速保护

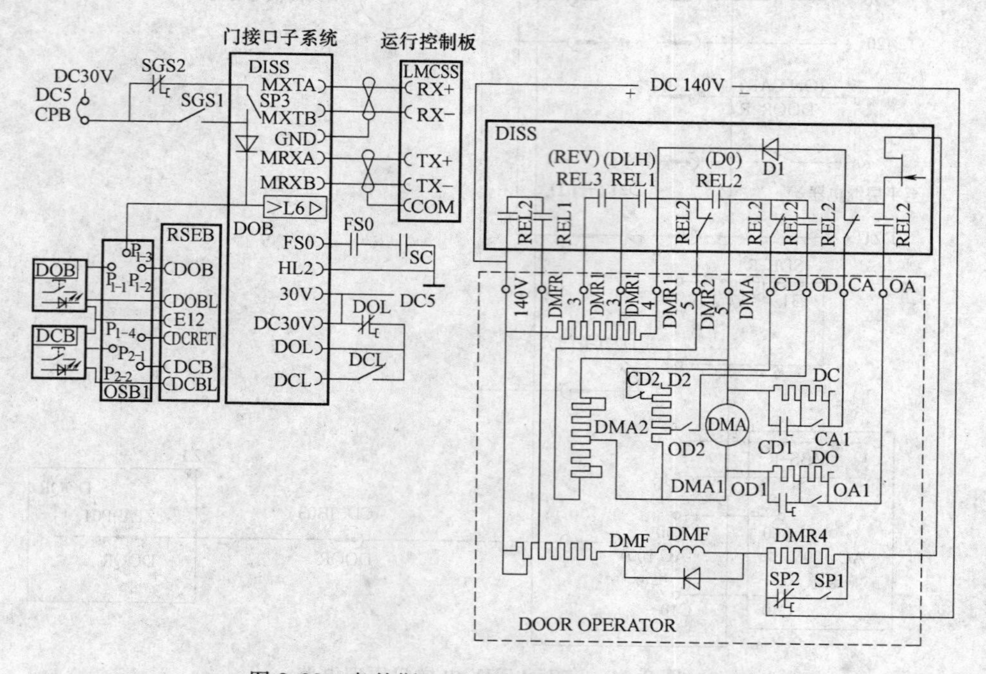

图 8-33　奥的斯 SPEC90 型电梯门控原理电路

等。其不能自动关门的原因有：

1）门接口子系统（DISS）的开关门转换（REL2）继电器触点接触不良。

2）门开启终端（DOL）开关在门开足后没能断开。

3）门关闭终端（DCL）开关闭合接触不良。

4）安全触板（SGS）触点动作或DOB输入电路有问题。

5）门机电动机电枢、磁场电路（如接线）存在断路。

除此之外，奥的斯SPEC50（TEC40）系列的OLV门机不能自动关门的故障还会有以下的原因（电路如图8-34所示）。

1）门关闭终端（DCL）开关触点闭合不良。

2）运行接口板（MIB）的DCR功放单元开路。

3）MIB的DCL输入单元损坏或没有输出信号。

4）关门继电器DC线圈电路开路及主触点接触不良。

5）6A熔体熔断，磁场或电枢没电。

6）安全触板（SGS）开关动作或输入L1单元故障（如内部稳压管短路）。

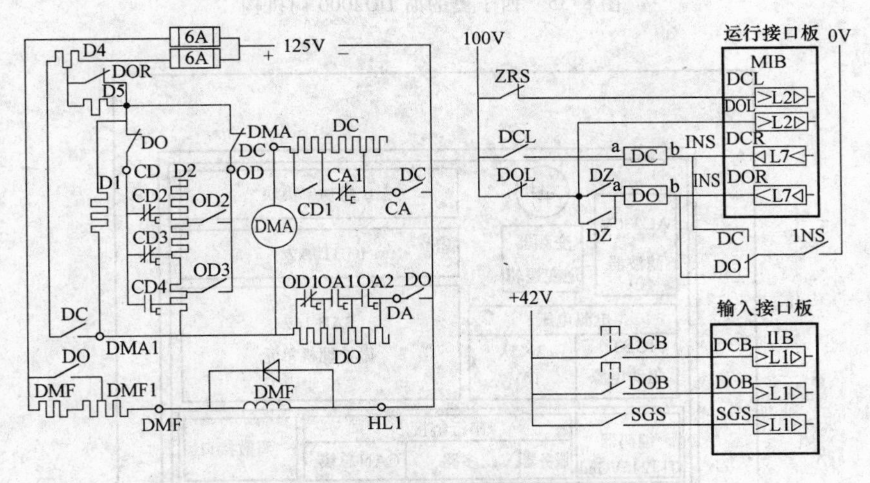

图8-34　奥的斯SPEC50门控电路原理

10. 西子奥的斯VF系列

西子奥的斯的VF（XO21VF、XO21VFE、XO-STAR、MCS321、OH-CON4421/4423/6121、OH-CON5401/5403/300VF、OH1000MRL等）系列电梯采用的DO2000（DCSS5）门机装置如图8-35所示。其中DCSS5是门机变频器部分（见图8-36），很明显，DO2000（DCSS5）也是变频变压线性化门驱动技术的产物。DO2000（DCSS5）门控系统既可与离散式控制信号LCBⅡ/TCB连接，也可同串行式通信信号MCSS联络，因此具备了较强的兼容性和可塑性，可以说其为门控体系的代表作。

有一台西子奥的斯OH-CON300VF/DO2000（DCSS5）型电梯，其门控电路如图8-37所示，在平层开门尚未开足时突然不动了，且门也不再关闭，即使处于检修状态下亦是如此。将服务器（SVT）接入DCSS5，键入3-2-1-3-3，显示错误信息“E24：System Locked（系统封锁）”，而引起该故障的原因有三个方面：门机电动机、变频器、串行通信；于是在检查门机电动机和控制屏串行通信均无问题后，试着更换一套DCSS5装置，结果门机构运转恢复正常，由此也确认了故障的来源。

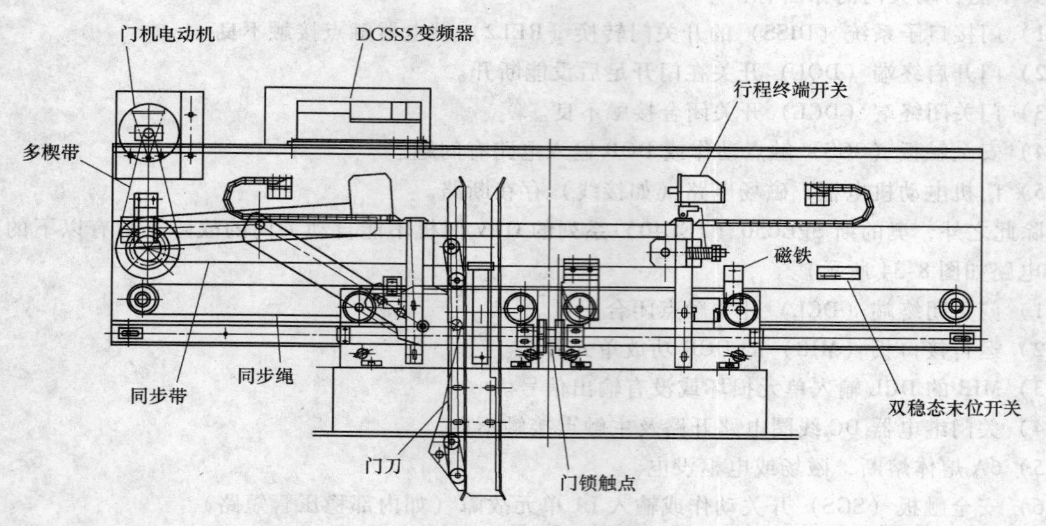

图 8-35　西子奥的斯 DO2000 门机构

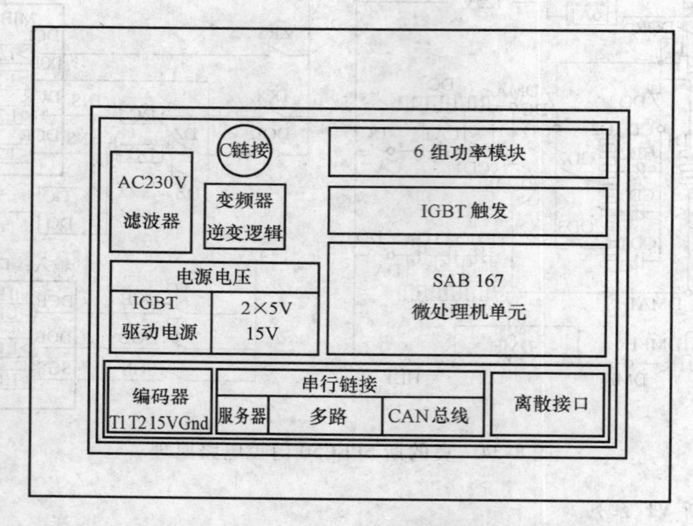

图 8-36　西子奥的斯 DCSS5 原理电路框图

11. 奥的斯 3×××系列

奥的斯 3×××系列代表了中、高速有齿轮电梯或控制系统，如 300VF、OTIS3000、E311VF、MCS321、E311DD 等。有一台配置了 HPLIM 门机构（见图 8-38）的奥的斯 E311 电梯，开始是偶尔在开足门后不再关门，查门系统 HVIB 板上的编号 12#红色 LED：FAULT SLOGGED（出错）点亮与 SVT 上的故障记录（M-3-2-2）只是：Door Closing（门正关），当断电等待几分钟送电后其又能正常运转，但随着时间推移该故障渐渐频繁发生，最终“趴下罢工”，此时的故障记录是：Encoder Mismatch（编码器失谐）。奥的斯的 HPLIM 门机开创了门驱交流感应电动机由圆柱型向平直型转变的实用之先河，它实际上由固定的长铜带（次级定子）和运动的铜线绕组（初级转子）做成，当改变转子绕组中电流的频率、大小、方向时，级间磁场力矩就会跟着变化，从而推动轿门带着层门开关运转。按照说明提示，此故障是固定（次级）位置感应器和运动（初级）旋转编码器间的数据比值超差导致的。因此依据门机构（见图 8-38）、门控电路（见图 8-39），

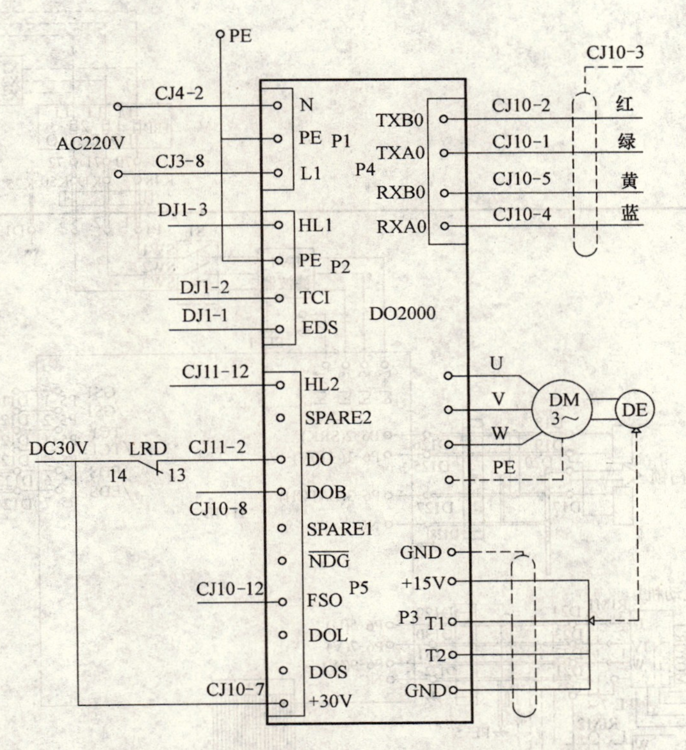

图 8-37 西子奥的斯 OH-CON300VF/DO2000 门控电路

先检查三只位置感应器 DL1、DL2、DL3 的工作状态，都显示正常，那么重点便转向了旋转编码器 PE 和它的传动机件，结果发现是制动闩锁轮的破损和同步钢丝绳的断股共同造成了旋转编码器输出数据的丢失。在换上新的轮子和绳子，并重新进行了门机自学习以后，该电梯的开关门就又回归正常了。

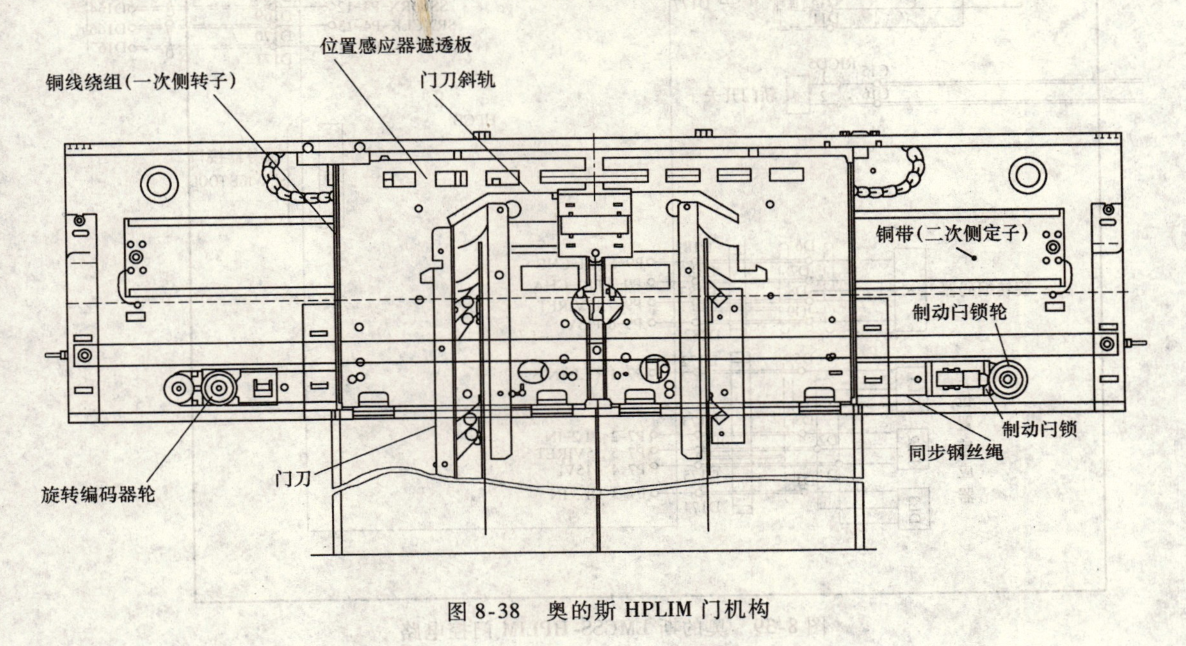

图 8-38 奥的斯 HPLIM 门机构

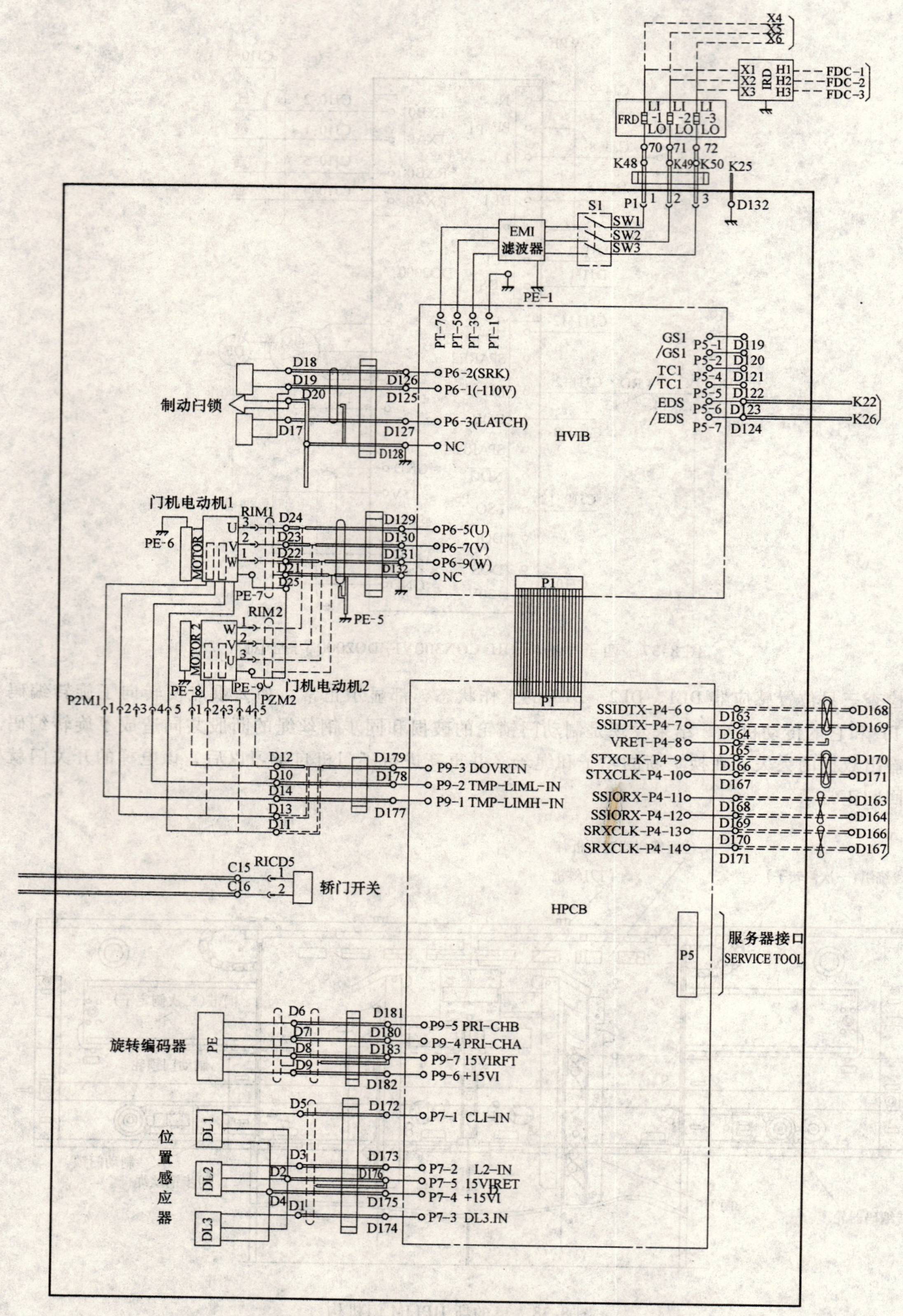

图 8-39　奥的斯 LMCSS-HPLIM 门控电路

三、关门后不起动

关门后不起动既属于较常见，又属于不简单的问题。所谓较常见，即是每一个初入门的电梯修理工都会轻而易举地说出几个与此故障有关的原因：

1）根本就没有（或者忘记）登记指令或召唤信号。

2）轿门、层门电气触点没有接通（本层层门的机械联锁没有调整好、因严重磨损而偏离定位、层门的电气联锁接触不良或触点烧毁、轿门机械尺寸调整不当、传动构件严重磨损引致门扇缝隙过大而使轿门电气触点无法导通、轿门的电气联锁接触不良或触点熔脱、轿门或层门的机械和电气的联锁装置损坏等）。

3）借助于机械的和电气的有无触点导体构成的安全电路没有连通（尤其是安全电路，由于各电梯生产厂商的技术设计的风格差异，在电梯各保护检测设备、装置、印制电路板、器件、触点的编排与连接上也不尽相同，因此熟识所维修品牌系列电梯的安全电路的各个环节及节点，是胜任本工作的基础前提）。

4）曳引电动机主电路没电或断相（如运行接触器没有吸合、个别触点接触不良、接线端子松动等）。

5）变压变频（VVVF）器或调压（ACVV）器故障（如全部或个别晶闸管组件的门极或大功率晶体管模块的基极没有触发信号等）。

6）电磁机械制动器闸瓦不松开（如电磁铁阻滞、制动器电路故障），或使用液压式机械制动器的电动机不旋转等。

7）上行与下行限位开关误动。

所谓不简单，即是在相当多的老款式电梯上，若出现该类问题，则往往会关困乘客，成为激起消费者投诉和影响品牌声誉的导火索。引起此类故障的稍复杂的原因还有：

8）上一次运行后，某个电路或某个机械环节没有复位而扰乱了下次运行前的逻辑判断步骤。

9）突发的印制电路板和功率模块器件损坏。

10）控制 CPU 与变频 CPU 通信不畅、恶劣干扰。

11）梯群 CPU 的通信堵塞或调配失灵（特别是群控台数多、客流信息量陡变或程式累积误差出错）。

12）曳引电动机绕组因绝缘老化而发热至击穿或烧毁。

13）电动机端轴承因缺油或油质蜕变而热胀卡壳不转。

14）曳引机减速齿轮箱因严重缺油、油质蜕变、端轴承严重磨损、蜗轮副或齿轮副啮合变形而发热咬死、夹轴闷车。

15）选层器信息紊乱，电梯丢失方向。

16）轿厢印制电路板上利用有别于轿门电锁的验证轿门关闭的传感器信号没有上传到主控板。

17）轿顶通信板损坏等。

现如今，大多数电梯生产生产厂商均掌握了成熟和完善的编程设计，当微机的监控软件在登记了信号、梯门已关闭的数个扫描周期或一定（乘客承受心理指数）计时内还未收到运行反馈信号后，如输入板的门区脱离信号、编码器的速度/距离脉冲信号、变频器的频率输出一致信号等后，会立即启动封锁阻止模块，令电梯的起动程序暂停、中止或取消，并马上打开梯门。因此，在遇见这类故障时，已不会像过去的老式电梯那样，常常关困乘客了。

1. 奥的斯 Gen2 型电梯

观察层外显示轿厢停在下部层站，在其上部层外按揿呼梯没有反应，到达轿厢所在层站看见梯门已经关闭。目测发现上端层站维修屏 SPB 的“NOR/diag”发光二极管闪烁，表明井道误入防止功能（ACC）被激活（这点也可通过 SVT 服务器上是否有 0306 HVVY Access 的系统记录事件予以验证）。由图 8-40 中层门锁电路硬件处理可以看出，Gen2 的 MCS220 操控系统增加了轿厢运行过程中或在门区轿门已关闭后层门被打开的监测功能，因此排除检修人员有意操作的因素，借助 ERO（召回）或 INS（检修）转换开关解除 ACC 封锁，然后移动轿厢检查轿门门刀与层门门轮的机械间隙，结果发现该故障是因滚轮导靴的外缘磨损，致运行中轿门门刀碰撞层门门，使门锁电气触点无理打开而造成的。在更换滚轮导靴，校正层楼轿门门刀与层门门轮的机械间隙后，电梯恢复正常运行。

2. 迅达 M-B/DS 型电梯

在登记了轿内指令信号，关好门后不起动，机房中发出很响的“哼”声。目测发现控制屏内交流调压（ACVV）装置驱动操控板（RDS3）上的故障灯（STOR）点亮。将电梯置于检修运行状态，检查三相供电电源、控制与驱动系统之间的输入输出信号都正常，尝试以检修运行上下移动轿厢也很正常。由此推测问题出在 ACVV 装置的驱动触发板（LDS9）和晶闸管组件与主电动机电路上（见图 8-41）。断电后将 LDS9 装到另外的同类型电梯上测试，结果正常；接着拆开主电动机 2U1、2V1 和 2W1 端接线，检查运行控制接触器 SH1 的主触点，检查上行 SR-U 和下行 SR-D 接触器的主触点，均正常，用万用表初试测量主电动机定子绕组的绝缘电阻也正常。通电使控制系统和驱动装置工作，用 220V 100W 白炽灯对地测 ACVV 装置的 2U1、2V1 和 2W1 端的输出交流电压，发现有一相输出电压偏低（$\leqslant \phi U/\sqrt{3}$）。分析这故障可能由该相晶闸管组件及触发电路引起。断电再仔细测量，结果发现一个晶闸管的控制极电阻比其他的大了许多（应该是 Ω 级，而其为 kΩ 级）。从而可以断定是该相电路的一个晶闸管因控制极开路而没有导通，但另一个反并联没坏的晶闸管却能导通供电，故在主电动机电路中形成了直流制动电流，它产生的涡流力矩使电动机堵转并发出很响的“哼”声。在更换了该组晶闸管，将 2U1、2V1 和 2W1 导线接回主电动机后，电梯运行即恢复正常。

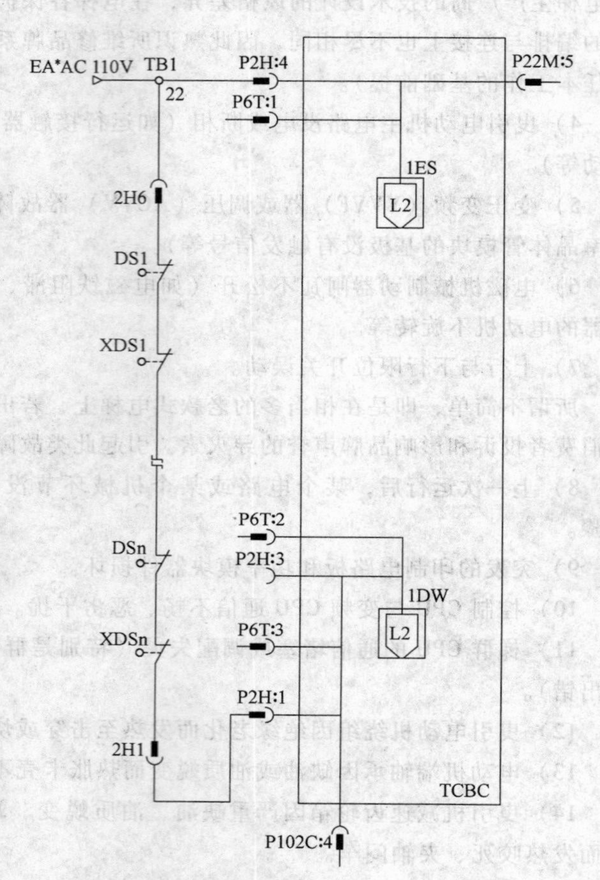

图 8-40　奥的斯 Gen2 门锁电气监测电路

3. 新时达控制系统改造电梯

一台使用了新时达控制柜（串行通信、主控 SM-01 板、安川 VS-616G5 变频器）的改造病床电梯，偶尔会在登记了信号、关好梯门后不起动运行，断电重新开关门后又能恢复运行。分析认

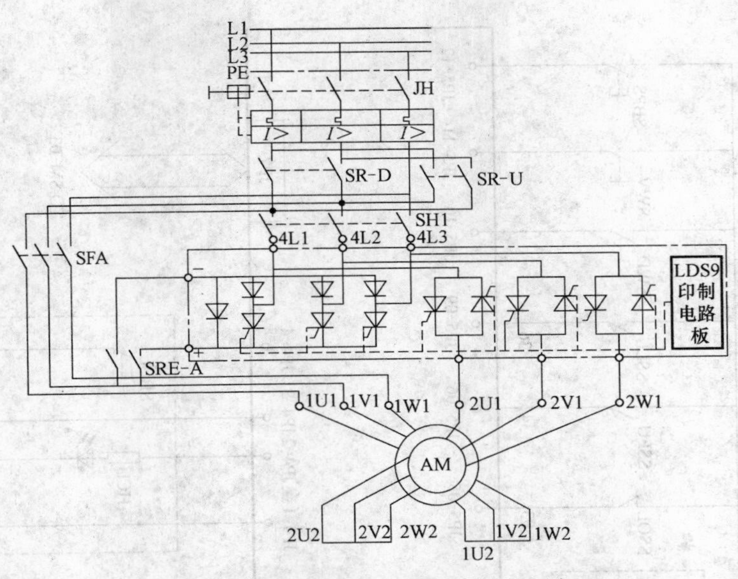

图 8-41 迅达 M-B/DS 驱动原理电路

为能登记内选外呼信号和自动关门表明串行通信系统工作正常，遂耐心地等到故障再出现时，观察变频器、安全电路继电器 KAS、层门锁继电器 KAD 均正常，测量上强迫停车开关 SLUT（111 端）、下强迫停车开关 SLDT（113 端）也正常。研究感到该病床电梯有前后开门，巧合的是故障总在有双开门的层站出现，于是测量轿厢控制板 SM-02 的 SLC（前门关门到位开关）与 SLC1（后门关门到位开关）的信号状态（见图 8-42），结果发现是 SLC1（采用双稳态磁开关）在后门关上后有时不导通，再检查证实是随后轿门而动的磁铁固定板件安装偏差，使得磁铁与磁开关的耦合间隙过大，导致后者有时对磁力线“无动于衷”。重新调整好磁铁固定板件的安装尺寸，即搞对磁铁与磁开关的间隙后，故障现象便消除了。

4. 奥的斯 SPEC50/MP3 型电梯

登记信号关好门后不走车。到机房检查，发现输入接口板ⅡB 上的 CNSL（轿厢不起动）发光二极管点亮，表明轿厢不起动保护动作，进一步检查发现是由制动器闸瓦不松开所引起的。在目测制动器闸瓦制动弹簧的尺寸符合要求的情况下，量度闸瓦线圈 B、B1 两端（见图 8-43）的电压仅为 63V，很明显是零速继电器 ZRS（运行后起到使线圈电路节能和降低断电反磁作用）的触点接触不良所致，分别测量 ZRS 的 1、2 和 3、4 触点，发现有一组触点时而导通阻值较高，时而导通阻值又正常，拆开清理调校后电梯运行恢复正常。

5. 三菱 GPS-2 型电梯

登录了信号，门关闭后欲起动又突然中止（运行接触器 5 和制动器闸瓦接触器 LB 乍吸即释），门重开并且不能再次运作。查看主控板 KCD-60X 上的数码管，显示 EF（意为不能重新起动）和 E7（意为直流侧欠电压）。根据显示代码的提示，重点检查和测试直流环路连接、电容容量和驱动触发板 KCR650X 上的电容预充电电路（见图 8-44），发现 D67 和 D68 二极管的阻值不正常，其中一只无论正反向都呈无穷大，另一只的正向导通阻值也有约几十千欧姆。分析是在长时间的电流冲击中，特别是在反向高压大电流脉涌下，两只二极管终究抵挡不住而“败下阵来”。换上新的二极管后电梯运行恢复正常。

6. 日立 YPVF 型电梯

登记了信号关门后不起动（接触器、继电器已动作过）。到机房查看 MPU 板上的故障码是

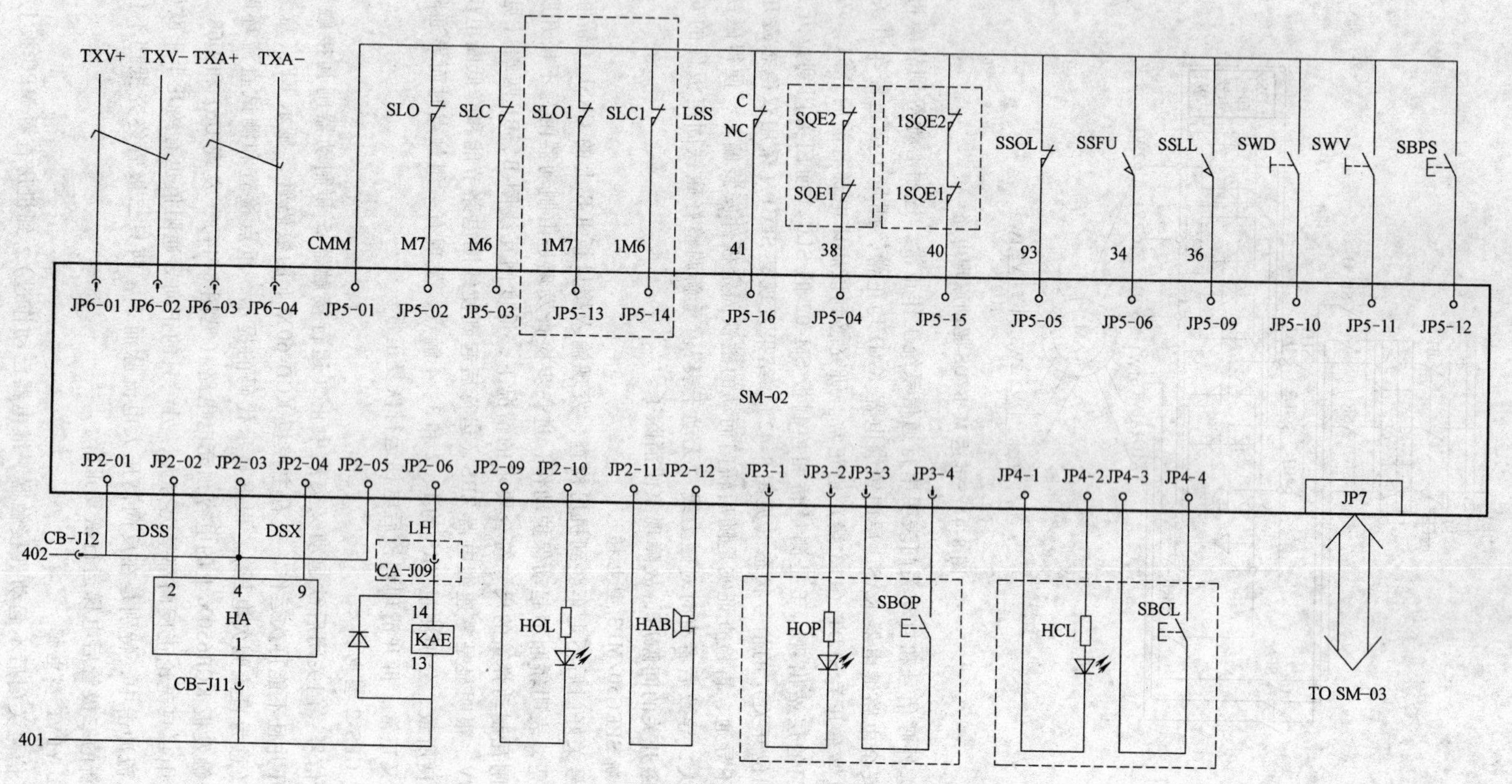

图 8-42　用新时达控制系统改造医梯轿厢信号电路图

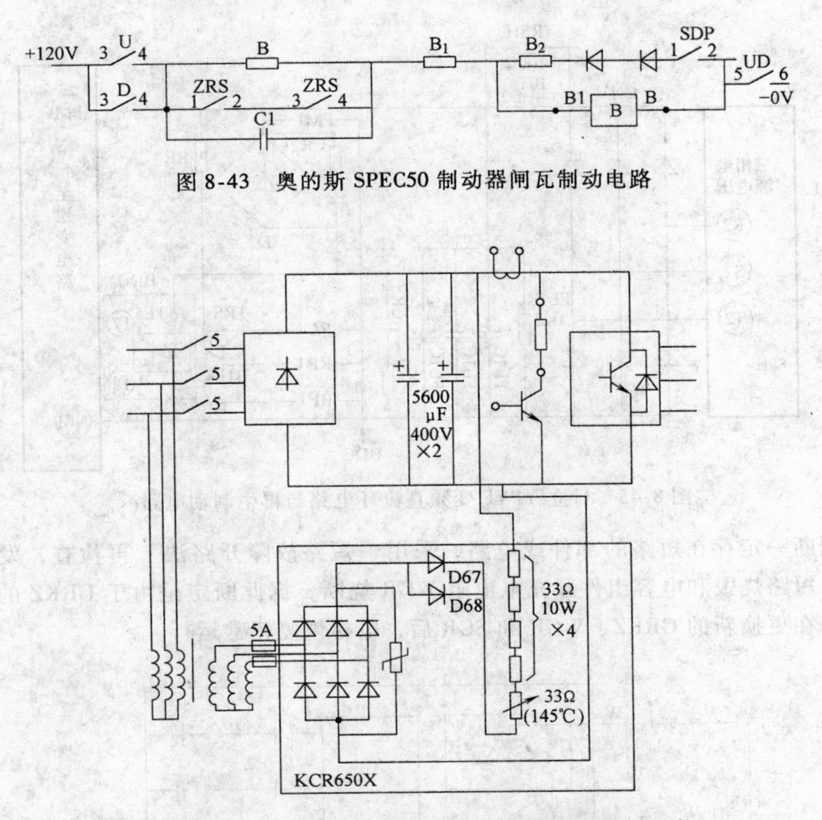

图 8-43　奥的斯 SPEC50 制动器闸瓦制动电路

图 8-44　三菱 GPS-2 逆变器直流环预充电原理电路

TD34（电压不足）。按照故障排除指引检查，发现直流环预充电和限压（流）熔断器 RSH（100Ω）已烧断，而引起这种故障的情况可能是：①再生制动晶体管电路存在故障；②逆变功率晶体管存在直通或桥臂短路；③主电路接触器 10T 及其控制电路出错等。

首先检查主控（微机）（MPU）板的 FF 插座及接线，自动电流调节（ACR）板的 FA、FC 插座及接线和基极驱动电路板（BDC）的 FA、MH 插座及接线，又重点测量了再生制动晶体管集电极至 BDC 的 MH3、BDC 的 FA15 至 ACR 板的 FA15、ACR 板的 FC17 至 MPU 板的 FF17 间的连接，没有发现问题。接着静态测试再生晶体管和逆变功率晶体管各极间的阻值，结果也是正常。随后量度 10T 接触器的主触点，发现其闭合阻值时高时低，属接触不良，遂干脆卸下拆开，看见三副主触点有两副已拉弧打扁，另一副表面也已出现凹凸不平。分析可知（见图8-45），RSH 电阻的作用是当三相整流已有输出（260V）而逆变功率晶体管尚无基极驱动信号时，为平滑电容器 FL1C（5600μF）提供充分电电路，另一方面亦为限制在无负载的情况下，巨大电容量的电容器在通电瞬间（电容器两端的电流能可突变）所吸引的巨大充电电流。如果在有了逆变功率晶体管基极驱动信号后，10T 接触器触点接触不良或动作迟滞，RSH 电阻瞬间便会烧毁，以保护比较昂贵的整流二极管、逆变功率晶体管和再生制动晶体管，此时它似乎又成了一个“熔丝”。换上一个新的 10T 交流接触器或主触点和 RSH 电阻后，电梯运行恢复正常。

7. 迅达 MiconicTX/VF70 型电梯

正常执行完前次运行后，再次运行时不能起动，控制屏 PVF 板数码管显示 E06 和 E08，按出错代码指引，前者表示变压变频电路的直流环路侧电压低于下限值，后者说明该直流环路不能在运行开始前对电容组件预充电。依据其原理电路（见图 8-46）检查，发现整流输入接触器 SGR

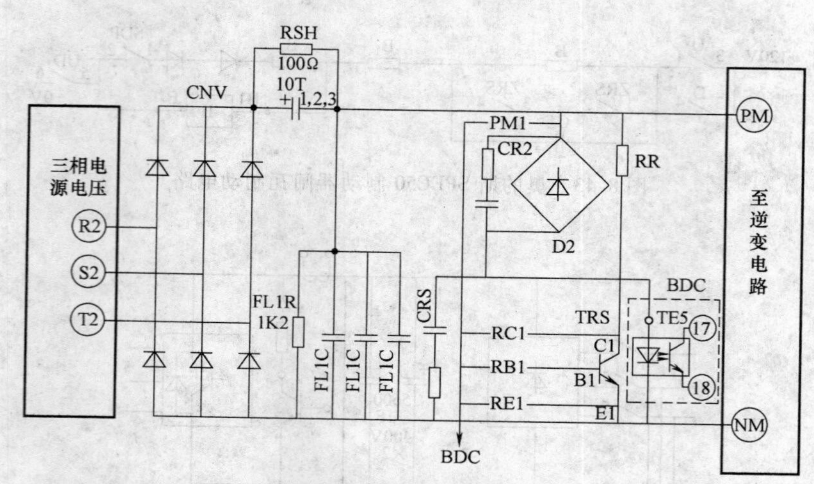

图 8-45　日立 YPVF 变频直流环电路与再生制动电路

触点熔接，判断一定存在短路的部件或电路，采用"短路故障开路法"再检查，发现三相整流桥部件 GRKZ 短路烧毁和电容组件预充电电阻 WGR 烧断，据此断定是由于 GRKZ 的击穿短路而引发的故障。在更换新的 GRKZ、WGR 和 SGR 后，电梯恢复正常运行。

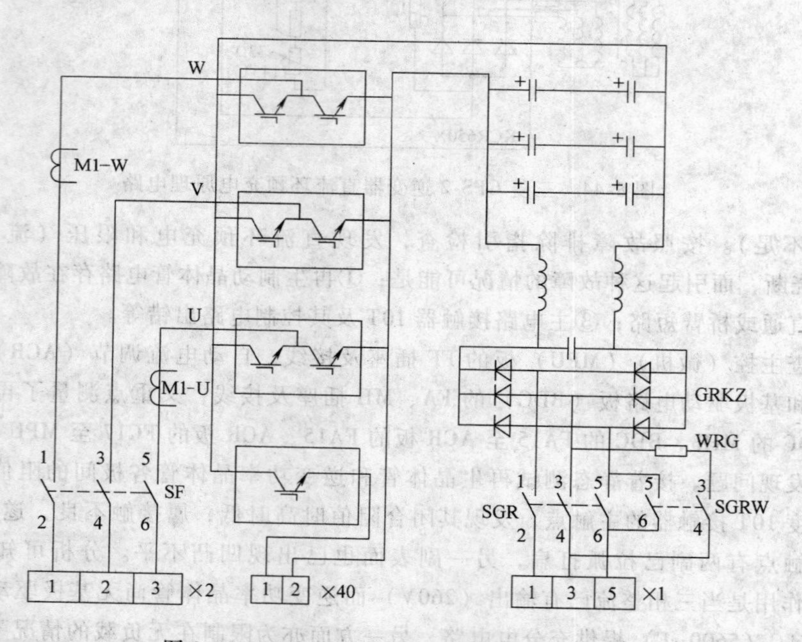

图 8-46　迅达 VF45/70 变压变频电路原理

8. 奥的斯 SPEC90（1000kg 2.5m/s）电梯

登记了信号关门后不再起动，控制屏 LMCSS 板上数码管显示的故障代码是 73，即 DBSS（电源接口-变频调节板）驱动障碍，同时 DBSS 的故障显示数字是 C（CCUR 电流控制异常），目测检查后发现有一组大功率晶体管（IGBT/300A）模块爆裂，直流环熔断器烧断，感觉"事态"严重，遂格外小心地检查。换上一件新的功率模块后转入检修开机，走慢车测量直流环电压约 600V，转入正常试短程（最短层站距空载往上）快车运行，同时测量直流环电压有时竟大于 800V，马上断电。分析为再生制动电路没有工作（即存在故障），而最大的疑点是在驱动触发控制 VFB-Ⅲ/REV 板上，通过互换该板比较证实了判断的正确。因备件一时供应不上，故试着修复该板。由再生能量损耗方式的 VVVF 驱动原理可知，当电动机工作于再生发电制动象限时，直流环内的电动机发电通过逆变器反并联二极管转换的电压，会大于由整流器输出经大容量电容平滑的电压，此时为了释放这股制动能量和保护大功率模块与整流器不被击穿毁坏，电路中的制动功率晶体管将会导通，使得集电极负载——大功率电阻——吸收耗散掉该再生能量，从而达到动态环路的平衡。如果因故障而没能让制动功率晶体管及时导通工作，那么这股制动能量就会成为“扼死”逆变功率模块或整流管的“杀手”。图 8-47 所示为该制动功率晶体管的电路原理，经由其可知，通过主动比较直流环电压与基准电压，及以直流环电流流通方向作为辅助依据，就能决定制动功率晶体管的工作状态即截止或导通。检测过程中发现 a 点电位近乎零伏，焊开 * 号点电容再测电位正常，于是断定是该电容内部介质绝缘变差所致。事情常常如此，低价位电容器的“牺牲”往往要拉上高价位的功率模块“殉职”。换上新的电容后电梯即恢复正常运行。

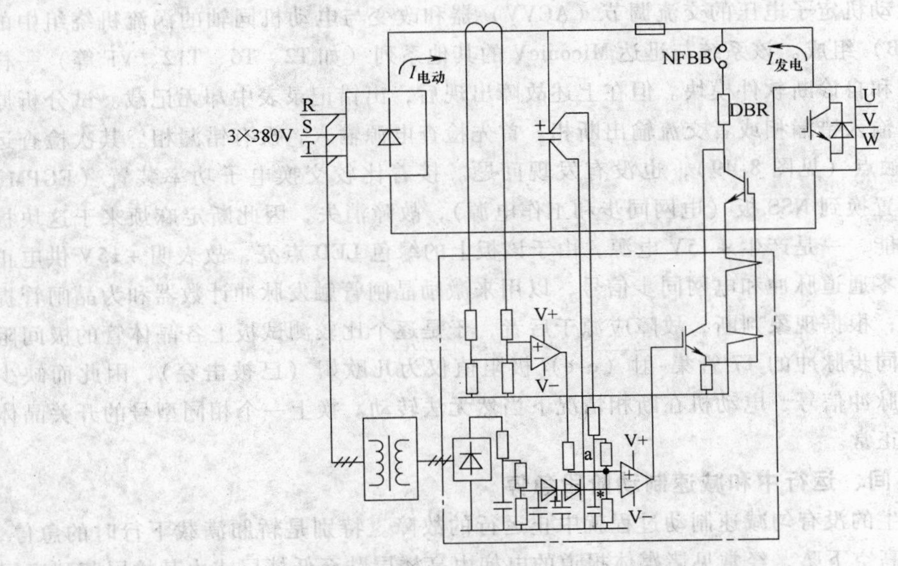

图 8-47　奥的斯 SPEC90 制动功率晶体管电路

9. 三菱 ELENESSA 无机房电梯

电梯停在顶层站下面一站，登记层外信号，梯门关好不运行。层站检修板 LHH-32XA 上 7SEG3 七段数码管显示闪烁的“E”（MONO 开关置于 0-E 的任一位时），表明有故障存在，于是依次将 MONO 从 0 位朝 E 位旋转，同时观察板上 7SEG1 七段数码管的显示数字。当转至 2 位时，该管显示“B”，查阅故障显示详细列表，知是轿顶扶手栏杆开关 HRS1、HRS2 有误（缩写 SWHROKL）。原来三菱 ELENESSA 无机房电梯在轿顶设置有可折叠护栏及相应的串入轿门锁开关电路的验证扶手栏杆状态的电气开关（见图 8-48）。在正常运行期间护栏折叠，打板使 HRS1、HRS2 闭合导通，而进入轿顶欲用检修操纵时，只要一竖起护栏即切换转入手动状态。遂登轿顶仔细测试察看，发觉原来是 HRS2 开关的打板调的太临界，一遇轻微摇晃（比如轿内负载的移动）即会虚接。故重新收固 HRS1 与 HRS2 的打板，以使它们可靠的接通，由此电梯也恢复了正常运行。

10. 迅达电梯 MiconicV/Dynatron3 电梯

无论是上行或下行，登录信号关好门，闸瓦打开后，电动机像受到巨大的、与旋转方向相反的力量阻止而无法转动，并发出不正常的“呜呜”声。该型电梯的调控系统是使用 16 位微处理

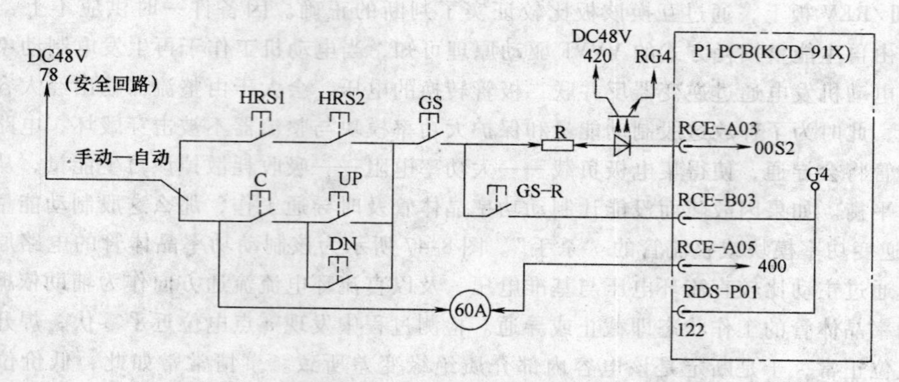

图 8-48　三菱 ELENESSA 电梯扶手栏杆开关电路

机，驱动由改变电动机定子电压的交流调节（ACVV）器和改变与电动机同轴的涡流机绕组中的制动直流装置（DB）组成。该系统与迅达 MiconicV 的其他系列（如 T2、T6、T12、VF 等）一样配备了专用的监控和自诊断软件模块。但在上述故障出现后，出错记录表中却无记载。试分析原因，可能出自电源输入错漏相或者交流输出断相。首先检查电源输入，没有错漏相。其次检查运行接触器 SH 的主触点（见图 8-49），也没有发现问题。接着比较交换电子功率装置（EGPM）内的各电路板，当置换到 NSS 板（电网同步和工作电源），故障消失，因此断定麻烦来于这块板上。该板有两种功能，一是产生 +15V 电源，由于该板上的绿色 LED 点亮，故表明 +15V 供电正常；二是产生三个零通道脉冲和电网同步信号，以用来激励晶闸管触发脉冲计数器和为晶闸管提供正确的触发基准；根据现象判断，故障应源于后者，于是逐个比较测试板上各晶体管的极间阻值，结果发现产生同步脉冲的 T7 管集-射（c-e）极阻值仅为几欧姆（已被击穿），因此而缺少了一相晶闸管触发脉冲信号，电动机在断相情况下当然无法转动。换上一个相同型号的开关晶体管，电梯运行恢复正常。

四、在起动区间、运行中和减速制动阶段急停

急停是瞬间发生的没有匀减速制动过程就中止运行的故障。特别是轿厢满载下行时的急停，给乘客的感觉犹如高空下坠，经常见诸媒体报道的电梯由高楼层跌至低楼层或由某楼层落到底层站的现象，其实有些是由于发生瞬间急停后给人的心理和生理所带来的震撼错觉或造成的创伤感触。急停如果是较规律的出现，则与以下原因有关。

1）外供电系统突然停电。

2）主熔丝熔断、或空气开关跳闸。

3）轿门门刀碰擦层门锁轮引起层门触点瞬断。

4）安全电路的某个开关（如安全窗开关、限速器断绳开关、曳引电动机绕组热敏开关等）此时动作。

5）安全保护机械装置像限速器、安全钳因超速或误差而动作。

6）由井道、轿厢传递来的信息消失。

7）主控或驱动印制电路板上的某个元件击穿损坏。

8）变压变频装置因输入侧欠电压和断相、或输出侧对地漏电流超标、或其他原因促使主微机做出即时保护反映等。

以上原因比较容易解决。如果急停属于偶然性的，即随机性出现，或者是待差错累积到一定程度，完成由量变到质变的转换，最终爆发一次，就比较麻烦。

9）例如，有一部奥的斯 GZ300VF 型电梯，每运行一段不等的时间后就会出现一次急停，等

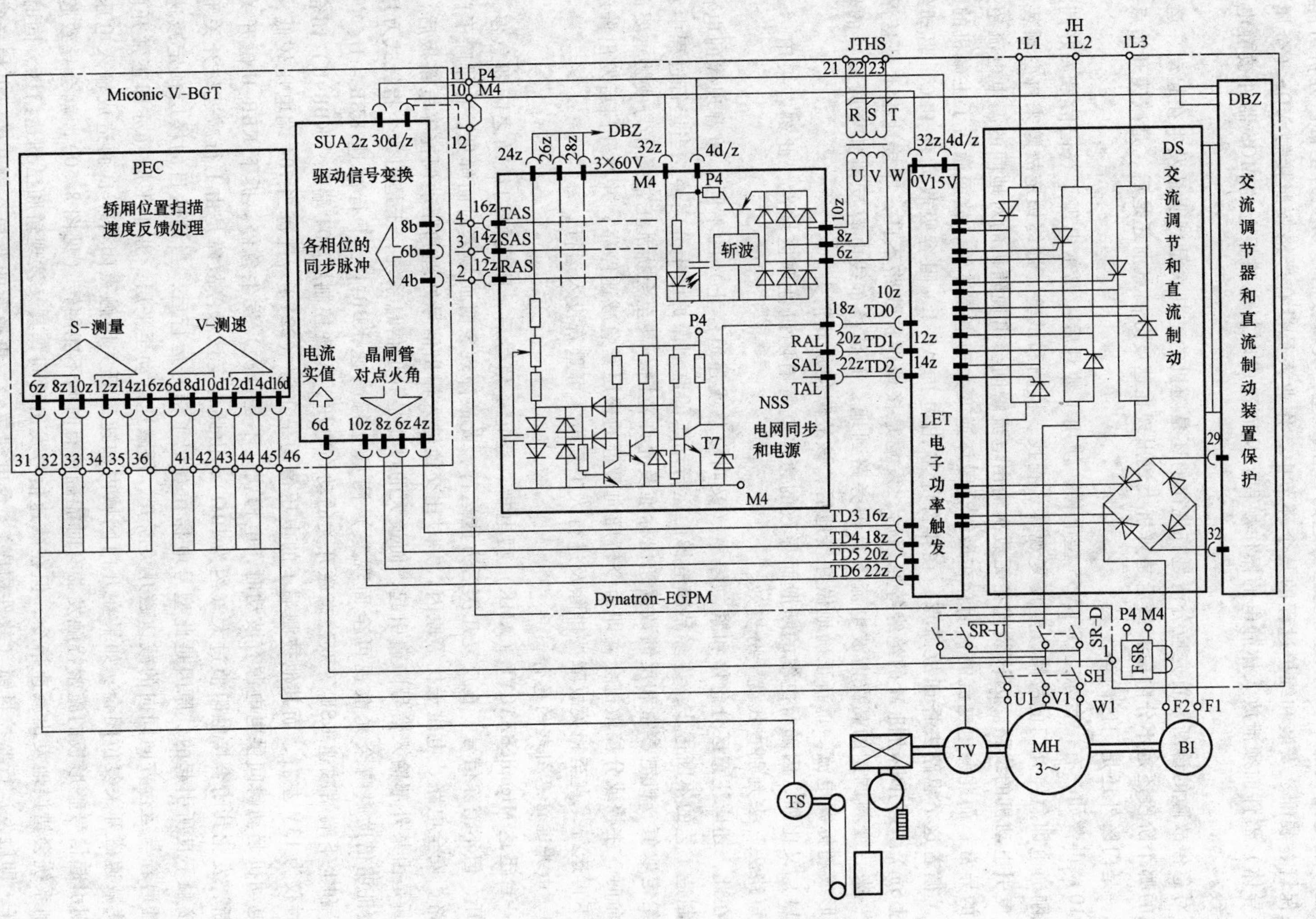

图 8-49　迅达 MiconicV/Dynatron 驱动原理电路

会儿又能恢复运行，而服务器上给出的故障代码竟都无帮助，经数日反复查找，最终断定是由驱动控制印制电路板的 CPU 不规则复位引起的，在换过一块新板后一切变为正常。分析可能是由于在保管、装配、安装和维护过程的某个环节中，作业人员没有严格按照接触 MOS（金属氧化物半导体）器件前须泄放人体静电的操作规程，从而造成印制电路板上的 MOS 器件被静电软击穿所致。

对急停故障的诊断，首先应分清是有规律的还是随机的，其次是判明是发生在起动、运行和减速的哪个阶段还是不分阶段，最后是辨析大致出现在速度分离点前还是后、是减速开始点前还是后、是门区外还是门区内等。

10）再譬如，有一台东芝 T-CV55 型电梯，使用了数月后，偶尔出现了登记信号关好门，曳引机刚通电即急停开门的故障，经反复观察、查找、检测和试验，最终锁定故障来自变频装置或其至曳引电动机的线路。因该装置在无数次输出电流瞬间会出现随机的对地间的漏电电流超过允许值的异常，而此漏电电流的长期存在最终会毁坏逆变大功率晶体管，故而激活了主微机的急停保护。循着这个思路去查证故障点，在排除了输出电抗 AC-L、阻容吸收元件 FLC、驱动线路（超过 6m）、曳引电动机 M 的绝缘等原因后，发觉是接地保护线路不良，即接地根本是悬浮的，如此一来，变频调制的高次谐波电流不是被旁路到地，而是经布线电容反馈到变频装置的输出侧，形成超标漏电流。重新正确地做好接地后，该故障便从此消失。

11）又比如，因随行电缆的断股而导致的急停就特有随机性和区域性，此刻若采用“开路故障短路法”去判别查找就十分奏效。

在此，还应注意区分急停和紧急停靠（又叫应急或强迫停止）的不同。随着现代的电梯设计与制造工艺的不断进步，许多品牌电梯的运行动态的监测保护已十分完善，当运行过程中发现某些给定取值、机电参量和反馈数据超出标准及允许范围，甚至会扰乱正常操作与威胁重要部件的寿命时，主控或分控微机会立即命令轿厢向最近的楼层紧急减速停靠，并在开门后发出警示信号且不再运行，直至相关故障被排除及进行人工复位才可重新投入运行。

1. 由井道信息引起的急停

一台迅达 MiconicB/ACVF（AMK）型电梯，登记了信号后，刚关好门欲动之际即急停，门又重开，但不消除信号，在反复几次后方能运行，此故障现象时而频繁时而鲜见。在排除了门保护电路、安全电路、电磁干扰等原因，并对比交换输入输出信号处理和驱动调控等电路板后，初步推断是由某外部输入信号障碍引起，而最大的可能是井道信息系统，于是用数个指针式万用表（经验证明借助眼睛余光散视可全面观察）测量上行减速 KBR-U、下行减速 KBR－D、门区 KUET 和上下端站减速 KSE 等双稳态磁开关的动作电压，发现控制屏 704 端子（KBR-U）闭合电压有时仅为 13V 左右，而其他被测端子的电压值均呈正常（22V），且每当 704 端电压较低，尤其在电动机起动瞬间供电电源有波动时，电梯就（不是每次）发生急停。拆下 KBR-U 磁开关测量通断，发觉其闭合接触阻值过大（约为 10Ω），由此肯定该急停故障是由上行减速磁开关干簧触点接触不良所引起的。原因是此型号电梯在登记了信号运行后，当到达目的楼层预定减速点处，且遇着与运行方向同向的减速磁开关断开，便减速制动至平层，并于平层（亦即正常开门）区域使减速磁开关复位闭合。如果在开门区域内加速磁开关因触点闭合不良而造成输入电压过低，则引起信号整形板的施密特触发器有时能翻转有时则不能翻转（见图 8-50），就会导致起动时控制系统会错误地发出减速指令，但在减速信号发出瞬间，其又发现轿厢已到达门区，同时闸瓦张开，即触发运行监控封锁（软件构成），令电梯急停。更换新的双稳态磁开关，电梯运行即恢复正常。由此也推敲当下行减速磁开关 KBR-D 干簧触点接触不良时，照样也会引起在门区起动急停的故障。

2. 因主接触器辅助触点引起的急停

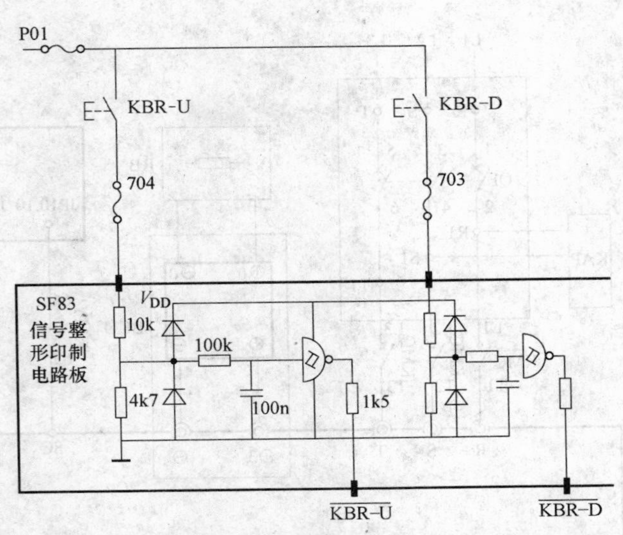

图 8-50　迅达 MiconicB/ACVF（AMK）井道信息处理电路

一台使用新时达（STEP）控制柜的改造电梯，配置了串行通信、安川变频器、博邦变频门机、微科门光幕、诚索液晶显示器等，投入运行前三个月一切正常，随后即偶尔出现起动瞬间、运行时候的急停故障，由于其出现的机会极少，很难捕捉，但一发生碰巧就会困住人，而按照手持操作器给出的故障代码去找又不是那个原因，因此着实叫人头疼。故只好采用“释疑排除法”。释疑排除法在第一节的电梯和自动扶梯运行故障的辨别分析、判断思考、排除技巧中未有提及，其实它对排除随机偶尔出现的故障来讲不啻为一个有利的选项。所谓的释疑排除法，就是针对随机偶尔出现的故障事先分析列举、假设摆布数种可能与大概，然后逐个逐条逐块逐面地切割、辨认、鉴定、剔别，从而缩小范围，进而找准疑点，终而解决问题。在执行“释疑排除法”的同时，辅以“先外后内先易后难法”和“比较交换代入法”，往往能收到奇效。因此，事先安排的顺序是：①井道内电器电路（重点是井道内构成安全电路的部分），②轿厢上电器电路（关键是轿厢上构成安全电路的部分和变频门机系统），③控制柜内电器电路（要领是输入输出信号、主控微机板、变频器）。首先测试排除安全电路引起急停的可能，其次测试排除变频门机、轿顶传感器，接着将注意力放在控制柜内，当检测到输入至变频器的触点信号时，发现输出接触器（施耐德产品）KMY 用于变频器的辅助触点 63、64 偶时接触不良（见图 8-51），这也就诠释了手持操作器只能提供进出主控微机板的信息是否正常的代码，而无法给予进出变频器的信号是否正常的指示的疑问，并由此而节省了要去比较交换主控微机板和变频器所耗费的时间。在更换了新的辅助触点（该接触器为模块分体式结构）后，电梯运行便恢复正常。

3. 由井道风力引起的急停

一台莱茵（LME）电梯，偶尔出现在运行过程中的急停，有时一天几次，有时一周都不来，开始主控微机屏上没有故障代码显示，断续近两个月后，主控微机屏上短瞬跳出的故障代码是SK1。按照代码的解释是安全电路中断，可是在该电路中串入指针式万用表，等至急停发生时却看不出断开的迹象，分析可能是短瞬的开路与接通快过万用表的反应时间。于是先在电梯大堂梯门口摆上护栏，贴上维修告示，然后在机房控制屏内拆下开门继电器线圈上的进线，接着跨接除轿门、层门门锁开关外的相关电路（见图 8-52），令电梯在不开门的状态下持续运行，并逐步逐段拆除被跨电路，耐心地观察急停是否发生。功夫不负有心人，终究查到此短瞬的开路与接通故障来自轿厢部分的安全电路，遂登轿顶逐个逐件检查电气开关，似乎都很正常，于是蹲在轿顶仔细地再逐个逐件地观察这些电气开关在运行期间的状况，结果匪夷所思地发现是井道风力作用在装于轿顶的上下极限开关（KEN-U/D）的滚轮及连杆，而使得它轻微摆动导致开关触头似接通非接通，由此造成运行过程中的急停。在拧紧上下极限开关的滚轮及连杆的螺钉（增加阻尼）和更换一个开关触头后，该急停故障再无现身。

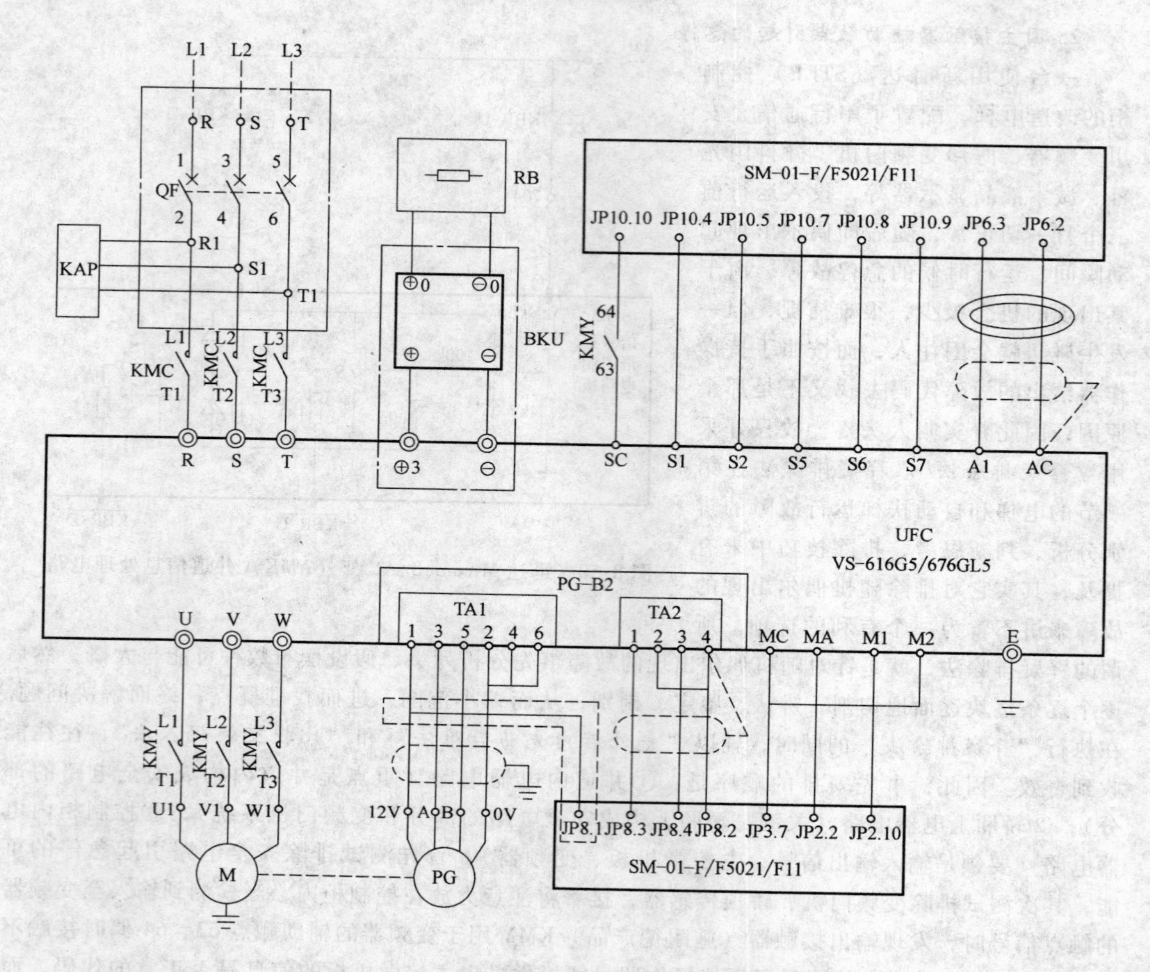

图 8-51　新时达（STEP）改造电梯变频驱动原理

4. 因供电电源引起的急停

一台奥的斯 SPEC90（TOEC2000VF、GZ300VF、XO21VF）型电梯（主电路原理如图 8-53 所示），在运行过程中（特别是当起动时）不确定地发生急停，随即校正平层又能恢复正常运行。运行控制板 LMCSS 上 16 段数码管的故障显示有时出现 02（电源故障或安全电路区域出错）；03（快车和慢车操作出错）；09（硬件不合逻辑的中断）；60（过层）；73（DBSS 驱动故障）。以及驱动控制 DBSS 装置操控板上数码管的故障显示 U. U.（UVT 主电路电压不足）；O. U.（过电压）；L. C.（IML 电动机锁住）等。经检测此急停往往是在三相供电电源波动范围较大（349～410V，超出国标 ±7% 规定）的时候发生，又查证该变频调速装置（是进口部件）仅能适应 ±5% 的供电电压变化，故判断这故障是因三相输入电压波动范围超标而引起变频装置交流侧或直流侧的监控（软/硬件）保护器动作所造成的。解决的办法一是或加装三相交流稳压器使供电电源的波动范围缩窄；二是或更换能适应较大电压波动范围（如 ±10%）的变频调速装置。本例是采用了第一种方案而使电梯的运行正常无虞。

5. 由自耦变压器引起的急停

一台三菱 SP-VF 医梯，轻载上运、重载下行没事，但重载上行、轻载下行则会出现急停。首先怀疑驱动调节板 E1（KCJ-120），调换后现象依然，接着考虑驱动触发板 LIR-81X，试探后

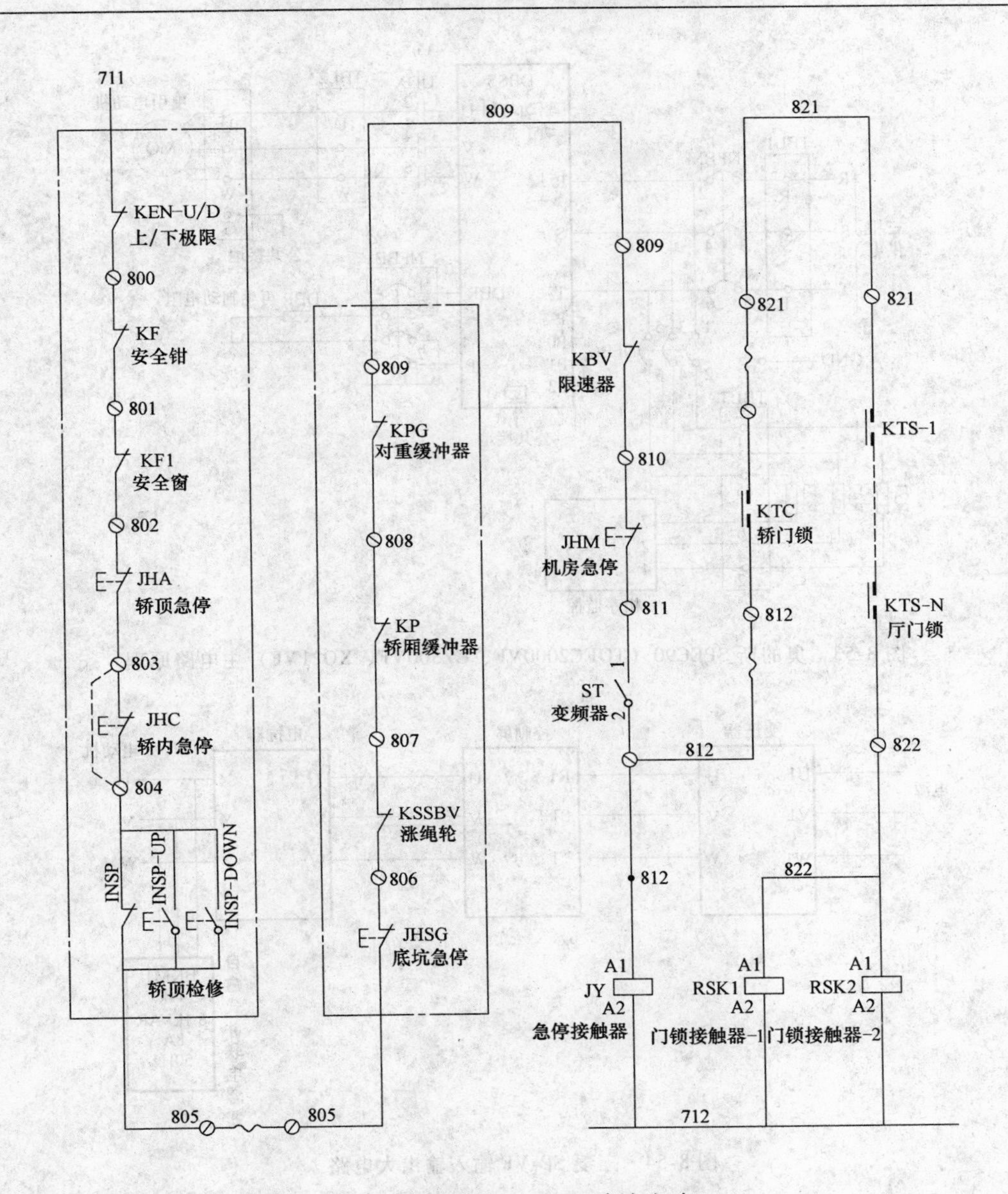

图 8-52　莱茵（LME）安全电路

故障照旧，随即检查电动机接线，功率模块 IGBT，平滑大电容 C，电流互感器 CT-1、CT-2、CT-3，均没问题。正当“黔驴技穷”，此时“灵感运气”发挥了作用，突然感觉会不会是大电路出现问题，巧合的是在联想猜测之际无意中瞥见自耦变压器（见图 8-54）箱内在重载上行、轻载下行时会闪现电弧火花，而这一刻急停便接踵而至，遂打开箱盖，赫然发现 W 相输出线的端接桩头螺栓已经松动且烧结熔蚀。断电调换及收紧新的端接螺栓后，该医梯运行恢复正常。

6. 因平层校正值被超越引起的急停

一台迅达 MiconicV/TransitronicM 型电梯（驱动原理如图 8-55 所示），每隔不等的时间随机地在井道下部区域的任一目的楼层前急停，随后自动地做测量运行（存储楼层距离和操控参数更新）。监控屏幕上出错菜单显示故障代码 KLIM。此代码解释的故障原因是在减速进入平层区域前，通过脉冲增量测距器反馈的实际层楼距离位置，与预先存储设定的平层进入距离位置比较

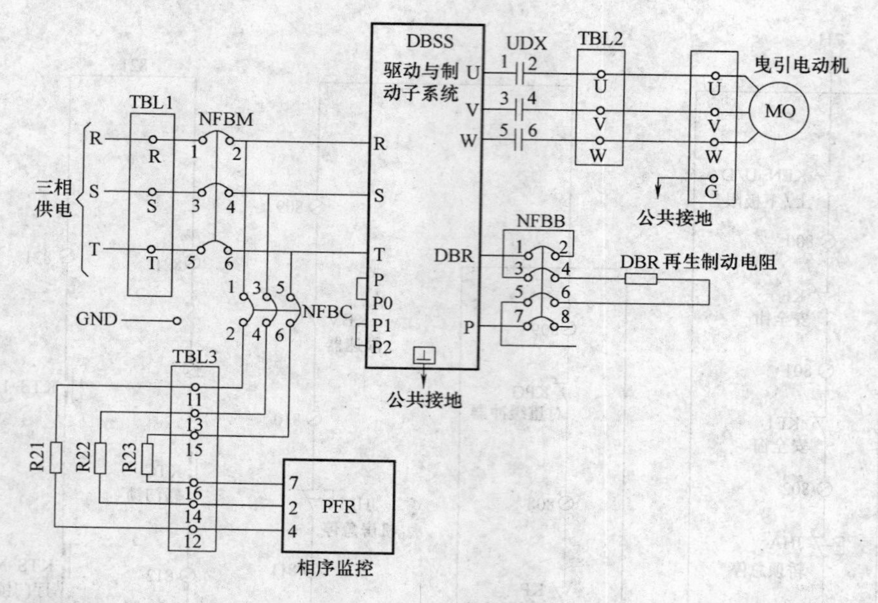

图 8-53　奥的斯 SPEC90（TOEC2000VF、GZ300VF、XO21VF）主电路原理

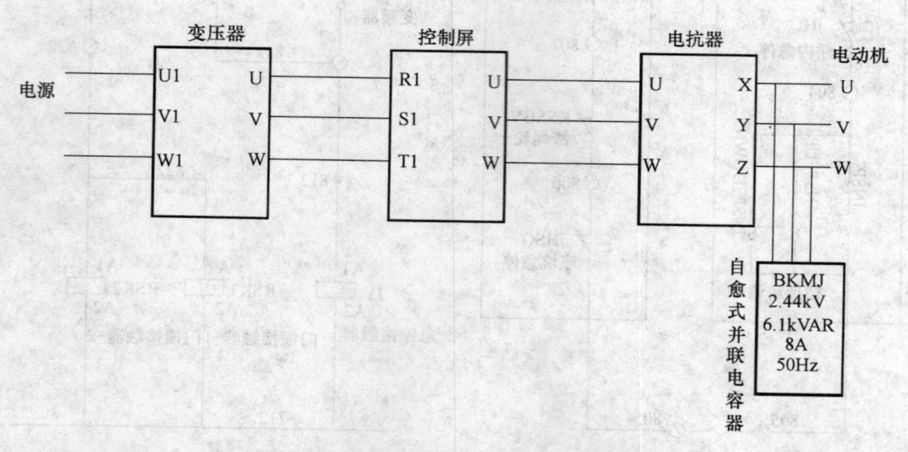

图 8-54　三菱 SP-VF 输入输出大电路

后，得出的结果是数据域中平层进入校正值大于了平层进入的容许偏差值。按照出错处理指引，采用“目测比较交换法”，检查了井道信息系统，检查了脉冲增量测距器的接线与屏蔽层的接地及光盘与收发器件间的隙距，检查了限速器同测距器的机械连接以及限速器的绳轮直径和限速器绳张紧装置的压重效果，均未感觉异常。因而将疑点集中到限速器钢丝绳的直径上，结果发现有一段钢丝绳的直径变小（可能是材质选配、制造偏差，或由于使用时间太长而被拉细，以及安装时局部扭曲受损等原因造成），导致该段绳在限速器的轮槽中时有滑移，当脉冲的误差累积到一定数值后，便会触发 KLIM 故障。在更换了限速器钢丝绳及重新进行初始化测量运行后，该故障现象便消失。

7. 由散热风扇引起的急停

一台迅达 300P（MiconicTX5/VF30BR）型电梯，突然出现在门区起动或平层时的急停，随后便不再运行，等数分钟到十几分钟又可恢复，依据运行载荷状况过几十分钟至几小时，又会复

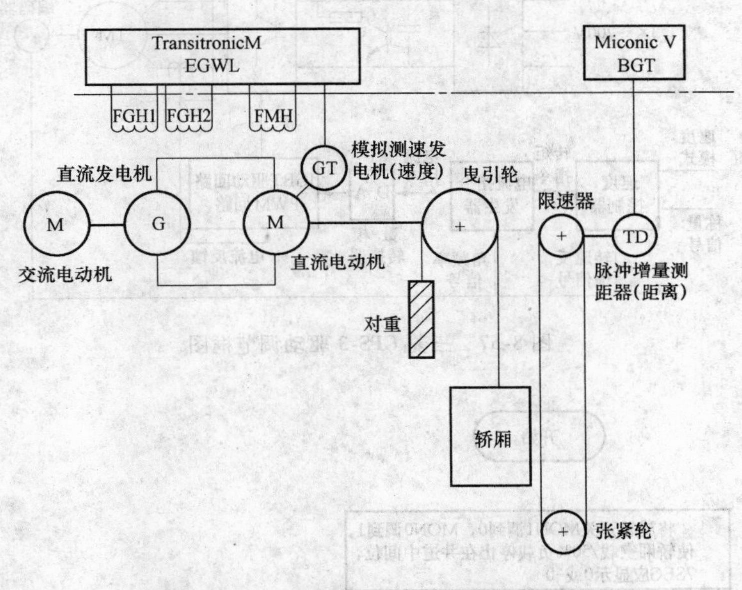

图 8-55　迅达 MiconicV/TransitronicM 驱动示意

制。查控制柜内监视屏上的故障代码是：Over Temp Motor（电动机过热）。而该代码解释的可能错误原因为：①测距器未连接或连接错误；②电动机电流不对；③驱动装置过热：④曳引热敏元件丢失等。排故指引所给出的应对措施有：①检查测温设备的电缆及接线；②检查到电动机的主电源线路（如是否与端子盒短路）及接地；③检查 PVF 电子板的调试；④检查电动机风扇；⑤检查测距器的安装及连接等。按照“先外后内先易后难法”，触摸曳引电动机外壳感觉烫手，观察曳引电动机散热风扇发现其不转动，遂查看电动机风扇继电器 RMVF（见图 8-56）已经吸合，再测量风扇的接线端已有 380V 交流电压，故断定电动机散热风扇已被烧毁，也确定是由其导致上述故障的发生。在装上一个好的曳引电动机散热风扇后电梯恢复正常运行。

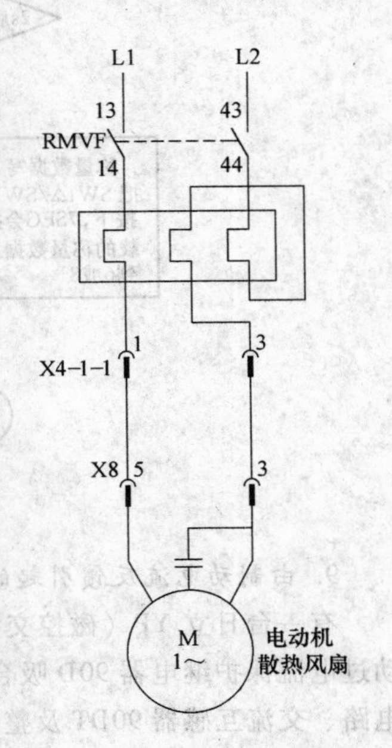

图 8-56　迅达 300P
（MiconicTX5/VF30BR）
散热风扇电路

8. 由称量装置的输出值漂移引起的急停

图 8-57 所示是三菱 GPS-3 型电梯的驱动调节原理框图。从图中可以看出，轿内负载的称量信号作为速度控制器的参考输入因数，与速度模式和速度反馈信号，通过比例积分运算而形成转矩指令的基准量值，该指令量值又与电动机角频率反馈信号，经矢量程序换算而产出电流指令的精确量值，最终使交流电动机获得直流调速的特性。若称量信号因探测部件、差动变压器、信号转换器或线路传输的故障而发生漂移时（当 KCD-70X <P1> 板上的 MONO 开关在位置 D 时，板上数码管显示现时错误的称量值），指令转矩将会与实际转矩发生严重偏离，由此触发强迫匀减速停靠（差值较小时）或急停（超过极限值且楼层距离过长时），P1 板上数码管（当 MONO 开关在位置 0 时）显示 E5（过电流）/E6（过电压）。按照图 8-58 中的称量数据写入流程重新调试称量参数、更换称量装置的损坏元器件，即可使电梯的运行恢复正常。

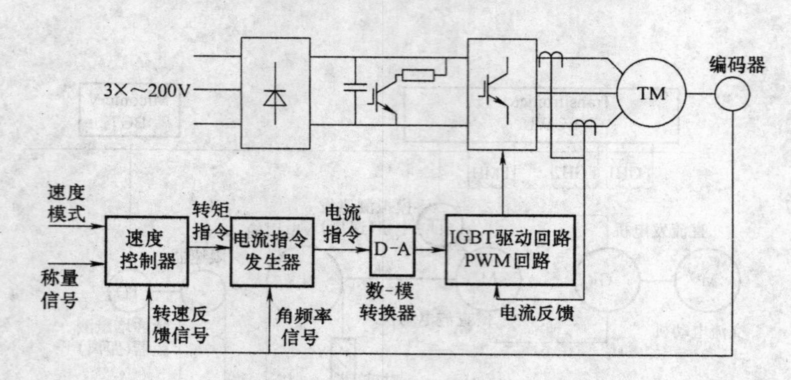

图 8-57 三菱 GPS-3 驱动调节框图

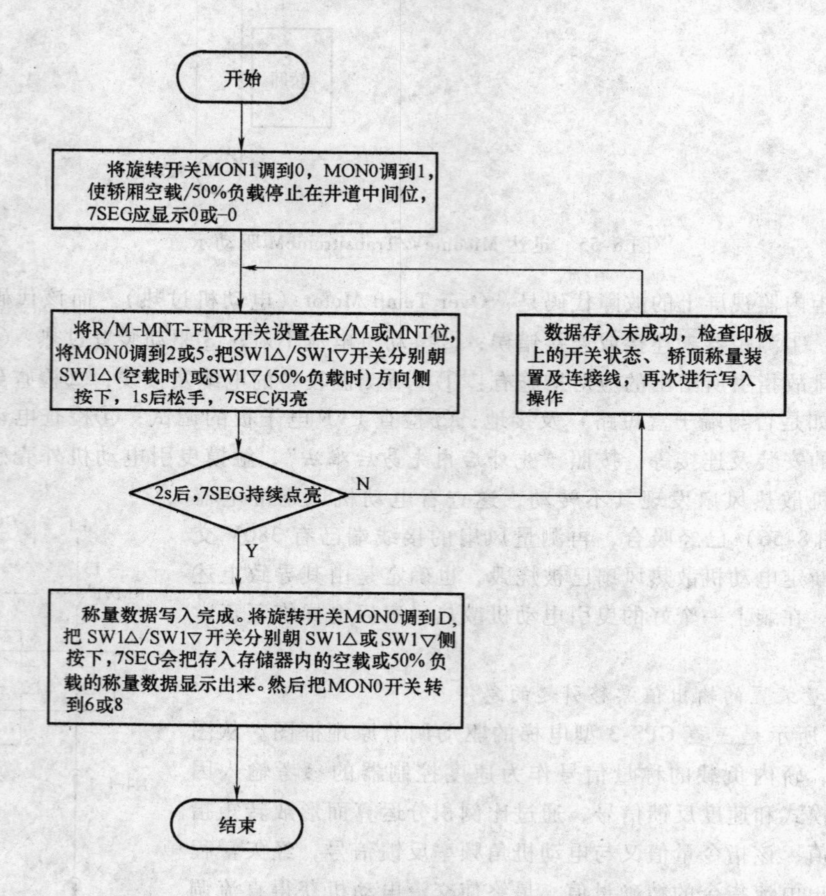

图 8-58 称量数据写入流程

9. 由制动电流反馈引起的急停

有一台日立 YP（磁控交流调速）电梯，投入运行后，开始是几率极小地出现减速急停（制动过电流保护继电器 90D 吸合），随着使用延续，发生几率增大。经仔细检查，交流电压、输入电路、交流互感器 90DT 及整流放大器等（见图 8-59）均无异常，由此推断有以下几种原因会引起制动电流的改变：①电动机绕组经长期使用后，热态电阻和动态磁漏发生变化；②互感器的取值因动力主线破损而发生变化；③分流电阻 90DCTR 的阻值发生变化；④相关诸元件因老化而发生质蜕等。再认真地分析以上几种变化因素，认为即使造成制动电流有些波动，但只要不超出可承受的范围，借助磁放大器的调节补偿，电梯应还是能够正常运行的。到是制动过电流保护电路，因其司职看门，又无变通本事，只能尽心尽责地以触发急停告终。于是将分流电阻90DTR的阻值稍微调小一点，此电梯就再也没有出现减速制动急停的故障了。

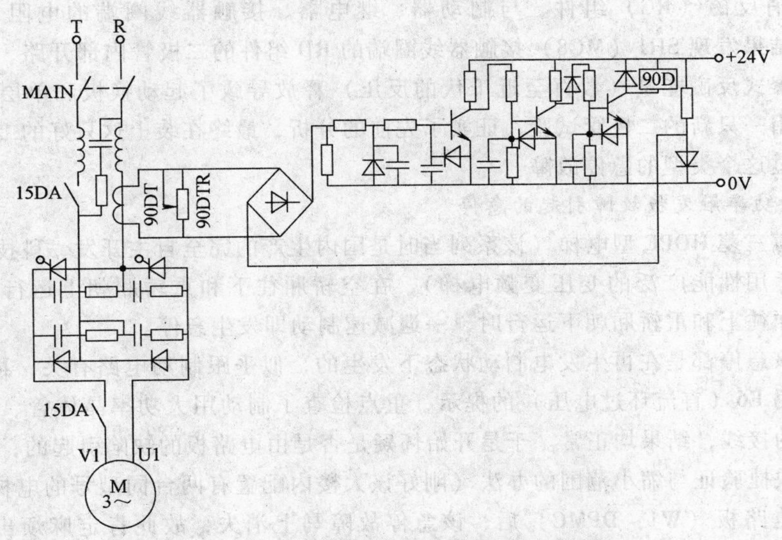

图 8-59　日立 YP 制动过电流监控原理

10. 因接触器线圈端消磁元件引起的急停

一台迅达 MiconicB/Dynatron2 电梯，因其载重量大（1.25T）和运行速度高（2m/s），配置了 MG8（SH1 第一速度）双线圈大功率直流接触器，它的电路原理如图 8-60 所示。自投入运行后，在起动换极和单层断电减速瞬间，会偶尔随机地出现急停，且出现一次后通常会接着来第二次及第三次。开始先检查外围接线，尤其是接地及主电路，没有发现问题。接着比较替换控制部分的电子板（PE80、SF83、VE22），也没有发现问题。随即比较替换驱动部分的电路板（SWD、RED、UNBL），故障现象不消失。最后更换涡流变压器和测速发电机，故障现象还是照旧。再经过仔细观察，感觉像是有一股能量通过逐渐积聚膨胀，当达到一定量值后便发作一次，而它的发

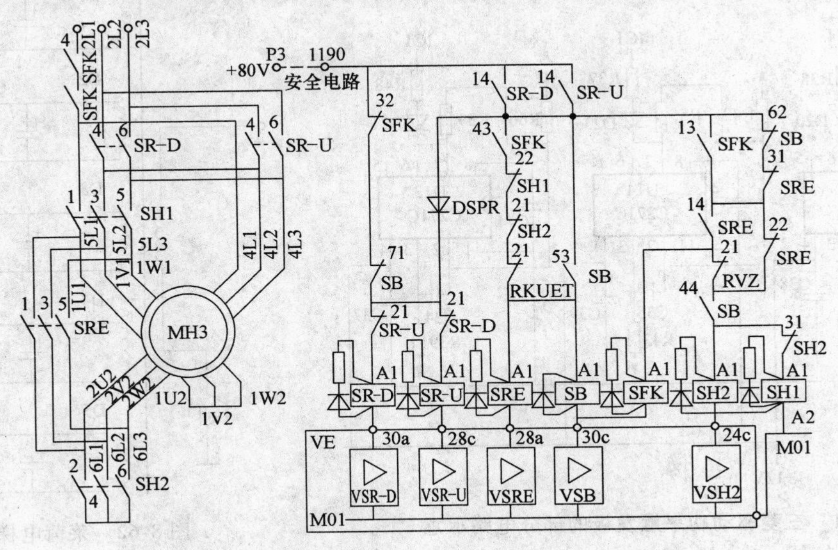

图 8-60　迅达 MiconicB/Dynatron2 驱动控制电路

作又足可叠加翻转、干涉混乱已配有抗干扰功能的控制和驱动电路中微弱电子信号的传输耦合，由此开始怀疑是外来强势干扰信号影响所致。分析这种电梯的强势电磁干扰会来自以下几个方面：电磁制动器、门电动机、门机磁罐、直流继电器和接触器等。分别认真检查门机和磁罐线圈端的电阻电容消反磁（RC）组件、与制动器、继电器、接触器线圈端的电阻二极管消反磁（RD）组件，结果发现 SH1（MG8）接触器线圈端的 RD 组件的二极管内部开路，遂初步断定正是该线圈的积聚式反磁能量（数百至近千伏的反压）释放导致了起动换极和单层断电减速的瞬间急停。于是用一只新的二极管试验，证实了先前的分析，最终在装上这只好的二极管后该电梯再也没有出现过这个类型的急停故障。

11. 由驱动功率触发板故障引起的急停

有一台上海三菱 HOPE 型电梯（该系列当时是国内生产的完全自主开发、科技创新突出、功能配备齐全、适用性能广泛的变压变频电梯），在空轿厢往下和重轿厢朝上运行时减速制动正常，而当空轿厢往上和重轿厢朝下运行时，一遇减速制动即发生急停。

分析看到该急停都是在再生发电制动状态下发生的，似乎跟制动电路有关，再依据 P1 电路板上的出错代码 E6（直流环过电压）的提示，重点检查了制动用大功率晶体管、再生能量耗散电阻以及相应的接线，结果均正常。于是开始怀疑是否是由电路板的缺陷引起的，遂采用电路板交换比较这一快捷验证与缩小范围的办法（刚好该大楼内配置有两台同型号的电梯），果然在更换到驱动功率电路板（W1：DPMC）后，该急停故障马上消失，故此肯定麻烦出自这块板上。试着用万用表电阻挡比较测试该板上的二极管、三极管和稳压管的静态值，突然发现有一只开关二极管（D5）的正反向都呈现无穷大（见图 8-61），而该管是起着为曲线（波形）调控放大器的信号提供选择通路作用的。在换上一只新的开关二极管后，电梯运行即恢复正常。

12. 因变频器整流二极管击穿引起的急停

一台莱茵（LME）医梯（1.6m/s，1600kg），配置 ZETADYN-2CF 变频器，运行中突然急停关人。放人后，到机房看见 2CF 变频器的屏幕显示为 90BC：no function，根据排故提示首先查找并确证此故障不是由制动斩波器的温控触点引起的，接着依照提示再测试变频触发板的各路工作电压（见图 8-62），发现 24V 输出电压没有了。该板共输出 5 种电压：+5V，+7V，+15V，

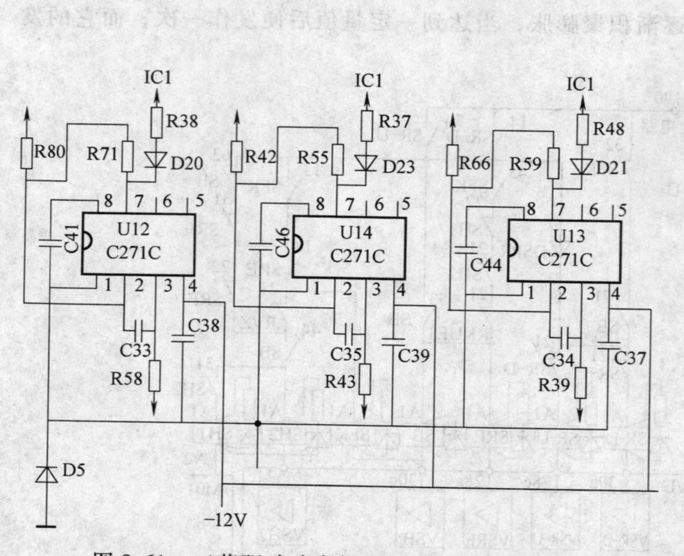

图 8-61　三菱驱动功率触发板的部分电路示意

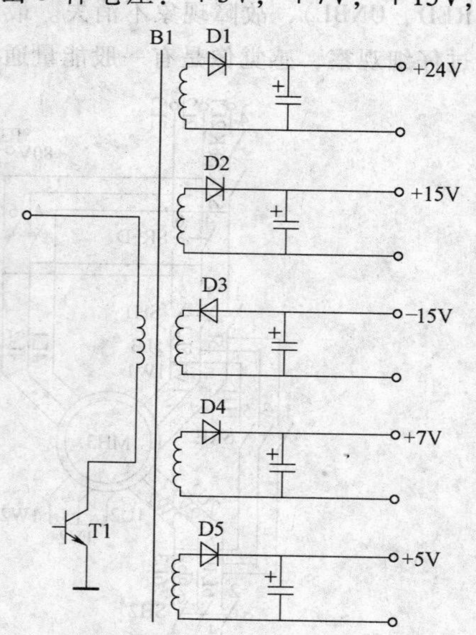

图 8-62　莱茵电梯变频触发板工作电压电路

-15V，+24V，以供给变频系统的逆变器和斩波器使用，而这些电压则是由开关式电源产生的，因此分别测量输出变压器 B1 的相关次级线圈和整流二极管 D1，发现是因 D1 击穿短路而导致没有了直流 +24V 电压的输出。焊换上一个同型号的二极管后，电梯即好。

13. 由制动器开关引起的急停

制动器开关的功能有二，一是起动时监测闸瓦是否正常张开，防止带摩擦运行，或因阻转而造成曳引电动机的受损：二为停车后验证闸瓦是否正常闭合，防止制动器因前期的电气性迟滞或机械性卡阻、闸瓦的磨损或脱落，而导致后续的失控飞车；三有在运行期间若因意外而出现制动器的异常动作，则可最先通知控制系统适时做出预先应对。

图 8-63 所示是三菱 GPS-2 型电梯的制动器电路。其中的 BK 触点，一是用于起动前短接 B 与 B5 间的电阻，在闸瓦打开后再将该电阻串入制动线圈电路；二是把 BK 点位的状态输入至 P1（KCD-60X）板，以监测制动器是否正常的动作。如果因制动器张闭或 BK 触点行程调整的不妥或出现差错，就会造成 BK 在起动瞬间非常规的接通（闸瓦松开后应断开）或断开（闸瓦制动后应接通），那么就可引致电梯刚起动即急停，同时 KCD-60X 板上的数码管会提示 EA（闸瓦制动故障）和 EF（不能重新起动）。此急停发生的地点往往是在平层区域。重新检查和调整制动器的机械尺寸和 KB 触点行程的距离后，电梯的运行就能恢复正常。

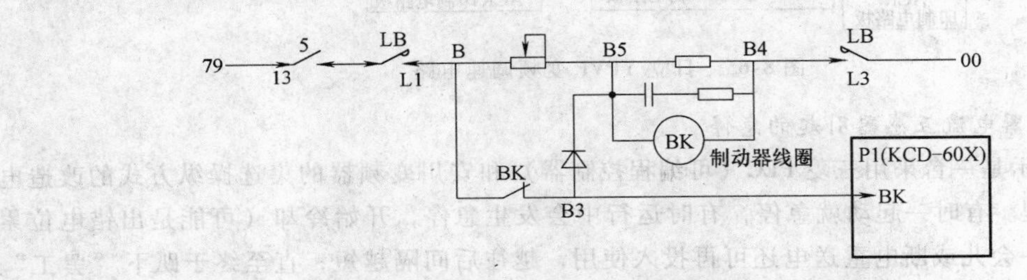

图 8-63 三菱 GPS-2 制动器电路

图 8-64 所示为迅达 MiconicB/Dynatron2 型电梯的制动器开关 KB 的外部硬件线路和内部等效正逻辑软件示意图。从图中可以看出，如果起动后制动器开关 KB 触点因外力或本身颤抖而工作不正常，此刻曳引电动机的转速又已达到 650r/min，即 TRV1 = 1，则 FZKKB 也出 1，倘若经过 256ms 的程序延时后这一现象还未消失，IKKB 也变为 1，接着 GKB = 1，SPFN = 1，运行封锁信号 SPF = 1，电梯便发生急停。有时巧遇急停的轿厢滑过门区，则微机板 PE80（PE280、PE380）上的黄色 LED 会闪烁一下。这种急停的发生地点往往不分区域。通过检查 KB 开关是否调得太临界或更换坏件，检查闸瓦铁心的行程及限位，检查制动闸瓦的磨损情况或予以调换，便可使电梯运行恢复正常。

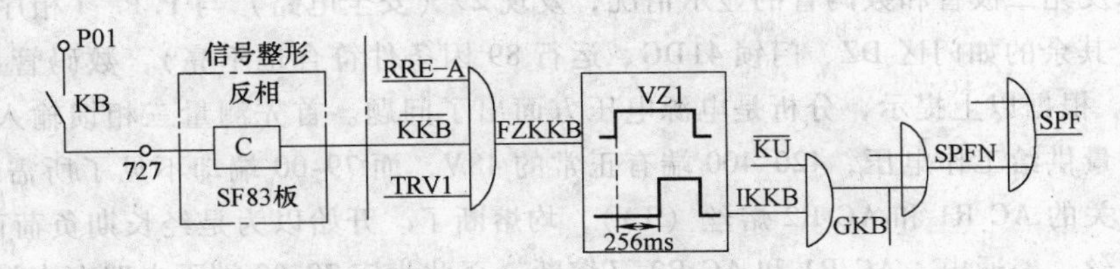

图 8-64 迅达 MiconicB/Dynatron2 制动器触点控制电路

14. 因大功率模块击穿引起的急停

有一台日立 YPVF 型电梯，运行过程中突然急停，而且不再起动。MPU（微机单元）印制电路板上显示的故障代码为 TD21。根据故障代码的解释提示，该故障系主电路（直流环）存在超额电流，并由主电路霍尔元件变流器（HCTA）探测后，经控制系统发出急停指令。依照原理图8-65，遵从排故指引，检查了主电动机电流调节器 ACR 板上的 FB、FC 和 FA 插头及插座，微机单元 MPU 板上的 FE 插头及插座，基极驱动 BCD 电路板上的 FA 插头及插座；检查了 ACR 板上的 +5V 和 ±15V 电压；检查了主电动机（3ϕ-IM）与变频装置间的感抗器及各接线端头均为正常。于是断电拆开大功率智能化高速开关模块（IPM）的连接，测试它们的各极间阻值，发现有一个模块的极间阻值都为 0～1Ω，由此断定此故障是该功率模块长期承受大电流和高电压冲击而使内部 V（高阻）层击穿所致。换上一个同型号的 IPM 模块后，电梯运行即恢复正常。

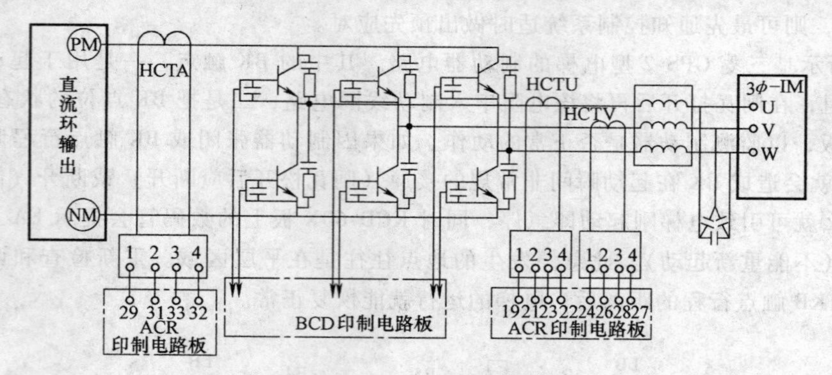

图 8-65　日立 YPVF 变频调速电路

15. 由变频器电流互感器引起的急停

图 8-66 所示是一台采用三菱 PLC（可编程控制器）和安川变频器的集选操纵方式的改造电梯的主电路原理。有时一起动就急停，有时运行中会发生急停，开始冷却（可能是出错电位累积电荷泄放）一会儿或断电重送电还可再投入使用，越往后间隔越短，直至终于趴下“罢工”。观察在急停出现时变频器的故障代码显示：GF（解释为输出主电路存在超标的对地电流）。开始怀疑是否是曳引电动机绕组绝缘老化所致，但用兆欧表检测后感觉其很正常。接着打开线槽查看由变频器到电动机的主导线是否存在外皮灼蚀，结果令人放心。猜想是不是变频器的探测“神经质”了，遂将参数 E-09、E-11 修改，虽然不出“GF”，但换成“VFC”（解释为主电路电容器中性点电位失去均衡），至此断定麻烦是在安川变频器内。后经变频器修理单位证实，原来上述的故障是因变频器内的输出线传感器损坏而造成的。换上三个好的传感器后，该电梯恢复正常运行。

16. 因供给电压短路引起的急停

一台三菱 GPS-2 型电梯（见图 8-67），起动运行不久突然急停，到机房目测主控板 KCD-60X 上的功能状态发光二极管和数码管的显示情况，发现 29（安全电路）与 P. P.（相序检测）发光二极管不亮（其余的如门区 DZ、门锁 41DG、运行 89 因条件符合也不亮），数码管显示 EF（封锁起动运行）。根据以上提示，分析是电源电压方面出了问题。首先测量三相馈输入电源，没有异常；接着测量供给工作电压，420-400 端有正常的 48V，而 79-00 端却不见了所需的 125V；断电测量与其有关的 AC R1 和 AC R2 熔丝（3A），均熔断了。开始以为是经长期负荷而耗损所致，但换上好的熔丝，一通电，AC R1 和 AC R2 又熔断；至此肯定 79-00 端下电路存在短路。断电后检测 79 端对 00 端（也即接地 E 端）的阻值，近似为 0Ω；由于 79-00 端的 125V 主要用于安全电路和接触器、继电器与制动器电路，因此查找该故障点时，考虑采用“短路故障开路法”及按区域分段测量的方式。保持万用表的表棒接触 79-00 端，拔下 KCD-60X 板上的 PG 插头后短路消失，表明整流器和制动器电路均不存在短路的可能；插入 PG 插头，再拔出 KCD-60X 板上的 DF

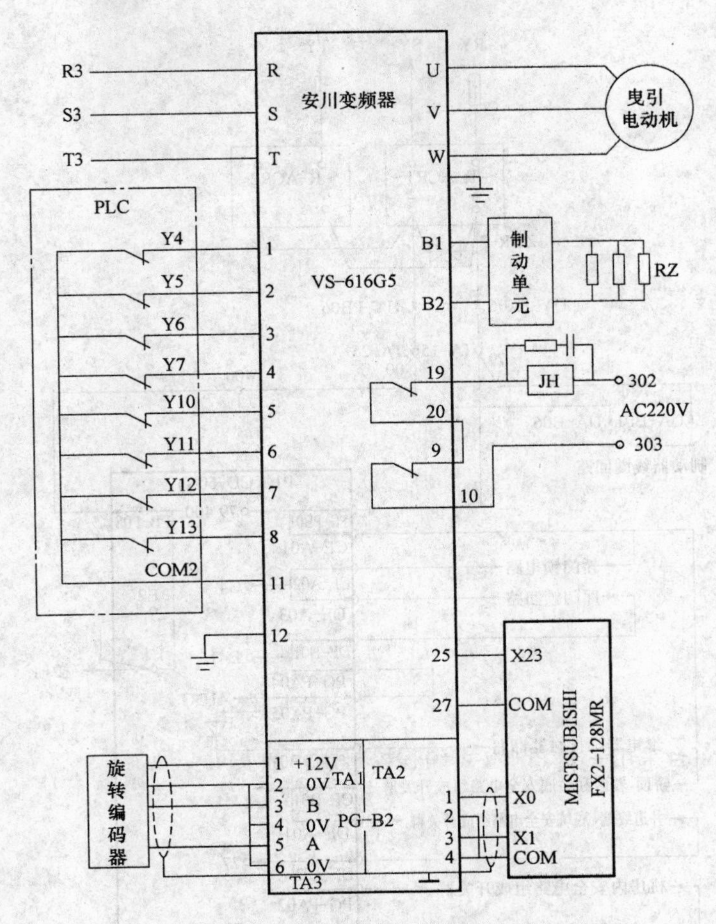

图 8-66 安川变频器驱动电路

插头，短路依然存在，由此就排除了接触器、继电器和层门电锁电路，以及机房里井道内构成安全电路的各个开关存在短路的嫌疑；最后拔下 KCD-60X 板上的 CE 插头，短路又消失了，因而也排除了主控板 KCD-60X 上存在短路的可能；至此，故障点逐渐由朦胧走向清晰：可能使轿厢（轿顶、轿内或轿底）方面来的组成安全电路的某个开关或线路碰地短路了。于是逐个查找测试那些开关和接线，结果发现是轿顶运行/停止（RUN-STOP）开关上的一根焊接线在绝缘外皮剥离处折断后搭在轿顶站箱的内侧铁板上了，重焊这根线，重新装上好的 AC R1 和 AC R2 熔丝，送上电源，电梯运行一切正常。

五、起动末期达不到额定的满速度或给定的分速度

在过去经由继电器、接触器触点或半导体分立元件“堆砌”的电梯逻辑控制电路，以及借助晶体管或集成电路等其他电子器件“构筑”的模拟电路来产生电梯运行曲线的年代，起动末期轿厢达不到额定的满速度或给定的分速度的故障是比较多的，其生成的原因多数如下。

1）换极接触器、继电器没能转承吸合。

2）给定曲线发生器的调整电位器或线性电阻滑环接触不良。

3）积分电路电容器介质干涸。

4）圆滑扼流器匝间短路。

5）驱动晶闸管的触发脉冲电路没有输出。

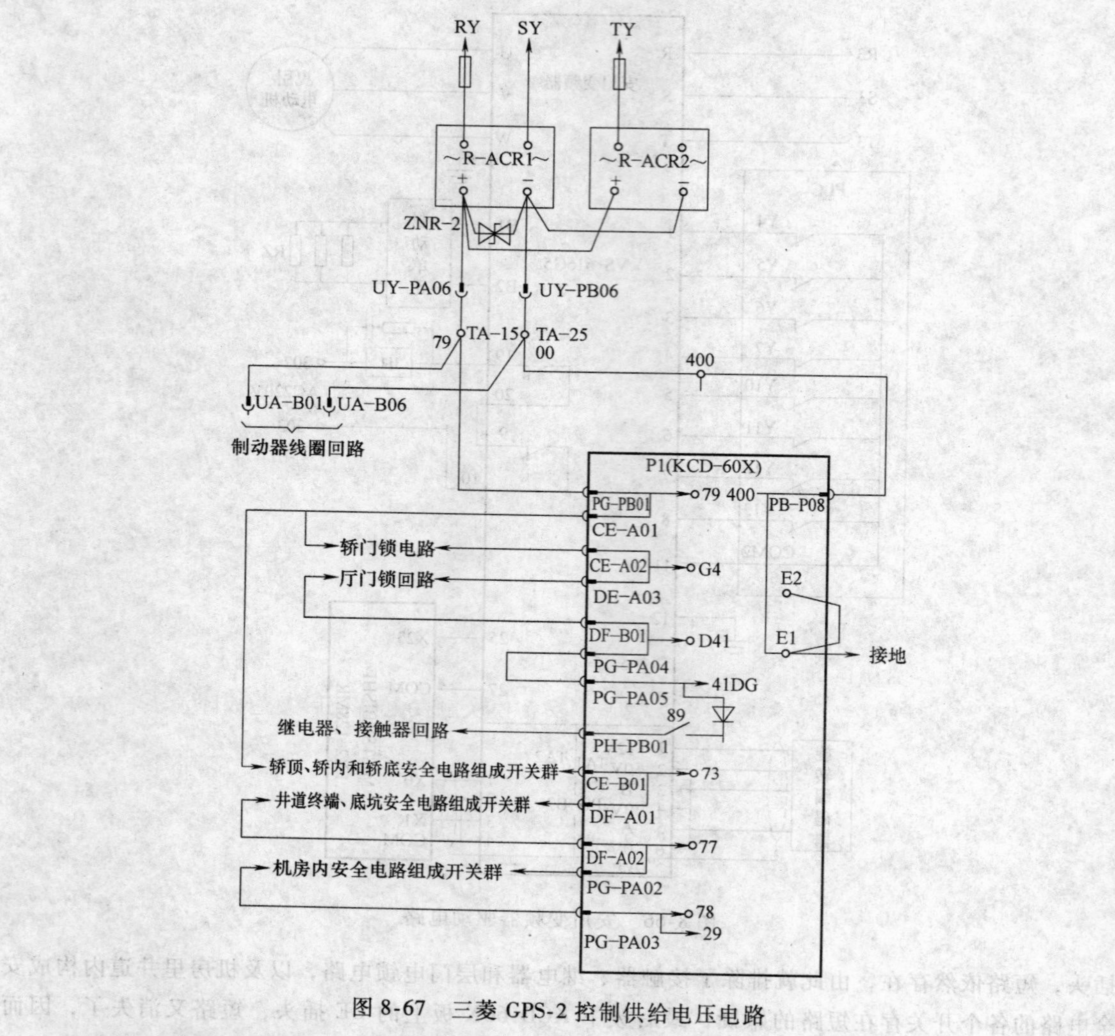

图 8-67　三菱 GPS-2 控制供给电压电路

6）测速反馈装置的机械连接松脱或传动带断裂。

7）区分单层与多层运行的逻辑电路出错。

8）整流部件击穿导致制动电流常加。

9）调速运算放大板异常偏差。

10）励磁绕组烧毁。

随着微机技术和相关软件设计的日臻成熟，随着电梯速度给定曲线设计理论的充实进步，数字化的按照时间原则起动和依据距离原则制动的曲线设置及信息处理，已极大的降低了该类故障的发生机率。但是应该看到，迄今为止许多大功率元器件（如：SCR、GTO、GTR、GBT、IGBT、IPM 等）只“认得”模拟信号，而“不识”数字信息；同时速度反馈信号的获得还依赖于模拟测速发电机或脉冲编码发生器；且曳引条件的理论设计与实际应用存在着固有的偏差；加上驱动电气和传动机械的制造工差、安装精度、调试取样跟理想的系统特性之间无法消除的动态延滞及弹性滑移。因此，在判断起动末期轿厢达不到额定的满速度或给定的分速度的故障时，应分清：

11）是机械的缘由（如曳引齿箱边绞边咬、制动闸瓦半张半闭、轮绳摩擦似有似无等）。

12）还是电气的因素（如电动机绕组中心点脱结、逆变输出某相少了半波等）。

13）是主驱动达不到额定的或给定的速度。

14）还是反馈信号反映或代表不了实际的速度等。

目前的大部分闭环调速系统，为了防止速度失控，均通过硬件和软件设置了给定值和反馈值的比较差值限制器，一旦发现两者的偏差超出允许的范围，该限制功能便起约束作用。根据各生产厂商的技术设置，电梯要么急停制动，要么低速位移，要么自由减速，要么随意泊靠等，但结果都会产生运行封锁，直至故障被消除为止。此时，若能借助各生产厂商提供的故障代码、原因分析和检查指南，定可大大提高排除该类故障的效率。

1. 奥的斯 Gen2 型电梯

一台奥的斯 Gen2 型无机房电梯，在重载轿厢上行或空载轿厢下行即当处于电动状态下时运行正常，而在空载轿厢上行或重载轿厢下行即当处于发电状态下时，每遇加速还未达至额定值之际就会停顿，过后又加速，又还未达至额定值之际就又会停顿，如此周而复始地上行直到结束行程，断电或静止一段时间，其运行有时又会保持正常直到此故障再次出现为止。插入 SPB 板 P16 插座的服务器（SVT）上依次轮番显示：INV > Volt DC；SYS 1LS + 2LS。再通过 SVT（M）<1> <2> <GO ON>仔细观察后，排除了上述故障是速度极限开关同时导通起动（SYS 1LS + 2LS）所引起的可能，分析它的出现是因变频装置中间（DC 电流）环路电压过高（INV > Volt DC）而连带产生的。理性的直觉该故障似乎与变频制动能量释放有关。于是依据故障代码分析描述，检查了制动电阻器 DBR 的阻值及其接线（驱动主电路如图 8-68 所示），没有发现问题；检查了变频装置内部的所有接插线缆，没有发现缺陷；至此将着眼点放到了变频操控电路板和功率模块触发电路板上，遂逐件比较替换这两块板，当调到功率模块触发电路板后上述故障消失，故亦找到及确证了这个产生麻烦的节点。

2. 迅达 MiconicB/DynatronS 型电梯

迅达 MiconicB/DynatronS 型电梯，在某些楼层起动做多层运行时，往往先走中间速度（RDS3 板上的 LSDK 黄灯闪烁），在过了井道信息磁开关所对应的减速圆磁铁后，又重新加速至满速（RDS3 板上的 LSDK 黄灯灭，LSF 黄灯亮）。由软硬件等效原理图（见图 8-69）可以看出，电梯是走满速度（GV2 = 1），还是走分速度（GV2 = 0），取决于 GV2-E1、GV2-E2 和 SPGV2。再进一步分析，如果因磁开关 KBR-U 或 KBR-D 当中的一个在门区内没能保持导通（复位），同时决定了的运行方向又刚好与该减速磁开关的方向功能相反（例如在门区是 KBR-D 没能导通，而电梯是向上多层运行，反之亦反之），则 SPGV2 - E = 1，令 GV2 - E1 = 0，KBR = 1，使 GV2 - E2 = 0，于是 GV2 = 0，电梯仅能以中间速度起动运行，只有在过了相同运行方向的磁开关减速点的圆磁铁（如向上运行经过 KBR-U 所对应圆磁铁），KBR = 0，令 GV2 - E2 = ⎍，且借助自保持处理使 SPGV2 = 1，则致 GV2 = 1 后，电梯再加速至满速。因此排除此类故障的办法，是按照井道信息布置图重新认真检查每个门区的 KBR-U/D 磁开关的复位圆磁铁的距离与间隙，确保在轿厢平层后，KBR-U/D 磁开关是导通的。

3. 三菱 LEHY-Ⅱ型电梯

一台上海三菱 LEHY-Ⅱ型电梯（配置永磁同步无齿轮曳引机），出现轻载上行速度正常，轻载下行速度有时达不到额度值，且伴有轻微的振荡的现象。查主控板 P1（P203728B000GOX）的出错编码（MON 开关置于 0 位），其上 7 段数码管却没有提示。遂依据经验判断问题可能出在驱动系统的速度调控环节。试分析有以下几个因素会导致上述现象的产生：①主电路接触器 5 的主触点；②制动器闸瓦与制动盘的间隙；③动力线的连接端头；④变频调控板 E1（P203709BGOX）；④大功率模块 IPM；⑤高精度混合式编码器；⑥再生电能耗散电路及部件。采

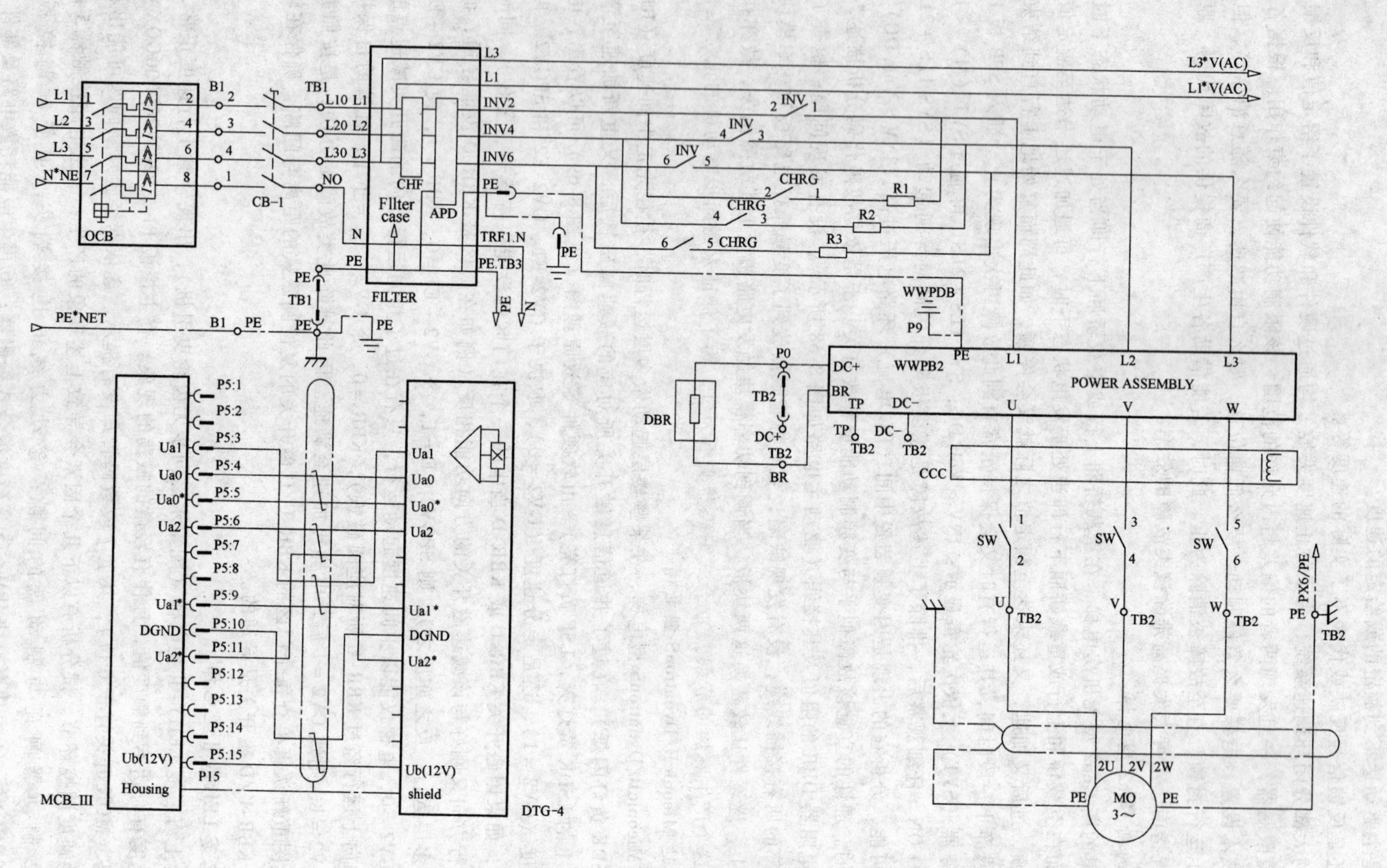

图 8-68 奥的斯 Gen2 驱动主电路

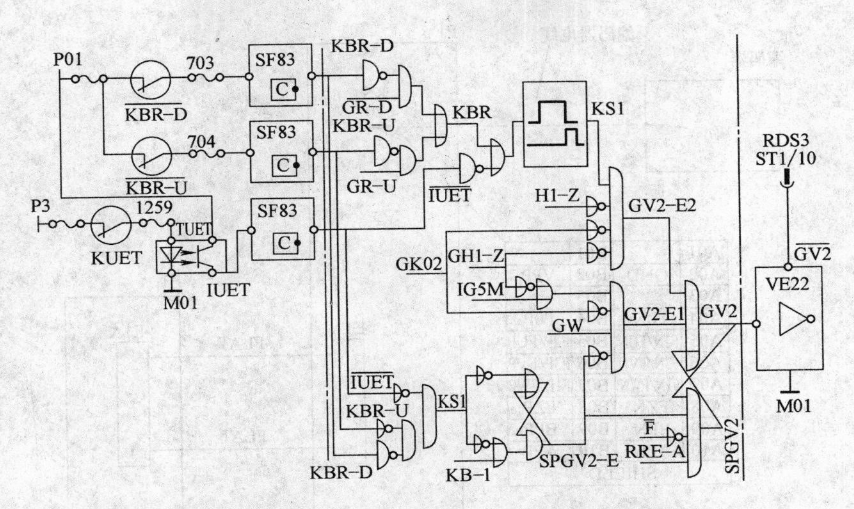

图 8-69　迅达 MiconicB/DynatronS 型电梯速度调控原理

取“先外后内先易后难法”，“比较交换代入法”操作后，就剩下第⑤项了，又联系到轿厢在欠速运行时的轻微振荡，焦点由此集中到了高精度混合式编码器上。

按照原理，为永磁同步电动机配套的编码器，不仅起到向变频驱动操控装置提供速度反馈的作用，并且担负检测和印证电动机磁极位置的责任，而在上海三菱 LEHY-Ⅱ型电梯里，该编码器还参与楼层距离的分辨及选层器的生成，故其取名混合式，又加上它在电动机每转一周时可输出 8192 个脉冲，所以叫做高精度混合式编码器实不为过。为了保证永磁同步电动机的正常工作，必须借助高精度混合式编码器检测出转子的磁极位置，以确定变频装置的通电方式、调制模型及输出电压电流的频率相位。

首先检查编码器电缆屏蔽层的接地是否良好，没有异议；接着用万用表测量在轿厢空载上行（可走到满速）时编码器每相的输出（见图 8-70），均为正常的 DC 2.5V；随即怀疑是否由于磁极测量日久生成累计偏差，故重做磁极位置测定学习：①将控制柜自动/手动（AUTO/HAND）开关置于 HAND 侧，移动轿厢至顶层站的下一层站处；②将 P1 板上的 MON 开关转到“9”位，再将 FWR/MNT 开关拨到 FWR 侧，此际板上的 7 段发光数码管显示“FF”；③将 P1 板上的 LD0/LD1 开关持续按压向 LD0 侧，直到 7 段发光数码管显示的“FF”闪烁为止：④将上行/下行（UP/DN）开关按压至 DN 侧，电动机应以手动速度朝轿厢下行方向旋转（即时的轿厢线速度为 20m/min），保持按压不要松手，直到 P1 板上 7 段发光数码管显示的“FF”不再闪烁为止。这就表明磁极位置的测定学习已经成功，但是上述故障现象还是存在，分析可能是高精度混合式编码器在高速旋转时脉冲数出现缺省，于是借助专用工具调换一个新的编码器，并反复进行磁极位置测定学习，直到成功，过后令人欣喜地是上述故障现象也跟着消失了。

4. 迅达 MiconicB/Dynatron2 型电梯

迅达 MiconicB/Dynatron2 型电梯，无论单层、多层距离运行，刚起动即换极（第二速度接触器 SH2 总是先吸合），由此造成运行舒适感较差。根据原理图 8-71 分析，该型电梯的起动换极（6 极转 4 极）取决于两个条件：层楼间距达到 5m（软件信号 IG5M = 1）或运行距离超过单层，同时曳引电动机的旋转角速度（由 GT 测速机同步反馈）达到 650r/min（$\overline{\text{TRV1}}$ = 0）。因此初步判断该故障与距离曲线调制电路板 SWD10、信号整形电路板 SF83 和功率转换放大电路板 VE22 有关。首先检查 SWD10 电路板上开关晶体管 T2 的集电极电压，电梯停止时约为 +22V，运行后降为约 0.7V，表明 SWD10 电路板上的起动换极触发器 V2 工作正常。接着测量 SF83 电路板的输

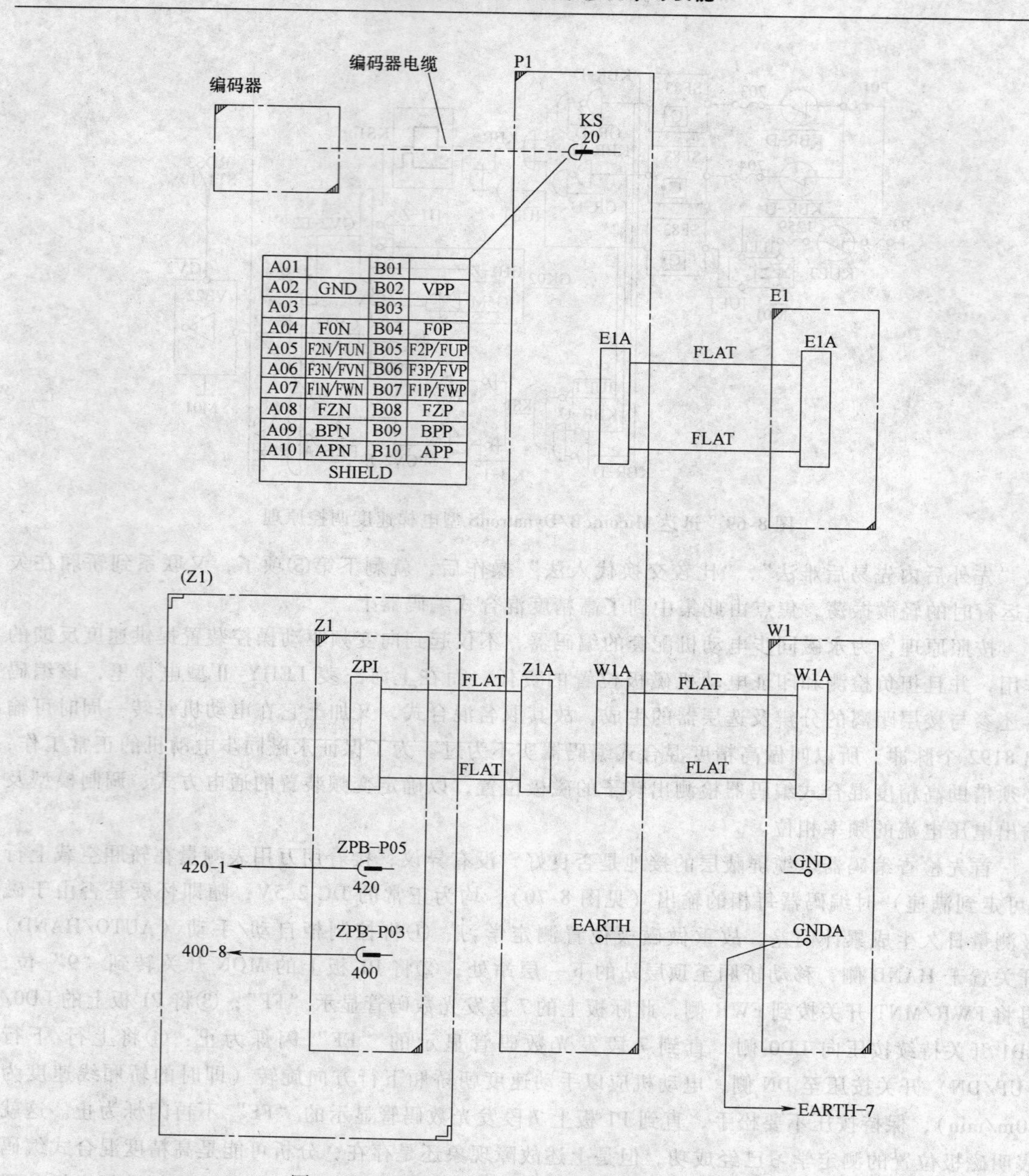

图 8-70　上海三菱 LEHY-Ⅱ型电梯编码器接线

出（A 插座 5C 脚），停止时约为 +12V，这就不正常了。该脚端电压在电梯停止时应约为 0.7V。再检测施密特触发器 IC14 的输入端，无论电梯停止和运行均为 0V，试着将输入旁路电容器 C 的一只脚焊离印制电路板，输出即正常，显然此故障是由这只电容器内部短路引起的，同时也排除了因 VE22 电路板达林顿管 T18 短路而导致上述故障现象的可能性。焊接一个新的 10nF 电容，曳引电动机便能正常地变换极数了。

5. 上海三菱 HOPE-Ⅱ型电梯

一台上海三菱 HOPE-Ⅱ型电梯，出现的故障现象是：能写入楼层数据；走快车时，若向下单层能正常起动运行和停层，若向下走一次多层，或者向下直到最底层站，则在停车后即封锁再起动（P1 板 <P203728B000G05> MON 开关设置在 0 位时数码管显示“EF”）；若向上单层那么

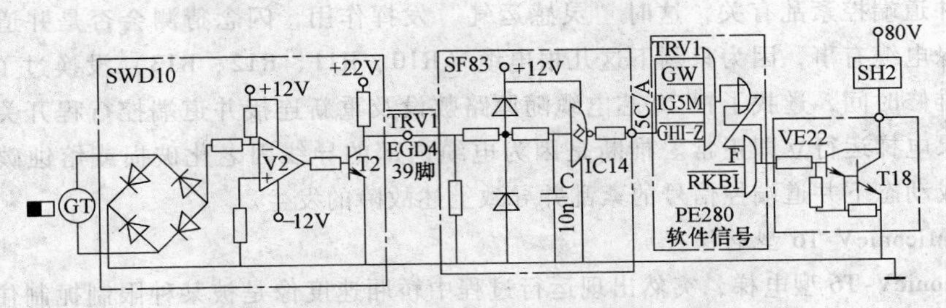

图 8-71　迅达 M-B/D2 型电梯起动换极电路

就不能正常停层，过后再起动不再能停层，层复一层，若向上走一次多层则起动后就触发单层强迫减速，且不平层并伴有延时制动，然后反拉回出发楼层，封锁再起动；若向上单层走到最高层站后亦会立即封锁再起动。给人的感觉是存在着一种无形的限制力量，使电梯不能向上走到满速，而只能向下走一次满速。因 P1 板上数码管给出的故障提示太抽象，故借助维修计算机（MC-2100EX）细查原因，但得到的显示更笼统："Power Failure（电源缺陷）"。无奈只得依赖经验和联想猜测列出以下几点怀疑：①主控电路板 P1 有误；②曳引驱动出错；③旋转编码器故障；④井道端控紊乱。在调换了 P1 板、编码器，检查了曳引驱动，测量了井道端控信号的每个开关（见图 8-72）动作顺序及电压后，均未发现问题，但该故障现象依然存在。冷静分析后，还是认

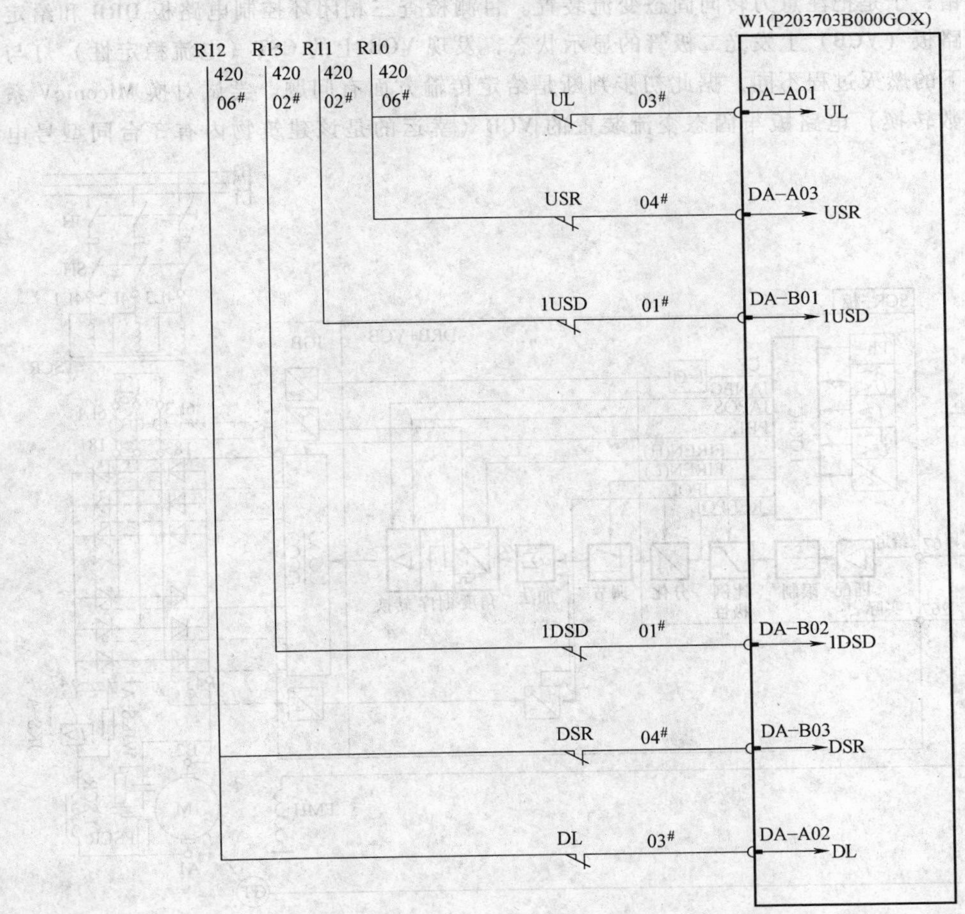

图 8-72　上海三菱 HOPE-Ⅱ型电梯端控开关线路

为此麻烦与井道端控紊乱有关，这时“灵感运气”发挥作用，闪念猜测会否是井道端控信号的聚氯乙烯绝缘电缆有事，因为只剩下这几根电缆（R10、R11、R12、R13）没换过了，为图省事和减少占用维修时间，遂找了根20芯电缆随原路敷设及重新连接井道端控行程开关以替换该原配电缆，结果电梯运行立即正常。推断是因为电缆内部的导线因老化破损或熔蚀碳结或原生隐患，从而造成动态下井道端控信号的紊乱并导致上述故障的发生。

6. 迅达 MiconicV-T6 型电梯

迅达 MiconicV-T6 型电梯，突然出现运行过程中轿厢速度像是被某种限制扼制住，在加速到了一定值后，总是不能跟随给定值继续增大，因而始终达不到额定的线速度，并由此触发运行封锁（急停）及频繁的测量运行。因为测量运行是在轿厢脱离服务的状态下单独执行一段时间才能结束，所以给乘客带来不便和招致抱怨。

通过监视器查看故障记录，出错子菜单内显示 VLIM（速度值超越），即距离参考（给定）值与实际值之间的差异太大。根据 MiconicV-T6 是通过每 6 只晶闸管组成两个独立的整流桥，采用反并联的方式连接，与直流电动机一起构成固态变流-动态伺服系统（见图 8-73），从而获得恒转矩的调压调速特性。按照排故措施指引，从以下几方面分析查找原因。首先通过查验与调换，排除了距离增量发生器 TD1、驱动调节电路板 RVI 及该板上 P2 电位器调节偏差等失误；再通过电动机磁场电压和励磁电流测量，亦排除了励磁晶闸管电路板 THY、电路整流电路板 GR 和磁场电路等出错；于是把注意力转向固态变流装置。目测检查三相闭环控制电路板 DRB 和给定值可调元件电路板（VCB）上发光二极管的显示状态，发现 VCB 上的 CST（电流稳定性）灯与以往相同条件下的燃灭过程不同，据此初步判断是给定传输方面有问题。尝试对换 MiconicV 系统的 SUA（模数转换）电路板与固态变流装置的 VCB（幸运的是该建筑物内有 3 台同型号电

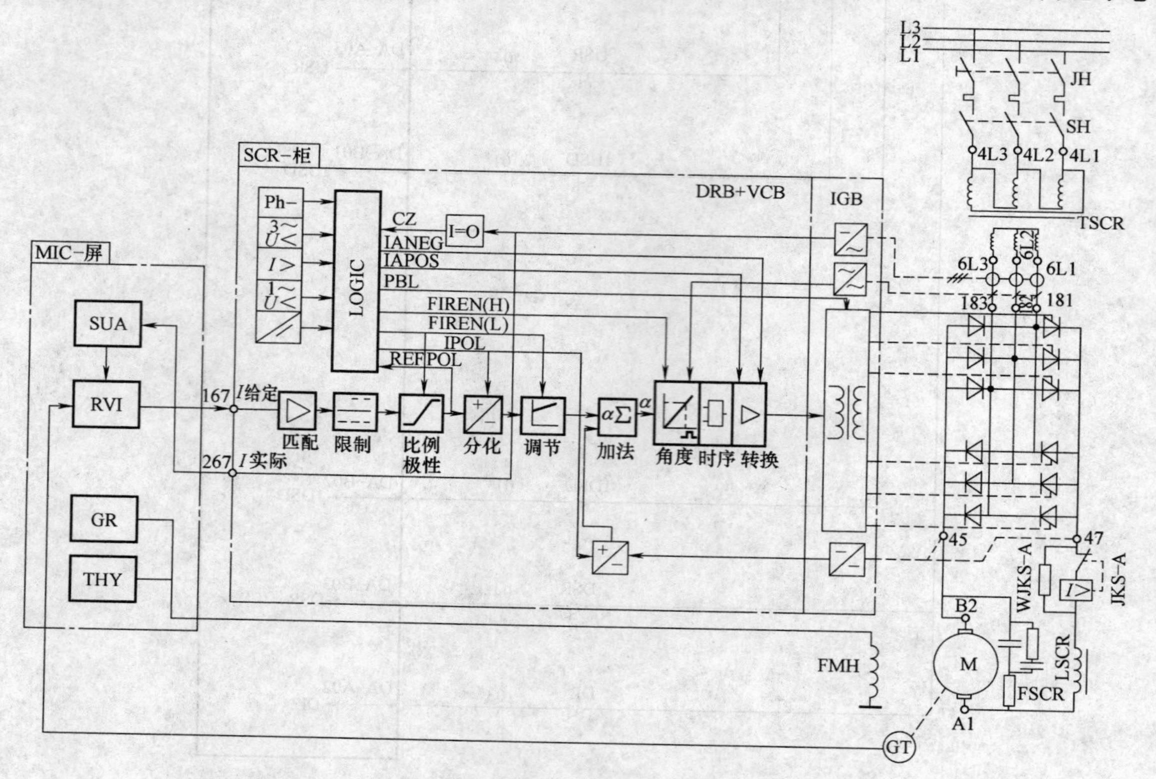

图 8-73　迅达 MiconicV-T6 电梯固态变流-电动调速原理

梯)，故障现象依然如故，再试着对换 DRB 板，结果故障消失，故此判定是该板上的给定传输与转换电路的某一器件损坏而使输出值达不到额度范围。换上新的 DRB 电路板，为稳妥起见再来一次程序初始化的驱动运行，电梯即恢复正常运行。

7. 三菱 GPS-2、奥的斯 SPEC90、日立 YPVF、迅达 MiconicTX/VF70 型电梯

根据各生产生产厂商提供的故障代码处理步序，对排除因速度的给定与反馈之比较差值超出预定范围而引发的故障大有裨益。

(1) 如果是三菱 GPS-2 型电梯在运行中出现蠕动运行或跳跃加速而紧急停车，P1 (KCD-60X) 板上显示 E1 (异常低速)/E2 (异常高速) 等，则检查或更换：

1) 编码器及引线接插点。

2) KCD-60X (主控) 印制电路板与 KCR-650X (驱动触发) 印制电路板的接口连线。

3) CTM-A，CTM-B 电流互感器。

4) KCD-60X (主控) 印制电路板，KCR-650X (驱动触发) 印制电路板。

(2) 如果是奥的斯 SPEC90 (TOEC2000VF、GZ300VF、XO21VF) 型电梯运行中消除全部信号，同时紧急停车，运行控制 LMCSS 印制电路板上显示 60 (冲过楼层)，70 (DBSS 无准备的运行制动减速)，73 (DBSS 驱动错误)，80 (超速)，81 (速度跟踪故障) 等，则检查或更换：

1) PVT (位置/速度旋转传感器) 及其连接线。

2) DBSS 的 VFB 变频调速印制电路板及插接线。

3) DBSS 的 PIB 电源接口印制电路板及插接线。

4) LMCSS 控制子系统的印制电路板及插接线。

(3) 如果是日立 YPVF 型电梯运行中出现速度极低或失控运转而紧急停止，MPU (微机控制) 印制电路板上显示的故障代码为 TCD41 (低速超越)/TCD43 (速度检测出错)/TCD50 (高速超越)/TCD51 (速度偏差过大) 等，则检查或更换：

1) RE 旋转编码器与 MPU 的引线连接点 (11L17 ~ 11L22)。

2) 测量 +15V 电源：11L17 (+)、11L21 (-)，以及用示波器观察 ϕA 与 ϕB (RE) 波形的占空比和对应角。

3) HCTU、HCTV 霍尔效应变流器及引线。

4) MPU 印制电路板，ACR (电动机电流发生器) 印制电路板，BCD (功率模块基极触发) 印制电路板。

(4) 如果是迅达 MiconicTX/VF70 型电梯运行中出现蠕动或失速而急停，IVXVF (信号接口) 印制电路板上显示 014 (低速)/013 (超速) 等，则检查或更换：

1) 速度、距离编码器 (TDIV、TDIW) 及引线接插点。

2) 运行和电动机的控制参数。

3) 称量装置及负载参数。

4) PVF (驱动) 印制电路板，IVXVF 印制电路板，LMS (负载测量) 印制电路板。

8. 三菱 ELENESSA 电梯

一台三菱 ELENESSA 型无机房电梯，其主驱动及编码器电路如图 8-74 所示，投入运行后，维保过程中发现偶尔会出现轻载上行与重载下行时轿厢速度正常，而轻载下行跟重载上行时轿厢速度与额定速度的偏差超过 7%。开始欲通过层站检修 LHH-32XA 板 (MON1 在 1 或 5 位，MONO 重点自 0 ~ A 位) 上的数码管 7SEG1 查找原因，却无任何要因显示。随后又借助维修仪 (MC-2100EX G03) 进入主控微机分析 (CC-ANALYZER) 和阶式特性曲线 (STEP RESPONSE) 子菜单，测试下来亦无明显破绽。于是试着进行空载状态下的高速运行磁极学习 (NLU)，看看

有无效果：①使空载轿厢停泊在最低层站，保持电梯处于自动（AUTO）运行状态；②把轿厢操纵箱内 LHS-420X 板上的开关 SET1 设旋至 0、SET0 转至 7；③将板上的 SW1 开关揿向 SW1∇；④此后→[·]→[A]→[D] 在轿内和层站的显示器上重复出现；（5）接着空载轿厢高速运行到最高层站；（6）当轿内和层站的显示器上重现楼层数字后，磁极学习结束。再检测时发现速度偏差消失了，但使用一段时间后，前述现象又会复制，据此分析该故障不像是硬件（如 P1 板 <KCD-91X>、E1 板 <KCR-910>、W1 板 <KCR-900>、编码器等）引起的，倒像是软件（调试参数）导致的。遂经由维修仪进入存储器读数（MEMORY DISPLAY），将编码器相位角的修正允许值加大和把逆变速度转差率的容许限制值调小，及再进行一次高速运行磁极学习之后，电梯

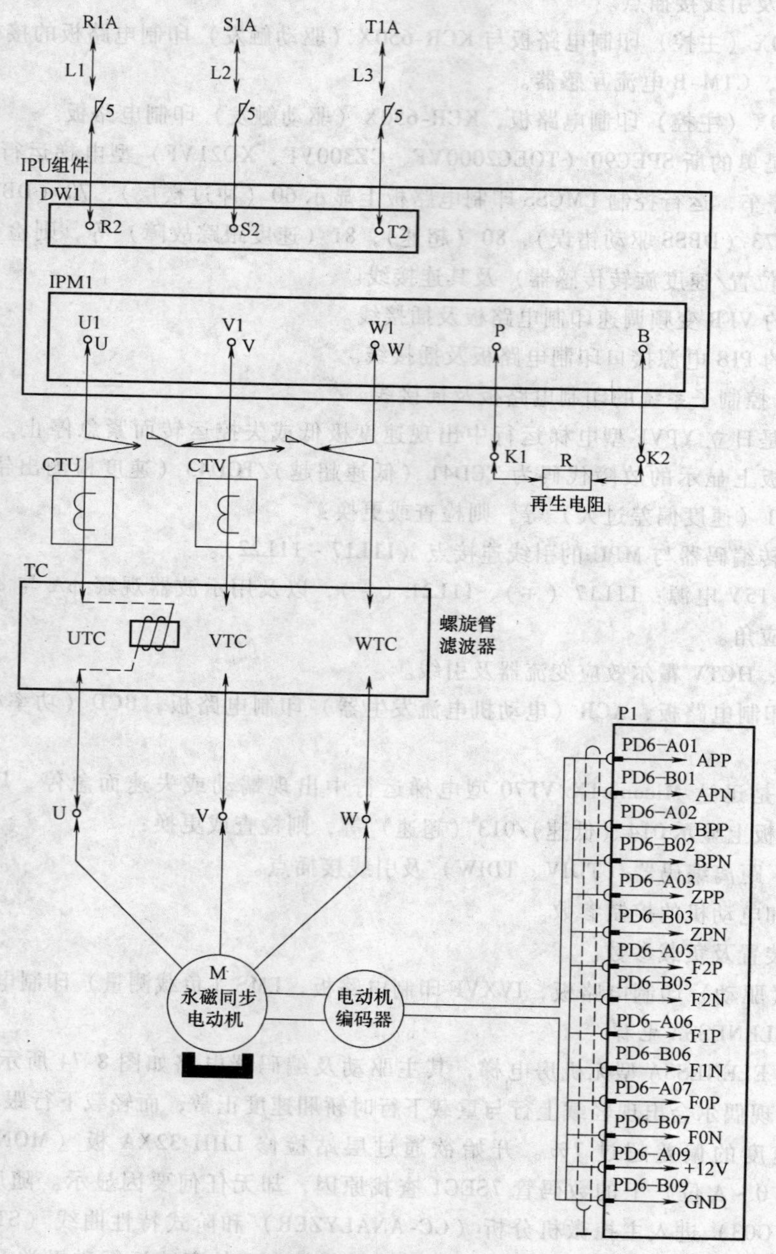

图 8-74　三菱 ELENESSA 型电梯主驱动电路

在运行过程中不曾重现上述故障。

六、不减速，错层，在越过层站或消除信号后急停、不平层或平层后不开门，停层后不消除已登记的信号

之所以将根据“等效梯形运行曲线”列出的故障判断流程的后几个过程合为一体，是因为引起不减速，错层，在越过层站或消除信号后急停、不平层或平层后不开门，停层后不消除已登记的信号的故障往往是源自共同的原因。相比较而言，电梯自动控制的技术关键，是效率和舒适的划分取舍，起动和制动的均衡调控。但是，无论是在追求效率的前提下注重舒适，还是在讲究舒适的基础上提高效率，用于减速、平层、开门及消号的轿厢同步位置和与减速制动所需长度对应的超前距离等信号，均是从机械式的、井道位置开关式的、脉冲数字编码式的选层器得到的。换句话说，不管采用什么技术和软件的设置，电梯的减速点、平层区、开门和消除本层站召唤的信号均是来自于控制部分发出的由电子或机械的、可视或无形的方式组合而成的轿厢位置与门区子系统。明白了这个道理，分析解决不减速，错层，在越过层站或消除信号后急停、不平层或平层后不开门，停层后不消除已登记的信号的问题时就会做到“胸中有数”“心领神会”。一般情况下，不减速与以下原因有关。

1）与选层器的步进及超前信号有关。

2）与井道位置开关式选层器的行程、磁性、光电减速开关，及对应的机械打板、凸形撞块、隔离挡刀、磁铁部件的位置、间隙、距离、耦合等动作值，及相应的减速线路或印制电路板等有关。

3）与机械式选层器的选层步进和超前触发的动静触头、电刷，及相应的位置尺寸、间隙距离、减速线路或印制电路板等有关。

4）与脉冲数字编码式选层器的轿顶平层门区磁性或光电开关，及对应的井道隔离挡刀的上下位置、左右耦合，及旋转编码器和印制电路板等有关。

不平层或平层不开门与以下原因有关。

1）与门区信号有关。

2）与井道门区隔离板、门区磁铁装置、门区撞块打板、机械选层器的门区动静触头，及相应的磁性、光电、行程、电刷开关等有关。

3）与制动系统及相应电路板上的跨接片设置、电位器调节、参数变量输入等有关。

4）与零速或低速制动时，制动器弹簧压力太小、制动器闸瓦严重磨损、制动器销轴卡阻、制动器铁心相撞而造成超时、滞后、打滑、回转等有关。

错层，则与以下原因有关。

5）与曳引轮槽到底、钢丝绳变细、包角太小等有关。

6）与终端减速或限位开关动作不可靠、不复位等有关。

7）与编码器信号受到干扰，导致脉冲计数紊乱等有关。

8）与平层信号误动作、受到干扰、触点颤动、晶体管饱和截止失态等有关。

此处不平层，又与以下原因有关。

9）配有提前开门功能的线路有关。

平层不开门，还与以下原因有关。

10）开门终端开关不复位。

11）关门终端开关不到位。

12）开门指令传输和开门继电器电路。

13）开门机控制电路。

14）门电动机绕组或门制动线圈电路。

15）门传动构件脱落打滑。

16）机械锁钩与门闩的啮合间隙。

17）层门锁轮与轿门门刀的耦联尺寸。

18）挂件松懈使得层门轿门拖地。

19）层门轿门挂件轴承损坏不转。

20）门脚磨损卡阻、刮擦地坎。

21）门电机、门机变频器、门机调速板故障或烧毁。

22）致命故障导致主控板的包括开关门输出被切断。

23）串行编码错误或受干扰而到站不开门。

不消除已登记的信号：

1）与按钮卡壳不复位，摸钮自激总导通。

2）与选层器门区信号。

3）与信号系统本身出错。

1. 日立 UAX 型无机房电梯

一台日立 UAX 型无机房电梯，一次运行过后不平层的停在目的楼层的下一站，不再起动。借助便携式编程器（插入最低层站的楼层指示器盒内 FQ 端）查到的故障代码是（TCD）32：旋转编码器故障、（TCD）61：层高测量错误。按下编程器（MODE）—(2)—(SET)，再持续揿压(RESET)，直到数码管重显楼层数和故障状态 LED 熄灭，清除全部故障记录后，入轿厢内尝试单层和多层独立运行并观察体验，电梯还是重复上述故障行为，但感觉运行中的轿厢还存有明显的上下振荡。于是先进行层楼高度测量学习，但始终无法完成以高速运行模式到达最高层站的步骤，电梯一到上行第二强迫减速开关 SDSU2 处即切断运行接触器 10T，由此判定是旋转编码器 R. E 出状况了。由图 8-75 可以看出，与永磁同步电动机同轴的编码器有两大功能，一是精确跟踪电动机转子 U、V、W 相的磁极位置，一是测速和测距。根据轿厢在运行中有着明显的上下振荡之实际，分析是编码器的测速和测距脉冲发生电路存在问题，在更换了一个编码器并进行磁极传感器偏置调试和层高测定调试后，电梯运行恢复正常。

2. 迅达 MiconicB 系列电梯

迅达 MiconicB 系列电梯的选层器由井道位置开关与微机软件等共同组成（见图 8-76）。该选层器的特点是根据井道内按格雷码变化形式安排编制的圆磁铁，和轿顶 KCS-0 ~ KCS-4 双稳态磁开关组件输出各层格雷码信号，经由微机软件的异或非处理而转成二进制码的选层器信号。在轿厢到了本层的 KS1 区（由 KBR-U/D、KUET 磁开关、门区位置的圆磁铁与软件做成）时，选层器随软件扫描器的扫描方向周期信号步进到上/下一层，然后判定超前的选层器信号是否与前方的内选或外呼信号相重叠，如重叠则发山允许减速的软件信号，电梯到了减速圆磁铁位置时即产生减速制动信号。

较常见的故障是，运行中由于 KUET 磁开关或 TUET 转换器（见图 8-77）的出错或由于某一层门的区位置圆磁铁与磁开关的间隙超标（如因轿厢导靴磨损）而无信号输出，那么就会造成轿厢到了预先登记了信号的楼层不减速，在过了格雷码转换圆磁铁后，消除该登记信号并急停。

较特殊的故障是，由于 KUET 磁开关、TUET 转换器或控制屏 1259 端子的随行电缆暗断而造成没有信号输出，那么电梯只能在上下端站处停层，而且不会开门。修复的办法是，检查或更换 KUET 磁开关及其对应的圆磁铁、TUET 转换器、与控制屏 1259 端子有关的线路和随行电缆、SF-83 信号整形印制电路板。

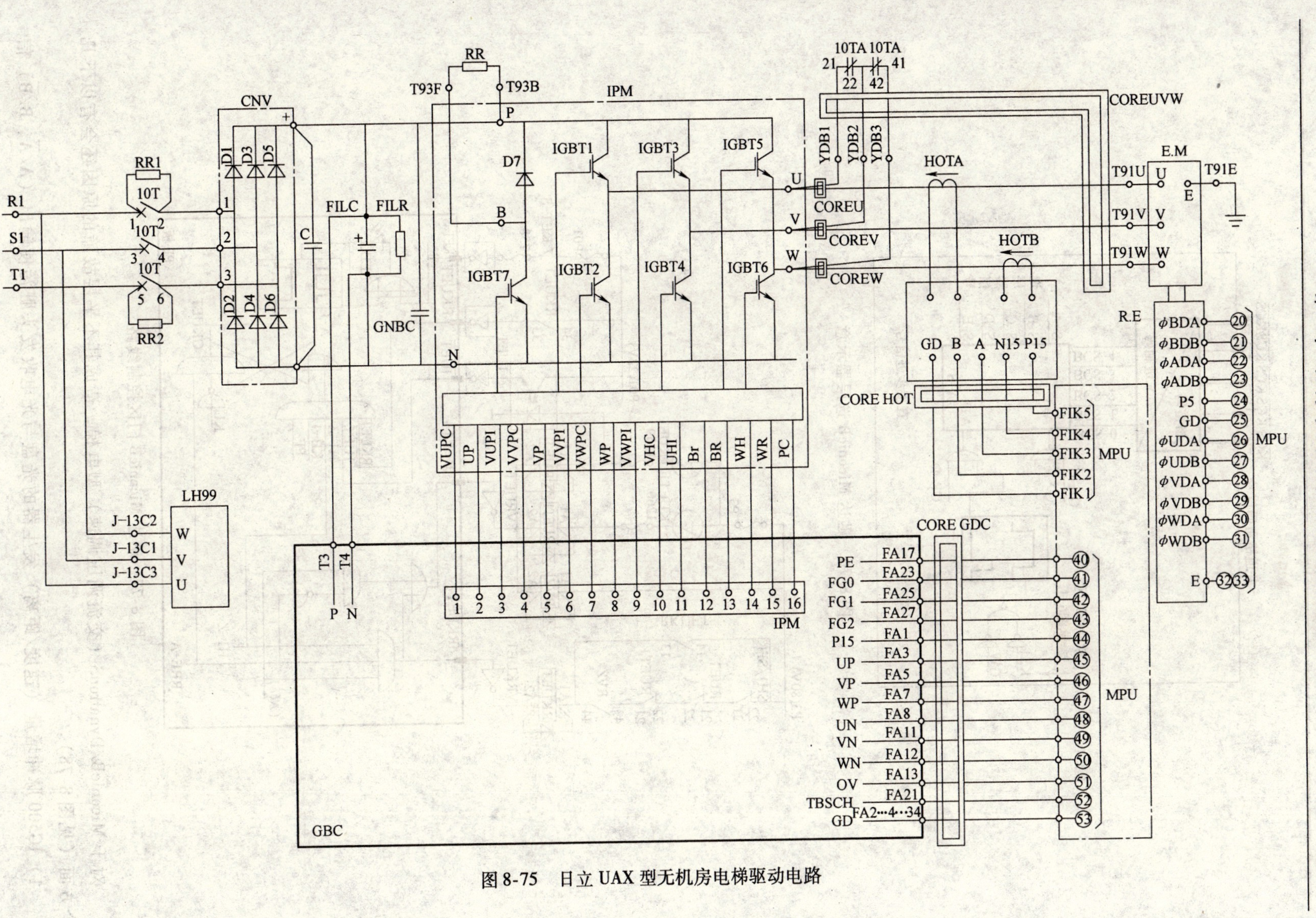

图 8-75　日立 UAX 型无机房电梯驱动电路

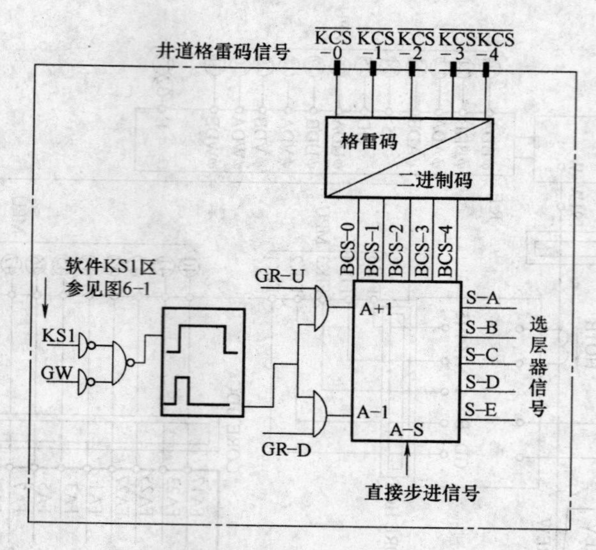

图 8-76 迅达 MiconicB 选层器示意

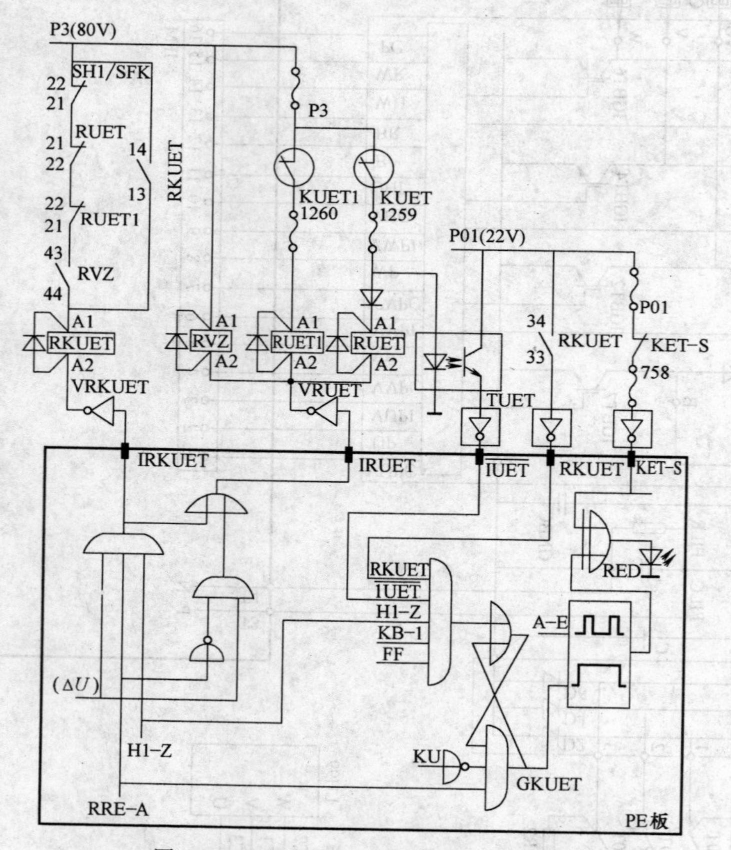

图 8-77 迅达 MiconicB 门区控制线路

对于 MiconicB/DynatronS（交流调压调速）型电梯，造成其不平层故障的原因还会有以下几个方面（见图 8-78）。

1）IG500 脉冲增量（速度/距离）发生器的光盘与光电收发头脏污使输出（A/$\overline{A}$、B/$\overline{B}$）信号缺漏，或引线断路，或插头插座接触不良，或印制电路板损坏。

2）KBR-D/U 和 KSE 双稳态磁开关及相对应的圆磁铁状态异常或偏差。

3）门区磁开关 KUET、KUET1 干簧触点常闭不断或常开不通。

4）提前开门门锁触点跨接电路用 RUET、RUET1 和 RKUET 继电器线圈及触点，或轿顶检修 DREC-D/U 按钮与机房复位 DRH-D/U 按钮的常闭触点断路或接触不良。

5）因触发印制电路板 LDSX、驱动调节印制电路板 RDSX、SRE-A 接触器以及主电动机制动电路等发生故障而加不上制动电流。

6）制动用功率部件（晶闸管等）毁坏。

7）RDSX 板上的 P2-P7 电位器调节偏差。

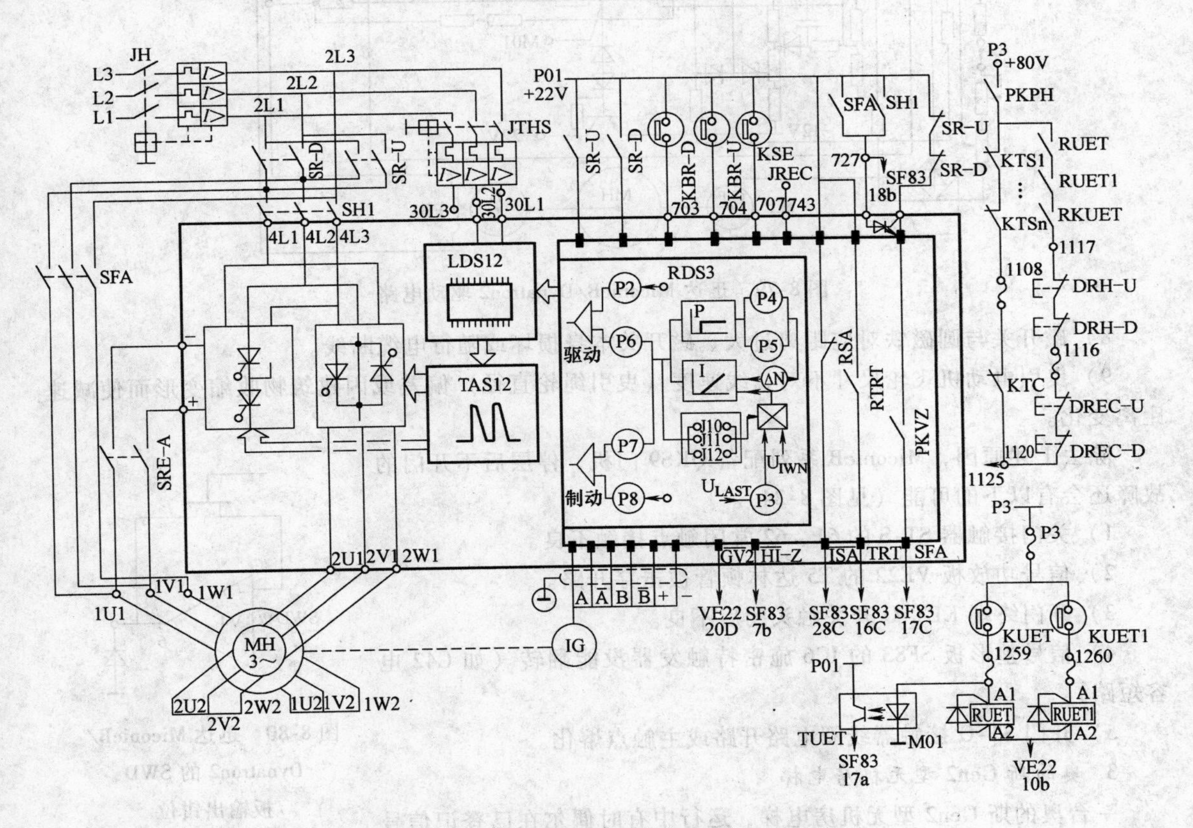

图 8-78 迅达 MiconicB/DynatronS 驱动电路

对于 MiconicB/Dynatron2（涡流制动调速）型电梯，引起其不平层故障的原因还会有以下几个方面（见图 8-79）。

1）减速距离曲线板 SWD 上的积分器零点漂移或外部存在干扰信号，此刻可按图 8-80 在 SWD 板 V4 积分器的输出端加一钳位二极管予以防护。

2）涡流调节板 RED 的直流放大器零点漂移、热稳定性差或板上的晶闸管损坏。

3）电网电压波动大于 ±7%。

4）涡流变压器磁饱和或型号（容量）配置错误。

5）门机和制动磁罐上无 RC 元件或 RC 元件损坏。

6）SR-D/U、SH1、SH2、SFK 和 SB 接触器线圈两端无 RD 元件或 RD 元件损坏。

7）测速发电机 GT 换向器断极、短路，传动皮带打滑或断裂。

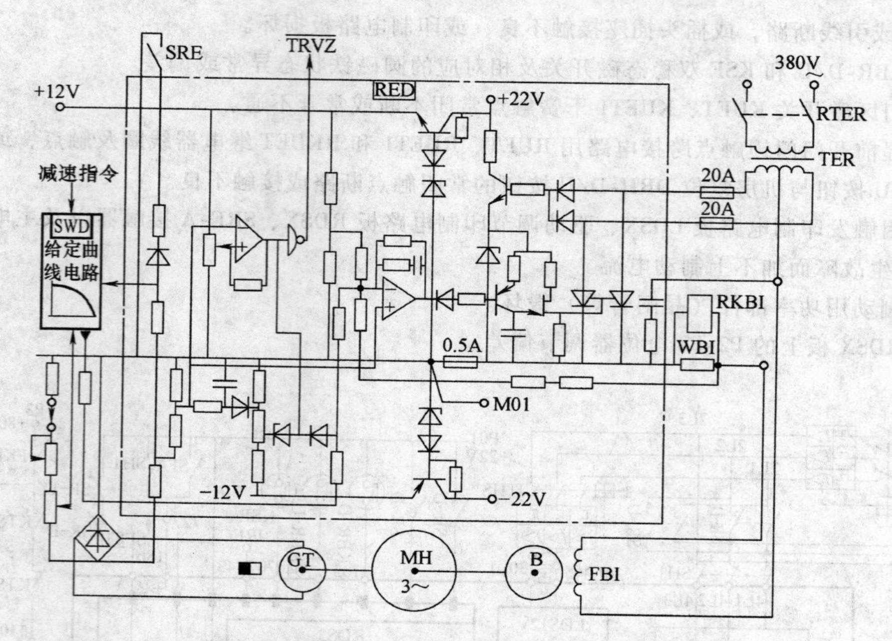

图 8-79　迅达 MiconicB/Dynatron2 驱动电路

8）磁开关与圆磁铁对应距离过大、磁开关本身损坏或随行电缆断线。

9）曳引电动机飞轮尺寸不对、线速度（曳引绳轮直径）偏差或因建筑物收缩变形而使减速距离变化。

除去上述原因，MiconicB 系列配备 QKS9 门机，停层后不开门的故障还会有以下的可能（见图 8-24）。

1）关门接触器 ST-S 的 61、62 常闭触点接触不良。

2）信号功放板 VE22 的 T5 达林顿管被击穿开路。

3）开门终端 KET-O 开关触头闭后不良。

4）信号整形板 SF83 的 IC6 施密特触发器没能翻转（如 C42 电容短路）。

5）开门 ST-O 接触器线圈电路开路或主触点熔化。

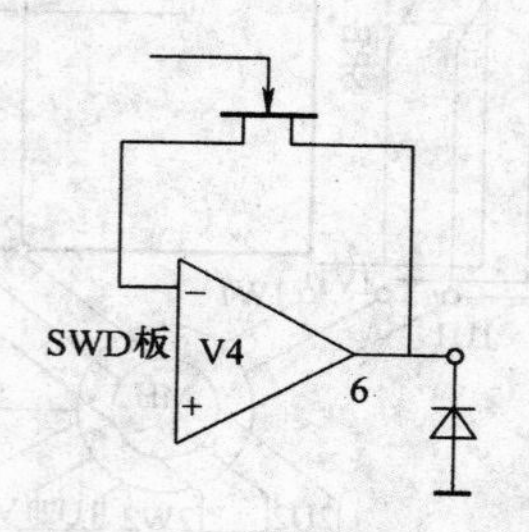

图 8-80　迅达 MiconicB/Dynatron2 的 SWD 板输出钳位

3. 奥的斯 Gen2 型无机房电梯

一台奥的斯 Gen2 型无机房电梯，运行中有时偶尔在已登记信号的楼层不平层的停靠后，即减速地向最低层站执行修正运行，有时偶尔在运行到达最高层站欠层处后即置于停顿状态。插入层站远程维修接口板 SPBC 的服务器（SVT）上显示：MLS：1LS Ini Dec，SYS：1LS + 2LS。前者的注释为控制系统在读取位置（IPD）信号之前发现下端站强迫减速磁传感器 1LS 输出了减速信号，后者的解答是控制系统同时接收到了下端站强迫减速 1LS 和上端站强迫减速 2LS 发出的减速信号。根据故障现象、注释解答和线路图 8-81，分析是 1LS 方面出了问题。于是在服务器上输入 <M> <1> <1> <2>，进入输入信号检查子步序，驱使轿厢在上下两个端站间往复运行，同时观察服务器液晶屏上 1LS/2LS 磁传感器的（字母大小写）动作状态，结果确认上述故障是因 1LS 磁传感器的偶尔不复位造成的。遂仔细检查 1LS 和对应的垂浮磁条，最终证实是 1LS 磁传感器不好，换上一个新的 1LS 后，电梯运行恢复正常。

4. 迅达 MiconicTX/VF100 型变压变频电梯

迅达 MiconicTX/VF100 系列属于带再生能量回馈的 VVVF 驱动形式电梯。在运行过程中，其

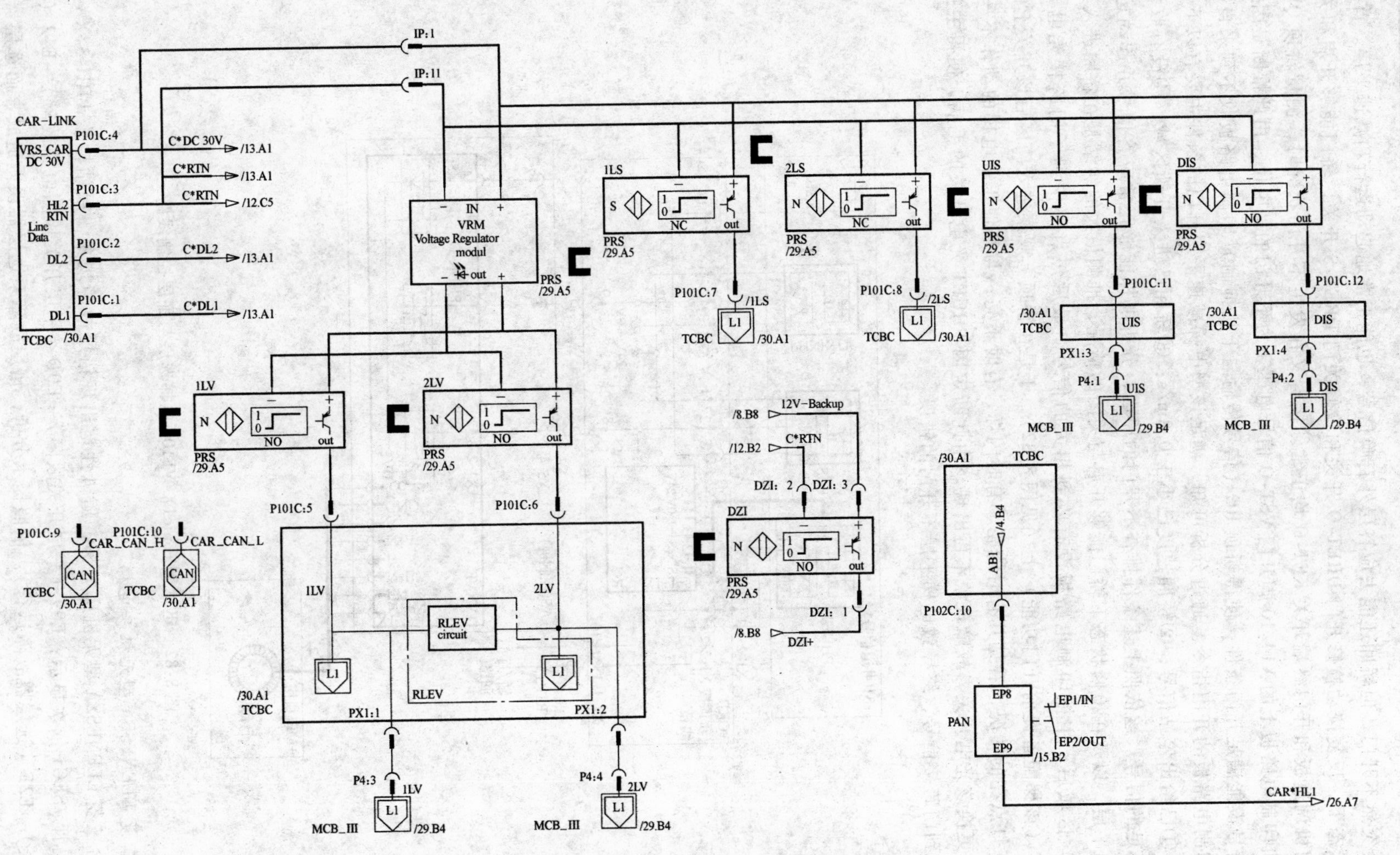

图 8-81　奥的斯 Gen2 无机房电梯井道信息

有时会突然不开门，但轿厢还能去应答层外召唤信号，也能正常地起动运行和减速平层。首先在检修状态下，反复按动检修开门 DRET-O 开关和检修关门 DRET-S 开关，轿门能够开启和关闭，说明门机调速板和开门终端开关 KET-O 均正常。接着又在发生不开门状况时，测量轿顶 QKS9/10 门机印制电路板上的 X14/10 脚开门 VST-O 信号电压，为不开门的高电位，由此推断是因外部输入信号没能满足开门条件，使得轿顶 RC（信号传输与干扰抑制）印制电路板收不到来自机房主控印制电路板的开门指令。通过分析可知，满足该型电梯减速平层开门的条件主要有以下几个方面：①已给出停站信号；②轿厢速度已小于 0.8m/s：③轿厢已进入开锁区域；④没有收到梯门已开足的信号。遂依照上述条件排查不开门的原因，分析电梯能够正常应答信号并起动运行、减速和平层，以及在检修状态下轿门能够开启与关闭的情况，推测最大的纠结是在轿厢进入开锁（门区）区域后，主控印制电路板没有收到相关的信号。最后焦点集中到了门跨接光电开关 PHUET（该梯配备提前开门功能）上（见图 8-82），于是在轿顶上观察进入门区后该开关上的绿色 LED 灯点亮的情况，看见其有时能亮、有时闪烁、有时不亮，与其他正常电梯的动作不一致，故试着更换该光电开关，故障现象不再出现。由此断定因 PHUET 光电开关的毛病，使得主控板接收不到门跨接信号，终导致电梯平层不开门的错误。

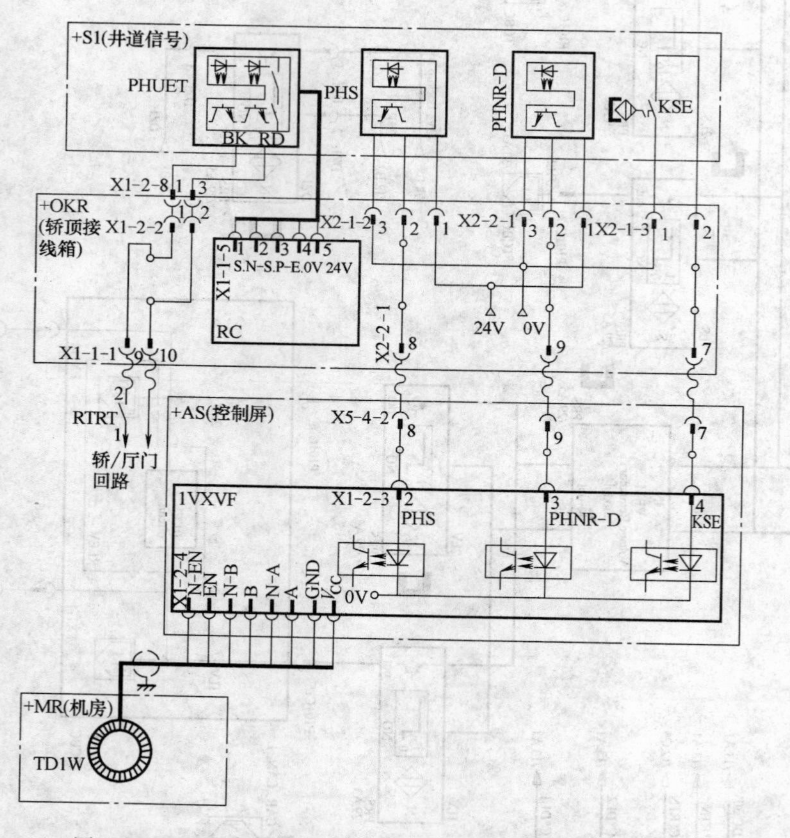

图 8-82　迅达 MiconicTX/VF100 电梯选层与平层控制线路

5. 三菱 ELENESSA 型无机房电梯

一台三菱 ELENESSA 型无机房电梯，随机性地出现错层故障现象。层站检修 LHH-32XA 板上的数码管 7SEG1 依次显示：E09（平层开关故障）→E0D（平层开关检测电路故障）→E12（选层器错误）→E2F（选层器故障运行）。依照提示分析，错层故障系选层器误差造成，而选层器的生成要借助于编码器（RotaryEncoder）、平层装置（DZD）、楼层隔离（DZ）板和计算机软件等。再根据层站检修 LHH-32XA 板上的数码管 7SEG1 并未显示：E99：编码器 Z 相故障，E9A：编码器 F 相故障，表明混合式编码器的磁极跟踪脉冲没有问题，判断要么是平层装置的 DZD（见图 8-83）存在隐患，要么是编码器的距离与速度伺服脉冲出了麻烦。由于调换编码器的难度要比调换平层装置来得大，遵从先易后难法则，先更换了 DZD 试试，结果观察下来电梯的错层现象随之消失，分析是因平层传感器 DZD 的误颤动导致了该故障的发生。

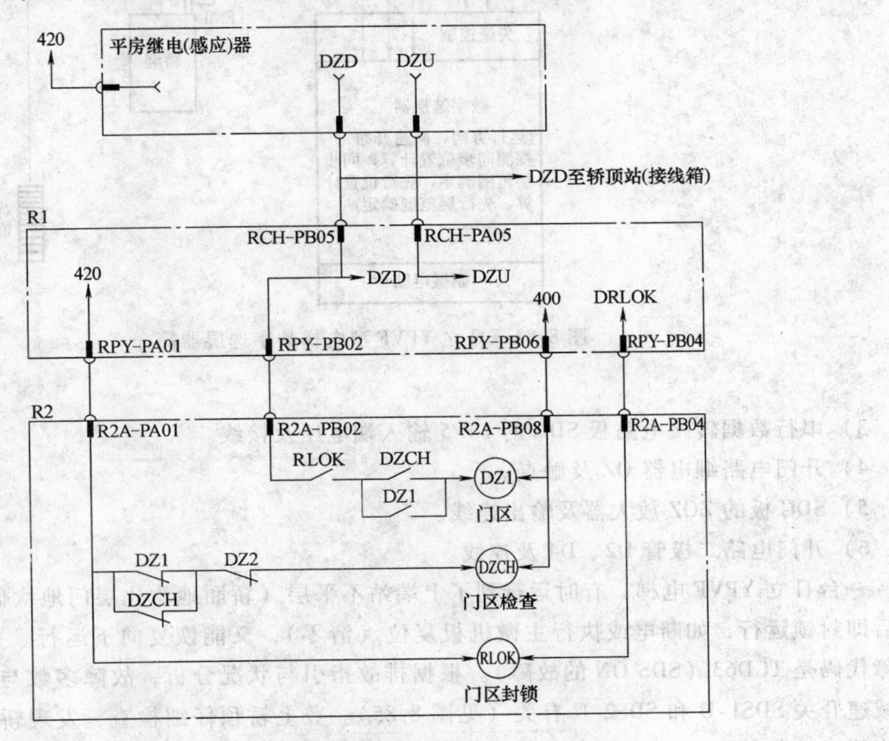

图 8-83　三菱 ELENESSA 型电梯平层感应器电路

6. 日立 YPVF 型电梯

日立 YPVF 型电梯的选层器是由编码器、轿厢位置探测感应器、门区隔离板、端层站的信号和微机程序层高表（在副微机内）等构成（见图 8-84）的。它根据旋转编码器 R. E. 传送来的 ϕA、ϕB 脉冲信号，和轿厢位置探测器 FML 经每一层隔离板遮断产生的感应信号，通过微机程序处理运算后，形成选层器的同步和先行位置范围与信号，并以此定出电梯的运行方向和检出减速开始点。较常见的故障是：运行中若因 KML 磁簧管触点闭合不断，则轿厢减速抵达最近楼层，不平层开门后，不能再起动；若因 KML 磁簧管触点开路不通，则轿厢减速抵达最近楼层，低速找平层，直至紧急停车且不开门；此时如 MPU（微机）印制电路板上显示 TCD73（位置探测器脱离之故障），那么应检查或更换位置探测器 FML（磁簧管开关）及接线与插件，位置探测器与门区隔离板的间隙，输入缓冲器 XFML 的内容变化（主/副微机地址码：01E5/516A）跟踪，FIO（输入输出缓冲器）印制电路板及板上 22V 电源。

除去以上原因，日立 YPVF 型电梯系列 SM-SRB 门机停层后不开门，还应注意检查以下几个地方（见图 8-25）。

1）开门指令 102 及传输触发线路。

2）开门终端 OLS 开关复位状态。

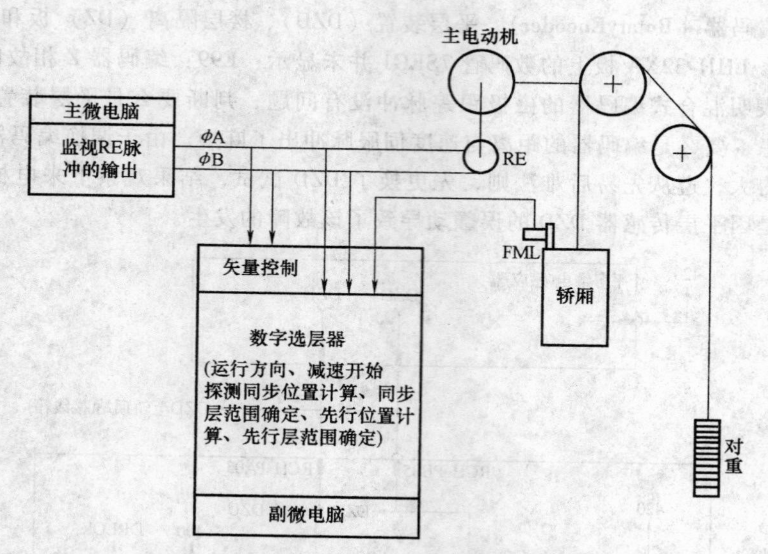

图 8-84　日立 YPVF 型电梯数字选层器简介

3）串行数据转接电路板 SDC 的 FT/5 输入端电压及接线。

4）开门电路继电器 OZ 及触点。

5）SDC 板的 ZOZ 放大器及输出连线。

6）开门电路二极管 D2、D4 及连线。

一台日立 YPVF 电梯，有时运行到了上端站不平层（轿厢地坎比层门地坎低约 200mm），开门后即封锁运行，如断电或执行主微机板复位（清零），又能恢复向下运行。查看 MPU 板上的故障代码是 TCD63（SDS ON 的故障）。根据排故指引与状况分析，故障多数与上端站监控及强迫减速开关 SDS1-U 和 SDS2-U 有关（见图 8-85）。登上轿顶仔细检查，发现轿厢导靴跟减速开关滚轮因长期摩擦运转而受损，致使有时由 XSDS1U 和 XSDS2U 形成的端站硬件减速信号比微机发出的端站软件减速信号延迟太多，而一旦当两者的时差超过限值即就触发进入开门区域后的急停，接着便会发生闭锁运行。虽然通过清零复位操作，可使微机暂时失却故障记忆，但以后的检测还是能够察觉并封刹轿厢。换上新的导靴靴衬和调校减速开关的滚轮与撞杆（打板）间的距离后，电梯运行恢复正常。

7. 蒂森 TE-Evolution 型无机房电梯

一台蒂森 TE-Evolution 型无机房医梯（1600kg，1.6m/s，TCM-MC2），其主驱动电路如图 8-86所示。运行中有时出现多层减速爬行过长，直至过层而停车，有时出现进入到上或下多层与单层强迫减速区域后即爬行停车，且在出观上述故障后，层站显示器呈现“— —”。若进行井道教入（自学习），有时会出现“AFEF（楼层超距）”，“AFFb（测量超程）”，“FEB0，FEC0（重新进行教入）”等教入码号，且往往要断电清零及反复多次才能成功教入，而运行一段时间就又会重出该现象。诊断仪（功能选择 0100）显示的故障信息代码是：0280（运行有误），0Cd0（主板复位），0d3B、0d5B（驱动出错），E900（溢出错误）等。依照排故提示比较、互换、核查下来，似乎确定与电源波动、通信干扰、正余弦编码器、平层传感器、微机主板、存储器芯片、变频器等硬件无甚关联。但根据井道教入时出现的故障教入和 E900 码号及以往经验判别，似乎判定与驱动调试参数设置存在偏差有关。遂在重新进行井道教入（功能选择 1500）时，重

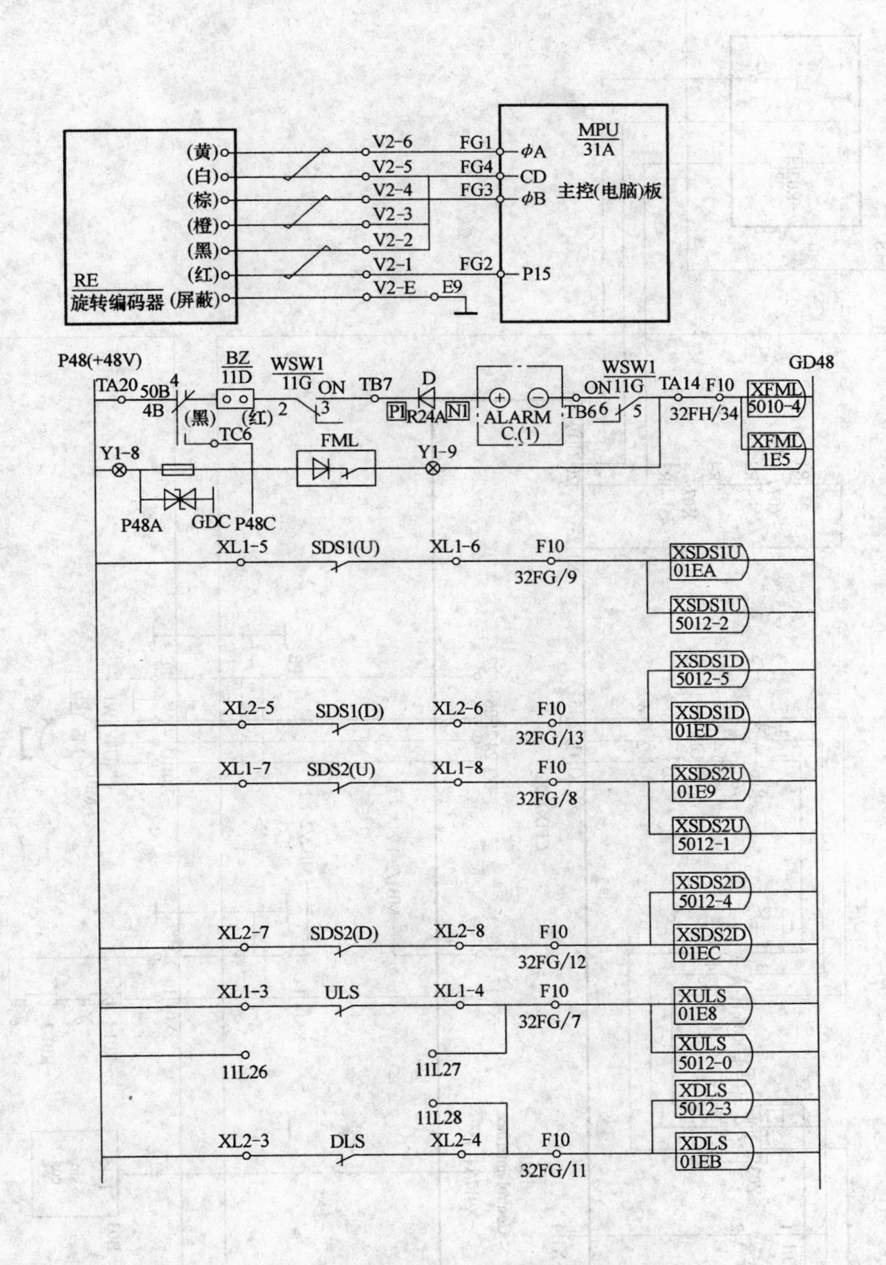

图 8-85　日立 YPVF 电梯编码器与轿厢信息控制线路

点地对停止距离校正（AF31）参数，缩短减速行程（AF71）参数，停层前的速度（AF74）参数，停止精确度（AF81/AF84）参数，进行细致地反复增减精调，最终使得永磁同步电动机的额定转矩能够紧紧跟随电梯系统的实际转动惯量而变化，由此杜绝了上述驱动故障的再次出现。

8. 奥的斯 SPEC50/MP3 型电梯

奥的斯 SPEC50 型电梯的选层器是由控制印制电路板、PPT 第一位置传感器（旋转脉冲发码器 RER）和 SPT 第二位置传感器（门区脉冲开关 DZ、上方脉冲开关 IPU 和下方脉冲开关 IPD）组成（见图 8-87）。在运行中，若为微机发现没有门区（DZ）、方向（IP）或旋转发码器（RER）的脉冲

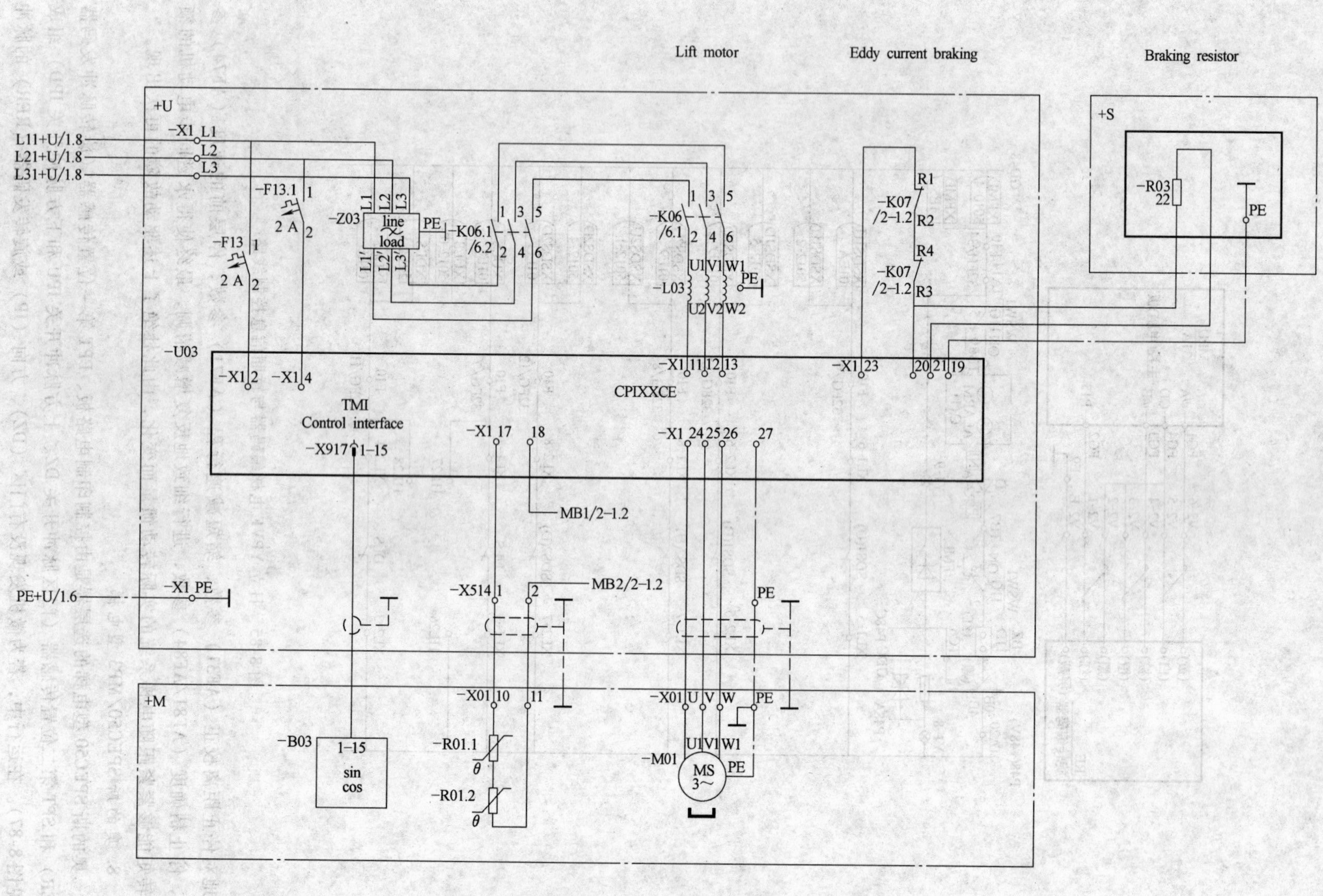

图 8-86　蒂森 TE-Evolution 无机房电梯主驱动电路

信号时，轿厢将换速不平层地停在终端楼层或有 IP、DZ、信号的楼层，输入接口板 IIB 上的“MIPL”灯点亮。此时应检查或更换 DZ、IPU 或 IPD 传感器开关及信号输出装置（依计数器板 CUB1 上的 DZ、IPU 和 IPD 灯的显示状态判别），井道内层楼桥板（隔离板）与传感器开关的间隙，旋转发码器及 A 相与 B 相的脉冲输出（观察 CUB1 板上 A、B 灯的燃灭）及接线，CUB1、CUB2、IIB、MIB（运行接口）印制电路板。

除去以上原因，奥的斯 SPEC50 型电梯系列 OVL 门机停层后不开门，还要注意以下几个方面（见图 8-34）。

1）门区继电器 DZ 的触点是否接触不良或不吸合。

2）运行接口 MIB 板的 DOR 功放单元是否开路或烧毁。

3）开门终端 DOL 开关触点是否闭合不良。

4）MIB 板 DOL 输入单元是否损坏或没有输出信号。

5）开门继电器 DO 线圈是否开路或主触点接触不良。

奥的斯 SPEC90（MVF）型电梯系列亦属于变压变频调速电梯，其选层器也由旋转编码器、门区传感器、层楼隔离板、微机印制电路板和软件构成。其外部线路如图 8-88 所示。如果在运行过程中发现选层器信号错乱或楼层门区信号丢失，控制微机就会发出应急减速信号；并当为选层器信号错乱故障时，即令轿厢直接向最近楼层的门区停靠；如当是楼层门区信号丢失错误时，则命轿厢向端站楼层门区停靠；倘使此刻门区开关 ODZ 没有问题梯门便会开启，否则“闭门锁梯”完事。这时应根据 LMCSS 板上故障代码提示的内容，如 12（位置测量故障），13（无效的层楼计数），15（DZ 输入信号时序出错），16（DZ1 输入信号时序出错），17（DZ2 输入信号时序出错），18（1LS 输入信号出错），19（2LS 输入信号出错）等，检查调整与更换门区域（层楼）开关 1DZ1、1DZ2、平层隔离板，速度传感器 PVT，限位减速开关 1LS、2LS，变频速度调节板 DBSS（VFB），运行控制板 LMCSS（MCB）。

9. 迅达 100P 型无机房电梯

图 8-89（见全文后插页）是迅达 100P 型无机房电梯的驱动测速和井道测距的原理电路。有一台该型电梯在运行过程中有时会出现轿厢空载上行（重载下行）减速过层的故障现象。PC 上查询到的出错编号有：20（Position Lost 位置丢失），705（Speed Difference 速度差异），770（Bad Parameter 参数不妥）等。但检查下来，发现位置编码器（AGSI），门区磁开关（KUET），速度编码器（TDIV），楼层磁铁，机械连接，主控微机板，变频器，AC 供电，额定电枢电压，额定电枢电流，满负荷磁场电流，电流极限值和自学习等均无问题。再分析认为该故障概属随机软性问题，于是借助 PC 重点复核井道参数（Shaft_ P.），井道距离（Shaft_ D.），最大门区（Max_ Door_ Zone），编码器系数（Tacho_ Factor），减速（A6），电动机过载测量（Motor_ Ovld_ Tout）等操控软件参数，亦没察觉有误，由是试将变频零位参数（FC_ Shutdown）设置成 0 和把运行停顿参数（Move_ Shutdown）设置为 1，并重新执行自学习后，轿厢平层不存过失。

10. 三菱 GPS-2 型电梯

有一台三菱 GPS-2 型电梯（载重 1T，速度 2.5m/s），在快速向下运行中突然在 2 楼急停（1 楼是下端站）且不开门，然后慢速往上运行到 3 楼超出平层区后停止，再试图向下端站运行，但一到 2 楼还是紧急停车，又再重复前面的过程。

到机房检查，发现主控板（KCD-60X）上的楼层数字闪烁，表明楼层高度数据和选层器信号丢失或偏差，于是转入手动操纵电梯模式，欲进行层楼数据重新写入，但不成功。根据电梯快速上行能在上端站停层，而快速下行到不了下端站以及楼层高度数据无法写入的异常现象分析，

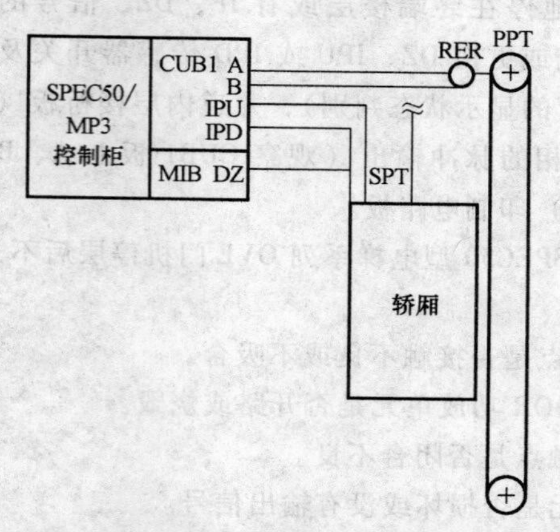

图 8-87　奥的斯 SPEC50 型电梯旋转发码器选层器框图

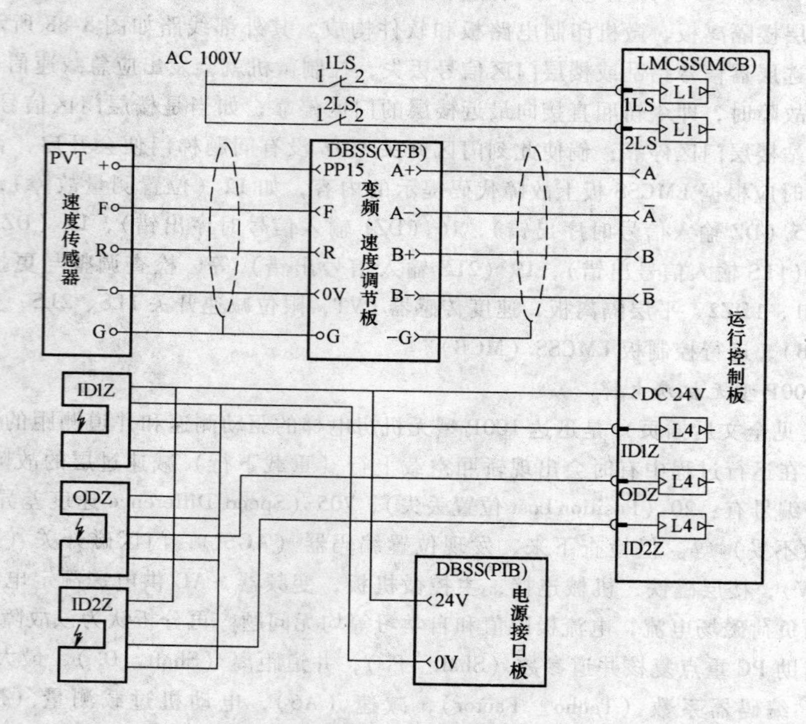

图 8-88　奥的斯 SPEC90 电梯控制（选层）线路

判断为轿顶平层（开关）继电器 DZU（见图 8-90）出了麻烦。拆下其反复测量，发现该干簧触点的通断时好时坏，由此肯定此故障是因平层（开关）继电器的损坏而造成的，更换新件后，电梯运行恢复正常。

同样，有一台三菱 SP-VF 型（13 层 13 站 13 门）电梯，运行数年后，逐渐频繁地出现了中间层楼不停，只能在底层站（1 楼）与顶层站（13 楼）间往复运行停车，并且有停层后不开门的故障现象。到机房察看，P1 板（KCJ-10XX）上的层楼显示闪烁。开始时，断一会儿电，试一下能恢复正常，有时断电后重写层站数据也行，到后来就怎么做都不行了。根据故障现象分析，排除旋转编码器、井道终端减速开关工作不良等原因，焦点集中至平层感应器 DZ 上（见图

8-91）。虽然 1UL 和 1DL 是用于层楼数据检测，但 DZ 的作用除掌管门区的判别与平层开门外，还参与层楼信号的区分和校正等运作。通过测量，当轿厢进入门区时 CB-J09 处的电压时有时无，观察 DZ 继电器时吸时不吸的情况，也证实了上述的推断。因暂无备件，故临时将 DZ 与 1UL 互换，再重新进行层楼数据写入操作，且仔细观察运行状况，一段时间内却未显现该故障，故认定其系 DZ（PAD-1 型）平层感应器损坏所致。在新的配件到货后立即更换，随后电梯运行一切正常。

11. 通力 3000MONOSPACE 型无机房电梯

有一台通力 3000MONOSPACE 型无机房电梯，在向上运行过程中偶时不平层的停在下端站以上的层站，CPU 板（375：LCECPU）显示窗口提醒的故障代码有：0071（门区开关信号丢失），0052（上下端站强迫减速开关无序动作），0073（下平层感应器 61：N 信号丢失），0075（上平层感应器 61：U 信号丢失）。根据异常现象、修复指引和井道信息（见图 8-92）分析，该故障源点与上下端站强迫减速开关，特别是上端站强迫减速开关的无序动作有关。于是，借助 LCECPU 板上的 77：U/N 发光二极管，观察其点燃与熄灭的状况，感觉燃灭还算有序，但 77：U（上端站强迫减速开关）LED 似乎比平时暗淡些，遂测量 LCECPU 板的 XC11/7 脚上的 77：U 输入电压，只有约 9.6V，再在轿厢控制板（806：LCECCB）的 XB25/2 脚上测量 77：U 的输出电压，确证仅为 9.7V，重新拔插相关插头后依然如故，由此断定系上端站强迫减速开关 77：U 内部接触不良或触头耗损而导致上述故障的产生。在更换了同型号的单稳态磁开关后，电梯运行恢复正常。

12. 迅达 MiconicV/VF45 型电梯

有一台迅达 MiconicV/VF45 型电梯，开始总是驶向某一楼层，通过监控屏幕看到该层外下行召唤信号始终登记着，过了一段时间，轿厢不再驶向该层，同时出错菜单显示 DD（呼梯信号超时），表示该层下行召唤被长期登录，即使轿厢到了该层也无法消除，随后微机自动命令电梯不再服务于该召唤信号。由此分析，该故障的发生与信号系统本身有关，而与选层器和门区信号无关。经检查，发现是因 M 型按钮印制电路板上的恒流电路短路（见图 8-93），引起召唤信号 EA 板上的达林顿晶体管矩阵集成元件（ULN2804）熔接短路（见图 8-13）。更换 M 型按钮印制电路板和 ULN2804 集成元件后，电梯运行恢复正常。

13. 奥的斯 MCS413/ELEVONIC411 型电梯

有一台奥的斯 E-CLASS（MCS413/ELEVONIC411/428OVF）型高速电梯（1600kg，6m/s），图 8-94 是它的控制驱动（测速测距）原理电路。使用约两年半后，突然出现单层、双层能正常减速平层，多层尤其是超长楼距（大于 18m）运行时，会无法准确平层（严重偏差）或干脆紧急刹停在楼层（两道层门）的中间，并因此关困乘客。借助服务器（SVT）看到的故障代码（提示）是（RCB-Ⅱ/MCB3）：2103（PSR Inv raw pos）楼层数值超差，2706（NUMBER RELEVEL runs）无法正常平层和（PROB）：F94：数字测距器 PPTA 出错。根据故障现象和排故指引，分析多数是限速器侧的数字编码测距器及其传动机构出了问题，于是先更换了编码器 GPPT，未见消失，接着用游标卡尺逐段检查限速器钢丝绳（ϕ13mm），未见异常，随即互换限速器试试，略有改善，稍后再增加限速器绳涨紧压铁，该现象似乎又有改善，因此断定此故障系限速器绳轮磨损和限速器绳涨紧压铁重量不够共同造成的。在更换了一个新的同件号的限速器和加多两块压铁后，电梯运行恢复正常。

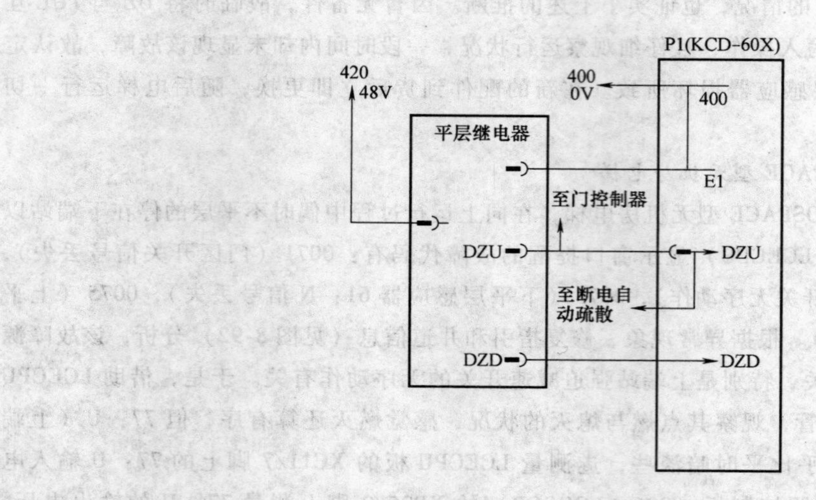

图 8-90　三菱 GPS-2 型电梯平层继电器电路

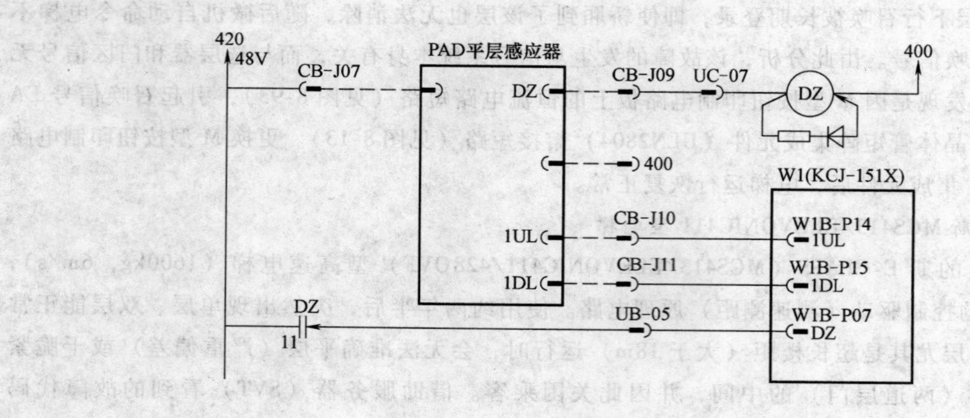

图 8-91　三菱 SP-VF 型电梯平层感应器线路

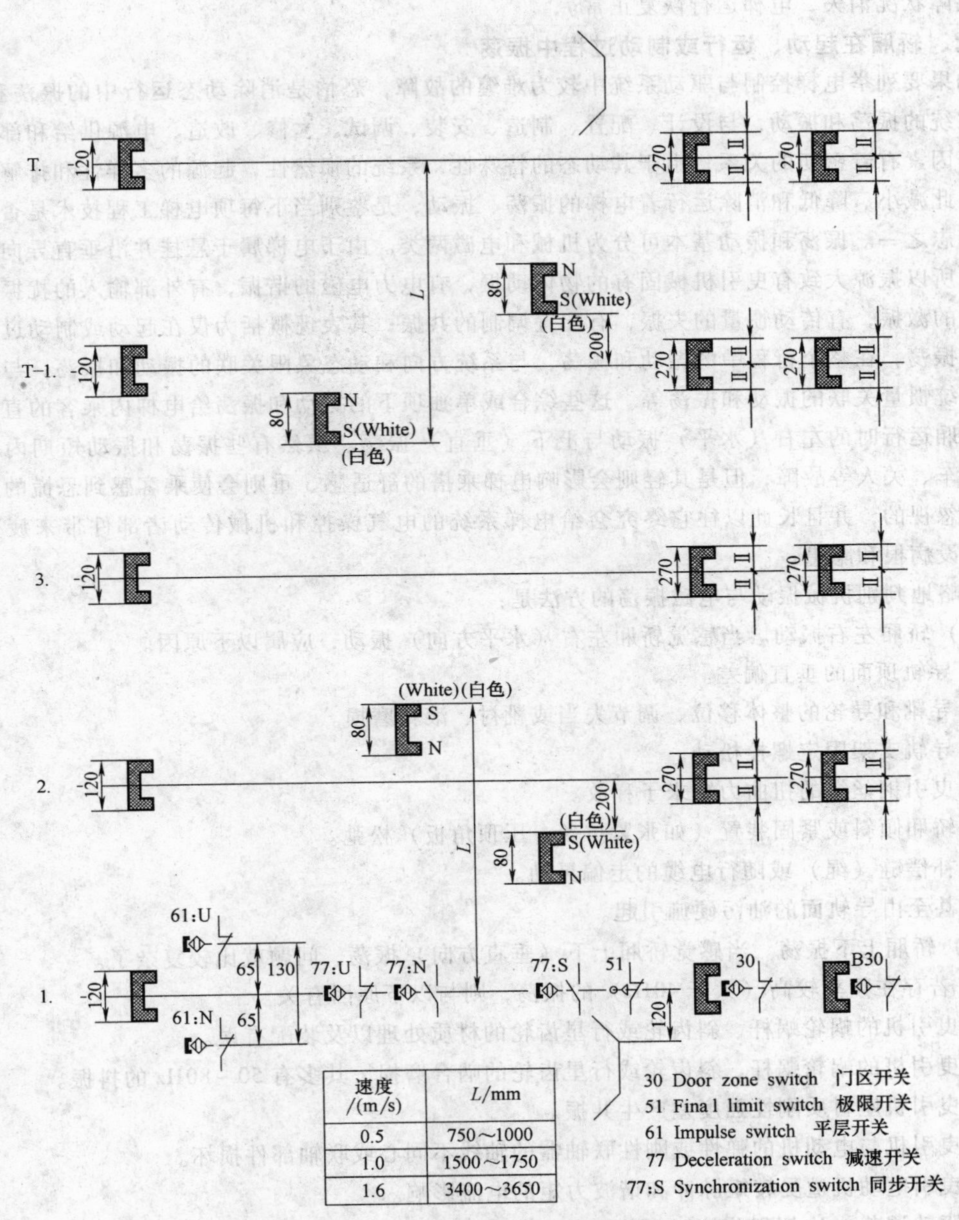

速度 /(m/s)	L/mm
0.5	750～1000
1.0	1500～1750
1.6	3400～3650

图 8-92　通力 3000MONOSPACE 型电梯的井道信息

14. 永大 NT-VF 型电梯

有一台永大 NT-VF 型电梯，图 8-95 是它的变频调速驱动简图，在投入运行一段时间以后，出现了不管重载与轻载、下行或上行，均减速过层（150～300mm）的异端现状。INV-MPU 板显示的故障码是：TD62（同期位置错超差）、TCD74（无法平层超限）和 TD76（微速运转超常）。依照检修提示逐项排除了曳引平衡差错变化，负荷检出漂移，平层导距误传，编码信息缺省，驱动触发失控，楼层数据错乱等原因，遂将注意力聚向了会否是因转动惯量的变化而造成微速运转时间无法匹配后引起的？因为从平层误差方面观察有这种可能，于是先记住原数据值，借助 ANN 操作键加长微速时间的数据值（MOD EE SET），然后再进行层高数据的测定，反复几次下来，故障状况消失，电梯运行恢复正常。

七、轿厢在起动、运行或制动过程中振荡

如果要列举电梯控制与驱动系统中较为难缠的故障，恐怕是消除动态运行中的振荡和振动。电梯系统的振荡和振动，与设计、配置、制造、安装、调试、大修、改造、电源供给和部件使用寿命等因素有着密切的关系。由于其动态的特殊性，系统的惯然性，起源的多样性和排解的复杂性，因此减小、降低和消除运行着电梯的振荡、振动，是鉴别当下每项电梯工程技术是否成熟的重要标志之一。振荡和振动基本可分为机械和电磁两类。由于电梯属于悬挂并沿垂直导向的运动装备，所以振源大致有曳引机械固有的物体动振，有电力电磁的谐振，有外部输入的扰振，有内部反馈的激振，有传动惯量的失振，有配置调制的共振；其表现概括为仅在起动或制动过程时的振动和振荡，在整个行程中的振动和振荡，与系统方向和动态象限关联的振动和振荡，与即时负荷和系统惯量关联的振动和振荡等。这些综合或单独项下的振动和振荡给电梯内乘客的直接感觉就是轿厢运行时的左右（水平）振动与上下（垂直）振荡。虽然有些振荡和振动短期内不会导致如停车、关人等故障，但是其轻则会影响电梯乘搭的舒适感、重则会使乘客感到恐慌的后果还是不容忽视的，并且长此以往它终究会给电梯系统的电气操控和机械传动诸部件带来疲劳与损伤、埋设病根和隐患。

粗略地判别机械振动与电磁振荡的方法是：

（1）轿厢左右振动。当感觉轿厢左右（水平方向）振动，应属以下原因。

① 导轨顶面的垂直偏差。

② 导靴和导轮的整体移位、调节失当或靴衬、滚轮磨损。

③ 导轨支架固定螺栓松动。

④ 曳引钢丝绳的扭曲力矩未予释放。

⑤ 轿厢倾斜或紧固装置（如张紧拉条、压顶角板）松弛。

⑥ 补偿链（绳）或随行电缆的走偏晃动。

⑦ 甚至由导轨面的油污硬痂引起。

（2）轿厢上下振荡。当感觉轿厢上下（垂直方向）振荡，问题就比较复杂了。

1）若存在频率较高（大于40Hz）的振荡，则与以下原因有关。

① 曳引机的蜗轮蜗杆、斜齿轮或行星齿轮的材质处理以及装配有误。

② 曳引机的蜗轮蜗杆、斜齿轮或行星齿轮的啮合磨损，其多有50～80Hz的抖振。

③ 曳引机座材质刚性强度差产生共振。

④ 曳引机与电动机的弹性或刚性联轴器的轴线不同心或联轴部件损坏。

⑤ 曳引电动机遭受转矩脉冲和谐波力矩的电流影响。

⑥ 驱动调节（比例积分校正环节）的增益匹配不当。

⑦ 驱动调节装置的瑕疵，如晶闸管、IGBT模块的失步，触发电路板的紊乱。

⑧ 电压、电流、速度、负载、磁场等反馈取值、传递与处理失常，如相关装置的紧固松懈，编码器的输出缺漏，变频器内互感器的异化。

⑨ 拖动系统四则象限的能量转换及释放产生差别，如释放电阻的值变，制动管压降的波动失常。

2）若有着频率较低的振荡，则与以下原因有关。

① 曳引机的滚动轴承或滑动轴承（因滚道、滑路游隙增大造成径跳、端跃，进而伤及滚子、滚珠或轴瓦）的磨损。

② 曳引钢丝绳的松紧张力不匀。

③ 曳引轮、钢丝绳因磨损而使摩擦发生蜕变，导致曳引能力衰退。

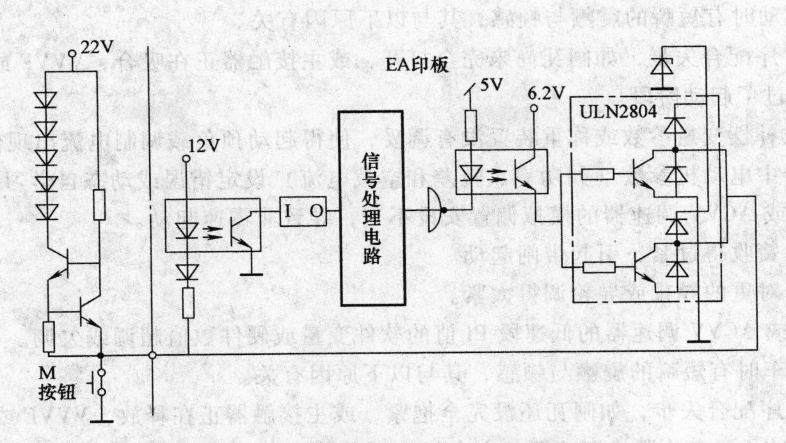

图 8-93　迅达 MiconicV/VF45 型信号电路

④ 制动器闸瓦与制动盘（鼓轮）间的张开间隙过小而引起摩擦，或闸瓦的转动销轴卡阻不灵活而导致闸瓦与盘鼓的碰擦。

⑤ 曳引机座避震或固定部件的装设不当或老化失效。

⑥ 对重平衡的比例超差。

⑦ 补偿链（绳）的垂直跳动及稳定性变化。

⑧ 甚至因曳引机减速箱内润滑油质恶化导致。

3）因某些零部机件或变量参数的匹配设定欠妥以及选择精度欠佳，引起介乎上述 1）、2）两者之间的振动和振荡，还有以下原因。

① 制动轮、制动盘、附加飞轮的转动质量不平衡，常伴有 20～50Hz 的间振。

② 更换的导靴和导轮的调节过紧或过松。

③ 曳引机搁机梁（如承重槽钢或工字钢）的刚性强度不够。

④ 曳引钢丝绳绳头弹簧的配置与刚度选择有误。

⑤ 轿厢整体平衡与避震系统的布置欠妥。

⑥ 轿厢和对重的导轨侧面偏差。

⑦ 曳引机机械效率的设计与配置出错。

⑧ 电动机功率的临界欲度选择的过窄。

⑨ 电动机转子与定子同心度偏差产生不平衡旋转的单边磁拉力。

⑩ 永磁同步电动机内永磁体的虚脱或位移。

⑪ 安装或大修后的曳引轮垂直度超差。

⑫ 曳引机机械效率与电动机电磁功率的匹配失当。

⑬ 供电电源电压的超标波动使对称平衡失调。

⑭ 井道风洞风箱效应产生扰动气流的应对失策。

⑮ 加减速度及变化率的调试设置不当。

⑯ 速度调节环的 PI（比例积分）值或给定信号值不稳定、不恰当或受干扰漂移。

⑰ 安装调试和维修保养时某些影响变量参数的硬件元件（如驱动和功率放大环节中的阻容电感）或软件（如响应指数、放大倍数、反馈系数）取值不符。

⑱ 防御外部干扰、电路敷设的屏蔽与接地考虑不周或操弄有误。

同样，对于轿厢在起动和停车时短瞬的震颤与顿感，亦属于动态运行中的振荡和振动。

（3）当起动时有短瞬的震颤与顿感，其与以下原因有关。

① 起动时序配合失步，如闸瓦尚未完全打开，或主接触器正在吸合，VVVF 或 ACVV 调速器的速度曲线已过了起动阶段。

② 预负载补偿变量参数或称重装置没有调妥，使得起动预负载调制电流出现偏差。

③ 变频器中电动机参数（如功率、转差和空载电流）设定错误或动态自学习没做妥。

④ VVVF 或 ACVV 调速器的模拟偏置安设不当，导致非零速起动。

⑤ 闸瓦弹簧收得过紧，引起带闸起动。

⑥ 轿厢、对重的导靴或导轮调得太紧。

⑦ VVVF 或 ACVV 调速器的低速段 PI 值的软件变量或硬件数值超调或欠调。

（4）当停车时有短瞬的震颤与顿感，其与以下原因有关。

① 停车时序配合失步，如闸瓦还没完全抱紧，或主接触器正在释放，VVVF 或 ACVV 调速器的速度曲线已过了停车阶段或调速器的方向触发（使能）信号撤早了。

② 主控板程序软件或输入参数有误，导致闸瓦时主电动机的转速还未到零。

③ VVVF 或 ACVV 调速器的模拟或数字的平层速度设置过高，造成冲层或欠层急停。

④ 提前开门时的控制电路、检测电路或跨接线路出错急停。

⑤ 平层感应器或传输线路因故引起过层或撞限位开关急停。

（5）当起动与停车时均有短瞬的震颤与顿感，其还与以下原因有关。

① 绳头弹簧松紧无度或轿厢避震橡胶老化不一。

② 曳引机齿轮啮合缝隙磨大窜动或曳引轮绳槽磨底滑动。

③ VVVF 或 ACVV 调速器的触发板异常。

④ 主控器与调速器之间的通信受到起动或停车电流干扰。

⑤ 测速机或编码器在低速时输出低少。

1. 三菱 GPS-CR 型电梯因负载线绝缘层裂损引起的振动

上海三菱 GPS-CR 型电梯的主电路原理如图 8-96 所示。有一台该型号电梯在运行中突然异常振动，在轿厢内除感觉晃荡外，还听到主电动机发出的异常轰鸣声。主控板 KCD-60X 上的出错代码是 E1：异常低速。转入手动（检修）状态运行，故障现象还是存在，只是振荡和噪声有所减轻。再运行几次，出错代码又增加 E5：检出过电流。初步分析是由于变频装置与主电动机之间存在短路所致。通常变频器电路的短路故障有直通、桥臂、输出和负载对地等现象，它们多数与功率晶体管的损坏或续流二极管的击穿、驱动控制电路的故障或噪声干扰引起的误动、人为的配线错误或负载绝缘的破坏等有关。因此，用高阻万用电表测量 IGBT 管的极间阻值，用绝缘电阻表（俗称兆欧表）测量电动机绕组间（拆开端接）、绕组对地间、接线端子和动力接线的绝缘，结果发现电动机的引出线中有一根线对地绝缘阻值偏低。再仔细查看，原来是动力引出线的绝缘外层不知何因已存裂损并伴有烧黑痕迹，由此断定这根受损的导线是在长期的使用中，因敷贴线槽壳角边缘而振动挪移破皮后，形成高压拉火遂引发该故障。在用绝缘胶布稳妥地包扎好该动力导线的裂损处，电梯又可正常地投入运行服务了。

2. 奥的斯 MCS413/ELEVONIC411 型电梯因永磁同步电机供电线路接地引起的振动

有一台奥的斯 E-CLASS（MCS413/ELEVONIC411）型电梯，图 8-97 所示为它的驱动电路原理。自投入运行不足一个月即出现起动后巨震停机现象，服务器（SVT）上控制系统的提示为：2703 DBSS drive fault（驱动部分出错），2704 DBSS stop/shut dn（驱动停车信号），驱动系统的提示为：F08 Motor overload（电动机过载），F10 Current vartance（电流超差）。转入检修点动运行，也如快车运行时的故障现象一样，刚起动，电动机就振动紧急制动。感觉事态严重，遂依照排故

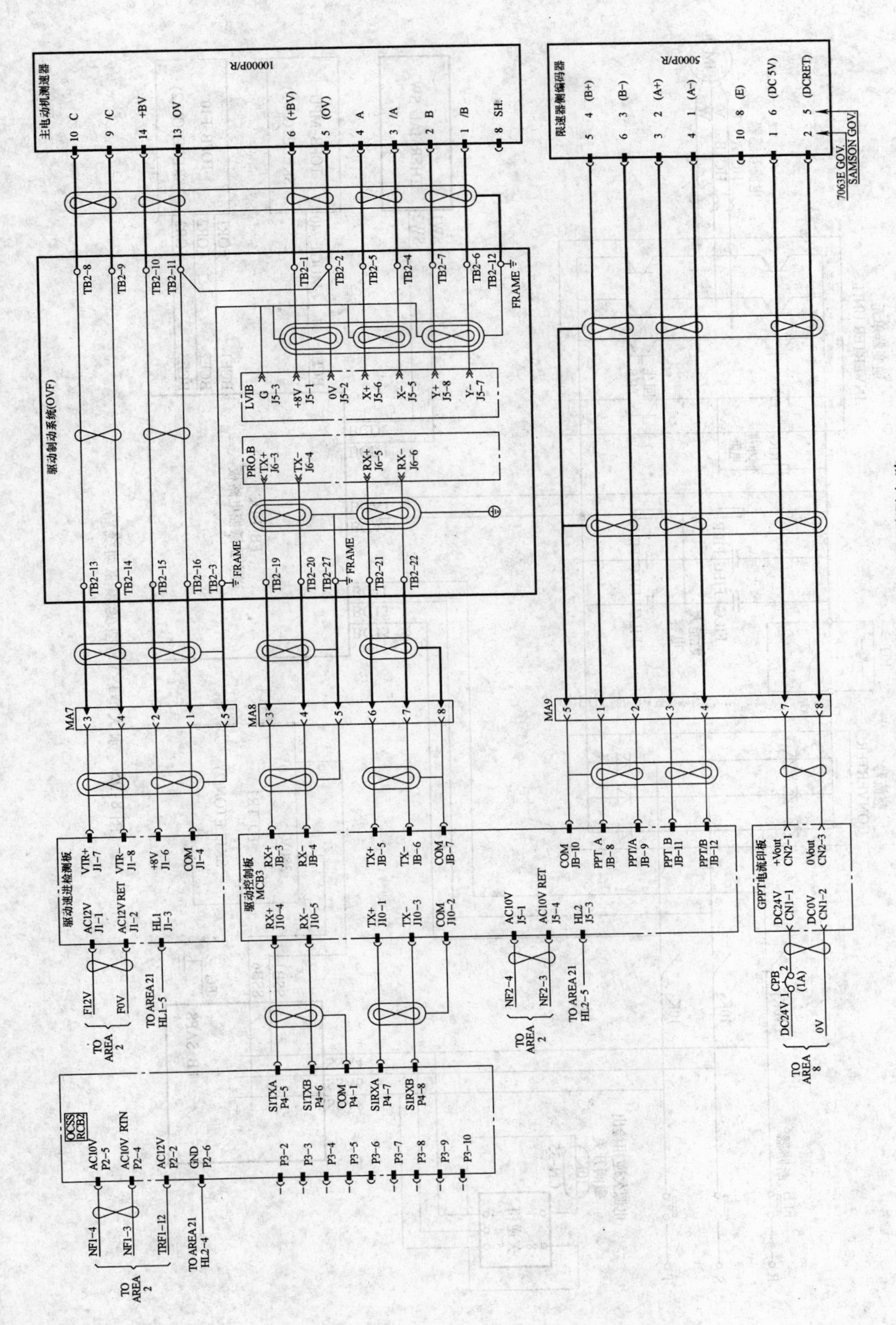

图 8-94　奥的斯 E-CLASS 型电梯测速测距电路

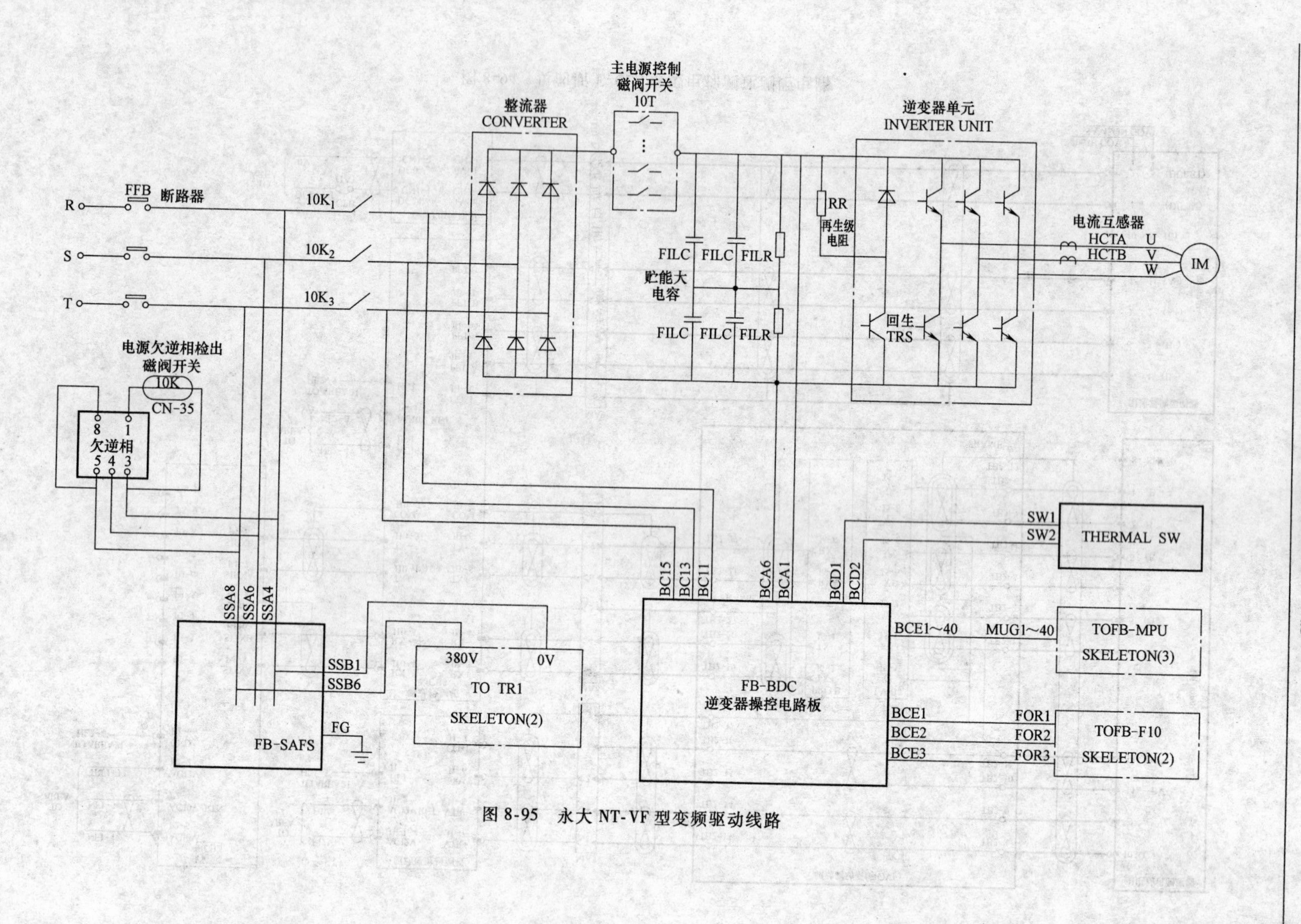

图 8-95　永大 NT-VF 型变频驱动线路

指引和根据以往经验，检查了永磁同步电动机的出线端，发现有一端对地电阻为零，拆开电动机的所有进线后再量度，排除了电动机 U、V、W 端对地的嫌疑，回过头去测试供电导线，发现 V 线存在对地导通，拆开 V 线到接触器 SW2 的端接，对地导通还是保持，于是拆开线槽查找，终于发现是固定线槽盖板的一颗自攻螺钉侵入了该线内部，最初它与铜芯线尚未碰着，一旦“时来运转”即演义了动人心魄的“大闹天宫”。在排除了该隐患后，电梯运行恢复正常。

3. 迅达 MiconicV/TransitronicM 型电梯因参数变化引起的振荡

迅达 MiconicV/TransitronicM 型电梯采用的是典型的发电机-直流电动机驱动调节系统，其直流高速（大于 2m/s）驱动原理如图 8-55 所示。该系统实现了数字化控制和模拟化驱动之间的转换匹配和精确跟踪，实现了速度、电压和电流等负反馈环节的比例积分增益放大的数模互补自动调节，采用了数字式选层器与数字化动态超前的运行曲线的完美结合，采用了没有撞击、低噪可靠的液压式制动器。由于直流高速电梯大多采用无减速器的直接曳引拖动，所以它的静态惯性和动态转量相比有减速器的曳引驱动要稍小一筹，故其调节响应与反馈延迟均较后者来得灵敏和极短瞬，因此在排除其他原因后，因利用高增益的比例调节放大器去处理及减少检出的实际差值，以使得实际值精确跟随给定值而变化，最终达到无增量静差的自动调控模式（迄今为止尚无比这更好的模式）——所引起的振荡就成为解决该难题的关键节点。有一组 4 台群控的该型号电梯，使用多年以后均出现了不同程度的运行振荡，特别是在电动（重载）运行状态下尤为厉害。在排除了机械方面的原因（曳引轮绳槽磨损沉底、曳引钢丝绳受力超差等）后，怀疑是电气调节方面出了问题。根据其调速系统原理框图（见图 8-98）可以看出，给定指令量和反馈实际值之间的偏差，亦即反馈实际值的取样是决定比例积分调节增量大小的基本因素。故首先检查速度反馈电路，清理、检查和调整测速发电机 GT 电刷、换向整流子与轴间传动带的松紧，均没有发现异常。这就是说可排除速度反馈的影响。接着分析振荡可能源自直流环路的电压和电流负反馈环节。在长时间使用后，机械惯性和电气磁化以及元件数值与热态参数——如直流放大器本身的非线性值、直流电动机电枢的电阻值、发电机转子的感抗值、积分电容的容量值等均会发生变化，而当这些正常的变化异端地超出了设计范围时，由电压、电流负反馈的调节静特性和转速负反馈的系统无差性的不一致与不协调（依靠电流调节板 RVI 和电压调节板 REU 上的现有可调点已无

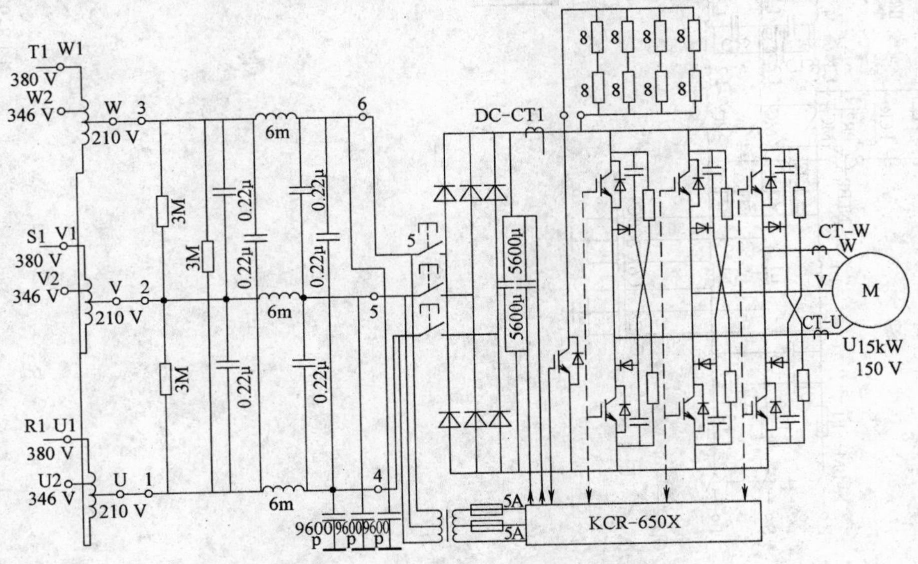

图 8-96　三菱 GPS-CR 型电梯的主电路

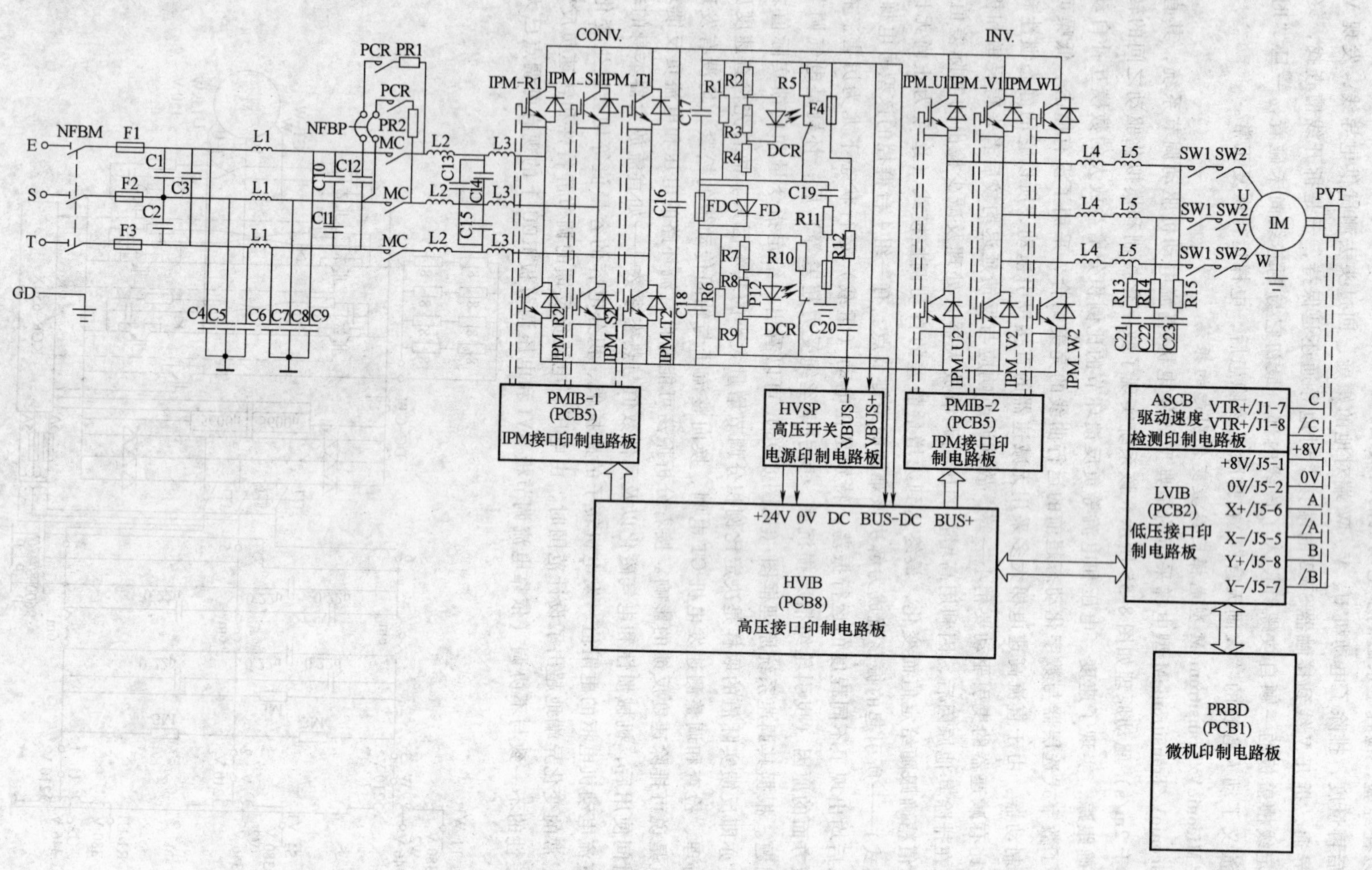

图 8-97 奥的斯 ELEVONIC411 型电梯主驱动电路

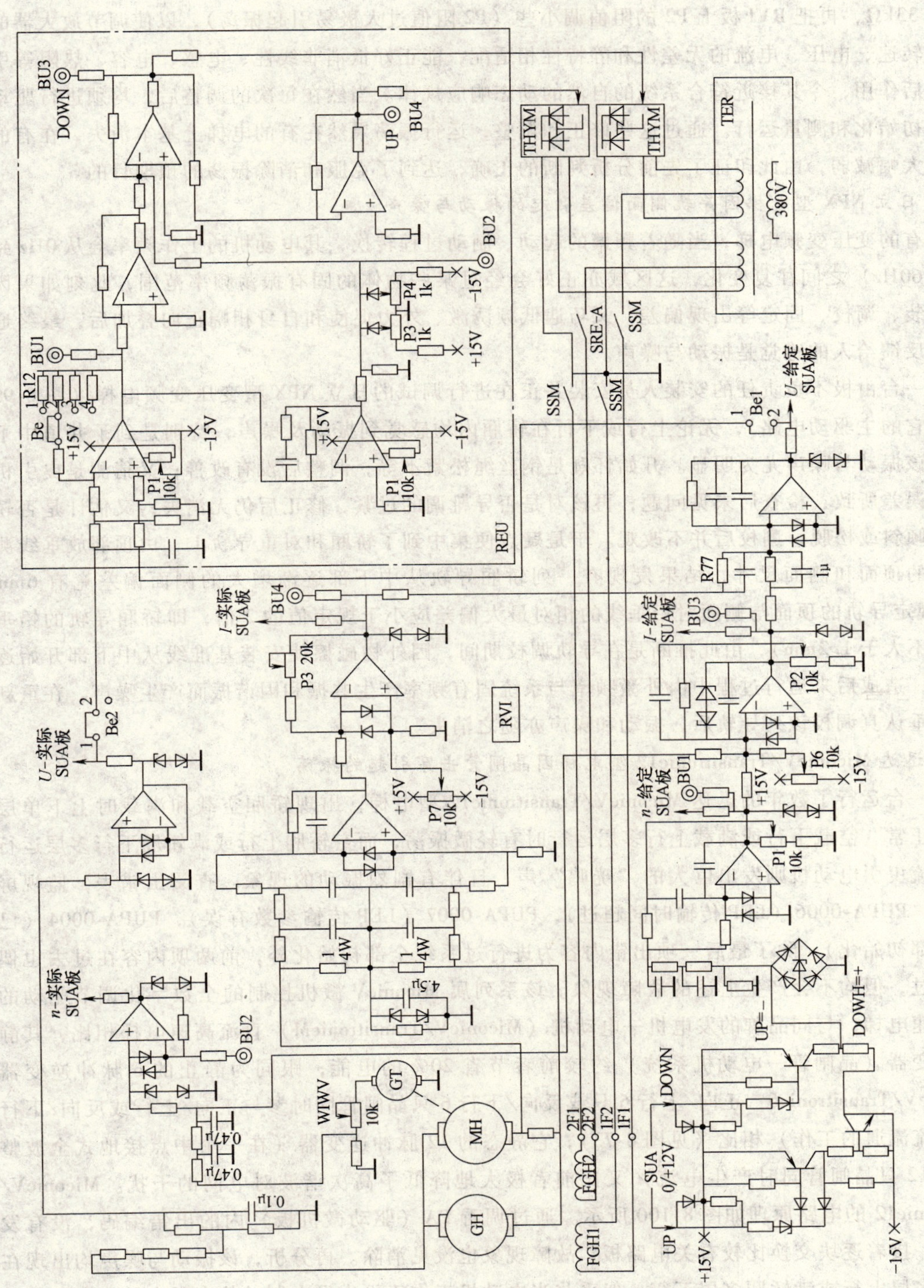

图8-98　迅达 Miconic V/TransitronicM 型电梯调速电路

法满足）相互“碰撞”的结果便就会引发系统的振荡。于是试着将电压和电流负反馈的作用稍微减弱一些，即将RVI板上的R77阻值改为68kΩ，将REU板上的Be插头放在2位并将R12阻值改为33kΩ，再把RVI板上P2的阻值调小些（P2阻值过大极易引起振荡），以使调节放大器的增益与转速、电压、电流的无差性和静特性相适配，能正好抵消非线性、电感、电容、热阻等引起的滞后作用，令其接近符合系统的自然的动态响应规律。当然在每次的调整后，均须进行驱动系统的初始化和测量运行。通过这些修正和调整，运行振荡果然在有的电梯上基本消失，在有的电梯上大幅减弱，由此印证了先前分析判断的正确，达到了克服和消除振荡的预期目的。

4. 日立NPX型电梯因导轨侧面偏差引起的振动与噪声

所有的变压变频电梯，当随着频繁的起动、制动过程转换，其电动机的工作频率会从0Hz到50Hz（60Hz）之间往复变化，这区域亦正好会经过某些物体的固有振荡频率范围，此刻如果因机械安装、调校、固定等出现偏差，又巧遇低频诱激、外力促使和自身相幅正向叠加后，最终通过轿厢反馈给人的感觉是振动与噪声。

有一台由极不负责任的安装人员安装并正在进行调试的日立NPX型变压变频电梯（图8-99所示是它的主驱动电路），无论上行或下行在轿厢内均感觉到振动及噪声，特别是到了井道中下部位置该振动与噪声尤为明显。开始怀疑是钢丝绳松紧不等，调整后没有改善；又猜测是曳引机组固定误差所致，检查后未见问题；再核对是否导靴调的过紧，修正后仍无消失；又估计是否轿厢存有倾斜或松脱，测校后并不改观。于是疑点便集中到了轿厢和对重导轨上，由顶部放垂线测量导轨的顶面和侧面尺寸，结果发现有一列轿厢导轨从中下部逐渐增大的侧面偏差竟有6mm（标准规定导轨的顶面与侧面对铅垂线的相对最大偏差应小于规定值的2倍，即轿厢导轨的铅垂偏差应不大于1.2mm），由此推断是在导轨调校期间，因外物碰擦使安装基准线从中下部开始逐渐偏移，造成后来运行过程中由外激频率与系统固有频率产生共振和因谐振而产生噪声。在重新按照铅垂认真调校该列导轨后，振动和噪声亦随之消失。

5. 迅达MiconicV/Transitronic12型电梯因晶闸管击穿引起的振荡

有一台运行了数年的迅达MiconicV/Transitronic12型电梯，出现轿厢空载和满载时上下单层运行均正常，空载下行或满载上行多层运行时有轻微振荡，而空轿厢上行或满轿厢下行多层运行时，直流曳引电动机则发出巨大的“咣呜”声，且伴有剧烈振动的现象。查阅出错表，监视屏幕显示：PUPA-0006（LEP传输时间超过），PUPA-0007（LEP传输参数有误），PUPA-0004（已执行全部初始化）。除了最后一项出错内容为进行过系统全部初始化外，前两项内容在过去也偶然出现过，但均不会产生上述的故障现象。该系列属MiconicV微机控制的全数字化调节驱动的直流高速电梯，与同品牌的发电机—电动机（MiconicV/TransitronicM）直流高速电梯相比，其静态的逆变器（晶闸管—电动机系统）约较前者节省20%的电能；跟同为静止的6脉冲逆变器（MiconicV/Transitronic6：正向/上行6只或反向/下行6只晶闸管同时参与正向/上行或反向/下行电枢电流流通的工作）相比（见图8-73），它静态的12脉冲逆变器（在一个中点接地式全波整流器里12只晶闸管同时产生电流）又比前者极大地降低了高次谐波对电网的干扰。MiconicV/Transitronic12的电路原理如图8-100所示。通过调看PA（驱动微机板）内的出错编码，没有发现异常。接着逐块交换比较有关电路板，故障现象也没见消除。再分析，该振动与噪声均出现在空轿厢多层上行或满轿厢多层下行，似乎与当电动机工作于再生发电制动状态时有关。由于电梯上下换向正常，于是排除TY13～TY16晶闸管含有故障的可能，又因为如果消磁灭弧电路（TY17）存在差错的话，直流环路将会产生很大的过电流，所以也排除它存在麻烦的嫌疑。焦点最

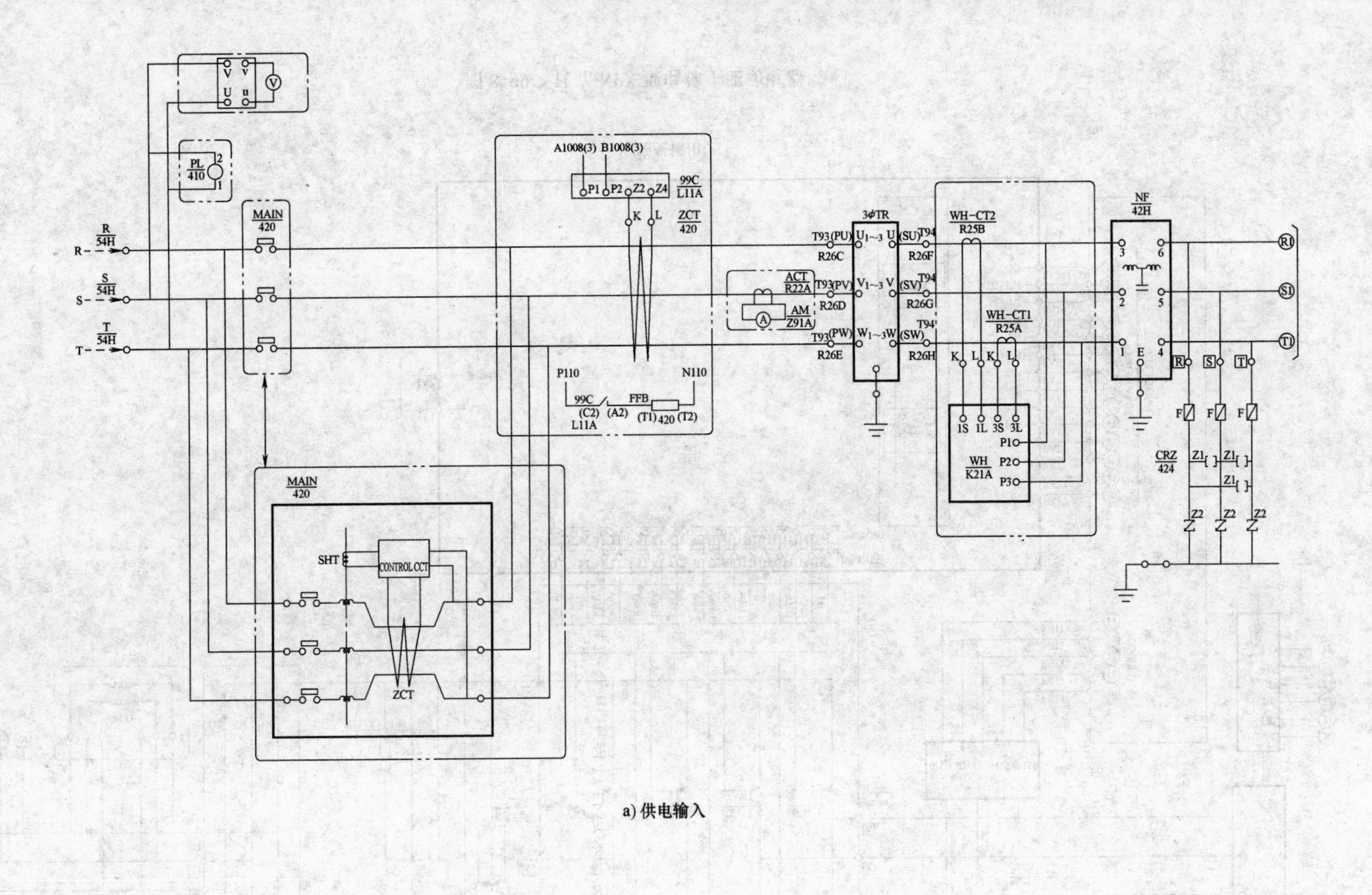
R
54H
S
54H
T
54H
V
v
U
u
V
PL
410
MAIN
420
A1008(3) B1008(3)
P1 P2 Z2 Z4
99C
L11A
K L
ZCT
420
P110
N110
99C
(C2) (A2)
L11A
FFB
(T1) 420 (T2)
ACT
R22A
AM
Z91A
A
3ΦTR
T93(PU)
R26C
T93(PV)
R26D
T93(PW)
R26E
$U_{1\sim3}$ U
$V_{1\sim3}$ V
$W_{1\sim3}$ W
(SU) T94
R26F
(SV) T94
R26G
(SW) T94
R26H
WH-CT2
R25B
WH-CT1
R25A
K L K L
1S 1L 3S 3L
P1
P2
P3
WH
K21A
NF
42H
3 6
2 5
1 E 4
R1
S1
T1
R S T
F F F
CRZ
424
Z1 Z1
Z1
Z2 Z2 Z2
MAIN
420
SHT
CONTROL CCT
ZCT

a) 供电输入

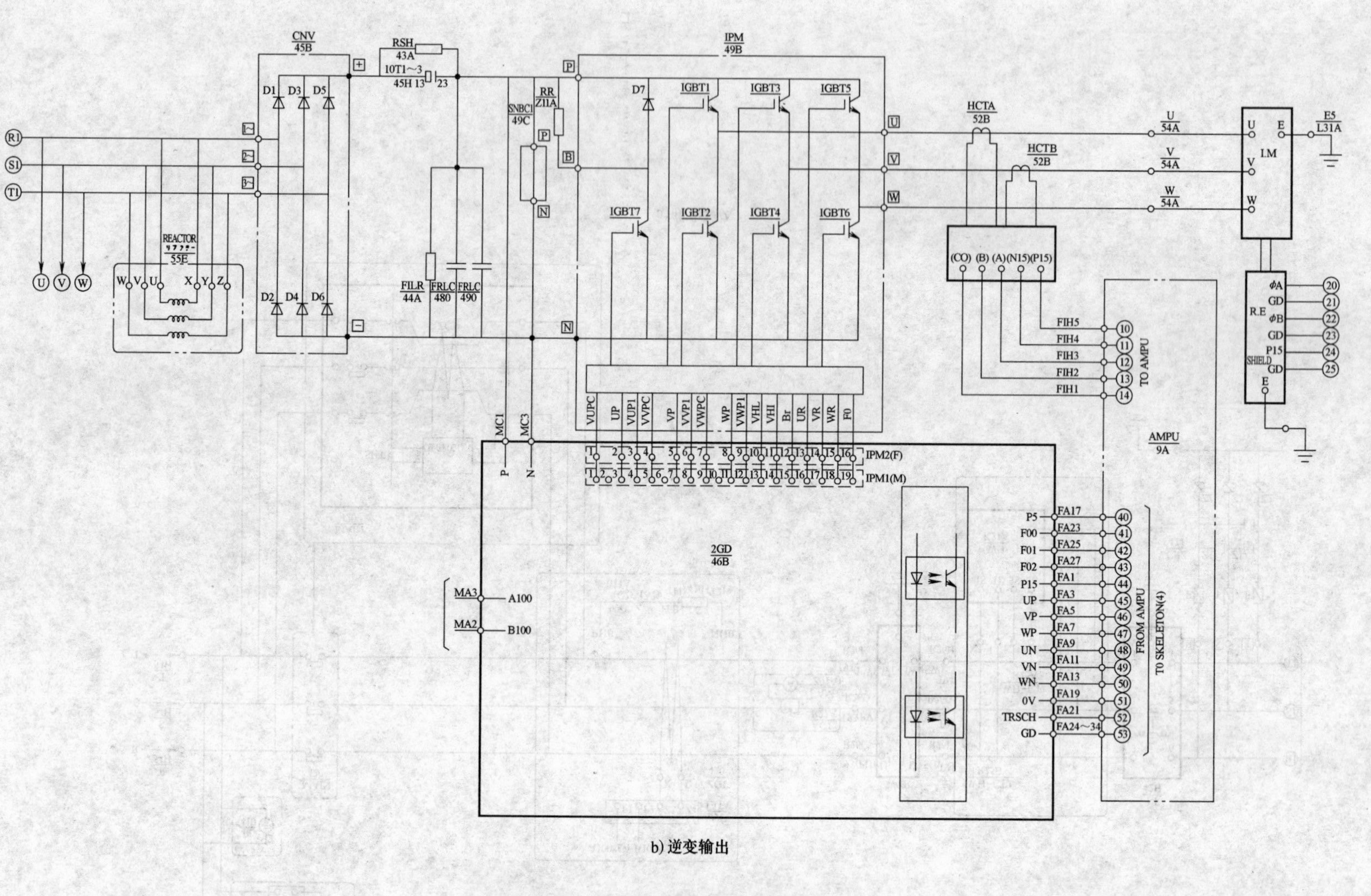

b) 逆变输出

图 8-99　日立 NPX 型电梯主驱动电器

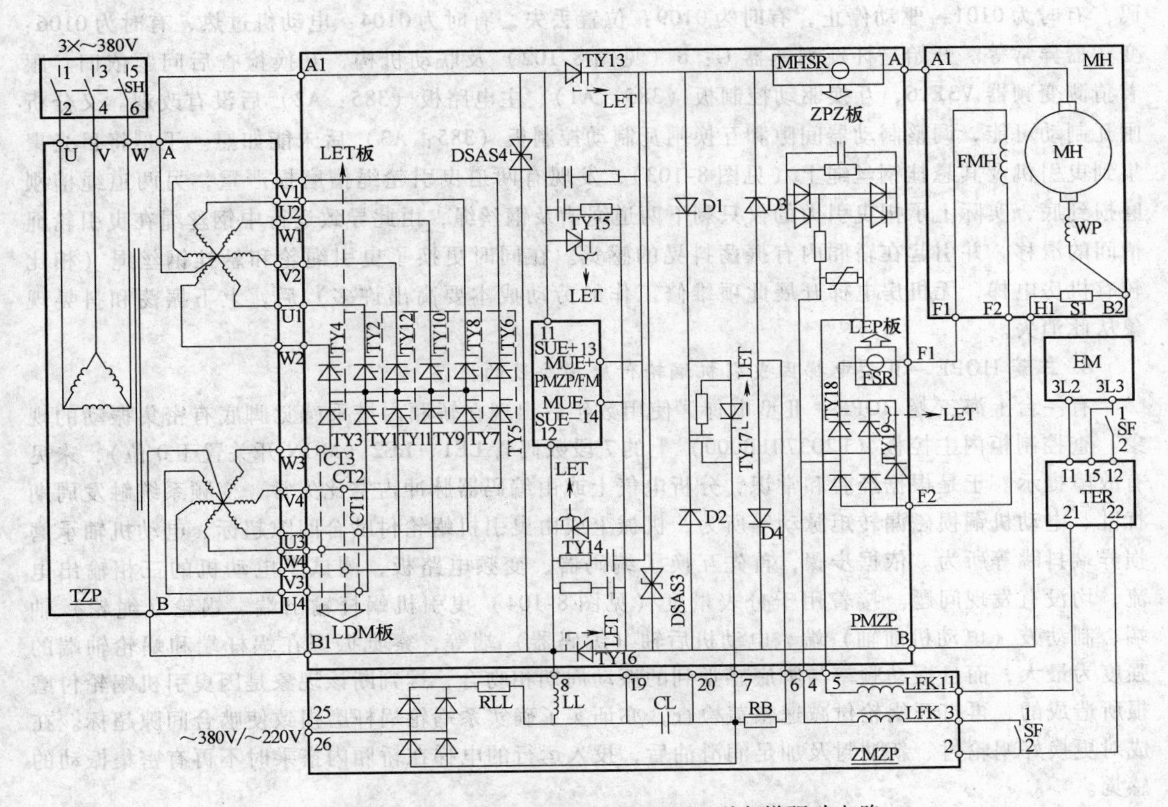

图 8-100 迅达 MiconicV/Transitronic12 型电梯驱动电路

后集中到了 12 脉冲晶闸管（TY1～TY12）整流器上，断电逐个测量晶闸管，惊奇地发现有 1 只晶闸管呈低阻导通。据知 PA 板测量的是激励/触发时间，故该管低阻的假象似是被激活了，因此得以"蒙混过关"。亦正是因为它的非正常导通，使得在电动机处于再生发电制动状态下的回馈逆变电流与供电整流电流发生"顶撞"，而导致振动和发出噪声。换上好的晶闸管后，电梯运行马上恢复正常。

6. 蒂森 TE-Evolution 型电梯因 Cos/Sin 编码器缺省引起的振荡

有一台蒂森 TE-Evolution 型无机房电梯，运行过程中突然出现振荡，刚开始电梯尚可运行，到后来就会发生飞车急停或冲顶蹾底等现象。借助诊断仪看见的故障信息是：0d4B（监测出参考—实际值错误）。查阅排故说明，该故障可能源自：①链锁触点断路；②编码器脉冲遗漏；③加速度调的过陡；④比例放大倍数太小的迟滞。据此分析，似与 Sin/Cos 编码器（见图 8-89 中－B03）有关。由于 TE-Evolution 无机房电梯采用的速度编码器信号属于带绝对位置的正余弦形式，故按照图 8-101 接线用万用表逐项逐相认真测量及细致比较其输出信号电压的大小，发现 B+和 B－相的信号电压仅为 1.1～1.5V，远比其他项的 2.2～2.5V 来的低，于是判断是该相编码器脉冲的遗漏缺失而导致上述故障的发生。在更换了同型号的编码器，并进行井道教入自学习后，电梯运行恢复正常。

7. 通力 3000MONOSPACE 型无机房电梯因曳引轮绳槽磨损钢丝绳滑移引起的振荡

有一台通力 3000MONOSPACE 型无机房电梯，运行过程中在轿厢内时不时地感觉到有上下振荡和抖晃现象。随着时间推移，偶然还会出现电梯"死机"故障。观察 LCE CPU 板上的故障代码，有时为0101：驱动停止，有时为0109：位置丢失，有时为0104：电动机过热，有时为0106：变频器异常等。开始是怀疑测速器 G：6（见图 8-102）及联动机构，互换检查后问题依旧。跟着猜测变频器 V3F16，互换驱动控制板（385：A1）、主电路板（385：A2）后没有改观。又分析闸瓦制动可能，调整制动器间隙和互换闸瓦制动控制板（385：A3）后未能如愿。于是将目光聚集到曳引机及其悬挂钢丝绳上（见图 8-103），发现有两道曳引轮绳槽磨损严重，另两道绳槽刚磨损到底，实际上承担曳引力的仅只剩下两道绳槽及钢丝绳，由此导致运行中钢丝绳在曳引轮绳槽间的滑移，并引起在轿厢内有振荡抖晃的感觉。在同时更换了曳引绳轮和悬挂钢丝绳（相比较有机房电梯，无机房电梯开展此项维修工作的劳动成本要高出许多）后，上下振荡和抖晃现象从此消失。

8. 三菱 HOPE－Ⅱ型电梯因曳引机蜗轮付磨损导致的振荡

有一台上海三菱 HOPE－Ⅱ型电梯，使用数年后出现在轿厢内搭乘感觉脚底有密集振动的现象。查控制柜内主控板（P203701B000）上的 7 段数码管 LE1、LE2（MON 开关置于 0 位），未见有故障提示。于是根据经验和常识，分析电气上或由编码器脉冲占空比失常、变频系统触发周期扰乱、电动机铜损磁漏转矩脉动等所为，机械上或由曳引机蜗轮付啮合间隙超标、电动机轴承磨损异端抖跳等所为。依据步骤，首先互换了编码器、变频电路板，测试了电动机的三相输出电流，均没有发现问题。接着用千分表量度（见图 8-104）曳引机蜗杆输出端、蜗轮（绳轮）轴端、制动鼓（电动机前轴）端、电动机后轴（编码器）端等，察觉振源在蜗杆端和蜗轮轴端的强度为最大，而且振动频率与脚底感觉到的振动周期相吻合，遂判断该现象是因曳引机蜗轮付磨损所造成的，再打开蜗轮付减速箱盖检查，亦证实了确实系蜗轮蜗杆磨损致使啮合间隙超标。在成对更换好蜗轮付、新油封及加足润滑油后，投入运行的电梯在轿厢内搭乘时不再有密集振动的感觉。

9. 西子奥的斯 XO-ECLASSY 型电梯因补偿链引起的振动

有一台西子奥的斯 XO-ECLASSY 型电梯，运行过程中出现分区段的振动，而且有时强烈，有时微弱，多数情况下轿厢仍可平层开门，偶然会诱发紧急停止。在系统中止时借助服务器看到的控制方面的故障显示是：2705 MLS toque limit（超出转矩限制），驱动方面的故障提醒为：MOTOR OVERLOAD（电动机过载）。到轿厢内乘搭，感到当振动出现时，整个轿厢都会摇晃。分析不大可能是因驱动控制模块（DBSS）、变频器（OVF30）、曳引电动机（MO）、速度传感器（PVT）、制动器（闸瓦线圈 B）、主控制系统（MC321M）和相关参数偏差等所导致的，倒是像由机械方面诱使的概率多一些。遂登轿顶，下底坑查探，终发觉触发于井道分区段出现该振动故障的起因是，补偿链外皮破损后拉拽防晃支架（见图 8-105），导致快速运行中的轿厢稍遇外力即产生振动与摇晃，同时再检查还发现防晃支架导轮的表面已磨损及部分脱落，其转动轴承也卡阻不活。换上一根新的补偿链和一套新的防晃支架后，电梯运行恢复正常。

10. 日立 UAX 型无机房电梯因永磁电动机磁极虚脱引起的振荡

有一台日立 UAX-Ⅱ型无机房电梯，运行过程中突然出现振荡，同时永磁同步电动机内发出异常的“呜呜”声，就是开检修移动也是如此，最终连快慢车运行都封锁掉了。手持编程器 GHP 上显示的故障号码是 E70（变频器故障报警），变频器控制面板上的 LED/LCD 显示 OC/OVER CURRENT（过电流），OL/MOTOR OVERLOAD（电动机过载）。根据故障提示和现象分析，隐患大约出在驱动系统，主要方向是变频器、电动机及其动力线，在检查了动力线，更换了变频器，故障依旧的状况下，焦点自然集中到了永磁同步电动机上，遂用兆欧表测量电动机的绝缘电阻，未发现异常，再用钳型表逐相测试电动机的工作电流（借助 GHP 清除故障记忆然后开慢车），感觉起伏变化太大且始终无法稳定，于是判断多数是电动机的问题。先换上一台永磁电动机［其于底坑（见图 8-106）的曳引布置，相比较其他的无机房配制，代换要显得容易些］试试，故障马上消失，故此肯定了先前的判断。后经证实是因电动机内磁极虚脱（见图 8-107）而导致以上故障发生。

电缆编号	1	2	3	4	5	6	7	8	9	10	11	12	13
信号排序	B+		C+	C−	A+	A−	0V	B+	5V	E+	E−	F+	F−
接口代码	5a		4b	4a	6b	2a	5b	3b	1b	1a	7b	2b	6a

图 8-101　蒂森无机房电梯 Sin Cos 编码器接线

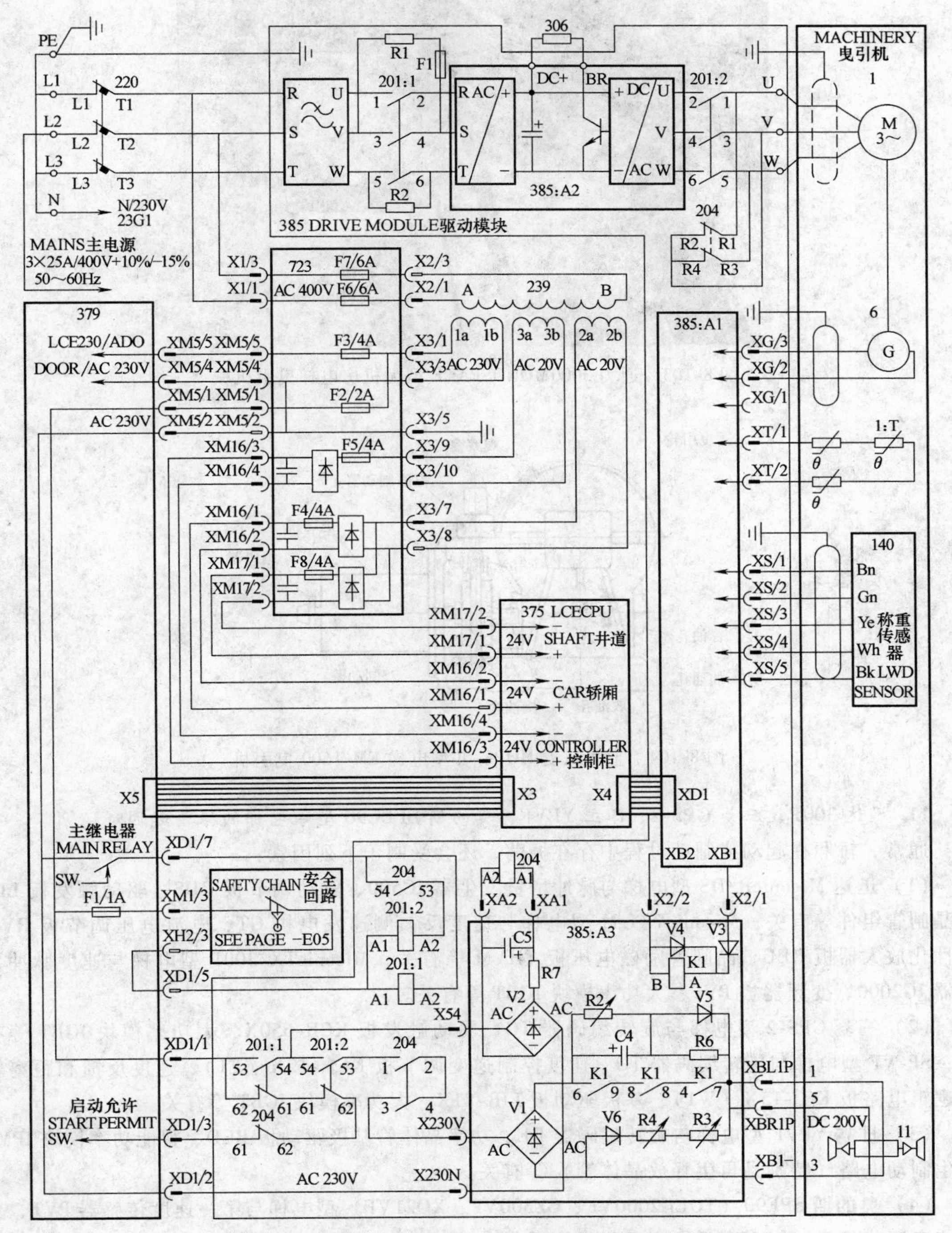

图 8-102　通力 3000MONOSPACE 型无机房电梯主驱动电路

图 8-103　通力 3000MONOSPACE 型无机房电梯曳引机械

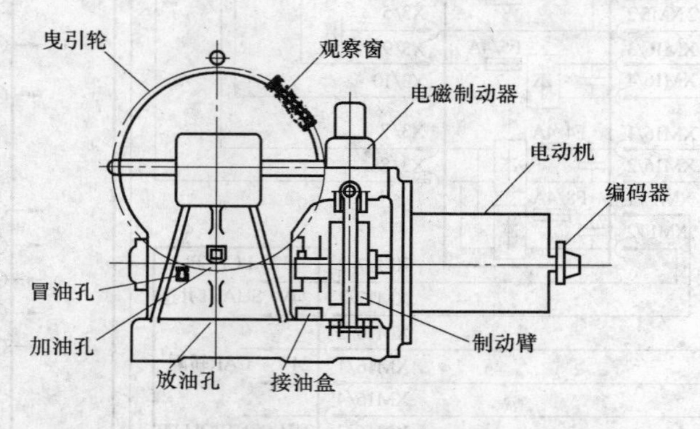

图 8-104　上海三菱 HOPE-Ⅱ型电梯 EM-1600 曳引机

11. 迅达 300P、三菱 GPS-2、日立 YPVF、奥的斯 SPEC90 型等电梯的振荡起因

通常，轿厢在起动或制动过程中存在振荡，还会受制于下列因素：

(1) 迅达 MiconicB/DS 型电梯与脉冲增量发生器 IG500、驱动调节板 RDS、驱动触发板 LDS 和晶闸管组件等有关；MiconicV/T-M 型电梯与速度反馈测速发电机 GT、电流电压调节板 RVI、线性化放大器板 REU、晶闸管励磁电压板 THYM 等有关；MiconicTX/300P 型电梯与速度脉冲发生器 IG2000、变频器板 PVF、大功率模块 IGBT 等有关。

(2) 三菱 GPS-2 型电梯与旋转编码器 TG、驱动触发板 KCR-650X、大功率模块 IGBT 等有关；SP-VF 型电梯与旋转编码器 TG、速度控制逆变调节板 KCJ -12X（E1）、速度反馈和距离转换逻辑电路板 KCJ-15X（W1）、基极驱动板 LIR-81X、大功率模块 IGBT 等有关。

(3) 日立 YPVF 型电梯与旋转编码器 RE、功率晶体管基极驱动板 BCD、智能功率模块 IPM、再生制动电路（特别是再生释放晶体管）等有关。

(4) 奥的斯 SPE90（TOEC2000VF、GZ300VF、XO21VF）型电梯与第一速度传感器 PVT、变频速度调节装置（DBSS-VFB）、运行操控板（LMCSS-MCB）等有关。

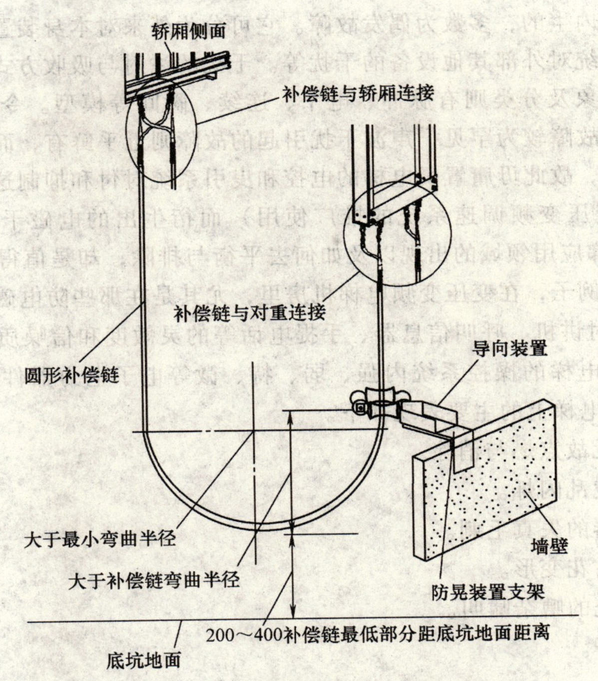

图 8-105　西子奥的斯电梯的补偿装置

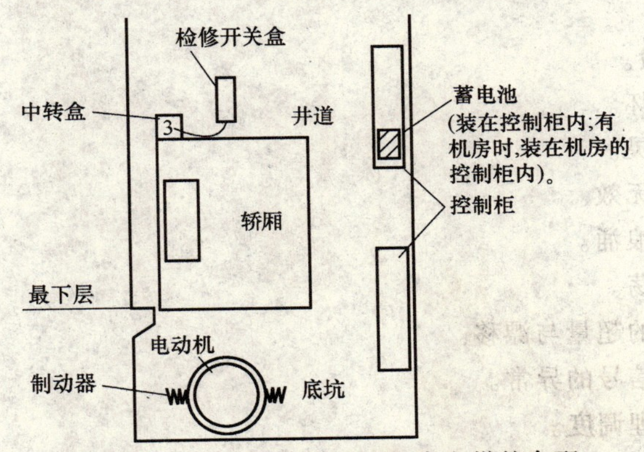

图 8-106　日立 UAX 型无机房电梯的布配

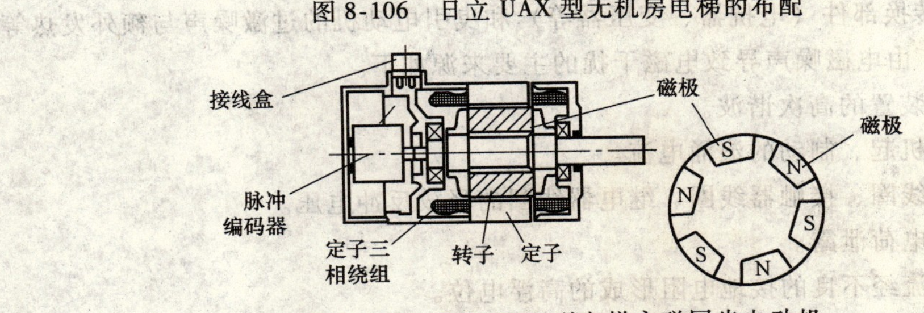

图 8-107　日立 UAX 型电梯永磁同步电动机

八、电、磁、声、光和振动干扰

自从电梯的调速进入由半导体变流（如半控/全控交流调速 ACVV 系列、交-直-交变压变频 VVVF 系列、交-交变频 ACVF 系列、静态元件相控整流 DC 系列等）装置供电的系统后，除了机械振动造成的干扰故障过去曾引起过人们的关注外，如今的电、磁、声、光干扰却已触及各电梯技术专家和现场工程人员的思维神经，即已如人对此现象不得不给予重视和不能不予以防范的境地。干扰有外来的和内生的，多数为偶发故障。它可分为外来对本身装置的干扰，本系统内部自身的相互干扰，本系统对外部其他设备的干扰等。干扰的注射与吸收方式主要有辐射感应和传导耦合两种。干扰的表象及分类则有脉冲、电平、连续、瞬间等模型。令人惊奇的是，对电梯而言，光照干扰引起的故障较为罕见，声波干扰引起的故障则近乎鲜有，而机械振动干扰引起的故障虽已稀少但易排除，故此毋庸置疑电梯的电控和曳引系统对付和抑制这些干扰的能力。倒是因为电磁噪声（特别变压变频调速系统的推广使用）而衍生出的电磁干扰（EMI）和电磁兼容（EMC）诸问题在电梯应用领域的出现以及如何去平衡与排除，却是值得好好去仔细地思索和认真地实践。最明显的例子，在变压变频电梯机房里，尤其是在那些防电磁干扰措施欠缺的控制屏（柜）近旁，无线电对讲机、呼叫信息器、手提电话等的灵敏度和信噪质量都会大大降低，甚至无法正常使用。由于电梯的操控系统内强、弱、特、微等电子电力器件具全，而正是这一独特性，使得电磁干扰在电梯上的主要表现如下。

1）指令召唤的无故点燃与消除。

2）楼层显示的凌乱闪烁。

3）多媒体显示器的失真毛刺。

4）监控图像的雪花变形。

5）有线对讲系统的嘈杂啸叫。

6）运行中的急停。

7）错层的减速。

8）平层的超差。

9）逆变器件的烧毁。

10）存储器件的损坏。

11）微机芯片的失灵。

12）集成电路板的无效。

13）编码器的脉冲浪涌。

14）系统瞬态的振荡。

15）各种反馈信号的超量与漂移。

16）现场总线传输信号的异常。

17）群控并联的无理调度。

18）电磁耦合转换部件（电抗器、变压器等）和曳引电动机的过激噪声与额外发热等。

在电梯系统内，由电磁噪声导致电磁干扰的主要来源如下。

1）半导体变流装置的高次谐波。

2）大功率电动机起、制动的浪涌电流。

3）直流制动器线圈、接触器线圈、继电器线圈的释放反冲电压。

4）静电感应的电荷泄露。

5）意外短路电流经不良的接地电阻形成的高浮电位。

6）信号布线间的交直流电压互耦。

7）电源线路间脉冲感应的传递辐射。

8）模拟/数字信号经半导体器件处理后的非线性畸变。

9）大电容、大电感的突兀放电等。

其实，电子计算机能够进入操控电梯的领地，应得益于弱、特、微电输入电路（即I/O电路）对干扰噪声的有效抑制与抗防性能的可靠提升。尤其是采用了脉宽调制（PWM）技术，即利用半导体开关元件产生高速陡变沿脉冲带，并与相控信号叠加，取出解调信号去驱动大功率模块，以得到接近于正弦波的变频调速电压，从而驱动电梯电动机的变频器装置，在它的电源侧、PWM 电路内、输出端均含有十分丰富的高次谐波（150Hz~20MHz）电磁噪声。假如此刻未能在变频器的内外侧采取有效地抑制措施，倘若这时微机系统的抗干扰手段对这些谐波噪声不起作用，则电梯操控功能被侵袭及扰乱后的结果将会是十分可怕的。

在电梯的实际使用和运行过程中，不乏枚举出因随行电缆内高低压互耦干扰、因阳光辐射或折射对光电式编码器、门保护光幕的干扰、因超强声波对超声波门保护装置或机械式安全触板微动触点的颤振干扰、因变频器输出谐波电流经动力线寄生电容导致的接地电流超标的干扰、因变频器 PWM 谐波对并联群控传输信息和多媒体显示信息的干扰的实例。

1. 日立 YPVF 型电梯

有一台日立 YPVF 型电梯，经常发生烧坏微机主板输入电路元件的故障，后来找到的原因是随行电缆中交流 220V 照明线与控制信号线（叠迭安装，见图 8-108）的交直流互耦干扰，使直流 24V 输入电压变成了交流 48V，致使输入电路元件因过电压而损坏。在将随行电缆的相关线路错开排位重接后，随行电缆内高低压互耦干扰的感应电压即减小到可忽略不计的程度，从而杜绝

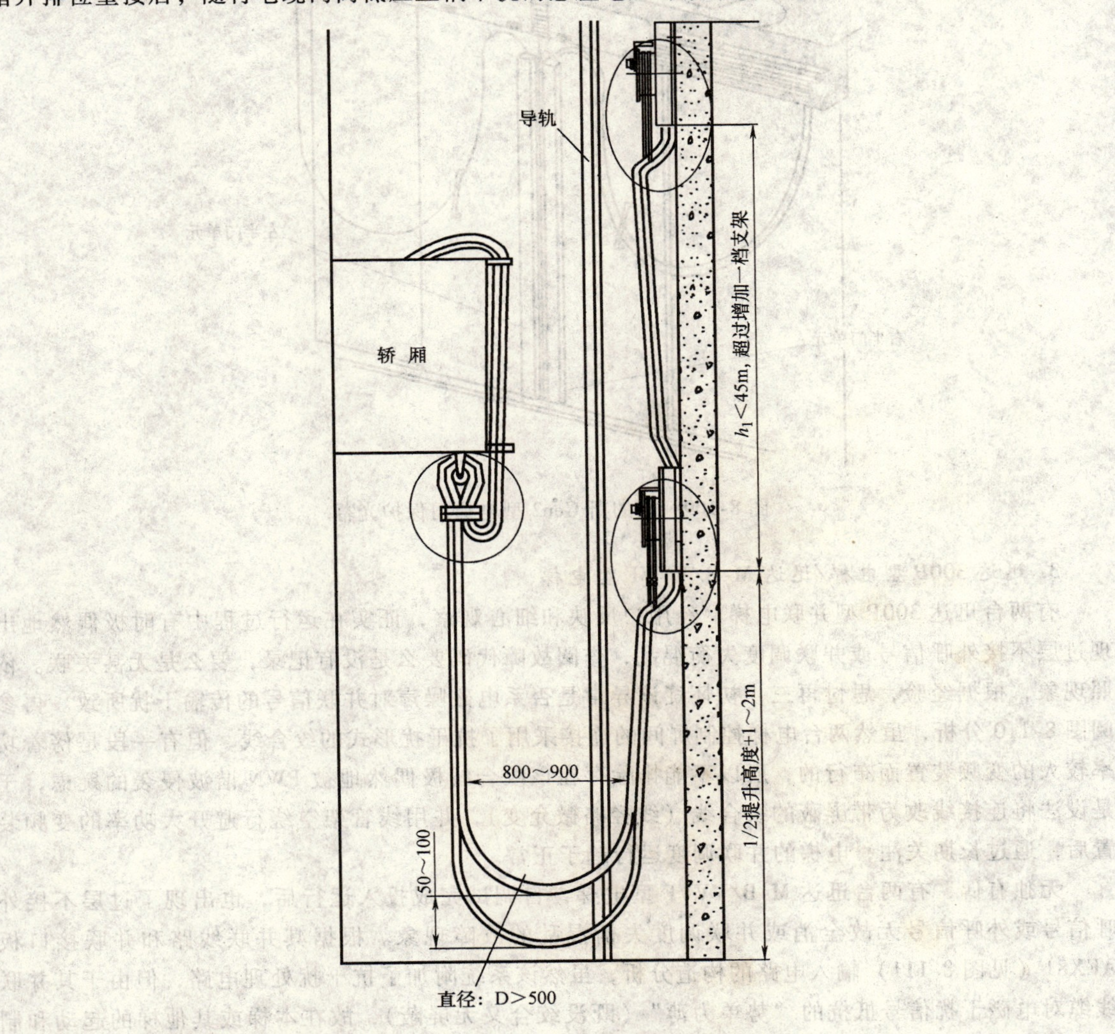

图 8-108　日立 YPVF 型电梯随行电缆的叠迭安装

了经常发生烧坏微机主板输入电路元件的故障现象。

2. 奥的斯 Gen2 型电梯

有一台奥的斯 Gen2-CN-MRL 型无机房电梯，遇到阳光灿烂的日子，有时就会在最高层站失去自动关门功能，直到激活强迫关门功能后，方能投入运行。刚开始凭经验怀疑是该梯种 Classic 门机构与最高层站层门的传动机械或耦合力矩出了问题，但检查结果不予认可。借助服务器察看输入信号（<M> <1> <1> <2>），发现当出现上述现象时往往伴随 LRD（门光幕保护器）的触发，但一离开最高层站就一切正常，于是断定此故障与门光幕及连接线缆无关（见图 8-109），再综合因素联想猜测其似与阳光辐射干扰光幕有瓜葛，因为最高层站的电梯厅堂系幕墙玻璃构造，一遇阳光灿烂梯门打开即面迎万千光波照耀，遂将光幕立柱各朝内侧移位固定后，该故障不再出现。

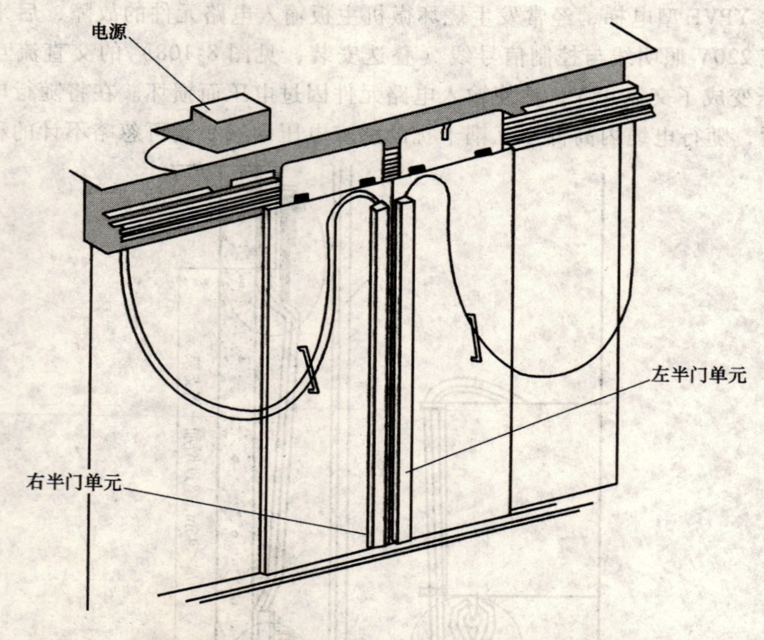

图 8-109　奥的斯 Gen2 型电梯门保护光幕

3. 迅达 300P 型电梯/迅达 M-B/VVVF 型电梯

有两台迅达 300P 型并联电梯，经用户反映和细心观察，证实在运行过程中有时极偶然地出现过层不接外呼信号或并联调度失衡混乱，查阅故障代码要么是没有记录，要么是无甚关联。依照现象，根据经验，思忖再三，初怀疑该异常是否系电磁噪声对并联信号的传输干扰所致。再参阅图 8-110 分析，虽然两台电梯控制屏间的连接采用了抗干扰形式的绞合线，但有一段是傍着功率较大的变频装置而布行的，所以不能排除存在该绞合线极偶然地被 PWN 谐波侵袭的疑虑，于是设法将连接线改为带屏蔽的绞合线（线径略微允变），并用线管架空绕行避开大功率的变频装置后，通过长期关注，电梯的并联调度运行趋于正常。

无独有偶，有两台迅达 M-B/VVVF 型电梯，自调试完成投入运行后，也出现了过层不接外呼信号或外呼信号无故全消或并联调度失衡混乱的故障现象。根据其并联线路和并联接口板 AEX81（见图 8-111）输入电路的构造分析，虽然该系统附加了抗干扰处理电路，但由于其并联线缆对电磁干扰信号抵抗的“势单力薄”（既没绞合又无屏蔽），故在本梯或其他梯的起动和制动期间，该系列微机系统极易遭受变频器“黑客信号”的攻击，进而造成“遍体鳞伤”及“一

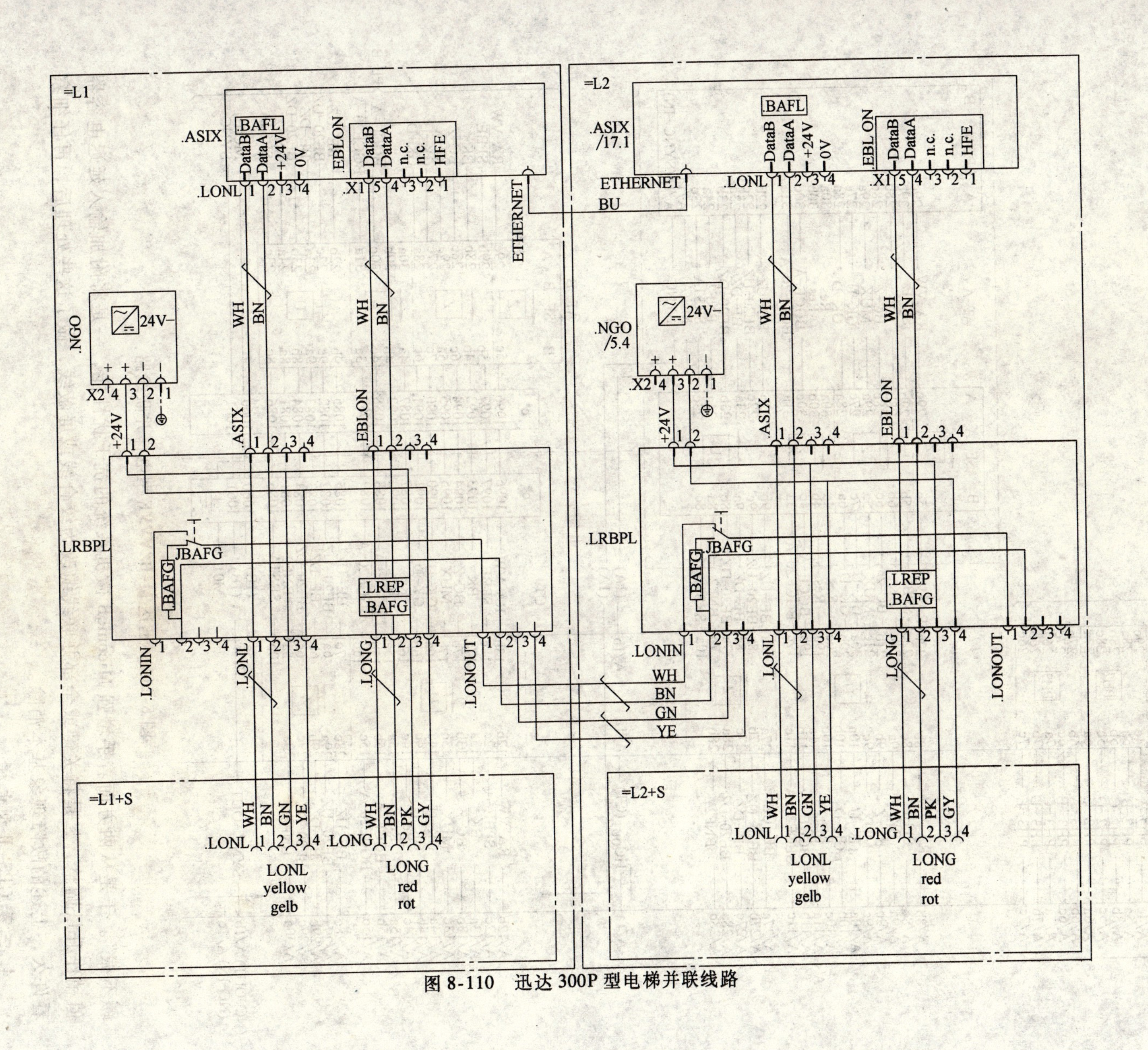

图 8-110　迅达 300P 型电梯并联线路

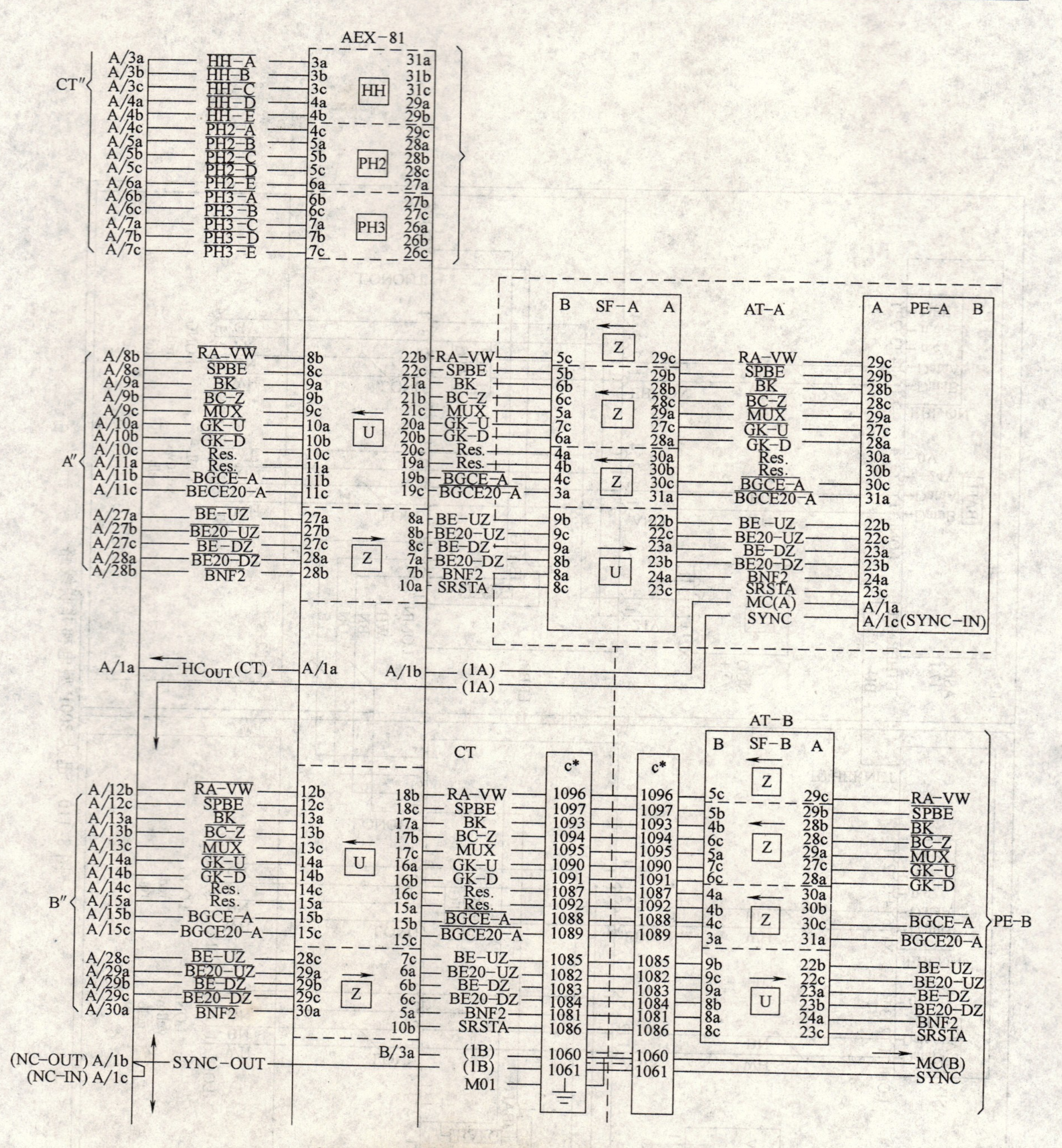

图 8-111　迅达 M-B/VVVF 型电梯并联线路

蹶不振”。于是从两方面着手增强 MiconicB 微机系统的抗干扰性能，一是将附加输入延迟电容器值稍作升量调整，二是将关键或全部并联线缆改为绞合线或屏蔽线，做了这些处理后，再仔细察看许久，上述的故障现象基本消除。

4. 三菱 GPS-Ⅱ型电梯

有一台配置了超声波门保护装置（见图 8-112）的三菱 GPS-Ⅱ型电梯，一旦运行到带有 KTV 娱乐大厅层站（3 楼）后便会偶尔发生不关门的故障。开始以为是由活动的物体阻挡使然，观察后却并非如此，认真分析发觉每每遇到该公司正在营业并伴随释放着强烈音响的境况时此现象就会显现，会否因强烈音响的超声谐波（噪声）的激振干扰而引致？于是试着在该故障重现时即将超声波门保护的输出触点临时短路，此不关门现象就马上消失，遂断定前面的猜想是着边的。根据谐振的条件：一为相位，二是振幅，于是在不影响营业的情形下稍微改变高音喇叭的方向和音量，稍微调整超声波传感器的角度位置及增加该层站吸噪材料的屏蔽面，从此消除了上述故障现象。

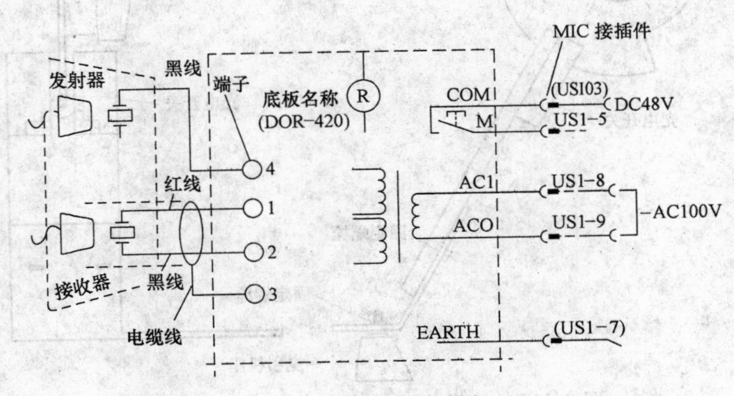

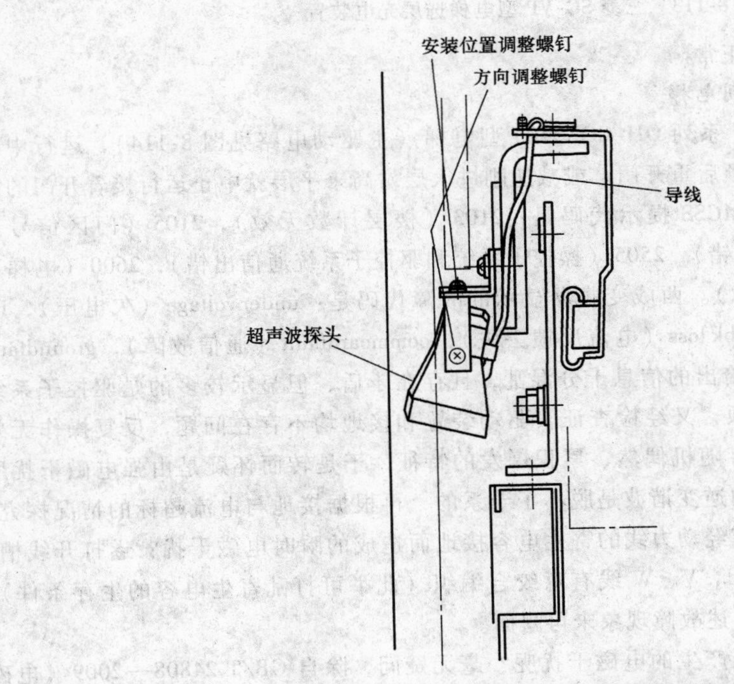

图 8-112　三菱 GPS-Ⅱ型电梯超声波门保护装置

5. 三菱 SG-VP 型电梯

有一台上海三菱 SG-VP 型货梯，投入正常运行后，经常出现停站错乱和楼层数据丢失状况下的不平层、冲过站的故障现象。查阅控制柜数码管显示的故障代码（将 PLC 的 V_{CC}与 X45 端短接）是“1”，表示为脉冲检测故障。但根据提供的解决方法行事：检查光电开关（见图 8-113），光电开关的连接线，该线至 PLC 输入点 X00 端的连接等，均没发现问题。再认真观察探讨，发觉每当旭日阳光透过机房玻璃折射到该开关之际，便是形成上述麻烦之时，于是豁然明白光照干扰是使该故障现身的“罪魁祸首”。当设法在机房玻璃上贴敷茶色薄膜后，即彻底阻绝了上述故

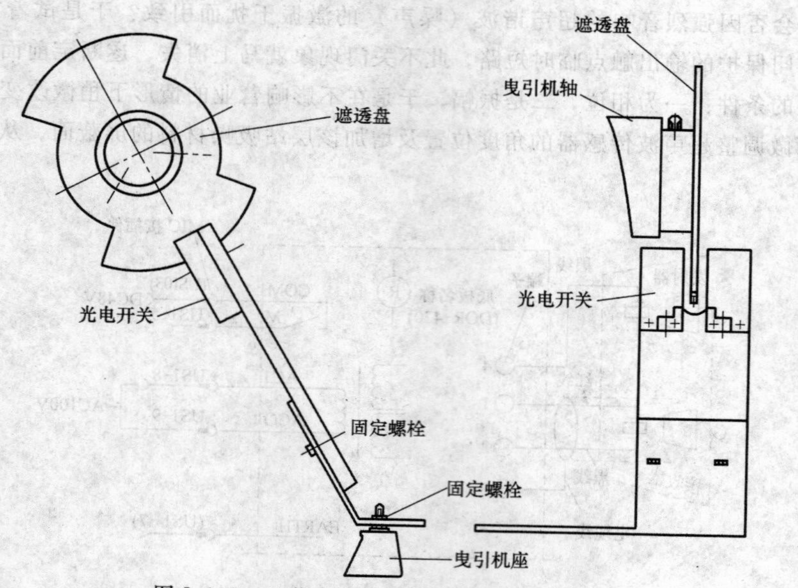

图 8-113　三菱 SG-VP 型电梯选层光电装置

障滋生的条件，电梯运行恢复正常。

6. 西子奥的斯 OH5000 系列电梯

有一台西子奥的斯 OH5000 系列 OH-CON5403 型电梯（主驱动电路见图 8-114），运行中时不时地出现或刚关门起动即停顿后重开门、或减速刚进入层站尚未平层就中止运行接着开门的故障。服务器查出的控制系统 LMCSS 提示代码是：2103（楼层计数无效），2105（门区信号紊乱），2304（操控子系统通信出错），2505（操控子系统和驱控子系统通信出错），2600（电梯冲过层），2703（驱控子系统故障）。西威变频器显示的故障代码是：under voltage（欠电压），inst over cuureent（过电流），curr fbk loss（电流反馈丢失），commcardfault（通信故障），groundfault（接地错误）。分析下来，觉得给出的信息十分混乱，且存在矛盾，但显示较多的是驱控子系统故障、过电流和接地错误这三项，又经检查证实驱动装置和接地均不存在问题，反复操作无效后，渐渐发现该故障的产生似有随机偶然、累积爆发的特征，于是转而怀疑是由强电磁干扰所为。而此强电磁干扰与变频器的逆变谐波是脱不了干系的，再根据接地与电流超标的情况探究，猜测会否因变频器输出谐波电流经动力线的寄生电容接地而造成的瞬时电磁干扰？遂打开线槽，将控制柜至永磁同步电动机的 U、V、W 线有意绞合编织（此举可打乱寄生电容的生存条件），过后经长期跟踪观察，终确认上述故障现象未再露面。

那么，如何去抑制由变频器产生的电磁干扰呢？毫无疑问，除自 GB/T 24808—2009《电磁兼容　电梯、自动扶梯和自动人行道的产品系列标准　抗扰度》和 GB/T 24807—2009《电磁兼容　电梯、自动扶梯和自动人行道的产品系列标准　发射》颁布实施后出厂的电梯必须满足上述标准的条件及要求外，对已经投入和即将投入使用的电梯，具体可采取以下的防御措施与补救办法：

1）对控制线、信号线（特别是数据传输、速度/位置/平层传感器）、群控并联总线等采取屏蔽接地。

2）控制线、信号线、群控并联总线与动力线、供电线在布线路径（如线槽、线管、线缆）和随行电缆内必须分离（间距大于 20cm）。

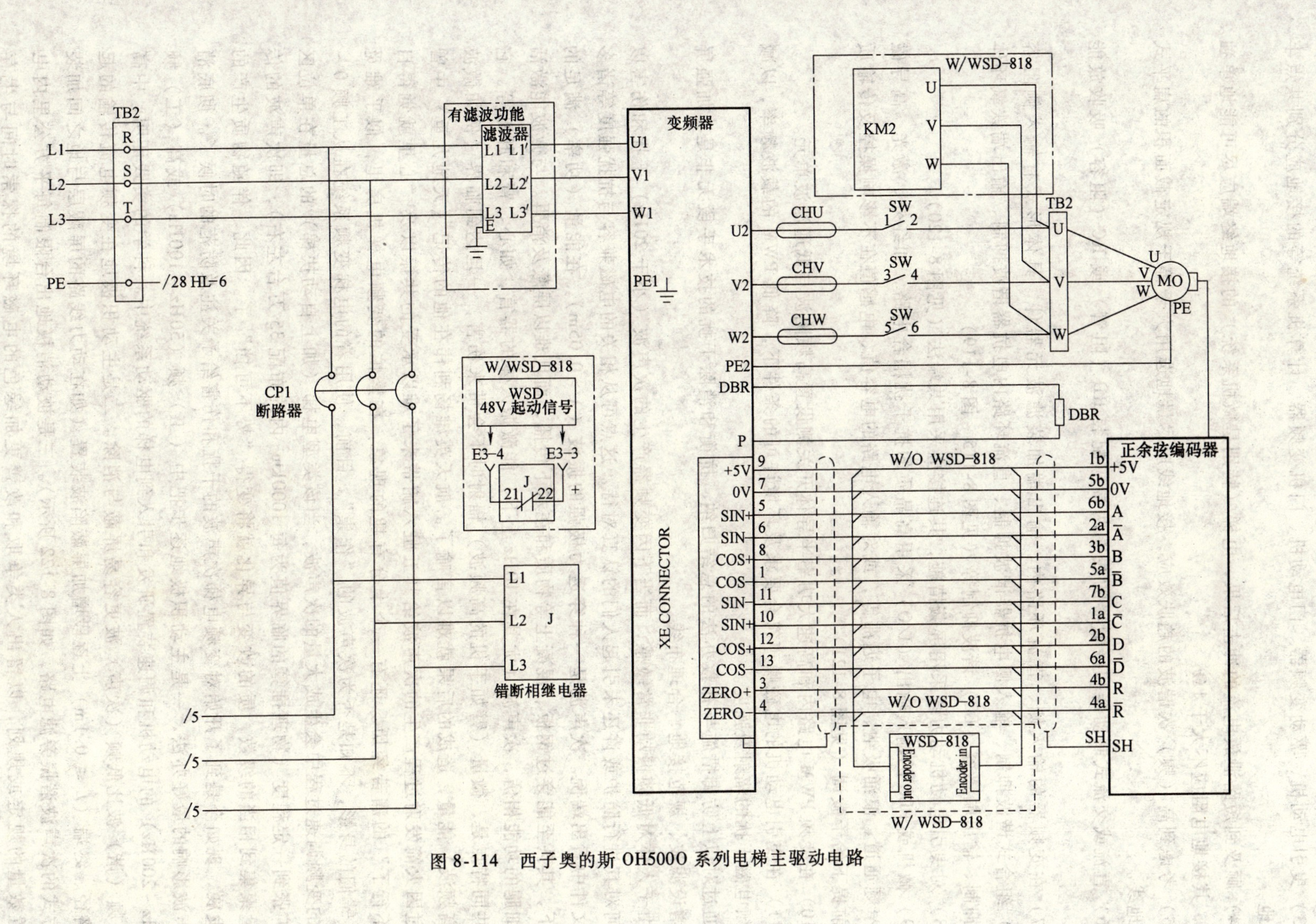

图 8-114　西子奥的斯 OH5000 系列电梯主驱动电路

3）曳引电动机、驱动变频器、门电动机、门机变频器、计算机系统等的接地应分别共点牢靠接地。

4）顾及到短路泄放电流的冲击后果，电梯（特别是微机系统）的接地终端应尽可能地单独配制，其接地电阻应不大于1Ω。

5）考虑到高（频）次谐波的趋肤效应，接地线应尽量地选用大于等于规定截面积的扁平式编织地线。

6）直流或交流式制动器和接触器的线圈两端应配装RD（阻管）或RC（阻容）吸收放能元件。

7）在变频器的输入侧、直流环路内、输出端加装滤波元器件，具体形式有输入侧阻容（RC）组合式谐波抑制、输入侧电抗器谐波抑制、直流环路内电抗器谐波抑制、输出端铁氧环体谐波抑制、输出端感容（LC）谐波抑制等（见图8-115～图8-119）。

8）对曳引电动机动力线采用屏蔽措施，其连接应采用共端法（见图8-120）。

9）微机或PLC的输入输出（I/O）采用高品质的抗干扰耦合电路，如红外、激光、高导磁体、窄频通道、浪涌吸纳、电子迟滞等，或对输入电路的电容值、电感值在不影响操控及传输质量的前提下给予微调（见图8-121）。

10）在变频PWM电路内和高速大功率半导体开关侧设置高频陷波与低通滤波单元。

11）在曳引电动机的电磁噪声符合要求及环境许可的条件下，降低PWM的载波频率，以减低高频电磁干扰的辐射及强度。

通过对以上防御措施与补救办法的总结归纳，抗衡和消除干扰的技术手段无非是：加强屏蔽、增设滤波、规范接地、合理布线。

由于人体对低频振动非常敏感，而当下因变频器产生的次声波（小于20Hz）干扰和伤害以及如何对其进行防护或许还未引起人们的认真对待。这点可从相关的电磁兼容与抗扰强度等诸多标准文件中看出端倪。次声波是一种穿透力极强的振波（$\lambda>0.05\text{m}$），在能量（功率）满足的条件下，其甚至能穿过钢板、混凝土等物质和在水下传播，而且难以屏蔽及消弭。与微波能激活人体细胞的功能相仿，次声波（尤其在10Hz上下）能激振人体的器官，如心、肾和肝脏等。它们的共同特点是，微量（譬如手机的高频波）辐射时不会带来伤害，一旦达到临界（例如微波炉的高频波）能量，造成的后果就难以言喻了。航天英雄杨利伟在他的传记《天地九重》中曾描述过因火箭发射过程产生的次声波给其五脏六腑带来了难以承受的共振以及“心里就觉得自己快不行了”的痛苦经历。还有一个十分有趣的现象，在繁忙的变频电梯机房里，似乎难觅“鼠”辈们的身影，不知是否为次声波的“作祟”。目前，使用着的电梯变频系统在从工频0～50Hz的变频调速过程中会生成大量的次声波，当该类型电梯（加上自动扶梯）的总量在单位区域内扩张到一定程度（物理推算的临界值为每1000km^{2}内约布配35万台左右），即次声波的传播能量聚集到相当的级数，质的改变与异化就将变得“势不可挡”了。因此，伴随物质生产的飞快发展，现如今是到了开始对变频电梯次声波的干扰和伤害给予关注及防范的时候了。彻底消除次声波影响的最好办法，一是主动积极地逐步把中（工）频（50Hz～100Hz）或高（工）频（100Hz～200Hz）的电动机和调速装置研发和引入到电梯的驱动系统中。科学的实践证明，中高（工）频（谐）波比低频（次声）波更容易屏蔽与消除。二是主动积极地在变频电流传输的起点、路径、终端（$L_i\leqslant 0.1\text{m}$）上逐段增加屏蔽陷波装置（如在动力线路的屏蔽层与地之间加装无源方式的次声波谐振旁滤电路，如图8-122所示）。三是被动消极地出台限制每平方公里内电梯配置数量的规定或规划，以留出人类争取和改善更加绿色的电磁环境的探索时间与生存空间。

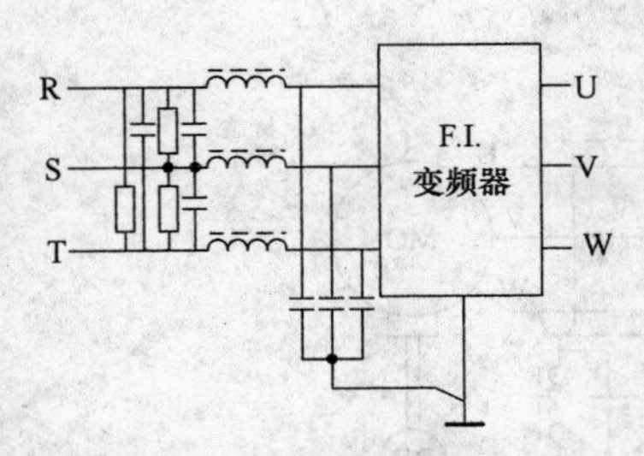

图 8-115　输入侧阻容组合式谐波抑制

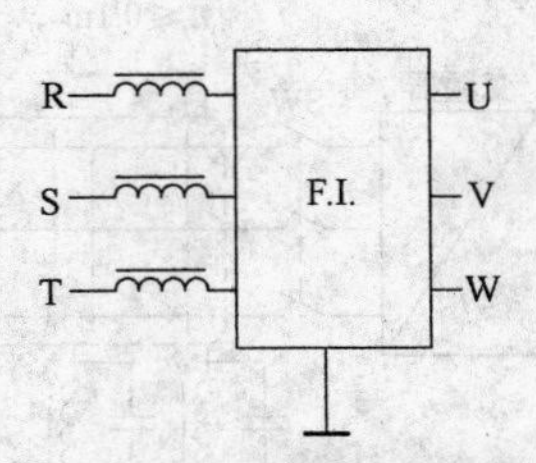

图 8-116　输入侧电抗器谐波抑制

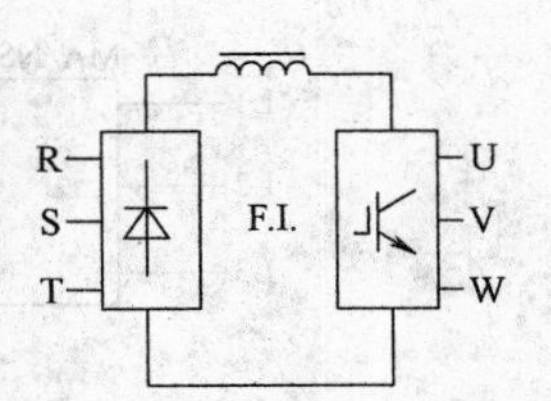

图 8-117　直流环路内电抗器谐波抑制

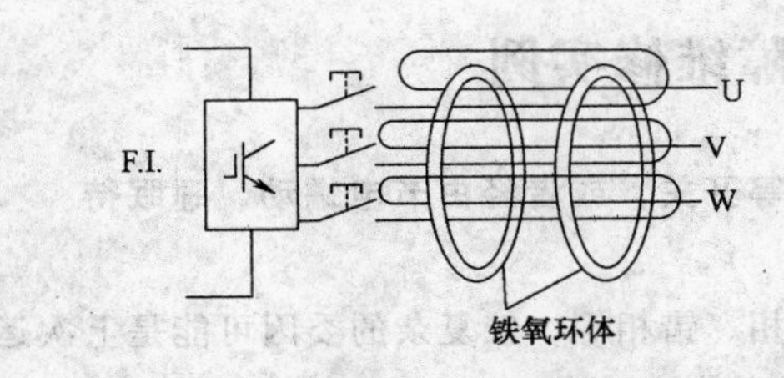

图 8-118　输出端铁氧体环谐波抑制

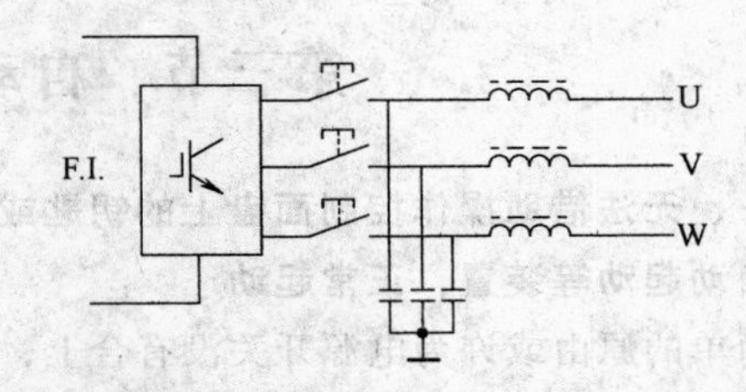

图 8-119　输出端感容谐波抑制

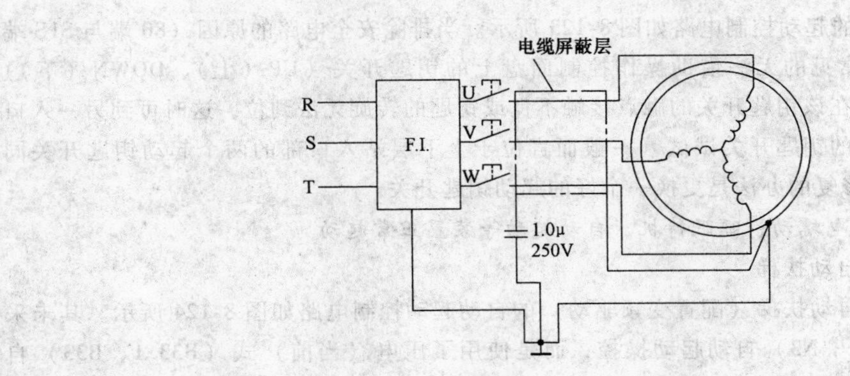

图 8-120　电动机线屏蔽措施

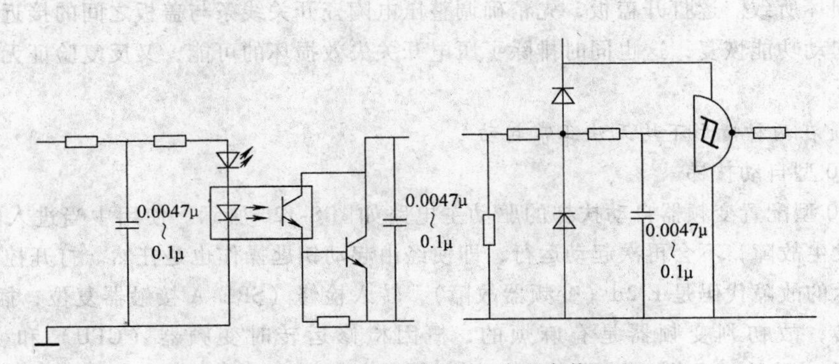

图 8-121　微调输入电路电容值

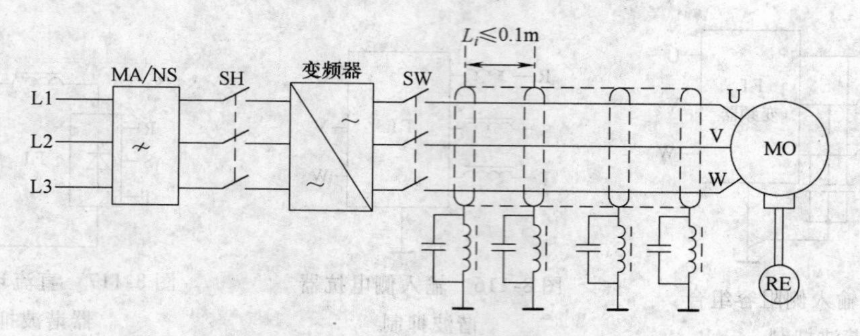

图 8-122　次声波谐振旁滤电路

第三节　自动扶梯故障维修实例

一、无法借助操作控制面盘上的钥匙或手柄或护盖等开关，或者经由节电蠕动、睡眠待机、自动起动等装置，正常起动

简单的原由或许为电源开关没有合上，动力电压断相、错相等，较复杂的委因可能是上次运行后某个接触器-继电器的触点没复位，制动器闸瓦监测开关粘死等。

1. 先区别是无法借助操作控制面盘上的钥匙或手柄或护盖等开关正常起动

三菱 J 型自动扶梯

三菱 J 型自动扶梯的起动控制电路如图 8-123 所示。当排除安全电路的原因（80 端与 S1S 端有 AC220V）后，比较常见的无法借助操作控制面盘上的钥匙开关（UP（上）、DOWN（下））正常起动的故障点多数在该钥匙开关的触点接触不良或钥匙的转旋无法到位，这时可到另一入口层站及用其操作面盘上的钥匙开关试试（一般而言位于上下层站入口部的两个起动钥匙开关同时损坏的概率较低）。修复的办法是更换一个好的起动钥匙开关。

2. 还是无法经由节电蠕动、睡眠待机、自动起动等装置正常起动

奥的斯 NCE506 型自动扶梯

奥的斯 NCE506 型自动扶梯（配置变频驱动）的自动起动控制电路如图 8-124 所示。其未采用光电（超前）式（N1、N3）自动起动操控，而是使用了压电（当前）式（B33.1、B33）自动起动操控。在经过节电蠕动、睡眠待机的过程后，出现了无法自动起动的故障，此时查上层入口部显示器和服务器内均都没有提示，但借助上或下入口站的起动钥匙开关（S63.1 <UP>/S63 <DOWN>，见图 8-125）却可以起动，于是判断为安设在入口盖板下的压电陶瓷开关线条调整不当或失效损坏所致。遂打开盖板，先精确调整压电陶瓷开关线条与盖板之间的接近尺寸，再测试发现自动起动功能恢复，这也同时排除了压电开关失效损坏的可能，又反复验证无误后，使扶梯投入运行。

3. 或者是在两种情形下均无法正常起动

迅达 9300 型自动扶梯

迅达 9300 型配置变频器自动扶梯的驱动主电路如图 8-126 所示。使用中当进入睡眠待机程序后，突然发生故障，不会再次起动运行，即使经由起动钥匙操作也是枉然。打开控制箱，发现电子板上显示的故障代码是 E 2d（变频器故障），转入检修（SRE-A 接触器复位，插入检修盒）扶梯可以运转，故初判变频器是有麻烦的，概因检修运转时变频器（GFU）和变频接触器（SFU）主触点电路均被主供接触器（SN）主触点所跨接（旁路），由此亦确证电动机（M）及

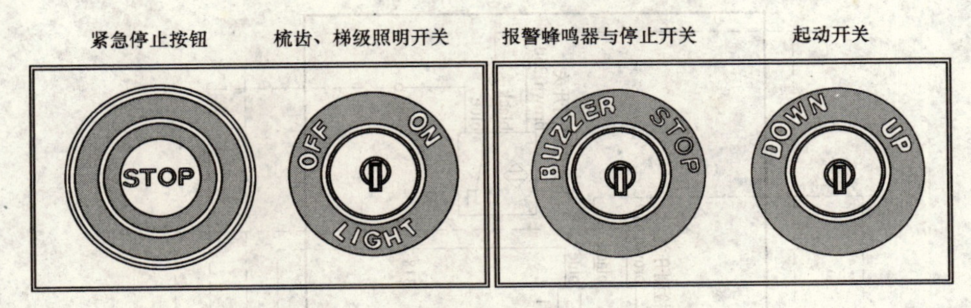

a) 层站入口操作盘

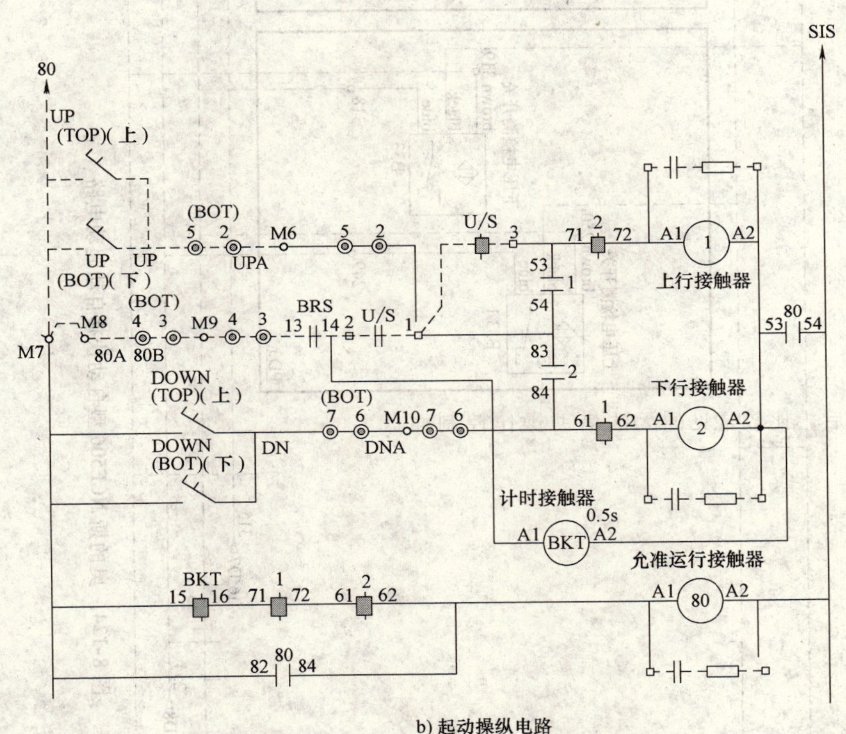

b) 起动操纵电路

图 8-123　三菱 J 型自动扶梯起动电路

方向接触器（SR-U/SR-D）电路没有问题。不得已，更换一个变频器，扶梯运行立即恢复正常。

二、起动阶段急停

简单的原由或许为供电功率过低，漏电开关跳断等，较复杂的原因可能是测速装置误差动作，控制与驱动反馈链接中断等。

1. 先区别是起动初的急停

日立 EX-NL（Relay）型自动扶梯

日立 EX-NL（Relay）型自动扶梯的安全电路如图 8-127 所示。有时刚起动即停止，有时转动半个梯级不到就急停，有时又还能正常开出，用指针式万用表测量 CJ1-9/30 ~ CJ1-14/21 端，确证在急停发生时，该两端的 AC110V 电压会跟随消失，由此判断是安全电路出了故障。于是撤出 CJ-9/30 端的表棒，采取逐点测量加逐段跨接的办法，以排除不搭界的开关及线路，在此过程中突然发现伴随低速检测继电器 10MG 的触动，扶梯即产生急停。最终通过更换新件确证是因为

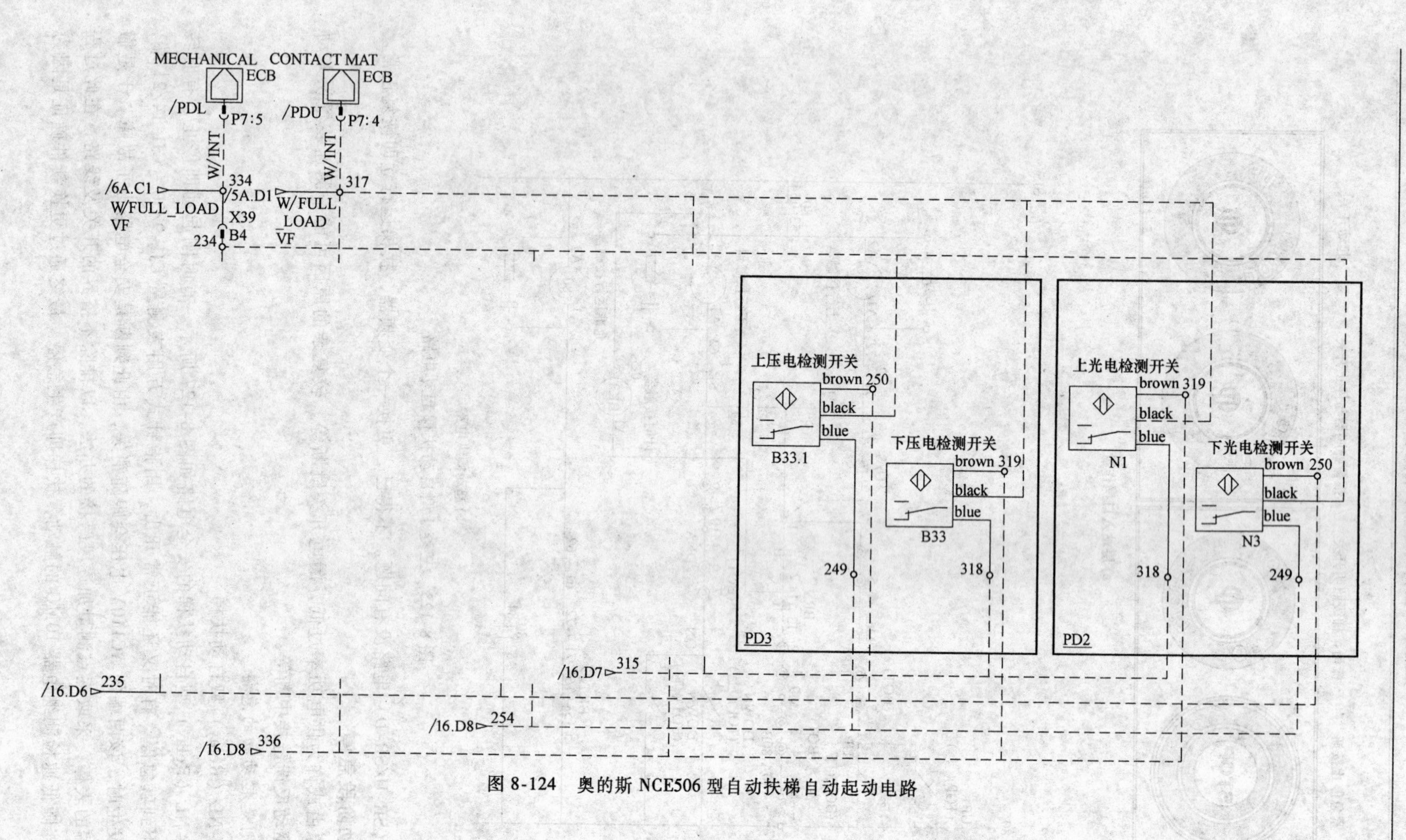

图 8-124　奥的斯 NCE506 型自动扶梯自动起动电路

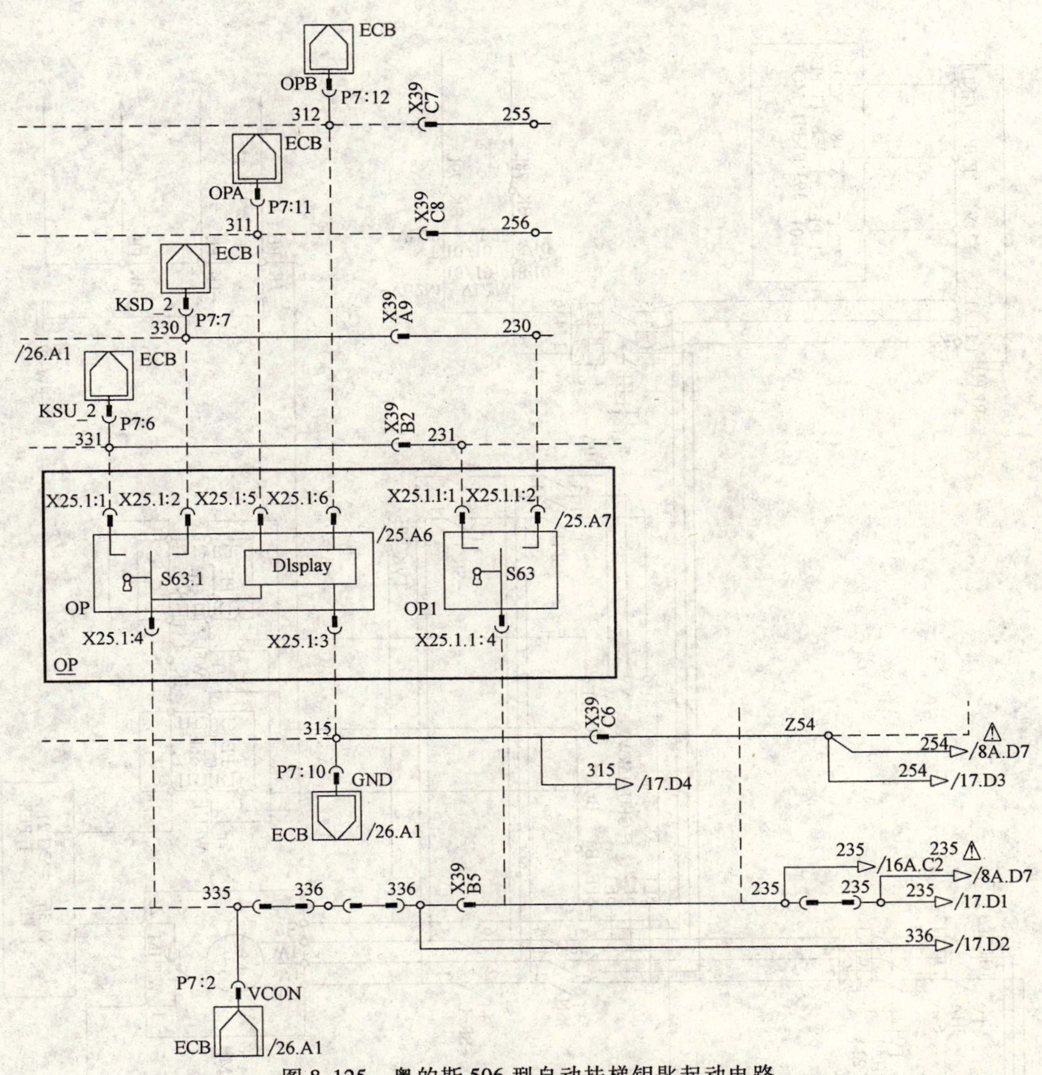

图 8-125 奥的斯 506 型自动扶梯钥匙起动电路

低速检测传感器 LS 的时好时坏而造成该故障的出现。

2. 还是加速（换极）段的急停

蒂森 FT820 型自动扶梯

蒂森 FT820 型自动扶梯的驱动控制电路如图 8-128 所示。偶尔会出现加速（换极）段急停的故障，开始以为是丫形（－K2. 1）/△形（－K2. 2）接触器的转换有问题，尤其是后者肇事的可能性大些，但检查下来却不是那么回事。因为通过观测，当急停出现时，上行（－K11、－K1. 1）或下行（－K12、－K1. 2）接触器、换极时间继电器（－K10）、丫形运行（－K2. 1）接触器（有时△形运行接触器－K2. 2 刚吸）会同时失电，即 40 端无 AC220V，故马上判断是安全电路出了问题，再结合多数在换极段发生，遂将疑点集中到速度监控 TSR-DMS 上，通过跨接与互换排除法，终于找到是因速度传感器探头－B4. 1. 2 的不稳定（软损坏）输出而导致了上述故障。修复的办法是更换一个好的传感器探头并调准间隙。

3. 或是起动结束时的急停

阿尔法 B 型自动扶梯

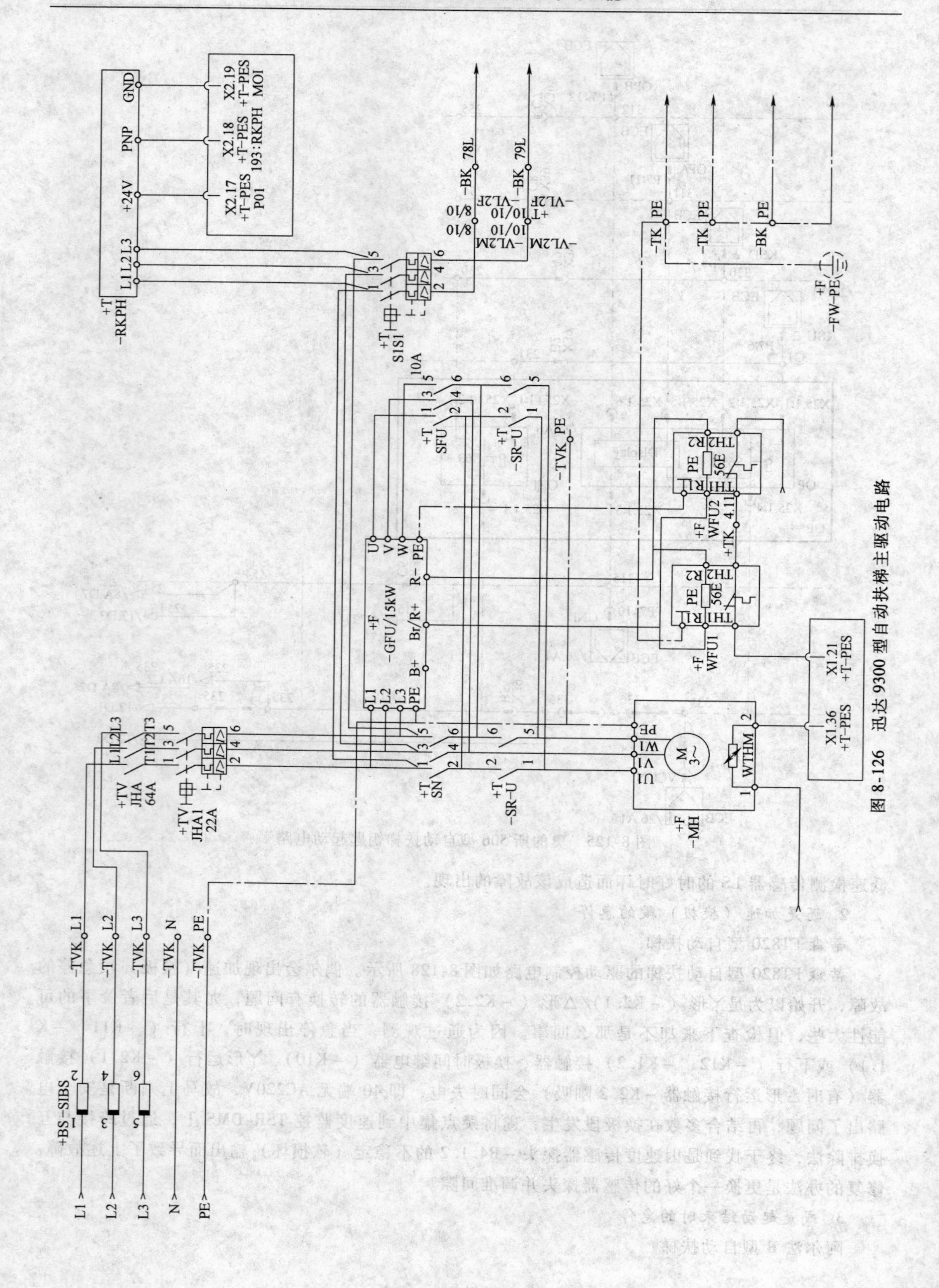

图 8-126　迅达 9300 型自动扶梯主驱动电路

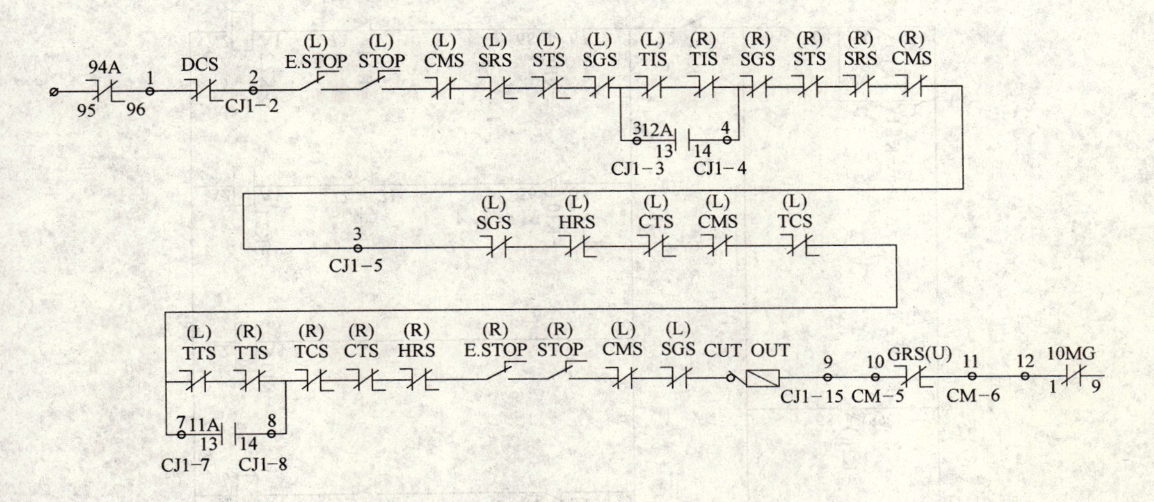

94A—过流继电器　DCS—驱动链监测开关　E.STOP—急停开关　STOP—钥匙停止开关
CMS—梳齿板开关　SRS—梯级缺失开关　STS—梯级（后轮）下陷开关　SGS—裙板开关
TIS—扶手带入口开关　HRS—扶手带停止开关　TCS—梯级链监测开关　CTS—梯级（前轮）下陷开关
GRS(U)—限速器开关　10MG—低速监测开关

图 8-127　日立 EX-NL（Relay）型自动扶梯安全电路

阿尔法 B 型自动扶梯的程序控制器 PLC 电路如图 8-129 所示。随机地（多数情形下）会在起动结束阶段或即将结束时产生急停，在排除了上/下速度传感器 GSD-T/B、程序控制器 PLC 与变频器 QMA 的连接线路（尤其是 Y4-FWD、Y5-REW、Y6-MSI、COM4-CM），变频器故障（EB、EC 触点）等因素后，发现 PLC-X7 端的指示灯燃点的异常与急停的出现有所相关。正常状态下，X7（LED）在扶梯静止和起动开闸后是点燃的，也就是说其不亮的时间仅为工作制动接触器 SB 吸合，到制动电动机 MB 旋转，至制动器开关 KB 触点闭合的短瞬延迟。巧合的是，就是上述环节中的制动器开关 KB 的打板与该开关的间隙调得过大，加之 KB 开关内的弹片因机械疲劳导致弹力有时孱弱而使触点虚接，效果上是延长了这短瞬延迟，当它正好覆盖或等于扶梯的加速时间后，即造成当在起动结束阶段或即将结束时 PLC 还未收到 KB 信号从而发出停车指令的结果。在更换 KB 开关和重新调妥打板间隙后，即可消除上述的问题。

三、起动末期达不到额定速度

简单的原由或许为制动轮鼓与制动闸瓦摩擦，转换或调速装置出错等，较复杂的原因可能是制动电动机或制动线圈烧毁，驱动减速箱或电动机齿轮、轴承啮咬等。

1. 先区别是控制系统引起

永大 EP 型自动扶梯

永大 EP 型自动扶梯的 PLC 输出电路如图 8-130 所示。其突然地出现起动末期达不到额定速度的现象，直至 PLC 在预定的计时结束前还未收到△形运行附加接触器 28 的信号，故只有令扶梯马上停止运转。观察下来，觉得扶梯的驱动电动机 IM 只能走丫形线路（接触器 14 吸合），不会转到△形运行（接触器 13 不吸）。但根据控制时序，扶梯起动 4s 后，PLC 应该发出接触器 14 释放［CJ4（P）6 =0V］和接触器 13、28 吸合［CJ4（P）5 = AC100V］的指令。通过测量证实 PLC 的确给出了上述的转换电压，由此排除了 PLC 出错的可能。再检查终于找到是因为丫形接触器 14 吸合卡死而导致了该次故障（打开外盖发现该接触器三对主触头中有两对熔融粘牢），故惟有换上一个好的 SC-N2 型接触器方才解决了问题。

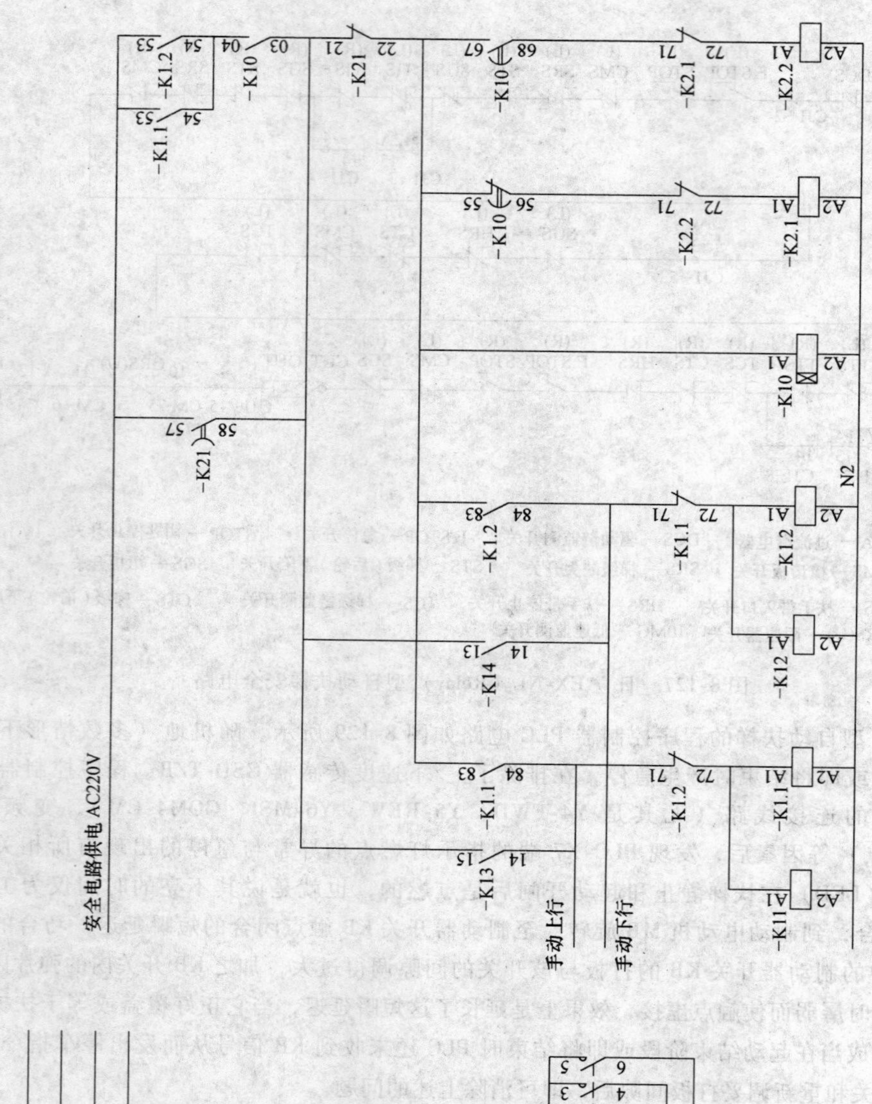

图 8-128 蒂森 FT820 型自动扶梯驱动控制电路

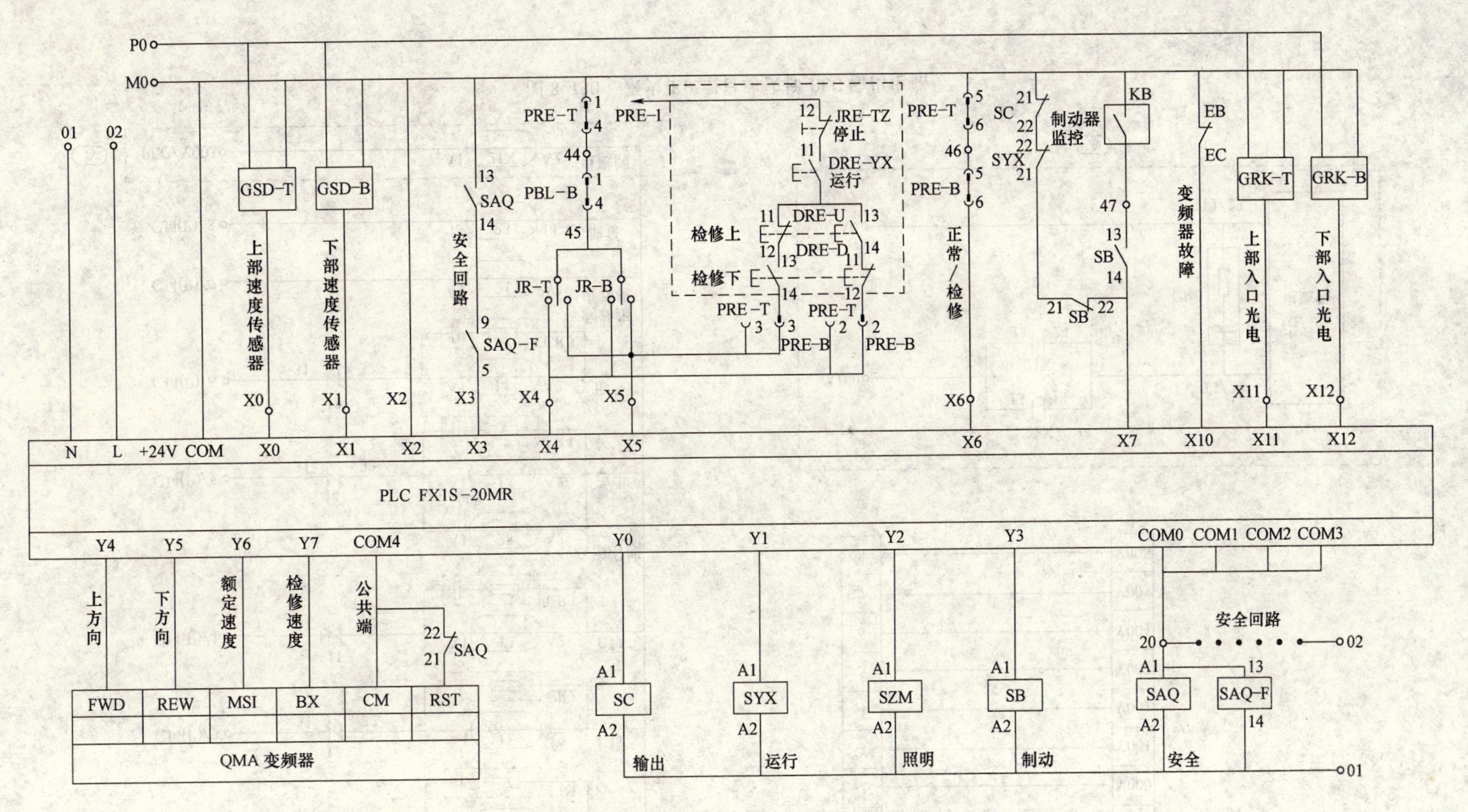

图 8-129 阿尔法 B 型自动扶梯程序控制器电路

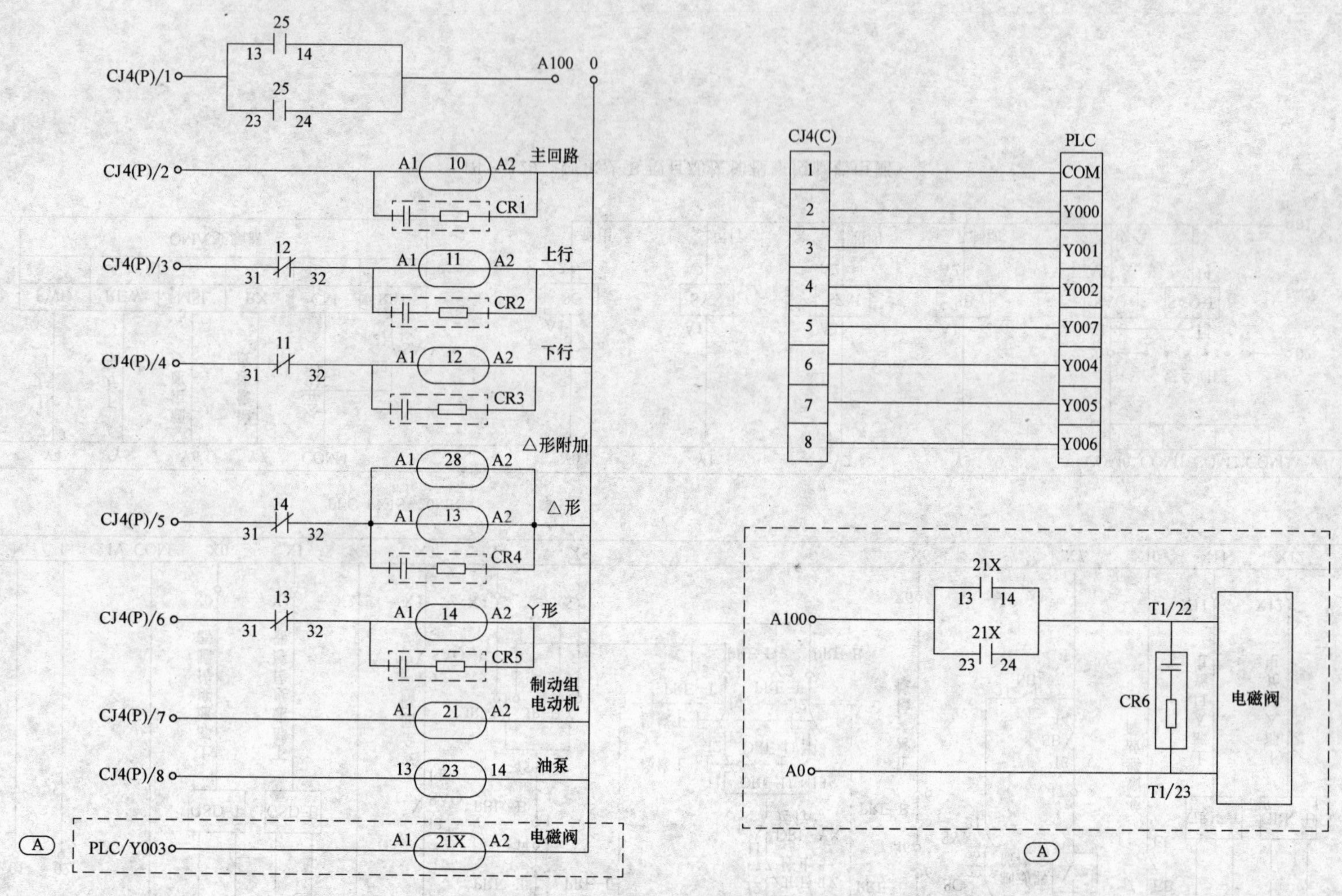

图 8-130　永大 EP 型自动扶梯 PLC 输出电路

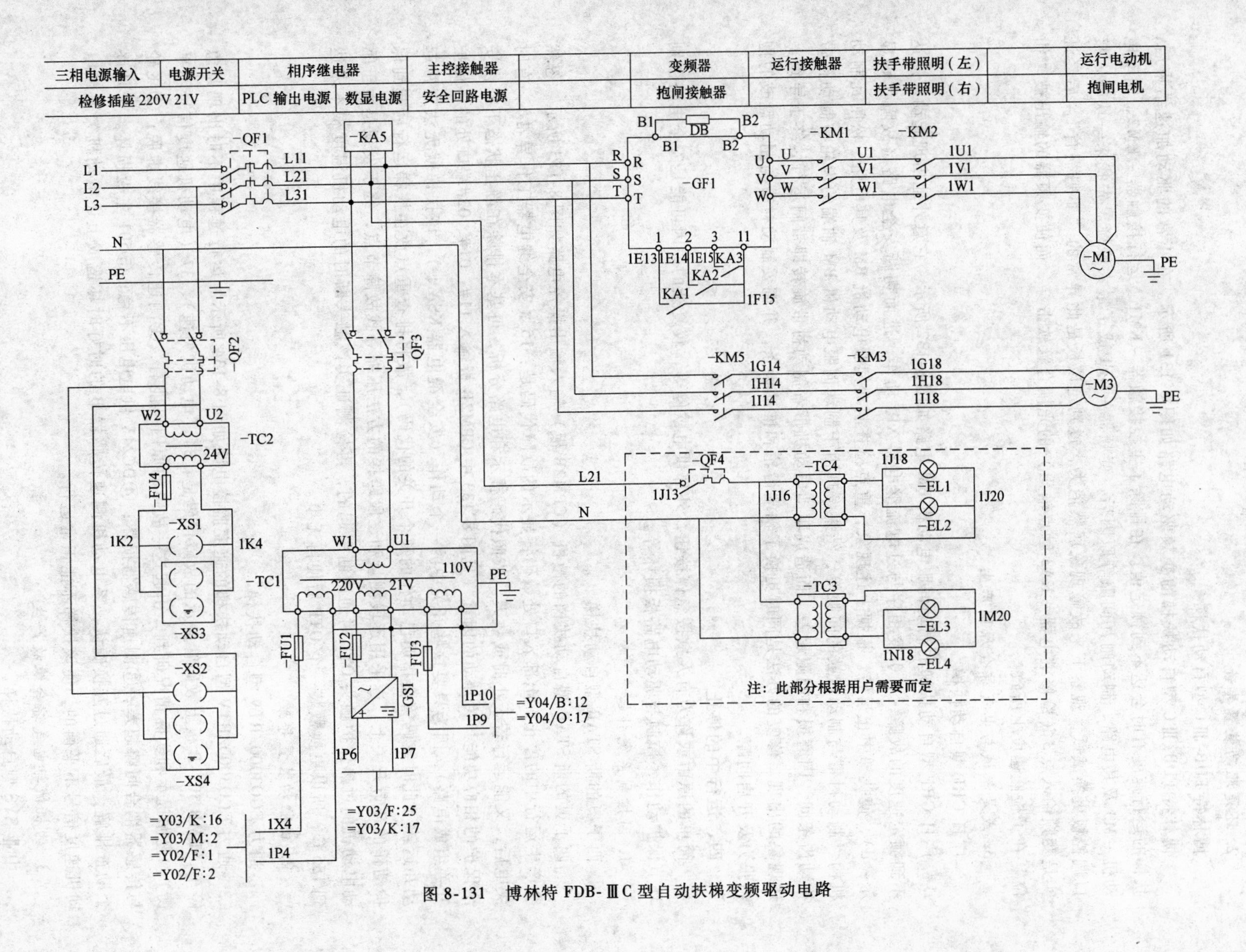

图 8-131　博林特 FDB-ⅢC 型自动扶梯变频驱动电路

2. 还是驱动装置导致

博林特 FDB-ⅢC 型自动扶梯

博林特 FDB-ⅢC 型自动扶梯的变频驱动电路如图 8-131 所示。在正常的驱动加速结束后，扶梯的运行速度有时会达不到额定值。在排除了主控接触器－KM1、运行接触器－KM2、制动电动机－M3 及其电路、制动闸瓦间隙等原因后，变频器－GF1 成了最大嫌疑。先找来一块输入接口调控板更换试试，观察下来故障现象居然消失，遂判定该板是此异常的“罪魁祸首”。后经证实是变频输入点 3（检修继电器－KA3 触点输出）的光耦合管软击穿，而使变频器的输出被“钳位”在了检修速度上所致。

3. 或是机械与电气综合原因产生

广日 GRF 型自动扶梯

广日 GRF 型自动扶梯的制动伺服电动机 BM 电路如图 8-132 所示。它意外地出现起动末期达不到额定速度的故障，且引发相序与过电流继电器 XLJ 动作，进而切断安全电路（故障代码显示：d），使扶梯中止运转。根据上述现象，重点检查制动伺服电动机 BM 及其电路、松闸瓦制动机构、制动衬带与制动盘鼓的间隙等，结果发现由于制动伺服电动机 BM 轴端的齿轮与制动衬带推动齿条间，因磨损和间隙超差，而造成驱动电动机带着制动衬带旋转即带闸运行，终于导致上述现象的出现。修复的办法是同时更换了轴端齿轮和推动齿条，并调妥制动衬带与制动盘鼓的抱刹张力及开启间隙。

四、运行中的停止

简单的原由或许为有人揿按急停按钮，外部供电歇停等，较复杂的原因可能是安全电路个别环节保护动作，控制与驱动电路板损坏等。

1. 因控制系统引起

西子奥的斯 STAR 型自动扶梯

西子奥的斯 STAR 型自动扶梯的微机（CPM2B 板）输入输出操控电路如图 8-133 所示。忽然会产生运行中的停止，上部入口处数码管显示的故障代码是：15（安全继电器工作异常），有时关电后，又能运行若干小时或数天。依照代码提示和电路分析，可基本排除在静止状态下提供安全保护的相应功能开关异动的因素（见图 8-133 中 CPM2B 板输入 11#、01#、02#端口处的各保护开关组成电路），因为只要这些开关中的一个动作（安全继电器 KSA↓），该扶梯就无法正常起动并运转（此时数码管会指明已动作的那个开关的代码），故将排查重点放在扶梯运行后起到保护动作的环节开关上。遂采用逐段测量和逐段跨接的方法压缩寻找故障节点，终于发现是由于驱动电动机的过热保护触头 OTP 时通时断引起的，再检测证实该触头断时的电动机温度根本未达到 155℃，所以更换敷装一个 OTP 后便再无事。

2. 由驱动装置导致

通力 ECO3000/RTV 型自动扶梯

通力 ECO3000/RTV 型自动扶梯的速度监控电路如图 8-134 所示。运行过程中不时出现紧急停车，EMB 501-B 板上数码管显示的故障代码是：34（电动机欠速）、37（电动机速度信号不平衡）。遵循提示和实际情况研判，引起这一故障的原因可能有：①测速传感器接线虚脱；②飞轮与传感器耦合间隙超差；③测速传感器损坏；④DC24V 供电电压不稳；⑤501 主板损坏。于是逐个勘查排解，最后通过互换确认，系电动机测速传感器 B 的时好时坏造成上述电动机欠速或电动机速度信号不平衡的，使该扶梯不能正常运行。

3. 为机械与电气综合缘故产生

中业 SYS 型自动扶梯

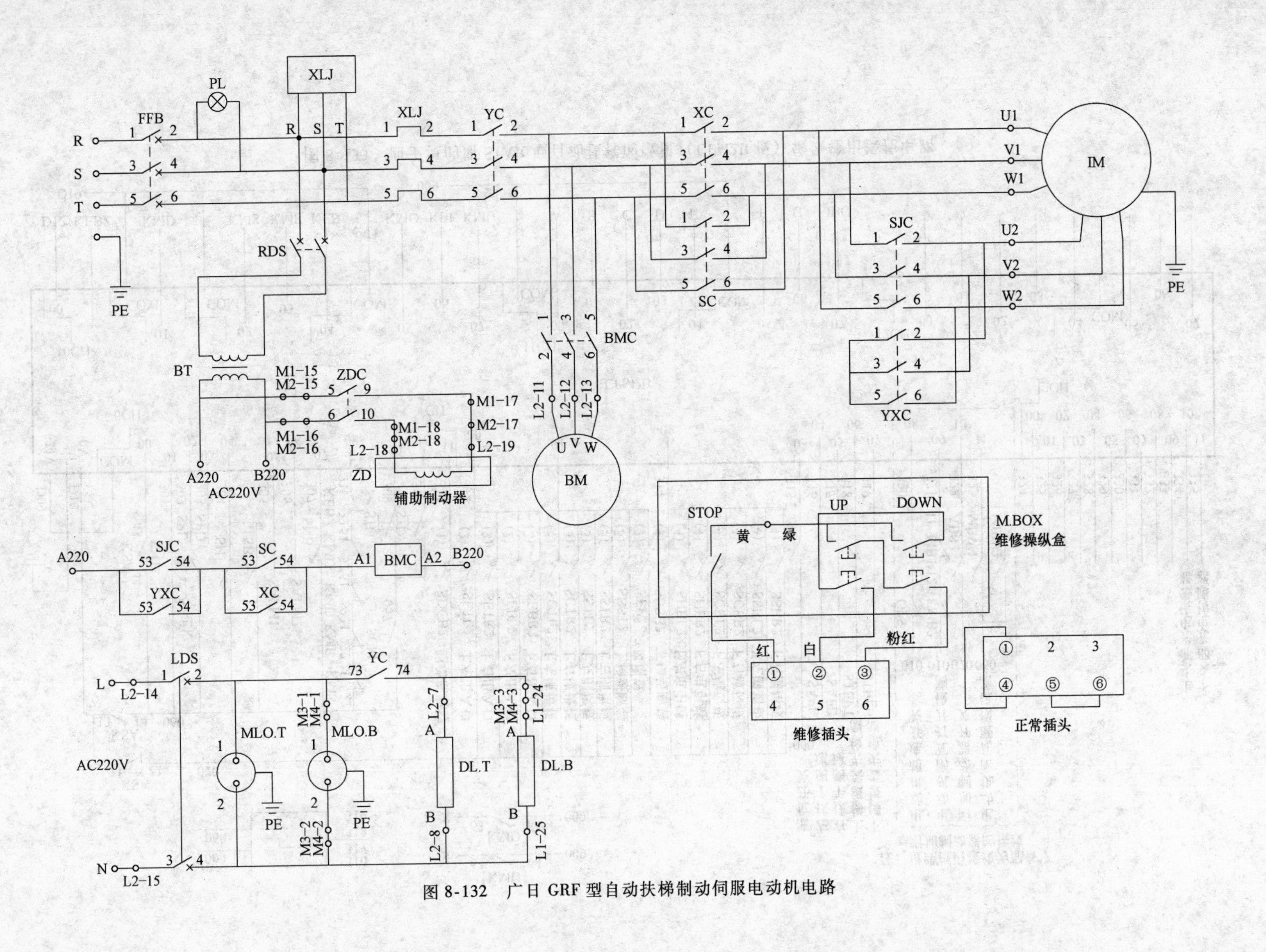

图 8-132　广日 GRF 型自动扶梯制动伺服电动机电路

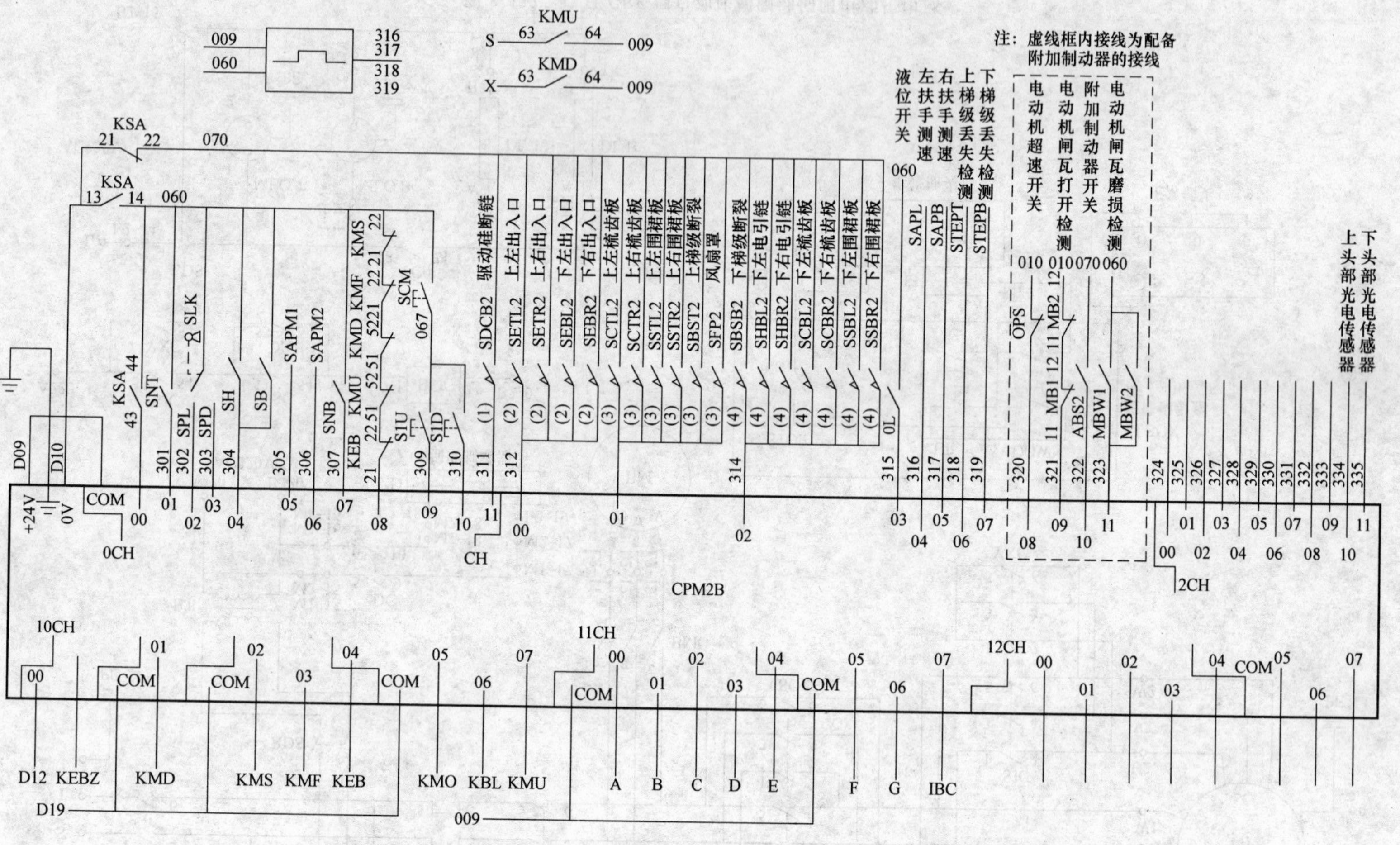

图 8-133　西子奥的斯 STAR 型自动扶梯的微机（CPM2B 板）输入输出操控电路

中业 SYS 型自动扶梯（变频控制）的安全电路如图 8-135 所示。其在运行中的停止多数与各安全保护机构及其电气电路环节有关，而且可细拆为是外部挪动造成的，还是内部移位导致的，是自然磨损促使的，还是人为偏差激活的，是机械（多数情形）因素触发的，还是电气（少数状况）原因引起的。图 8-136 和图 8-137 分别是该型扶梯的梳齿保护开关与围裙板保护开关的设置形式，状况之一是鞋钉类硬物嵌入梳齿跟梯级槽里而触发梳齿板开关 KKP 保护动作，状况之二是伞尖等刚质物体在直曲交界区域卡进围裙板同梯级侧间而引至围裙板开关 KSL 保护动作，异样的是前者造成的运行中停止必须手动重置，后者导致的运行中停止则会自动复位。

五、减速制停距离短欠或冗长

简单的原由或许为制动器弹簧张力太小，闸瓦衬皮严重磨损等，较复杂的原因可能是接触器-继电器释放迟滞，制动器机械卡阻或构件脱落等。

1. 因控制系统引起

康力 KL 型自动扶梯

康力 KL 型自动扶梯的工作制动器如图 8-138 所示。它不时地发生上行时正常停梯或紧急停止后减速制停距离大于等于 1.15m 的冗长现象（额定速度 0.5m/s 的制停距离规定为 0.2 ~ 1.0m），而下行却未见异常。联系该故障带有方向性，故着重检查单相制动车电动机线圈 ZPQ 电路，终被查出是因上行接触器 KMU 的衔铁时有粘连所致。修复的方法，一是细心拆开该接触器，仔细清除擦去附于衔铁表面的污屑浊沫，二是更换新的接触器。幸运的是采用前种方法处理后扶梯上行时的制停距离介于规定范围之内了。

2. 由驱动装置导致

日立 EX-EN（Computer）型自动扶梯

日立 EX-EN（Computer）型自动扶梯的闸瓦制动机构如图 8-139 所示。停梯过程中，其制停距离突然变得短欠急促（仅为半个梯级踏面宽度，约 0.19m），极易“人仰马翻”。毫无疑问该问题出自闸瓦制动机构。由于该闸瓦制动机构属于碟片式电磁制动器，故分析多为闸瓦制动机械的活络变异而引起的，遂在兼顾间隙和力矩均衡的前提下，略微缓步调小复位弹簧的按压力，并反复观测制停距离的变化，直至使其由短欠转为符合标准为止。

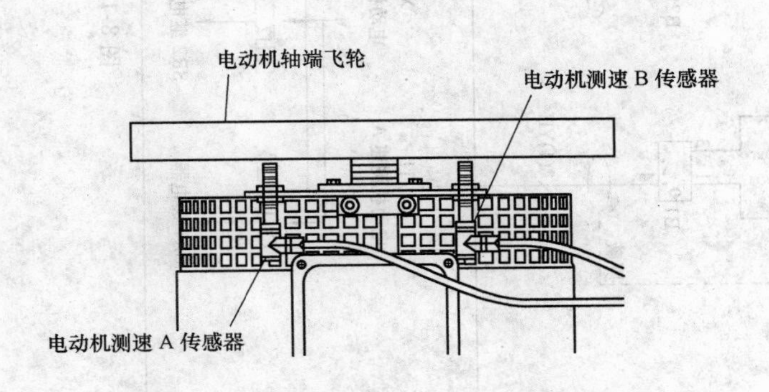

图 8-134　通力 ECO3000/RTV 型自动扶梯的速度/反转监控电路

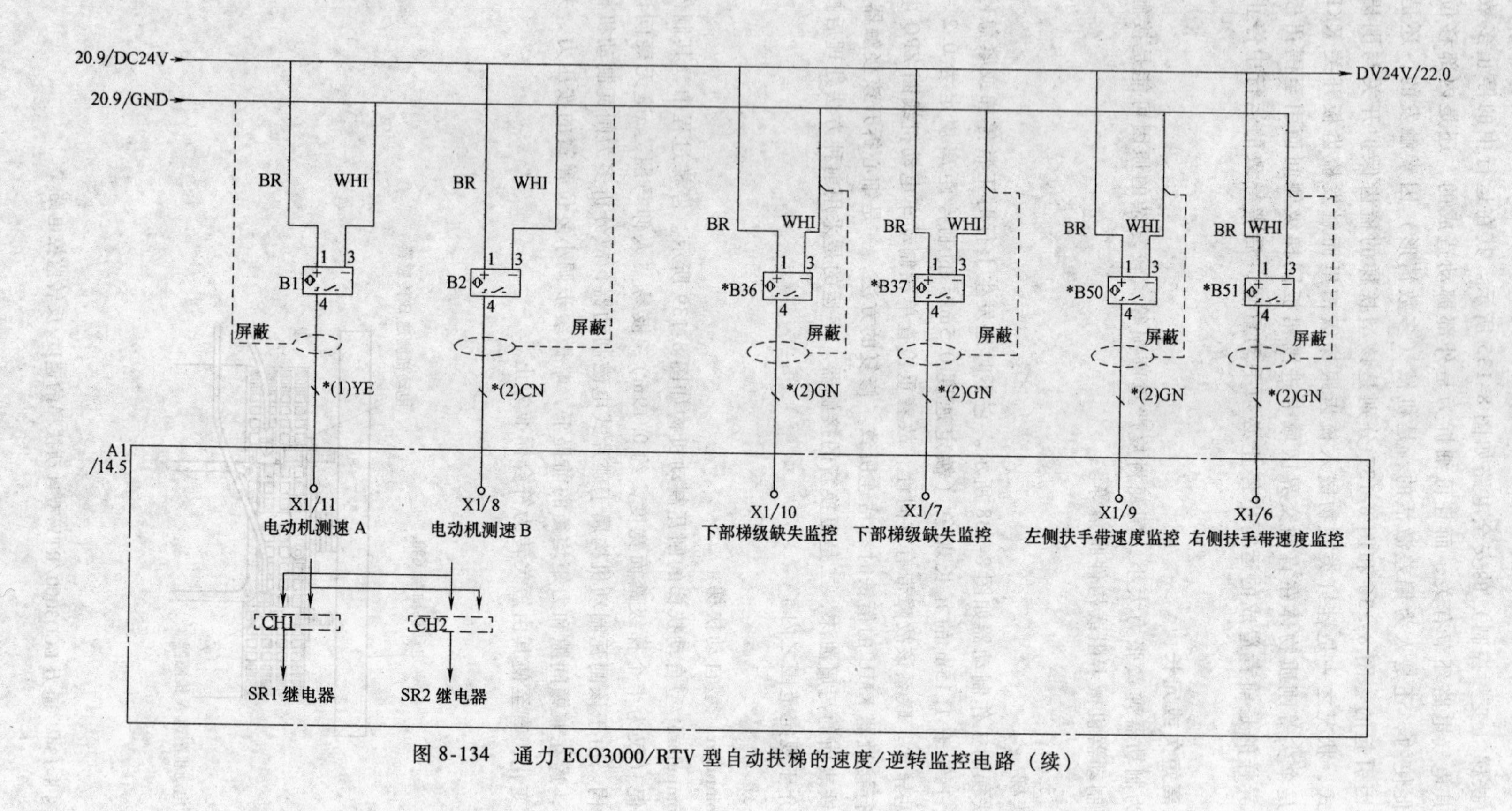

图 8-134　通力 ECO3000/RTV 型自动扶梯的速度/逆转监控电路（续）

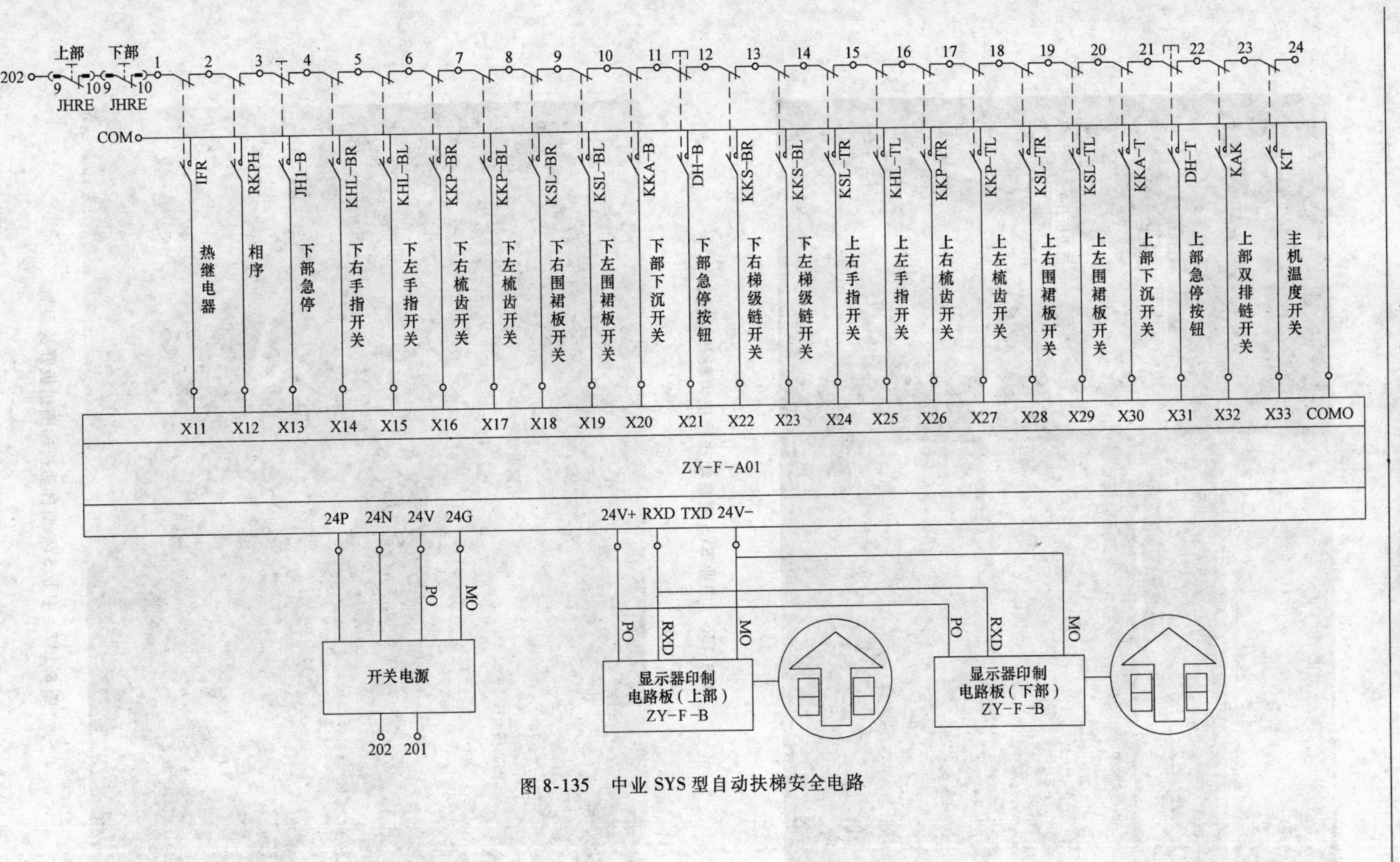

图 8-135　中业 SYS 型自动扶梯安全电路

图 8-136　中业 SYS 型自动扶梯梳齿板开关设置

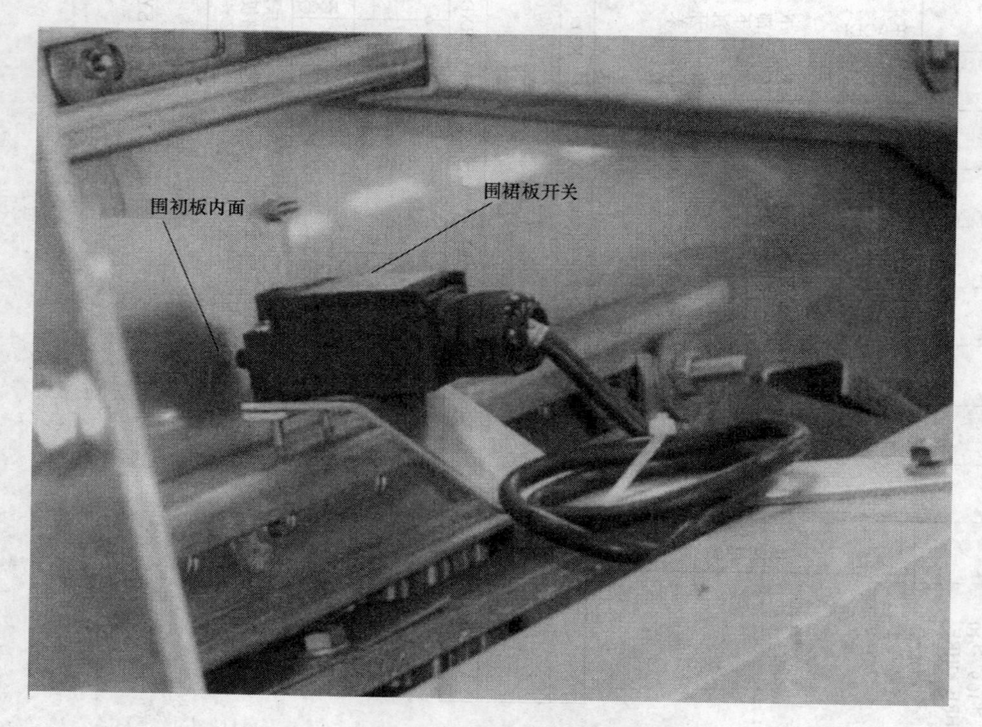

图 8-137　中业 SYS 型自动扶梯围裙板开关设置

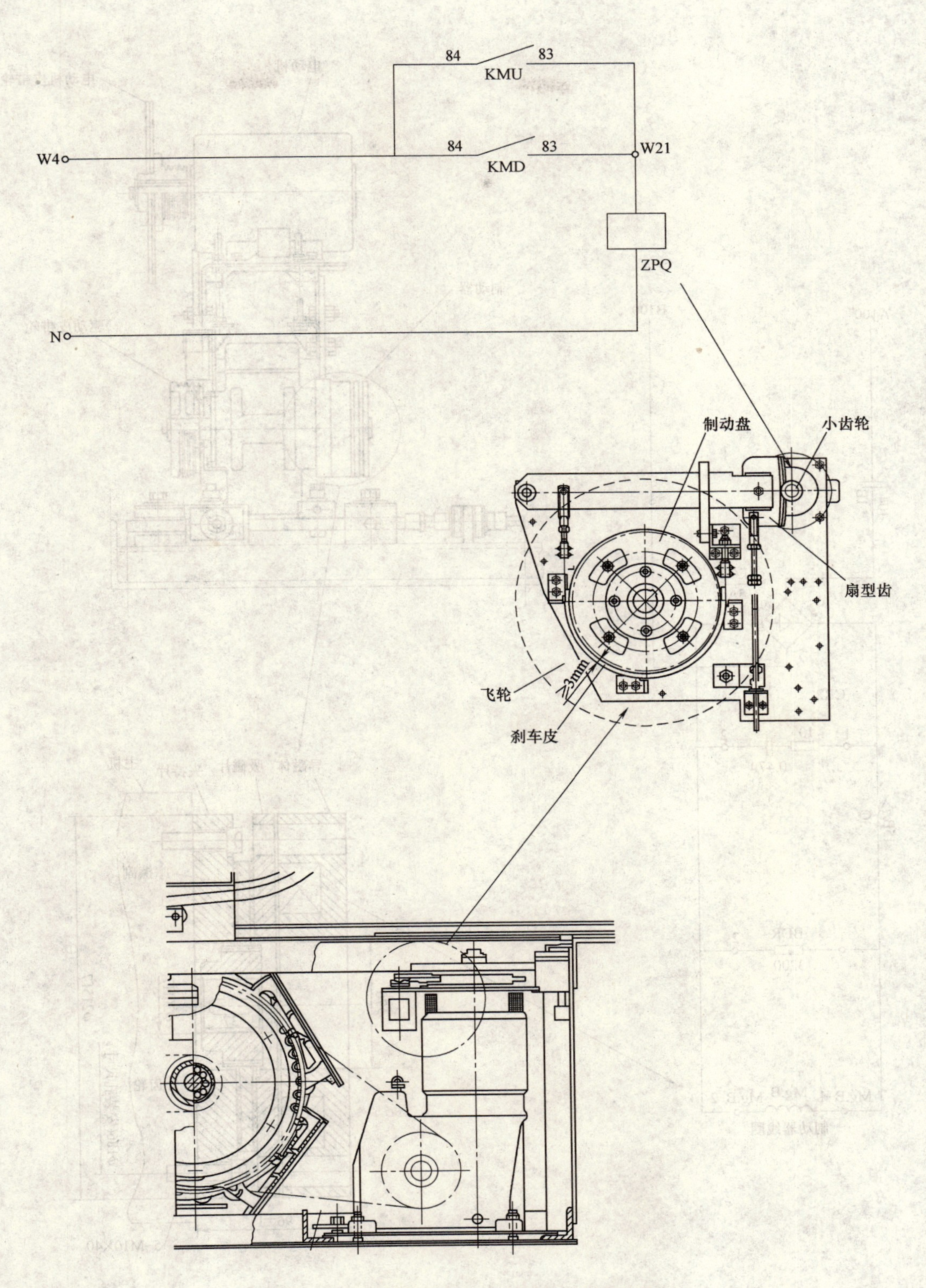

图 8-138　康力 KL 型自动扶梯工作制动器

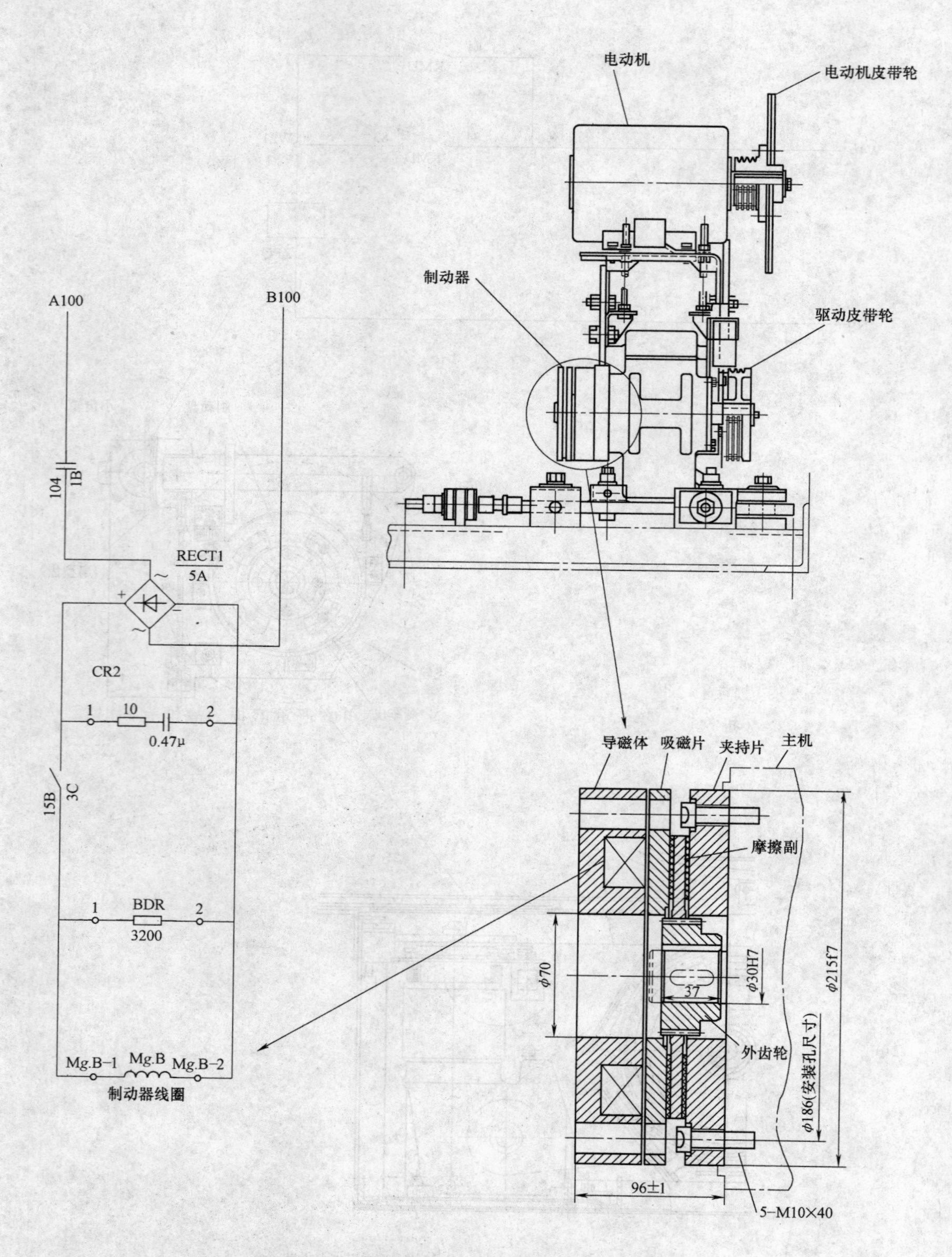

图 8-139 日立 EX-EN 型自动扶梯闸瓦制动机构

3. 为机械与电气综合缘故产生

西子奥的斯 XO-508 型自动扶梯

西子奥的斯 XO-508 型自动扶梯的驱动主机制动器如图 8-140 所示。该制动器是典型的块式结构，开始发生的问题是减速制停距离冗长，检查结果是制动闸瓦磨损（变薄），在更换了闸瓦（变厚）后出现的现象是减速制停距离短欠，于是同步调长制动器张力推杆移位的尺寸（使开闸圆周间隙保持在 0.2～0.4mm），并且同步调松复位张力弹簧的压制，终使减速制停距离达到要求区域。

六、扶手带与梯级的相向速度超差

三菱 J-Ⅱ型自动扶梯

三菱 J-Ⅱ型自动扶梯的扶手带检测装置如图 8-141 所示。运行过程中会出现停梯状况，而且控制器显示器上提示的错误代码是：E20（扶手带滑动脉冲值出错），表明有一侧扶手带的运行速度已低于标准值（其与梯级速度的差应为 0%～2%）。开始怀疑是扶手带的传动存在偏差，故借助肉眼观察和手触测试感到左面扶手带同步滑动稍差，于是略微增加将该边直线压带式传动机构的夹持力，但还是会出上述停梯故障。随即分析不是机械方面存在误差，或是电气方面出了麻烦（见图 8-142），遂采用最快捷的更换排故的办法，当换掉右边扶手带速度传感器（HSS—R）后，该现象随之消失，于是确定了导致此故障发生的原因。

七、扶手带滑脱

迅达 SWE 型自动扶梯

迅达 SWE 型自动扶梯的扶手带摩擦传动如图 8-143 所示。长期使用后老是发生左右扶手带相继从扶手导轨滑脱的事故，初以为是曲线摩擦式驱动机构松懈或扶手带拉长所致，但调整后滑脱现象依然如故，再次认为是否是多楔带、张紧托轮等卡阻引起的，但检查后逐一排除，又据观察觉得扶手带总是在同一部位容易滑出扶手导轨，故翻看该段扶手带内侧，看见其衬布要么擦蚀（露出钢丝），要么损伤（见图 8-144），加之摩擦轮镶橡胶也有严重磨损，故惟有同时换掉扶手带、摩擦轮等并重新调妥张紧度后，扶梯运行方呈现正常状态。

八、在起动、运行和制停过程中的抖晃

蒂森 FT840 型自动扶梯

蒂森 FT840 型自动扶梯的梯级链张紧机构如图 8-145 所示。经数年输送，出现搭乘抖晃，同时梯级在下端入口偏差（以梳齿板为参照物）严重，若是开动下向运行就常易发生梯级与梳齿的相碰撞，甚至造成梳齿板和梯级齿槽的破损。通过检查发现是梯级链条的链板磨损（见图 8-145），使得梯级链条张紧机构弹簧拉力的效应减低，加上链板磨损程度的轻重差异而导致左右梯级链的长短不一，终造成上述故障发生。且由于上部驱动站的主动梯级链轮是固定的，而下部转向站的从动梯级链轮是活动的，这也就决定了因梯级链条磨损引起的位置偏差会借助梯级全部“转嫁或传递”到下端入口处。再经认真测试分辨，确认该梯级链条链板的磨损还在可接受的允许范围，故先采取调整增加链条张紧弹簧的拉力，使梯级在下端入口与梳齿的间隔和啮合尺寸达到要求及均衡后投入使用，接着在日后维保过程中对此问题重点关注，如再出现上述偏差则只剩采用更换全部梯级链条的办法了。

九、运转中的异常杂音

快速奥的斯 Connex8300 型自动扶梯

快速奥的斯 Connex8300 型自动扶梯的驱动如图 8-146 所示，其运转中逐渐自上部驱动站内发出由弱变强，从稀到密的“咕咚、咔嚓”异常杂音。首先怀疑是否是驱动主机轴承损坏引起

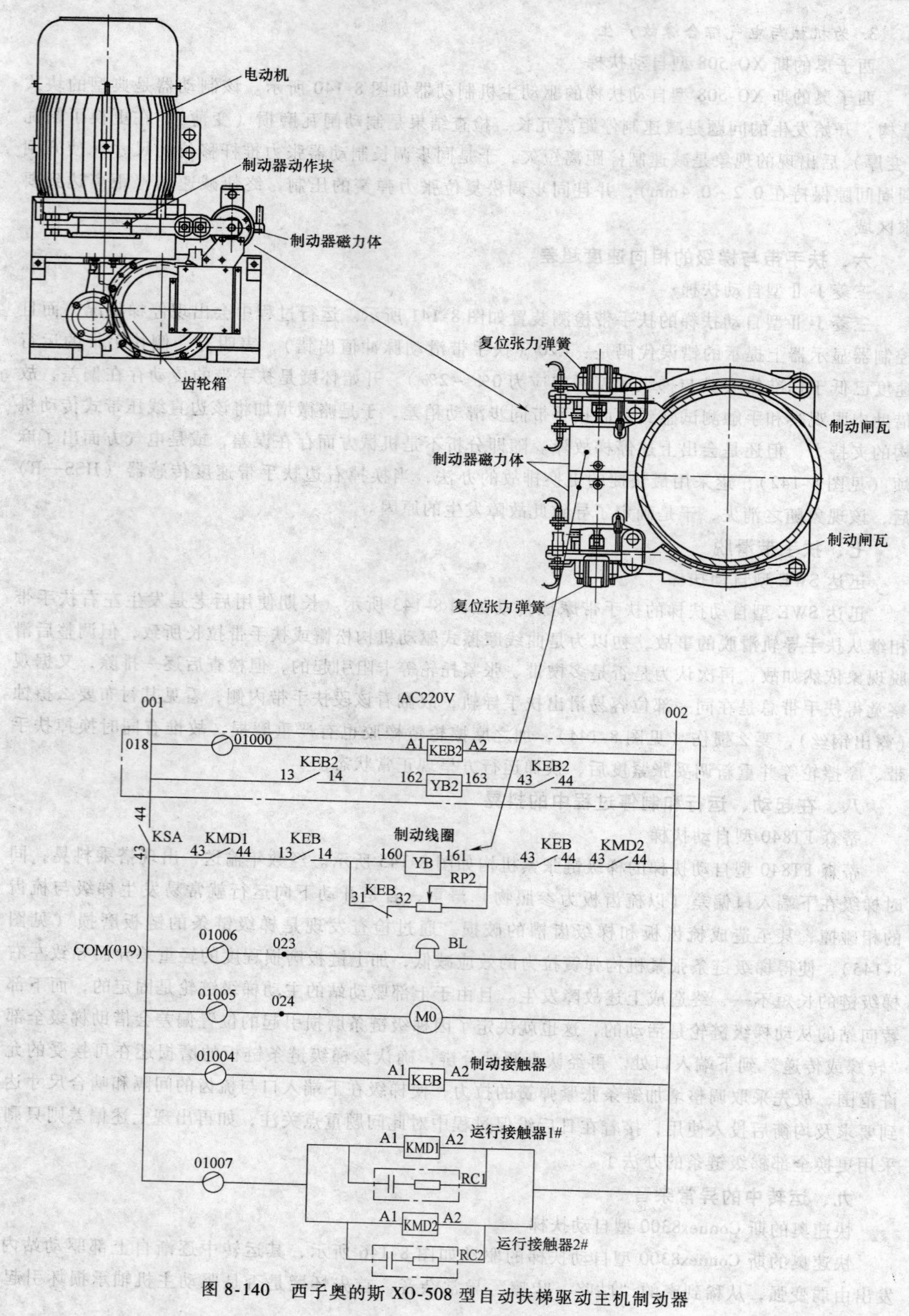

图 8-140　西子奥的斯 XO-508 型自动扶梯驱动主机制动器

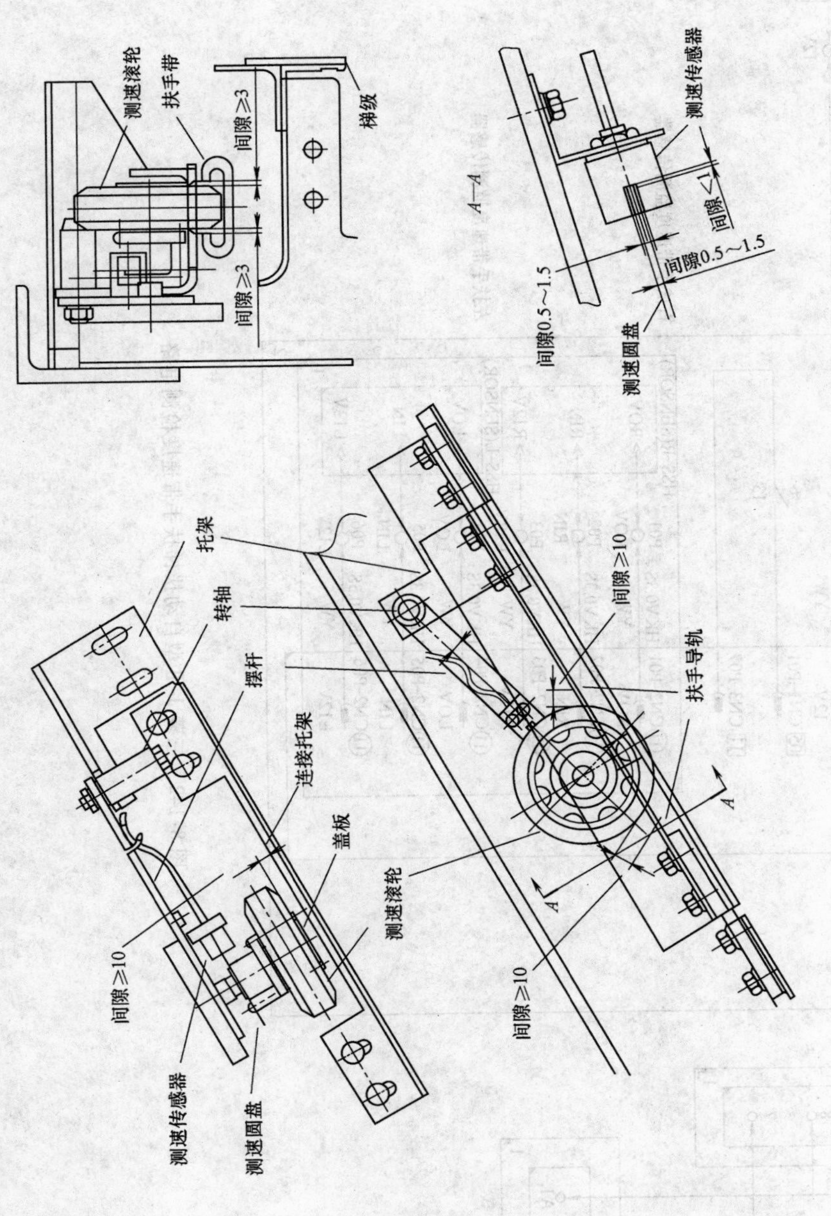

图 8-141　三菱 J-Ⅱ型自动扶梯扶手带速度检测装置

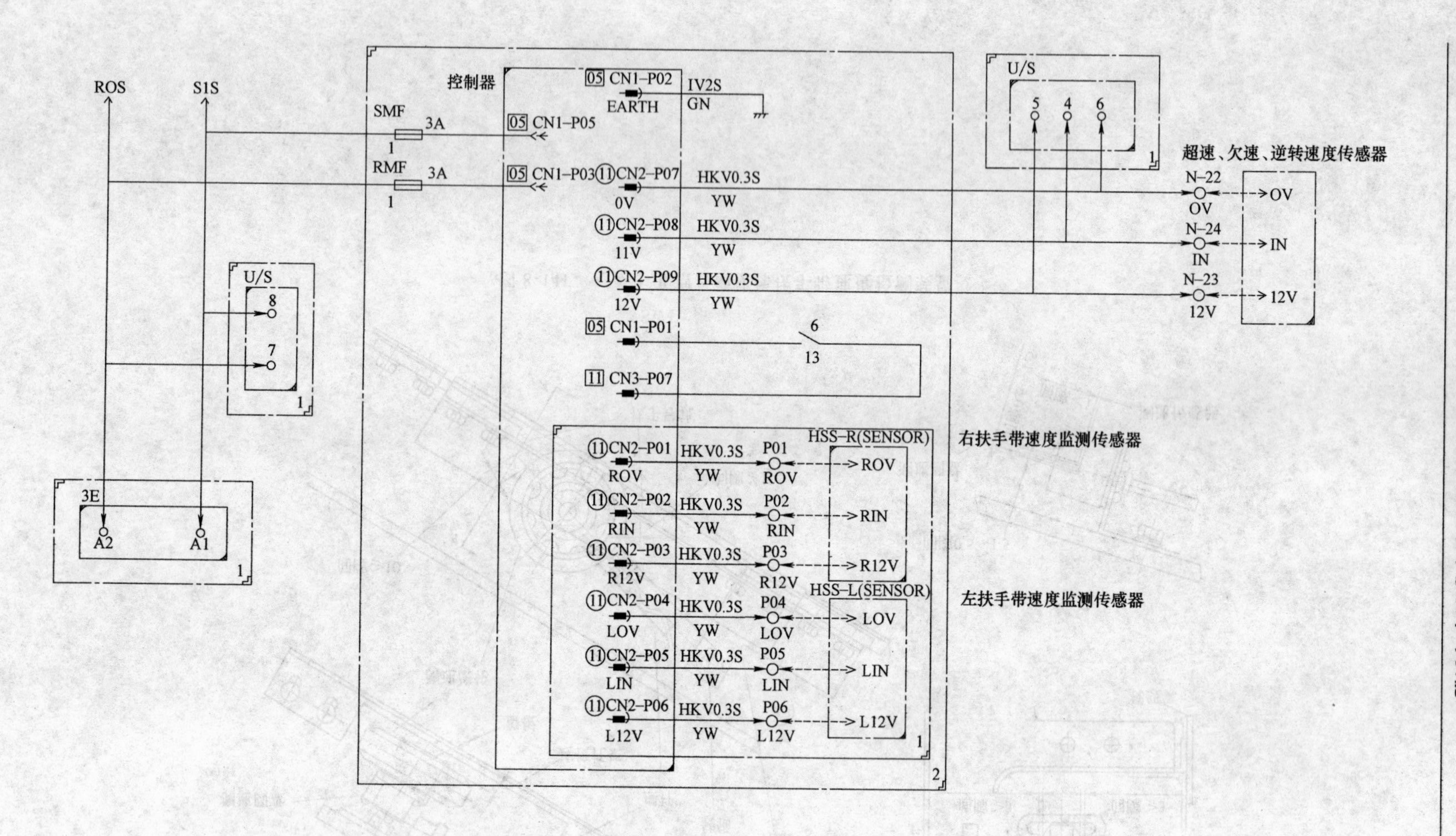

图 8-142　三菱 J-Ⅱ型自动扶梯扶手带速度检测电路

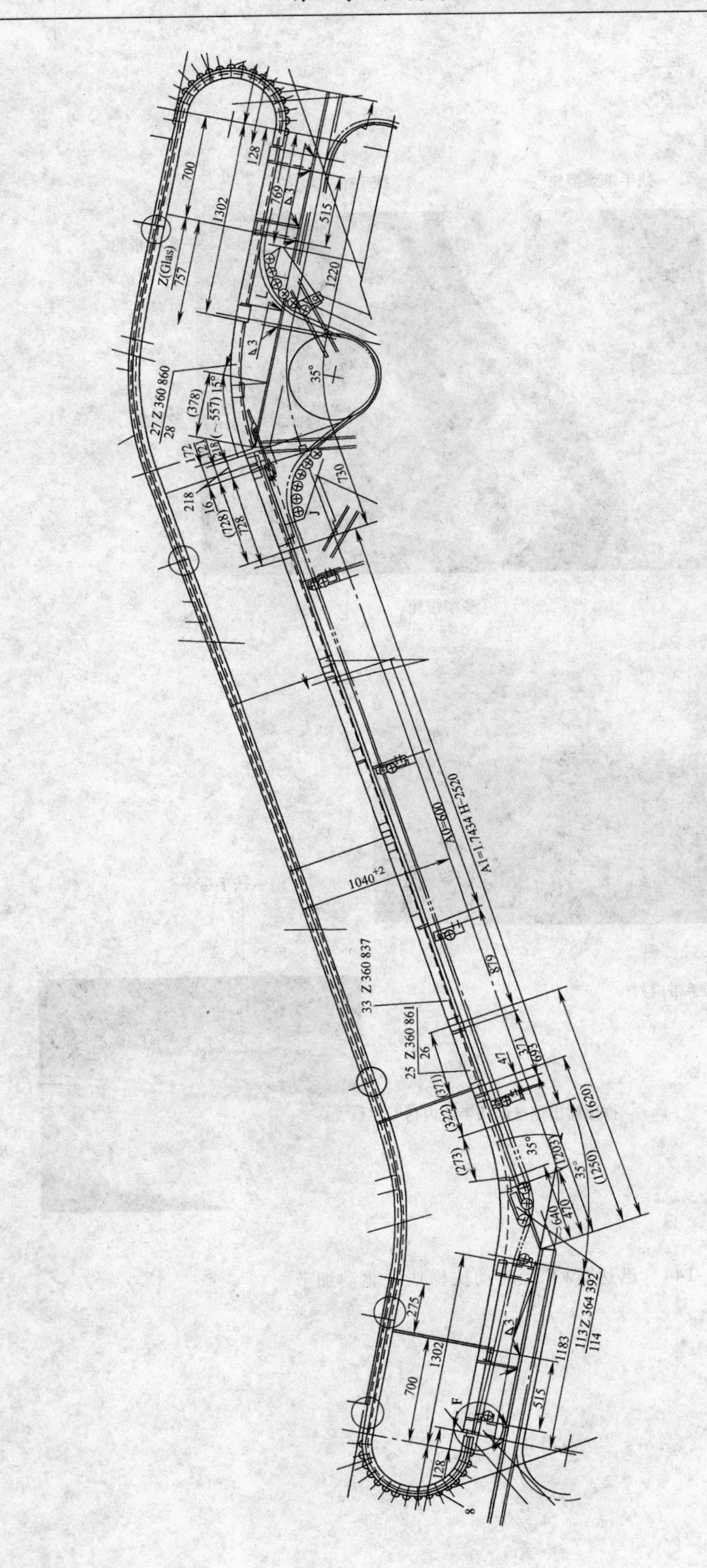

图 8-143　迅达 SWE 型自动扶梯扶手带的摩擦传动

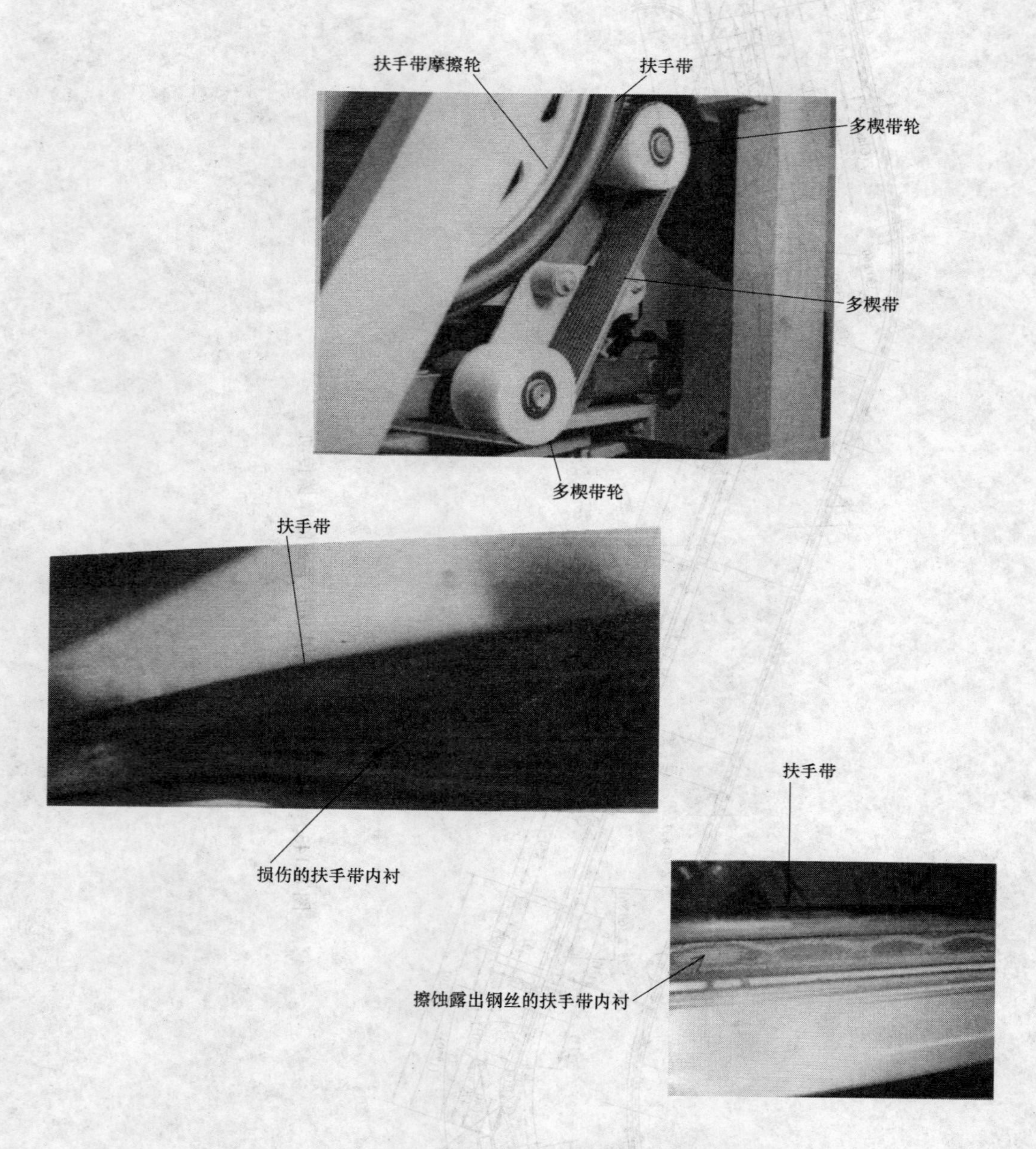

图 8-144　迅达 SWE 型自动扶梯扶手驱动细节

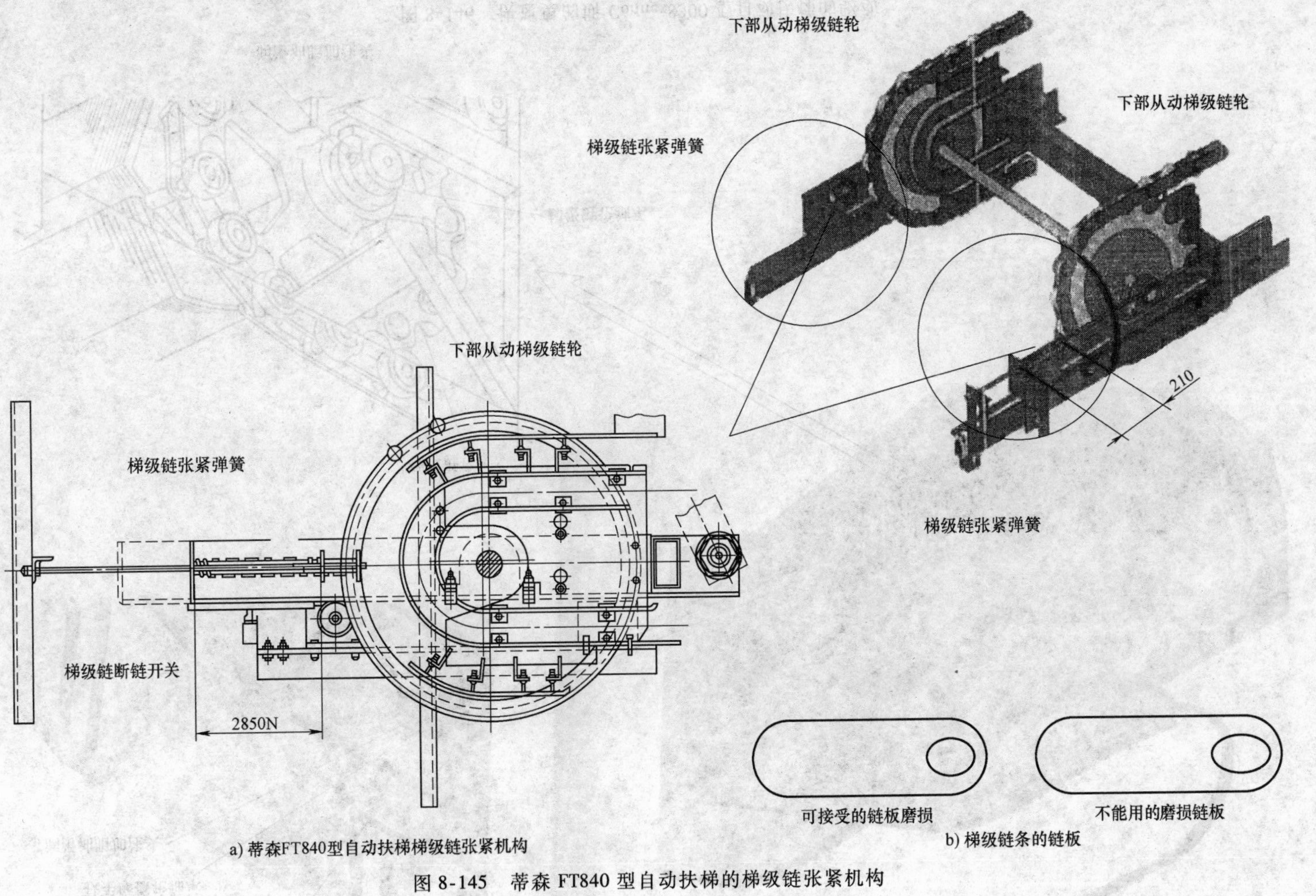

a) 蒂森FT840型自动扶梯梯级链张紧机构　b) 梯级链条的链板

图 8-145　蒂森 FT840 型自动扶梯的梯级链张紧机构

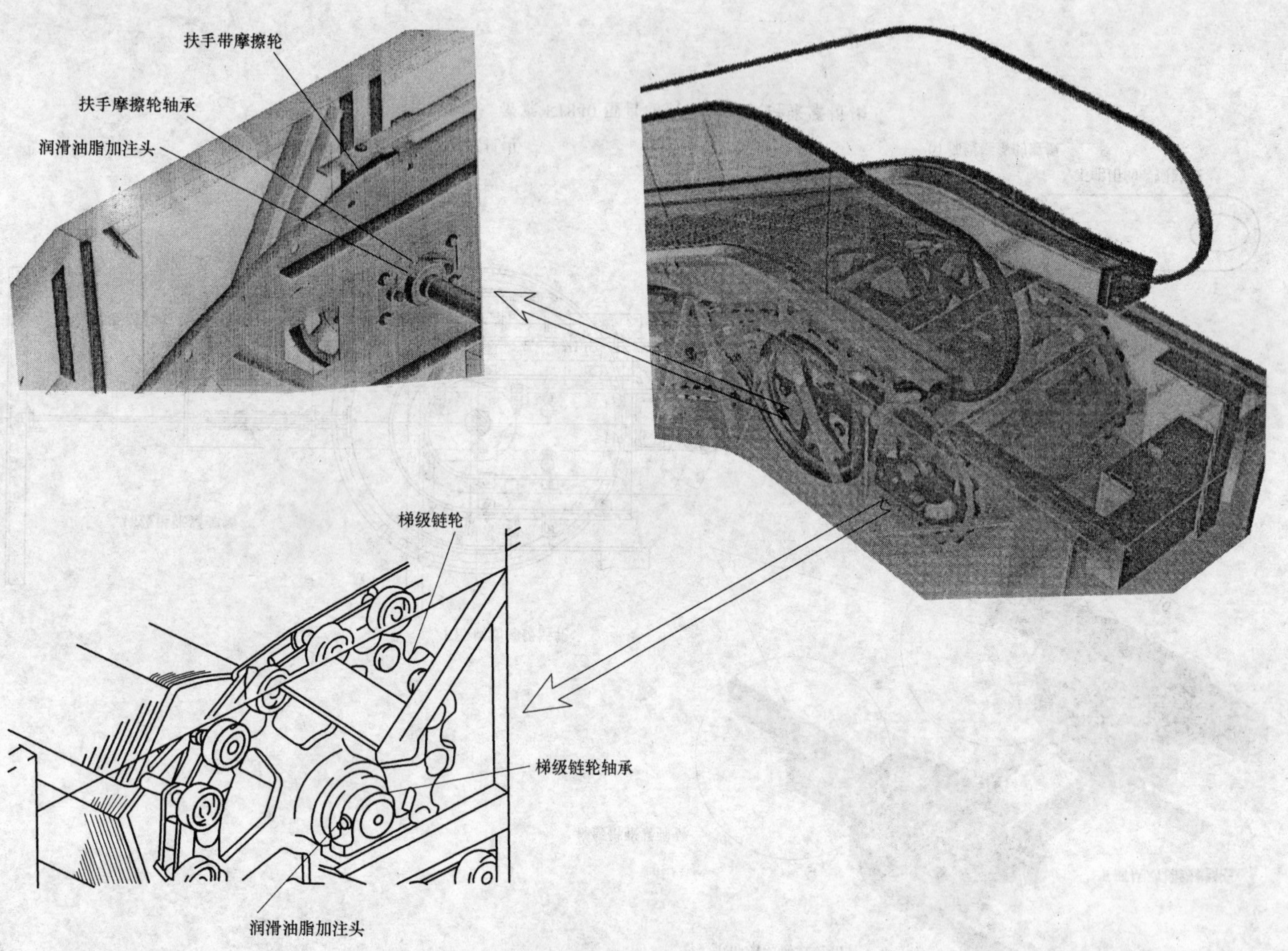

图 8-146 快速奥的斯 Connex8300 型自动扶梯的驱动

的，经听辨无误，接着猜测是否上部转向段梯级导轨被撞出台阶所致，经测证排除，随即拆下两个梯级，检查梯级链条主动轮和扶手带摩擦轮的端部轴承，发现轴承壳盖边侧虽有油脂渗溢，但手感似乎已经干涸，于是判断杂音源自此处。遂用油枪通过加注头，把梯级链条主动轮和扶手摩擦轮的两端轴承重新加满润滑油脂（将原来的油脂全部挤出为止）后，连带把下部梯级链条从动轮的两端轴承也加满润滑油脂，随着上述工作的完成，投入服务的该扶梯不再发出异常杂音。